JN272538

朝倉化学大系 ❽

大気反応化学

秋元　肇［著］

朝倉書店

編集顧問
佐野博敏　前 東京都立大学総長
　　　　　大妻女子大学名誉学長

編集幹事
富永　健　東京大学名誉教授

編集委員
狛徠道夫　大阪大学名誉教授
山本　学　北里大学名誉教授
松本和子　前 早稲田大学教授
中村栄一　東京大学教授
山内　薫　東京大学教授

序

　大気化学が地球環境に深く関わる基礎科学の一分野として確立されて 25 年以上になる．この間に大気化学は大気微量成分の生物地球化学循環を基本的な視点として，オゾン層破壊，オゾン・オキシダント汚染，エアロゾル・$PM_{2.5}$汚染，大気汚染・気候変動相互作用などの多くの重要な大気環境問題に取り組んできた．このような環境問題を対象とした学問に「意味」を与えるのは，現象を人間活動を含めて因果関係を解釈する統合的な視点であり，大気化学はまさにそのような全体論的な視点で発展を遂げてきた．こうした視点からの多くの優れた大気化学の教科書がこの 10 年余りの間に書かれている．

　一方，このようなさまざまな要素からなるシステムとしての現象が本当に「わかった」と思われ，将来予測に信頼が置けると感じられるためには何が必要であろうか．大気化学の分野では物理と化学によって制御されている現象が，それぞれの基礎原理に従って解き明かされたとき，はじめてその現象が「わかった」と感じられるのではないだろうか．したがって，大気化学を学ぶものは，その基礎となる物理と化学を学ぶ必要がある．物理化学の一分野である反応化学はそのような大気化学の基礎学問の一つでもある．反応化学ではある化学反応が量子化学に基づいた分光学，光化学，反応速度論できちんと説明できることが「わかる」ことを意味する．本書では豊穣な大気化学の全体的な議論をあえて割愛し，大気化学の一要素である大気反応化学に特化した教科書を目指した．大気化学の全体論に関しては，すでに存在する成書を相補的に活用していただきたい．

　本書は大気化学を学ぼうとする学部・大学院学生に大気化学反応の基礎知識，とくに基礎的な考え方を習得してもらうことと，大気化学の研究者に必要に応じて個々の化学反応のレファレンスとして活用してもらうことを目的として書かれた．とくに化学系の学生には，個々の化学反応に秘められたより深い物理化学的・量子化学的意味を理解するために読んでもらいたい．また，物理系・気象学系の学生には，化学反応の原理と基礎的な考え方を理解するために読んでもらいたい．

　大気化学で重要な役割を演じている大部分の小さな分子は，分光学，反応速度論，光化学，熱化学などで正確に記述することができる．それらに関する光分解反応や気

相均一反応はすでに体系的に解明がなされており，本質的にわかっているものが多い．一方，本書で取り扱った化学反応のうちで，この範疇に入らないのが人為起源芳香族炭化水素，植物起源炭化水素など複雑な VOC の酸化反応過程，高沸点酸化生成物からの有機エアロゾルの生成機構，粒子状物質・エアロゾル上の表面反応などである．これらについてはまだ量子化学的・物理化学的にわかっていないことが多い．確定された解釈や値が得られていないものが多いという意味では，本来教科書にまとめるべき段階にはないといえるかもしれない．こうした分野に関しては本書でも体系的な整理ができておらず，現状の研究の紹介に留まっている．しかしこれらは多くの研究者が現在大きな関心をもっている分野であり，本書では近い将来書き換えられることを想定した上で取り上げている．

　本書は教科書として書かれたので，多くの文献を必ずしも過不足なく掲げることができなかった．もっとも重要と思われる論文を引用することには最善の努力をしたつもりであるが，関連論文が数ある場合その中から多少恣意的に引用している場合もあるので，引用文献からもれてしまった研究者の方々にはあらかじめお許しをいただきたい．また多くの化学種の大気濃度の測定値や変動については原典を挙げることなく，これまでの成書の記述を引用する形で使わせていただいた．一方，吸収断面積や反応速度定数については NASA/JPL パネルによる評価，IUPAC 小委員会の評価報告をフルに活用させていただき，それら以降の重要な知見についてアップデートした．これまでの大気化学の成書の中では，対流圏化学については Finlayson-Pitts and Pitts（2000），成層圏化学については Brasseur and Solomon（2005）を，また両者にわたって Seinfeld and Pandis（2006）をとくに参考にさせていただいた．また本書を執筆するにあたって 1978 年に岡部秀夫博士の書かれた "Photochemistry of Small Molecules" の本の構成が念頭にあった．

　そして本書を私の東京工業大学での大学院時代の物理化学の師である田中郁三教授，ポスドク時代を過ごしたカリフォルニア大学リバサイド校での大気化学の師である故ジェームス・ピッツ（James N. Pitts）教授，そして同教授の当時の研究室で一緒に実験も行った良き友人，カリフォルニア大学アーバイン校のバーバラ・フィンレイソン＝ピッツ（Barbara Finlayson-Pitts）教授にささげる．田中教授は，1960 年代まだ貧しく，研究の面でもまだ孤立していた日本で，私の眼を国際的な光化学と分子科学の研究に開かせてくれた．ピッツ教授は私を光化学オキシダントと対流圏オゾンの研究の道へ導くとともに，科学と政策に先駆的に取り組まれたその姿勢に，私はその後大きな影響を受けている．そしてバーバラは私が自分の専門を物理化学から大気化学へと転身させるさまざまな局面で，研究に関して北極星のような一つの座標を

提供してくれた．また，科学には直接関わりのないところで，長い間私の大気化学者としてのキャリアの傍らにいてくれた我が妻・陽子に本書を捧げたい．ピッツ教授が2014年6月，本書の発刊の直前に亡くなられ，本書が間に合わなかったことがかえすがえすも残念である．

　原稿のそれぞれの部分に眼を通し，多くの有用なコメントをくれた秋吉英治，今村隆史，梶井克純，金谷有剛，竹谷文一，谷本浩志，廣川淳，松見豊博士らに感謝したい．特に廣川博士には不均一反応に関わる多くの式をチェックしていただき，わかりやすい形を提言していただくなど負うところが大きく，改めて感謝を捧げたい．また所長業務の傍ら本書の執筆の時間と支援をいただいた一般財団法人日本環境衛生センター・アジア大気汚染研究センターとそのスタッフに感謝したい．最後に，本書の完成に甚大な努力をしてくださった朝倉書店編集部に深くお礼を申し上げたい．

2014年7月

秋　元　　　肇

目　次

1. 大気化学序説
- 1.1 近代化学の黎明と大気の化学 …………………………………………… 1
- 1.2 大気化学への発展 …………………………………………………………… 5
- 1.3 大気化学の教科書 …………………………………………………………… 6

2. 化学反応の基礎
- 2.1 光化学と光分解反応 ………………………………………………………… 10
  - 2.1.1 光化学の第1法則，第2法則 ………………………………………… 10
  - 2.1.2 光分解量子収率 ………………………………………………………… 12
  - 2.1.3 ランベルト-ベールの法則 …………………………………………… 15
  - 2.1.4 光分解速度定数 ………………………………………………………… 17
  - 2.1.5 分光学的記号と選択則 ………………………………………………… 18
- 2.2 二分子反応 …………………………………………………………………… 21
  - 2.2.1 ポテンシャル曲面と遷移状態 ………………………………………… 21
  - 2.2.2 活性化エネルギーと反応速度定数 …………………………………… 23
- 2.3 三分子反応と単分子反応 …………………………………………………… 26
  - 2.3.1 会合反応 ………………………………………………………………… 26
  - 2.3.2 単分子分解反応 ………………………………………………………… 28
- 2.4 多相反応 ……………………………………………………………………… 32
  - 2.4.1 適応係数と取り込み係数 ……………………………………………… 32
  - 2.4.2 気液平衡とヘンリー定数 ……………………………………………… 35
  - 2.4.3 液相における拡散と反応 ……………………………………………… 36

3. 大気光化学の基礎
- 3.1 大気圏外太陽光スペクトル ………………………………………………… 40
- 3.2 N_2, O_2, O_3 による太陽光放射強度の大気圏内減衰 ……………………… 42

3.3 太陽天頂角とエアマス ……………………………………………… 46
3.4 大気分子，粒子による散乱と地表アルベド ………………………… 48
3.5 光化学作用フラックスと光分解速度定数 …………………………… 51

4. 大気分子の吸収スペクトルと光分解反応
4.1 対流圏・成層圏における太陽光スペクトル ………………………… 60
4.2 対流圏における光分解 ………………………………………………… 60
   4.2.1 オゾン（O_3）……………………………………………………… 61
   4.2.2 二酸化窒素（NO_2）…………………………………………… 69
   4.2.3 亜硝酸（HONO）………………………………………………… 72
   4.2.4 三酸化窒素ラジカル（NO_3），五酸化二窒素（N_2O_5）…… 74
   4.2.5 ホルムアルデヒド（HCHO），アセトアルデヒド（CH_3CHO）…… 78
   4.2.6 アセトン（CH_3COCH_3）……………………………………… 84
   4.2.7 過酸化水素（H_2O_2），メチルヒドロペルオキシド（CH_3OOH）…… 86
   4.2.8 ペルオキシ硝酸（HO_2NO_2）………………………………… 88
   4.2.9 硝酸（HNO_3），硝酸メチル（CH_3ONO_2）………………… 89
   4.2.10 ペルオキシアセチルナイトレート（$CH_3C(O)OONO_2$）…… 91
4.3 成層圏における光分解 ………………………………………………… 92
   4.3.1 酸素（O_2）……………………………………………………… 92
   4.3.2 オゾン（O_3）…………………………………………………… 93
   4.3.3 一酸化窒素（NO）……………………………………………… 94
   4.3.4 一酸化二窒素（亜酸化窒素）（N_2O）………………………… 96
   4.3.5 その他の窒素酸化物（NO_2, NO_3, N_2O_5, HNO_3, HO_2NO_2），過酸化水素（H_2O_2），ホルムアルデヒド（HCHO）……………………… 97
   4.3.6 硫化カルボニル（COS）………………………………………… 97
   4.3.7 二酸化硫黄（SO_2）…………………………………………… 99
   4.3.8 塩化メチル（CH_3Cl），臭化メチル（CH_3Br），ヨウ化メチル（CH_3I）…… 101
   4.3.9 クロロフルオロカーボン（CFCs），ヒドロクロロフルオロカーボン（HCFCs）……………………………………………………… 102
   4.3.10 ブロモクロロフルオロカーボン（Halons）………………… 104
4.4 無機ハロゲン化合物の光分解 ………………………………………… 106
   4.4.1 塩素（Cl_2），一塩化臭素（BrCl），臭素（Br_2），ヨウ素（I_2）…… 106
   4.4.2 硝酸塩素（$ClONO_2$），硝酸臭素（$BrONO_2$），硝酸ヨウ素（$IONO_2$）…… 109

  4.4.3 塩化水素（HCl），臭化水素（HBr），ヨウ化水素（HI）················110
  4.4.4 次亜塩素酸（HOCl），次亜臭素酸（HOBr），次亜ヨウ素酸（HOI）···112
  4.4.5 一酸化塩素（ClO），一酸化臭素（BrO），一酸化ヨウ素（IO）········113
  4.4.6 過酸化二塩素（ClOOCl）···115
  4.4.7 二酸化塩素（OClO）···117
  4.4.8 塩化ニトロシル（ClNO），塩化ニトリル（ClNO$_2$）························118

5. 大気中の均一素反応と速度定数
 5.1 O(^{3}P), O(^{1}D) 原子の反応···132
  5.1.1 O(^{3}P) + O$_2$ + M···133
  5.1.2 O(^{3}P) + O$_3$··133
  5.1.3 O(^{3}P) + OH, HO$_2$, NO$_2$, ClO···134
  5.1.4 O(^{1}D) + H$_2$O··135
  5.1.5 O(^{1}D) + N$_2$O··136
  5.1.6 O(^{1}D) + CH$_4$··137
  5.1.7 O(^{1}D) + CFC··139
 5.2 OH ラジカルの反応···140
  5.2.1 OH + O$_3$···140
  5.2.2 OH + HO$_2$···143
  5.2.3 OH + CO···143
  5.2.4 OH + NO$_2$ + M···145
  5.2.5 OH + HONO$_2$···148
  5.2.6 OH + SO$_2$ + M··149
  5.2.7 OH + CH$_4$, C$_2$H$_6$, C$_3$H$_8$··150
  5.2.8 OH + C$_2$H$_4$ + M···152
  5.2.9 OH + C$_2$H$_2$··153
  5.2.10 OH + C$_6$H$_6$, C$_6$H$_5$CH$_3$··154
  5.2.11 OH + HCHO···156
 5.3 HO$_2$, CH$_3$O$_2$ ラジカルの反応··158
  5.3.1 HO$_2$ + O$_3$···158
  5.3.2 HO$_2$ + NO··160
  5.3.3 CH$_3$O$_2$ + NO··162
  5.3.4 HO$_2$ + NO$_2$ + M···163

- 5.3.5　$HO_2 + HO_2 (+M)$ ·· 164
- 5.3.6　$HO_2 + CH_3O_2$ ·· 166
- 5.4　O_3 の反応 ·· 167
  - 5.4.1　$O_3 + NO$ ·· 167
  - 5.4.2　$O_3 + NO_2$ ·· 169
  - 5.4.3　$O_3 + C_2H_4$ ·· 169
- 5.5　NO_3 ラジカルの反応 ··· 173
  - 5.5.1　$NO_3 + NO$ ·· 173
  - 5.5.2　$NO_3 + NO_2 + M$ ··· 174
  - 5.5.3　$NO_3 + C_2H_4$ ··· 176
  - 5.5.4　$NO_3 + HCHO$ ·· 178
- 5.6　Cl 原子，ClO ラジカルの反応 ·· 179
  - 5.6.1　$Cl + O_3$ ··· 179
  - 5.6.2　$Cl + CH_4$ ··· 181
  - 5.6.3　$ClO + OH$ ·· 182
  - 5.6.4　$ClO + HO_2$ ·· 183
  - 5.6.5　$ClO + NO_2$ ·· 184
  - 5.6.6　$ClO + ClO$ ·· 185

6.　大気中の不均一反応と取り込み係数

- 6.1　水滴への取り込み ··· 205
  - 6.1.1　H_2O ·· 205
  - 6.1.2　OH ··· 206
  - 6.1.3　HO_2 ··· 206
  - 6.1.4　O_3 ··· 207
  - 6.1.5　N_2O_5 ··· 207
  - 6.1.6　HNO_3 ·· 208
  - 6.1.7　SO_2 ··· 209
- 6.2　海塩・ハロゲン化アルカリ塩への取り込みと表面反応 ·· 209
  - 6.2.1　O_3 ··· 210
  - 6.2.2　OH ··· 211
  - 6.2.3　HO_2 ··· 212
  - 6.2.4　N_2O_5 ··· 213

- 6.2.5　HNO_3 ·· 214
- 6.2.6　$ClONO_2$ ·· 215
- 6.3　土壌粒子・鉱物粒子への取り込みと表面反応 ··························· 216
  - 6.3.1　O_3 ··· 217
  - 6.3.2　HO_2 ·· 218
  - 6.3.3　N_2O_5 ·· 218
  - 6.3.4　HNO_3 ·· 219
  - 6.3.5　SO_2 ·· 220
- 6.4　ススへの取り込みと表面反応 ··· 221
  - 6.4.1　O_3 ··· 222
  - 6.4.2　NO_2 ·· 223
  - 6.4.3　N_2O_5 ·· 224
  - 6.4.4　HNO_3 ·· 224
  - 6.4.5　SO_2 ·· 225
- 6.5　極成層圏雲（PSC）上の反応 ··· 226
  - 6.5.1　$N_2O_5 + H_2O$ ··· 228
  - 6.5.2　$N_2O_5 + HCl$ ·· 230
  - 6.5.3　$HOCl + HCl$ ··· 231
  - 6.5.4　$ClONO_2 + H_2O$ ·· 233
  - 6.5.5　$ClONO_2 + HCl$ ··· 236

7. 対流圏反応化学

- 7.1　自然大気中におけるメタンの酸化反応と OH ラジカル連鎖反応 ········· 249
- 7.2　汚染大気中における VOC の酸化反応機構 ······························ 254
  - 7.2.1　炭化水素，アルデヒドの OH, O_3, NO_3 反応速度定数 ············ 255
  - 7.2.2　アルカンの OH 酸化反応機構 ·· 258
  - 7.2.3　アルケンの OH 酸化反応機構 ·· 261
  - 7.2.4　アルケンの O_3 酸化反応機構 ·· 263
  - 7.2.5　アルケンの NO_3 酸化反応機構 ······································ 265
  - 7.2.6　イソプレンの OH, O_3, NO_3 酸化反応機構 ························ 266
  - 7.2.7　アルキンの OH 酸化反応機構 ·· 270
  - 7.2.8　芳香族炭化水素の OH 酸化反応機構 ································· 270
  - 7.2.9　アルデヒドの OH, NO_3 酸化反応機構 ······························ 276

- 7.3 OHラジカル連鎖反応による O_3 の生成と消失 ················ 277
  - 7.3.1 清浄大気中における O_3 の生成と消失 ················ 277
  - 7.3.2 汚染大気中における O_3 の生成 ················ 282
  - 7.3.3 オゾン生成の NO_x, VOC 依存性とオゾン等濃度曲線 ········ 284
- 7.4 大気中における OH, HO_2 ラジカルの測定とモデルの検証 ········ 291
  - 7.4.1 OH, HO_2 濃度の測定とモデルとの比較 ················ 292
  - 7.4.2 OH 反応性の測定と未知反応性 ················ 304
- 7.5 対流圏ハロゲン化学 ················ 306
  - 7.5.1 ハロゲンの初期放出源 ················ 307
  - 7.5.2 気相ハロゲン連鎖反応 ················ 309
  - 7.5.3 多相ハロゲン連鎖反応 ················ 311
  - 7.5.4 大気中における活性ハロゲン化学種の測定とモデルとの比較 ··· 313
- 7.6 対流圏硫黄化学 ················ 321
  - 7.6.1 気相均一酸化反応機構 ················ 322
  - 7.6.2 多相不均一反応と雲霧の酸性化 ················ 326

8. 成層圏反応化学

- 8.1 純酸素大気とオゾン層 ················ 351
- 8.2 微量成分によるオゾン消失サイクル ················ 354
  - 8.2.1 含水素化合物と HO_x サイクル ················ 355
  - 8.2.2 含窒素化合物と NO_x サイクル ················ 357
  - 8.2.3 含塩素化合物と ClO_x サイクル ················ 361
  - 8.2.4 その他のハロゲン（臭素，ヨウ素，フッ素）化合物の反応 ······ 364
- 8.3 気相連鎖反応と CFC によるオゾン破壊 ················ 368
- 8.4 PSC 上の不均一反応とオゾンホール ················ 371
- 8.5 成層圏硫黄化学 ················ 376

付表 ················ 382

索引 ················ 401

コ ラ ム

OH ラジカル連鎖反応機構の「発見」……………………………………………………252
光化学スモッグチャンバー………………………………………………………………278

1
大気化学序説

　本章では大気化学への序章として，近代化学の黎明期から大気化学が誕生し現在に至るまでの道筋を概観し，1.3 節にこれまで発刊されている大気の化学および大気化学に関する教科書をリストアップした．また，本章の執筆にあたって参考にした文献を参考文献として章末に掲げた．

1.1　近代化学の黎明と大気の化学

　近代化学の誕生は大気の化学と切っても切れない関係がある．大気の化学は 18 世紀後半のイギリスで，「空気の化学」として大きな興味がもたれたことに端を発するが，これはまた近代化学の黎明をも意味していた．ブラック（Black）による二酸化炭素の発見が 1755 年，水素が 1766 年にキャヴェンディッシュ（Cavendish）によって発見され，その後窒素が 1772 年にラザフォード（Rutherford）によって，酸素は 1774 年にプリーストリー（Priestley）によって発見されている．さらにこの頃，現在大気汚染ガスとして知られている多くの空気成分，一酸化窒素，二酸化窒素，二酸化硫黄，塩化水素，アンモニア，一酸化二窒素などが次々と発見されている．

　18 世紀後半のこの頃は，時あたかも錬金術から近代化学への転換の時代であった．ちなみに錬金術という日本語はおどろおどろしい語感を与えるが，英語ではアルケミー（alchemy）であり，alchemy の al とはアラビア語の冠詞で the のようなものなので，英語の方が錬金術と化学（chemistry）との連続性がより自然に感得される．

　この時代はまた，燃焼とは可燃物に含まれるフロギストン（燃素，phlogiston）が失われるためであるという一世を風靡したフロギストン説が提唱され，論破されてゆく時代でもあった．今，我々は燃焼とは，空気中の酸素との結合による激しい発熱反応であることを知っているが，当時のフロギストン説は，燃焼とは炎とともにフロギストンが物質から激しく立ち上り空気中に失われる現象だと考えたわけである．フロギストン説は当時の学会の主流の説として，相当長いこと信じられていたが，ラヴォアジェ（Lavoisier）による質量保存の法則が定式化され，ものが燃えると燃え残り

の灰はもとのものより軽くなるのではなくて重くなるということがわかってはじめて，この説の誤りが認められるようになった．このように「空気の化学」はフロギストン説とも関わっており，近代化学の序幕を飾ると同時に，当時はまだ意識はされなかったが「大気の化学」の序幕でもあったのである．

　化学者の間で大気の化学が意識されたのは，オゾンと大気との関わりを契機としてであった．後に地球大気の化学にとって非常に重要となるオゾン分子の発見は，19世紀になってから1839年にドイツ/スイスの化学者シェーンバイン(Shönbein)によって実験室の中でなされた．地表付近の大気中にオゾンが存在することが見いだされ，その大気との関わりが明らかになったのは，分子としてのオゾンの発見から約20年経った1860年のことである．その後大気中のオゾンを測るというのが一つの流行になり，ヨーロッパの数多くの地点で，地表付近でのオゾン観測が開始されている．この流行のお陰で，19世紀末のオゾン濃度の記録が数値として残っており，20世紀以来の対流圏オゾン増加の参照値として非常に重要なデータとなっている．ちなみに当時のオゾンの測定方法は，ヨウ化カリウム液を浸した濾紙を空気に曝露し，酸化されて生ずるヨウ素の紫褐色の発色の濃さを測るというもので，シェーンバイン法と呼ばれている．最近まで我が国でも用いられてきた湿式のオキシダント計は，この原理を用いて自動化したものである．

　一方，この間に実験室的にオゾンが合成され，アイルランドの化学者・ハートレー（Hartley）によって吸収スペクトルの測定がなされた．その結果オゾンは200〜320 nmの紫外部の光をもっとも強く吸収することがわかり，この吸収帯は彼の名を冠してハートレー帯と呼ばれている．現在では大気中オゾンの測定は，紫外線吸収による物理的な手法による測定器が標準的であるが，その原理はオゾンのハートレー帯の光吸収に基づいている．オゾンの吸収スペクトルのデータが，大気の化学にさらに大きな意味をもったのは，これが成層圏にあるオゾン層の発見につながったことである．これに先立って太陽光の放射スペクトルの観測がなされており，地上で測定される太陽光スペクトルには300 nmより短い波長の紫外線がまったく到達していないことがわかった．この紫外線の波長限界が実験室的に測定されたオゾンの吸収スペクトルの立ち上がりの波長とよく一致することから，ハートレーは1880年頃にこれは大気の層の中にオゾンが高濃度で存在するからに違いないと結論づけている．さらに後になって，当時の地表付近のオゾン濃度の測定データから，その濃度ではこの太陽光紫外線の減衰は説明できないので，もっと多量のオゾンが上空に存在することが推論されるようになる．成層圏にオゾン層があることが実証されたのは，それからさらに20〜30年が経ち20世紀に入って，1913年ファブリ（Fabry）とビュイソン（Buisson）

の二人のフランス人物理学者によってである．

　一方，高度とともに気温が上昇する成層圏の存在はこれに先立って1902年にフランスの気象学者ボール（Bort）によって発見された．成層圏がオゾン層よりも先に発見されたこともあり，成層圏にオゾン層が存在するといういい方が通常なされるが，実は地球大気中にはオゾン層が先に形成されて，そのために成層圏が形成されたことになる．オゾンは太陽光を効率よく吸収するため，オゾン濃度が高いところは大気の温度が上昇し，上空で気温がより高くなるという気温の逆転が起こり，成層圏が形成された．現在の地球大気中の酸素濃度に対しては，オゾン密度が最大となるのが地表20～25 km付近であるが，上層ほど空気密度が低く熱容量が小さいため，成層圏で気温がもっとも高くなるのはオゾン層の中心ではなくて高度約50 km付近である．

　大気の化学に関する研究は，その後大気中の化学反応にも目が向けられるようになる．大気中の化学反応の研究には，大きく分けて地球物理学からの流れと，環境科学・地球化学からの流れとがある．地球物理学からの流れは，成層圏になぜオゾン層ができるかを解明しようとしたオゾンの化学の研究に端を発する．地球大気の酸素に太陽光が当たって光化学反応によりオゾン層が形成されることをはじめて光化学的に解明したのはイギリスの地球物理学者・チャップマン（Chapman）であり，1930年に発表されたその理論はチャップマン機構（理論）として知られている．チャップマンの理論は太陽光を吸収する地球大気の成分として酸素だけを考慮した理論であることから，純酸素理論とも呼ばれている．酸素が太陽光で光分解されて2個の酸素原子となり，酸素原子が別の酸素分子と結合してオゾンが生成されるが，これだけだと時間が経つと酸素はすべてオゾンになってしまう．そうならないのは，生成したオゾンが太陽光で光分解されて酸素分子と酸素原子に戻り，またオゾンの一部は酸素原子と反応してこれも酸素分子に戻るからである．このようにして，酸素とオゾンは太陽光の下で生成・消滅を繰り返し光化学的な平衡状態に達する．チャップマンは酸素とオゾンの吸収スペクトルと太陽光の放射強度，酸素原子と酸素，オゾンの反応の速度定数，それに地球大気中の酸素分子密度の高度分布から，オゾンがどこでどれだけできるかを計算し，オゾン層が高度20～25 km付近にできることを説明することに成功した．計算されたオゾンの濃度は，酸素以外の微量気体の化学反応を無視しているので，現在得られている観測値と比べると2倍程度過大評価となってはいるが，得られたオゾンの高度分布は，観測結果を見事に再現することに成功している．

　その後1960年代から70年代にかけて成層圏の化学反応の研究は，H_2O/CH_4，N_2O，CH_3Clなどの大気微量成分を取り込んだ化学反応を考慮することにより，HO_x，NO_x，ClO_xサイクルと呼ばれる大気中の重要な連鎖反応理論の体系化につながるとともに，

上で述べた成層圏オゾン密度の観測との不一致が解消されるなど，大きな学問的進歩を遂げることになる．さらにその発展として，1974年にモリーナとローランドによってクロロフルオロカーボン（CFC）によるオゾン層破壊の予測理論が提唱され，重要な地球環境問題の解決へとつながっていくことになる．

一方，環境科学分野からの対流圏大気の化学に関する研究は，産業革命に伴う石炭燃焼に起因した大気汚染にさかのぼり，18世紀後半のイギリスにおける降水や降雪の化学成分の測定に始まる．酸性雨という言葉が19世紀のイギリスの化学者，アンガス・スミス（Angus Smith）によってはじめて用いられ，都市の降水には硫酸または硫酸アンモニウムが，郊外の降水には硫酸アンモニウムが，汚染のないリモートな地域では炭酸アンモニウムが含まれていることなどが当時明らかにされている．こうした初期の大気汚染の研究は，学問的には地球化学における降水化学，ガス・エアロゾル化学の研究に引き継がれてきたが，地球化学のなかでは空気化学（air chemistry）は海洋化学・鉱物化学などに比べて地味な存在に留まっていた．また，大気微量成分の環境科学，地球化学的な研究は，分析化学的な研究が中心で，大気中の化学反応の研究を大きく発展させることはなかった．これは，成層圏に比べて対流圏は一般的には化学的に静的な場と考えられていたことにも起因している．

大気汚染の研究が大気中の化学反応研究を大きく発展させる契機となったのは，1940年代に米国の南カリフォルニアで顕在化した光化学スモッグである．ロサンゼルス盆地では1943年の夏に白いスモッグに襲われて，目の痛みや呼吸器障害などの健康被害，葉が褐色になって壊死する農作物被害が報告された．1950年代にはこうした被害がさらに続出するようになったが，その原因は長いこと謎であった．というのもこの地域の主要大気汚染物質である自動車排気ガス中の窒素酸化物や炭化水素類などは，直接そのような健康被害や農作物被害を引き起こさないからである．この謎を解いたのは当時カリフォルニア工科大学教授だったハーゲンシュミット（Haagen-Smit）である．ハーゲンシュミットは，自動車排気ガスに紫外線を照射するなどの実験から，汚染大気中の光化学反応によってオゾンをはじめとする酸化性物質（オキシダント，oxidant）が生成し，これが人間の健康や植物に被害をもたらしていることを実証した．オゾンやその他のオキシダントはほとんど無色の気体であり視程の低下をもたらさないが，オゾンが生成するときには同時に大気中の化学反応で粒子状物質（エアロゾル）が二次的に生成して，視程の低下を招き「白いスモッグ」をもたらす．

対流圏大気の化学反応の研究は，1960年代から70年代における光化学スモッグの生成機構の研究を契機としてその後飛躍的に発展し，自由対流圏を含む対流圏全体の化学として学問的に広く取り扱われるようになった．そのもっとも顕著な例が，1970

年代の初期に確立された対流圏における OH ラジカル連鎖反応理論であり，光化学大気汚染の反応メカニズムを揺るぎないものにするとともに，地球環境問題に直接関わるより普遍性をもった次の時代の対流圏化学の基礎理論を提供するところとなった．

1.2 大気化学への発展

このように主としてオゾン層の化学と光化学スモッグの化学と見なされてきた「大気の化学」は，1980 年代に大きな転換期を迎える．それが「大気の化学（chemistry of the atmosphere）」から「大気化学（atmospheric chemistry）」への「発展」である．1980 年代に至るまで成層圏の化学が，地球物理学の一部として基礎学問として扱ってこられたのに対し，対流圏の化学は大気汚染に関わる化学という化学の応用の一分野と見なされ，基礎学問としての取扱いは受けてこなかった．ところが 1980 年代の中頃に，対流圏の化学はこれまで歴史的に科学として取り上げられたことがなかった，ということが逆バネとなってはじめてアカデミックな学問の対象として広く取り上げられるようになる．それと同時に対流圏化学と成層圏化学を包括した「大気化学」が地球科学を構成する新たな基礎学問分野として確立されるようになった．従来の「大気（空気）の化学」が大気成分の分析化学的，反応化学的側面が中心であったのに対し，「大気化学」は，自然起源・人為起源の発生源からの大気微量成分の放出過程，大気中での輸送過程とそれに伴う化学的変質過程，大気微量成分の大気からの湿性・乾性沈着による除去過程という一連の物質収支に関わるプロセスを明らかにすることによって，地球規模での大気微量成分の空間的分布と時間的変動とそれらの生物地球化学循環を明らかにするというシステム科学的側面をもった新しい学問分野になったことが大きな特徴である．1980 年代の後半は時あたかも地球環境時代の幕開けの時代であり，「大気化学」は地球温暖化，オゾン層破壊，酸性雨をはじめとする人間活動による地球変動（global change）を解明するための有用な基礎学問分野として，大気物理学，海洋物理・化学，陸域・海洋生態学などと並列に認知されるようになった．

「大気化学」は従来の学問分野でいうところの物理化学，分析化学，地球物理学，気象学，生態学などの一部を統合した学際的学問分野である．このような全体論的学問を体系的に成立させるためには，それを構成する各要素科学がきちんと整えられていることが必要条件である．

本書はこうした文脈のなかで，従来の研究分野としては物理化学の一側面である反応化学に立脚し，大気化学の一要素としての「大気反応化学」を対象とした教科書である．システム科学としての大気化学については，以下に紹介する多くの優れた教科

書があるのでそれらを参照されたい．

1.3 大気化学の教科書

1960年代の大気の化学を対象とした専門書としては，一つは光化学大気汚染研究から生まれた，
- Leighton, P. A., *Photochemistry of Air Pollution*, Academic Press, 300 pp, 1961.

もう1冊は地球化学の流れから生まれた，
- Junge, C. E., *Air Chemistry and Radioactivity*, Academic Press, 382 pp, 1963.

がある．これらは今では大気化学の古典的バイブルと呼ばれる教科書であろう．

1970～80年代に書かれた「大気の化学」の教科書には，
- Phillips, L. F. and M. J. McEwan, *Chemistry of the Atmosphere*, 301 pp, John Wiley & Sons, 1975.
- Heicklen, J., *Atmospheric Chemistry*, 406 pp, Academic Press, 1976.
- Wayne, R. P., *Chemistry of Atmospheres*, 355 pp, Clarendon Press, 1985.
- Shimazaki, T., *Minor Constituents in the Middle Atmosphere*, 444 pp, D. Reidel, 1985.
- Finlayson-Pitts, B. J. and J. N. Pitts, Jr., *Atmospheric Chemistry*, 1098 pp, John Wiley & Sons, 1986.
- Seinfeld, J. H., *Atmospheric Chemistry and Physics of Air Pollution*, 738 pp, John Wiley & Sons, 1986.
- Warneck, P., *Chemistry of the Natural Atmosphere*, 753 pp, Academic Press, 1988.
- 小川利紘，大気の物理化学，224 pp，東京堂出版，1991.

などがあり，それぞれが当時まだ大気の化学が必ずしも一般的でなかった時代に，先駆的な教科書としての役割を果たした．また大気化学の教科書ではないが，この分野の研究者にとっても長い間有用であり，本書の執筆にあたりその構成などが参考になった光化学の参考書として，
- Okabe, H., *Photochemistry of Small Molecules*, 431 pp, John Wiley & Sons, 1978.

がある．

その後，地球環境問題が強く意識され，地球システム科学的な視点が強まった1990年代以降の「大気化学」の時代の教科書としては，以下のようなものが挙げられる．

1.3 大気化学の教科書

- Graedel, T. E. and P. J. *Crutzen, Atmospheric Change*, 446 pp, W. H. Freeman and Company, 1993（地球システム科学の基礎，河村公隆・和田直子訳，400 pp，学会出版センター，2004）

  大気圏，地圏，水圏，生物圏にわたる諸現象を一つの地球システムとして理解するという視点に立った学部学生向けに書かれた教科書であり，大気，淡水・海水などの化学について議論されている．大気化学の講義を補足するテキストとしての性格を有する．

- Brasseur, G. P., J. J. Orlando and G. S. Tyndall, eds., *Atmospheric Chemistry and Global Change*, Oxford University Press, 1999.

  地球環境問題への大気化学の関わりを視野に置き，各プロセス，各化合物群，オゾン変化・気候変化などについて，全体の統一を図りながらそれぞれの専門家が各章を執筆するスタイルをとっており，各章末にその分野のシニア研究者のエッセイを付けたユニークな構成の成書である．

- Jacob, D., *Introduction to Atmospheric Chemistry*, 264 pp, Princeton University Press, 1999.（大気化学入門，278 pp，近藤豊訳，東京大学出版会，2005）

  著者がハーバード大学で学部学生に対して実際に行ってきた講義をまとめたもので，1学期で学べる範囲の大気化学の基礎を，学部学生にとって重要と思われる環境問題のテーマに絞って取り上げたコンパクトな教科書．

- Finlayson-Pitts, B. J. and J. N. Pitts, Jr., *Chemistry of the Upper and Lower Atmosphere*, Academic Press, 969 pp, 2000.

  分光学，光化学，反応速度論，均一・不均一反応機構などの物理化学的基礎を重視するとともに，オゾン層破壊，光化学オキシダント，酸性沈着，有害大気汚染物質，室内汚染などを包括し，大気化学に基づく大気汚染抑止対策を視野に入れた解説がなされている．

- Wayne, R., *Chemistry of Atmospheres*, 3rd ed., 775 pp, Oxford University Press, 2000.

  成層圏・対流圏化学に加え中間圏のイオン・大気光，惑星大気の化学を包括し，第3版ではとくに対流圏での雲水内化学過程，およびその基礎となる不均一反応に関する項が，光化学・反応速度論の章に新たに加えられている．

- Hobbs, P. V., *Basic Physical Chemistry for the Atmospheric Sciences*, 2nd Edition, 208 pp, Cambridge University Press, 2000.

  大気科学，地球惑星科学を学ぶものにとって必要な化学平衡，化学熱力学，反応速度論，光化学などの化学の原理を簡潔にまとめた学生用の教科書で，次の大

気化学そのものに対する教科書とペアをなしている.
- Hobbs, P. V., *Introduction to Atmospheric Chemistry*, 276 pp, Cambridge University Press, 2000.

  大気化学の基礎的な側面を大気汚染,オゾンホール,地球温暖化などのレビューを含めて,簡潔にまとめた学生用の教科書.多くの問題と解答が付せられている.
- 秋元　肇,河村公隆,中澤高清,鷺田伸明編,対流圏大気の化学と地球環境,223 pp. 学会出版センター,2002.

  我が国ではじめての文部者・科学研究費による対流圏大気化学プロジェクト「対流圏化学グローバルダイナミクス」をベースとしてまとめられた成書.温室効果気体,対流圏光化学と反応性微量成分,大気中の均一反応と不均一反応,エアロゾルとその前駆体について詳しく述べられている.
- McElroy, M. B., *The Atmospheric Environment：Effects of Human Activities*, 326 pp, Princeton University Press, 2002.

  地球環境問題の基礎コースとしてハーバード大学で環境科学・社会政策学科などの学生に対し使われてきた教科書で,基礎となる大気の物理と化学,炭素・窒素・硫黄循環,成層圏オゾン,対流圏化学と降水化学,気候変化などについてわかりやすく書かれている.
- Brasseur, G. P and S. Solomon, *Aeronomy of the Middle Atmosphere: Chemistry and Physics of the Stratosphere and Mesosphere*, 3rd ed., 644 pp, Springer, 2005.

  成層圏と中間圏の物理と化学に特化したユニークな教科書で,力学・輸送,放射,化学組成の章がそれぞれに詳しく解説されている.とくにオゾン層に関しては化学組成の章とオゾン摂動の章で気相反応,PSC上の不均一反応を含め,モデルと観測の結果が詳しく解説されている.
- Seinfeld, J. H. and S. N. Pandis, *Atmospheric Chemistry and Physics：From Air Pollution to Climate Change*, 2nd ed., 1203 pp, John Wiley and Sons, 2006.

  成層圏・対流圏の均一反応化学に加え,エアロゾルに関しその特性,流体力学,熱力学,核生成,沈着過程,有機エアロゾル,気候影響などの章が設けられ詳しく解説されている.とくにそれぞれの過程を原理から丁寧に説明することに力が注がれている.
- Holloway, A. M. and R. P. Wayne, Atmospheric Chemistry, 271 pp, The Royal Society of Chemistry Publishing, Cambridge, 2010.

  化学の学生が大気化学を学ぶために書かれた教科書であり,同じ著者の一人(Wayne) の上記 "Chemistry of Atmospheres (2000)" に比べてずっとコンパ

クトになっている．微量気体のソースとシンク，収支と大気寿命などの概念がそれぞれ独立した章を設けて解説されているのが一つの特徴である．

参考文献

Brock, W. H., *The Fontana History of Chemistry*, Harper Collins Publishers, 1992.（化学の歴史 I，大野　誠・梅田　淳・菊池好行訳，朝倉書店，2003.）

Cowling, E. B., Acid precipitation in historical perspective, *Environ. Sci. Technol.*, **16**, 110A-123A, 1982.

Ihde, J. A., *The Development of Modern Chemistry*, Harper & Row Publishers, New York, 1964.（鎌谷親善，藤井清久，藤田千枝訳，現代化学史 1，みすず書房，1972.）

Warneck, P., *Chemistry of the Natural Atmosphere*, Academic Press, 1988.

2
化学反応の基礎

　大気中の化学反応システムは，光分解反応，均一気相反応，粒子上の不均一反応などからなっている．本章ではこうした大気化学反応を学ぶ上で基礎となる，光化学，反応速度論，多相反応の考え方を物理化学的な原理に基づいて解説する．

　本章で述べられる化学反応の基礎の多くはすでに確立されており，これらに関してはさらに詳しく知りたい読者のためにいくつかの成書を章末に参考文献として掲げた．ただし，2.4節で述べられる多相不均一反応に関しては近年とくに注目され，今なお発展している分野であり，その取扱いもまだ必ずしも定式化されていないことに注意しよう．

2.1　光化学と光分解反応

2.1.1　光化学の第1法則，第2法則

　光化学の第1法則はグロートゥス-ドレイパー（Grotthuss-Draper）の法則「入射した光のうち，化学種に吸収されたものだけが反応に関わる」，言い換えると「光吸収なければ光化学反応なし」というものである．光化学第1法則の告げるところはすなわち，もしその波長領域にその分子が吸収スペクトルをもたなければ，強い光を照射してもまた光の量子エネルギーが分子内の結合エネルギーより大きくとも，光化学反応は起こらないということである．このことは，光化学反応を理解する第一歩は分子（原子）の吸収スペクトルの把握であり，大気化学では各々の大気中分子の吸収スペクトルと太陽光放射の波長の重なり合いを理解することが議論の出発点となることを意味している．

　光化学の第2法則は別名アインシュタインの光化学当量の法則，またはシュタルク-アインシュタイン（Stark-Einstein）の法則と呼ばれ「光の吸収は光量子単位で行われ，1個の分子が1個の光量子を吸収し，それにより1個またはそれ以下の分子が反応する」というものである．

　光の量子エネルギー E は，

2.1 光化学と光分解反応

$$E = h\nu = \frac{hc}{\lambda} \tag{2.1}$$

で表され，ここで h はプランク定数，6.6262×10^{-34} J s，c は真空中での光の速度，2.9979×10^8 m s^{-1}，ν は光の振動数（s^{-1}），λ は光の波長である．大気光化学で取り扱われる可視・紫外領域の光の波長は通常ナノメートル，1 nm = 10^{-9} m，で表されるが，以前はオングストローム，1 Å = 10^{-10} m もよく用いられていた．また，赤外域では主に波数（wavenumber），ω（cm^{-1}），がよく用いられるが，これは cm 単位で表した波長, λ の逆数である．光化学の第2法則の意味するところは，分子は式(2.1)から計算される各波長に相当する量子エネルギーを単位として，光を吸収するというものである．

一般に化学では実験的な対応から1個の分子の代わりにモル（mole），1 mol = 6.022×10^{23} molecules（アボガドロ数），が多く用いられる．1モル量の分子に相当する光量子エネルギーの単位を1アインシュタイン（einstein）と呼ぶ．波長 λ（nm）の光 1 einstein あたりの光量子エネルギーは，

$$\begin{aligned}
E &= (6.022 \times 10^{23}) \times \frac{hc}{\lambda} \\
&= \frac{1.196 \times 10^5}{\lambda} \text{ kJ einstein}^{-1} \\
&= \frac{2.859 \times 10^4}{\lambda} \text{ kcal einstein}^{-1} \\
&= \frac{1.240 \times 10^3}{\lambda} \text{ eV}
\end{aligned} \tag{2.2}$$

で表される．

ここで，本書で扱われる物理定数の値を表2.1に掲げた．また，化学で多く用いられるエネルギー単位，kJ（キロジュール），kcal（キロカロリー），eV（エレクトロンボルト）の換算表を表2.2に示す．また，これらの単位を用いた可視紫外域の光の波

表2.1 物理定数の値

定数	数値
ボルツマン定数（k_B）	1.3807×10^{-23} J K^{-1}
プランク定数（h）	6.6261×10^{-34} J s^{-1}
光速（真空中）（c）	2.9979×10^8 m s^{-1}
アボガドロ数（N）	6.0221×10^{23} mol^{-1}
気体定数（R）	8.3145 J K^{-1} mol^{-1} = 0.082058 L atm K^{-1} mol^{-1}

表2.2 エネルギーの換算表

	kJ mol^{-1}	kcal mol^{-1}	eV
kJ mol^{-1} =	1	×0.2390	×0.01036
kcal mol^{-1} =	×4.184	1	×0.04337
eV =	×96.49	×23.06	1

表 2.3 典型的な可視紫外域の波長に対応するモルあたり光量子エネルギー

光の波長 (λ) nm	モルあたり光量子エネルギー (E)		
	kJ einstein^{-1}	kcal einstein^{-1}	eV
600	199	47.7	2.07
500	239	57.2	2.48
400	299	71.5	3.10
300	399	95.3	4.13
200	598	143.0	6.20
100	1196	285.9	12.40

λ (nm) = 119600/E (kJ einstein^{-1}) = 28590/E (kcal einstein^{-1})
= 1240/E (eV)

長に相当する 1 einstein あたりのエネルギーの換算表を表 2.3 に示す．大気中の分子の個々の光分解過程がエネルギー的に可能となるエネルギーしきい値については第 4 章の各論で扱われる．

2.1.2 光分解量子収率

　光化学の第 1 法則が満たされるように，分子が光分解を起こしうる波長の光が照射されたとしても，この分子が実際に光分解を起こすとは限らない．すなわち，光化学の第 1 法則が満たされることは，光分解の必要条件であり，十分条件ではない．分子は一般に可視・紫外領域の光を吸収すると電子的励起状態へと到達する．たとえばもっとも単純な二原子分子の場合，分子 AB のポテンシャル（位置）エネルギー曲線の概念図は図 2.1, 2.2 のように示すことができる．これらの図の横軸は分子内の原子間距

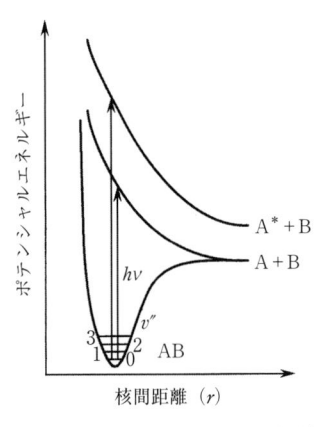

図 2.1　反発型ポテンシャルへの光励起 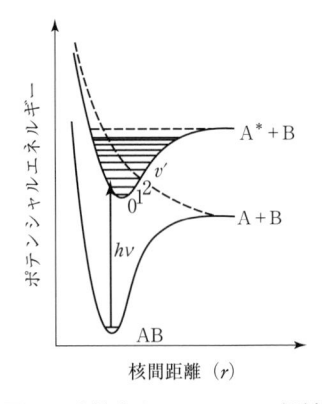　　図 2.2　束縛型ポテンシャルへの光励起

2.1 光化学と光分解反応

離,縦軸は分子内のポテンシャルエネルギーである.ここでもっともエネルギー的に安定なエネルギーにある原子・分子の状態を基底状態（ground state），これよりエネルギーの高い状態を励起状態（excited state）と呼ぶ.図2.1のケースは,分子の励起状態がいずれもポテンシャルに極小をもたない反発型状態（repulsive state）の例である.こうした分子の場合,光吸収によって到達した励起分子 AB*（一般に電子的励起状態にある原子・分子は右肩に*をつけて表す）は直ちに A＋B または A*＋B の二つの原子へと解離される.一般に A*＋B のような励起状態原子への解離は,より波長の短い（光量子エネルギーの大きい）光を吸収した場合に起こることを図は模式的に表している.また,基底状態エネルギー曲線に描かれている横線は,基底状態における振動エネルギー準位（v''）を表している.

一方,図2.2は,励起状態のポテンシャルエネルギー曲線が極小をもつ束縛型状態（bound state）の例である.束縛型エネルギー曲線に描かれている横線は,この励起分子内の振動エネルギー準位（v'）を表している.このような場合,この状態に励起された分子は,解離エネルギーの値より高い状態にあっても直ちに A＋B に解離することはできず,一定の寿命の間この状態に留まる.この間にその励起状態の自然放射寿命に従い,光を放出して基底状態へ戻ることもありうる.この場合光分解は起こらない.しかしながら,束縛型励起エネルギー曲線は,往々にして図2.2に例示されるように,A＋B に解離する反発型ポテンシャル曲線（破線）と交叉していることが多い.このような場合,光量子エネルギーが交叉している点のエネルギーより高い場合には,束縛型励起状態から反発型励起状態への交叉が起こり,分子は A＋B に解離することができる.このような形での解離は「前期解離（predissociation）」と呼ばれている.また束縛型エネルギー曲線への励起でも,たとえば図2.2で光吸収により A*＋B へと解離する解離エネルギーより高いエネルギーのポテンシャル曲線に到達する場合には,分子は直ちに A*＋B に解離する.

ある分子への光励起が図2.1, 2.2のいずれのケースにあてはまるかは,その分子の吸収スペクトルが完全な連続スペクトルであるか,吸収スペクトルに一部でもバンド構造がみられるかどうかで判断することができる.すなわち図2.2のようなケースでは分子の束縛型ポテンシャル内の振動エネルギー準位に相当した光吸収が起こるので,その吸収スペクトルにバンド構造が現れる.たとえば,図2.3は塩素（Cl_2）,図2.4はヨウ素（I_2）の吸収スペクトルである.Cl_2の250〜450 nm領域の吸収スペクトルは完全な連続スペクトルであり,この領域の光励起に相当する励起ポテンシャルエネルギー曲線は反発型であることがわかる.この領域の光で励起されたCl_2分子はすぐに二つの基底状態 Cl 原子（$^2P_{3/2}$）に解離することが知られている.一方,I_2のスペ

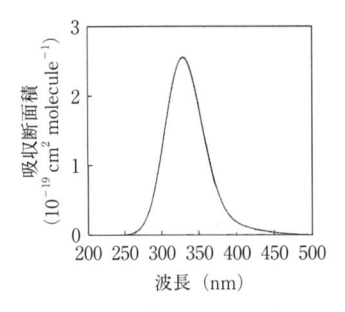

図 2.3 Cl_2 の吸収スペクトル（Maric et al., 1993 より改修）

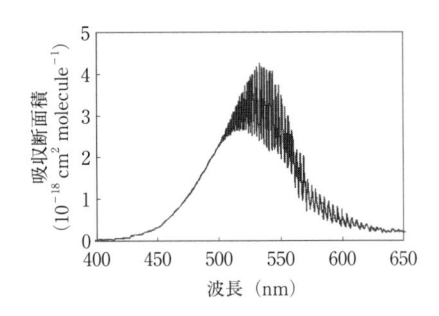

図 2.4 I_2 の吸収スペクトル
500～630 nm は分解能 0.1 nm, それ以外は分解能 1 nm（Saiz-Lopez et al., 2004 より改修）

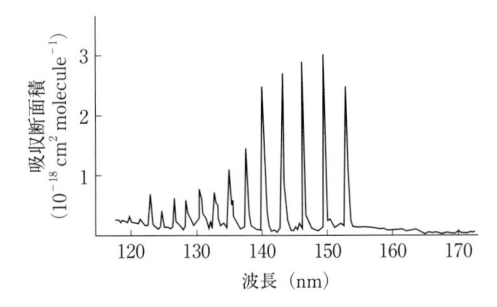

図 2.5 CO の吸収スペクトル（Myer and Samson, 1970 より改修）

クトルでは 400～500 nm の連続スペクトルに，500～650 nm 領域のバンド構造のあるスペクトルが連なっている．後者の領域のバンド構造は，ポテンシャル曲線に極小をもつ準安定な状態への遷移に対応しており，こうした状態へ励起された分子がどの程度の確率で光分解するかは，一般には実験的に確かめなければならない．図 2.4 のようにバンド構造が連続スペクトルの上に重なっている場合は，一般には上述の前期解離が起こっていることに相当する．一方，前期解離がみられない完全な束縛ポテンシャルへの励起に相当する吸収スペクトルは図 2.5 に示す一酸化炭素 CO の例にみられる．この場合スペクトルは完全なバンドスペクトルであり，励起分子は光分解されず蛍光（fluorescence）を発するか，ほかの分子との衝突で脱活（deactivation, 消光 quenching とも呼ばれる）されて基底状態に戻る．

ここまでは二原子分子を例としての説明であったが，一般に n 個の原子からなる多原子分子の場合も光励起と分子の励起ポテンシャル曲面（$n-1$ 次元），吸収スペクトルの考え方はまったく同じである．ただし光分解に対しては, たとえば ABC → AB + C,

A+BC のような複数の経路が考えられるので，ポテンシャル曲面としては図 2.1, 2.2 のような一次元でなく，それぞれの解離原子間距離を変数とする多次元のポテンシャル曲面を考慮することになり複雑になる．

吸収された光量子あたり分子が光分解する確率を光分解量子収率（photodissociation quantum yield）と呼ぶ．すなわち，光分解量子収率 Φ は次のように定義される．

$$\Phi = \frac{光分解された分子の数}{吸収された光量子の数} \tag{2.3}$$

この定義から光分解量子収率は最大 1，最小 0 である．

上に述べた光励起と吸収スペクトルの関連から，吸収スペクトルが連続で，図 2.1 のように光吸収により反発型励起ポテンシャル曲面に分子が励起されるような場合は，一般に光分解量子収率は 1 になる．これに対して，吸収スペクトルがバンド構造をもち，図 2.2 のように束縛型励起ポテンシャル曲面に分子が励起されるような場合の光分解量子収率は一般に $0 \leq \Phi \leq 1$ であり，その値は実験的に決めなければならない．

また，ある波長の光で励起された分子は，エネルギー的に許されるならば複数の光分解過程を経ることが可能であり，それぞれの過程に対する量子収率を実験的に決める必要がある．たとえば対流圏に到達する紫外線によるオゾンの光分解反応，

$$O_3 + h\nu \rightarrow O_2 + O(^1D) \tag{2.4a}$$
$$\rightarrow O_2 + O(^3P) \tag{2.4b}$$

は対流圏化学で非常に重要な光分解反応であり，それぞれの経路の生成量子収率の励起波長依存性を決定するのに数多くの実験が行われてきた（4.2.1 項参照）．

2.1.3　ランベルト-ベールの法則

図 2.6 のように，波長 λ の平行な単色光が強度 I_0（時間あたりのエネルギーまたは光量子数）で照射し，濃度 C (mol L^{-1})，長さ l (cm) の媒質中を通過したとすると，通過後の光の強度 I は，

$$\ln \frac{I}{I_0} = -kCl \tag{2.5}$$

$$\frac{I}{I_0} = \exp(-kCl) \tag{2.6}$$

で表され，この関係をランベルト-ベールの法則（英語では通常 Beer-Lambert law）と呼んでいる．このときの比例係数 k は一般に吸光係数（absorption coefficient）$(\text{L mol}^{-1} \text{cm}^{-1})$ と呼ばれる．

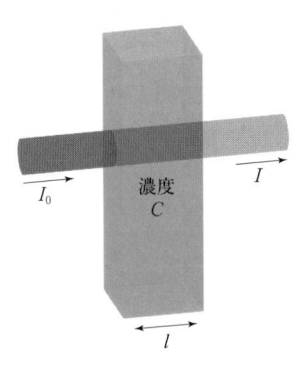

図 2.6 ランベルト-ベールの法則説明の模式図

ランベルト-ベールの法則は対数の底を 10 にとった形で,

$$\log \frac{I}{I_0} = -\varepsilon Cl \tag{2.7}$$

$$\frac{I}{I_0} = 10^{-\varepsilon Cl} \tag{2.8}$$

で表されることも多く,このときの比例係数 ε ($\mathrm{L\ mol^{-1}\ cm^{-1}}$) はモル吸光係数 (molar extinction coefficient) と呼ばれる.また,式 (2.7) の $\log(I/I_0)$ は吸光度 (absorbance) A と呼ばれ,透過率 (transmittance) T と次の関係で結ばれる.

$$A = -\log \frac{I}{I_0} = -\log T \tag{2.9}$$

媒体の濃度単位としては大気化学では分子密度 n ($\mathrm{molecules\ cm^{-3}}$) にとられることが多く,このときのランベルト-ベールの法則は,

$$\ln \frac{I}{I_0} = -\sigma n l \tag{2.10}$$

$$\frac{I}{I_0} = \exp(-\sigma n l) \tag{2.11}$$

のように一般に自然対数で表される.比例係数 σ ($\mathrm{cm^2\ molecule^{-1}}$) は分子あたり面積の次元をもつので,吸収断面積 (absorption cross section) と呼ばれる.また,上式で定義される無次元数 $\sigma n l$ は τ で表し,光学的厚さ (optical depth) と呼ばれている.

$$\tau = \ln \frac{I}{I_0} = \sigma n l \tag{2.12}$$

多くの大気中の分子に対する吸収断面積の値は巻末の付表に与えられている.た

2.1 光化学と光分解反応

表 2.4 異なる単位の吸収係数の換算表

	$cm^2\ molecule^{-1}$	$L\ mol^{-1}\ cm^{-1}$	$atm^{-1}\ cm^{-1}$, 273 K
$cm^2\ molecule^{-1}$ (base e) =	1	$\times 3.82 \times 10^{-21}$	$\times 3.72 \times 10^{-20}$
$L\ mol^{-1}\ cm^{-1}$ (base 10) =	$\times 2.62 \times 10^{20}$	1	$\times 9.71$
$atm^{-1}\ cm^{-1}$ (base e, 273 K) =	$\times 2.69 \times 10^{19}$	$\times 0.103$	1

とえばオゾン（O_3）の非常に強い吸収帯であるハートレー帯の 254 nm 付近の吸収断面積の値は $\approx 1 \times 10^{-17}\ cm^2$（図 3.6，付表 4），対流圏光化学で重要な O_3 の 308 nm 付近，NO_2 の 360 nm 付近の吸収断面積の値はそれぞれ $\approx 1 \times 10^{-19}$, $\approx 5 \times 10^{-19}\ cm^2$（図 3.6，付表 4；図 4.9，付表 6），オゾン層破壊で重要な CHF-11($CFCl_3$) の 200 nm 付近の値は $\approx 5 \times 10^{-19}\ cm^2$（図 4.33，付表 21）などである．概念的には分子半径を $10^{-8}\ cm$ としてその幾何学的面積で光が 100% 吸収されるとすれば，吸収断面積は $\approx 10^{-16}\ cm^2$ の桁になる．一般に σ の値が $10^{-20}\ cm^2$ 以上であれば強い吸収と見なされ，その光分解反応が大気中で重要な過程となる可能性が高い．

次節以下の大気中の光分解反応速度の計算には，吸光係数としては上で定義された吸収断面積を用いるのが望ましいが，多くの文献に与えられている吸収スペクトル図，吸光係数との換算が必要となることがある．とくに，古い文献の気体の吸収スペクトル図では，自然対数ベースの気圧単位の吸光係数 k ($atm^{-1}\ cm^{-1}$) が示されていることがある．この場合気圧単位の分子密度は温度に依存するので，一般に定義温度（通常 273 K または 298 K）が記載されており，吸収断面積への換算には，その温度を考慮することが必要である．表 2.4 には吸収係数の間の単位の換算を掲げる．なお，k ($atm^{-1}\ cm^{-1}$, 273 K) = 1.09 k ($atm^{-1}\ cm^{-1}$, 298 K)，また k (base e) = 2.303 $\times k$ (base 10) である．

2.1.4 光分解速度定数

分子 A が光を吸収し，

$$A + h\nu \rightarrow B + C \tag{2.13}$$

のように光分解する場合，その光分解速度は一次反応（2.3.2 項参照）の式，

$$\frac{d[A]}{dt} = -k_p[A] \tag{2.14}$$

で表される．ここで，式 (2.13) 左辺の h と ν は元来それぞれ式 (2.1) に現れたプランク定数と光の振動数の意であるが，光化学反応式のなかでは [$h\nu$] という光量子を表す一つの記号として慣習的に用いられる．式 (2.14) で定義される光分解速度

定数 k_p (s^{-1}) は実際には，照射される光の強度 I (photons $\mathrm{cm}^{-2}\,\mathrm{s}^{-1}$)，分子 A の吸収断面積 σ ($\mathrm{cm}^2\,\mathrm{molecule}^{-1}$, base e)，および光分解量子収率 $\varPhi$ から計算される．照射される光が波長 λ の単色光の場合は，

$$k_\mathrm{p}(\lambda) = \sigma(\lambda)\varPhi(\lambda)I(\lambda) \tag{2.15}$$

であるが，大気中の光化学反応のように光分解が広い波長の太陽光で起こるような場合にはその光分解速度は，各波長での値を積分して，

$$k_\mathrm{p} = \int_\lambda \sigma(\lambda)\varPhi(\lambda)I(\lambda)d\lambda \tag{2.16}$$

で与えられる．

大気中の光分解反応の計算にあたっては，有効な太陽光の強度を如何に計算するかが大きな問題である．すなわち，大気中の光分解は太陽からの直達光ばかりでなく，地表，雲，大気分子，エアロゾルなどによる四方八方からの反射・散乱光を考えなくてはならない．また，たとえば対流圏では成層圏より上層に存在する大気分子で吸収されなかった波長領域の太陽光のみが光分解反応を引き起こす．このような多くの大気中のプロセスを考慮し，球面積分した太陽光強度を，光化学作用のある放射強度という意味で光化学作用フラックス（actinic flux）$F(\lambda)$（photons $\mathrm{cm}^{-2}\,\mathrm{s}^{-1}$）と呼ぶ．また大気化学では，大気中の光分解反応速度定数を表すのに k_p の代わりに j_p を用いることが多い．これらを用いた大気中での光分解反応速度は，

$$j_\mathrm{p} = k_\mathrm{p} = \int_\lambda \sigma(\lambda)\varPhi(\lambda)F(\lambda)d\lambda \tag{2.17}$$

で表されるが，$F(\lambda)$ の詳しい計算方法については後の第3章で取り扱われる．

2.1.5 分光学的記号と選択則

大気中の光吸収や反応を表す化学式のなかには，たとえば $\mathrm{O}(^3\mathrm{P})$, $\mathrm{O}(^1\mathrm{D})$, $\mathrm{O}_2(^3\Sigma_\mathrm{g}^-)$, $\mathrm{O}_2(^3\Pi_\mathrm{u})$ のように括弧内に記号をつけて原子や分子が記述されることがある．これらの記号は分光学的記号（spectroscopic symbol）と呼ばれ，それぞれの原子・分子の電子状態の違いを角運動量波動関数の対称性で表したものである．ここではその量子化学的理論には立ち入らないが，記号のもつ意味とその有用性，とくに光吸収や光分解反応を議論する上で重要な選択則（selection rule）について解説する．

分光学的記号：原子に対する分光学的記号は一般に $^{2S+1}L_J$ で表される．ここで S は電子のスピン角運動量（spin angular momentum），L は軌道角運動量（orbital angular momentum）を表し，それぞれ電子の自転と公転の角運動量に対応している．また J はスピン角運動量と軌道角運動量をベクトル的に足し合わせたもので全角運動

量（total angular momentum）と呼ばれる．軌道角運動量 L についてはその値が，$L=0, 1, 2$ などに対してそれぞれ S, P, D などの記号で表す．スピン角運動量についてはその値 $S=0, 1/2, 1$ などに対して，スピン多重度 $2S+1$ の値 1, 2, 3 などの数字で表す．また全角運動量 J は，$J=|L+S|, |L+S-1|, |L+S-2|, \cdots, |L-S+2|, |L-S+1|, |L-S|$ で表される合成角運動量である．すなわち，たとえば ^{3}P 状態に対しては，$S=1, L=1$ であるので $J=0, 1, 2$ の値をとり，$^3P_0, ^3P_1, ^3P_2$ の三つの電子状態が存在する．それらをとくに区別しないときには J の値を省略して ^{3}P と表記する．大気化学ではたとえば酸素原子の基底状態，励起状態はそれぞれ O(^{3}P), O(^{1}D) と記述され通常 J の値は省略される．ただし，たとえばハロゲン原子の場合，たとえば Cl($^2P_{3/2}$), Cl($^2P_{1/2}$), I($^2P_{3/2}$), I($^2P_{1/2}$) などのように J の値でその電子状態を区別した議論がなされることがある（4.3.8, 4.4.1 項参照）．

二原子分子に対する分光学的記号は一般に $^{2S+1}\Lambda$ で表される．ここで，スピン角運動量については原子の場合と同様であるが，軌道角運動量 Λ は原子軸の回りの角運動量であり，その値 0, 1, 2 などに対してそれぞれ Σ, Π, Δ などで表される．また，O_2, N_2 などの等核二原子分子に対しては波動関数の別の分子対称性を表す記号が付記される．すなわち，対称中心での反転に対し符号が変わらないものと符号が逆になるものをそれぞれ偶数，奇数を表すドイツ語の gerade, ungerade の頭文字 g, u を Λ の後に下添字として，たとえば $O_2(^3\Sigma_g^-)$, $O_2(^3\Pi_u)$ のように付記する．さらに，Σ 状態に対しては分子軸を含む平面での反転に対し符号が変わらないものと変わるものに対し，それぞれの後に上添字 +, - を付ける規則になっている．これらの規則に従って，たとえば O_2 の基底状態は $O_2(^3\Sigma_g^-)$，励起状態には $O_2(^1\Delta_g)$, $O_2(^1\Sigma_g^+)$, $O_2(^3\Sigma_u^+)$, $O_2(^3\Pi_u)$, $O_2(^3\Sigma_u^-)$ などさまざまなものがみられる（図 3.5 参照）．また，たとえば NO の場合は等核二原子分子ではなく対称中心をもたないので，g, u はつかず，その基底状態は NO($^2\Pi$)，励起状態には NO($^2\Sigma^+$), NO($^4\Pi$), NO($^2\Delta$) などがみられる（図 4.28 参照）．

一般の非直線多原子分子の場合は分子内にどのような対称面，対称軸をもつかによって，それぞれの対称操作に対し波動関数の符号が変わるか，変わらないかによって決められた規則に従い，A′, A″, A_1, A_2, B_1, B_2 などの記号がそれぞれの電子状態を表すのに用いられるが，大気化学の議論でそれらが現れることは少ない．

さらに，一般に基底状態を表すのには分光学記号の前に X を付け，励起状態に対しては，基底状態と同じスピン多重度をもつ電子状態にはエネルギーの低い方から順に，A, B, C など，スピン状態が変わる電子状態には a, b, c などの記号を付ける習慣がある．たとえば O_2 の場合は，$O_2(X^3\Sigma_g^-)$, $O_2(a^1\Delta_g)$, $O_2(b^1\Sigma_g^+)$, $O_2(A^3\Sigma_u^+)$, $O_2(B^3\Pi_u)$

など（図3.5参照）．NOではNO($X^2\Pi$), NO($A^2\Sigma^+$), NO($a^4\Pi$), NO($B^2\Pi$), NO($C^2\Pi$)などである（図4.28参照）．

選択則：原子または分子のある低いエネルギー状態から高い状態への遷移に相当する光吸収の強さは，遷移確率 $|\mathbf{R}|^2$ で決まるが，$\mathbf{R}$ は

$$\mathbf{R} = \int \psi'^* \boldsymbol{\mu} \psi'' dv \tag{2.18}$$

で表され双極子モーメント（dipole moment）と呼ばれる．ここで ψ', ψ'' はそれぞれ遷移の始状態，終状態の固有関数と呼ばれる波動関数であり，$\boldsymbol{\mu}$ は電子双極子モーメントベクトルである．また，ψ'^* の右肩の * は波動関数の虚数部分 i を $-i$ で置き換えたいわゆる共役複素関数を表す．分子の場合の固有関数は一般に，

$$\psi = \psi_e \psi_v \psi_r \tag{2.19}$$

で表され，ψ_e, ψ_v, ψ_r はそれぞれ電子運動，振動運動，回転運動を表す固有関数である．したがって，これを用いて $\mathbf{R}$ は，

$$\mathbf{R} = \int \psi_e'^* \boldsymbol{\mu} \psi_e'' dv_e \int \psi_v'^* \psi_v'' dv_v \int \psi_r'^* \psi_r'' \cos\alpha \, dv_r \tag{2.20}$$

と書かれる．原子の場合は振動回転運動はないので，電子固有関数のみによって遷移確率が決まる．

光の吸収・放出が起こるためには，上の遷移モーメントがゼロでない値をとる必要があり，このための規則を選択則（selection rule）と呼んでいる．電気双極子モーメントに対する選択則は，原子の場合は，軌道角運動量量子数に対して，

$$\Delta L = 0, \pm 1 \quad (\text{ただし } L = 0 \to 0 \text{ を除く}) \tag{2.21}$$

全角運動量量子数に対して，

$$\Delta J = 0, \pm 1 \quad (\text{ただし } J = 0 \to 0 \text{ を除く}) \tag{2.22}$$

となる．全角運動量 J が上で述べられたように $J = |L+S|, |L+S-1|, |L+S-2|,$ $\cdots, |L-S+2|, |L-S+1|, |L-S|$ で表される場合を，ラッセル-サウンダース結合（Rusell-Sounders coupling）と呼び，この近似は軽い原子に対して成立する．このときのスピン量子数に対する選択則は，

$$\Delta S = 0 \tag{2.23}$$

である．遷移モーメントがある程度大きい遷移を許容遷移（allowed transition），ゼロに近い遷移を禁制遷移（forbidden transition）と呼ぶ．たとえば，O原子のO(^3P) ↔ O(^1D) 間の遷移はスピン禁制遷移であるため，O(^1D) → O(^3P) の発光確率は非常に小さく，O(^1D) の寿命が長くなり，ほかの分子との化学反応が重要となりうる．

二原子分子の場合は，軌道角運動量に対して，

$$\Delta\Lambda = 0, \pm 1 \tag{2.24}$$

Σ 状態に対しては，g, u, +, − が適用される場合には

$$g \leftrightarrow u, \quad + \leftrightarrow +, \quad - \leftrightarrow - \tag{2.25}$$

が許容遷移となる．たとえば O_2 の場合基底状態からは $O_2(X^3\Sigma_g^-) \leftrightarrow O_2(B^3\Pi_u)$ は許容遷移，$O_2(X^3\Sigma_g^-) \leftrightarrow O_2(a^1\Delta_g)$, $O_2(b^1\Sigma_g^+)$, $O_2(A^3\Sigma_u^+)$ などは禁制遷移である．また，NO の場合，$NO(X^2\Pi) \leftrightarrow NO(A^2\Sigma^+)$, $NO(B^2\Pi)$ は許容遷移，$NO(X^2\Pi) \leftrightarrow NO(a^4\Pi)$ は禁制遷移である．

これらの遷移のうち，禁制遷移もその遷移確率は完全にゼロではなく，許容遷移に比べて一般に非常に小さい遷移確率で光の吸収・放射がみられる．これは，二原子分子では電気双極子遷移に代わって磁気双極子遷移が起こる場合（$\Delta\Lambda = \pm 2$），多原子分子では振動運動と電子運動の結合により分子の対称性が崩れる場合などである．また，一般にスピン禁制は，ラッセル−サウンダース結合が成立する場合に適用されるので，とくに重い原子の場合スピン・軌道結合によってこの規則が破られるため，スピン禁制は当てはまらなくなる．たとえば，水銀の $Hg(^1S) \leftrightarrow Hg(^3P)$ 遷移は，スピン禁制遷移であるが 253.7 nm に強い吸収・発光をもっており，水銀灯からのこの波長の光を用いたオゾン測定器が，一般に広く用いられている．

2.2 二 分 子 反 応

2.2.1 ポテンシャル曲面と遷移状態

多くの大気化学反応は，

$$AB + C \rightarrow A + BC \tag{2.26}$$

のような組み替え反応で，一般に AB は分子，C は原子またはフリーラジカル（free radical）などの反応活性種である．このように二つの化学種の間で原子などの組み替えが起こるような反応を二分子反応（bimolecular reaction）と呼んでいる．分子動力学的にみた場合，二分子反応は分子 AB と C が衝突し，遷移状態（transition state）と呼ばれるエネルギーの山を越えて，A + BC に解離してゆくプロセスである．この反応経路を模式的に表したのが図 2.7 であり，図の横軸は反応経路，縦軸はエネルギーである．図の左側は反応前の状態，AB + C でこれを反応系と呼び，図の右側は反応後の状態 A + BC でこれを生成系と呼ぶ．その途中のエネルギーの極大が後述の活性錯合体（ABC）‡ (activated complex) に相当する遷移状態である．このような考え方は次項で述べる遷移状態理論に沿ったものである．

図 2.7 は反応経路を一次元的に模式化したものであるが，実際の反応経路は図 2.8

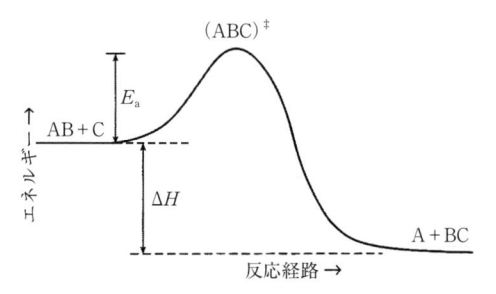

図 2.7 二分子反応の反応経路に沿ったポテンシャルエネルギーの変化

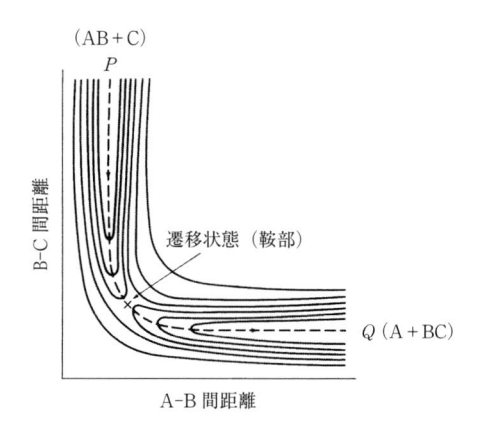

図 2.8 二分子反応のポテンシャルエネルギー曲面

のように A-B, B-C の原子間距離 $r(\text{A-B})$, $r(\text{B-C})$ を両軸とするエネルギー曲面で表され，これはポテンシャルエネルギー曲面（potential energy surface）と呼ばれる．図 2.8 中の実線は，等ポテンシャル点を結んだエネルギー等高線であり，反応系 AB+C は図の左上方に開いた位置エネルギーの谷に相当し，生成系 A+BC は図の右下方に開いた位置エネルギーの谷に相当する．図中の破線は最低のエネルギー経路をたどって生成系から反応系へ到達する反応経路を表し，途中でこの経路上のエネルギーの極大点×を通過することを示している．図 2.7 の遷移状態 $\text{ABC}^{\ddagger}$ は図 2.8 のエネルギー極大点×に相当する．×点はポテンシャル曲面上の鞍部に相当しており，破線で表された反応軸に沿っては極大点であるが，その他の方向の曲面に沿っては極小点になっている．この遷移状態にある分子 A-B-C を活性錯合体と呼び $\text{ABC}^{\ddagger}$ のように‡の記号で表すのが習わしとなっている．この極大点は反応系から生成系へ反応が進行するときのエネルギー障壁（energy barrier）となる．反応系と遷移状態とのエネ

ギー差を活性化エネルギー（activation energy）と呼び，図2.7にみるように一般にE_aで表される．

反応（2.26）で表される二分子反応が右へ進行するか，逆に左へ進行するかは，反応系と生成系の間の自由エネルギーの差ΔGによって決められ，熱力学の第一法則によって，反応が進行するためには自由エネルギー変化ΔGは負でなければならない．ΔGは，

$$\Delta G = \Delta H - T\Delta S \tag{2.27}$$

で定義され，ここで，ΔHはエンタルピー変化，ΔSはエントロピー変化，Tは温度を表す．二分子反応ではエントロピー変化はないので，上式から反応が進行するためには，ΔHが負であることが必要である．ΔHが負（$\Delta H<0$）である反応を発熱反応（exothermic reaction）と呼び，逆にΔHが正（$\Delta H>0$）である反応を吸熱反応（endothermic reaction）と呼ぶ．すなわち，反応が進行するためには発熱反応でなければならない．反応のエンタルピー変化ΔHは，反応系，生成系の原子，分子の生成エンタルピーΔH_fの差として，

$$\Delta H = \{\Delta H_f(A) + \Delta H_f(BC)\} - \{\Delta H_f(AB) + \Delta H_f(C)\} \tag{2.28}$$

で求められる．大気中の化学反応に関わる代表的な原子，分子，フリーラジカルの生成エンタルピーを巻末の付表1に掲げた．図2.7に示したΔHは，式（2.28）で与えられる反応のエンタルピー変化を示しており，図では$\Delta H<0$であるので，反応が左から右へ進行することを示している．

反応（2.26）で表される二分子反応の反応速度は，

$$-\frac{d[AB]}{dt} = \frac{-d[C]}{dt} = \frac{d[A]}{dt} = \frac{d[BC]}{dt} = k_r[AB][C] \tag{2.29}$$

で表される．ここで括弧[ ]で囲まれた量は各々の分子の濃度を表し，上式で定義されたk_rは反応速度定数と呼ばれる．二分子反応の反応速度定数，k_rは（濃度）$^{-1}$（時間）$^{-1}$の次元をもつが，大気化学では濃度は一般に分子密度 molecules cm^{-3}で表されるので，二分子反応速度定数の単位としては cm^3 molecule^{-1} s^{-1}が用いられる．

2.2.2　活性化エネルギーと反応速度定数

本項では式の簡略化のため，反応式を

$$A + B \rightarrow products \tag{2.30}$$

で表す．分子論的に反応速度定数を考える理論としては衝突論と遷移状態理論がある．衝突論によれば，気相における二分子反応速度定数の上限は，気体反応速度論から求められる分子衝突頻度と考えられる．A，B分子の分子衝突頻度Z_{AB}は，

$$Z_{AB} = \pi(r_A + r_B)^2 u N_A N_B = \pi(r_A + r_B)^2 \left(\frac{8k_B T}{\pi \mu_{AB}}\right) N_A N_B \tag{2.31}$$

で与えられる．ここで，r_A, r_B はそれぞれ A, B 分子の分子半径，u は分子速度，k_B はボルツマン定数（表 2.1），μ_{AB} は A, B の換算質量，N_A, N_B はそれぞれの分子の数密度である．上式からたとえば分子半径 0.2 nm，分子量 50 g mol^{-1} の分子に対する常温（298 K）における分子衝突頻度は約 2.5×10^{-10} cm^3 molecule^{-1} s^{-1} となる．これが衝突論から求められる二分子反応速度定数の上限と考えられ，実際の多くの二分子反応の速度定数はこれより小さいのが普通である．

二分子反応でもっとも重要な因子は，図 2.7, 2.8 に示されるように，反応経路に沿って越えなくてはならないエネルギーの障壁があることである．これを考慮すると衝突論では，エネルギー障壁 E_0 を越えた運動エネルギーをもって衝突する分子は反応し，これより小さいエネルギーで衝突する分子は反応しないと考えるので，反応速度定数はそうした衝突確率 $\exp(-E_0/kT)$ を考慮して式（2.31）から，

$$k = P\sigma_{AB}\left(\frac{8k_B T}{\pi \mu_{AB}}\right) \exp\left(-\frac{E_0}{k_B T}\right) \tag{2.32}$$

となる．ここで，$\sigma_{AB} = \pi(r_A + r_B)^2$ は分子 A, B の衝突断面積，P は後に述べる立体因子である．

一方遷移状態理論では，前項で述べたような活性錯合体を考え反応式を

$$A + B \rightarrow AB^{\ddagger} \rightarrow \text{products} \tag{2.33}$$

で表し，A, B と AB‡ の間の熱平衡定数を式（2.27）の自由エネルギーを用いて，

$$K^{\ddagger} = \frac{[AB^{\ddagger}]}{[A][B]} = \exp\left(-\frac{\Delta G^{\circ \ddagger}}{RT}\right) = \exp\left(-\frac{\Delta H^{\circ \ddagger}}{RT}\right) \exp\frac{\Delta S^{\circ \ddagger}}{R} \tag{2.34}$$

で定義する．ここで R は気体定数（gas constant, 表 2.1）である．上式の $\Delta G, \Delta H, \Delta S$ に付けられた上添字 "°" はこれらの値が標準状態 1 気圧に対する値であることを示している．これから反応速度は，

$$R_r = \frac{k_B T}{h}[AB^{\ddagger}] = \frac{k_B T}{h}\exp\left(-\frac{\Delta G^{\circ \ddagger}}{RT}\right)[A][B] \tag{2.35}$$

反応速度定数は，

$$k_r = \frac{k_B T}{h}\exp\left(-\frac{\Delta G^{\circ \ddagger}}{RT}\right) = \frac{k_B T}{h}\exp\frac{\Delta S^{\circ \ddagger}}{R}\exp\left(-\frac{\Delta H^{\circ \ddagger}}{RT}\right) \tag{2.36}$$

で表される．上式における反応系と遷移状態とのエンタルピーの差 $\Delta H^{\circ \ddagger}$ を，前述の活性化エネルギー E_a で置き換えれば，

$$k_r = \frac{k_B T}{h}\exp\frac{\Delta S^{\circ \ddagger}}{R}\exp\left(-\frac{E_a}{RT}\right) \tag{2.37}$$

となる．

実験的には二分子反応の反応速度定数はほとんどの場合，

$$k_\mathrm{r}(T) = A \exp\left(-\frac{E_\mathrm{a}}{RT}\right) \tag{2.38}$$

で表されることが知られている．この式はアレニウス式（Arrhenius expression）と呼ばれ，反応速度定数の温度依存性を表す基本式である．アレニウス式（2.38）を衝突論から求められる反応速度式（2.32）および，遷移状態理論から求められる反応速度式（2.37）と比較すると，指数因子の温度依存性はこれらの理論から導かれるものとまったく同じ形をしており，アレニウス式の E_a は遷移状態理論の活性化エネルギー E_a に相当することがわかる．反応速度定数の対数 $\ln k$ を $1/RT$ に対してプロットしたグラフをアレニウスプロット（Arrhenius plot）と呼んでいるが，アレニウスプロットの直線の傾きから活性化エネルギー E_a の実験値が求められる．この直線関係は数多くの反応について実験的に成立することが知られており，それぞれの反応に対する活性化エネルギーの値が求められている．

一方，アレニウス式（2.38）の前指数因子（pre-exponential factor）A は，温度に依存しない反応の頻度に関係する因子である．これを衝突論の式（2.32），および遷移状態理論の式（2.37）と比べてみると，これらの理論式では前指数因子に温度に関し，それぞれ $T^{1/2}$ および T^1 の依存性を含んでいることがわかる．実験的には，活性化エネルギーが0に近くないような多くの反応では，反応速度定数の温度依存性はほとんど指数因子だけで決まり，アレニウス式がよい近似として成り立つことが知られている．活性化エネルギーが0に近い反応についてだけ，前指数因子温度依存性が顕著に表れ，アレニウスプロットの直線からのズレが検証されている．この場合，アレニウス式を変形した，

$$k_\mathrm{r}(T) = B T^n \exp\left(-\frac{E_\mathrm{a}}{RT}\right) \tag{2.39}$$

が近似式として用いられる．ここで B は温度に依存しない定数であり，n の値は実験データに合わせて決められるパラメータである．

前指数因子 A の値の上限は，上述のように衝突論から約 2.5×10^{-10} cm^3 molecule^{-1} s^{-1} であるが，アレニウス式の A の値は，実際にはこれより小さな値をもつ反応が多い．衝突論では，分子が衝突したとき実際に反応が起こるためには，反応に適した相対位置（配向）で分子が衝突する必要があると考えられ，式（2.32）の P はこれを反映した立体因子（steric factor）と呼ばれる．反応に際してその立体的制約が大きいほど反応確率は下がり，A の値は小さくなると解釈される．遷移状態理論では，前

指数因子に遷移状態に関わるエントロピー項 $\exp(\Delta S^{\circ\ddagger}/R)$ が含まれ，反応の活性錯合体におけるそうした立体的制約がエントロピーの減少として反応速度を小さくする因子として働くとして解釈される．

2.3 三分子反応と単分子反応

2.3.1 会合反応

大気中の化学反応のなかには三分子反応，
$$A + B + M \rightarrow AB + M \tag{2.40}$$
で表される会合反応(association reaction)が含まれている．ここでA, Bは原子，分子，フリーラジカルであり，こうした会合反応はラジカル連鎖反応において，反応活性種を反応系から除去する連鎖停止反応（chain termination reaction）として重要な場合が多い．上式のMは反応の第三体（third body）と呼ばれる．AとBが会合したときには，ABの結合エネルギー分だけエネルギーを取得するので（$\Delta H<0$），その分だけ大きなエネルギーを有する振動励起分子 $AB^{\dagger}$ が生成する．もし，この振動エネルギーを奪うものがないとすると，生成したAB分子は再びAとBに解離してしまい，実質的な反応は進行しない．反応の第三体Mは，そうした振動励起分子に衝突してある程度エネルギーを奪い，分子ABを安定化させてA+Bへの解離を妨げこの反応を実質的に進行させるのに必要な分子である．大気中では N_2, O_2 分子が反応の第三体の役割を担っている．

このように三分子反応の反応速度定数は，圧力依存性をもつことになるが，これは次のようなリンデマン（Lindemann）機構によって説明される．この考え方によると，
$$A + B \rightarrow AB^{\dagger} \tag{2.41a}$$
$$AB^{\dagger} \rightarrow A + B \tag{2.41b}$$
$$AB^{\dagger} + M \rightarrow AB + M \tag{2.41c}$$
のようにAとBが会合して生成した振動励起分子 $AB^{\dagger}$ は生成系，反応系と平衡状態にあると仮定して，
$$\frac{d[AB^{\dagger}]}{dt} = k_a[A][B] - k_b[AB^{\dagger}] - k_c[AB^{\dagger}][M] = 0 \tag{2.42}$$

$$[AB^{\dagger}] = \frac{k_a[A][B]}{k_b + k_c[M]} \tag{2.42a}$$

$$\frac{d[AB]}{dt} = k_c[AB^{\ddagger}][M] = \frac{k_a k_c[A][B][M]}{k_b + k_c[M]} \tag{2.43}$$

これから，三分子反応速度定数k_terとして，

$$k_\mathrm{ter}=\frac{k_\mathrm{a}k_\mathrm{c}[\mathrm{M}]}{k_\mathrm{b}+k_\mathrm{c}[\mathrm{M}]} \tag{2.44}$$

が導かれる．ここで，k_a, k_b, k_c はそれぞれ式（2.41a）（2.41b）（2.41c）の反応の反応速度定数である．

圧力が十分低いときには，式（2.44）の分母で［M］= 0 とおいて反応速度式は，

$$\frac{d[\mathrm{AB}]}{dt}=\frac{k_\mathrm{a}k_\mathrm{c}}{k_\mathrm{b}}[\mathrm{A}][\mathrm{B}][\mathrm{M}] \tag{2.45}$$

このときの三分子反応速度定数k_0は，

$$k_0=\frac{k_\mathrm{a}k_\mathrm{c}}{k_\mathrm{b}} \tag{2.46}$$

となり，k_0を低圧極限（low pressure limit）速度定数と呼ぶ．低圧極限速度定数の次元は（濃度）$^{-2}$（時間）$^{-1}$であり，大気化学で用いられる単位は $\mathrm{cm}^6\,\mathrm{molecule}^{-2}\,\mathrm{s}^{-1}$である．

一方圧力が十分高いときは，式（2.43）の分母でk_bを無視して反応速度式は，

$$\frac{d[\mathrm{AB}]}{dt}=k_\mathrm{a}[\mathrm{A}][\mathrm{B}] \tag{2.47}$$

このときの反応速度定数k_∞は，

$$k_\infty=k_\mathrm{a} \tag{2.48}$$

となり，k_∞を高圧極限（high pressure limit）速度定数と呼ぶ．これら，k_0, k_∞を用いると（2.44）の速度定数の式は，

$$k_\mathrm{ter}=\frac{k_0 k_\infty[\mathrm{M}]}{k_\infty+k_0[\mathrm{M}]} \tag{2.49}$$

と表される．式（2.41a）〜（2.41c）で表されるリンデマン機構に基づく反応速度定数の圧力依存性を模式的に示したのが図 2.9 の曲線（a）である．図から低圧極限では反応速度定数は［M］（圧力）に比例し，高圧極限では圧力によらず一定となることがわかる．これらの両極限の中間の領域を漸下領域（fall-off region）と呼んでいる．

リンデマン機構は会合反応の基本的な特徴を捉え，三分子反応速度定数の圧力依存性の特徴をよく表しているが，定量的には必ずしも十分よい近似ではない．その主な理由は式（2.41b）に示される $\mathrm{AB}^\dagger$ から $\mathrm{A+B}$ への単分子分解反応（次項参照）が単純な一次反応速度定数では表すことができないためである．振動励起した $\mathrm{AB}^\dagger$ が分解するためには，振動励起エネルギーが切断される結合に局在化する必要があり，実際の単分子分解速度定数は，そうした確率と 1 回の衝突によって取り去られるエネルギーを考慮して定められなければならない．単分子分解の理論については次項で述べ

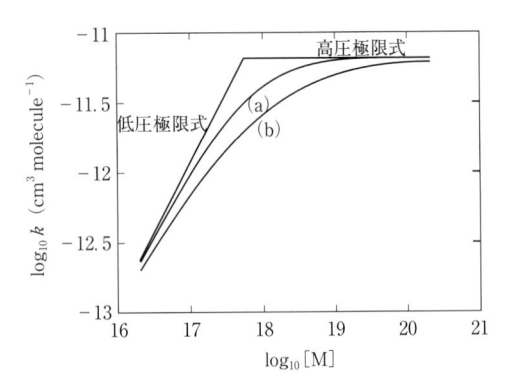

図 2.9 三分子反応速度定数の圧力依存性の模式図
(a) リンデマン機構，(b) トロイ式．

られるが，カッセル（Kassel）理論による単分子分解速度の圧力依存性へのフィッティングから，トロイ（Troe, 1979）によって提案された次の式が，三分子反応速度定数としてよく用いられている．

$$k_{\text{ter}}([\text{M}], T) = \left[\frac{k_0(T)[\text{M}]}{1+\frac{k_0(T)[\text{M}]}{k_\infty(T)}}\right] F_c^{\left\{1+\left[\log_{10}\left(\frac{k_0(T)[\text{M}]}{k_\infty(T)}\right)\right]^2\right\}^{-1}} \quad (2.50)$$

ここで F_c は広がり因子（broadening factor）と呼ばれ，たとえば $F_c = 0.6$ ととることによって多くの三分子大気化学反応の圧力依存性へのよい実験的フィッティングが得られている．図2.9の曲線（b）はトロイの式による三分子反応速度定数の圧力依存性を模式的に示したものである．またこのとき，k_0, k_∞ の温度依存性は一般にパラメータ n, m を用いて，

$$k_0(T) = k_0^{300}\left(\frac{T}{300}\right)^{-n} \text{cm}^6 \text{ molecule}^{-2} \text{ s}^{-1} \quad (2.51)$$

$$k_\infty(T) = k_0^{300}\left(\frac{T}{300}\right)^{-m} \text{cm}^3 \text{ molecule}^{-1} \text{ s}^{-1} \quad (2.52)$$

のように表される．

2.3.2 単分子分解反応

反応（2.40）で表される会合反応で生成した分子 AB は，その結合エネルギーが小さい場合には大気中での熱分解反応が光分解反応や反応活性種との二分子反応より速い場合がある．こうした場合 AB の熱分解反応は，

$$\text{AB} + \text{M} \rightarrow \text{A} + \text{B} + \text{M} \quad (2.53)$$

で表されるが，この形式の反応は単分子分解反応（unimolecular decomposition）と呼ばれている．

歴史的には前項の三分子会合反応の機構は単分子分解反応理論を通じて展開されたものであり，本項では単分子分解反応について詳しく述べる．前項で述べたリンデマン機構に相当する単分子分解反応の化学式は，

$$AB + M \underset{-1}{\overset{1}{\rightleftarrows}} AB^\dagger + M \tag{2.54}$$

$$AB^\dagger \overset{2}{\longrightarrow} A + B \tag{2.55}$$

で表される．ここで M は前述の反応の第三体である．上の化学反応式において［$AB^\dagger$］の定常状態を仮定することにより，AB の分解速度定数 k_{uni} は

$$k_{\mathrm{uni}} = \frac{k_1 k_2 [M]}{k_2 + k_{-1}[M]} = \frac{k_2(k_1/k_{-1})}{1 + (k_2/k_{-1}[M])} \tag{2.56}$$

となる．ここで，k_1, k_{-1} はそれぞれ反応（2.54）の順反応および逆反応の速度定数，k_2 は反応（2.55）の速度定数である．式（2.56）から，$k_2 \ll k_{-1}[M]$ の高圧極限における速度定数 k_∞ は，

$$k_\infty = \frac{k_1}{k_{-1}} k_2 \tag{2.57}$$

のように一次反応速度定数（s^{-1}）で表される．一方，$k_2 \gg k_{-1}[M]$ の低圧極限においては反応速度は［M］に比例する二分子反応となり，その速度定数 k_0 は，

$$k_0 = k_1 \tag{2.58}$$

のように二分子反応速度定数（$\mathrm{cm}^3\,\mathrm{molecule}^{-1}\,\mathrm{s}^{-1}$）で表される．リンデマン機構では解離エネルギー E_0 以上をもつ $AB^\dagger$ の生成速度 k_1 は古典的な剛体衝突論から，衝突頻度 Z，活性化エネルギー E_0，ボルツマン定数 k_B を用いて，

$$k_1 = Z \exp\left(-\frac{E_0}{k_\mathrm{B} T}\right) \tag{2.59}$$

と考え，また k_{-1} は $AB^\dagger$ が M との 1 回衝突で $AB^\dagger$ の脱活が起こると仮定する．これらを用いて式（2.56）から計算される速度定数 k_{uni} の式は実験的に得られる単分子分解反応速度の圧力依存性を定性的にはよく表現できるものの，とくに高圧極限速度定数 k_∞ の値には実験値と大きな不一致があることが明らかとなった．

ヒンシェルウッド（Hinshelwood）が提唱したのは $AB^\dagger$ が解離エネルギー E_0 以上をもつ速度 k_1 の計算に単に剛体球の並進エネルギーだけでなく，振動エネルギーの分布も考慮した，

の式である．ここで s は一般に原子数 n の多原子分子がもつ基準振動自由度の数 $s=2n-1$ である．これから $AB^\dagger$ が内部エネルギー $E \sim E+dE$ をもつ統計割合は，

$$k_0 = k_1 = \frac{Z}{(s-1)!}\left(\frac{E_0}{k_B T}\right)^{s-1} \exp\left(-\frac{E_0}{k_B T}\right) \tag{2.60}$$

$$\frac{dk_1}{k_{-1}} = \frac{1}{(s-1)!}\left(\frac{E_0}{k_B T}\right)^{s-1} \exp\left(-\frac{E_0}{k_B T}\right)\left(\frac{dE}{k_B T}\right) \tag{2.61}$$

となる．これから式 (2.56) に相当する，

$$k_{\mathrm{uni}} = \int_{E_0}^{\infty} \frac{k_2(dk_1/k_{-1})}{1+(k_2/k_{-1}[M])} \tag{2.62}$$

が得られ，これをエネルギー積分して高圧極限式，

$$k_\infty = \frac{k_2}{(s-1)!}\left(\frac{E_0}{k_B T}\right)^{s-1} \exp\left(-\frac{E_0}{k_B T}\right) \tag{2.63}$$

が導かれる．この取扱いはヒンシェルウッド-リンデマン理論（Hinshelwood-Lindemann theory）と呼ばれている．ヒンシェルウッド-リンデマン理論は高圧極限速度定数 k_∞ が実験値を再現することに成功したが，実験値を説明するのに必要な s が実際の振動自由度の数と大きく異なること，また漸下領域では実験値と定量的に大きな差異を生じるなどの理論的な不備がさらに明らかとなった．

その後の単分子分解反応理論の発展は，反応 (2.54) で生成した振動励起分子 $AB^\dagger$ 内で内部エネルギーが振動モード間にどのように分配され，A-B 間の結合エネルギーに局在化して結合を切断するかという統計的確率の計算に関するものであった．$AB^\dagger$ が内部エネルギー $E \sim E+dE$ をもつ統計割合は，ヒンシェルウッド-リンデマン理論の式 (2.61) を一般化して $P(E)$，また k_2 のエネルギー依存性を考慮してこれを $k_2(E)$ とすると，式 (2.62) の k_{uni} は，

$$k_{\mathrm{uni}} = \int_{E_0}^{\infty} \frac{k_2(E)P(E)dE}{1+k_2(E)/k_{-1}[M]} \tag{2.64}$$

と書くことができる．

現在確立されている単分子反応の理論はライス（Rice），ラムスペルガー（Ramsperger），カッセル（Kassel），マーカス（Markus）の頭文字をとって RRKM 理論と呼ばれている．RRKM 理論に先立つ RRK 理論では分子が s 個の振動数 ν をもつ調和振動子からなると考え，分子の全エネルギーがそのうちの一つの振動子に集中する確率を計算した．RRK 理論は単分子分解反応の考え方を大きく前進させたが，実験値の再現のためには RRK 理論ではなお s と ν の値を調整パラメータとして決定する必要があり，それらの物理的意味が不明確であった．

これを改良したのがマーカスであり，RRKM 理論は反応分子の現実の振動回転準

位に基づいた単分子分解反応速度定数の計算手法を確立したものである．RRKM 理論は遷移状態理論であり遷移状態の平衡定数は，

$$K^{\ddagger} = \frac{W^{\ddagger}(E^{\ddagger})}{\rho(E_v)} \tag{2.65}$$

で与えられる．ここで $E^{\ddagger}$ は遷移状態エネルギー，$W(E^{\ddagger})$ は遷移状態分子の振動回転自由度の状態数の和，$\rho(E_v)$ は振動エネルギー E_v をもった反応分子の状態密度である．これから $k_2(E^{\ddagger})$ は

$$k_2(E^{\ddagger}) = \frac{W^{\ddagger}(E^{\ddagger})}{h\rho(E_v)} \tag{2.66}$$

$k_2(T)$ は，

$$k_2(T) = \int_0^{\infty} k_2(E^{\ddagger}) P(E^{\ddagger}) dE^{\ddagger} \tag{2.67}$$

で求められる．一方，$P(E^{\ddagger})$ は分配関数（partition function）Q を用いて，

$$P(E^{\ddagger}) = \frac{\rho(E^{\ddagger}) \exp(-E^{\ddagger}/k_B T)}{Q} \tag{2.68}$$

と書くことができる．ここで分配関数とは一般に，

$$Q = \int dE \exp\left(-\frac{E}{k_B T}\right) \tag{2.69}$$

で定義される状態和である．式 (2.67)，(2.68) から，

$$k_2(T) = \frac{1}{hQ} \int_0^{\infty} \rho(E^{\ddagger}) \exp\left(-\frac{E^{\ddagger}}{k_B T}\right) dE^{\ddagger} \tag{2.70}$$

高圧極限の式は，

$$k_{\infty}(T) = \frac{k_B T}{h} \frac{Q^{\ddagger}}{Q} \exp\left(-\frac{E_0}{k_B T}\right) \tag{2.71}$$

となり遷移状態理論式と一致する．これらの数式を用いた具体的な反応速度定数の計算手法については章末の参考文献を参照されたい．

RRKM 理論は実験値を非常によく再現でき，現在単分子反応理論として確立されている．大気中の単分子反応速度の RRKM 理論による計算は，たとえば OH+CO（5.2.3 項），OH+NO$_2$+M（5.2.4 項）などの反応に対する量子化学理論に基づく計算値を求める場合などに用いられている．

三分子会合反応 (2.40) と単分子分解反応 (2.53) は逆反応であるので A+B と AB の間には，

$$A + B + M \rightleftarrows AB + M \tag{2.72}$$

のような熱平衡が成立し，それぞれの反応速度定数は熱力学的な平衡定数で結ばれる．

$$k_{\text{ter}}[\text{A}][\text{B}] = k_{\text{uni}}[\text{AB}] \tag{2.73}$$

$$K(T) = \frac{[\text{A}][\text{B}]}{[\text{AB}]} = \exp\left(-\frac{\Delta G^0}{RT}\right) = \exp\left(-\frac{\Delta H^0}{RT} + \frac{\Delta S^0}{R}\right) \tag{2.74}$$

$$k_{\text{uni}} = k_{\text{ter}} K(T) \tag{2.75}$$

これから,三分子反応速度定数と平衡定数がわかっていれば,単分子分解逆反応の速度定数を計算することができる.

2.4 多 相 反 応

大気中の分子が霧滴,雨滴などの液体粒子と衝突してこれに取り込まれ,液相での反応が進行する一連の過程を多相反応(multiphase reaction),エアロゾルなどの固体粒子の表面で反応する場合を不均一反応(heterogeneous reaction)と呼ぶことが多いが,両者は混用されることも多く,反応速度論的には共通の部分も多いので,本節ではこれらをともに取り扱う.

2.4.1 適応係数と取り込み係数

気相分子が粒子に衝突したとき液相,固相に移行する速度を決定する基礎的なパラメータは(質量)適応係数(mass accommodation coefficient)α と呼ばれる量で,

$$\alpha = \frac{\text{液相, 固相表面に初期付着する分子数}}{\text{液相, 固相表面に衝突する分子数}} \tag{2.76}$$

と定義される.分子散乱理論によれば表面へ入射した粒子はある確率で表面に留まり,残りは気相へ散乱される.α はこのときの初期付着確率であり,分子動力学シミュレーションにより量子化学的に決定されうるパラメータである.表面化学で用いられる適応係数にはこのほかに熱適応係数(thermal accommodation coefficient)などもあるが,大気化学ではほとんど用いられないので mass accommodation coefficient を単に適応係数と呼んでいる.α は一般には実験的に直接求めることができず,気相分子の粒子表面への取り込みパラメータとして実験的に求められるのは取り込み係数(uptake coefficient)γ,

$$\gamma = \frac{\text{液相, 固相に取り込まれて気相から消失する分子数}}{\text{液相, 固相表面に衝突する分子数}} \tag{2.77}$$

である.γ は以下のように気相分子の消失速度定数への係数として定義される.
単位時間に単位表面積あたりの液体/固体表面に衝突する分子数フラックス J_{col} は,

$$J_{\text{col}} = \frac{1}{4} u_{\text{av}} N_{\text{g}} \qquad (2.78)$$

ここで, u_{av} は分子の平均熱運動速度 (cm s^{-1}), N_{g} は気相の分子密度 (molecules cm^{-1} s^{-1}) である. 上式の u_{av} は気体運動論から,

$$u_{\text{av}} = \left(\frac{8k_{\text{B}}T}{\pi M}\right)^{1/2} \qquad (2.79)$$

で与えられる. T は温度, M は分子の質量, k_{B} はボルツマン定数である. したがって取り込み係数 γ を用いると, 単位時間に単位表面積あたり粒子に正味で取り込まれる分子数 J_{het} (molecules cm^{-2} s^{-1}) は,

$$J_{\text{het}} = \frac{1}{4} \gamma u_{\text{av}} N_{\text{g}} \qquad (2.80)$$

これに気体に含まれる粒子の表面積密度 (cm^2 cm^{-3}) A を掛けたものが, 表面不均一過程による気相からの分子の消失速度 (molecules cm^{-3} s^{-1}) となる. すなわち, 気相分子の消失を擬一次反応式,

$$\frac{d[N_{\text{g}}]}{dt} = -k_{\text{het}}[N_{\text{g}}] \qquad (2.81)$$

で表すと, 不均一過程の速度定数 k_{het} (s^{-1}) は,

$$k_{\text{het}} = \frac{1}{4} \gamma u_{\text{av}} A \qquad (2.82)$$

と表すことができる. したがって γ の値は式 (2.82) から, 実験的に求められた k_{het} とパラメータの値, u_{av}, A を用いて実験的に求められる.

表面積密度 A は, 液滴粒子のような球形粒子に対しては粒子半径 $r \sim r + dr$ の範囲にある粒子数分布 $n(r)$ から,

$$A = \int_0^\infty 4\pi r^2 n(r) \, dr \qquad (2.83)$$

で求められる. しかしながら大気中の固体粒子は非球形粒子が多く, さらに表面が多孔質で細孔を有する場合には実際の表面積は幾何学的面積に比べてはるかに大きくなるので, 実測の k_{het} の値から取り込み係数 γ を求める場合, どのような A の値を用いるかによって γ の実験値が大きく異なってしまうという問題がある (6.3, 6.4 節参照).

図 2.10 に液滴粒子を想定した多相反応に含まれる過程と, これを抵抗モデルでスキーム化したときの概念図を示す. 図にみられるように多相反応には, (1) 気体分子の気液界面への輸送・拡散, (2) 界面での適応, (3) 界面での気液平衡, (4) 液相内部への物理的溶解・拡散, (5) 液相内部での化学反応の過程が含まれる.

これらの一連の過程を速度論的に取り扱う手法が抵抗モデルである. このモデルで

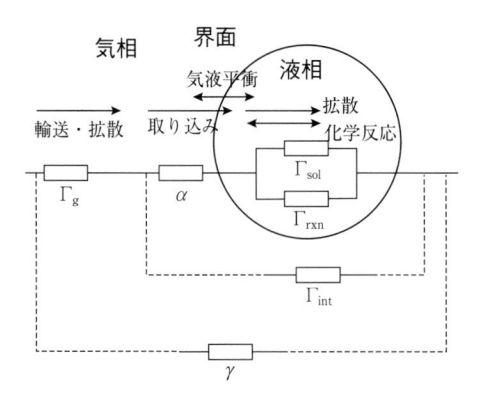

図2.10 気相・液相間多相反応に対する抵抗モデルの概念図

はそれぞれの過程に相当する速度を気体分子の界面への衝突回数あたりの割合「コンダクタンス (conductance)」Γで表し,その逆数である「抵抗 (resistance)」の直列・並列結合で気体分子の正味の取り込み係数 γ を表現する.

$$\frac{1}{\gamma} = \frac{1}{\Gamma_g} + \frac{1}{\alpha} + \frac{1}{\Gamma_{sol} + \Gamma_{rxn}} \tag{2.84}$$

ここで,α は上で定義された適応係数,Γ_g は気相分子の界面への拡散,Γ_{sol}, Γ_{rxn} はそれぞれ取り込まれた分子の界面から液相内部への拡散および液相内部での反応に相当するコンダクタンスである.なお図2.10では気相拡散過程を除いた上式の右辺第2項以下に相当するコンダクタンスを Γ_{int} と表している.Γ_{sol} は分子の溶液への溶解度のほか,表面反応によって蓄積する生成物の表面濃度などに依存するので,一般に反応時間に依存するパラメータである.このため γ の値自身も一般には反応時間に依存する(第6章参照).γ に対するこの取扱いでは,$\alpha < 0.01$ の場合には気相拡散が無視できるが,α の値が 0.01 を超えるような場合には,式 (2.84),図2.10において Γ_g で表されている界面への拡散速度が律速になってくる.

気相の球形粒子表面への気体分子の拡散速度は,拡散係数 ($cm^2 s^{-1}$) を D_g とすると $4\pi D_g r N_g$ (molecules s^{-1}) で与えられるので,これを球体粒子の表面積 $4\pi r^2$ で割って単位時間・単位体積あたり気相拡散により界面に輸送される気体分子数(気相拡散フラックス)J_g (molecules $cm^{-2} s^{-1}$) は

$$J_g = \frac{4\pi r D_g}{4\pi r^2} N_g = \frac{D_g}{r} N_g \tag{2.85}$$

となり,J_g を式 (2.78) で与えられた表面への衝突フラックス J_{col} で規格化することで,

界面近傍の拡散コンダクタンス Γ_g が,

$$\Gamma_g = \frac{J_g}{J_{col}} = \frac{4D_g}{ru_{av}} = \frac{4D_g}{r}\left(\frac{\pi M}{8k_B T}\right) \tag{2.86}$$

で与えられる.

2.4.2 気液平衡とヘンリー定数

　気相分子の液相への溶解度を決めているのは気液平衡定数であり,多相反応の速度論的解析の重要なパラメータとなる.大気中で液相反応が重要となるのは主に粒径1〜100 μmの霧・雲水滴中の反応である.大気中にこれらの水滴が共存する場合,気相中の水溶性化学種 X は水滴に吸収され,

$$X(g) \rightleftarrows X(aq) \tag{2.87}$$

のような気液平衡が成立する.ここで,X(g), X(aq) はそれぞれ気相および水溶液中の化学種 X を表す.この気液平衡は,ヘンリー定数 (Henry's law coefficient),K_H と呼ばれる平衡定数を用いて,

$$\frac{[X(aq)]}{p_x} = K_H \tag{2.88}$$

で表される.上式の [X(aq)], p_X はそれぞれ水溶液中の分子 X の濃度,気相中の X の分圧である.通常,ヘンリー定数は [mol l^{-1} atm^{-1}] の単位で表される.モル濃度 mol l^{-1} を M で表記するとその単位は [M atm^{-1}] であり,表 2.5 にこの単位で表した大気中で重要な分子に対するヘンリー定数を掲げる.大気中の分子濃度を分圧でなく,液相中と同じモル濃度 [X(g)] で表した場合,または液体中の分子濃度をモル濃度でなく単位体積中の分子数 N_{aq} で表した場合は,

$$\frac{[X(aq)]}{[X(g)]} = \frac{N_{aq}}{N_g} = K_H RT = \hat{K}_H \tag{2.89}$$

となり,$\hat{K}_H$ は無次元のヘンリー定数となる.K_H から $\hat{K}_H$ への変換は,上式のように気体定数 R (表 2.1) と絶対温度 T(K) の積 RT を K_H に乗ずることによって得られる.

　ヘンリー定数は温度に依存し,その温度依存性は次式のファントホッフの式 (van't Hoff's equation) で与えられる.

$$\frac{d \ln K_H}{dT} = \frac{\Delta H_{A,298}}{RT^2} \tag{2.90}$$

ここで,$\Delta H_{A,298}$ (kJ mol^{-1}) は溶解過程 (2.87) 式が右へ進むときのエンタルピーの変化量 (溶解熱) である.表 2.6 に大気中の代表的気体分子に対する $\Delta H_{A,298}$ の値を挙げた.表にみられるように一般に溶解過程に伴うエンタルピー変化は負であるので,

表 2.5　大気中気体分子の水に対するヘンリー定数[a] (298 K)

化学種	K_H (M atm^{-1})	化学種	K_H (M atm^{-1})
O_2	1.3×10^{-3}	CO	9.8×10^{-4}
O_3	1.0×10^{-2}	CO_2	3.4×10^{-2}
OH	39	CH_3Cl	0.13
HO_2	690	CH_3Br	0.17
H_2O_2	8.4×10^4	CH_3I	0.20
NH_3	60	HCHO	3.2×10^3
NO	1.9×10^{-3}	CH_3CHO	13
NO_2	1.2×10^{-2}	CH_3OH	200
NO_3	3.8×10^{-2}	CH_3OOH	300
HNO_2(HONO)	49[b]	$HOCH_2OOH$	1.7×10^6
HNO_3($HONO_2$)	$2.1 \times 10^{5\,b]}$	$CH_3C(O)OOH$	840
SO_2	1.4	CH_3COCH_3	28
H_2S	0.10	HCOOH	8.9×10^3
CH_3SCH_3	0.54	$CH_3C(O)OH$	4.1×10^3
HCl	1.1[b]	CH_3ONO_2	2.0
HOBr	$>1.3 \times 10^2$	$CH_3C(O)O_2NO_2$(PAN)	2.8

a) 特記したもの以外は NASA/JPL パネル評価 No. 17 (Sander *et al.*, 2011).
b) Seinfeld and Pandis, 2006.

表 2.6　大気中気体分子の水に対する溶解熱 (298 K)

化学種	ΔH_A (kJ mol^{-1})	化学種	ΔH_A (kJ mol^{-1})
O_3	-21.1	CO_2	-20.3
H_2O_2	-60.7	HCHO	-53.6
NH_3	-34.2	CH_3OH	-40.6
NO	-12.1	CH_3OOH	-46.4
NO_2	-20.9	$CH_3C(O)OOH$	-51.0
HNO_2(HONO)	-39.7	HCOOH	-47.7
SO_2	-26.2	$CH_3C(O)O_2NO_2$(PAN)	-49.0
HCl	-16.7		

出典：Pandis and Seinfeld (1989).

ヘンリー定数は温度の低下とともに増加する．すなわち気体分子の水溶液中への溶解度は気温の低下とともに増大する．温度変化があまり大きくない範囲では，ΔH の温度依存性は無視できるので，式 (2.90) から，

$$\ln \frac{K_H(T_2)}{K_H(T_1)} = \frac{\Delta H_{298}}{R}\left(\frac{1}{T_1} - \frac{1}{T_2}\right) \quad (2.91)$$

となり，表 2.6 の値を用いて異なる温度でのヘンリー定数の値を得ることができる．

2.4.3　液相における拡散と反応

ここでは分子 X が液相の取り込まれた後の液相中での拡散過程を考える．液相と

して水溶液を考え，溶解した分子の水溶液内の拡散を1次元で扱うと，拡散過程は1次元拡散方程式，

$$\frac{\partial N_{aq}}{\partial t} = D_{aq} \frac{\partial^2 N_{aq}}{\partial x^2} \qquad (2.92)$$

で表される．ここで x は界面から溶液の深さに沿った軸，N_{aq} は単位体積の水溶液中に含まれる分子（X）の分子濃度（molecules cm^{-3}），D_{aq} は水溶液中の分子（X）の拡散係数である．拡散方程式は時間に関して1階，空間に関して2階の偏微分方程式であるので，これを解くためには N_{aq} に関する初期条件が一つ，空間のある点における N_{aq} の境界条件が二つ必要である．ここで初期条件として $t=0$, $x>0$ で $N_{aq} = N_{aq,bulk}$，境界条件1として $x=0$（界面）では t によらず $N_{aq} = N_{aq,int}$（気液平衡が非常に早く成立し，液相界面濃度はつねにヘンリー定数で決まる平衡濃度になっている），境界条件2として $x=\infty$ では t によらず $N_{aq} = N_{aq,bulk}$（液滴の深い内部では X の濃度は初期濃度から変わらない）という条件下で拡散方程式（2.92）を解くと，時間 t が経過した後の液相内の単位面積を通過する分子の速度 $J_{sol}(t)$（molecules cm^{-2} s^{-1}）は，

$$J_{sol}(t) = (N_{aq,int} - N_{aq,bulk})\sqrt{\frac{D_{aq}}{\pi t}} \qquad (2.93)$$

と求められる．期待されるように拡散速度は気液界面付近とバルク液体中の濃度差および拡散係数に依存する．また，時間の平方根に逆比例して拡散速度は減少する．これは，時間とともに気液表面から気相に再蒸発する分子数が増加するためである．

ここで，$t=0$ において $N_{aq,bulk} = 0$ とすると上式は，

$$J_{sol}(t) = N_{aq,int}\sqrt{\frac{D_{aq}}{\pi t}} \qquad (2.94)$$

となる．気液平衡が成立しているとすると，

$$N_{aq,int} = N_g \hat{K}_H \qquad (2.95)$$

であるから式（2.94）と式（2.95）から，

$$J_{sol}(t) = N_g \hat{K}_H \sqrt{\frac{D_{aq}}{\pi t}} \qquad (2.96)$$

式（2.78）で与えられている気体分子が単位表面積，単位時間に界面に衝突するフラックス J_{col} で規格化すると，式（2.84）中の液相内の拡散コンダクタンス Γ_{sol} は，

$$\Gamma_{sol}(t) = \frac{J_{sol}(t)}{J_{col}} = \frac{4\hat{K}_H}{u_{av}}\sqrt{\frac{D_{aq}}{\pi t}} \qquad (2.97)$$

で与えられる．上式にみられるように Γ_{sol} は，液相から気相への再蒸発を反映して時間とともに減少する．したがって十分な時間が経過した後（$t \to \infty$）には取り込み速

度と再蒸発速度が等しい気液平衡に達し $\Gamma_{sol} \to 0$ となる.一方,液滴が非常に小さく,界面層がバルク層を形成するような場合には,気液平衡は直ちに達成され,(2.97)式は適用されない.

同様に,液相中で化学反応により X が不可逆的に消失する場合,擬一次反応の反応速度定数を $k_{aq}(s^{-1})$ とすると,式(2.92)の拡散方程式は,

$$\frac{\partial N_{aq}}{\partial t} = D_{aq}\frac{\partial^2 N_{aq}}{\partial t^2} - k_{aq}N_{aq} \tag{2.98}$$

となる.この方程式を上で述べたのと同じ境界条件で,気液境界面でヘンリー法則平衡が成立しているとする条件下で $N_{aq,bulk} = 0$ として解くと,$kt \gg 1$ のとき,単位時間,単位面積あたり反応によって消失する分子数フラックス(molecules cm^{-2} s^{-1})は,

$$J_{rxn} = N_{aq,int}\sqrt{D_{aq}k_{aq}} \tag{2.99}$$

となる.液相界面でのヘンリー平衡より,

$$J_{rxn} = N_g\hat{K}_H\sqrt{D_{aq}k_{aq}} \tag{2.100}$$

であるので,式(2.78)で与えられている J_{col} で規格化すると,式(2.84)中の液相内の反応コンダクタンス Γ_{rxn} は,

$$\Gamma_{rxn} = \frac{J_{rxn}}{J_{col}} = \frac{4\hat{K}_H}{u_{av}}\sqrt{D_{aq}k_{aq}} \tag{2.101}$$

となり,この式は溶解度が十分大きいときの不可逆反応に適用される.

参考文献

大気化学の教科書のなかでは,以下のものが化学反応の基礎的記述に詳しい.

- Finlayson-Pitts, B. J. and J. N. Pitts, Jr., *Chemistry of the Upper and Lower Atmosphere*, Academic Press, 969 pp, 2000.
- Brasseur, G. P and S. Solomon, *Aeronomy of the Middle Atmosphere: Chemistry and Physics of the Stratosphere and Mesosphere*, 3rd ed., 644 pp, Springer, 2005.
- Wayne, R., *Chemistry of Atmospheres*, 3rd ed., 775 pp, Oxford University Press, 2000.

本章で取り扱った内容のより深い理解のためには,光化学に関しては,

- Turro, N. J., V. Ramamurthy and J. C. Scaiano, *Principles of Molecular Photochemistry : An Introduction*, 530 pp, University Science Books, 2008.
- Wardle, B., *Principles and Applications of Photochemistry*, 250 pp, Wiley, 2009.

分子分光学に関しては,

- Harris, D. C., *Symmetry and Spectroscopy : An Introduction to Vibrational and*

Electronic Spectroscopy, 576 pp, Dover Books on Chemistry, 1989.
- 小尾欣一, 分光測定の基礎, 176 pp, 講談社, 2009.

反応速度論に関しては,
- Leidler, K. J., *Chemical Kinetics* 3rd ed., 531 pp, Prentice Hall, 1987.(高石哲男訳, 化学反応速度論1－基礎理論・均一気相反応, 229 pp, 産業図書, 2000)
- Steinfeld, J. I., J. S. Francisco and W. L. Hase, *Chemical Kinetics and Dynamics*, 548 pp, Prentice Hall, 1989.
- Houston. P. L., *Chemical Kinetics and Reaction Dynamics*, 352 pp, Dover Books on Chemistry, 2006.
- 平田善則・川崎昌博, 化学反応, 224 pp, 岩波書店, 2007.
- 幸田清一郎・小谷正博・染田清彦・阿波賀邦夫編, 大学院講義・物理化学 II, 反応速度論とダイナミクス, 285 pp, 東京化学同人, 2011.

不均一反応に関しては,
- Seinfeld, J. H. and S. N. Pandis, *Atmospheric Chemistry and Physics : From Air Pollution to Climate Change*, 2nd ed., 1203 pp, John Wiley and Sons, 2006.
- Pöschl, U., Y. Rudich and M. Ammann, Kinetic model framework for aerosol and cloud surface chemistry and gas-particle interactions—Part 1 : General equations, parameters, and terminology, *Atmos. Chem. Phys.*, **7**, 5989-6023, 2007.

などのより詳しい解説があり参考になる.

引用文献

Maric, D., J. P. Burrows, R. Meller and G. K. Moortgat, A study of the UV-visible absorption spectrum of molecular chlorine, *J. Photochem. Photobiol. A. Chem.*, **70**, 205-214, 1993.

Myer, J. A. and J. A. R. Samson, Vacuum ultraviolet absorption cross sections of CO, HCl, and ICN between 1050 and 2100 Å, *J. Chem. Phys.*, **52**, 266-271, 1970.

Pandis, S. N. and J. H. Seinfeld, Sensitivity analysis of a chemical mechanism for aqueous-phase atmospheric chemistry. *J. Geophys. Res.*, **94**, 1105-1126, 1989.

Saiz-Lopez, A., R. W. Saunders, D. M. Joseph, S. H. Ashworth and J. M. C. Plane, Absolute absorption cross-section and photolysis rate of I_2, *Atmos. Chem. Phys.*, **4**, 1443-1450, 2004.

Sander, S. P. *et al.*, Chemical Kinetics and Photochemical Data fot Use in Atmospheric Studies Evaluation Number 17, JPL Publication 10-6, Pasadena, California, 2011.

Seinfeld, J. H. and S. N. Pandis, *Atmospheric Chemistry and Physics : From Air Pollution to Climation Change*, 2nd ed., 1203 pp., John Wiley and Sons, 2006.

3
大気光化学の基礎

　地球大気の化学システムを駆動しているおおもとは，太陽光による光化学反応である．地球の大気圏は図 3.1 に示されるように温度分布をもとに地表に近いところから対流圏，成層圏，中間圏と名付けられているが，温度が逆転した成層圏を生み大気圏のこのような物理的構造をもたらしているのも，太陽光によって大気の主成分である酸素の光化学反応でオゾン層が形成された結果である．本章では第 2 章で取り扱われた光化学の原理に従って太陽光による大気分子の光分解速度を実際に計算する上で必要となる，太陽光の放射スペクトル，光化学作用フラックスなどについて解説する．

3.1　大気圏外太陽光スペクトル

　地球大気中の光化学反応を考えるためには太陽光のスペクトルが大気圏外から地表

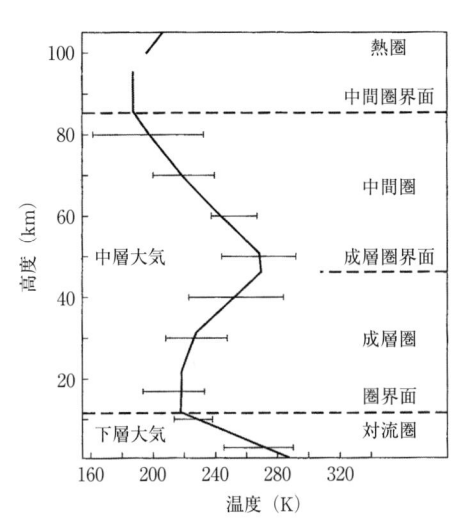

図 3.1　US 標準大気による大気圏の垂直温度構造
　　　　（NOAA, 1976 に基づく Goody, 1995 より改編）

に到達するまでにそれぞれの高度でどのように変化するかを定量的に計算する必要がある．そのためにはまず地球大気中の化学種によって影響を受ける以前の大気圏外の太陽光スペクトルからみてみよう．地球大気圏外の太陽光放射強度の測定は一般に，短波長の紫外部については衛星観測により，より長波長の紫外・可視部については地上の観測から得られている．最近のデータは ASTM（American Society for Testing and Materials）(2006) によって 2000 ASTM E490 データベース（Standard Extraterrestrial Spectrum Reference）としてまとめられている．このデータベースは真空紫外域の 120 nm から 10 μm より長波長の赤外波長領域までをカバーしているが，330 nm より短波長領域についてはいくつかの衛星センサーによる観測をまとめた Woods *et al.* (1996) のデータに，これより長波長については Neckel and Labs (1984) による地上観測データに基づいている．また，以前からよく用いられてきた大気圏外太陽光放射強度のデータベースに WMO/WRDC（World Radiation Data Center）(1985) による「1985 標準大気圏外太陽光放射スペクトル（Wehrli Standard Extraterrestrial Solar Irradiance Spectrum）」があり，200 nm～10 μm の波長領域をカバーしている．

こうしたデータから得られる太陽光に垂直な面における地球大気圏外の標準的な太陽光放射強度（solar irradiance）（photons cm^{-2} s^{-1} nm^{-1}）の分解能 1 nm でのスペクトル分布を図 3.2 に，波長 5 nm^{-1} ごとにまとめた数値データを巻末の付表 3 に掲げた．ここで図表の放射強度の単位は単位面積，単位時間，波長幅あたりの光子数である．太陽光スペクトルにはフラウンホーファー線と呼ばれる元素に起因する吸収線がみられるものの，200 nm より長波長では大気光化学の視点からは基本的に連続スペクトルと考えてよい．200 nm 以下の波長では太陽からの輝線の寄与が無視できなくな

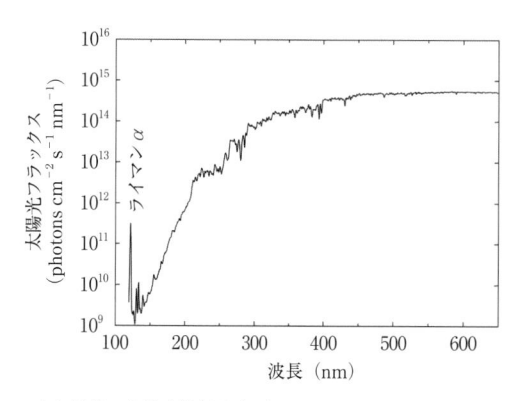

図 3.2 大気圏外の太陽光放射強度（ASTM International, 2006 に基づく）

るが,もっとも重要なのは波長121.6 nmの水素原子の2P→1S遷移に対応するライマン-アルファ (Lyman-α) 線であり,図3.2にみるように約 3×10^{11} (photons cm^{-2} s^{-1}) の大きさをもっている.太陽光放射は400 nmより長波長では温度5900 Kの黒体放射で近似されるが,400 nm以下では波長が短くなるとともに相当する黒体放射の温度はこれより次第に低くなる.

3.2 N_2, O_2, O_3 による太陽光放射強度の大気圏内減衰

地球の大気圏に侵入した太陽光は,大気中の主成分であるN_2, O_2 による吸収を受ける.地球大気の化学成分のなかでもっとも混合比が高いN_2の結合エネルギー,D_0 (N-N),は9.76 eVと大きく,相当する光の波長は127.0 nmである.図3.3にN_2分子のエネルギー準位を示す.N_2分子は100〜150 nmの波長領域に図の$a^1\Pi_g$-$X^1\Sigma_g^+$の電子遷移に相当するライマン-ビルゲ-ホップフィールド帯 (Lyman-Birge-Hopfield bands, L-B-H 帯) と呼ばれる振動構造をもった吸収帯をもっている.135.4 nmに極大をもつL-B-H帯の遷移は電子双極子禁制遷移であり,吸収断面積は4×10^{-21} cm^{2}以下とかなり小さい (Lofthus and Krupenie, 1977).この波長領域には以下にみるようにこれよりはるかに強いO_2の吸収帯が存在するため,実質的にN_2による吸収はこの波長領域の太陽光放射スペクトルにはほとんど影響しない.図3.3にみられるN_2のこれより低いエネルギー準位への光吸収$A^3\Sigma_u^+$-$X^1\Sigma_g^+$はスピン禁制遷移であり,この遷移に相当するヴェガード-カプラン帯 (Vegard-Kaplan bands, V-K帯) はオーロラ中の発光として知られているが,太陽光放射強度の計算では無視してかまわない.N_2の強い吸収帯は100 nmより短波長に位置し,66〜100 nmに帯スペク

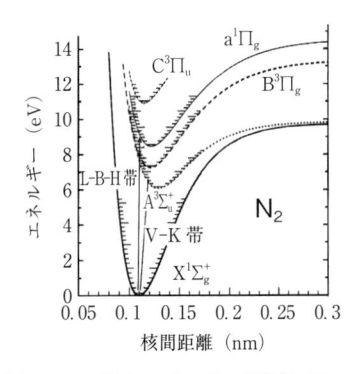

図 3.3 N_2分子のエネルギー準位 (Lofthus and krupenie, 1997 より改編)

3.2 N_2, O_2, O_3 による太陽光放射強度の大気圏内減衰

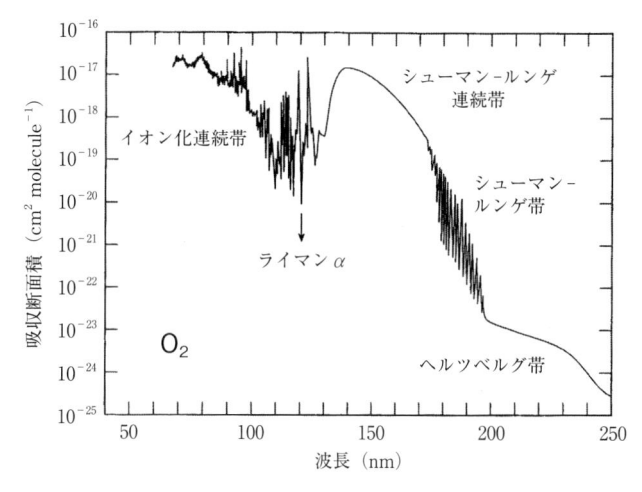

図3.4 O_2 の吸収スペクトル（Goody, 1995 より改編）

トルが，66 nm より短波長に連続スペクトルが存在する．これらは地上 100～300 km の熱圏で重要な光化学反応を引き起こすが，本書では対流圏と成層圏を対象とするので，次章以降では N_2 の光吸収と光分解反応は取り扱われない．

地球大気の第2の主要成分である O_2 の吸収スペクトルと吸収断面積をそれぞれ図3.4 と巻末の付表2に，またエネルギー準位図を図3.5に示した．O_2 は図3.4に示されるように 130～175 nm の領域にシューマン-ルンゲ連続帯（Schumann-Runge continuum, S-R 連続帯）と呼ばれる強い連続吸収帯をもっており，これは図3.5の許容遷移 $B^3\Sigma_u^- - X^3\Sigma_g^-$ に相当する．この連続吸収帯は 175 nm より長波長では振動構造をもったシューマン-ルンゲ帯（Schumann-Runge bands, S-R 帯）に収束する．この吸収帯は同じ $B^3\Sigma_u^- - X^3\Sigma_g^-$ 遷移の $O_2 \rightarrow O(^3P) + O(^1D)$ への解離エネルギーよりも低い振動準位への遷移に相当するものである．厳密にはシューマン-ルンゲ帯は連続吸収帯の上に重なっており，この連続吸収帯は図3.5の $^3\Pi_u - X^3\Sigma_g^-$ の反発ポテンシャルへの遷移に相当する．図3.4に示されるようにシューマン-ルンゲ帯のさらに長波長側には，190～242 nm にヘルツベルグ帯（Herzberg bands）と呼ばれる非常に弱い連続吸収帯がつながっており，これは禁制遷移 $A^3\Sigma_u^+ - X^3\Sigma_g^-$ に相当する吸収である（図3.5の H 帯）．この連続吸収帯は $O_2 \rightarrow O(^3P) + O(^3P)$ への解離エネルギーより高いエネルギーの $A^3\Sigma_u^+$ 状態への遷移と考えられる．O_2 によるこれらいくつかの吸収帯による太陽放射の吸収はとくに成層圏における放射強度および化学システムを考える上で非常に重要である．O_2 の吸収スペクトル域の光は成層圏で完全に吸収される

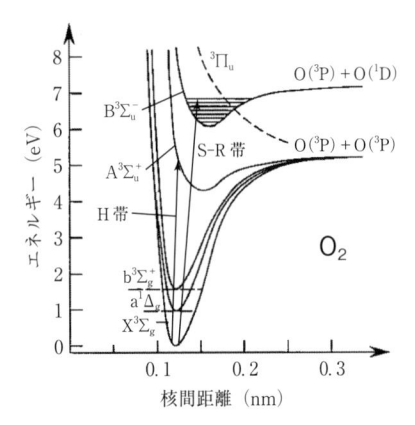

図 3.5 O_2 分子のエネルギー準位（Gaydon, 1968 に基づく Finlayson-Pitts and Pitts, 2000 より改編）

ので対流圏には影響しない．さらに図 3.5 に示された低いエネルギー準位の O_2 分子 $a^1\Delta_g$ および $b^1\Sigma_g^+$ への遷移は 0-0 帯（基底状態の振動準位 0 から励起状態の振動準位 0 への遷移）がそれぞれ近赤外部および可視部の 1270, 762 nm に観測されるが，ともに禁制遷移であり吸収は弱い．

シューマン-ルンゲ帯における O_2 の光分解反応は，成層圏において O_3 を生成しオゾン層を形成する重要な化学過程である．成層圏の化学に関しては第 8 章で詳しく述べられるが，ここで生成した O_3 の吸収スペクトルが成層圏における高度ごとの太陽光放射スペクトルを決定するとともに，対流圏における太陽光スペクトルの短波長端波長を決定する重要な役割を演じている．

対流圏の太陽光放射強度の計算には，成層圏に存在する O_3 の光吸収が非常に重要である．図 3.6 に O_3 の吸収スペクトルを，巻末の付表 5 にその吸収断面積を示した．図 3.6 にみられるように O_3 は 100〜200, 200〜310 nm に強い吸収帯をもっているが，このうちの 100〜200 nm の領域の太陽光放射は，O_2 によるより強い吸収帯で吸収されるので，O_3 による吸収は大気圏における太陽光放射のスペクトル強度を決める要素としては重要ではない．これに対して，ハートレー帯（Hartley bands）と呼ばれる 200〜310 nm の領域の吸収は，図 3.4 にみたように O_2 による吸収がちょうど弱くなるスペクトル領域に相当するため，O_3 による吸収が下部成層圏から対流圏にかけての太陽光放射スペクトルを決定する上で非常に重要な働きを演じている．この吸収帯は $^1B_2$-X^1A_2 遷移に相当し，$O_3 \rightarrow O(^1D) + O_2(^1\Delta_g)$ への解離エネルギーよりも高いエネルギー準位への遷移であるので基本的に連続スペクトルとなっている（図 4.8 参

照).

図3.6にみられるように310 nmより長波長のハートレー帯の長波長端はハギンズ帯（Huggins bands）と呼ばれる振動構造をもった帯スペクトルに収束する．ハギンズ帯に相当する310〜350 nm領域のO_3の光分解による励起酸素原子$O(^1D)$の生成は対流圏におけるOHラジカルの生成源となるのできわめて重要であり，本書では4.2.1項で詳しく議論される．さらに，O_3の吸収スペクトルには可視部の440〜850 nmにシャピュイ帯（Chappuis bands）と呼ばれる吸収断面積5×10^{-21} cm^2 $molecule^{-1}$以下の弱い連続吸収帯が存在する（図4.2参照）が，太陽光放射スペクトルへの影響はほとんど無視できる．

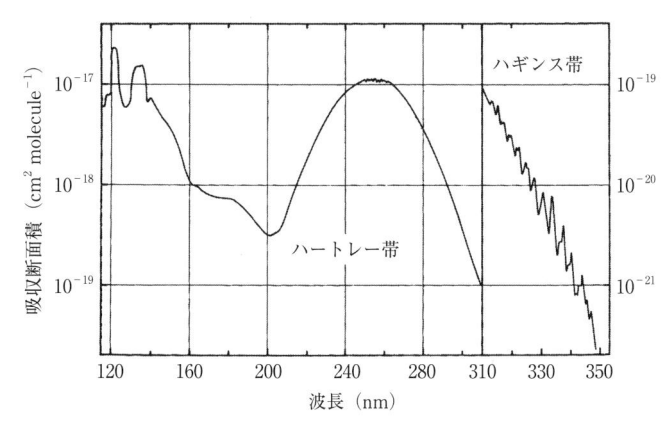

図3.6 紫外部におけるO_3の吸収スペクトル（Warneck, 1988より改編）

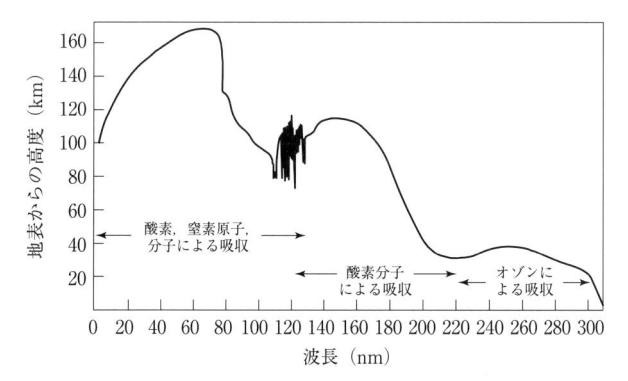

図3.7 太陽光紫外線の地球大気圏への到達深度
それぞれの大気成分による地表に垂直な太陽光の吸収が最大となる高度（Friedman, 1960に基づくFinlayson-Pitts and Pitts, 2000より改編）

地球の大気圏に到達した太陽光は，上に述べた N_2, O_2, O_3 による吸収を受けて高度に応じてその強度が減衰する．図 3.7 は太陽光が頭上にある場合にこれらによる光吸収によりその強度が 90% 減衰する地表からの高度を波長に対してプロットしたものである．図にみられるように，100 nm より短波長および 130～180 nm の光は地表 80 km 以上の熱圏で N_2, O_2 などにより吸収され，中間圏（45～80 km）には主に水素のライマン α 線（121.6 nm）周辺の波長の光と約 170 nm より長波長領域の光が到達する．さらに成層圏（15～45 km）には 185 nm より長波長の光が到達していることがわかる．とくに 200 nm 付近の波長領域の光が成層圏深くまで達しており，第 8 章で述べるようにこのことが人為起源のクロロフルオロカーボン（chlorofluorocarbon, CFC）によるオゾン層破壊に重要な役割を演じている．成層圏に存在する O_3 による吸収により，対流圏（0～15 km）に到達するまでには 310 nm より短波長の光はほとんど減衰する．しかし対流圏には少ない割合ながら 295～310 nm の光が到達しており，4.2.1 項，7.3.1 項で述べるようにこの波長領域の光による対流圏における O_3 の光分解が，励起酸素原子（O^1D）の生成，およびその水蒸気との反応による OH ラジカルの生成に重要な影響を与えている．

3.3　太陽天頂角とエアマス

地球の大気圏に侵入した太陽光の減衰が主として O_2, O_3 による分子吸収によって引き起こされる場合，地表からの高度 z_0 における太陽に垂直な面における波長 λ の太陽光放射強度（solar irradiance）I は，式（2.6）のランベルト-ベールの法則から，

$$I(\lambda, z_0) = I_0(\lambda) \exp\left\{-\int_{z_0}^{\infty}\left[\sum_k \sigma_k(\lambda) n_k(z)\right] dz\right\} \quad (3.1)$$

$$\sum_k \sigma_k(\lambda) n_k(z) = \sigma_{O_2}(\lambda) n_{O_2}(z) + \sigma_{O_3}(\lambda) n_{O_3}(z) \quad (3.2)$$

で表される．ここで I_0 は大気圏外の太陽光放射強度，σ_k, n_k はそれぞれの分子の吸収断面積と分子密度である．

地球上の実際のある地点における太陽からの距離 l は，図 3.8 に示されるように，太陽の天頂角（solar zenith angle）θ に応じて垂直距離 z に比べて長くなり，その分より多くの光が分子により吸収されることになる．水平な地表面を考えた場合，l と θ の間の関係は

$$l = \frac{z}{\cos\theta} = z \sec\theta \quad (3.3)$$

で表される．太陽の直達光（direct radiation）が実際に大気中を通過する距離 l と，

3.3 太陽天頂角とエアマス

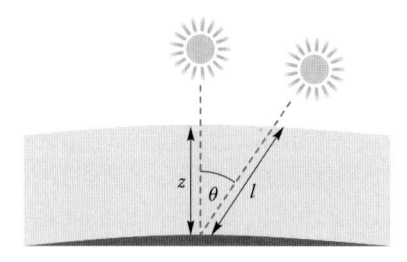

図 3.8 天頂角 θ とエアマスの定義

表 3.1 異なる天頂角に対する地表のエアマスの値

天頂角 θ (°)	$m = \sec \theta$	エアマス
0	1.00	1.00
10	1.02	1.02
20	1.06	1.06
30	1.15	1.15
40	1.31	1.31
50	1.56	1.56
60	2.00	2.00
70	2.92	2.90
78	4.81	4.72
86	14.3	12.4

出典：Demerjian *et al.* (1980).

太陽に垂直な距離 z との比をエアマス（air mass）m と呼び，$\theta < 60°$ では，

$$m = \frac{l}{z} = \sec \theta \tag{3.4}$$

でほぼ正確に近似される．表 3.1 に天頂角に対するエアマスの値を $\sec \theta$ の値と比較して掲げた．表から $\theta > 60°$ の非常に天頂角が大きいときにのみ，大気の曲率と大気による屈折が効いてきて両者の差が無視できないことがわかる．エアマス m に対する地表からの高度 z_0 における太陽光放射強度は，式（3.1）から，

$$I(\lambda, z_0) = I_0(\lambda) \exp\left\{-m \int_{z_0}^{\infty} \left[\sum_k \sigma_k(\lambda) n_k(z)\right] dz\right\} \tag{3.5}$$

となる．

式（3.4）のエアマスの計算に必要な天頂角 θ は，地球上の緯度 φ（degree），赤緯（solar declination）δ（radian），時角（hour angle）h（radian）から，

$$\cos \theta = \sin \delta \sin \varphi + \cos \delta \cos \varphi \cos h \tag{3.6}$$

で求められる．ここで赤緯 δ は，

$$\delta(\text{radian}) = \beta_1 - \beta_2 \cos N + \beta_3 \sin N - \beta_4 \cos 2N + \beta_5 \sin 2N$$

$$-\beta_6 \cos 3N + \beta_7 \sin 3N \tag{3.7}$$

$$N(\text{radian}) = \frac{2\pi d_n}{365} \tag{3.8}$$

$\beta_1 = 0.006918,\ \beta_2 = 0.399912,\ \beta_3 = 0.070257,\ \beta_4 = 0.006758,\ \beta_5 = 0.000907,$
$\beta_6 = 0.002697,\ \beta_7 = 0.001480$

で与えられる (Vermote et al., 1997). 式 (3.8) の d_n は1月1日を0, 12月31日を364とした1年の通算日 (day number) である. また式 (3.6) 中の時角 h は, その地点のグリニッチ標準時 GMT (hour), 経度 λ (degree), 均時差 (equation of time) EQT から,

$$h(\text{radian}) = \pi\left[\frac{\text{GMT}}{12} - 1 + \frac{\lambda}{180}\right] + \text{EQT} \tag{3.9}$$

$$\text{EQT} = \alpha_1 + \alpha_2 \cos N - \alpha_3 \sin N - \alpha_4 \cos 2N - \alpha_5 \sin 2N \tag{3.10}$$

$\alpha_1 = 0.000075,\ \alpha_2 = 0.001868,\ \alpha_3 = 0.032077,\ \alpha_4 = 0.014615,\ \alpha_5 = 0.040849$

で求められる (Vermote et al., 1997). 均時差とは, 平均太陽と実際の太陽との赤経の差で, 地球が楕円軌道を描いて太陽を回ることより季節によって公転角速度が異なることと, 赤道が地球の公転軌道と 23°27′ 傾いていることにより, 1日のうちの太陽の運動が東西から少しずれることに起因している.

3.4 大気分子, 粒子による散乱と地表アルベド

大気圏に侵入した太陽光は N_2, O_2, O_3 による光吸収のほか, 大気分子や粒子状物質 (エアロゾル) による光散乱の影響を受けてその強度やスペクトル分布が変化する. とくに対流圏における光化学を理解するための, 光化学作用フラックス (3.5節参照) を計算するためには, これらの効果を考慮する必要がある.

光吸収のほかにこうした光散乱を考慮したときのランベルト-ベールの法則は,

$$\ln \frac{I}{I_0} = -sm \tag{3.11}$$

$$s = s_{sm} + s_{am} + s_{sp} + s_{ap} \tag{3.12}$$

で表される. ここで, s_{sm}, s_{am}, s_{sp}, s_{ap} はそれぞれ気体分子による散乱と吸収, 大気粒子による散乱と吸収による光減衰係数, m は前節で述べたエアマスである.

気体分子による散乱はレーリー散乱 (Rayleigh scattering) と呼ばれ, その散乱係数は, 屈折率 n, 分子密度 N (molecules cm^{-3}) に対して,

$$s_{sm} = \frac{24\pi^3}{\lambda^4 N^2}\left(\frac{n^2-1}{n^2+1}\right) \tag{3.13}$$

であるが，大気の屈折率は1に近い（530 nm において 1.000278）ので上式は，

$$s_{\mathrm{sm}} = \frac{32\pi^3}{3\lambda^4}\left(\frac{n-1}{N}\right)^2 \tag{3.14}$$

で近似される（Bohren and Huffman, 1981；Ahrens, 2007）．このようにレーリー散乱係数は光の波長 λ の4乗に反比例する．すなわち短波長の光ほど散乱されやすいことを示しており，対流圏に到達する 295～700 nm の太陽光のうち波長の短い青色の光がより強く散乱されるので，これが青空の原因であることはよく知られている．ここで 273 K における地球のスケールハイト（scale height）$H = 7.996 \times 10^5$ cm（約 8 km）（地球の大気圧が海面気圧の $1/e$ になる高度，e は自然対数の底）における大気分子密度 $N_0 = 2.687 \times 10^{19}$ cm^{-3} を用いると，このときのレーリー散乱係数は，

$$(s_{\mathrm{sm}})_0 = \frac{1.044 \times 10^5 (m_{0,\lambda} - 1)^2}{\lambda^4} \tag{3.15}$$

となる（Leighton 1961；Finlayson-Pitts and Pitts, 2000）．$m_{0,\lambda}$ はこの高度における波長 λ の光に対する空気の屈折率である．式（3.15）を用いて，大気中の各高度（圧力 P，分子密度 N）における分子散乱による光減衰係数 s_{sm} は，

$$s_{\mathrm{sm}} = (s_{\mathrm{sm}})_0 \frac{N}{N_0} = (s_{\mathrm{sm}})_0 \frac{P}{P_0} \tag{3.16}$$

から求められる．ここで P_0 はスケールハイトに相当する大気圧，すなわち $1/e$ 気圧を意味している．

一方，粒子による散乱と吸収の詳しい取り扱いは Bohren and Huffman（1981）によって与えられている．粒子による散乱は粒径と光の波長の関数であり，粒子散乱による光減衰係数は一般に，

$$s_{\mathrm{sp}} = \frac{b}{\lambda^a} \tag{3.17}$$

で表される．ここで，粒子半径を r として，

$$\alpha = \frac{2\pi r}{\lambda} \tag{3.18}$$

で，粒径パラメータ α を定義すると，粒径が非常に小さい場合（$\alpha \ll 1$）では a は分子散乱と同じく $a = 4$，粒径が大きくなるにつれて a は減少し，粒径が波長に対し十分大きい場合（$\alpha \gg 1$）は散乱は幾何光学近似で表現され $a = 0$ となる（Leighton, 1961）．これらの中間領域における粒子による散乱はミー散乱（Mie scattering）と呼ばれている．

分子や粒子による散乱の場合には吸収と異なり，太陽光強度が一方的に失われることはなく，散乱光も大気中分子の光化学反応に有効に利用される．すなわち散乱によっ

て太陽の直達光の強度は減衰するが，多重散乱された光は，散乱光となって光化学作用フラックスに寄与する．

図3.9はこれらの分子散乱，粒子散乱，オゾンによる吸収を考慮したときの，それぞれの過程の大気中の光透過係数を対流圏の波長に対してプロットしたものである．図中の透過係数 T は

$$T = \frac{I}{I_0} \tag{3.19}$$

$$T_{\text{total}} = T_a T_m T_p \tag{3.20}$$

$$T_s = T_m T_p \tag{3.21}$$

であり，分子吸収，分子散乱，粒子散乱，分子散乱＋粒子散乱，全透過率がそれぞれ，T_a, T_m, T_p, T_s, T_{total} で表されている．図3.9の計算では太陽天頂角45°，オゾンカラム密度 0.300 atm-cm（＝300 D.U.；D.U.はドブソン単位と呼ばれる），エアロゾルの光学的厚さ 0.295（500 nm）などが用いられているが，分子散乱と粒子散乱の波長依存性に対する一般的な特徴がよく表されている．すなわち，450 nm より長波長では粒子散乱，それ以下の短波長ではレーリー散乱による光減衰が重要となり，320 nm より短波長ではオゾンの吸収による減衰が卓越することがわかる．

このほか，地表に到達した太陽光の一部は地表面で反射されて大気中に戻ってくるので，光化学作用フラックスの計算には直達光，散乱光以外に地表からの反射光も考

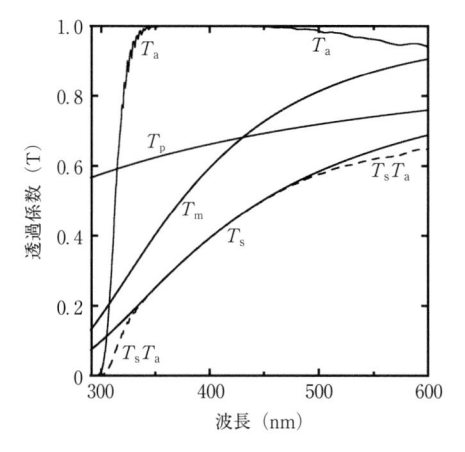

図3.9 天頂角45°に対する大気の透過係数
T_a：オゾンによる吸収，T_m：分子によるレーリー散乱，T_p：粒子によるミー散乱，$T_s = T_m + T_p$，$T_{\text{total}} = T_a T_s$（入江氏より提供）．

表 3.2 各種の地表面に対する代表的な
アルベドの値

表面の種類	アルベド
雪（旧雪～新雪）	0.40-0.95
海氷	0.30-0.40
水面（天頂角 25°以下）	0.03-0.10
水面（天頂角 25°以上）	0.10-1.00
凍土（ツンドラ）	0.18-0.25
砂地・砂漠	0.15-0.45
土壌（暗湿潤地～明乾燥地）	0.05-0.40
草地	0.16-0.26
耕地（農耕作物）	0.05-0.20
森林（広葉樹）	0.15-0.20
森林（針葉樹）	0.05-0.15
厚雲	0.60-0.90
薄雲	0.30-0.50

出典：Budikova (2010).

慮する必要がある．地表面における太陽光の反射率はアルベド（albedo）と呼ばれ，地表面の種類によって大きく異なる．報告されている種々の地表面に対するアルベドの値をまとめたものを表 3.2 に示した．もっともアルベドが大きい地表面は新雪面でありその値は 0.75～0.95 とかなり 1 に近い．一方，海水面など水面のアルベドは天頂角の小さいときには 0.1 と非常に小さいが，天頂角の増加とともに増大する．また森林，草地，農地などの植生に被覆された土地のアルベドは一般に 0.1～0.3 と中位であるが当然季節的に変化する．またアルベドの値は光の波長に依存するが，波長依存性を詳しく観測した例は少ない（McLinden *et al.*, 1997）．

3.5 光化学作用フラックスと光分解速度定数

大気中の分子の光分解速度は第 2 章で与えられた式，

$$j_p = k_p = \int_\lambda \sigma(\lambda) \Phi(\lambda) F(\lambda) d\lambda \tag{2.17}$$

で計算されるが，ここで $\sigma(\lambda)$ (cm^2) は対象とする分子の吸収断面積，$\Phi(\lambda)$ は特定の光化学生成物を与える量子収率，$F(\lambda)$ (photons cm^{-2} s^{-1} nm^{-1}) は球面積分した光化学作用フラックス（actinic flux）である．光化学作用フラックス $F(\lambda)$ は大気中のある小さな球面に入射する光子の総数であり，太陽光の放射輝度（radiance）$L(\lambda, \theta, \phi)$ (photons cm^{-2} s^{-1} nm^{-1} sr^{-1}) をすべての角度（天頂角 θ，方位角 ϕ）について積分したものである（Madronich, 1987）．

$$F(\lambda) = \int_0^{2\pi} \int_{-\pi/2}^{\pi/2} L(\lambda, \theta, \phi) \sin\theta \, d\theta \, d\phi \tag{3.22}$$

ここで，$\sin\theta$ は立体角の球面座標への変換から現れる係数であるが，上式にみるように θ についての積分区間は $-\pi/2 \sim \pi/2$ であり，上方からの光だけでなく，下方からの光の寄与も光分解には有効であることを意味している．

　光化学作用フラックスに寄与するこれらさまざまな放射フラックスの模式図を図3.10 に示す．このように $F(\lambda)$ の計算にあたっては，大気圏外から入射した太陽光の成層圏オゾンによる吸収，大気分子によるレーリー散乱，エアロゾルや雲による散乱と吸収，地表面からの反射による変化をすべて考慮し，太陽からの直達光ばかりでなく，地表，雲，大気分子，エアロゾルなどによる四方八方からの反射・散乱光を考えなくてはならない．

　一方，3.1 節でも触れられた太陽光放射強度（solar irradiance）$E(\lambda)$（photons cm^{-2} s^{-1} nm^{-1}）は，

$$E(\lambda) = \int_0^{2\pi} \int_0^{\pi/2} L(\lambda, \theta, \phi) \cos\theta \sin\theta \, d\theta \, d\phi \tag{3.23}$$

で定義され，地球大気の平面に入射する光フラックスの量である．すなわち $E(\lambda)$ は固定された空間配向をもつ平面に上方から入射する直達光，拡散光の強度を半球積分したものであり，光の照射する方向性に依存する $\cos\theta$ の項を含んでいる点で，(3.22) 式で定義される光化学作用フラックスと区別される．一般に放射強度 $E(\lambda)$ はエネ

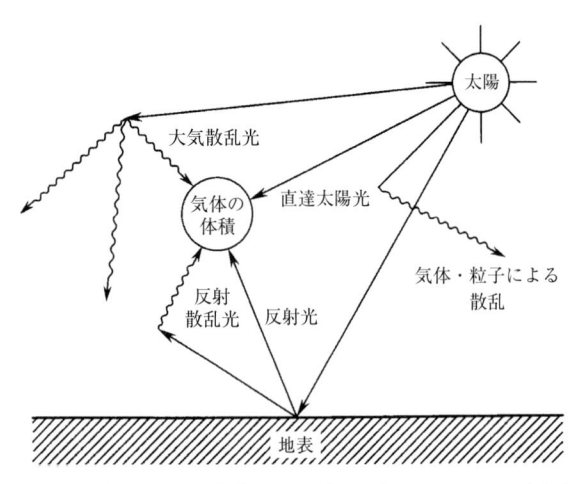

図 3.10　大気中の小さい体積に対する光化学作用フラックスに寄与する太陽光の種々の要素．(Finlayson-Pitts and Pitts, 2000 より改編)

3.5 光化学作用フラックスと光分解速度定数

ルギーの単位（W cm^{-2} nm^{-1}）で与えられていることが多いが，1 W = 1 J s^{-1} であるので単位時間あたりの光子数へは式（2.2）で変換することができる．ちなみに大気圏外の太陽光スペクトルの議論では，巻末の付表3で与えられたような太陽光に垂直な面（$\cos\theta = 1$）での放射強度 $E(\lambda)$ は光化学作用フラックス $F(\lambda)$ に等しい．

光化学作用フラックス $F(\lambda)$ は，大気中の光分解速度定数の算出に必要な重要な数値であるが，これを求める手法としては放射伝達モデル式を用いて理論計算から求める方法と，放射計を用いて放射強度 $E(\lambda)$ を測定し理論式により $F(\lambda)$ に変換する方法とがある．ここでは，まず放射伝達モデル式からの光化学作用フラックスを求める方法についてみてみよう．この取扱いの先駆的な研究は Leighton（1961）によってなされており，光化学大気汚染に適用可能な光化学作用フラックスを，簡略化した放射伝達モデルを用いて異なる天頂角に対して 290～800 nm の波長域で算出している．Leighton（1961）の仕事は今からすでに50年近く前になるが，そこでは本章で述べられているすべての因子が考慮されており，大気光化学に対する基本的な考え方が当時すでに確立されていることがわかる．

新しい入力パラメータを用いて Leighton（1961）の研究を発展させた研究が Peterson（1976）によってなされ，さらに Demerjian（1980），Madronich（1987）に受け継がれ，光化学作用フラックスのより精度の高い計算がなされている．Peterson（1976）は 290～700 nm のスペクトル領域を 5 nm（290～420 nm），10 nm（420～580 nm），20 nm（580～700 nm）の波長間隔に分割し，0.285 atm-cm（285 D. U.）の成層圏オゾンと地表 0～1 km に 100 ppb の境界層オゾン（オゾン全量 0.295 atm-cm）を仮定したときの天頂角 0° に対する光化学作用フラックスの値を計算した．また，エアロゾル粒子による放射特性の計算については，粒径分布を仮定し式（3.18）の粒径パラメータを用い，カラム密度は 4.99×10^7 particles cm^{-2} を用いている．エアロゾル粒子の光学的性質としては一部光吸収を仮定した複素屈折率 $n = 1.5 - 0.01i$ が用いられた．これらのパラメータを用いて計算されたオゾンによる吸収，粒子による散乱・吸収，大気分子によるレーリー散乱それぞれに対する，式（3.11），（3.12）で定義された放射強度減衰係数 s の波長依存性を図 3.11 に示す．図 3.11 ではエアロゾル粒子による減衰率は散乱によるものが大部分であり，吸収の寄与は 9% 程度である．またオゾンのシャピュイ帯による 600 nm 付近の可視部の光吸収による減衰係数が約 3% 以下であることが示されている．

光化学作用フラックスに対しては，これらのパラメータ以外に地表アルベドが大きな影響を与えることが知られている（Luther and Gelinas, 1976）．Peterson（1976）によって用いられたアルベドの寄与割合は，5%（290～400 nm），6%（400～450 nm），

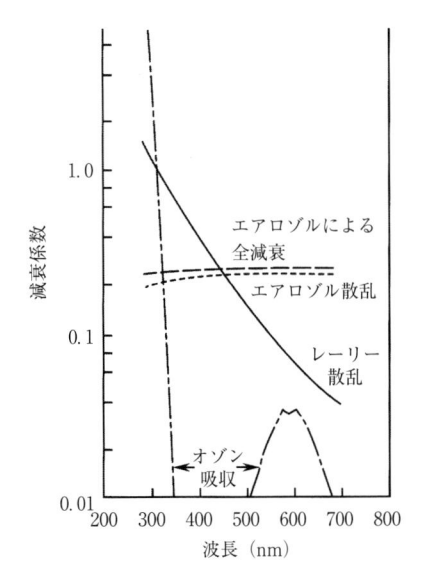

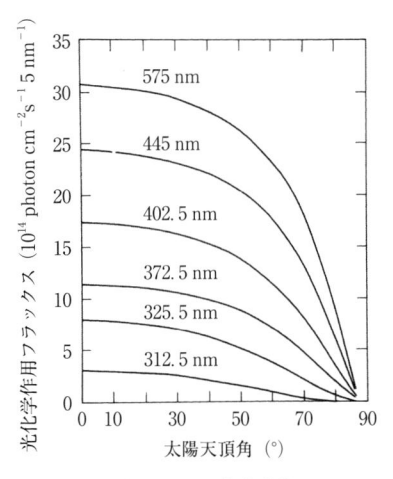

図 3.11 大気分子と粒子による吸収と散乱に基づく太陽光の放射強度の減衰係数（Peterson, 1976 より改編）

図 3.12 地表における光化学作用フラックスの天頂角依存性（Peterson, 1976 より改編）

8%（450～500 nm），10%（500～550 nm），11%（550～600 nm），12%（600～640 nm），13.5%（640～660 nm），15%（660～700 nm）などである．このようにして Peterson (1976) によって計算された地表における光化学作用フラックスの値を巻末の付表5に掲げた．付表5に掲げられたいくつかの波長に対する光化学作用フラックスの天頂角依存性をグラフにしたものが図 3.12 である．図にみられるように，光化学作用フラックスの値は天頂角が 0～50° の範囲では，天頂角の増加による減少は比較的小さいが，50～90° の範囲では急速に減少する．これは主に表 3.1 でみたように天頂角 50° 以上でエアマスが急速に増加する傾向に対応したものである．また，地表における光化学作用フラックスは 300～400 nm の波長範囲では波長とともに急速に増大するが，これはオゾンの吸収がこの領域で波長とともに急速に減少することに対応している．上空における光化学作用フラックスについては，Finlayson-Pitts and Pitts (2000) に高度 15, 25, 40 km における値が与えられている．

光化学作用フラックススペクトル $F(\lambda)$ の物理的測定に関しては，容易ではない．いくつかの報告はあるが（Shetter and Müller, 1999；Hofzumahaus et al., 1999），一般に行われているのは放射計（radiometer）を用いた放射照度（irradiance）（単位面積あたりの放射束エネルギー，$W\,m^{-2}\,nm^{-1}$）の測定であり，波長別の分光放射照度

3.5 光化学作用フラックスと光分解速度定数

$E(\lambda)$ を $F(\lambda)$ に変換する手法を開発するために,野外における太陽光のスペクトル測定強度と放射伝達モデルを用いた計算との比較実験が行われてきた.これらの解析では,測定される分光放射輝度(spectral radiance)(単位立体角あたりの放射束エネルギー W sr^{-1} m^{-2} nm^{-1})$L(\lambda, \theta, \phi)$ を上半球面で積分して,下向きの光化学作用フラックス $F_d(\lambda)$ を求め,これを直達光フラックス $F_0(\lambda)$ と下向きの拡散フラックス $F_\downarrow(\lambda)$ の和として,

$$F_d(\lambda) = \int_0^{2\pi}\int_0^{\pi/2} L(\theta, \phi) \sin\theta \, d\theta \, d\phi = F_\downarrow(\lambda) + F_0(\lambda) \tag{3.24}$$

で表す.同様に放射照度 $E(\lambda)$ を直達光成分 $E_0(\lambda)\,(=\cos\theta\, F_0(\lambda))$ と拡散光成分 $E_\downarrow(\lambda)$ の和で表す.

$$E(\lambda) = \int_0^{2\pi}\int_0^{\pi/2} L(\theta, \phi) \cos\theta \sin\theta \, d\theta \, d\phi = E_\downarrow(\lambda) + E_0(\lambda) \tag{3.25}$$

ここで van Weele ら(1995)の近似を用いると,$F_d(\lambda)$ と $E(\lambda)$ の比は,

$$\frac{F_d(\lambda)}{E(\lambda)} = \frac{F_\downarrow(\lambda)}{E_\downarrow(\lambda)} + \left(\frac{1}{\cos\theta} - \frac{F_\downarrow(\lambda)}{E_\downarrow(\lambda)}\right)\frac{E_0(\lambda)}{E(\lambda)} \tag{3.26}$$

と表される.いくつかの野外観測データから下向きの光化学作用フラックス F_d と放射照度 E の比が求められ,モデル計算との比較が行われている(Kazadzis *et al.*, 2000; Webb *et al.*, 2002a, 2002b; McKenzie *et al.*, 2002; Bais *et al.*, 2003; Kylling *et al.*, 2005; Palancer *et al.*, 2011).$F_\downarrow(\lambda)/E_\downarrow(\lambda)$ の比の値は完全に等方的な拡散光を考えるとモデルからは 2 になることが期待されるが,観測から求められた値は一般に波長,天頂角,エアロゾル密度に依存し 1.4〜2.6 の値となる(Kazadzis *et al.*, 2000; Webb *et al.*, 2002a).これらの値は雲のないときにはモデルからの理論値とよく一致し,検証された比の値を用いて実測の放射照度から光化学作用フラックスを求めることができる.

これに対して雲が存在する場合は一般に観測とモデルの不一致が大きく,光化学作用フラックスに対するアルベドの寄与などが不確定性の原因として考えられる.光化学作用フラックス F_{tot} を直達光成分 F_0,下向きの拡散光成分 $F_\downarrow$,上向きの拡散光成分 $F_\uparrow$ に分けたとき,地表面を放射輝度が観測される方向によらず一定(等方散乱)であるような仮想的な完全拡散面,ランベルト面(Lambertian surface)を仮定し,地表アルベドを A とすると,

$$F_\uparrow = A(2\cos\theta_0 F_0 + F_\downarrow) \tag{3.27}$$

となるので,

$$F_{\text{tot}} = F_0 + F_\downarrow + F_\uparrow = F_0(1 + 2A\cos\theta_0) + F_\downarrow(1 + A) \tag{3.28}$$

が導出される(Madronich, 1987).ここで θ_0 は天頂角である.したがって,$A = 1, \theta_0 = 0$,

$F_↓=0$ の極限を考えると，$F_{tot}=F_0+F_↓=3F_0$ となり，光化学作用フラックスは理論的には，極限的には直達光成分だけ考えた場合の3倍まで増加しうることになる．一般に直達光が表面で等方的反射した場合，光化学作用フラックスは $2A\cos\theta_0$ の分だけ増大する．

光化学作用フラックスが求められれば，これから光分解速度定数 $j_p(s^{-1})$ は式 (2.17) で求められるが，実際には積分を区分求積に置き換えた，

$$j_p(s^{-1}) = \sum_\lambda \sigma_{av}(\lambda)\phi_{av}(\lambda)F_{av}(\lambda) \tag{3.29}$$

から求められることが多い．ここで $\sigma_{av}(\lambda)$, ϕ_{av}, F_{av} はそれぞれ波長 λ を中心とし，波長間隔 $\Delta\lambda$ について平均化した分子の吸光断面積，光分解量子収率，および光化学作用フラックスである．

式 (3.29) を用いて計算された光分解速度定数と，たとえば NO_2 について実際に測定された光分解速度定数の値とは，よく一致することもあるが大きな乖離がみられることも多い (Kraus and Hofzumahaus, 1998)．とくに雲上，雲中，雪上の光分解速度では計算値との差異が大きい場合が多く，アルベド効果の取扱いに問題があるのではないかとの議論がなされている (van Weele, 1993; Junkermann, 1994; Wild, 2000; Lee-Taylor and Madronich, 2002; Simpson et al., 2002; Brasseur et al., 2002; Hofzumahaus, 2004)．

引用文献

ASTM (American Society for Testing and Materials), 2000 ASTM Standard Extraterrestrial Spectrum Reference E-490-00, 2000. http://www.astm.org/Standards/E490.htm

Bais, A., S. Madronich, J. Crawford, S. R. Hall, B. Mayer, M. Van-Weele, J. Lenoble, J. G. Calvert, C. A. Cantrell, R. E. Shetter, A. Hofzumahaus, P. Koepke, P. S. Monks, G. Frost, R. McKenzie, N. Krotkov, A. Kylling, S. Lloyd, W. H. Swartz, G. Pfister, T. J. Martin, E. -P. Roeth, E. Griffioen, A. Ruggaber, M. Krol, A. Kraus, G. D. Edwards, M. Mueller, B. L. Lefer, P. Johnston, H. Schwander, D. Flittner, B. G. Gardiner, J. Barrick and R. Schmitt, International photolysis frequency measurement and model intercomparison (IPMMI) spectral actinic solar flux measurements and modeling, *J. Geophys. Res.*, **108**(D16), 8543, doi : 1029/2002/JD002891, 2003.

Bohren, C. and D. Huffman, *Scattering and Absorption of Light by Small Particles*, Wiley, New York, 1981.

Brasseur, G. P. and P. C. Simon, Stratospheric chemical and thermal response to long-term variability in solar UV irradiation, *J. Geophys. Res.*, **86**, 7343-7368, 1981.

Brasseur, G. P., J. L. Orlando and G. S. Tyndall (eds), *Atmospheric Chemistry and Global Change*, Oxford University Press, 1999.

Brasseur, A. L., R. Ramaroson, A. Delannoy, W. Skamarock and M. Barth, Three-dimensional calculation of photolysis frequencies in the presence of clouds and impact on photochemistry, *J. Atmos. Chem.*, **41**, 211-237, 2002.

Budikova, D., *The Encyclopedia of Earth, Albedo*, M. Pidwiny ed., 2010. http://www.eoearth.org

Demerjian, K. L., K. L. Shere and J. T. Peterson, Theoretical estimate of actinic (spherically

引 用 文 献

integrated) flux and photolytic rate constants, of atmospheric species in the lower troposphere, *Adv. Environ. Sci. Technol.*, **10**, 369-459, 1980.
Finlayson-Pitts, B. J. and J. N. Pitts, Jr., *Chemistry of the Upper and Lower Atmosphere*, Academic Press, 2000.
Friedman, H., *Physics of the Upper Atmosphere* (J. A. Ratcliffe, Ed.), Academic Press, 1960.
Gaydon, A. G., *Dissociation Energies and Spectrum of Diatomic Molecules, 3rd ed.*, Chapman and Hall, London, 1968.
Goody, R., *Principles of Atmospheric Physics and Chemistry*, Oxford University Press, 1995.
Hofzumahaus, A. ed., INSPECTRO—Influence of clouds on spectral actinic flux in the lower troposphere, ACP—Special Issue, 2004.
Hofzumahaus, A., A. Kraus and M. Muller, Solar actinic flux spectroradiometry : A new technique to measure photolysis frequencies in the atmosphere, *Appl. Opt.*, **38**, 4443-4460, 1999.
Junkermann, W., Measurements of the J (O^{1}D) actinic flux within and above stratiform clouds and above snow surfaces, *Geophys. Res. Lett.*, **21**, 793-796, 1994.
Kazandzis, S., A. F. Bais, D. Balis, C. Zerefos and M. Blumthaler, Retrieval of downwelling UV actinic flux density spectra from spectral measurements of global and direct solar UV irradiance. *J. Geophys. Res.*, **105**, 4857-4864, 2000.
Kraus, A. and A. Hofzumahaus, Field measurements of atmospheric photolysis frequencies for O_3, NO_2, HCHO, CH_3CHO, H_2O_2 and HONO by UV spectroradiometry, *J Atom. Chem.*, **31**, 161-180, 1998.
Kylling, A., A. R. Webb, R. Kift, G. P. Gobbi, L. Ammannato, F. Barnaba, A. Bais, S. Kazandzidis, M. Wendisch, E. Jäkel, S. Schmidt, A. Kniffka, S. Thiel, W. Junkermann, M. Blumthaler, R. Silbernagl, B. Schallhart, R. Schmitt, B. Kjeldstad, T. M. Thorseth, R. Scheirer and B. Mayer, Spectral actinic flux in the lower troposphere : measurement and 1-D simulations for cloudless, broken cloud and overcast situations, *Atmos. Chem. Phys.*, **5**, 1975-1997, 2005.
Lee-Taylor, J. and S. Madronich, Calculation of actinic fluxes with a coupled atmosphere-snow radiative transfer model, *J. Geophys. Res.*, **107**(D24), 4796, doi : 10.1029/2002JD002084, 2002.
Leighton, P. A., Photochemistry of Air Pollution, Academic Press, 1961.
Lofthus, A. and P. H. Krupenie, The spectrum of molecular nitrogen, *J. Phys. Chem. Ref. Data*, **6**, 113-307, 1977.
Luther, F. M. and R. J. Gelinas, Effect of molecular multiple scattering and surface albedo on atmospheric photodissociation rates, *J. Geophys. Res.*, **81**, 1125-1132, 1976.
Madronich, S., Photodissociation in the atmosphere 1. Actinic flux and the effect of ground reflections and clouds, *J. Geophys. Res.*, **92**, 9740-9752, 1987.
Madronich, S., Theoretical estimation of biologically effective UV radiation at the earth's surface, in *Solar Ultraviolet Radiation Modeling Measurements and Effects*, NATO ASI Ser. I 52, edited by C. S. Zeretos and A. F. Bais, Springer-Verlag New York 1997.
McKenzie, R. L., P. V. Johnston, A. Hofzumahaus, A. Kraus, S. Madronich, C. Cantrell, J. Calvert and R. Shetter, Relationship between photolysis frequencies derived from spectroscopic measurements of actinic fluxes and irradiances during the IPMMI campaign, *J. Geophys. Res.*, **107**, 4042, doi : 10.1029/2001JD000601, 2002.
McLinden C. A., J. C. McConnell, E. Griffoen, C. T. McElroy and L. Pfister, Estimating the wavelength-dependent ocean albedo under clear-sky conditions using NASA ER2 spectrometer measurements, *J. Geophys. Res.*, **102**, 18801-18811, 1997.
Molina, L. T. and M. J. Molina, Absolute absorption cross sections of ozone in the 185- to 350-nm wavelength range, *J. Geophys. Res.*, **91**, 14501-14508, 1986.
NOAA, U. S. Standard Atmosphere, Publication NOAA-S/T76-1562. Washington, D. C., U. S. Government Printing Office, 1976.
Palancer, G. G., R. E. Shetter, S. R. Hall, B. M. Toselli, and S. Madronich, Ultraviolet actinic flux in

clear and cloudy atmospheres: Model calculations and aircraft-based measurements, *Atmos. Chem. Phys.*, **11**, 5457-5469, 2011.

Peterson, J. T., "Calculated Actinic Fluxes (290-700 nm) for Air Pollution Photochemistry Applications", U. S. Environmental Protection Agency Report No. EPA-600/4-76-025, June, 1976.

Sander, S. P., R. Baker, D. M. Golden, M. J. Kurylo, P. H. Wine, J. P. D. Abatt, J. B. Burkholder, C. E. Kolb, G. K. Moortgat, R. E. Huie and V. L. Orkin, Chemical Kinetics and Photochemical Data for Use in Atmospheric Studies, Evaluation Number 17, JPL Publication 10-6, Pasadena, California, 2011. Website: http://jpldataeval.jpl.nasa.gov/.

Shetter, R. and M. Müller, Photolysis frequency measurements using actinic flux spectroradiometry during the PEM-Tropics mission: Instrumentation description and some results, *J. Geophys. Res.*, **104**, 5647-5561, 1999.

Simpson, W. R., M. D. Kinga, H. J. Beineb, R. E. Honrath and X. Zhou, Radiation-transfer modeling of snow-pack photochemical processes during ALERT 2000, *Atmos. Environ.*, **36**, 2663-2670, 2002.

Van Weele, M. and P. G. Duynkerke, Effect of clouds on the photodissociation of NO_2: Observations and modelling, *J. Atmos. Chem.*, **16**, 231-255, 1993.

Van Weele, M., J. V.-G. de Arrelano and F. Kuik, Combined measurements of UV-A actinic flux, UV-A irradiance and global radiation in relation to photodissociation rates., *Tellus*, **47B**, 353-364, 1995.

Vermote, E. F., D. Tanre, J. L. Deuze, M. Herman and J. J. Morcette, Second simulation of the satellite signal in the solar spectrum, 6S: an overview, *IEEE Trans. Geosci. Remote Sens.*, **35**, 675-686, 1997.

Warneck, P., *Chemistry of the Natural Atmosphere*, Academic Press, 1988.

Webb, A. R., A. F. Bais, M. Blumthaler, G-P. Gobbi, A. Kylling, R. Schmitt, S. Thiel, F. Barnaba, T. Danielsen, W. Junkermann, A. Kazantzidis, P. Kelly, R. Kift, G. L. Liberti, M. Misslbeck, B. Schallhart, J. Schreder and C. Topaloglou, Measuring spectral actinic flux and irradiance: Experimental results from the actinic flux determination from measurements of irradiance (ADMIRA) project. *J. Atmos. Ocean. Technol.*, **19**, 1049-1062, 2002a.

Webb, A. R., R. Kift, S. Thiel and M. Blumthaler: An empirical method for the conversion of spectral UV irradiance measurements to actinic flux data, *Atmos. Environ.*, **36**, 4044-4397, 2002b.

Wild, O., Z. Zhu and M. J. Prather, Fast-J: Accurate simulation of in- and below-cloud photolysis in tropospheric chemical models, *J. Atmos. Chem.*, **37**, 245-282, 2000.

WMO, 1985 Wehrli Standard Extraterrestrial Solar Irradiance Spectrum, World Meteorological Organization, Geneva, 1985.

4
大気分子の吸収スペクトルと光分解反応

　大気中分子の光化学反応は，直接的に対流圏，成層圏における化学反応システムを駆動する根本要因であり，それら個々の分子種の光分解反応を理解することは大気化学を理解する上で非常に重要である．本章では，対流圏・成層圏における光化学作用フラックスを受けてそれぞれの圏内で光分解する大気分子を取り上げ，それらの吸収スペクトルと吸収断面積，光分解経路とその量子収率（2.1.2項参照）について述べる．対流圏・成層圏に存在するある分子が，どの高度で光分解するかは3.5節でみた光化学作用フラックスのスペクトル分布とそれぞれの分子の吸収スペクトル，光分解量子収率の重なりによって決まってくる．いくつかの分子は対流圏，成層圏における光分解反応がともに重要であるが，とくに O_3 については対流圏の節で4.2.1項にまとめて詳しく述べ，成層圏でのみ起こる光分解過程について4.3.2項で補った．クロロフルオロカーボンを含む有機ハロゲン化合物の光分解は成層圏でとくに重要であるので，有機ハロゲン化合物については対流圏で光分解されるいくつかの分子を含めて4.3節にまとめた．また，多くの無機ハロゲン化合物は対流圏・成層圏ともに関連が深いので，これらは無機ハロゲン化合物の光分解反応として別に4.4節にまとめた．

　大気分子の吸収スペクトルや光分解過程は，NASAデータ評価パネル（NASA Panel for Data Evaluation）と大気化学のための気相反応データ評価に関するIUPAC小委員会（IUPAC Subcommittee on Gas Kinetic Data Evaluation for Atmospheric Chemistry）によって評価がまとめられており，本書では吸収断面積については主にNASA/JPLパネル評価 No.17（Sander *et al.*, 2011）に，光分解過程については主にIUPAC小委員会報告（Atkinson *et al.*, 2004, 2006, 2007, 2008）に基づいている．

　また，本章ではそれぞれの光分解反応式の後に，反応エンタルピー $\Delta H°$ の値およびこれに対応する光分解が可能なしきい値波長を示したが，これらの値は0Kにおける生成熱（付表1（巻末））から計算された $\Delta H_0°$ の値であることに注意したい．気相反応の反応熱は一般に298Kの値が用いられることが多く，第5章では $\Delta H°_{298}$ の値を示すが，光分解反応の場合反応分子の振動回転エネルギーの寄与を議論するのにより便利な $\Delta H_0°$ の値を用いることが多く，本章でもそれらの値を採用している．

4.1 対流圏・成層圏における太陽光スペクトル

第3章に述べられたような諸過程を考慮して計算された，太陽天頂角60°に対する高度別の紫外域における太陽光の光化学作用フラックスを図4.1に示す．図にみられるように対流圏に到達する太陽光の最短波長は約295 nmであり，対流圏光化学の議論ではこれより長波長の紫外，可視部に吸収スペクトルを有する化学種のみが光分解反応の対象となる．一方，上部成層圏には約185 nmより長波長の紫外線が到達しているが，成層圏内に存在するオゾン自体の吸収により，高度によって到達太陽光のスペクトルが大きく異なることがわかる．とくに高度20〜30 km付近の下部・中部成層圏には190〜230 nm付近の紫外線が到達しており，この波長領域は成層圏の「大気の窓」と呼ばれている．この波長領域はとくにクロロフルオロカーボン類の吸収スペクトルと合致しており，それらによるオゾン破壊が引き起こされる要因となっている．

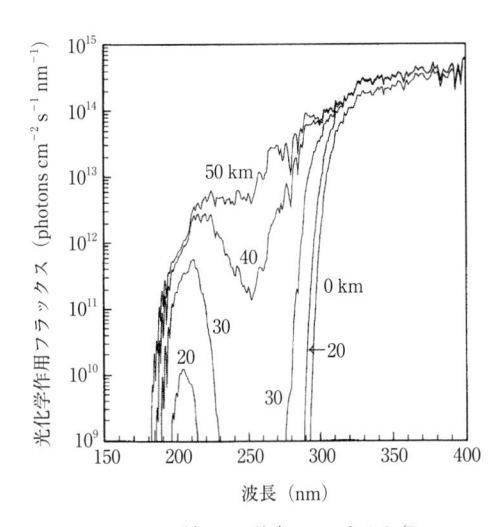

図4.1 高度別光化学フラックス，天頂角30°，地表アルベド0.3（Demore *et al.*, 1997より改編）

4.2 対流圏における光分解

本節では対流圏における光化学作用フラックスによって光分解される化学種のなか

で，4.4節で取り上げる無機ハロゲンを除く大気化学で重要な化学種を取り上げる．

4.2.1 オゾン（O_3）

オゾン（ozone）O_3 の光分解によって生成する励起酸素原子 $O(^1D)$ と H_2O の反応による OH ラジカルの生成は，対流圏の自然大気中における光化学反応の引き金となるもっとも重要な反応であり，ここでは O_3 の吸収スペクトルと，とくに対流圏での光分解による $O(^1D)$ 生成量子収率について詳述する．

吸収スペクトルと吸収断面積：オゾンの紫外部吸収スペクトルについては，すでに図3.6に示されているが，図4.2には可視部を含めた対流圏光化学で対象とされる波長領域のオゾンの吸収スペクトルを，また図4.3には縦軸をリニアスケールで表した紫外部の吸収スペクトルを掲げた．図4.2, 4.3にみられる 200〜310 nm 領域の強い吸収はハートレー帯（Hartley bands）と呼ばれ，オゾンの基底状態 X^1A_1 状態から電子的励起状態 $^1B_2$ への許容遷移に対応している（後の図4.8参照）．ハートレー帯の吸収はほぼ連続スペクトルで，この電子状態に励起されたオゾン分子はほとんどが解離するものと考えられる．しかしながらハートレー帯のピークに相当する 250 nm 付近には図4.3にみられるように弱い振動構造がみられる．このことは $^1B_2$ 状態が束縛状態であり，解離ポテンシャル曲線との交叉よりほとんどの分子は光解離するが，ポテンシャル曲線の交叉点より高いエネルギー準位への励起においても，核の運動による振動構造が吸収スペクトルに現れたものと解釈される．NASA/JPL パネル評価 No. 17 の推奨値（Sander *et al.*, 2011）に基づく O_3 の 186〜390 nm にわたる波長領域の吸収断面積（293〜298 K）は，巻末の付表5に掲げられている．

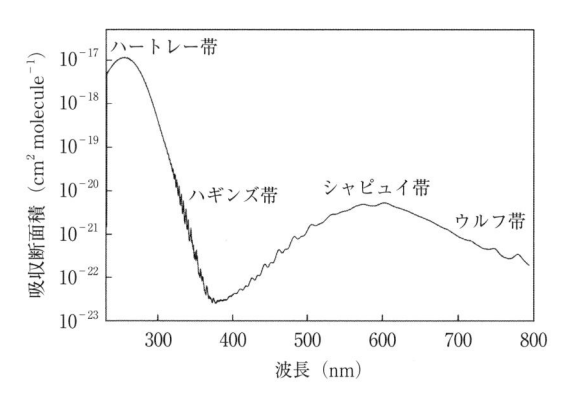

図 4.2 O_3 の対流圏光化学作用フラックス領域吸収スペクトル（Orphal, 2003 より改編）

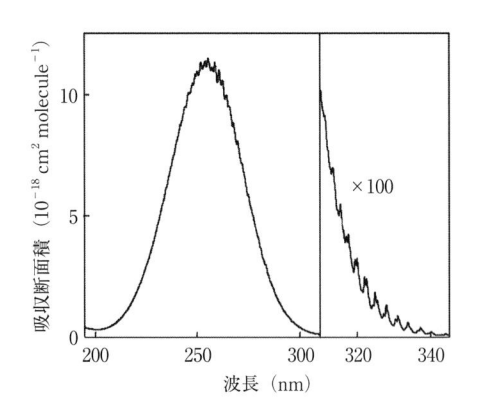

図 4.3 O_3 の紫外吸収スペクトル 295 K (リニアスケール) (Malicet et al., 1995 より改編)

図 4.2, 4.3 において 310 nm から長波長にみられる振動構造を伴った吸収帯は，ハギンズ帯 (Huggins bands) と呼ばれている．この吸収帯は解離ポテンシャルとの交叉より低いエネルギー状態の $^1B_2$ 状態への許容遷移と，束縛ポテンシャルをもつ電子励起状態 (2^1A_1) への禁制遷移が重なったものと考えられているが，ハギンズ帯の励起状態の帰属についてはまだ理論的な決着がついていない (Matsumi and Kawasaki, 2003)．

また，オゾンは図 4.2 にみられるように可視部にシャピュイ帯 (Chappuis bands)，さらにその長波長側にウルフ帯 (Wulf bands) と呼ばれる弱い吸収スペクトルをもっている．これらの吸収帯は，基底状態の O 原子と O_2 分子に解離する解離曲線と交叉するエネルギーの低い電子励起状態への禁制遷移に相当している．

対流圏化学で重要なのは対流圏の光化学作用太陽フラックスのしきい値波長 295 nm より長波長領域に 360 nm 付近まで延びている長波長端のハートレー帯，およびハギンズ帯領域における光吸収である．この領域のオゾンの吸光断面積には強い温度依存性があることが知られており，吸収断面積は温度低下とともに減少する．図 4.4 には 293 K および 202 K におけるこの領域の O_3 の吸収スペクトルを示す．図にみられるように，温度依存性は波長とともに大きくなるが，ハギンズ帯領域スペクトルの振動構造の山と谷では温度依存性が大きく異なっていることがわかる．186～390 nm にわたる 298 K 付近の O_3 の吸収断面積は，巻末の付表 4 に与えられているので，ここでは表 4.1 にハギンズ帯 (310～345 nm) の温度別 (298, 263, 226 K) の吸収断面積を示す (Molina and Molina, 1986)．O_3 吸光断面積の温度依存性は一般に次の温度の 2 次関数からなる経験式，

4.2 対流圏における光分解

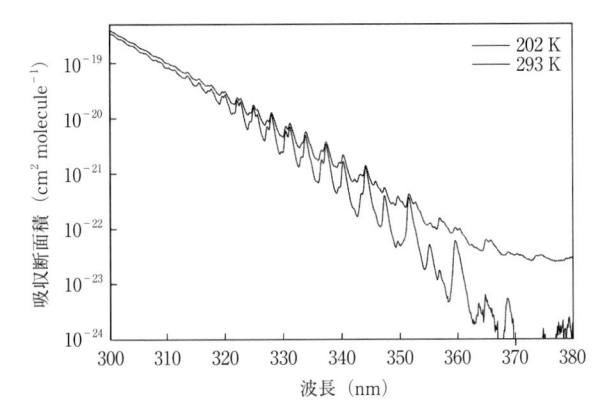

図 4.4 202 K および 293 K における O_3 のハギンズ帯吸収スペクトル（Orphal, 2003 より改編）

表 4.1 280～350 nm 領域の温度別オゾン吸収断面積[a]（298, 263, 226 K）

波長 (nm)	吸収断面積(10^{-20} cm^2 molecule^{-1})		
	298 K	263 K	226 K
310[b]	10.6	9.66	9.14
315	5.55	4.92	4.56
320	2.80	2.46	2.21
325	1.38	1.18	1.01
330	0.706	0.599	0.506
335	0.329	0.263	0.214
340	0.149	0.112	0.0832
345	0.0781	0.0586	0.0442

a) 特記以外は $\lambda-2.5$ nm～$\lambda+2.5$ nm の平均の吸収断面積.
b) 307.69 nm＜λ＜312.5 nm.
出典：Molina and Molina, 1986.

表 4.2 オゾン光分解において生成する O 原子と O_2 分子の電子状態と光分解可能なしきい値波長（nm）(0 K)

O/O_2	$X^3\Sigma_g^-$	$a^1\Delta_g$	$b^1\Sigma_g^+$	$A^3\Sigma_u^+$	$B^3\Sigma_u^-$
^{3}P	1180	611	463	230	173
^{1}D	411	310	266	168	136
^{1}S	237	200	180	129	109

出典：Okabe, 1978.

$$\sigma(\lambda, T) = a(\lambda) + b(\lambda)(T-230) + c(\lambda)(T-230)^2 \tag{4.1}$$

で近似できることが知られており（Orphal, 2003），280～320 nm の波長領域の $a(\lambda)$，$b(\lambda)$，$c(\lambda)$ の値が与えられている（Molina and Molina, 1986；Finlayson-Pitts and Pitts, 2000）．

光分解量子収率：オゾンの光分解過程とそのそれぞれがエネルギー的に可能なしきい値波長を表 4.2 に示す（Okabe, 1978）．この表から対流圏に到達する太陽光スペクトルでエネルギー的に可能な光分解過程は以下の五つである．

$$O_3 + h\nu(<310\text{ nm}) \rightarrow O(^1D) + O_2(a^1\Delta_g) \quad \Delta H_0° = 386 \text{ kJ mol}^{-1} \quad (4.2a)$$
$$+ h\nu(<411\text{ nm}) \rightarrow O(^1D) + O_2(X^3\Sigma_g^-) \quad \Delta H_0° = 291 \text{ kJ mol}^{-1} \quad (4.2b)$$
$$+ h\nu(<463\text{ nm}) \rightarrow O(^3P) + O_2(b^1\Sigma_g^+) \quad \Delta H_0° = 258 \text{ kJ mol}^{-1} \quad (4.2c)$$
$$+ h\nu(<611\text{ nm}) \rightarrow O(^3P) + O_2(a^1\Delta_g) \quad \Delta H_0° = 195 \text{ kJ mol}^{-1} \quad (4.2d)$$
$$+ h\nu(<1180\text{ nm}) \rightarrow O(^3P) + O_2(X^3\Sigma_g^-) \quad \Delta H_0° = 101 \text{ kJ mol}^{-1} \quad (4.2e)$$

O_3 の光分解反応で生成される $O(^1D)$ 原子は水蒸気との反応,

$$O(^1D) + H_2O \rightarrow 2OH \quad (4.3)$$

により OH ラジカルを生成するため, 対流圏化学において非常に重要である. O_3 のハートレー帯の許容遷移は, 上の反応 (4.2a) の光分解過程に相当し $O(^1D)$ を生成することが知られているが, 対流圏での光分解が可能な波長領域 295〜340 nm における $O(^1D)$ の量子収率については最近まで正確な値が測定されていなかった. とくに 310 nm より長波長のハギンズ帯領域では太陽光フラックスが強くなるので, この領域における $O(^1D)$ の生成量子収率は対流圏化学に非常に大きな影響をあたえる.

Matsumi *et al.* のグループは, 光分解で生成する $O(^3P)$ と $O(^1D)$ を直接分光学的に検出する手法 (Takahashi *et al.*, 1996, 1997) で, 305〜330 nm 領域の O_3 光分解における $O(^1D)$ 生成量子収率をより正確に実験室的に求め, 過去のデータを塗り替えた (Ravishankara *et al.*, 1998). これを受けてオゾンの光分解データに関する国際評価パネルが立ちあげられ, その結果 (Matsumi *et al.*, 2002) は NASA/JPL パネル評価 No. 14 (Sander *et al.*, 2003) に採用され, その後の評価に引き継がれている (Sander, 2011).

$O(^1D)$ 生成の絶対量子収率については, 308 nm における値は過去において分光学的に直接決定された値 (Greenblatt and Wiesenfeld, 1983; Talukdar *et al.*, 1997b; Takahashi *et al.*, 1998) はよく一致しており, 298 K における値として $\Phi(^1D) = 0.79$ が採用されている. この値をもとに, 多くの研究グループによって得られたデータを再規格化した 306〜328 nm 領域の $O(^1D)$ 生成量子収率の波長依存性 (298 K) を図 4.5 (a) に示す (Matsumi *et al.*, 2002).

図 4.5(a) にみられるように $O(^1D)$ 生成量子収率は 308 nm における値 0.79 から波長が長くなるにつれて低下し, 325 nm より長波長では約 0.1 となる. 表 4.2 にみたように,

$$O_3 + h\nu(\lambda<310\text{ nm}) \rightarrow O(^1D) + O_2(a^1\Delta_g) \quad (4.2a)$$

の許容遷移に相当する光分解のエネルギーしきい値は 310 nm であるのに対し, 図 4.5 (a) ではこれより長波長側でも $O(^1D)$ の量子収率はかなり大きな値をもっていることを示している. このことは, この波長領域の O_3 光分解には反応 (4.2a) 以外の過程が,

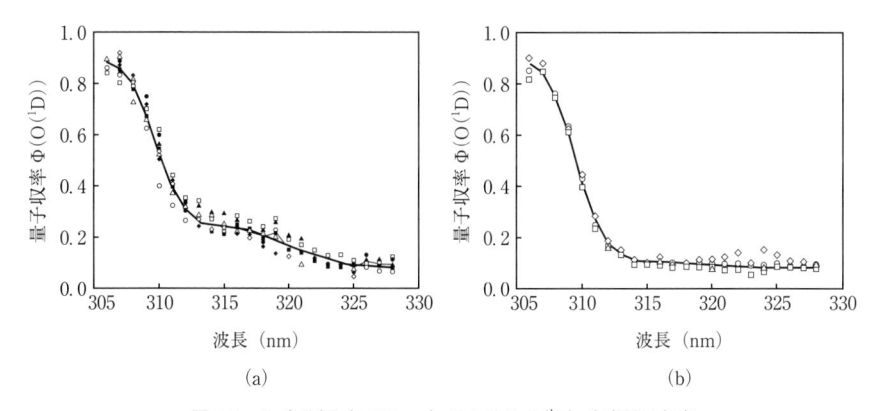

図 4.5 O_3 光分解（>305 nm）における $O(^1D)$ 生成量子収率
(a) 298 K, (b) 227 K (Matsumi et al., 2002 より改編). 各点は実験値（個々の文献は本図の出典参照のこと）, 実線はフィッティングによる推奨値

関与していることを意味しており，このことは後にみるように対流圏光化学に対して大きな意味をもっている．

ハギンズ帯領域の O_3 の光分解にどのような過程が含まれているかの手がかりを与えてくれるのが $O(^1D)$ 生成量子収率の温度依存性である．$O(^1D)$ 生成量子収率については 200～320 K の範囲での温度依存性が得られており，298 K における量子収率を 0.79 に規格化したときの 308 nm における温度 T での量子収率 $\Phi(308\,\mathrm{nm}, T)$ は，

$$\Phi(308\,\mathrm{nm}, T) = (6.10 \times 10^{-4})\,T + 0.608 \tag{4.4}$$

で表される（Matsumi et al., 2002）．複数の研究者によって得られた 227 K における $O(^1D)$ 生成量子収率の波長依存性を図 4.5(b) に示す．図 4.5(b) にみられるように 227 K における $O(^1D)$ 生成量子収率は，308 nm における値 0.75 から波長とともに 298 K の場合よりより急速に低下し，315 nm より長波長でほぼ 0.1 と一定の値となることがわかる．これらの結果から得られた 321, 298, 273, 253, 223, 203 K における O_3 光分解における $O(^1D)$ の生成量子収率の波長依存性を表 4.3 に掲げた（Matsumi et al., 2002）．

308 nm より短波長の 290～305 nm 波長領域の $O(^1D)$ 生成量子収率については，NASA/JPL パネル評価 No.17 では，最近の測定結果（Talukdar et al., 1998; Taniguchi et al., 2000）に基づいて 0.90±0.09 の値を推奨している（Matsumi et al., 2002; Sander, 2011）．これよりさらに短波長での $O(^1D)$ 生成量子収率については，これまで 0.85～0.95 の値が報告されており，これらを含めた 220～290 nm ハートレー帯における $O(^1D)$ 生成量子収率のデータを図 4.6 に示す．この波長範囲では温度依

存性はみられず，NASA/JPL パネル評価 No. 17 (Sander *et al.*, 2011) では 306 nm 以下の波長で 0.90 を推奨している．

一方，328 nm より長波長領域でも $O(^1D)$ 生成量子収率は 0 にならず，この光分解に相当する過程は後に述べるように，$O(^1D) + O_2(X^3\Sigma_g^-)$ への分解過程と考えられている．この分解のしきい値は 411 nm であるので，この過程による $O(^1D)$ の生成は 411 nm 付近まで続いているものと思われる．最近の測定データをもとに NASA/JPL パネル評価 No. 17 (Sander *et al.*, 2011) では，340 nm より長波長における $O(^1D)$ 生成量子収率としては温度によらず 0.08 ± 0.04 を推奨しているが，340 nm より長波長では O_3 の吸収断面積が小さいので対流圏光化学としてはあまり重要でない．

ここで改めて，図 4.5, 4.6 に示された O_3 光分解における $O(^1D)$ 生成量子収率の波長・温度依存性をもとに，どのような光化学過程が関与しているかをみてみよう．図 4.7 は Matsumi *et al.* (2002) によって計算された 305〜330 nm 領域の $O(^1D)$ 生成量子

表 4.3　O_3 光分解における $O(^1D)$ の温度別生成量子収率（321, 298, 273, 253, 223, 203 K）

波長 (nm)	$O(^1D)$ 生成量子収率					
	321 K	298 K	273 K	253 K	223 K	203 K
306	0.893	0.884	0.878	0.875	0.872	0.872
307	0.879	0.862	0.850	0.844	0.838	0.835
308	0.821	0.793	0.772	0.760	0.748	0.744
309	0.714	0.671	0.636	0.616	0.595	0.585
310	0.582	0.523	0.473	0.443	0.411	0.396
311	0.467	0.394	0.334	0.298	0.259	0.241
312	0.390	0.310	0.246	0.208	0.169	0.152
313	0.349	0.265	0.200	0.162	0.126	0.112
314	0.332	0.246	0.180	0.143	0.108	0.095
315	0.325	0.239	0.173	0.136	0.102	0.090
316	0.317	0.233	0.168	0.133	0.100	0.088
317	0.300	0.222	0.162	0.129	0.098	0.087
318	0.275	0.206	0.152	0.123	0.096	0.086
319	0.246	0.187	0.141	0.116	0.093	0.085
320	0.214	0.166	0.129	0.109	0.090	0.083
321	0.183	0.146	0.117	0.101	0.087	0.082
322	0.155	0.128	0.107	0.095	0.084	0.080
323	0.132	0.113	0.098	0.089	0.082	0.079
324	0.114	0.101	0.091	0.085	0.080	0.078
325	0.101	0.092	0.086	0.082	0.079	0.078
326	0.091	0.086	0.082	0.080	0.078	0.077
327	0.085	0.082	0.080	0.079	0.077	0.077
328	0.081	0.080	0.078	0.078	0.077	0.077

出典：Matsumi *et al.* (2002).

4.2 対流圏における光分解

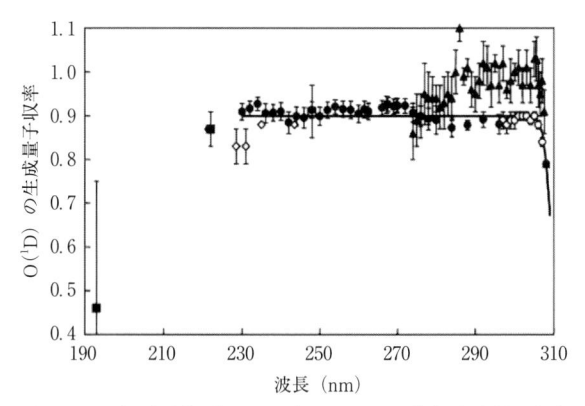

図 4.6 オゾン光分解（<310 nm）における $O(^1D)$ 生成量子収率
(Matsumi and Kawasaki, 2003 より改編)
実線は NASA/JPL パネル評価 No. 14 (Sander et al., 2003) の推奨値.
各点は実験値（個々の文献は本図の出典参照のこと）

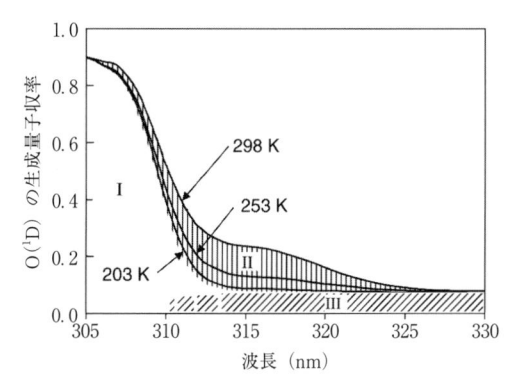

図 4.7 O_3 光分解（>305 nm）における $O(^1D)$ 生成量子収率に対するフィッティング計算曲線 (Matsumi et al., 2002 より改編).
領域 I, II, III については本文参照のこと

収率の波長・温度依存性を図示したものである．また解離結合距離を横軸にとったオゾンの図式的ポテンシャル曲線を図 4.8 に掲げる（Matsumi and Kawasaki, 2003）.

図 4.8 の $^1B_2$-X^1A_1 遷移に対応するハートレー帯での光分解反応では,

$$O_3 + h\nu \rightarrow O(^1D) + O_2(a^1\Delta g) \tag{4.2a}$$

$$+ h\nu \rightarrow O(^3P) + O_2(X^3\Sigma_g^-) \tag{4.2e}$$

の経路が主であり，図 4.6 に示された実験データからこれらによる $O(^1D)$ と $O(^3P)$ の生成がそれぞれ約 0.9, 0.1 の比率で起こるものと考えられる (Adler-Golden et al., 1982). Taniguchi et al. (1999) による O_3 分子の正確な O-O 結合エネルギーの測定に

よると，$\Delta H_f^\circ (O_3) = -144.31 \pm 0.14$ kJ mol^{-1}，光分解反応（4.2a）の可能な波長のしきい値は 309.44±0.02 nm である．しかしながら図 4.5, 4.7 にみるように O(^{1}D) の生成はこの波長より長波長でも認められている．この波長領域における O(^{1}D) 生成量子収率には温度依存性がみられることから，この部分の O(^{1}D) の生成は振動励起 O_3 分子からのハートレー帯への光吸収（ホットバンド）によるものと考えられる．200～320 K の温度範囲では振動励起分子の割合は大きくないが，基底状態の O_3 分子が O-O 結合距離が等しい対称分子であるのに対して $^1B_2$ 状態は二つの O-O 結合距離が異なる非対称分子であるので，基底状態分子の非対称伸縮振動（ν_3）が励起された振動準位から $^1B_2$ 状態への遷移確率は大きく，ホットバンドの吸収断面積はかなり大きくなるものと考えられる．理論計算からも ν_3 非対称伸縮振動の励起によりハートレー帯長波長端の吸収断面積が大きくなることが示されている（Adler-Golden, 1983）．図 4.7 において，ハートレー帯に相当する光分解経路（4.2a）のうち，振動基底状態からの遷移による O(^{1}D) の生成量子収率は領域 I に，ν_3 振動励起状態からの遷移による O(^{1}D) の生成量子収率はそれぞれ 298, 253, 203 K において領域 II に対応する．

ハギンズ帯における O(^{1}D) の生成経路としては光分解経路（4.2a）のほかに，

$$O_3 + h\nu (\lambda < 411 \text{ nm}) \rightarrow O(^1D) + O_2(X^3\Sigma_g^-) \qquad (4.2b)$$

の経路があることが，生成する O(^{1}D) の並進運動エネルギーの測定から実証されている（Takahashi et al., 1996；Denzer et al., 1998）．図 4.5, 4.7 にみられる温度によらない O(^{1}D) の生成はスピン禁制過程（4.2b）による光分解に帰属され，図 4.7 の領域 III がこれに相当する．このスピン禁制過程による O(^{1}D) 生成量子収率は，310 nm 付近から長波長のハギンズ帯の吸収領域でほぼ一定の値約 0.08 を示し，

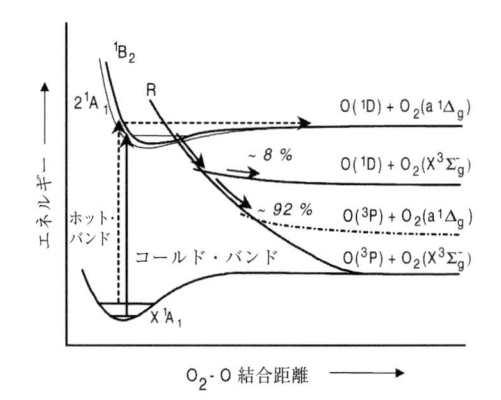

図 4.8 　O_3 分子のエネルギー準位とポテンシャル曲線
（Matsumi and Kawasaki, 2003 より改編）

313～320 nm の吸収スペクトルにみられる振動構造に伴う波長依存性はみられない (Takahashi *et al.*, 1996, 1998). ハギンズ帯のスピン禁制光吸収の励起先の電子状態については, これまで明確な帰属がなされていなかったが, 最近の回転定数の測定からは図 4.8 にみられる 2^1A_1 状態が提言されている (Takahashi *et al.*, 1997).

$O(^1D)$ 生成量子収率に関するこれらの新しいデータを用いると, 太陽天頂角 40～80° における対流圏光化学では, 上で述べたハートレー帯の振動励起 O_3 分子による $O(^1D)$ 生成の寄与率が 25～40%, 天頂角 80° に対してはスピン禁制遷移経路による $O(^1D)$ 生成の寄与率が 30% に達することが算定されている (Matsumi *et al.*, 2002).

4.2.2 二酸化窒素 (NO_2)

二酸化窒素 (nitrogen dioxide) NO_2 の光分解による酸素原子 $O(^3P)$ の生成は, 対流圏における O_3 生成の直接原因となる基本的反応である. 本項では対流圏光化学に関与する NO_2 の吸収スペクトルと, 光分解における $O(^3P)$ 生成量子収率について述べる.

吸収スペクトルと吸収断面積：図 4.9 に 240～800 nm の範囲の NO_2 の吸収スペクトルを示す (Orphal, 2003). 図にみられるように NO_2 は紫外から可視・近赤外の全域にわたって連続した吸収スペクトルを有しており, その吸収極大は 400 nm 付近にみられる. このスペクトルのうちの 240 nm より短波長の吸収は D^2B_2-X^2A_1 帯, 300～790 nm の吸収は B^2B_1-X^2A_1 および A^2B_2-X^2A_1 帯に C^2A_2-X^2A_1 の禁制遷移が混じっているものと考えられている (Douglas, 1966; Stevens *et al.*, 1973). このため, 可視近紫外域における NO_2 の吸収スペクトルは非常に複雑である. 図 4.10 には高分解能で

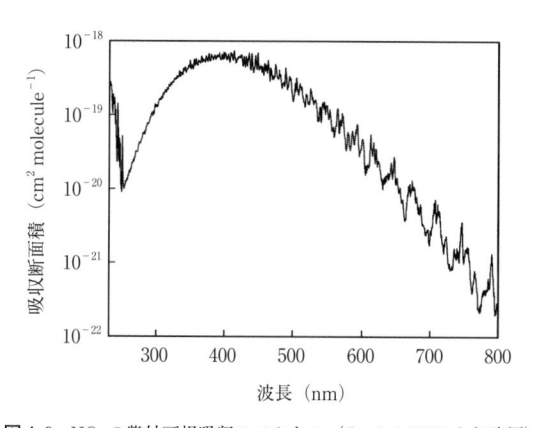

図 4.9 NO_2 の紫外可視吸収スペクトル (Orphal, 2003 より改編)

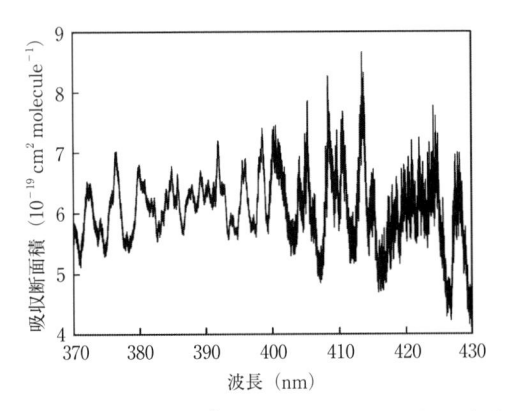

図 4.10 $NO_2 \rightarrow NO + O(^3P)$ への解離限界しきい波長（398 nm）付近でのNO_2の高分解能吸収スペクトル（分解能 0.03 nm；445 nm）(Orphal, 2003 より改編)

表 4.4 NO_2光分解がエネルギー的に可能なしきい値波長 (nm) (0 K)

NO/O	^3P	^1D	^1S
$X^2\Pi$	397.8	243.9	169.7
$A^2\Sigma^+$	144.2	117.4	97.0

出典：Okabe, 1978.

測定された 370〜430 nm 領域の吸収スペクトルを示す (Orphal, 2003). とくにNO_2の解離限界である 398 nm の長波長側ではその回転線は非常に細くて密となり，その線幅はほぼドプラー幅と圧力幅で決まっている．解離限界より短波長では，解離により励起状態の寿命が短くなるため，不確定性原理に基づいて線幅が広くなっていることが図からみられる．また，NO_2の吸収スペクトルには温度依存性があることが知られており，低温では吸収線の最大・最小の幅が大きくなり，吸収線がより際だつ (Harder et al., 1997；Vandaele et al., 2002). NO_2について高分解能スペクトルの温度・圧力依存性が重要になるのは主として衛星によるリモートセンシングデータの解析に関してである．

付表 6（巻末）には Vandaele et al. (1998) ほかに基づき IUPAC 小委員会報告 Vol. I (Atkinson et al., 2004) で推奨されている 298 K におけるNO_2の吸収断面積を掲げる．

光分解量子収率：NO_2の光分解において基底状態または励起状態の $NO(X^2\Pi, A^2\Sigma^+)$と $O(^3P, {}^1D, {}^1S)$ を生成するのに必要なエネルギーに相当するしきい値波長を表 4.4 に掲げる (Okabe, 1978). 表 4.4 から対流圏での光化学作用フラックスによって光分解

可能な過程は，

$$\mathrm{NO_2} + h\nu(\lambda < 398\ \mathrm{nm}) \to \mathrm{NO}(\mathrm{X}^2\Pi) + \mathrm{O}(^3\mathrm{P}) \quad \Delta H_0^\circ = 301\ \mathrm{kJ\ mol^{-1}} \quad (4.5)$$

のみであり，基底状態の NO と O を生成するこの過程が起こりうる 0 K におけるしきい値波長は 397.8 nm であることがわかる．しきい値波長付近での 298 K における光分解過程 (4.5) による NO の生成量子収率の波長依存性を図 4.11 に示す (Roehl *et al.*, 1994; Troe, 2000)．また，Roehl *et al.* (1994)，Troe (2000) に基づき NASA/JPL パネル評価 No. 17 によって推奨されている 300～420 nm 範囲での $\mathrm{NO_2}$ 光分解の量子収率を表 4.5 に掲げる．図 4.11 に明らかなように NO の生成量子収率は，解離限界である 398 nm 付近より長波長では急速に低下するが，しきい値波長を越えても 0 にはならず，420 nm 付近まで NO の生成がみられている．この解離限界を超えた

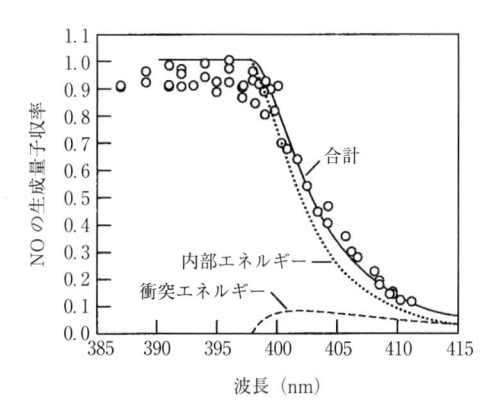

図 4.11 $\mathrm{NO_2}$ の光分解量子収率
点線と破線はそれぞれ，解離限界を超えた波長での分解に対する振動回転による内部エネルギーと衝突エネルギーの寄与を示す (Roehl *et al.*, 1994 より改編)

表 4.5 300-422 nm における $\mathrm{NO_2}$ 光分解量子収率 (298, 248 K)

波長 (nm)	分解量子収率 Φ 298 K	248 K	波長 (nm)	分解量子収率 Φ 298 K	248 K	波長 (nm)	分解量子収率 Φ 298 K	248 K
300～398	1.00	1.00	406	0.30	0.22	414	0.08	0.04
399	0.95	0.94	407	0.26	0.18	415	0.06	0.03
400	0.88	0.86	408	0.22	0.14	416	0.05	0.02
401	0.75	0.69	409	0.18	0.12	417	0.04	0.02
402	0.62	0.56	410	0.15	0.10	418	0.03	0.02
403	0.53	0.44	411	0.13	0.08	419	0.02	0.01
404	0.44	0.34	412	0.11	0.07	420	0.02	0.01
405	0.37	0.28	413	0.09	0.06			

出典：NASA/JPL パネル評価 No. 17 (Sander *et al.*, 2011)．

エネルギー領域での NO_2 の光分解は，基底状態分子の振動・回転励起状態からの内部エネルギーの加算によるものが主であり，それ以外に光吸収後の励起 NO_2 分子にほかの分子が衝突して得られたエネルギーによるものが上乗せされているものと解釈されている．図 4.11 には Roehl et al. (1994) によって計算された両者の寄与がそれぞれ点線，破線で示されている．

図 4.9 にみたように NO_2 の吸収スペクトルは可視部の全域に広がっており，光分解しきい値を超える波長の太陽光を吸収して生成される励起 NO_2 分子の生成速度は大きい．光分解されない励起 NO_2 分子のほとんどは，

$$NO_2^* \rightarrow NO_2 + h\nu' \tag{4.6}$$

$$NO_2^* + M \rightarrow NO_2 + M \tag{4.7}$$

のように蛍光を発するか，大気分子によって消光 (quenching) され基底状態に戻る．NO_2 の蛍光放射速度は $\sim 1.5 \times 10^4\, s^{-1}$，蛍光寿命は $\sim 70\, \mu s$ である (Donnelly and Kaufman, 1978)．一方大気分子 N_2，O_2 による消光速度定数はともに $\sim 5 \times 10^{-11}\, cm^3\, molecule^{-1}\, s^{-1}$ である (Donnelly et al., 1979) ので，対流圏下層大気圧下では蛍光量子収率は 10^{-5} 程度となり，太陽光を吸収して生成した励起 NO_2 はほとんどが N_2，O_2 によって消光される．

しかしながら，大気中のほかの分子と励起 NO_2 分子とのエネルギー移動反応もしくは二分子反応の速度定数が十分大きければ，大気中でそうした反応が起こる可能性は否定できない．エネルギー移動反応としては，

$$NO_2^* + O_2(X^3\Sigma_g^-) \rightarrow NO_2 + O_2(a^1\Delta_g) \tag{4.8}$$

による $O_2(a^1\Delta_g)$ の生成が研究されている (Jones and Bayes, 1973) が，この反応による励起酸素分子のもたらす影響は大気中で重要とは考えられていない．一方最近，水蒸気存在下で可視域の光 (565, 590, 613 nm) で NO_2 を励起したとき，OH ラジカルが生成することが報告されており，

$$NO_2^* + H_2O \rightarrow HONO + OH \tag{4.9}$$

の反応が提案されている (Li et al., 2008)．もしこの反応が Li et al. (2008) によって報告されているような反応速度定数 $k_{4.9} = 1.7 \times 10^{-13}\, cm^3\, molecule^{-1}\, s^{-1}$ をもつならば，この反応は対流圏下層において，O_3 光分解による $O(^1D) + H_2O$ の反応に匹敵しうる OH の生成速度をもつことになる．現在その生成の再現実験 (Carr et al., 2009) や反応経路の理論的解析 (Fang et al., 2010) が行われている．

4.2.3 亜硝酸 (HONO)

亜硝酸 (nitrous acid) HONO は $OH + NO$ の均一反応のほか，地表面における NO_2

4.2 対流圏における光分解

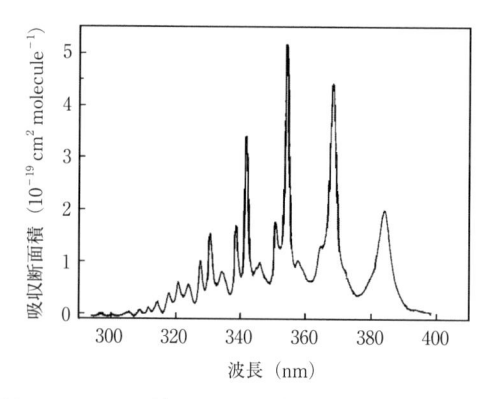

図 4.12 HONO の吸収スペクトル (Stutz *et al.*, 2000 より改編)

と H_2O の不均一反応で生成し,しかもこの不均一反応は光によって促進されるため (6.4.2 項参照),汚染大気中では太陽光による光分解が速い日中においてもかなりの高濃度で存在することが知られている.このため HONO の光分解反応は,汚染大気中の OH ラジカル源として非常に重要である.

吸収スペクトルと吸収断面積:HONO の吸収スペクトルを図 4.12 に示す (Stutz *et al.*, 2000).実験的に純粋な HONO を得ることはできず,試料にはつねに少量の NO_2 が共存するために,HONO の吸収スペクトルおよび吸収断面積の測定にあたっては,NO_2 の影響を除くことが大きな課題であった (Stockwell and Calvert, 1978).図 4.12 に示したのは,分解能 0.08 nm で測定された Stutz *et al.* (2000) に基づいたスペクトルで,以前に得られているもの (Vasudev, 1990;Bongartz *et al.*, 1991) とよく一致している.300〜400 nm の波長範囲に分布する HONO の吸収帯は $AA'' \leftarrow XA'$ 遷移によるもので,スペクトルには明確な振動構造がみられる.この振動構造は励起状態の -N=O 伸縮振動に対応し 369, 355, 342 nm のバンドが 1-0, 2-0, 3-0 に帰属されている (Vasudev *et al.*, 1984).HONO の光吸収断面積の絶対値は,上記の不純物 NO_2 の影響などからその不確定性が大きかった.HONO の吸収断面積の絶対値については,一般に吸収帯の最大ピークである 354 nm において比較され,その他の波長についてはこの値に規格化された相対値が 1 nm ごとに示されている.ただし,最近の測定値が 0.1 nm またはそれ以上の高分解能でとられた値であるのに対し,古い測定値などではこれより低い分解能でとられたものが多いため,その比較には注意が必要である.Stults *et al.* (2000) によって得られた 354 nm における吸収断面積の値は,51.9 $\pm 0.03 \times 10^{-20}$ cm^2(分解能 0.08 nm)でありこの値は Stockwell and Calvert (1978),Bongartz *et al.* (1994),Pagsberg *et al.* (1997) らの値と 5% 以内で一致している.巻

末の付表7にはNASA/JPLパネル評価No.17（Sander *et al.*, 2011）によって推奨されている吸収断面積を掲げた．この値は近紫外領域においては，Stults *et al.* (2000) の値をもとに1nm間隔に平均化した数値である．

光分解量子収率：図4.12に示されたスペクトルのバンドの幅が広く，回転構造がみられないことは励起状態の分解寿命が短いことを示唆しており，実際にこの領域の光を吸収したHONOは量子収率1で，

$$\text{HONO} + h\nu (\lambda < 598 \text{ nm}) \rightarrow \text{OH} + \text{NO} \quad \Delta H_0^\circ = 200 \text{ kJ mol}^{-1} \quad (4.10\text{a})$$

の反応経路で光分解されることが知られている（Cox and Derwent, 1976）．これ以外に考えられる光分解経路，

$$\text{HONO} + h\nu (\lambda < 367 \text{ nm}) \rightarrow \text{H} + \text{NO}_2 \quad \Delta H_0^\circ = 326 \text{ kJ mol}^{-1} \quad (4.10\text{b})$$

によるH原子の生成割合は，351 nmにおいては0.01以下であることが報告されている（Wollenhaupt *et al.*, 2000）．

4.2.4 三酸化窒素ラジカル（NO_3），五酸化二窒素（N_2O_5）

三酸化窒素（nitrogen trioxide）NO_3は硝酸ラジカル（nitrate radical）とも呼ばれ$O_3 + NO_2$の反応で生成する．また五酸化二窒素（dinitrogen pentoxide）N_2O_5はこのNO_3とNO_2との平衡反応$NO_3 + NO_2 \rightleftharpoons N_2O_5$で生成する．$NO_3$と$N_2O_5$は汚染大気中における夜間の化学（nighttime chemistry）における重要な中間体であり，NO_3が可視部の光を強く吸収してすぐに光分解するため，これらの日中の濃度は非常に小さい．

NO_3の吸収スペクトルと吸収断面積：NO_3は不対電子をもったフリーラジカルであり，分光学的興味から多くの研究がなされてきた（Wayne *et al.*, 1991）．図4.13にNO_3の可視部の吸収スペクトルを示す（Sander *et al.*, 2011）．図にみられるようにNO_3は400～700 nmの広い範囲の可視領域，とくに600～700 nmの赤色領域に振動構造をもった非常に強い吸収帯をもっている．この吸収帯はB-X遷移に相当し，もっとも強い662, 623 nmのピークがN-O伸縮振動の0-0, 1-0バンドに対応する．図4.13に示されたのは，分解能1 nmに平均化されたスペクトルであるが，これらのバンドは多くの回転線からなっておりそれらを分離した高分解能スペクトルも最近得られている（Orphal *et al.*, 2003；Osthoff *et al.*, 2007）．

NO_3の662 nmのピークの吸収断面積は，実験室および大気中でのNO_3の検出に広く用いられており多くの実験室的研究がなされている．Wayne *et al.* (1991) による推奨値は$(2.10 \pm 0.20) \times 10^{-17}$ cm^2 molecule^{-1}であり，Sander *et al.* (1986)，Yokelson *et al.* (1994) に基づくNASA/JPLパネル評価No.17（Sander *et al.*, 2011）

4.2 対流圏における光分解

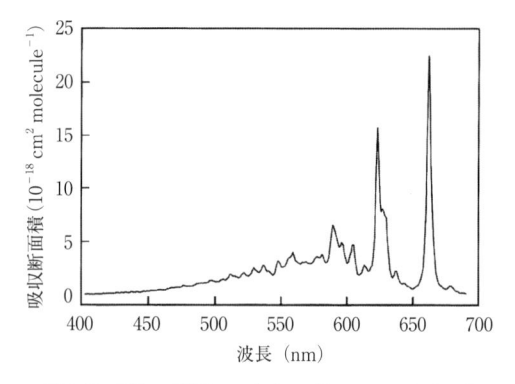

図 4.13 NO$_3$ の吸収スペクトル (Sander *et al.*, 2011)

の推奨値は $(2.25\pm 0.15)\times 10^{-17}$ cm^2 molecule^{-1} とよく一致している．NO$_3$ の 662 nm のピークの吸収断面積には温度依存性があることが知られており，Osthoff *et al.* (2007) は Yokelson *et al.* (1994) による実験式のパラメータを修正して，

$$\sigma(662\text{ nm}, T) = (4.582\pm 0.096) = [(0.00796\pm 0.0031)\times T]\times 10^{-17} \text{ cm}^2 \text{ molecule}^{-1} \tag{4.11}$$

を提示している．この吸収断面積の温度依存性の原因は，Orphal *et al.* (2003) により基底状態の振動回転準位のボルツマン分布の温度変化によるものとして説明されている．

NASA/JPL パネル評価 No. 17 (Sander *et al.*, 2011) で推奨されている 1 nm 間隔に平均化した NO$_3$ の吸収断面積を巻末の付表 8 に示した．この表の値は Sander *et al.* (1986) によるデータを上述の 662 nm における吸収断面積の値で規格化したものである．

NO$_3$ の光分解量子収率：可視部の光による NO$_3$ の光分解反応としては，

$$\text{NO}_3 + h\nu(\lambda<1031\text{ nm}) \rightarrow \text{NO} + \text{O}_2 \quad \Delta H_0^\circ = 11.6 \text{ kJ mol}^{-1} \tag{4.12a}$$
$$+ h\nu(\lambda<587\text{ nm}) \rightarrow \text{NO}_2 + \text{O}(^3\text{P}) \quad \Delta H_0^\circ = 205 \text{ kJ mol}^{-1} \tag{4.12b}$$

の二つの経路が考えられる．また，高分解能吸収スペクトルから予想されるように，600 nm 付近より長波長のシャープな振動回転構造のみられる吸収帯では NO$_3$ の励起状態での分解寿命が長く，蛍光が観測されることが実験室的研究から知られている．

$$\text{NO}_3 + h\nu \rightarrow \text{NO}_3^* \rightarrow \text{NO}_3 + h\nu' \tag{4.13}$$

反応 (4.12a) は熱的にはほとんど中立でエネルギー的な制約はないが，O-N-O の三中心遷移状態を経由するため分解経路には大きなエネルギー障壁があり，その高さは光フラグメントの実験から 198 kJ mol^{-1} と求められている (Davis *et al.*, 1993)．一

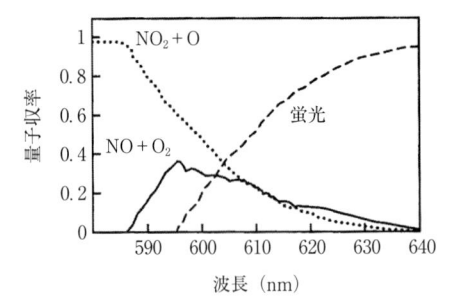

図 4.14　NO_3 の光分解および蛍光量子収率（Johnston *et al.*, 1966 より改編）

表 4.6　NO_3 の光分解量子収率（298, 230, 190 K）

λ (nm)	$\Phi(NO+O_2)$			$\Phi(NO+O_2)$		
	298 K	230 K	190 K	298 K	230 K	190 K
586	0.015	0.026	0.038	0.97	0.97	0.96
588	0.097	0.16	0.22	0.89	0.84	0.78
590	0.19	0.30	0.40	0.79	0.70	0.60
592	0.25	0.38	0.50	0.73	0.61	0.51
594	0.33	0.49	0.61	0.65	0.51	0.39
596	0.36	0.50	0.60	0.59	0.43	0.31
598	0.32	0.42	0.47	0.53	0.37	0.25
600	0.29	0.35	0.36	0.47	0.31	0.20
602	0.29	0.32	0.31	0.42	0.25	0.15
604	0.28	0.28	0.25	0.35	0.20	0.11
606	0.27	0.25	0.21	0.30	0.16	0.080
608	0.25	0.22	0.17	0.26	0.13	0.062
610	0.24	0.19	0.14	0.23	0.11	0.048
612	0.20	0.15	0.10	0.19	0.084	0.036
614	0.17	0.11	0.071	0.17	0.068	0.028
616	0.16	0.10	0.060	0.14	0.053	0.020
618	0.14	0.084	0.045	0.11	0.039	0.014
620	0.13	0.072	0.036	0.090	0.030	0.010
622	0.12	0.062	0.029	0.070	0.022	0.0070
624	0.11	0.050	0.022	0.055	0.016	0.0048
626	0.092	0.041	0.017	0.044	0.012	0.0034
628	0.074	0.030	0.012	0.034	0.0087	0.0023
630	0.065	0.025	0.0090	0.026	0.0063	0.0015
632	0.051	0.018	0.0060	0.020	0.0043	0.0010
634	0.043	0.014	0.0045	0.016	0.0034	0.0007
636	0.032	0.0099	0.0029	0.012	0.0023	0.0005
638	0.027	0.0077	0.0022	0.0096	0.0018	0.0003
640	0.020	0.0054	0.0014	0.0072	0.0012	0.0002

出典：NASA/JPL パネル評価 No.17 より抜粋（Sander *et al.*, 2011）．

方,反応 (4.12b) の 0 K におけるしきい値は 587±3 nm と定められ,これから 0 K および 298 K における生成熱 $\Delta H_\mathrm{f}^\circ$ (NO$_3$) の新しい値が,それぞれ 79.0±1.4,73.7± 1.4 kJ mol^{-1} と求められている(Davis et al., 1993).

　Johnston et al. (1996) によって示されている NO$_3$ 光分解における反応 (4.12a),(4.12b) の量子収率 Φ(NO+O$_2$),Φ(NO$_2$+O) の波長に対するプロットを,蛍光量子収率とともに図 4.14 に示した.図にみられるように Φ(NO$_2$+O) はしきい値波長の 587 nm より短波長ではほぼ 1 である.常温において Φ(NO$_2$+O) は,これより長波長領域で波長とともに減少するが,635 nm 付近でも約 0.1 の値をもっている.587 nm より長波長での反応 (4.12b) による光分解は,NO$_2$ の場合と同様に基底状態分子の振動回転エネルギーによってエネルギーが補われていることによる.なお,Johnston et al. (1996) の Φ(NO+O$_2$),Φ(NO$_2$+O) の値は,手法の異なる Orlando et al. (1993) の値と一部の波長(605〜620 nm)を除いてよく一致している.図にみられるように,Φ(NO+O$_2$) の値は,Φ$_2$(NO$_2$+O) がほぼ 1 となる 587 nm より短波長では 0 であるが,波長が長くなるとともに増加し,595 nm で最大値 0.35 となる.Φ(NO+O$_2$) の値はこれより長波長では徐々に減少し,630 nm 付近で約 0.1 となる.587 nm より長波長では Φ(NO+O$_2$),Φ(NO$_2$+O) を合わせた NO$_3$ 光分解量子収率は 1 より小さくなり,その分 (4.13) の経路による蛍光量子収率が増加する.587 nm より長波長における NO$_3$ 光分解量子収率の値には大きな温度依存性がみられ,温度とともに低下する(Johnston et al., 1996).とくに,この波長領域の反応 (4.12b) はホットバンドに起因するものなので,Φ(NO$_2$+O) の温度依存性は Φ(NO+O$_2$) よりずっと大きい.表 4.6 に Johnston et al. (1996) に基づき,NASA/JPL パネル評価 No.17 (Sander et al., 2011) で推奨されている 298, 230, 190 K における NO$_3$ の光分解量子収率を掲げた.

N$_2$O$_5$ の吸収スペクトルと吸収断面積:図 4.15 には N$_2$O$_5$ の吸収スペクトルを示した (Harwood et al., 1998).N$_2$O$_5$ の吸収スペクトルは 160 nm に極大をもち,これから長波長側に単調に減少して対流圏光化学作用フラックス領域の近紫外部まで伸びている.巻末の付表 9 に IUPAC 小委員会報告 Vol.I (Atkinson et al., 2004) に推奨されている N$_2$O$_5$ の吸収断面積を掲げた.この推奨値は 240 nm より長波長領域については Harwood et al. (1993, 1998) の値を,これより短波長領域については Yao et al. (1982),Osborne et al. (2000) などをもとにしたものである.

　N$_2$O$_5$ の吸収断面積にも温度依存性が認められており,とくに 280 nm より長波長の対流圏光分解の起こる波長範囲で大きく,温度の低下とともに吸収断面積が減少する (Sander et al., 2011).

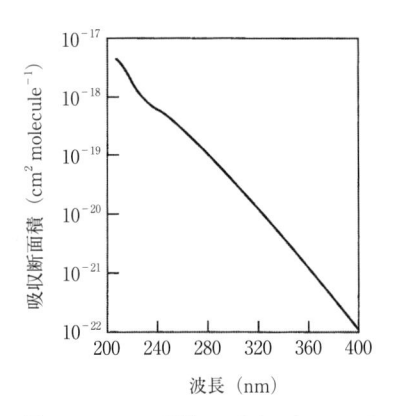

図 4.15 N_2O_5 の吸収スペクトル（Harwood *et al.*, 1998 より改編）

N_2O_5 の光分解量子収率：対流圏光化学で問題となる波長領域での N_2O_5 光分解過程は，

$$N_2O_5 + h\nu(\lambda < 1289 \text{ nm}) \rightarrow NO_3 + NO_2 \qquad \Delta H_0^\circ = 93 \text{ kJ mol}^{-1} \qquad (4.14)$$

である．290 nm より長波長における，N_2O_5 の光分解量子収率はほぼ 1 に近い値が報告されている（Harwood, 1993, 1998）．

4.2.5 ホルムアルデヒド（HCHO），アセトアルデヒド（CH_3CHO）

a. ホルムアルデヒド

ホルムアルデヒド（formaldehyde）HCHO は自然大気中では CH_4 の酸化生成物として全球的に存在し，また陸域では植物起源炭化水素の酸化生成物として存在する．一方，汚染大気中では HCHO は人為起源炭化水素類の酸化で生成する二次汚染物質であると同時に，自動車排気ガスや生物体燃焼からの一次汚染物質としても排出される．HCHO は汚染大気中では一般にもっとも高濃度で存在するアルデヒドである．HCHO の光分解反応で生成する H 原子や HCO ラジカルからは HO_2 ラジカルが生成し，とくに汚染大気中ではオゾンの光化学的生成に大きな影響を与える．

吸収スペクトルと吸収断面積：アルデヒド，ケトンなどのカルボニル化合物では，カルボニル基（-C=O）の O 原子上の孤立対 n 電子が二重結合の励起 π 軌道に励起される n-π* 遷移と呼ばれる電子遷移に基づく吸収が 300 nm 付近に現れる．この遷移は禁制遷移であるため一般に吸収断面積はあまり大きくない（$\sim 10^{-20}$ cm^2 $molecule^{-1}$）が，光化学作用フラックスが大きくなる 350 nm 付近まで吸収が延びているため，対流圏においてその光分解反応は非常に重要である．図 4.16 には HCHO の吸収スペクトルを示す（Rogers, 1990）．図 4.16 にみられるように近紫外部における HCHO の吸

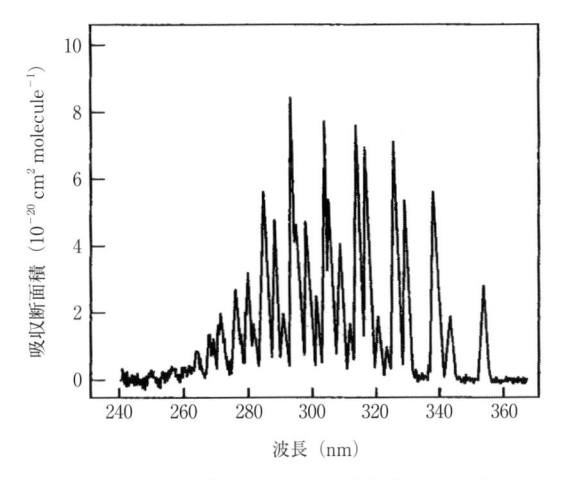

図 4.16 HCHO の吸収スペクトル,分解能 0.1 nm(Rogers, 1990 より改編)

収は 260〜360 nm の範囲にわたり,多くの振動構造がみられるのが特徴である.吸収スペクトルがバンド構造をもっていることから,スペクトルの形は分解能に大きく依存する.分解能 0.1 nm 以下のスペクトルは Rogers(1990),Cantrell et al.(1990), Meller and Moortgat(2000)などによって測定されよい一致が得られているが,さらに高分解能(0.001 nm, 0.1 cm^{-1})では回転線の線幅まで分離されている(Pope et al., 2005a;Co et al., 2005;Smith et al., 2006).

HCHO の吸収スペクトルには温度依存性があることが知られており(Cantrell, 1990;Meller and Moortgat, 2000;Smith et al., 2006),223〜323 nm の範囲での吸収断面積の温度依存性に対して,

$$\sigma(\lambda, T) = \sigma(\lambda, 298\text{ K}) + \Gamma(\lambda) \times (T - 298) \tag{4.15}$$

のような直線近似式が Meller and Moortgat(2000)によって提案されている.

巻末の付表 10 に NASA/JPL パネル評価 No. 17 および IUPAC 小委員会報告 Vol. II からの HCHO の吸収断面積を掲げる(Sander et al., 2011, Atkinson et al., 2006).これらの表の値は Meller and Moortgat(2000)の値をもとに,高分解能で得られた吸収係数を大気モデル計算用に表に示された波長間隔で平均化したものである.

光分解量子収率:HCHO の近紫外部における光分解反応としてはエネルギー的に,

$$\text{HCHO} + h\nu(\lambda < 330\text{ nm}) \rightarrow \text{H} + \text{HCO} \quad \Delta H_0^\circ = 363\text{ kJ mol}^{-1} \tag{4.16a}$$
$$+ h\nu(\text{全波長領域}) \rightarrow \text{H}_2 + \text{CO} \quad \Delta H_0^\circ = -8.9\text{ kJ mol}^{-1} \tag{4.16b}$$

の二つの経路が可能である.反応(4.16a)のエネルギーしきい値は 363 kJ mol^{-1},

相当する波長のしきい値は 330 nm である．一方，反応（4.16b）はほぼ熱的に中立（thermo-neutral）であり，熱化学的なエネルギーしきい値の制約はない．これらの反応のうち，式（4.16b）では安定分子のみが生成されるのに対して，式（4.16a）の過程で生成される H 原子および HCO ラジカルからは，

$$H + O_2 + M \rightarrow HO_2 + M \qquad (4.17)$$
$$HCO + O_2 \rightarrow HO_2 + CO \qquad (4.18)$$

の反応で HO_2 ラジカルが生成され，対流圏での光化学過程に大きな影響を与える．このため，大気化学の視点からは HCHO の光分解過程のうち，反応（4.16a）の光分解量子収率を正確に求めることが非常に重要である．

反応（4.16a）による HCHO の光分解量子収率 $\Phi(H+HCO)$ については，最近中程度分解能（0.62 nm）(Smith et al., 2002)，および高分解能（0.0035 nm）(Carbajo et al., 2008) での測定がなされている．Troe (2007) は $\Phi(H+HCO)$, $\Phi(H_2+CO)$ の文献値をレビューし，300 K，1 気圧の条件下でのそれらの波長依存性を図 4.17 のようにまとめている．HCHO の光分解量子収率 $\Phi(H+HCO)$ の値は 303.75 nm における値 0.753 に規格化した場合，最近の値は従来の値とよい一致が得られている．ただし，高分解能での測定では $\Phi(H+HCO)$ の値にバンド構造がみられ，とくに 305 nm 付近では従来の値よりかなり小さな値を与えている．

表 4.7 には NASA/JPL パネル評価 No.17 からの $\Phi(H+HCO)$, $\Phi(H_2+CO)$ の推奨値を掲げた．これらの値は，Horowitz and Calvert (1978)，Moortgat et al. (1979, 1983) をはじめとする従来のデータと最近の Smith et al. (2002), Pope et al. (2005b), Carbajo et al. (2008) のデータを総合したものである．反応（4.16a），（4.16b）を合

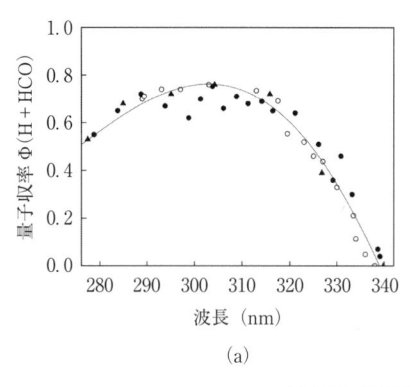

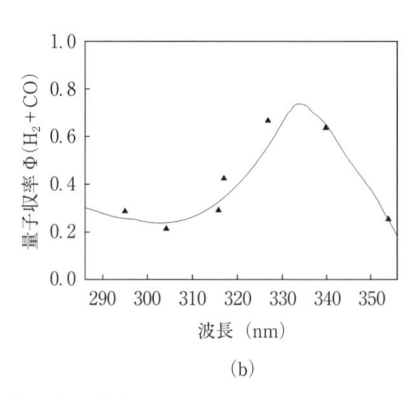

図 4.17 HCHO の光分解量子収率
(a) $\Phi(H+HCO)$, (b) $\Phi(H_2+CO)$ (Troe, 2007 より改編).

表 4.7　HCHO 光分解量子収率（300 K, 1 気圧）

λ (nm)	Φ (H+HCO)	Φ (H$_2$+CO)	λ (nm)	Φ (H+HCO)	Φ (H$_2$+CO)
250	0.310	0.490	310	0.737	0.263
255	0.304	0.496	315	0.685	0.315
260	0.307	0.493	320	0.603	0.397
265	0.343	0.477	325	0.489	0.511
270	0.404	0.441	330	0.343	0.657
275	0.479	0.391	335	0.165	0.735
280	0.560	0.347	340	0.0	0.645
285	0.633	0.307	345	0.0	0.505
290	0.690	0.278	350	0.0	0.375
295	0.734	0.256	355	0.0	0.220
300	0.758	0.242	360	0.0	0.04
305	0.760	0.240			

出典：NASA/JPL パネル評価 No. 17 (Sander *et al.*, 2011) より抜粋.

わせた CO の生成量子収率は 290～350 nm の領域では温度，圧力によらず基本的に 1 である (Moortgat and Warneck, 1979 ; Moortgat *et al.*, 1983)．350 nm より長波長では Φ(H+HCO) には温度・圧力依存性がみられないが，Φ(H$_2$+CO) には大きな温度・圧力依存性がみられる (Moortgat *et al.*, 1983)．

b. アセトアルデヒド

　アセトアルデヒド（acetaldehyde）CH$_3$CHO は汚染大気中で HCHO に次いで重要なアルデヒドである．CH$_3$CHO も HCHO と同様，人為起源炭化水素の酸化反応で二次的に生成されるほか，自動車排気ガスや生物体燃焼から一次汚染物質としても排出され，その光分解反応はラジカル供給源として光化学的オゾン生成に重要である．

吸収スペクトルと吸収断面積：CH$_3$CHO の吸収スペクトルを同族体であるプロパナール CH$_3$CH$_2$CHO，ブタナール CH$_3$(CH$_2$)$_2$CHO，イソブタナール (CH$_3$)$_2$CHCHO などの鎖状アルデヒド類とともに図 4.18 に掲げる (Martinez *et al.*, 1992)．これらのアルデヒド類では，ホルムアルデヒドと同様カルボニル基に起因する n-π* 遷移に相当するピークが 290 nm 付近にみられる．これらのアルデヒド類の吸収スペクトルの特徴は，ホルムアルデヒドと異なりシャープな振動構造がみられず，鈍った（diffuse）振動構造が吸収帯のピーク付近にみられることと，吸収帯がホルムアルデヒドと比べてやや短波長側にシフトしていることである．また，これらの鎖状アルデヒド類では，炭素数が増えても吸収のピーク位置はほとんど変わらないが，炭素数の増加とともにとくにピークから長波長側で吸収断面積が大きくなっている．

　巻末の付表 11 に NASA/JPL パネル評価 No. 17 からの CH$_3$CHO の吸収断面積を掲

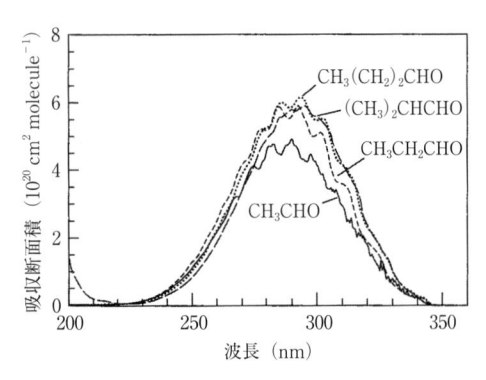

図 4.18 CH_3CHO およびその他鎖状アルデヒドの吸収スペクトル（Martinez et al., 1992 より改編）

げる（Sander et al., 2011）. 推奨されている吸収断面積は Mertinez et al.(1992) と Libuda et al.(1995) に基づく数値である.

光分解量子収率：対流圏における光化学作用フラックスの波長領域での CH_3CHO の光分解過程としては,

$$CH_3CHO + h\nu(\lambda<340\text{ nm}) \rightarrow CH_3 + HCO \quad \Delta H_0^\circ = 352 \text{ kJ mol}^{-1} \quad (4.19a)$$
$$+ h\nu(\text{全波長領域}) \rightarrow CH_4 + CO \quad \Delta H_0^\circ = -20 \text{ kJ mol}^{-1} \quad (4.19b)$$
$$+ h\nu(\lambda<321\text{ nm}) \rightarrow CH_3CO + H \quad \Delta H_0^\circ = 373 \text{ kJ mol}^{-1} \quad (4.19c)$$

の三つの経路が知られている. これらの反応のうち反応(4.19a)(4.19c)のエネルギーしきい値（0 K）はそれぞれ 352, 373 kJ mol^{-1} であり, 相当する波長しきい値は 340, 321 nm となる. 一方, 反応（4.26）は発熱過程であるので, 光分解に対する熱化学的なしきい値は存在しない.

CH_3CHO の光分解量子収率の測定は生成物の収率測定による手法であるが, 250～330 nm の領域での 1 気圧下での値の波長依存性が Meyrahn et al.(1981), Horowitz and Calvert(1982) などによって報告されている. 図 4.19 に Atkinson and Lloyd (1984) による 1 気圧下での CH_3CHO の光分解量子収率 $\Phi(CH_3+HCO)$, $\Phi(CH_4+CO)$ の波長依存性を図示する. また, NASA/JPL パネル評価 No. 17（Sander et al., 2011）による, 256～332 nm の範囲での 1 気圧下での$\Phi(CH_3+HCO)$, $\Phi(CH_4+CO)$ の数値を表 4.8 に掲げる. これらの値は上述の Meyrahn et al.(1981), Horowitz and Calvert(1982)および, Atkinson and Lloyd(1984)のレビューに基づいたものである. これらの結果によると, $\Phi(CH_4+CO)$ は 256 nm で 0.48 であるが, 波長が長くなるとともに減少し, 294 nm で 0 となる. これに対し, $\Phi(CH_3+HCO)$ は 283 nm 付近でピー

ク値 0.59 をとり，これより長波長ではゆっくりと減少するが 330 nm まで 0.01 以上の値を保っている．また，これらの図表に示されていない反応（4.19c）に対する $\Phi(CH_3CO+H)$ の値は，300 nm で 0.025，これより長波長で減少し 320 nm で 0 とな

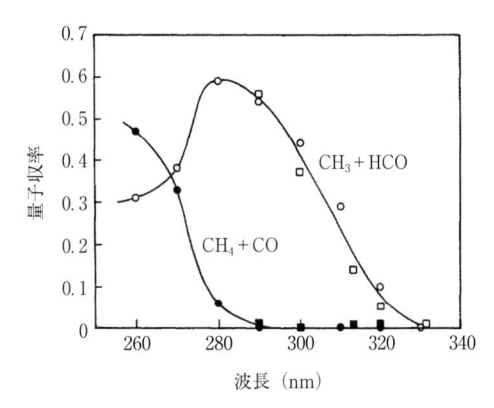

図 4.19 CH_3CHO の光分解量子収率
○ □ $\Phi(CH_3+HCO)$, ● ■ $\Phi(CH_4+CO)$ （Atkinson and Lloyd, 1984 より改編）

表 4.8 CH_3CHO の光分解量子収率（298 K，1 気圧）

λ (nm)	Φ (CH_3+HCO)	Φ (CH_4+CO)	λ (nm)	Φ (CH_3+HCO)
256	0.29	0.48	296	0.47
258	0.30	0.47	298	0.45
260	0.31	0.45	300	0.43
262	0.32	0.43	302	0.40
264	0.34	0.40	304	0.38
266	0.36	0.37	306	0.35
268	0.38	0.33	308	0.31
270	0.41	0.29	310	0.28
272	0.44	0.25	312	0.24
274	0.48	0.20	314	0.19
276	0.53	0.16	316	0.15
278	0.56	0.09	318	0.12
280	0.58	0.06	320	0.10
282	0.59	0.04	322	0.07
284	0.59	0.03	324	0.05
286	0.58	0.02	326	0.03
288	0.56	0.01	328	0.02
290	0.54	0.01	330	0.01
292	0.52	0.005	332	0.00
294	0.50	0.00		

出典：NASA/JPL パネル評価 No.17 (Sander *et al.*, 2011).

る．したがって対流圏における CH_3CHO の光分解反応では，反応(2.19b)は起こらず，反応 (2.19c) の量子収率は非常に小さいので，反応 (4.19a) のみを考慮すればよいことがわかる．CH_3CHO の光分解量子収率には温度・圧力依存性が認められており，圧力とともに量子収率が減少する．このことは，CH_3CHO の励起状態の分解寿命が，分子衝突に比べて十分長く，圧力の増加とともに励起状態の消光が起こることを示している．

4.2.6 アセトン (CH_3COCH_3)

アセトン（acetone）CH_3COCH_3 は生物起源，人為起源発生源から直接放出されるほか，非メタン炭化水素の大気中酸化反応で二次的に生成され，大気中寿命が比較的長いため対流圏の全域にわたって約 1 ppb の濃度で存在する．対流圏での光分解は，上部対流圏での CH_3COCH_3 の主要な消失過程であると同時に，自由対流圏での HO_x ラジカル源として重要である．

吸収スペクトルと吸収断面積：CH_3COCH_3 の吸収スペクトルをほかの同族体ケトン類のスペクトルとともに図 4.20 に示す（Martinez *et al.*, 1992）．ケトン類では上述のアルデヒド類と同様に n-π* 遷移による吸収が 200～350 nm 領域にみられるが，アルデヒド類に比べて吸収がやや短波長にシフトし，スペクトルに振動構造が目立たないのが特徴である．

CH_3COCH_3 の吸収スペクトルには温度依存性がみられており，温度が低下するにつれ吸収断面積が小さくなる（Hynes *et al.*, 1992；Gierczak *et al.*, 1998）．巻末の付表 12 には Gierczak *et al.* (1998) に基づく NASA/JPL パネル評価 No.17 の 298 K での

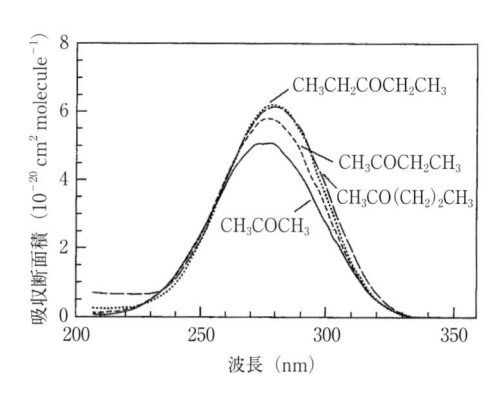

図 4.20 CH_3COCH_3 およびその他のケトンの吸収スペクトル（Martinez *et al.*, 1992 より改編）

4.2 対流圏における光分解

吸収断面積（1 nm 分解能）の抜粋を掲げる（Sander et al., 2011）.

光分解量子収率：CH_3COCH_3 の光分解過程としては,

$$CH_3COCH_3 + h\nu (<338 \text{ nm}) \rightarrow CH_3CO + CH_3 \quad \Delta H_0^\circ = 354 \text{ kJ mol}^{-1} \quad (4.20\text{a})$$
$$+ h\nu (<299 \text{ nm}) \rightarrow 2CH_3 + CO \quad \Delta H_0^\circ = 400 \text{ kJ mol}^{-1} \quad (4.20\text{b})$$

の二つの経路が知られており，反応（4.20a），（4.20b）の波長しきい値はそれぞれ 338, 299 nm である（Atkinson et al., 2002）．これらの波長しきい値から，対流圏での光分解過程としては主として反応（4.20a）が重要であることがわかる．また，CH_3COCH_3 の光分解量子収率には温度依存性とともに，強い圧力依存性があることが知られている（Meyrahn et al., 1986；Gierczak et al., 1998；Emrich and Warneck, 2000；Blitz et al., 2004）．これらの結果から，CH_3COCH_3 の光分解は実際には,

$$CH_3COCH_3 + h\nu \rightarrow {}^1[CH_3COCH_3]^* \quad (4.21)$$
$${}^1[CH_3COCH_3]^* \rightarrow {}^3[CH_3COCH_3]^* \quad (4.22\text{a})$$
$${}^1[CH_3COCH_3]^* \rightarrow 2CH_3 + CO \quad (4.22\text{b})$$
$${}^1[CH_3COCH_3]^* + M \rightarrow CH_3COCH_3 + M \quad (4.22\text{c})$$
$${}^3[CH_3COCH_3]^* \rightarrow CH_3CO + CH_3 \quad (4.23\text{a})$$
$${}^3[CH_3COCH_3]^* + M \rightarrow CH_3COCH_3 + M \quad (4.23\text{b})$$

のような過程を通じて起こるものと考えられている．ここで，${}^1[CH_3COCH_3]^*$ は基底状態の CH_3COCH_3 が光を吸収して直接到達する励起一重項状態の分子，${}^3[CH_3COCH_3]^*$ は ${}^1[CH_3COCH_3]^*$ からの項間交叉（intersystem crossing）（一重項-三重項間のようにスピン多重度の異なる電子状態間で起こる分子内無放射遷移）で生成する励起

表 4.9 CH_3COCH_3 の光分解量子収率（295, 273, 218 K）

λ (nm)	Φ 295 K	273 K	218 K	λ (nm)	Φ 295 K	273 K	218 K
280	0.60	0.55	0.66	304	0.18	0.087	0.056
282	0.56	0.51	0.62	306	0.14	0.061	0.032
284	0.52	0.47	0.57	308	0.10	0.043	0.018
286	0.48	0.43	0.50	310	0.077	0.030	0.010
288	0.45	0.39	0.43	312	0.058	0.022	0.0057
290	0.41	0.35	0.36	314	0.045	0.016	0.0033
292	0.38	0.31	0.29	316	0.035	0.012	0.0019
294	0.35	0.28	0.23	318	0.028	0.0088	0.0011
296	0.32	0.25	0.18	320	0.022	0.0068	0.0007
298	0.29	0.22	0.14	322	0.018	0.0053	0.0004
300	0.26	0.20	0.11	324	0.015	0.0041	0.0002
302	0.24	0.13	0.079	326	0.012	0.0033	0.0001

出典：NASA/JPL パネル評価 No.17（Sander et al., 2011）．

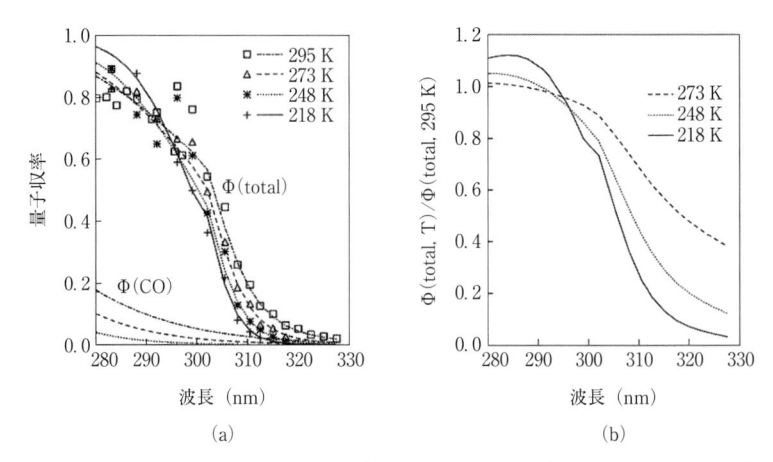

図 4.21 CH_3COCH_3 の光分解量子収率 (a) $\Phi(total)$ および $\Phi(CO)$, 記号は実測値, 線はパラメータ式による計算値 $[M] = 5 \times 10^{18}$ molecules cm^{-3}, (b) $\Phi(total, T)/\Phi(total, 295 K)$ (Blitz et al., 2004 より改編)

三重項状態の分子である．反応 (4.20a) で示される過程は $^3[CH_3COCH_3]^*$ を通じて，反応 (4.20b) の過程は $^1[CH_3COCH_3]^*$ から起こることが Emrich and Warneck (2000) によって示されている．$^1[CH_3COCH_3]^*$，$^3[CH_3COCH_3]^*$ はいずれも励起状態寿命が長く，大気圧下では反応 (4.22c)，(4.23b) のような衝突脱活 (collisional deactivation) を受ける．このことが CH_3COCH_3 の光分解量子収率 $\Phi(CH_3CO + CH_3)$, $\Phi(2CH_3 + CO)$ が強く圧力に依存する理由である．

一方，光分解量子収率の温度依存性については，295 nm より短波長では温度の低下とともに全量子収率は上昇し，295 nm より長波長では温度の低下とともに全量子収率は低下する．NASA/JPL パネル評価 No.17 では，Blitz et al. (2004) の CH_3COCH_3 の光分解量子収率の圧力依存性の近似式と温度依存分解量子収率の値が掲げられている．表 4.9 には温度別の分解量子収率の値を，図 4.21 には光分解量子収率の波長依存性を示した．

4.2.7 過酸化水素 (H_2O_2), メチルヒドロペルオキシド (CH_3OOH)

過酸化水素 (hydrogen peroxide) H_2O_2 は $HO_2 + HO_2$ のラジカル連鎖停止反応で生成し，対流圏大気中では一般に ppb の桁で存在する．H_2O_2 は水溶性なので雲霧水に溶解して除去されるが，それ以外の消失過程としては光分解反応が重要である．また，メチルヒドロペルオキシド (methyl hydroperoxide) CH_3OOH はメタンの酸化反応生成物として自然大気中で対流圏全域に存在し，その光分解反応は上部対流圏での消

4.2 対流圏における光分解

失過程として,またラジカルソースとしても重要である.

H_2O_2 の吸収スペクトルは図 4.22 に示されるように,真空紫外部の 190 nm から長波長に向かって単調に吸収が弱くなる連続スペクトルである (Vaghijiani and Ravishankara, 1989). 吸収断面積は $\sigma < 1 \times 10^{20}\ \mathrm{cm}^2\ \mathrm{molcule}^{-1}$ と比較的小さいものの,吸収スペクトルは 350 nm 付近まで伸びており対流圏での光分解が重要となる.1970 年代後半以降に報告されている 250～350 nm 領域の H_2O_2 吸収断面積は研究者間でのよい一致が得られており(Lin et al., 1978;Molina and Molina, 1981;Nicovich and Wine, 1988;Vaghijiani and Ravishankara, 1989),巻末の付表 13 にはこれらの値の平均値に基づく NASA/JPL パネル評価 No.17(Sander et al., 2011)から抜粋した値を掲げた.

H_2O_2 の吸収断面積には基底状態における振動回転励起状態からの遷移の影響による温度依存性があることが知られており(Nicovich and Wine, 1988;Knight et al., 2002),260 nm における波長・温度依存性が関数形として Nicovich and Wine(1988)によって提示されている.

CH_3OOH の吸収スペクトルは H_2O_2 と類似しており,図 4.22 に示されるように紫外部から近紫外部へ単調に吸収断面積が減少する連続スペクトルである.CH_3OOH の吸収断面積については,不純物の影響などを含めこれまでに報告されている値にはかなりの誤差があるが,巻末の付表 13 には NASA/JPL パネル評価 No.17 で推奨されている Vaghijiani and Ravishankara(1989)からの値を掲げた.

近紫外部における H_2O_2 および CH_3OOH の光分解過程は,

$$H_2O_2 + h\nu(\lambda < 587\ \mathrm{nm}) \rightarrow OH + OH \quad \Delta H_0^\circ = 204\ \mathrm{kJ\ mol^{-1}} \quad (4.24)$$

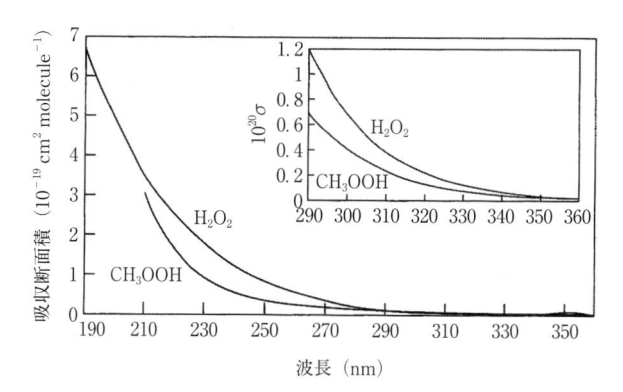

図 4.22 H_2O_2 と CH_3OOH の吸収スペクトル(Vaghijiani and Ravishankara, 1989 より改編)

$$CH_3OOH + h\nu (\lambda < 640 \text{ nm}) \rightarrow CH_3O + OH \quad \Delta H^\circ_{298} = 187 \text{ kJ mol}^{-1} \quad (4.25)$$

の経路で起こり，吸収スペクトルが完全な連続スペクトルであることから期待されるようにそれぞれの光分解量子収率は1である（Vaghijiani and Ravishankara, 1989）．

4.2.8　ペルオキシ硝酸（HO_2NO_2）

ペルオキシ硝酸（peroxynitric acid）HO_2NO_2 は HO_2 ラジカルと NO_2 との再結合反応で生成する分子であり，大気中での測定はなされていないが，モデルでは重要なラジカル停止反応生成物として扱われている．対流圏の下部では HO_2NO_2 の消失反応としては熱分解反応が優先するが，気温の低い中部・上部対流圏では熱分解寿命が長く，光分解反応による HO_2 ラジカルの再生が重要となる．

吸収スペクトルと吸収断面積：図4.23に HO_2NO_2 の吸収スペクトルを示す．HO_2NO_2 の吸収スペクトルは H_2O_2 と同様200 nm以下にピークをもちこれより長波長では吸収断面積は単調に減少するが，その裾野は320 nm付近まで延びている（Molina and Molina, 1981；Singer et al., 1989；Knight et al., 2002）．Molina and Molina（1981），Singer et al.（1989），Knight et al.（2002）に基づく NASA/JPL パネル評価 No.17（Sander et al., 2011）の298 K における $HOONO_2$ 吸収断面積の推奨値を巻末の付表14に示す．HO_2NO_2 の吸収断面積にも温度依存性が知られている（Knight et al., 2002）．

光分解量子収率：HO_2NO_2 の光分解過程としては，

$$HO_2NO_2 + h\nu (\lambda < 1184 \text{ nm}) \rightarrow HO_2 + NO_2 \quad \Delta H_{298} = 101 \text{ kJ mol}^{-1} \quad (4.26a)$$

$$+ h\nu (\lambda < 724 \text{ nm}) \rightarrow OH + NO_3 \quad \Delta H_{298} = 165 \text{ kJ mol}^{-1} \quad (4.26b)$$

が主であると思われるが，これ以外の三つの原子，分子に解裂する反応も対流圏光化学作用フラックスの波長範囲内でエネルギー的には可能である．HO_2NO_2 の光分解量子収率は MacLeod et al.（1988），Roehl et al.（2001），Jimenez et al.（2005）によっ

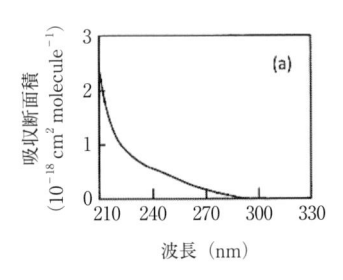

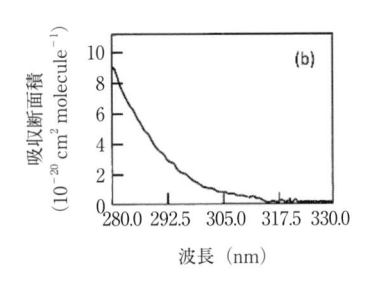

図4.23 HO_2NO_2 の吸収スペクトル
(a) 210〜330 nm, (b) 280〜330 nm 拡大図 (Singer et al., 1989 より改編)

て測定されており，200 nm より長波長では波長によらず1である．HO_2, NO_2 の生成量子収率はこの波長域でそれぞれ0.8, OH, NO_3 の生成量子収率はそれぞれ0.2であるので (Sander et al., 2011)，これらを上の反応 (4.26)，(4.27) に帰属させれば $\Phi(HO_2 + NO_2) = 0.8$, $\Phi(OH + NO_3) = 0.2$ となる．

4.2.9 硝酸（HNO_3），硝酸メチル（CH_3ONO_2）

硝酸（nitric acid）HNO_3($HONO_2$) は OH + NO_2 の連鎖停止反応で生成し，対流圏全域に存在する．対流圏における HNO_3 の光分解速度はあまり大きくなく，下部対流圏ではエアロゾルの生成や湿性・乾性沈着過程が優先するが，上部対流圏における光分解は HNO_3 の消失過程としても OH ラジカルの生成源としても重要である．一方，硝酸メチル（methyl nitrate）CH_3ONO_2 は CH_4 その他の炭化水素の酸化過程で生成する CH_3O ラジカルと NO_2 の反応で生成するほか，生物体燃焼によっても発生する．中・上部対流圏においては光分解過程が，OH との反応とともに CH_3ONO_2 の消失過程として重要である．

吸収スペクトルと吸収断面積：HNO_3 は図 4.24 に示すように 180 nm 付近にピークをもつ非常に強い吸収帯と，その肩に 270 nm 付近にピークをもつ第 2 の吸収帯が重なった連続吸収スペクトルをもっている（Rattigan et al., 1992；Burkholder et al., 1993）．HNO_3 の吸収も強い温度依存性をもっていることが知られており，Burkholder et al. (1993) は吸収断面積の温度依存性を表す近似式，

$$\sigma(\lambda, T) = \sigma(\lambda, 298\text{ K}) \exp[B(\lambda)(T - 298)] \qquad (4.27)$$

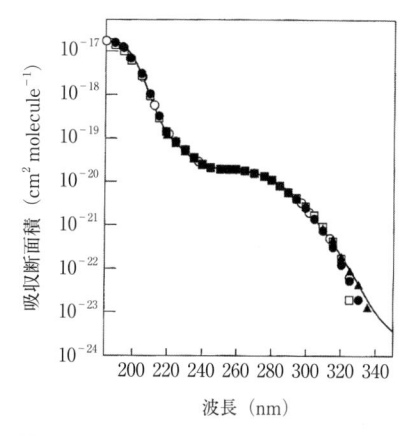

図 4.24 HNO_3 の吸収スペクトル（Burkholder et al., 1993 より改編）

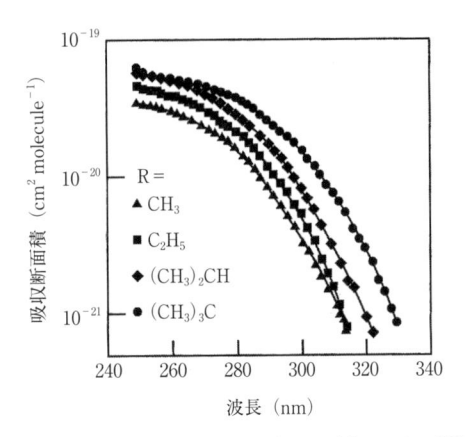

図 4.25 　CH_3ONO_2 とほかのアルキルナイトレートの吸収スペクトル (Roberts and Fajer, 1989 より改編)

を提示している．巻末の付表 15 には，200〜345 nm の波長範囲で Burkholder et al. (1993) に基づいて推奨されている吸収断面積の値を掲げる (Atkinson et al., 2004)．

CH_3ONO_2 の吸収スペクトルは HNO_3 と類似しており，図 4.25 にみられるように 190〜250 nm 領域の強い連続吸収帯，これに続く 250〜340 nm の単調に減少する連続吸収帯からなっている (Roberts and Fajer, 1989)．CH_3ONO_2 についても HNO_3 と同様に温度依存性が知られている (Talukdar et al., 1997a)．巻末の付表 15 には，Talukdar et al. (1997a)，Taylor et al. (1980) などに基づく CH_3ONO_2 の吸収断面積を掲げる (Sander et al. 2011 ; Atkinson et al., 2006)．

光分解量子収率：HNO_3 の光分解過程としては 200〜350 nm の波長領域で，

$$HNO_3 + h\nu(\lambda < 604 \text{ nm}) \rightarrow OH + NO_2 \quad \Delta H_0^\circ = 198 \text{ kJ mol}^{-1} \quad (4.28)$$

が量子収率 1 で進行することが知られており (Johnston et al., 1974)，200 nm より短波長でのみ，

$$HNO_3 + h\nu(\lambda < 401 \text{ nm}) \rightarrow HONO + O(^3P) \quad \Delta H_0^\circ = 298 \text{ kJ mol}^{-1} \quad (4.29)$$

の反応が重要であることが報告されている (Sander et al., 2011)．

CH_3ONO_2 の光分解過程も HNO_3 の場合の反応 (4.28) に相当する，

$$CH_3ONO_2 + h\nu(\lambda < 703 \text{ nm}) \rightarrow CH_3O + NO_2 \quad \Delta H_{298}^\circ = 170 \text{ kJ mol}^{-1} \quad (4.30)$$

の反応が，200 nm 付近より長波長領域では量子収率 1 で進行するものと思われる．193 nm においては HNO_3 の場合の反応 (4.29) に相当する，

$$CH_3ONO_2 + h\nu(\lambda < 394 \text{ nm}) \rightarrow CH_3ONO + O(^3P) \quad \Delta H_{298}^\circ = 304 \text{ kJ mol}^{-1} \quad (4.31)$$

の反応による $O(^3P)$ の生成が重要となる (Sander et al., 2011)．

4.2.10 ペルオキシアセチルナイトレート（$CH_3C(O)OONO_2$）

通常 PAN（パン）と呼ばれるペルオキシアセチルナイトレート（peroxyacetyl nitrate）$CH_3C(O)OONO_2$ は汚染大気中の光化学反応で生成される特異的な化合物であり，NO_x を清浄な自由対流圏に輸送するリザバー（reservoir）として重要である．$CH_3C(O)OONO_2$ は熱分解反応との平衡で濃度が保たれ，下部対流圏では熱分解が優先するが，気温の低い上部対流圏では光分解がOHラジカルによる反応とともに消失過程として重要となる（Talukdar *et al.*, 1995）．

吸収スペクトルと吸収断面積：図 4.26 に示すように $CH_3C(O)OONO_2$ の吸収スペクトルも H_2O_2 や HNO_3 などと類似しており，200 nm 以下にピークをもち，200〜340 nm にわたって単調に吸収が弱くなる連続帯である（Talukdar *et al.*, 1995）．Harwood *et al.*（2003）によって報告されている $CH_3C(O)OONO_2$ の吸収断面積の値を巻末の付表 16 に示した（Sander *et al.*, 2011）．

光分解量子収率：$CH_3C(O)OONO_2$ の光分解過程としては，

$$CH_3C(O)OONO_2 + h\nu(\lambda<1004\,\text{nm}) \rightarrow CH_3C(O)OO + NO_2 \quad \Delta H^\circ_{298}=119\,\text{kJ mol}^{-1} \tag{4.32a}$$

$$+ h\nu(\lambda<1004\,\text{nm}) \rightarrow CH_3C(O)O + NO_3 \quad \Delta H^\circ_{298}=124\,\text{kJ mol}^{-1} \tag{4.32b}$$

が考えられる．Harwood *et al.*（2003）は，248, 308 nm における NO_3 の生成量子収率をそれぞれ 0.22 ± 0.04, 0.39 ± 0.04 と報告している．これらの値はそれぞれの波長における$\Phi(CH_3C(O)O+NO_3)$ の値に相当するものと考えられ，全体の光分解量子収率は1と考えられるので，$1-\Phi(CH_3C(O)O+NO_3)$ が $\Phi(CH_3C(O)OO+NO_2)$ に相当するものと思われる．

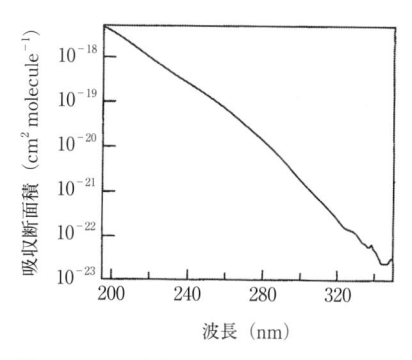

図 4.26 $CH_3C(O)OONO_2$ の吸収スペクトル
（Talukdar *et al.*, 1995 より改編）

4.3 成層圏における光分解

　本節では対流圏での太陽光化学作用フラックスでは光分解されず，成層圏においてはじめて光分解される大気中分子の吸収スペクトルと吸収断面積，光分解過程について述べる．なお成層圏光化学で重要な多くの無機ハロゲン化学種の光分解は，対流圏光化学とも共通のものが多いので別途 4.4 節にまとめた．

4.3.1 酸　素　(O_2)

　酸素（oxygen）O_2 の光分解反応は成層圏化学のもっとも基本となる反応である．そもそも地球大気圏における成層圏の形成は，O_2 の光分解による $O(^3P)$ 原子と O_2 との反応で上空に大量の O_3 が生成され，太陽光がこれらの O_3 分子によって吸収され熱に転換されて，気温逆転が起こったことによりもたらされたものである．その意味で O_2 の光分解反応は成層圏光化学の基本中の基本といえる．

　O_2 の吸収スペクトル，吸収断面積，ポテンシャル曲線についてはすでに第 3 章 (3.1.2 節，図 3.4, 3.5, 付表 2 (巻末)) で詳しく述べられているので，ここでは光分解過程についてのみ述べる．O_2 の光分解においては，電子状態の異なる 3 種の酸素原子，$O(^3P), O(^1D), O(^1S)$ を生成する過程として，

$$O_2 + h\nu(\lambda < 242 \text{ nm}) \rightarrow O(^3P) + O(^3P) \quad \Delta H_0^\circ = 494 \text{ kJ mol}^{-1} \quad (4.33a)$$
$$+ h\nu(\lambda < 175 \text{ nm}) \rightarrow O(^3P) + O(^1D) \quad \Delta H_0^\circ = 683 \text{ kJ mol}^{-1} \quad (4.33b)$$
$$+ h\nu(\lambda < 133 \text{ nm}) \rightarrow O(^3P) + O(^1S) \quad \Delta H_0^\circ = 906 \text{ kJ mol}^{-1} \quad (4.33c)$$

が考えられる．成層圏に到達する太陽光の波長は，図 4.1 にみたように上部成層圏において $\lambda \geq \sim 190$ nm であるので，成層圏での O_2 の光分解過程としては反応 (4.33a) による基底状態の $O(^3P)$ 原子の生成のみが可能である．この波長領域の O_2 の吸収帯は図 3.4 にみたように $200 < \lambda < 250$ nm にヘルツベルグ帯が，$175 < \lambda < 200$ nm に振動構造を伴ったシューマン-ルンゲ（S-R）帯が存在している．図 3.5 のポテンシャルエネルギー曲線にみたように，解離エネルギーに相当する 242 nm より短波長の光でヘルツベルク帯へ励起された O_2 は，$A^3\Sigma_u^+$ のポテンシャル曲線に沿って量子収率 1 で $O(^3P) + O(^3P)$ に解離する．一方，175 nm より長波長のシューマン-ルンゲ帯へ励起された O_2 は，$B^3\Sigma_u^-$ 状態の束縛ポテンシャルに到達するが，これから $^3\Pi_u$ の反発型ポテンシャル曲線に乗り移って，同じく量子収率 1 で $O(^3P) + O(^3P)$ に前期解離する．ちなみに，175 nm より短波長のシューマン-ルンゲ連続帯に励起された O_2 は，反応 (4.35b) に従って量子収率 1 で $O(^3P) + O(^1D)$ に解離するが，この過程は中間

圏より高い高度でのみ起こる．

なお，O_2 には図 3.5 に示された低いエネルギー準位 $a^1\Delta_g$（基底状態より 94 kJ mol^{-1} 上）および $b^1\Sigma_g^+$（基底状態より 157 kJ mol^{-1} 上）への禁制遷移が存在し，それぞれの 0-0 帯が 1270 nm，762 nm に観測される．O_2 ($a^1\Delta_g$)，O_2 ($b^1\Sigma_g^+$) 状態の放射寿命は，それぞれ 12 s（Wallace and Hunten, 1968），67 min（Slanger and Cosby, 1988）と長く，これらの状態へ励起された O_2 分子は，大気中では実質的にすべて大気分子によって衝突脱活性され，基底状態の O_2 に戻る．

$$O_2(a^1\Delta_g) + M \rightarrow O_2(X^3\Sigma_g^-) + M \tag{4.34}$$
$$O_2(b^1\Sigma_g^+) + M \rightarrow O_2(X^3\Sigma_g^-) + M \tag{4.35}$$

4.3.2 オゾン（O_3）

成層圏における O_3 の光分解反応は，上に述べた O_2 の光分解反応とともに，成層圏化学において一義的な重要性をもっている．成層圏においては O_2 の光分解で生じた O 原子と O_2 との反応による O_3 の生成と，生成した O_3 自身の光分解および O 原子との反応による消失によって O_3 の平衡濃度が保たれ，オゾン層が形成されている（8.1 節参照）．

O_3 の吸収スペクトル，吸収断面積，対流圏太陽光作用フラックス波長領域における光分解過程，光分解量子収率などについては，3.1.2 項（図 3.6，付表 5（巻末））および 4.2.1 項（図 4.2〜4.8，表 4.1〜4.3）に詳しく述べられているので，ここでは成層圏における光分解過程についてのみ述べる．図 3.6 にみたように O_3 のハートレー帯の吸収スペクトルは成層圏での太陽光作用フラックスでもっとも重要な 200〜300 nm の広い範囲にわたっており，その吸収極大は 250 nm 付近にみられる．ハートレー帯の光を吸収した O_3 分子の光分解過程は 4.2.1 項に述べられたように，

$$O_3 + h\nu(\lambda < 310 \text{ nm}) \rightarrow O(^1D) + O_2(a^1\Delta) \tag{4.2}$$

と考えられており，$O(^1D)$ の生成量子収率が 220〜300 nm にわたって実験室的に調べられている（図 4.6）（Cooper et al., 1993；Takahashi et al., 2002；Matsumi and Kawasaki, 2003）．これらのデータに基づき，NASA/JPL パネル評価 No. 17 ではこの波長領域の $O(^1D)$ の生成量子収率として 0.90 を推奨している（Sander et al., 2011）．ハートレー帯での O_3 光分解の全量子収率は 1 と考えられるので，成層圏における光化学作用フラックス領域での $O(^1D)$ の生成量子収率が 1 より小さいとすれば，残りの 0.1 は何らかの過程による $O(^3P)$ の生成と思われる．

さらに短波長の 193 nm における $O(^3P)$ および $O(^1D)$ の生成量子収率はそれぞれ，0.57±0.14，0.46±0.29 という報告があり，図 4.6 にみられるようにこの領域では

O(^{1}D) の量子収率がハートレー帯よりも低下することが測定されている (Turnipseed et al., 1991). また, この波長では量子収率 0.50 ± 0.38 で $O_2(b^1\Sigma_g^+)$ が測定されている (Turnipseed et al., 1991) ことから,

$$O_3 + h\nu (\lambda < 260 \text{ nm}) \rightarrow O(^1D) + O_2(b^1\Sigma_g^+) \tag{4.36}$$

の反応が起こっていることが示唆されている.

4.3.3 一酸化窒素 (NO)

NO は成層圏において N_2O の光分解によって生成される主要な窒素酸化物の一つであるが, 光分解反応速度があまり大きくないこともあって, 成層圏における光分解の重要性については従来あまり注目されてこなかった. しかしながら, NO の光分解による N 原子の生成は以下に述べるように $N + NO \rightarrow N_2 + O$ の反応により, 成層圏において奇数窒素 (odd nitrogen) の消失をもたらす反応として重要であることが最近認識されている.

NO の吸収スペクトルは古くから測定されており, 図 4.27 にみられるように 250 nm より短波長にバンド構造をもったスペクトルをもっている. 図中にはこれらのバンドの電子遷移と振動準位の帰属が示されている. 図 4.28 に NO のポテンシャルエネルギー曲線を掲げる (Okabe, 1978). 図 4.27 に示された 196~227 nm 領域の γ バンドは図 4.28 の $A^2\Sigma - X^2\Pi$, β バンドは $B^2\Pi - X^2\Pi$, δ バンドは $C^2\Pi - X^2\Pi$, ε バンドは $D^2\Sigma - X^2\Pi$ 遷移にそれぞれ対応している (Callear and Pilling, 1970).

NO の光分解過程としては,

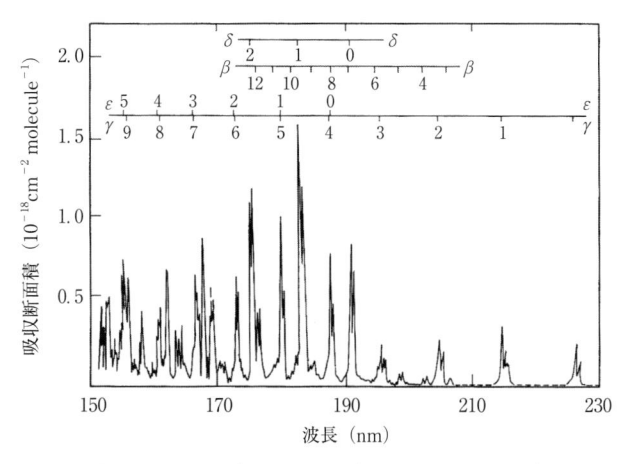

図 4.27 NO の吸収スペクトル (Okabe, 1978 より改編)

4.3 成層圏における光分解

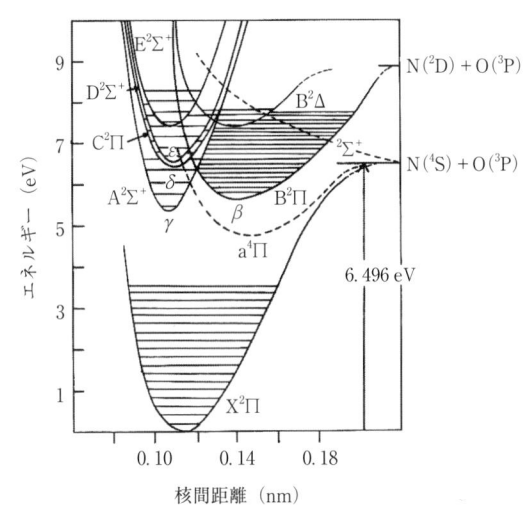

図 4.28 NO 分子のエネルギー準位とポテンシャル曲線（Okabe, 1978 より改編）

$$\text{NO} + h\nu\,(\lambda<191\,\text{nm}) \rightarrow \text{N}(^4\text{S}) + \text{O}(^3\text{P}) \qquad \Delta H_0^\circ = 627\,\text{kJ mol}^{-1} \qquad (4.37)$$

の反応が，エネルギー的には 191 nm より短波長の光で可能である．室内実験の結果から，成層圏光化学フラックス領域の β, γ バンド（図 4.28）への励起では，NO の蛍光が観測されることが知られている．

$$\text{NO} + h\nu \rightarrow \text{NO}^* \qquad (4.38)$$
$$\text{NO}^* \rightarrow \text{NO} + h\nu' \qquad (4.39)$$

これに対して NO の $\delta(0\text{-}0)$, $\delta(1\text{-}0)$ バンドでの励起では蛍光が観測されず，上の光分解過程（4.37）が量子収率 1 で起こることが知られている．このことから成層圏における NO 光分解速度の計算にはこれら $\delta(0\text{-}0)$, $\delta(1\text{-}0)$ バンドでの吸収のみを考慮すればよい．

NO の $\delta(0\text{-}0)$（189.4〜191.6 nm），$\delta(1\text{-}0)$（181.3〜183.5 nm）バンドの波長領域は O_2 のシューマン-ルンゲ（S-R）帯と重なるため，成層圏における NO 光分解速度 J_{NO} の計算には，NO, O_2 双方の正確な波長の回転スペクトルと NO 個々の回転線に対する吸収断面積の基となる振動子強度（oscillator strength）のデータが必要である．振動子強度とは，ある吸収に対して 1 個の電子がどのくらいの割合で寄与するかを表す無次元数である．一般に電子遷移の振動子強度は 1 より小さいが，非常に強い許容遷移では 1 に近くなる．NO の振動子強度に関しては，Bethke（1959）の値 5.78×10^{-3}（$\delta(1\text{-}0)+\beta(10\text{-}0)$），$2.49\times 10^{-3}$（$\delta(0\text{-}0)+\beta(7\text{-}0)$）が長く用いられてきたが，そ

の後になってその 50% 程度の小さな値が報告され，それらを用いた J_{NO} の値が報告されてきた（Frederic and Hudson, 1979；Nicolet and Cieslik, 1980）．しかしながらその後 Minschwaner and Siskind (1993) は，回転線が分離された O_2 の高分解能スペクトル（Yoshino et al., 1983；Lewis et al., 1986）と，新たに測定された NO $\delta(0-0)$，$\delta(1-0)$ バンドの高分解能スペクトルと吸収断面積を用いた吸収線ごと（line-by-line）の計算により，成層圏における NO の光分解速度 J_{NO} の計算を行っている．ここで用いられた吸収断面積は，上の Bethke (1959) の値，および最近 Imajo et al. (2000) によって報告されている値（$\delta(1-0)$ の振動子強度 5.4×10^{-3}，吸収断面積 4.80×10^{-15} cm^2 cm^{-1}）とよく一致した値である．これらの以前の計算より大きな吸収断面積を用いて計算された $\delta(0-0)$，$\delta(1-0)$ バンドにおける NO 光分解速度の和は上部成層圏で $J_{NO} \approx 10^{-7}$ s^{-1} となり，この値は成層圏における奇数窒素の消失過程として無視しえない速度と考えられる（Minschwaner and Siskind, 1993；Mayor et al., 2007）．

4.3.4 一酸化二窒素（亜酸化窒素）(N_2O)

通常亜酸化窒素（nitrous oxide）と呼ばれる一酸化二窒素（dinitroge monoxide）N_2O は地表の自然起源・人為起源発生源から放出されるが，対流圏ではほとんど消失されないので成層圏に到達して光分解を受け，反応性窒素酸化物（奇数窒素）の主要な供給源となる．このことから成層圏における N_2O の光分解は非常に重要である．

N_2O の吸収スペクトルは図 4.29 にみるように 180 nm 付近にピークをもち，単調に減少して 240 nm 付近まで伸びるブロードな連続吸収帯である（Johnston and Selwyn, 1975）．NASA/JPL パネル評価 No. 17 によって与えられている 160〜240 nm 領域における N_2O 吸収断面積の推奨値を巻末の付表 17 に掲げた（Sander et al.,

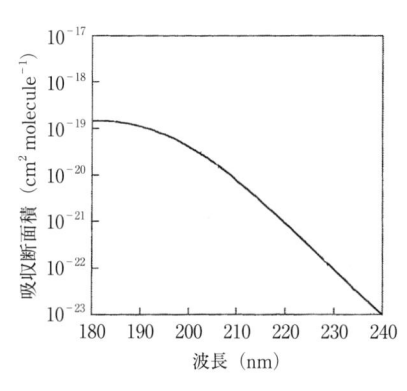

図 4.29　N_2O の吸収スペクトル（Carlon et al., 2010 より改編）

2011).これらの値は Hubrich and Stuhl (1980) (160, 165, 170 nm), Selwyn *et al.* (1977) (173~240 nm) のデータに基づくものである.吸収断面積には温度とともに値が小さくなる温度依存性があることが報告されており,Selwyn *et al.* (1977) により近似式が与えられている (Sander *et al.*, 2011).

成層圏での光分解が重要な領域を含む 140~230 nm の波長領域における N_2O の光分解過程としては,

$$N_2O + h\nu(\lambda < 340 \text{ nm}) \rightarrow N_2 + O(^1D) \qquad \Delta H_0^\circ = 352 \text{ kJ mol}^{-1} \qquad (4.40)$$

のスピン許容反応が,ほとんど選択的に量子収率 1 で起こることが 1970 年代までの研究で明らかにされている (Paraskevopoulos and Cvetanovic, 1969;Preston and Barr, 1971).このことは最近の研究からも確かめられており,

$$N_2O + h\nu(\lambda < 739 \text{ nm}) \rightarrow N_2 + O(^3P) \qquad \Delta H_0^\circ = 162 \text{ kJ mol}^{-1} \qquad (4.41a)$$
$$+ h\nu(\lambda < 251 \text{ nm}) \rightarrow N(^4S) + NO(^2\Pi) \qquad \Delta H_0^\circ = 476 \text{ kJ mol}^{-1} \qquad (4.41b)$$

などのスピン禁制反応による $O(^3P)$ と $N(^4S)$ の生成はそれぞれ 1% 以下である (Greenblatt and Ravishankara;Nishida *et al.*, 2004, 1990).

4.3.5 その他の窒素酸化物(NO_2, NO_3, N_2O_5, HNO_3, HO_2NO_2),過酸化水素(H_2O_2),ホルムアルデヒド(**HCHO**)

NO, N_2O 以外に NO_2, NO_3, N_2O_5, HNO_3, HO_2NO_2 も成層圏に存在する重要な窒素酸化物であるが,これらはすべて対流圏での光分解反応が重要なので,吸収スペクトル,吸収断面積,光分解過程などについては成層圏の光化学作用フラックス領域を含めて前節に述べられている.また成層圏においても対流圏と同様,H_2O_2 は HO_2 ラジカルどうしの連鎖停止反応で,HCHO は CH_4 の酸化反応で生成されかなりの濃度で存在する重要な化学種であるが,これらの吸収スペクトル,吸収断面積,光分解過程などについてもすでに前節で述べられているので,そちらを参照されたい.

4.3.6 硫化カルボニル(**COS**)

硫化カルボニル(carbonyl sulfide)COS は地表の陸面土壌や海洋,生物体燃焼などにより対流圏に放出されるが,対流圏における消失速度は非常に小さいので,その多くは成層圏に到達する.成層圏における COS の光分解は硫黄酸化物を供給し,成層圏に硫酸エアロゾル層(ユンゲ層,Junge layer)をもたらす重要な反応である.なお,COS は大気化学の教科書や論文では OCS と記載されていることも多いが,本書では IUPAC の推奨に従って COS と表記する.

COS の吸収スペクトルは図 4.30 に示されるように,222 nm 付近にピークをもち

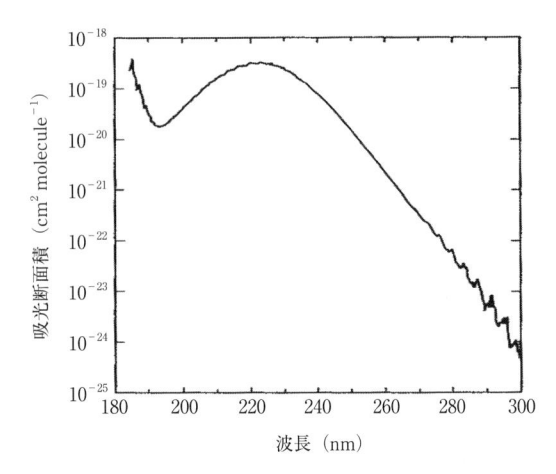

図 4.30 COS の吸収スペクトル (Molina et al., 1981 より改編)

280 nm 付近まで裾野をもつ幅広い連続帯であるが,ピーク波長付近には弱い構造がみられる (Okabe, 1978；Molina et al., 1981；Rudolph and Inn, 1981).COS の吸収断面積には温度依存性があることが知られており,Wu et al. (1991) は高分解能 (0.06 nm) での測定から多くのホットバンドが 215～260 nm 領域にみられ,とくに 224 nm より長波長で温度依存性が大きいことを報告している.巻末の付表 18 には Molina et al. (1981) に基づいた NASA/JPL パネル評価 No. 17 による COS 吸収断面積の推奨値を掲げる (Sander et al., 2011).

COS の光分解過程,

$$COS + h\nu(\lambda < 395 \text{ nm}) \rightarrow CO + S(^3P) \quad \Delta H_0^\circ = 303 \text{ kJ mol}^{-1} \quad (4.42a)$$
$$+ h\nu(\lambda < 290 \text{ nm}) \rightarrow CO + S(^1D) \quad \Delta H_0^\circ = 413 \text{ kJ mol}^{-1} \quad (4.42b)$$
$$+ h\nu(\lambda < 180 \text{ nm}) \rightarrow CS + O(^3P) \quad \Delta H_0^\circ = 665 \text{ kJ mol}^{-1} \quad (4.42c)$$

のエネルギーしきい値に相当する波長しきい値は,それぞれ 395, 290, 180 nm であるので,図 4.30 に示された COS の吸収帯から成層圏における光分解では反応 (4.42a), (4.42b) による CO と S 原子の生成のみが可能である.実験的にも 214～254 nm の範囲のいくつかの波長における光分解では主生成物として CO が生成することが確かめられており,最近の Zhao et al. (1995) の研究では CO の生成量子収率として 248 nm で>0.95 が報告されている.これに基づいて NASA/JPL パネル評価 No. 17 では 220～254 nm の波長範囲での COS の光分解量子収率は 1 が推奨されている (Sander et al., 2011).COS の光分解は光励起によって到達した励起一重項状態

からの直接分解による $S(^1D)$ の生成と,項間交叉によって励起三重項状態に移行してから解離する $S(^3P)$ の生成の両者の可能性がある.最近の反応動力学的研究から,228 nm の光吸収で生成する S 原子はほとんど $S(^3P)$ であることが明らかにされ,少なくともこの波長では励起三重項状態からの反応(4.42a)が主であることがわかってきた(Zhao *et al.*, 1995;Katayanagi *et al.*, 1995).

4.3.7 二酸化硫黄(SO$_2$)

二酸化硫黄(sulfur dioxide)SO$_2$ は NO$_x$ と並んでもっとも典型的な大気汚染物質であり,対流圏での太陽光作用フラックスの波長領域に吸収スペクトルをもっているが,この領域の光を吸収した SO$_2$ は励起分子を生成するだけで光分解は起こさない.一方,成層圏における光化学作用フラックス領域の 219 nm より短い波長の光を吸収した SO$_2$ は光分解が可能であるが,対流圏で放出された SO$_2$ は OH ラジカルとの反応や雲霧への取り込みなどの過程によりすべて対流圏内で消失され,成層圏には到達しない.したがって,成層圏で SO$_2$ の光分解を考える必要があるのは,COS からの光化学反応で生成した SO$_2$ と大規模な火山噴火や航空機などからの排気によって成層圏に SO$_2$ が直接放出される場合である.こうした理由から対流圏・成層圏の大気化学では一般に SO$_2$ の光分解反応はあまり重要でないが,基本的な大気中分子の光化学として興味がもたれるので,ここに取り上げた.

SO$_2$ の吸収スペクトルは図 4.31(Manatt and Lane, 1993)にみられるように,200 nm 付近にピークをもち 230 nm 付近まで伸びる非常に強い吸収帯,290 nm 付近にピークをもち 230〜340 nm に広がる中程度の強度の吸収帯,および 340〜400 nm 領域の非常に弱い吸収帯の三つから構成されている.これらの吸収帯はそれぞれ基底状態 X^1A_1 から C^1B_2, B^1B_1 と A^1A_2 の混合状態,a^3B_1 への遷移に帰属されている(Okabe, 1978).これらのうちの C^1B_2-X^1A_1, B^1B_1-X^1A_1 は許容遷移,A^1A_2-X^1A_1, a^3B_1-X^1A_1 は禁制遷移である.SO$_2$ のこうした電子状態からの光化学過程やポテンシャルエネルギー表面についての理論的計算は Katagiri *et al.* (1997), Li *et al.* (2006) によってなされている.

SO$_2$ の吸収断面積については,Manatt and Lane(1993)により 106〜403 nm の範囲で 1993 年以前のデータが集積されており,その後も高分解能での測定(Vandaele *et al.*, 1994;Rufus *et al.*, 2003)や温度依存性の測定(Prahlad and Kumar, 1997;Bogumil *et al.*, 2003)が数多く報告されている.

SO$_2$ の励起状態からの光化学過程としては,

$$SO_2 + h\nu\,(\lambda<219\,\text{nm}) \rightarrow SO(X^3\Sigma^-) + O(^3P) \qquad \Delta H_0^\circ = 545\,\text{kJ mol}^{-1} \qquad (4.43a)$$

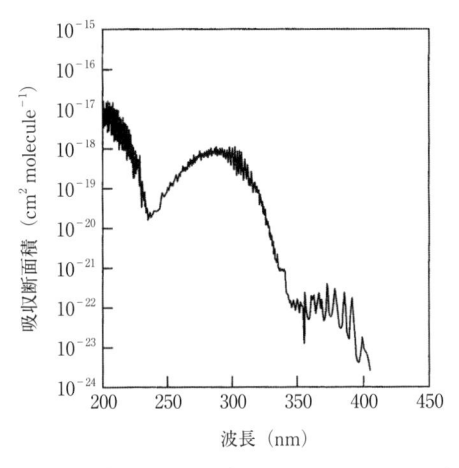

図 4.31 SO$_2$ の吸収スペクトル (Manatt and Lane, 1993 より改編)

$$+ h\nu (\lambda > 219 \text{ nm}) \rightarrow \text{SO}_2^* (\text{C}^1\text{B}_2, \text{B}^1\text{B}_1, \text{A}^1\text{A}_2, \text{a}^3\text{B}_1) \quad (4.43\text{b})$$
$$\text{SO}_2^* (\text{C}^1\text{B}_2, \text{B}^1\text{B}_1, \text{A}^1\text{A}_2, \text{a}^3\text{B}_1) \rightarrow \text{SO}_2(\text{X}^1\text{A}_1) + h\nu' \quad (4.44\text{a})$$
$$+ \text{M} \rightarrow \text{SO}_2(\text{X}^1\text{A}_1) + \text{M} \quad (4.44\text{b})$$

が知られている (Okabe, 1978). 反応 (4.44a) によって基底状態の SO($\text{X}^3\Sigma^-$) と O(^{3}P) を生成する SO$_2$ の光分解に必要なエネルギーしきい値は, 545 kJ mol^{-1}, これに相当する波長しきい値は 219 nm である. SO$_2$ には比較的低い励起エネルギー準位への吸収スペクトルが対流圏・成層圏太陽光作用フラックス領域に存在するにもかかわらず, このように解離エネルギーが高いことが, 大気中での SO$_2$ の光化学があまり重要でない理由となっている. したがって反応 (4.43a) による SO$_2$ の光分解は成層圏における 219 nm 以下の波長の領域でのみ可能である. 実際に Okabe (1971) は C^{1}B$_2$ 状態からの蛍光が 219 nm を境にみられなくなることをはじめて見いだし, これより短波長で光分解が起こることを示唆している. 光分解反応 (4.43a) の絶対量子収率の値は最近まで知られていなかったが, 最近 Abu-Bajeh et al. (2002) により 222.4 nm における O(^{3}P) の生成量子収率が Φ(O(^{3}P)) = 0.13 ± 0.05 と報告されている. 200 nm 付近の吸収スペクトルに振動構造がみられることからも推定されるように, C^{1}B$_2$ 状態の SO$_2$ 分子は束縛状態にあり, ここから別の解離状態へ移行して分解が起こることが示唆される.

219 nm より長波長の太陽光を吸収した SO$_2$ は反応 (4.43b) のように励起状態の分子を生成し, 実験室的にはそれぞれの励起状態からの発光が観測されている. 発光寿命の測定から 340～400 nm 領域の吸収による a^{3}B$_1^-$ 状態の発光寿命は 8.1 ± 2.5 ms

(Su et al., 1977) と長く，これは三重項状態からのリン光に相当する．一方，230〜340 nm 領域の吸収からの蛍光寿命は波長によらず一定で，〜50 μs の短いものと，長波長で長くなる 80〜600 μs の二つの成分からなっており，それぞれが B^1B_1, A^1A_2 状態からの発光に帰属されている（Brus and McDonald, 1974）．また，219 nm より長波長の C^1B_2 状態からの蛍光寿命は，〜50 ns と非常に短い（Hui and Rice, 1972）．いずれにしてもこれらの解離しない電子状態に励起された SO_2 の分子の大部分は大気分子により消光され，一部は発光して基底状態に戻るので，大気化学的には重要な役割は果たしていない．

4.3.8 塩化メチル（CH_3Cl），臭化メチル（CH_3Br），ヨウ化メチル（CH_3I）

塩化メチル（methyl chloride）CH_3Cl, 臭化メチル（methyl bromide）CH_3Br, ヨウ化メチル（methyl iodide）CH_3I などのハロゲン化メタンは陸域および海洋の地表生物に起源をもつ自然起源物質であるが，とくに CH_3Br に関しては人為起源の放出も重要である．これらのうちで CH_3I は対流圏の光化学作用フラックスによりその大部分が光分解される．

図 4.32 には NASA/JPL パネル評価 No. 17（Sander et al., 2011）で推奨されている吸収断面積に基づいて描かれた 180〜360 nm 領域の CH_3Cl, CH_3Br, CH_3I の吸収スペクトルの比較を示す．図にみられるようにこれらハロゲン化メタンのこの波長域での吸収スペクトルはすべて構造のない連続帯である．CH_3Cl は 170 nm 付近に強いピークをもち，230 nm 付近まで裾野をもつ幅広い吸収帯をもっている（Hubrich and Stuhl, 1980）．CH_3Br ではピーク位置は 180 nm 付近でスペクトルの形は CH_3Cl

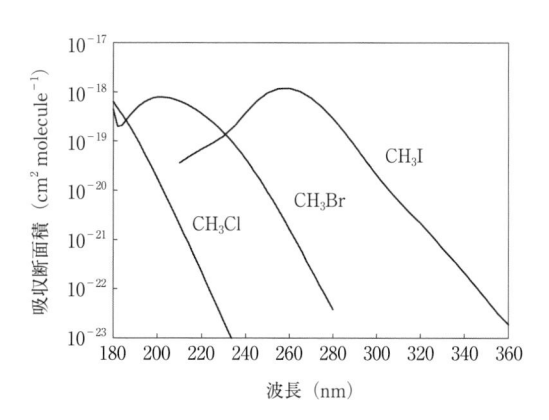

図 4.32 CH_3Cl, CH_3Br, CH_3I の吸収スペクトル（NASA/JPL パネル評価 No. 17 に基づき作図）

と類似しているが，その裾野は 280 nm 付近まで長波長にシフトしている（Robbins, 1976；Molina *et al.*, 1982）．さらに CH_3I ではピーク位置は 260 nm 付近に，その裾野は対流圏光化学作用フラックス領域の 360 nm 付近まで伸びていることがわかる（Fahr *et al.*, 1995；Roehl *et al.*, 1997）．

NASA/JPL パネル評価 No.17 で推奨されているこれらハロゲン化メタンの吸収断面積は上記の文献を含む多くのデータの平均をとったものである（Sander *et al.*, 2011）．巻末の付表 19 にはこれから抜粋した 180～360 nm 領域の CH_3Cl, CH_3Br の吸収断面積を，付表 20 には CH_3I の吸収断面積を掲げた．また，これら吸収断面積の温度依存性についても，近似式のパラメータが与えられている（Sander *et al.*, 2011）．

図 4.32 に示された波長領域での CH_3Cl, CH_3Br の光分解過程については，

$$CH_3Cl + h\nu(\lambda<342\,\text{nm}) \rightarrow CH_3 + Cl \quad \Delta H^\circ_{298} = 350\,\text{kJ mol}^{-1} \quad (4.45)$$
$$CH_3Br + h\nu(\lambda<396\,\text{nm}) \rightarrow CH_3 + Br \quad \Delta H^\circ_{298} = 302\,\text{kJ mol}^{-1} \quad (4.46)$$

の反応経路が，それぞれほぼ量子収率 1 で起こるものと考えられる（Takacs and Willard, 1977；Talukdar, 1992）．また，CH_3I については，

$$CH_3I + h\nu(\lambda<500\,\text{nm}) \rightarrow CH_3 + I(^2P_{3/2}) \quad \Delta H^\circ_{298} = 239\,\text{kJ mol}^{-1} \quad (4.47a)$$
$$+ h\nu(\lambda<362\,\text{nm}) \rightarrow CH_3 + I(^2P_{1/2}) \quad \Delta H^\circ_{298} = 330\,\text{kJ mol}^{-1} \quad (4.47b)$$

のように生成する I 原子の二つの電子状態（$I(^2P_{3/2})$ が基底状態）のそれぞれに対する光分解量子収率がいくつかの波長で報告されているが，反応（4.47a）（4.47b）を合わせた分解量子収率はほぼ 1 と考えられる（Kang *et al.*, 1996）．

4.3.9　クロロフルオロカーボン（CFCs），ヒドロクロロフルオロカーボン（HCFCs）

CFC, HCFC はすべて人為起源物質であり，人間活動によるオゾン層破壊の原因物質であるとともに温室効果ガスでもある．CFC は炭化水素の水素原子がすべて塩素原子とフッ素原子によって置換された物質で，対流圏の光化学作用フラックス領域には吸収がなく，OH ラジカルとも反応しない．そのため対流圏には消失過程がなく成層圏に到達してはじめて光分解を受ける．一方，HCFC は CFC 分子内の塩素またはフッ素原子の少なくとも 1 個が H 原子で置換された物質である．HCFC は OH ラジカルと反応するため対流圏でも消滅するが，その一部は成層圏に到達して CFC と同様に光分解される．

分子内に H 原子を含まない有機塩素化合物のうちで成層圏大気中の濃度が相対的に高いのは，CFC-11（$CFCl_3$），CFC-12（CF_2Cl_2），CFC-113（$CF_2ClCFCl_2$），CFC-114（CF_2ClCF_2Cl），CFC-115（CF_3CF_2Cl）の 5 種の CFC 類と四塩化炭素（CCl_4）である．図 4.33 にはこれらの物質の吸収スペクトルをまとめて示した（Hubrich and

4.3 成層圏における光分解

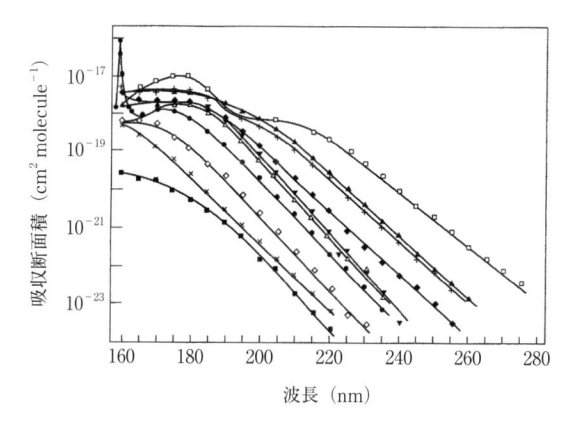

図 4.33 CFC の吸収スペクトル，298 K：+，$CHCl_3$；△，$CHFCl_2$；×，CHF_2Cl；◆，CH_2Cl_2；◇，CH_2FCl；●，CH_3Cl；□，CCl_4；▲，$CFCl_3$(CFC-11)；▼，CF_2Cl_2(CFC-12)；■，CF_3Cl（Hubrich and Stuhl, 1980 より改編）

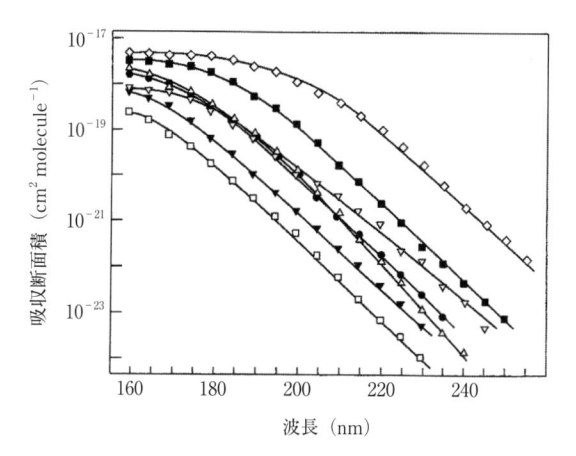

図 4.34 HCFC の吸収スペクトル，298 K：◇，CH_3CCl_3；▽，CF_3CH_2Cl；△，CH_3CH_2Cl；□，CF_3CF_2Cl；▼，CH_3CF_2Cl；●，CF_2ClCF_2Cl；■，$CFCl_2CF_2Cl$（Hubrich and Stuhl, 1980 より改編）

Stuhl, 1980). 図にみられるように，これらの化合物の吸収スペクトルは共通に 180 ～200 nm 付近にピークをもち，長波長側に裾野を引いており，その形状は前項の CH_3Cl と類似している．また図から一般に塩素の数が多いほど吸収断面積が大きく，吸収が長波長にシフトしていることがわかる．

一方，HCFC 類のなかで大気中濃度が相対的に高いのは，HCFC-22 (CHF_2Cl)，HCFC-141b (CH_3CFCCl_2)，HCFC-142b (CH_3CF_2Cl) である．図 4.34 にこれらの吸

収スペクトルを示す (Hubrich and Stuhl, 1980). HCFC 類の吸収スペクトルも 180 ～200 nm 付近にピークをもち，長波長側に裾野を引く CFC 類と同様の形状をもっていることがわかる.

図 4.1 にみたように 190～220 nm 付近はこれより短波長の O_2 の強い吸収とこれより長波長の O_3 の強い吸収の谷間にあたっており，このためこの波長域の光化学作用フラックスは中部成層圏にまで到達する．図 4.33, 4.34 に示された CFC および HCFC の強い吸収のピークは，ちょうどこの波長範囲に合致するため，これらは成層圏で効率よく光分解され，このことがこれら人為起源物質がオゾン層の破壊を引き起こす直接の原因となっている.

NASA/JPL パネル評価 No.17 ではこれらの化合物について吸収断面積とその温度依存性に関し，Hubrich and Stuhl (1980), Simon et al. (1988), Merienne et al. (1990), Gillotay and Simon (1991), Fahr et al. (1993) をはじめとするいくつかの測定に基づいた推奨値が掲げられている (Sander et al., 2011). 巻末の付表 21 にはこれらから抜粋した CCl_4, $CFCl_3$, CF_2Cl_2, $CF_2ClCFCl_2$, CF_2ClCF_2Cl, CF_3CF_2Cl の吸収断面積を，付表 22 には CHF_2Cl, CH_3CFCCl_2, CH_3CF_2Cl についての値をまとめた.

成層圏での光分解波長領域での CFC, HCFC の光分解過程としては一般に，

$$CFCl_3 + h\nu\,(\lambda < 377\,\text{nm}) \rightarrow CFCl_2 + Cl \qquad \Delta H^\circ_{298} = 317\,\text{kJ mol}^{-1} \qquad (4.48)$$

$$CF_2Cl_2 + h\nu\,(\lambda < 346\,\text{nm}) \rightarrow CF_2Cl + Cl \qquad \Delta H^\circ_{298} = 346\,\text{kJ mol}^{-1} \qquad (4.49)$$

$$CH_3CF_2Cl + h\nu\,(\lambda < 360\,\text{nm}) \rightarrow CF_2Cl + Cl \qquad \Delta H^\circ_{298} = 335\,\text{kJ mol}^{-1} \qquad (4.50)$$

のように Cl 原子の放出が起こることが知られている (Clark and Husain, 1984; Brownsword et al., 1999; Hanf et al., 2003). 最近 Taketani et al. (2005) は 193 nm における CFC, CCl_4, HCFC 類の光分解によって生成する $Cl(^2P_{3/2})$ および $Cl^*(^2P_{1/2})$ を分光学的手法で検出し，Cl 原子の生成量子収率を決定している．得られた量子収率は CF_2Cl_2, $CFCl_3$, CCl_4, $CHFCl_2$ に対しそれぞれ，1.03 ± 0.09, 1.01 ± 0.08, 1.41 ± 0.14, 1.02 ± 0.08 であり，この結果は CCl_4 を除く CFC, HCFC に対しては光分解では反応 (4.48)～(4.50) のような単一の C-Cl 結合の解裂が量子収率 1 で起こることを明らかにした．193 nm での CCl_4 の光分解では，

$$CCl_4 + h\nu\,(\lambda < 207\,\text{nm}) \rightarrow CCl_2 + 2Cl \qquad \Delta H^\circ_{298} = 577\,\text{kJ mol}^{-1} \qquad (4.51)$$

のように 2 個の塩素原子を放出する過程が一部起こっていることが明らかとなった.

4.3.10 ブロモクロロフルオロカーボン (Halons)

ハロゲン化炭化水素（ハロカーボン）のうちで，クロロフルオロカーボンの塩素またはフッ素の少なくとも 1 個が臭素に置換された化合物ブロモクロロフルオロカーボ

ン（bromochlorofluoro carbon）をハロン（halon）と呼んでいる．ハロンも CFC と同様対流圏にはほとんど消失過程をもたず，成層圏に到達して光分解しオゾン層破壊に影響を与えている．ハロン類のなかで大気中濃度が相対的に高いのは，人為起源放出量の多い CF_2ClBr（halon-1211）と CF_3Br（halon-1301）であり，本項では主にこれら2種の化合物について取り上げる．

図4.35に CF_2ClBr と CF_3Br を含む多くのハロン類の吸収スペクトルを示す(Orkin and Kasimovskaya, 1995)．ハロンは CFC と同様 200～210 nm 付近にピークをもち，CF_2ClBr では 300 nm, CF_3Br では 280 nm 付近まで長波長側にブロードな裾野をもっている．これらの分子のうちとくに CF_2ClBr では，その吸収が対流圏の光化学作用フラックス領域にかかっているが，吸収断面積は小さく対流圏での光分解はほとんど無視できる．ハロンも CFC と同様 200 nm 付近に大きな吸収断面積の吸収極大をもつことから，成層圏においては容易に光分解される．

CF_2ClBr と CF_3Br の吸収断面積を巻末の付表23に掲げた．これらの吸収断面積は Molina et al. (1982), Gillotay and Simons (1989), Burkholder et al. (1991), Orkin and Kasimovskaya (1995) などに基づいて NASA/JPL パネル評価 No.17 (Sander et al., 2011) にまとめられた表から抜粋されたものである．

CF_2ClBr の光分解過程としては，

$$CF_2ClBr + h\nu(\lambda < 441 \text{ nm}) \rightarrow CF_2Cl + Br \quad \Delta H°_{298} = 271 \text{ kJ mol}^{-1} \quad (4.52a)$$
$$+ h\nu(\lambda < 344 \text{ nm}) \rightarrow CF_2Br + Cl \quad \Delta H°_{298} = 348 \text{ kJ mol}^{-1} \quad (4.52b)$$

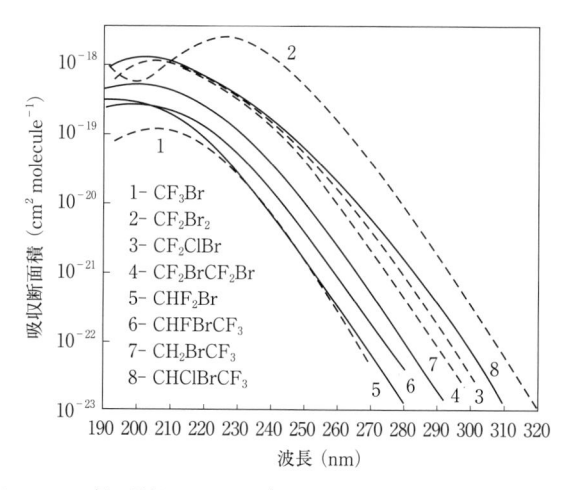

図 4.35 ハロン類の吸収スペクトル（Orkin and Kasimovskaya, 1995 より改編）

$$+ h\nu(\lambda < 245 \text{ nm}) \rightarrow \text{CF}_2 + \text{Cl} + \text{Br} \qquad \Delta H^\circ_{298} = 488 \text{ kJ mol}^{-1} \qquad (4.52\text{c})$$

が考えられるが, Talukdar et al. (1996) による測定では 193, 222 および 248 nm での光分解に対してそれぞれ, $\Phi(\text{Cl}) = 1.03 \pm 0.14$, 0.27 ± 0.04 および 0.18 ± 003, $\Phi(\text{Br}) = 1.04 \pm 0.13$, 0.86 ± 0.11, および 0.75 ± 0.13 が得られている. 193 nm では反応 (4.52c) による Cl と Br の 2 原子放出が, 200 nm より長波長では反応 (4.52a) (4.52b) が起こっていることが示唆されており, 全光分解量子収率は 1 と考えられる.

また, CF_3Br については 193, 222 nm での光分解に対してそれぞれ $\Phi(\text{Br}) = 1.12 \pm 0.16$, 0.92 ± 0.15 が報告されており (Talukdar et al., 1992),

$$\text{CF}_3\text{Br} + h\nu(\lambda < 404 \text{ nm}) \rightarrow \text{CF}_3 + \text{Br} \qquad \Delta H^\circ_{298} = 296 \text{ kJ mol}^{-1} \qquad (4.53)$$

が量子収率 1 で起こっているものと考えられる.

4.4 無機ハロゲン化合物の光分解

前節に述べられたハロゲン化メチル, CFC, HCFC, halon 類などの光分解の結果, 成層圏には多くの Cl, Br 原子が放出され, オゾン層破壊をもたらす連鎖反応が形成される. こうした連鎖反応のキャリアとして, また連鎖停止反応によって生成される無機ハロゲン化合物の多くは, 成層圏において光分解されハロゲン原子やラジカルを再放出する. 連鎖反応の効率を決める上でそれらの光分解速度の計算は非常に重要である. 一方, 対流圏における生物起源の有機ハロゲン分子, 海塩粒子上の不均一反応によって生成される無機ハロゲン分子の光分解や OH ラジカルとの反応などから, 成層圏光化学で生成するのと同種の無機ハロゲン分子・ラジカルが対流圏でも生成される. 本節ではこれら成層圏, 対流圏化学で共通に現れる無機ハロゲン化合物について, 光分解反応をまとめる.

4.4.1 塩素 (Cl_2), 一塩化臭素 (BrCl), 臭素 (Br_2), ヨウ素 (I_2)

塩素 (chlorine) Cl_2, 一塩化臭素 (bromine monochloride) BrCl は下部成層圏において ClONO_2, BrONO_2, HCl, HBr, HOCl, HOBr などから極成層圏雲上での不均一反応で生成され, その光分解反応はオゾンホール生成の連鎖反応の中で重要な役割を果たしている. 対流圏において Cl_2 は海塩粒子上の不均一反応で生成されることが知られているが, その観測例はまだ少ない. 臭素 (bromine) Br_2 は北極域での対流圏オゾン消失連鎖機構のなかで不均一反応により生成されることが知られている. 一方, ヨウ素 (iodine) I_2 は海岸域で海草類から放出される.

図 4.36 には Cl_2, BrCl, Br_2, I_2 の吸収スペクトルを示す. 図にみられるように Cl_2

の吸収帯は紫外部の 260 nm 付近から可視部の 500 nm 以上の波長域まで伸びる幅広い連続帯で 330 nm 付近にピークをもっている．したがって，Cl_2 は高度 20 km 付近の下部成層圏や対流圏において，290 nm 付近より長波長域での近紫外，可視部での吸収により光分解される．Br_2 の吸収スペクトルは 225 nm 付近に極大をもつ 190〜300 nm の比較的に弱い吸収帯と，415 nm 付近に極大をもつ 300〜650 nm に広がる強い吸収帯からなっており，さらにこの吸収帯には 480 nm，550 nm 付近に第 2，第 3 の極大がスペクトルの肩となってみられる．また，Br_2 の吸収スペクトルには図 4.36 には表されていないが，510 nm より長波長で連続帯に重なって弱いバンド構造が存在する．Br_2 は成層圏，対流圏において，可視部の光で大きな速度で光分解される．一方，BrCl のスペクトルは Br_2 と類似して 230 nm 付近に極大をもつ 190〜290 nm の吸収帯と，375 nm 付近に極大をもち 290〜600 nm に広がる強い吸収帯とからなっている．したがって，BrCl は下部成層圏においては，230 nm 付近の大気の窓領域での光分解も可能であるが，可視部での光分解速度の方がずっと大きい．一方，I_2 は 200〜300 nm の紫外部と 450〜700 nm の可視部に非常に強い吸収帯をもっており，対流圏で容易に光分解される．なお I_2 の可視部の吸収スペクトルには，縦軸 log スケールの図 4.36 では表されていないが，500 nm より長波長に明確なバンド構造がみられる（図 2.4 参照）．

Cl_2，BrCl，Br_2，I_2 の吸収断面積については，Cl_2 の吸収断面積は Maric *et al.* (1993)，BrCl，Br_2 については Maric *et al.* (1994)，また I_2 については Saiz-Lopez *et al.* (2004)

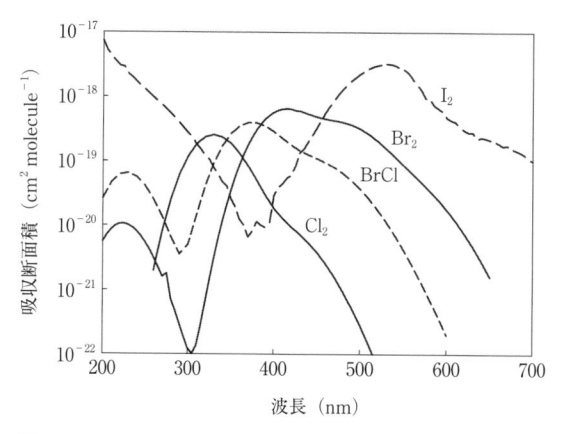

図 4.36 Cl_2, BrCl, Br_2, I_2 の吸収スペクトル．NASA/JPL パネル評価 No. 17（Sander *et al.* 2011）；IUPAC 小委員会報告 Vol. III（atkinson *et al.*, 2007）より作成．

による報告に基づいた NASA/JPL パネル評価 No. 17（Sander *et al.*, 2011）から抜粋した 298 K における値を巻末の付表 24 にまとめた．

Cl_2 の 250〜450 nm 領域の吸収スペクトルは，基底状態 $X^1\Sigma_g$ から解離状態 $^1\Pi_u$, $^3\Pi_u$ への遷移であり，$^1\Pi_u$ 状態からは $Cl(^2P_{3/2}) + Cl(^2P_{3/2})$ が，$^3\Pi_u$ からは $Cl(^2P_{3/2}) + Cl(^2P_{1/2})$ が，

$Cl_2 + h\nu\,(\lambda < 500\text{ nm}) \rightarrow Cl(^2P_{3/2}) + Cl(^2P_{3/2})$ $\Delta H_0^\circ = 239\text{ kJ mol}^{-1}$ (4.54a)

$ + h\nu\,(\lambda < 480\text{ nm}) \rightarrow Cl(^2P_{3/2}) + Cl(^2P_{1/2})$ $\Delta H_0^\circ = 249\text{ kJ mol}^{-1}$ (4.54b)

のように生成するものと考えられる（Matsumi *et al.*, 1992）．励起塩素原子 $Cl(^2P_{1/2})$ の生成比率は 350 nm より短波長では 0.01 程度と小さく，反応 (4.54b) の解離限界付近の 475 nm では 0.47 に増加する（Park *et al.*, 1991；Matsumi *et al.*, 1992；Samartzis *et al.*, 1997）．Cl_2 の全分解量子収率，$\Phi(Cl(^2P_{3/2})) + \Phi(Cl(^2P_{1/2}))$，は 450 nm 以下の波長では 1 と考えられる．

Br_2 の光分解も Cl_2 と同様な経路，

$Br_2 + h\nu\,(\lambda < 629\text{ nm}) \rightarrow Br(^2P_{3/2}) + Br(^2P_{3/2})$ $\Delta H_0^\circ = 190\text{ kJ mol}^{-1}$ (4.55a)

$ + h\nu\,(\lambda < 511\text{ nm}) \rightarrow Br(^2P_{3/2}) + Br(^2P_{1/2})$ $\Delta H_0^\circ = 234\text{ kJ mol}^{-1}$ (4.55b)

が考えられており（Lindeman and Wiesenfeld, 1979），励起臭素原子 $Br(^3P_{1/2})$ の生成量子収率は，444 nm から解離限界付近の 510 nm まで 0.4 から 0.89 へ増加しその後減少する（Peterson and Smith, 1978）．Br_2 の光分解過程に関しては，そのほかにもいくつかの測定がなされている（Haugen *et al.*, 1985；Cooper *et al.*, 1998）が，絶対量子収率の測定はなされていない．大気化学的考察にあたっては 200〜510 nm 波長領域における Br_2 の全光分解量子収率は 1 と近似してよいものと思われる．

BrCl の光分解における，

$BrCl + h\nu\,(\lambda < 559\text{ nm}) \rightarrow Br(^2P_{3/2}) + Cl(^2P_{3/2})$ $\Delta H_0^\circ = 214\text{ kJ mol}^{-1}$ (4.56a)

$ + h\nu\,(\lambda < 534\text{ nm}) \rightarrow Br(^2P_{3/2}) + Cl(^2P_{1/2})$ $\Delta H_0^\circ = 224\text{ kJ mol}^{-1}$ (4.56b)

$ + h\nu\,(\lambda < 464\text{ nm}) \rightarrow Br(^2P_{1/2}) + Cl(^2P_{3/2})$ $\Delta H_0^\circ = 258\text{ kJ mol}^{-1}$ (4.56c)

$ + h\nu\,(\lambda < 446\text{ nm}) \rightarrow Br(^2P_{1/2}) + Cl(^2P_{1/2})$ $\Delta H_0^\circ = 268\text{ kJ mol}^{-1}$ (4.56d)

のそれぞれの過程の量子収率が，235 nm において $\Phi[Br(^2P_{1/2}) + Cl(^2P_{3/2})] = 0.58 \pm 0.05$, $\Phi[Br(^2P_{3/2}) + Cl(^2P_{1/2})] = 0.16 \pm 0.05$, $\Phi[Br(^2P_{3/2}) + Cl(^2P_{3/2})] = 0.26 \pm 0.05$ と報告されている（Park *et al.*, 2000）．分解の全量子収率は 1 と近似してよいものと思われる．

I_2 の光分解も Cl_2, Br_2 と同様の

$I_2 + h\nu\,(\lambda < 803\text{ nm}) \rightarrow I(^2P_{3/2}) + I(^2P_{3/2})$ $\Delta H_0^\circ = 149\text{ kJ mol}^{-1}$ (4.57a)

$ + h\nu\,(\lambda < 498\text{ nm}) \rightarrow I(^2P_{3/2}) + I(^2P_{1/2})$ $\Delta H_0^\circ = 240\text{ kJ mol}^{-1}$ (4.57b)

の光分解反応が起こり，その全量子収率はバンド構造のみられる 501～624 nm では波長により 0.33～0.9，連続帯の＜500 nm では 1 と報告されている（Brewer and Tellinghuisen, 1972）.

4.4.2 硝酸塩素（ClONO$_2$），硝酸臭素（BrONO$_2$），硝酸ヨウ素（IONO$_2$）

硝酸塩素（chlorine nitrate）ClONO$_2$，硝酸臭素（bromine nitrate）BrONO$_2$ はそれぞれ ClO$_x$ サイクル，BrO$_x$ サイクルと呼ばれる成層圏連鎖反応において，ClO＋NO$_2$，BrO＋NO$_2$ の連鎖停止反応で生成される重要なリザバー分子である．硝酸ヨウ素（iodine nitrate）IONO$_2$ も対流圏でのヨウ素光化学において同様の役割を果たす．

ClONO$_2$，BrONO$_2$ の吸収スペクトルは図 4.37 に示すように，ともに成層圏窓領域の 200 nm 付近にピークをもち，ClONO$_2$ では 380 nm，BrONO$_2$ では 400 nm 付近の可視部にまで単調に減少する裾野を引いている．一方，IONO$_2$ の吸収スペクトルは 240～415 nm の範囲での測定がなされており，この領域全体に連続吸収帯が広がっている．ClONO$_2$，BrONO$_2$ の吸収断面積とその温度依存性に関してはそれぞれ Burkholder *et al.*（1994），および Burkholder *et al.*（1995）と Deters *et al.*（1998）の平均をとったものが，IUPAC 小委員会報告 Vol. III（Atkinson *et al.*, 2007）に，IONO$_2$ の吸収断面積については Mossinger *et al.*（2002）によるものが NASA/JPL パネル評価 No. 17（Sander *et al.*, 2011）に推奨されており，それらからの数値を巻末の付表 25 に掲げる．

ClONO$_2$ の光分解過程としては，

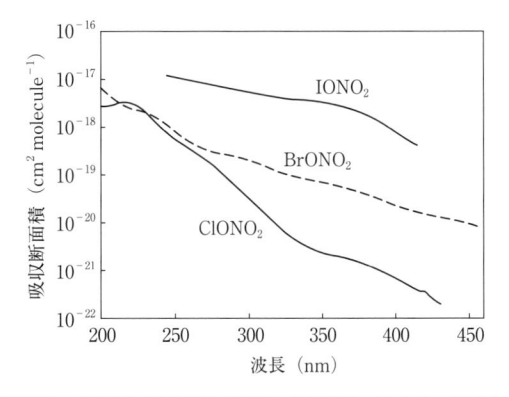

図 4.37 ClONO$_2$，BrONO$_2$，IONO$_2$ の吸収スペクトル．IUPAC 小委員会報告 Vol. III（Atkinson *et al.*, 2007）；NASA/JPL パネル評価 No. 17（Sanders *et al.*, 2011）より作成.

$ClONO_2 + h\nu (\lambda < 1068 \text{ nm}) \rightarrow ClO + NO_2$ 　　$\Delta H_{298}^\circ = 112 \text{ kJ mol}^{-1}$ 　(4.58a)

　　　　$+ h\nu (\lambda < 695 \text{ nm}) \rightarrow Cl + NO_3$ 　　$\Delta H_{298}^\circ = 172 \text{ kJ mol}^{-1}$ 　(4.58b)

　　　　$+ h\nu (\lambda < 411 \text{ nm}) \rightarrow ClONO + O(^3P)$ 　$\Delta H_{298}^\circ = 291 \text{ kJ mol}^{-1}$ 　(4.58c)

の反応が考えられるが，NASA/JPL パネル評価 No. 17 では Goldfarb et al. (1997)，Yokelson et al. (1997) などに基づき，$\Phi(Cl + NO_3)$ の値として，$\lambda < 308 \text{ nm}$ で 0.6, $308 \text{ nm} < \lambda < 364 \text{ nm}$ で $7.143 \times 10^{-3} \lambda - 1.60$, $\lambda > 364 \text{ nm}$ で 1.0 を，また $\Phi(ClO + NO_2) = 1 - \Phi(Cl + NO_3)$ を推奨している (Sander et al., 2011)．

$BrONO_2$ に関しては

$BrONO_2 + h\nu (\lambda < 1049 \text{ nm}) \rightarrow BrO + NO_2$ 　　$\Delta H_{298}^\circ = 114 \text{ kJ mol}^{-1}$ 　(4.59a)

　　　　$+ h\nu (\lambda < 836 \text{ nm}) \rightarrow Br + NO_3$ 　　$\Delta H_{298}^\circ = 143 \text{ kJ mol}^{-1}$ 　(4.59b)

　　　　$+ h\nu (\lambda < 423 \text{ nm}) \rightarrow BrONO + O(^3P)$ 　$\Delta H_{298}^\circ = 283 \text{ kJ mol}^{-1}$ 　(4.59c)

の過程が考えられるが，これまで実験例は少ない (Harwood et al., 1998; Soller et al., 2002). NASA/JPL パネル評価 No. 17 ではこれらの実験をもとに $\lambda > 300 \text{ nm}$ では，$\Phi(\text{total}) = 1$, $\Phi(Br + NO_3) = 0.85$, $\Phi(BrO + NO_2) = 0.15$ を推奨している (Sander et al., 2011).

$IONO_2$ 光分解経路および量子収率についてはまだあまり研究されていないが，248 nm における光分解での IO と NO_3 の生成量子収率が，Joseph et al. (2007) により $\Phi(IO) \leq 0.02$, $\Phi(NO_3) = 0.21 \pm 0.09$ と報告されている．これからこの波長における $IONO_2$ の主な光分解経路としては，$I + NO_3$ が推定されるが，生成した NO_3 がさらに $NO_2 + O$ に分解している可能性も示唆されている．

4.4.3 塩化水素 (HCl)，臭化水素 (HBr)，ヨウ化水素 (HI)

塩化水素 (hydrogen chloride) HCl，臭化水素 (hydrogen bromide) HBr，ヨウ化水素 (hydrogen iodide) HI は前項の $ClONO_2$, $BrONO_2$, $IONO_2$ と同様に成層圏，対流圏におけるハロゲン光化学連鎖の停止反応によって生成するリザバー分子である．$ClONO_2$, $BrONO_2$, $IONO_2$ に比べて，それぞれの吸収スペクトルが短波長にあり，吸収断面積も小さいので大気中での光分解速度はずっと小さく，リザバーとしての大気寿命はずっと長い．

HCl, HBr の吸収スペクトルは図 4.38 にみられるように，それぞれ真空紫外部の 154, 178 nm にピークをもち，長波長側に単調に減衰して 230, 270 nm 付近で消失する．したがって HCl および HBr の光分解は成層圏でのみ可能である．HI ではピーク波長が 222 nm 付近で，その吸収は 340 nm 付近まで伸びており対流圏でも光分解を受けるが，対流圏光化学作用フラックス領域での吸収断面積は $\leq \sim 3 \times 10^{-20} \text{ cm}^2$ と小さい．

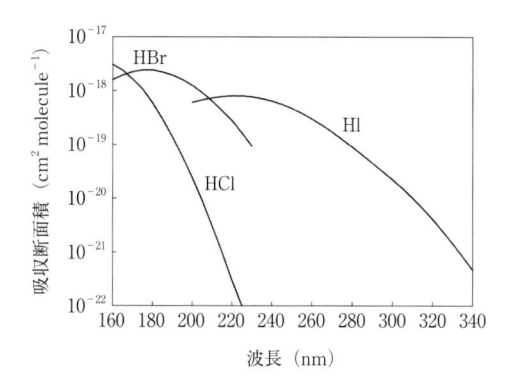

4.4 無機ハロゲン化合物の光分解

図 4.38 HCl, HBr, HI の吸収スペクトル. NASA/JPL パネル評価 No. 17 (Sanders et al., 2011) より作成.

巻末の付表 26 には NASA/JPL パネル評価 No. 17 から抜粋した HCl, HBr, HI の吸収断面積を掲げる (Sander et al., 2011). これらの推奨値は HCl については Bahou et al. (2001), HBr については Huebert and Martin (1968), Nee et al. (1986) ほか, HI については Campuzano-Jost and Crowley (1999) に基づいている.

成層圏, 対流圏光化学作用フラックスの波長領域における HCl, HBr, HI の全光分解量子収率は 1 と考えられる. それぞれの光分解過程では,

$$HCl + h\nu(\lambda < 279 \text{ nm}) \rightarrow H + Cl(^2P_{3/2}) \quad \Delta H_0^\circ = 428 \text{ kJ mol}^{-1} \quad (4.60\text{a})$$
$$+ h\nu(\lambda < 273 \text{ nm}) \rightarrow H + Cl(^2P_{1/2}) \quad \Delta H_0^\circ = 438 \text{ kJ mol}^{-1} \quad (4.60\text{b})$$
$$HBr + h\nu(\lambda < 330 \text{ nm}) \rightarrow H + Br(^2P_{3/2}) \quad \Delta H_0^\circ = 362 \text{ kJ mol}^{-1} \quad (4.61\text{a})$$
$$+ h\nu(\lambda < 295 \text{ nm}) \rightarrow H + Br(^2P_{1/2}) \quad \Delta H_0^\circ = 406 \text{ kJ mol}^{-1} \quad (4.61\text{b})$$
$$HI + h\nu(\lambda < 405 \text{ nm}) \rightarrow H + I(^2P_{3/2}) \quad \Delta H_0^\circ = 295 \text{ kJ mol}^{-1} \quad (4.62\text{a})$$
$$+ h\nu(\lambda < 311 \text{ nm}) \rightarrow H + I(^2P_{1/2}) \quad \Delta H_0^\circ = 385 \text{ kJ mol}^{-1} \quad (4.62\text{b})$$

のように, それぞれ基底状態の Cl, Br, I 原子, $Cl(^2P_{3/2})$, $Br(^2P_{3/2})$, $I(^2P_{3/2})$ とスピン軌道状態の異なる励起状態原子, $Cl(^2P_{1/2})$, $Br(^2P_{1/2})$, $I(^2P_{1/2})$ の両者が生成することが知られている. 励起状態原子と基底状態原子の生成比率については, かなり多くの研究がなされているが, たとえば HCl では 201～210 nm での光分解では $\Phi[Cl(^2P_{1/2})]/\Phi[Cl(^2P_{1/2}) + Cl(^2P_{3/2})] = 0.42～0.48$ (Regan et al., 1999a), HBr では 201～253 nm で $\Phi[Br(^2P_{1/2})]/\Phi[Br(^2P_{1/2}) + Br(^2P_{3/2})] = 0.15～0.23$ (Regan et al., 1999b), HI については Langford et al. (1998) が $\Phi[I(^2P_{1/2})]/\Phi[I(^2P_{3/2})]$ の比の値を 200～303 nm にわたって調べ 208 nm で 0.2, 252 nm で 1.7, 303 nm で 0.1 などを報告している.

4.4.4 次亜塩素酸（HOCl），次亜臭素酸（HOBr），次亜ヨウ素酸（HOI）

次亜塩素酸（hypochlorous acid）HOCl, 次亜臭素酸（hypobromous acid）HOBr, 次亜ヨウ素酸（hypoiodous acid）HOI はそれぞれ ClO, BrO, IO ラジカルと HO_2 ラジカルとの連鎖停止反応で生成する化合物であるが，いずれも紫外から可視域にわたる吸収スペクトルをもっているため，大気中ではそれらの光分解によるラジカルの再生を考慮する必要がある.

HOCl の吸収スペクトルは図 4.39(a) にみられるように 240 nm 付近にピークをもつかなり強い吸収帯と 300 nm 付近に肩となって現れる吸収帯とからなる連続スペクトルである．これらの吸収帯はそれぞれ $2^1A' \leftarrow 1^1A'$, $1^1A'' \leftarrow 1^1A'$ 遷移に帰属されている．巻末の付表 27 には Burkholder（1993），Barnes et al.（1998）に基づいて

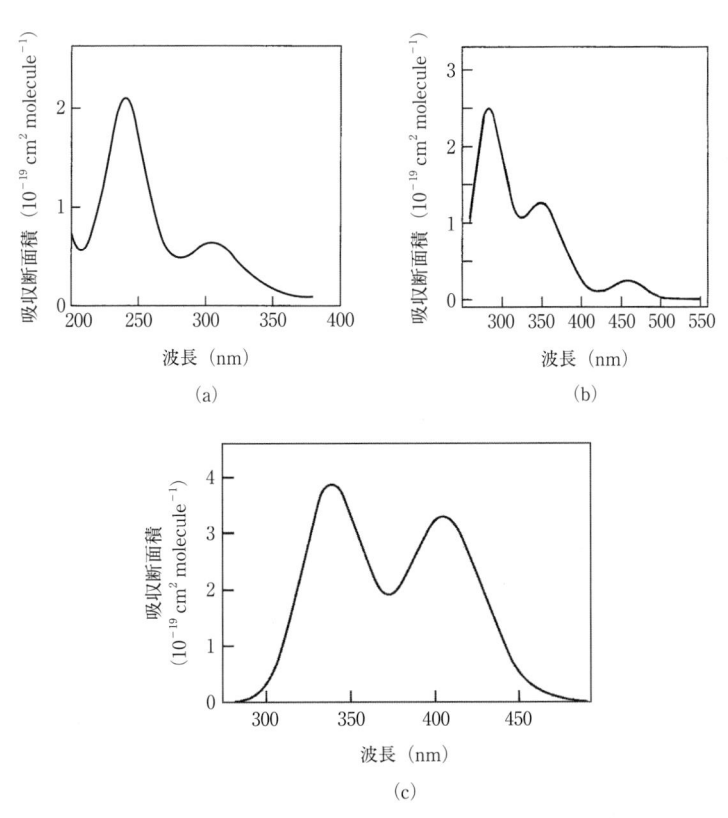

図 4.39 (a) HOCl, (b) HOBr, (c) HOI の吸収スペクトル（HOCl：Burkholder, 1993, HOBr：Ingham et al., 1998, HOI：Bauer et al., 1999 より改編）.

NASA/JPL パネル評価 No. 17（Sander et al., 2011）にまとめられた HOCl の吸収断面積の値からの抜粋を掲げた．

HOBr については不純物の影響などで報告されている吸収スペクトルにはかなりの不一致がみられている（Finlayson-Pitts and Pitts, 2000）が，図 4.39(b) には Ingham et al. (1998) によるスペクトルを，付表 27 にはこの測定に基づく吸収断面積の推奨値（Sander et al., 2011）を掲げた．HOBr のスペクトルには 285 nm 付近のピークと，350 nm 付近の肩がみられ，それぞれ HOCl の場合と同じ電子遷移によるスペクトルが長波長にシフトしたものと考えられる．図 4.39(b) にみられる 400 nm より長波長の裾野は理論計算により三重項状態への禁制遷移によるものと考えられる（Francisco et al., 1996; Minaev, 1999）．

HOI の吸収スペクトルは Bauer et al. (1998)，Rowley et al. (1999) によって報告されており，図 4.39(c) にはそのスペクトルを，付表 27 には NASA/JPL パネル評価 No. 17（Sander et al., 2011）で推奨されているこれらの平均値をとった吸収断面積の抜粋を掲げる．HOI の吸収スペクトルは，それぞれ 340 nm 付近と 408 nm 付近に極大をもつ二つの吸収帯からなっている．

HOCl, HOBr, HOI の光分解は，

$$\text{HOCl} + h\nu\,(\lambda < 525\,\text{nm}) \rightarrow \text{OH} + \text{Cl} \qquad \Delta H_0^\circ = 228\,\text{kJ mol}^{-1} \qquad (4.63)$$

$$\text{HOBr} + h\nu\,(\lambda < 589\,\text{nm}) \rightarrow \text{OH} + \text{Br} \qquad \Delta H_0^\circ = 203\,\text{kJ mol}^{-1} \qquad (4.64)$$

$$\text{HOI} + h\nu\,(\lambda < 572\,\text{nm}) \rightarrow \text{OH} + \text{I} \qquad \Delta H_0^\circ = 209\,\text{kJ mol}^{-1} \qquad (4.65)$$

の経路で進行し，HOCl については Schindler et al. (1997)，HOBr については Benter et al. (1995)，HOI については Bauer et al. (1998) によって，それぞれの反応の量子収率が 1 であることが実験的に確かめられている．

4.4.5 一酸化塩素（ClO），一酸化臭素（BrO），一酸化ヨウ素（IO）

一酸化塩素（chlorine monoxide）ClO，一酸化臭素（bromine monoxide）BrO，一酸化ヨウ素（iodine monoxide）IO は成層圏，対流圏のハロゲンラジカル連鎖反応の主要な連鎖担体である．ClO は成層圏においてのみ一部光分解され，BrO, IO は対流圏光化学作用フラックスでの光分解速度が大きいので，オゾン減少連鎖反応の評価にあたっては，それらの反応速度を考慮する必要がある．

ClO の吸収スペクトルは図 4.40(a) にみるように 210 nm から 265 nm の極大にかけての連続帯と 265 nm から 315 nm にかけてのバンド構造をもつ吸収帯とからなっている（Sander and Friedl, 1989）．このバンド構造領域の吸収は $A^2\Pi_{3/2} \leftarrow X^2\Pi_{3/2}$ の強い吸収帯が $A^2\Pi_{1/2} \leftarrow X^2\Pi_{1/2}$ の弱い吸収帯に重なっているものと考えられている．

ClO の吸収断面積は測定の分解能と温度に依存する．巻末の付表 28 には NASA/JPL パネル評価 No. 17 に掲げられた Sander and Friedl（1989）による分解能 0.3 nm の測定に基づく 1 nm ごとの吸収断面積を示した（Sander et al., 2011）．連続帯吸収極大の 265 nm における吸収断面積は，5.2×10^{-18} cm^2 molecule^{-1} と大きいが，ClO の吸収スペクトルは成層圏においては O_3 の吸収スペクトルと重なるので，その光分解は主に長波長端の吸収によってのみもたらされる．このため ClO の成層圏における光分解による消失は，O 原子や NO による消失に比べてずっと小さいものと考えられる（Langhoff et al., 1977）．

ClO の光分解量子収率は，

$$\text{ClO} + h\nu\,(\lambda < 451\text{ nm}) \rightarrow \text{Cl} + \text{O}(^3\text{P}) \qquad \Delta H_0^\circ = 265 \text{ kJ mol}^{-1} \qquad (4.66\text{a})$$
$$\quad\quad + h\nu\,(\lambda < 263\text{ nm}) \rightarrow \text{Cl} + \text{O}(^1\text{D}) \qquad \Delta H_0^\circ = 455 \text{ kJ mol}^{-1} \qquad (4.66\text{b})$$

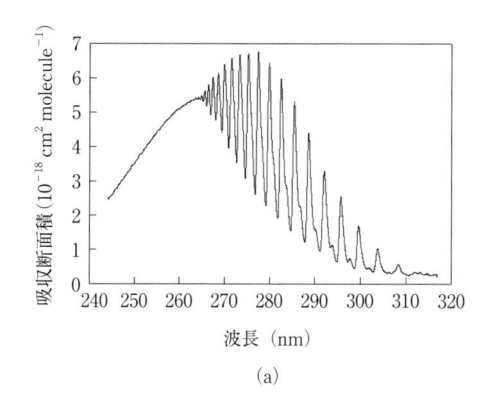

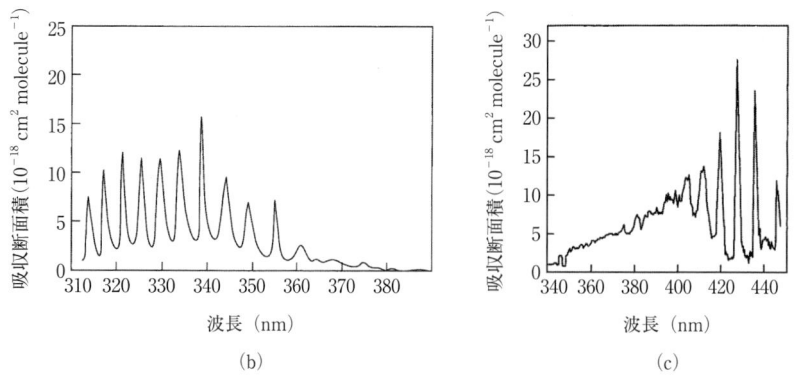

図 4.40　(a) ClO　(b) BrO　(c) IO の吸収スペクトル（ClO：Sander and Friedl, 1989, BrO：Wahner et al., 1988, IO：Lasylo et al., 1995 より改編）

237〜270 nm においては Schmidt et al. (1998) によって $Cl(^2P_{3/2,1/2})$ と $O(^1D)$ が量子収率1で生成することが報告されている．

BrO の吸収スペクトルは図4.40(b) に示すように，290〜380 nm の紫外部にバンド構造をもち，$A^2\Pi_{3/2} \leftarrow X^2\Pi_{3/2}$ の遷移に帰属されている（Wahner et al., 1988）．BrO の吸収断面積は分解能，温度に依存するが，巻末の付表28には Wilmouth et al. (1999) のデータに基づく吸収断面積を掲げる（Sander et al., 2011）．BrO の光分解は

$$\mathrm{BrO} + h\nu(\lambda < 511\,\mathrm{nm}) \rightarrow \mathrm{Br} + \mathrm{O} \qquad \Delta H_0^\circ = 234\,\mathrm{kJ\,mol^{-1}} \qquad (4.67)$$

が量子収率1で起こるものと考えられる．

IO についても BrO と同様の $A^2\Pi_{3/2} \leftarrow X^2\Pi_{3/2}$ 遷移に相当する吸収帯が338〜488 nm の紫外可視領域にみられる．連続吸収帯の吸収極大は 400 nm 付近に現れ，これより長波長では連続帯に振動構造をもつバンドが重なっている．吸収断面積がもっとも大きいのは 427.2 nm に位置する A-X (4-0) バンドである．図4.40(c) に IO の吸収スペクトルを示す（Lasylo et al., 1995；Harwood et al., 1997）．また，巻末の付表28に Lasylo et al. (1995)，Harwood et al. (1997)，Bloss et al. (2001) に基づく NASA/JPL パネル評価 No.17 の1 nm 間隔の IO の吸収断面積を掲げる（Sander et al., 2011）．

IO の光分解量子収率については，Ingham et al. (2000) が 355 nm において $O(^3P)$ の収率を 0.91 と報告している．図4.40 の吸収スペクトルの波長領域で可能な光分解過程は，

$$\mathrm{IO} + h\nu(\lambda < 527\,\mathrm{nm}) \rightarrow \mathrm{I} + \mathrm{O}(^3P) \qquad \Delta H_0^\circ = 227\,\mathrm{kJ\,mol^{-1}} \qquad (4.68a)$$

$$+ h\nu(\lambda < 287\,\mathrm{nm}) \rightarrow \mathrm{I} + \mathrm{O}(^1D) \qquad \Delta H_0^\circ = 417\,\mathrm{kJ\,mol^{-1}} \qquad (4.68b)$$

のうち，反応 (4.69a) だけであるので，この反応による I 原子と $O(^3P)$ 原子の生成が，ほぼ量子収率1で起こるものと考えられる．

4.4.6　過酸化二塩素（ClOOCl）

過酸化二塩素（chlorine peroxide）ClOOCl は ClO ラジカルが高濃度で存在するとき ClO どうしの三分子再結合反応で生成する．冬季の南極上空成層圏における塩素のリザバー分子のなかではもっとも濃度が高く，春季におけるその光分解はオゾンホールの生成に非常に重要である．

図4.41 には Papanastasiou et al. (2009) による吸収スペクトルを示す．ClOOCl の吸収スペクトルは 218 nm 付近に極小を，245 nm 付近に極大を有し，これから長波長側に単調に減少して 400 nm 付近まで裾野を引いている．下部成層圏光化学では 290 nm より長波長領域のスペクトルが重要であるが，この波長領域の ClOOCl のス

ペクトルと吸収断面積に関しては，実験室でのClOOClの試料生成時に不純物として共存するCl$_2$のスペクトルの差し引きによる誤差が問題となり，最近まで研究者間の不一致が問題となっていた．この問題を克服するためChen et al. (2009) は分子線を用いて光分解によるClOOClの減少を質量分析計で測定する方法でClOOClの吸収断面積の値を決定した．この手法はCl$_2$の光吸収の影響を排除できると思われ，200 Kにおける吸収断面積の値を308, 351 nmにおいてそれぞれ49.0, 11.2×10^{-20} cm^2 molecule^{-1}と報告している．これらの値は最近のPapanastasiou et al. (2009) によって報告された吸収スペクトルの値とよく一致している．NASA/JPLパネル評価No. 17ではこれらの結果に基づいて，Papanastasiou et al. (2009) に基づくClOOClの2 nmごとの波長別吸収断面積を推奨値とし，吸収断面積の誤差の範囲を±35%と見積もっている（Sander et al., 2011）．巻末の付表29にはここで推奨されている190〜250 Kの温度範囲における吸収断面積を掲げる．

ClOOClの光分解経路としては，

$$ClOOCl + h\nu(\lambda<1709\text{ nm}) \rightarrow ClO + ClO \quad \Delta H_0^\circ = 70 \text{ kJ mol}^{-1} \quad (4.69a)$$
$$+ h\nu(\lambda<357\text{ nm}) \rightarrow ClO + Cl + O \quad \Delta H_0^\circ = 335 \text{ kJ mol}^{-1} \quad (4.69b)$$
$$+ h\nu(\lambda<1375\text{ nm}) \rightarrow Cl + ClOO \quad \Delta H_0^\circ = 87 \text{ kJ mol}^{-1} \quad (4.69c)$$
$$+ h\nu(\lambda<1117\text{ nm}) \rightarrow 2Cl + O_2 \quad \Delta H_0^\circ = 107 \text{ kJ mol}^{-1} \quad (4.69d)$$

などが考えられる．最近のCl原子やClOラジカルを直接検出する研究によると，生成物としてはCl原子が主であり，しかも反応 (4.69d) の2Cl+O$_2$が主要経路であることが知られている（Moore et al., 1999；Huang et al., 2011）．NASA/JPLパネル評価No. 17による推奨値は，図4.41のスペクトルの全波長領域で光分解の全量子収率1，$\Phi(2Cl+O_2)=0.8\pm0.1$，$\Phi(2ClO)+\Phi(ClO+Cl+O)=0.2\pm0.1$，$\lambda>300$ nmでΦ(ClO

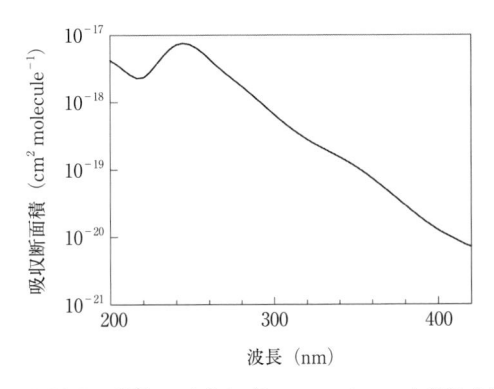

図 4.41 ClOOClの吸収スペクトル（Papanastasiou et al., 2009より改編）

$+ \mathrm{Cl} + \mathrm{O}) = 0.0 \pm 0.1$ である.この反応の光分解経路の違いはオゾン破壊に大きな違いをもたらすことから,強い関心がもたれている.

4.4.7 二酸化塩素（OClO）

二酸化塩素（chlorine dioxide）OClO は ClO のラジカルどうしの二分子反応で生成する化合物であり,ClOOCl と同様冬季の南極上空成層圏における塩素のリザバー分子である.OClO は可視部にまで強い吸収をもつので,春季に太陽光が照射されると同時に光分解される.

OClO の吸収スペクトルは図 4.42 に示すように 280〜480 nm の領域にきれいなバンド構造をもった強い吸収帯からなっている（Wahner et al., 1987）.このバンド構造は電子遷移 $A^2A_2 \leftarrow X^2B_1$ に伴う Cl-O 伸縮振動（$v' \leftarrow v'' = 0$）に対応するものである.バンド構造から予測されるように OClO の吸収帯の形や吸光断面積は測定される分解能によって異なってくる.Wahner et al. (1987) の測定は分解能 0.25 nm でなされているが,その後 Kromminga et al. (2003) によってより高分解能 0.01〜0.02 nm および中程度分解能 0.2〜0.4 nm での測定がなされている.これら両者のスペクトルの間には 0.2〜0.5 nm 程の波長のずれと 5〜10% の吸収断面積のずれが指摘されているが,NASA/JPL パネル評価 No.17 では Wahner et al. (1987) に基づいて 1 nm 間隔に平均化された吸収断面積と,いくつかの温度における中程度分解能測定に基づく各振動バンドのピーク吸収断面積の値が掲載されている.巻末の付表 31 にはこれからとられた 204 K における 1 nm ごとの吸収断面積を掲げる（Sander et al., 2011）.

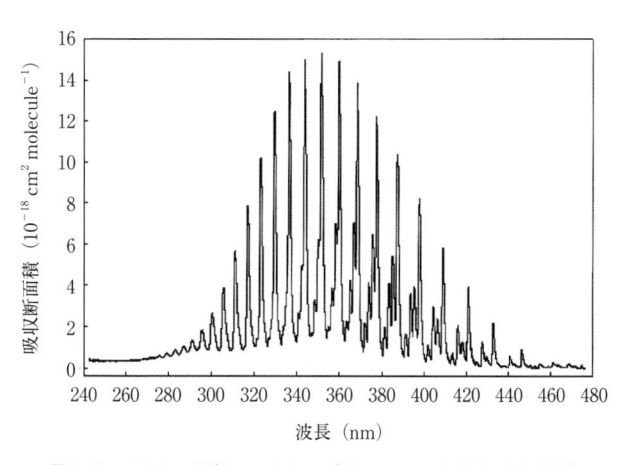

図 4.42 OClO の吸収スペクトル（Wahner et al., 1987 より改編）

OClO の光分解経路としては,

$$\text{OClO} + h\nu\,(\lambda < 480\text{ nm}) \rightarrow \text{ClO} + \text{O}(^3\text{P}) \quad \Delta H_0^\circ = 249\text{ kJ mol}^{-1} \quad (4.70\text{a})$$
$$\phantom{\text{OClO}} + h\nu\,(\lambda < 1040\text{ nm}) \rightarrow \text{Cl} + \text{O}_2(^1\Delta_g) \quad \Delta H_0^\circ = 115\text{ kJ mol}^{-1} \quad (4.70\text{b})$$

などが知られているが, フォトフラグメント分光の研究も含め 350~475 nm の範囲では $\text{O}(^3\text{P})$ の生成が主である (Lawrence et al., 1990; Davis and Lee, 1992, 1996; Delmdahl et al., 1998). これより短波長では Cl 原子の生成が報告されているが, 下部成層圏での光分解に主に効いてくる 350 nm より長波長では反応 (4.70a) による $\text{O}(^3\text{P})$ の生成が量子収率 1 で起こり, Cl 原子の生成は 4% 以下と考えられる (Sander et al., 2011).

4.4.8 塩化ニトロシル (ClNO), 塩化ニトリル (ClNO$_2$)

塩化ニトロシル (nitrosyl chloride) ClNO, 塩化ニトリル (nitryl chloride) ClNO$_2$ はそれぞれ NO_2, N_2O_5 の海塩 (NaCl) 固体表面上での不均一反応で生成する分子である. これらは都市汚染大気プルームの影響を受けた海洋上での生成が推定され, その光分解は中高緯度の対流圏大気中でのハロゲン化学で考慮される.

ClNO の紫外可視吸収スペクトルは 200 nm 付近に強い吸収極大をもち, これから長波長側に可視部の 600 nm 以上にまで延びる非常に幅広い連続吸収帯からなっている. NASA/JPL パネル評価 No.17 の吸収断面積の推奨値は, Tyndall et al. (1987) (190~350 nm), Roehl et al. (1992) (350~650 nm) のデータに基づいており, 巻末の付表 30 にはこれから抜粋した 200~500 nm 領域の吸収断面積を掲げる. またこれらの吸収断面積を用いた対流圏光化学作用フラックス領域の吸収スペクトルを図 4.43 に示す.

ClNO$_2$ の吸収スペクトルも図 4.44 に示すように紫外部の 215 nm 付近に極大をもち, これから長波長側に可視部にまで延びる幅広い連続帯をもっている. 波長につれての減衰は ClNO より大きく, 吸収スペクトルは 400 nm 付近まで延びている (Illies and Takacs, 1976; Ganske et al., 1992; Furlan et al., 2000). NASA/JPL パネル評価 No.17 の吸収断面積は Illies and Takacs (1976), Furlan et al. (2000) のデータの平均をとったもので, 付表 30 にはこれから抜粋したものを ClNO とともに示す. ClNO$_2$ の吸収スペクトルについては最近 Ghosh et al. (2011) による新しい測定がなされており, 上の値とは異なる吸収断面積が得られている.

ClNO および ClNO$_2$ の光分解はそれぞれ,

$$\text{ClNO} + h\nu\,(\lambda < 767\text{ nm}) \rightarrow \text{Cl} + \text{NO} \quad \Delta H_0^\circ = 156\text{ kJ mol}^{-1} \quad (4.71)$$
$$\text{ClNO}_2 + h\nu\,(\lambda < 867\text{ nm}) \rightarrow \text{Cl} + \text{NO}_2 \quad \Delta H_0^\circ = 138\text{ kJ mol}^{-1} \quad (4.72)$$

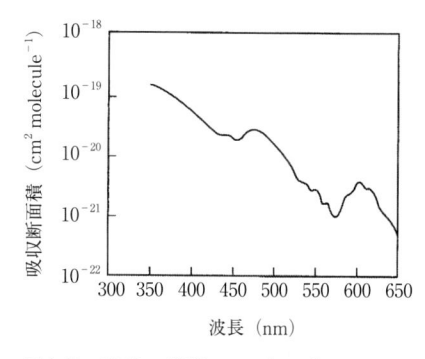

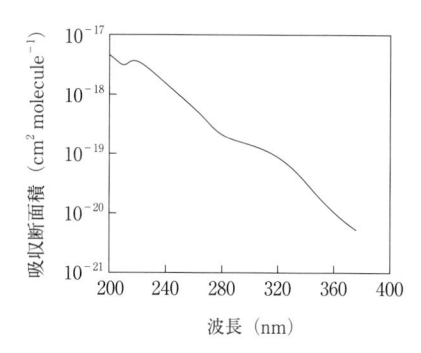

図 4.43 ClNO の吸収スペクトル (Roehl et al., 1992 より改編)

図 4.44 ClNO$_2$ の吸収スペクトル (Ganske et al., 1992 より改編)

の過程が主であることが確かめられており (Calvert and Pitts, 1969 ; Nelson and Johnston, 1983), 吸収スペクトルから予想されるようにこれらの光分解量子収率は1と考えられる. ClNO については反応 (4.72) で生成する Cl 原子のスピン軌道状態について $\Phi[\mathrm{Cl}(^2\mathrm{P}_{1/2})]/\Phi[\mathrm{Cl}(^2\mathrm{P}_{1/2})+\mathrm{Cl}(^2\mathrm{P}_{3/2})]$ の値も測定されており, たとえば351 nm における光分解での比率は 0.90±0.10 とほとんどが $\mathrm{Cl}(^2\mathrm{P}_{1/2})$ であることが報告されている (Chichinin, 1993).

引用文献

Abu-Bajeh, M., M. Cameron, K.-H. Jung, C. Kappel, A. Laeuter, K.-S. Lee, H. P. Upadhyaya, R. K. Vasta and H.-R. Volpp, Absolute quantum yield measurements for the formation of oxygen atoms after UV laser excitation of SO$_2$ at 222.4 nm, *Proc. Indian Acad. Sci. (Chem. Sci.)*, **114**, 675-686, 2002.

Adler-Golden, S. M., Franck-Condon analysis of thermal and vibrational excitation effects on the ozone Hartley continuum, *J. Quant. Spesctrosc. Rad. Transfer*, **30**, 175-185, 1983.

Adler-Golden, S. M., E. L. Schweitzer and J. I. Steinfeld, Ultraviolet continuum spectroscopy of vibrationally excited ozone, *J. Chem. Phys.*, **76**, 2201-2209, 1982.

Atkinson, R. and A. C. Lloyd, Evaluation of kinetic and mechanistic data for modeling of photochemical smog, *J. Phys. Chem. Ref. Data*, **13**, 315-444, 1984.

Atkinson, R. *et al.*, Summary of evaluated kinetic and photochemical data for atmospheric chemistry, Data Sheet P7, IUPAC, London, 2002.

Atkinson, R., D. L. Baulch, R. A. Cox, J. N. Crowley, R. F. Hampson, R. G. Hynes, M. E. Jenkin, M. J. Rossi and J. Troe, Evaluated kinetic and photochemical data for atmospheric chemistry : Volume I-Gas phase reactions of Ox, HOx, NOx, and SOx species, *Atmos. Chem. Phys.*, **4**, 1461-1738, 2004.

Atkinson, R., D. L. Baulch, R. A. Cox, J. N. Crowley, R. F. Hampson, R. G. Hynes, M. E. Jenkin, M. J. Rossi and J. Troe, Evaluated kinetic and photochemical data for atmospheric chemistry : Volume II-gas phase reactions of organic species, *Atmos. Chem. Phys.*, **6**, 3625-4055, 2006.

Atkinson, R., D. L. Baulch, R. A. Cox, J. N. Crowley, R. F. Hampson, R. G. Hynes, M. E. Jenkin, M. J. Rossi and J. Troe, Evaluated kinetic and photochemical data for atmospheric chemistry : Volume III-gas phase reactions of inorganic halogens, *Atmos. Chem. Phys.*, **7**, 981-1191, 2007.

Atkinson, R., D. L. Baulch, R. A. Cox, J. N. Crowley, R. F. Hampson, R. G. Hynes, M. E. Jenkin, M. J. Rossi, J. Troe and T. J. Wallington, Evaluated kinetic and photochemical data for atmospheric chemistry : Volume IV-gas phase reactions of organic halogen species, *Atmos. Chem. Phys.*, **8**, 4141-4496, 2008.

Bahou, M., C.-Y. Chung, Y.-P. Lee, B. M. Cheng, Y. L. Yung and L. C. Lee, Absorption cross sections of HCl and DCl at 135-232 nanometers : Implications for photodissociation on venus, *Astrophys. J.*, **559**, L179-L182, 2001.

Barnes, R. J., A. Sinha and H. A. Michelsen, Assessing the contribution of the lowest triplet state to the near-UV absorption spectrum of HOCl, *J. Phys. Chem. A*, **102**, 8855-8859, 1998.

Bauer, D., T. Ingham, S. A. Carl, G. K. Moortgat and J. N. Crowley, Ultraviolet-visible absorption cross sections of gaseous HOI and its photolysis at 355 nm, *J. Phys. Chem.*, **102**, 2857-2864, 1998.

Benter, T., C. Feldmann, U. Kirchner, M. Schmidt, S. Schmidt and R. N. Schindler, UV/VIS-absorption spectra of HOBr and CH_3OBr ; $Br(^2P_{3/2})$ atom yields in the photolysis of H0131, *Ber. Bunsenges. Phys. Chem.*, **99**, 1144-1147, 1995.

Bethke, G. W., Oscillator strengths in the far ultraviolet. I. nitric oxide, *J. Chem. Phys.* **31**, 662-668, 1959.

Blitz, M. A., D. E. Heard, M. J. Pilling, S. R. Arnold and M. P. Chipperfield, Pressure and temperature-dependent quantum yields for the photodissociation of acetone between 279 and 327.5 nm, *Geophys. Res. Lett.*, **31**, L06111, doi : 1029/2003GL018793, 2004.

Bloss, W. J., D. M. Rowley, R. A. Cox and R. L. Jones, Kinetics and products of the IO self-reaction, *J. Phys. Chem. A*, **105**, 7840-7854, 2001.

Bogumil, K., J. Orphal, T. Homann, S. Voigt, P. Spietz, O. C. Fleischmann, A. Vogel, M. Hartmann, H. Bovensmann, J. Frerick and J. P. Burrows, Measurements of molecular absorption spectra with the SCIAMACHY pre-flight model : Instrument characterization and reference data for atmospheric remote-sensing in the 230-2380 nm region, *J. Photochem. Photobiol. A : Chem.*, **157**, 167-184, 2003.

Bongartz, A., J. Kames, F. Welter and U. Schurath, Near-UV absorption cross sections and trans/cis equilibrium of nitrous acid, *J. Phys. Chem.*, **95**, 1076-1082, 1991.

Bongartz, A., J. Kames, U. Schurath, C. George, P. Mirabel and J. L. Ponche, Experimental determination of HONO mass accommodation coefficients using two different techniques, *J. Atmos. Chem.*, **18**, 149-169, 1994.

Brewer, L. and J. Tellinghuisen, Quantum yield for unimolecular dissociation of I_2 in visible absorption, *J. Chem. Phys.*, **56**, 3929-3938, 1972.

Brownsword, R. A., P. Schmiechen, H.-R. Volpp, H. P. Upadhyaya, Y. J. Jung and K.-H. Jung, Chlorine atom formation dynamics in the dissociation of CH_3CF_2Cl (HCFC-142b) after UV laser photoexcitation, *J. Chem. Phys.*, **110**, 11823-11829, 1999.

Brus, L. E. and J. R. McDonald, Time-resolved fluorescence kinetics and $^1B_1(^1\Delta_g)$ vibronic structure in tunable ultraviolet laser excited SO_2 vapor, *J. Chem. Phys.*, **61**, 97-105, 1974.

Burkholder, J. B., Ultraviolet absorption spectrum of HOCl, *J. Geophys. Res.*, **29**, 2963-2974, 1993.

Burkholder, J. B., R. R. Wilson, T. Gierczak, R. Talukdar, S. A. McKeen, J. J. Orlando, G. L. Vaghjiani and A. R. Ravishankara, Atmospheric fate of CF_3Br, CF_2Br_2, CF_2ClBr, and CF_2BrCF_2BR, *J. Geophys. Res.*, **96**, 5025-5043, 1991.

Burkholder, J. B., R. K. Talukdar, A. R. Ravishankara and S. Solomon, Temperature dependence of the HNO_3 UV absorption cross sections, *J. Geophys. Res.*, **98**, 22937-22948, 1993.

Burkholder, J. B., R. K. Talukdar and A. R. Ravishankara, Temperature dependence of the $ClONO_2$ UV absorption spectrum, *Geophys. Res. Lett.*, **21**, 585-588, 1994.

Burkholder, J. B., A. R. Ravishankara and S. Solomon, UV/visible and IR absorption cross sections of $BrONO_2$, *J. Geophys. Res.*, **100**, 16793-16800, 1995.

Callear, A. B. and M. J. Pilling, Fluorescence of nitric oxide. Part 7. -Quenching rates of NO $C^2\Pi(v=0)$,

its rate of radiation to NO $A^2\Sigma_+$, energy transfer efficiencies, and mechanisms of predissociation, *Trans. Faraday Soc.*, **66**, 1618-1634, 1970.
Calvert, J. G. and J. N. Pitts. *In Photochemistry*, John Wiley & Sons, pp 230-231, 1966.
Campuzano-Jost, P. and J. N. Crowley, Kinetics of the reaction of OH with HI between 246 and 353 K, *J. Phys. Chem.* **A 103**, 2712-2719, 1999.
Cantrell, C. A., J. A. Davidson, A. H. McDaniel, R. E. Shetter and J. G. Calvert, Temperature-dependent formaldehyde cross sections in the near-ultraviolet spectral region, *J. Phys. Chem.*, **94**, 3902-3908, 1990.
Carbajo, P. G., S. C. Smith, A.-L. Holloway, C. A. Smith, F. D. Pope, D. E. Shallcross and A. J. Orr-Ewing, Ultraviolet photolysis of HCHO : Absolute HCO quantum yields by direct detection of the HCO radical photoproduct, *J. Phys. Chem. A*, **112**, 12437-12448, 2008.
Carlon, N. R., D. K. Papanastasiou, E. L. Fleming, C. H. Jackman, P. A. Newman and J. B. Burkholder, UV absorption cross sections of nitrous oxide (N_2O) and carbon tetrachloride (CCl_4) between 210 and 350 K and the atmospheric implications, *Atmos. Chem. Phys.*, **10**, 6137-6149, 2010.
Carr, S., D. E. Heard and M. A. Blitz, Comment on "Atmospheric hydroxyl radical production from electronically excited NO_2 and H_2O", *Science*, **324**, 336, 2009.
Chen, H.-Y., C-Y Lien, W-Y Lin, Y. T. Lee and J. J. Lin, UV absorption cross sections of ClOOCl are consistent with ozone degradation models, *Science*, **324**, 781-784, 2009.
Chichinin, A. I., *Chem. Phys. Lett.*, **209**, 459-463, 1993.
Clark, R. H. and D. Husain, Quantum yield measurements of $Cl(^3P_{1/2})$ and $Cl(^3P_{3/2})$ in the photolysis of C1 chlorofluorocarbons determined by atomic resonance absorption spectroscopy in the vacuum UV, *J. Photochem.*, **24**, 103-115, 1984.
Co, D., T. F. Hanisco, J. G. Anderson and F. N. Keutsch, Rotationally resolved absorption cross sections of formaldehyde in the 28100-28500 cm^{-1} (351-356 nm) spectral region : Implications for in situ LIF measurements, *J. Phys. Chem. A*, **109**, 10675-10682, 2005.
Cooper, I. A., P. J. Neill and J. R. Wiesenfeld, Relative quantum yield of $O(^1D_2)$ following ozone photolysis between 221 and 243. 5 nm, *J. Geophys. Res.*, **98**, 12795-12800, 1993.
Cooper, M. J., E. Wrede, A. J. Orr-Ewing and M. N. R. Ashfold, Ion imaging studies of the $Br(^2P_j)$ atomic products resulting from Br_2 photolysis in the wavelength range 260-580 nm, *J. Chem. Soc. Faraday Trans.*, **94**, 2901-2907, 1998.
Cox, R. A. and R. G. Derwent, The ultra-violet absorption spectrum of gaseous nitrous acid, *J. Photochem.*, **6**, 23-34, 1976.
Davis, H. F. and Y. T. Lee, Dynamics and mode specificity in OClO photodissociation, *J. Phys. Chem.*, **96**, 5681-5684, 1992.
Davis, H. F. and Y. T. Lee, Photodissociation dynamics of OClO, *J. Chem. Phys.*, **105**, 8142-8163, 1996.
Davis, H. F., B. Kim, H. S. Johnston and Y. T. Lee, Dissociation energy and photochemistry of nitrogen trioxide, *J. Phys. Chem.*, **97**, 2172-2180, 1993.
Delmdahl, R. F., S. Ulrich and K.-H. Gericke, Photofragmentation of $OClO(\tilde{A}^2A_2 \, v_1v_2v_3) \rightarrow Cl(^2P_j) + O_2$, *J. Phys. Chem. A*, **102**, 7680-7685, 1998.
DeMore, W. B., S. P. Sander, D. M. Golden, R. F. Hampson, M. J. Kurylo, C. J. Howard, A. R. Ravishankara, C. E. Kolb and M. J. Molina, Chemical Kinetics and Photochemical Data for Use in Stratospheric Modeling, Evaluation Number 12, JPL Publication 97-4, 1997.
Denzer, W., G. Hancock, J. C. Pinot de Moira and P. L. Tyley, Spin forbidden dissociation of ozone in the Huggins bands, *Chem. Phys.*, **231**, 109-120, 1998.
Deters, B., J. P. Burrows and J. Orphal, UV-visible absorption cross sections of bromine nitrate determined by photolysis of $BrONO_2/Br_2$ mixtures, *J. Geophys. Res.*, **103**, 3563-3570, 1998.
Donnelly, V. M. and F. Kaufman, Fluorescence lifetime studies of NO_2, II. Dependence of the perturbed $^2B_2$ state lifetimes on excitation energy, *J. Chem. Phys.*, **69**, 1456-1460, 1978.
Donnelly, V. M., D. G. Keil and F. Kaufman, Fluorescence lifetime studies of NO_2, III. Mechanism of

fluorescence quenching, *J. Chem. Phys.*, **71**, 659-673, 1979.

Douglas, A. E., Anomalously long radiative lifetimes of molecular excited states, *J. Chem. Phys.*, **45**, 1007-1015, 1966.

Emrich, M. and P. Warneck, Photodissociation of acetone in air：Dependence on pressure and wavelength, behavior of the excited singlet state, *J. Phys. Chem.*, **A 104**, 9436-9442, 2000.

Fahr, A., W. Braun and M. J. Kurylo, Scattered light and accuracy of the cross-section measurements of weak absorptions：Gas and liquid phase UV absorption cross sections of CH_3CFCl_2, *J. Geophys. Res.*, **98**, 20467-20472, 1993.

Fahr, A., A. K. Nayak and M. J. Kurylo, The ultraviolet absorption cross sections of CH_3I temperature dependent gas and liquid phase measurements, *Chem. Phys.*, **197**, 195-203, 1995.

Fang, Q., J. Han, J.-L. Jiang, X.-B. Chen and W.-H. Fang, The conical intersection dominates the generation of tropospheric hydroxyl radicals from NO_2 and H_2O, *J. Phys. Chem. A*, **114**, 4601-4608, 2010.

Francisco, J. S., M. R. Hand and I. H. Williams, Ab initio study of the electronic spectrum of HOBr, *J. Phys. Chem.*, **100**, 9250-9253, 1996.

Fredlick, J. E. and R. D. Hudson, Predissociation of nitric oxide in the mesosphere and stratosphere, *J. Atmos. Sci.*, **36**, 737-745, 1979.

Finlayson-Pitts, B. J. and J. N. Pitts, Jr., *Chemistry of the Upper and Lower Atmosphere*, p. 99, Academic Press, 2000.

Furlan, A., M. A. Haeberli and R. J. Huber, The 248 nm photodissociation of $ClNO_2$ studied by photofragment translational energy spectroscopy, *J. Phys. Chem. A*, **104**, 10392-10397, 2000.

Ganske, J. A., H. N. Berko and B. J. Finlayson-Pitts, Absorption cross sections for gaseous $ClNO_2$ and Cl_2 at 298 K：Potential organic oxidant source in the marine troposphere, *J. Geophys. Res.*, **97**, 7651-7656, 1992.

Ghosh, B., D. K. Papanastasiou, R. K. Talukdar, J. M. Roberts and J. B. Burkholder, Nitryl chloride ($ClNO_2$)：UV/Vis absorption spectrum between 210 and 296 K and $O(^3P)$ quantum yield at 193 and 248 nm, *J. Phys. Chem. A*, 10.1021/jp207389y, 2011.

Gierczak, T., J. B. Burkholder, S. Bauerle and A. R. Ravishankara, Photochemistry of acetone under tropospheric conditions, *Chem. Phys.*, **231**, 229-244, 1998.

Gillotay, D. and P. C. Simon, Ultraviolet absorption spectrum of trifluoro-bromo-methane, difluoro-dibromo-methane and difluoro-bromo-chloro-methane in the vapor phase, *J. Atmos. Chem.*, **8**, 41-62, 1989.

Gillotay, D. and P. C. Simon, Temperature-dependence of ultraviolet absorption cross-sections of alternative chlorofluoroethanes, *J. Atmos. Chem.*, **12**, 269-285, 1991.

Goldfarb, L., A.-M. Schmoltner, M. K. Gilles, J. Burkholder and A. R. Ravishankara, Photodissociation of $ClONO_2$：1. Atomic resonance fluorescence measurements of product quantum yields, *J. Phys. Chem. A*, **101**, 6658-6666, 1997.

Greenblatt, G. D. and J. R. Wiesenfeld, Time-resolved resonance fluorescence studies of $O(^1D_2)$ yields in the photodissociation of O_3 at 248 and 308 nm, *J. Chem. Phys.*, **78**, 4924-4928, 1983.

Greenblatt, G. D. and A. R. Ravishankara, Laboratory studies on the stratospheric NOx production rate, *J. Geophys. Res.*, **95**, 3539-3547, 1990.

Hanf, A., A. Laüter and H.-R. Volpp, Absolute chlorine atom quantum yield measurements in the UV and VUV gas-phase laser photolysis of CCl_4, *Chem. Phys. Lett.*, **368**, 445-451, 2003.

Harder, J. W., J. W. Brault, P. V. Johnston and G. H. Mount, Temperature dependent NO_2 cross-sections at high spectral resolution, *J. Geophys. Res. D*, **102**, 3861-3879, 1997.

Harwood, M. H., R. L. Jones, R. A. Cox, E. Lutman and O. V. Rattigan, Temperature-dependent absorption cross-sections of N_2O_5, *J. Photochem. Photobiol. A：Chem.*, **73**, 167-175, 1993.

Harwood, M. H., J. B. Burkholder, M. Hunter, R. W. Fox and A. R. Ravishankara, Absorption cross sections and self-reaction kinetics of the IO radical, *J. Phys. Chem. A*, **101**, 853-863, 1997.

引 用 文 献

Harwood, M. H., J. B. Burkholder and A. R. Ravishankara, Photodissociation of $BrONO_2$ and N_2O_5: Quantum yields for NO_3 production at 248, 308, and 352.5 nm, *J. Phys. Chem. A*, 102, 1309-1317, 1998.

Harwood, M. H., J. M. Roberts, G. J. Frost, A. R. Ravishankara and J. B. Burkholder, Photochemical studies of $CH_3C(O)OONO_2$(PAN) and $CH_3CH_2C(O)OONO_2$(PPN): NO_3 quantum yields, *J. Phys. Chem. A*, 107, 1148-1154, 2003.

Haugen, H. K., E. Weitz and S. R. Leone, Accurate quantum yields by laser gain vs absorption spectroscopy: Investigation of Br/Br* channels in photofragmentation of Br_2 and IBr, *J. Chem. Phys.*, 83, 3402-3412, 1985.

Horowitz, A. and J. G. Calvert, Wavelength dependence of the quantum efficiencies of the primary processes in formaldehyde photolysis at 25℃, *Int. J. Chem. Kinet.*, 10, 805-819, 1978.

Horowitz, A. and J. G. Calvert, Wavelength dependence of the primary processes in acetaldehyde photolysis, *J. Phys. Chem.*, 86, 3105-3114, 1982.

Huang, W.-T., A. F. Chen, I.-C. Chen, C.-H. Tsai and J. J.-M. Lin, Photodissociation dynamics of ClOOCl at 248.4 and 308.4 nm, *Phys. Chem. Chem. Phys.*, 13, 8195-8203, 2011.

Hubrich, C. and F. Stuhl, The ultraviolet absorption of some halogenated methanes and ethanes of atmospheric interest, *J. Photochem.*, 12, 93-107, 1980.

Huebert, B. J. and Martin, R. M., Gas-phase far-ultraviolet absorption spectrum of hydrogen bromide and hydrogen iodide, *J. Phys. Chem.*, 72, 3046, 1968.

Hui, M. H. and S. A. Rice, Decay of fluorescence from single vibronic states of SO_2, *Chem. Phys Lett.*, 17, 474-478, 1972.

Hynes, A. J., E. A. Kenyon, A. J. Pounds and P. H. Wine, Temperature dependent absorption cross-sections for acetone and n-butanone—implications for atmospheric lifetimes, *Spectrochim. Acta*, 48A, 1235-1242, 1992.

Illies, A. J. and G. A. Takacs, Gas phase ultra-violet photoabsorption cross-sections for nitrosyl chloride and nitryl chloride, *J. Photochem.*, 6, 35-42, 1976,.

Imajo, T., K. Yoshino, J. R. Esmond, W. H. Parkinson, A. P. Thorne, J. E. Murray, R. C. M. Learner, G. Cox, A. S.-C. Cheung, K. Ito and T. Matsui, The application of a VUV Fourier transform spectrometer and synchrotron radiation source to measurements of: II. The $\delta(1, 0)$ band of NO, *J. Chem. Phys.*, 112, 2251-2258, 2000.

Ingham, T., M. Cameron and J. N. Crowley, Photodissociation of IO (355 nm) and OIO (532 nm): Quantum yields for $O(^3P)$ and $I(^2P_J)$ production, *J. Phys. Chem. A*, 104, 8001-8010, 2000.

Jimenez, E., T. Gierczak, H. Stark, J. B. Burkholder and A. R. Ravishankara, Quantum yields of OH, HO_2 and NO_3 in the UV photolysis of HO_2NO_2, *Phys. Chem. Chem. Phys.*, 7, 342-348, 2005.

Johnston, H. S. and G. S. Selwyn, New cross sections for the absorption of near ultraviolet radiation by nitrous oxide (N_2O), *Geophys. Res. Lett.*, 2, 549-551, 1975.

Johnston, H. S., S. Chang and G. Whitten, Photolysis of nitric acid vapor, *J. Phys. Chem.*, 78, 1-7, 1974.

Johnston, H. S., H. F. Davis and Y. T. Lee, NO_3 photolysis product channels: Quantum yields from observed energy thresholds, *J. Phys. Chem.*, 100, 4713-4723, 1996.

Jones, I. T. N. and K. D. Bayes, Formation of $O_2(a^1\Delta_g)$ by electronic energy transfer in mixtures of NO_2 and O_2, *J. Chem. Phys.*, 59, 3119-3124, 1973.

Joseph, D. M., S. H. Ashworth and J. M. C. Plane, On the photochemistry of $IONO_2$: Absorption cross section (240-370 nm) and photolysis product yields at 248 nm, *Phys. Chem. Chem. Phys.*, 9, 5599-5600, 2007.

Kang, W. K., K. W. Jung, D.-C. Kim and K.-H. Jung, Photodissociation of alkyl iodides and CF_3I at 304 nm: Relative populations of $I(^2P_{1/2})$ and $I(^2P_{3/2})$ and dynamics of curve crossing, *J. Chem. Phys.*, 104, 5815-5820, 1996.

Katagiri, H., T. Sako, A. Hishikawa, T. Yazaki, K. Onda, K. Yamanouchi and K. Yoshino, Experimental and theoretical exploration of photodissociation of SO_2 via the C^1B_2 state: Identification of the

dissociation pathway, *J. Mol. Struct.*, 413-414, 589-614, 1997.
Katayanagi, H., Y. X. Mo and T. Suzuki, 223 nm photodissociation of OCS. Two components in $S(^1D_2)$ and $S(^3P_2)$ channels, *Chem. Phys. Lett.*, 247, 571-576, 1995.
Knight, G. P., A. R. Ravishankara and J. B. Burkholder, UV absorption cross sections of HO_2NO_2 between 343 and 273 K, *Phys. Chem. Chem. Phys.*, 4, 1432-1437, 2002.
Kromminga, J., J. Orphal, P. Spietz, S. Voigt and J. P. Burrows, New measurements of OClO absorption cross-sections in the 325-435 nm region and their temperature dependence between 213 and 293 K, *J. Photochem. Photobiol. A : Chem.*, 157, 149-160, 2003.
Langford, S. R., P. M. Regan, A. J. Orr-Ewing and N. M. R. Ashfold, On the UV photodissociation dynamics of hydrogen iodide, *Chem. Phys.*, 231, 245-260, 1998.
Langhoff, S. R., L. Jaffe and J. O. Arnold, Effective cross sections and rate constants for predissociation of ClO in the earth's atmosphere, *J. Quant. Spectrosc. Radiat. Transfer*, 18, 227-235, 1977.
Lasylo, B., M. J. Kurylo and R. E. Huie, Absorption cross sections, kinetics of formation, and self-reaction of the IO radical produced via the laser photolysis of $N_2O/I_2/N_2$ mixtures, *J. Phys. Chem.*, 99, 11701-11707, 1995.
Lawrence, W. G., K. C. Clemitshaw and V. A. Apkarian, On the relevance of OClO photodissociation to the destruction of stratospheric ozone, *J. Geophys. Res.*, 95, 18591-18595, 1990.
Lewis, B. R., L. Berzins and J. H. Carver, Oscillator strength for the Schumann-Runge bands of O_2, *J. Quant. Spectrosc. Rad. Transfer*, 36, 209-232, 1986.
Li, S., J. Matthews and A. Sinha, Atmospheic hydroxyl radical production from electronically excited NO_2 and H_2O, *Science*, 319, 1657-1660, 2008.
Li, A., B. Suo, Z. Wen and Y. Wang, Potential energy surfaces for low-lying electronic states of SO_2, *Sci. China B : Chem.*, 49, 289-295, 2006.
Libuda, H. G. and F. Zabel, UV absorption cross section of acetyl peroxynitrate and trifuoroacetyl peroxynitrate at 298 K, *Ber. Bunsenges. Phys. Chem.*, 99, 1205-1213, 1995.
Lin, C. L., N. K. Rohatgi and W. B. DeMore, Ultraviolet absorption cross sections of hydrogen peroxide, *Geophys. Res. Lett.*, 5, 113-115, 1978.
Lindeman, T. G. and J. R. Wiesenfeld, Photodissociation of Br_2 in the visible continuum, *J. Chem. Phys.*, 70, 2882-2888, 1979.
MacLeod, H., G. P. Smith and D. M. Golden, Photodissociation of pernitric acid (HO_2NO_2) at 248 nm, *J. Geophys. Res.*, 93, 3813-3823, 1988.
Malicet, J., D. Daumont, D, J. Charbonnier, C. Parisse, A. Chakir and J. Brion, Ozone UV spetroscopy. II. Absorption cross-sections and temperature dependence, *J. Atmos. Chem.* 21, 263-273, 1995.
Manatt, S. L. and A. L. Lane, A compilation of the absorption cross-sections of SO_2 from 106 to 403 nm, *J. Quant. Spectrosc. Radiat. Transfer*, 50, 267-276, 1993.
Maric, D., J. P. Burrows, R. Meller and G. K. Moortgat, A study of the UV-visible absorption spectrum of molecular chlorine, *J. Photochem. Photobiol. A : Chem.*, 70, 205-214, 1993.
Maric, D., J. P. Burrows and G. K. Moortgat, A study of the UV-visible absorption spectra of Br_2 and BrCl, *J. Photochem. Photobiol A : Chem.*, 83, 179-192, 1994.
Martinez, R. D., A. A. Buitrago, N. W. Howell, C. H. Hearn and J. A. Joens, The near U. V. absorption spectra of several aliphatic aldehydes and ketones at 300 K, *Atmos. Environ.*, 26A, 785-792, 1992.
Matsumi, Y., K. Tonokura and M. Kawasaki, Fine-structure branching ratios and Doppler profiles of $Cl(^2P_j)$ photofragments from photodissociation of the chlorine molecule near and in the ultraviolet region, *J. Chem. Phys.*, 97, 1065-1071, 1992.
Matsumi, Y., F. J. Comes, G. Hancock, A. Hofzumahaus, A. J. Hynes, M. Kawasaki and A. R. Ravishankara, Quantum yields for production of $O(^1D)$ in the ultraviolet photolysis of ozone : Recommendation based on evaluation of laboratory data, *J. Geophys. Res.*, 107(D3), 4024, 10.1029/2001JD000510, 2002.

Matsumi, Y. and M. Kawasaki, Photolysis of atmospheric ozone in the ultraviolet region, *Chem. Rev.*, **103**, 4767-4781, 2003.
Mayor, E., A. M. Velasco and I. Martin, Photodissociation of the $\delta(0, 0)$ and $\delta(1, 0)$ bands of nitric oxide in the stratosphere and the mesosphere : A molecular-adapted quantum defect orbital calculation of photolysis rate constants, *J. Geophys. Res.*, **112**, D13304, doi : 10.1029/2007JD008643, 2007.
Meller, R. and G. K. Moortgat, Temperature dependence of the absorption cross sections of formaldehyde between 223 and 323 K in the wavelength range 225-375 nm, *J. Geophys. Res. D*, **105**, 7089-7101, 2000.
Merienne, M. F., B. Coquart and A. Jenouvrier, Temperature effect on the ultraviolet absorption of $CFCl_3$, CF_2Cl_2 and N_2O, *Planet. Space Sci.*, **38**, 617-625, 1990.
Meyrahn, H., G. K. Moortgat and P. Warneck, Photolysis of CH_3CHO in the range 250-330 nm, *J. Photochem.*, **17**, 138, 1981.
Meyrahn, H., J. Pauly, W. Schneider and P. Warneck, Quantum yields for the photodissociation of acetone in air and an estimate for the lifetime of acetone in the lower troposphere, *J. Atmos. Chem.*, **4**, 277-291, 1986.
Minaev, B. F., Physical properties and spectra of IO, IO^- and HOI studied by ab initio methods, *J. Phys. Chem. A*, **103**, 7294-7309, 1999.
Minschwaner, K. and D. E. Siskind, A new calculation of nitric oxide photolysis in the stratosphere, mesosphere, and lower thermosphere, *J. Geophys. Res.*, **98**, D11, 20401-20412, 1993 .
Molina, L. T. and M. J. Molina, UV absorption cross sections of HO_2NO_2 vapor, *J. Photochem.*, **15**, 97-108, 1981.
Molina, L. T. and M. J. Molina, Absorption cross sections of ozone in the 185-350 nm wavelength range, *J. Geophys. Res.*, **91**, 14501-14508, 1986.
Molina, L. T., J. J. Lamb and M. J. Molina, Temperature dependent UV absorption cross sections for carbonyl sulfide, *Geophys. Res. Lett.*, **8**, 1008-1011, 1981.
Molina, L. T., M. J. Molina and F. S. Rowland, Ultraviolet absorption cross sections of several brominated methanes and ethanes of atmospheric interest, *J. Phys. Chem.*, **86**, 2672-2676, 1982.
Moore, T. A., M. Okumura, J. W. Seale and T. K. Minton, UV photolysis of ClOOCl, *J. Phys. Chem. A*, **103**, 1692-1695, 1999.
Moortgat, G. K. and P. Warneck, CO and H_2 quantum yields in the photodecomposition of formaldehyde in air, *J. Chem. Phys.*, **70**, 3639-3651, 1979.
Moortgat, G. K., W. Seiler and P. Warneck, Photodissociation of HCHO in air : CO and H_2 quantum yields at 220 and 300 K, *J. Chem. Phys.*, **78**, 1185-1190, 1983.
Mössinger, J. C., D. M. Rowley and R. A. Cox, The UV-visible absorption cross-sections of $IONO_2$, *Atmos. Chem. Phys.*, **2**, 227-234, 2002.
Nee, J. B., M. Suto and L. C. Lee, Quantitative spectroscopy study of HBr in the 105-235 nm region, *J. Chem. Phys.*, **85**, 4919-4924, 1986.
Nelson, H. H. and H. S. Johnston, 1981, *J. Phys. Chem.*, **85**, 3891-3896.
Nicolet, M. and S. Cieslik, The photodissociation of nitric oxide in the mesosphere and stratosphere, *Planet. Space Sci.*, **28**, 105-115, 1980.
Nicovich, J. M. and P. H. Wine, Temperature-dependent absorption cross sections for hydrogen peroxide vapor, *J. Geophys. Res.*, **93**, 2417, 1988.
Nishida, S., K. Takahashi, Y. Matsumi, N. Taniguchi and S. Hayashida, Formation of $O(^3P)$ atoms in the photolysis of N_2O at 193 nm and $O(^3P) + N_2O$ product channel in the reaction of $O(^1D) + N_2O$, *J. Phys. Chem. A*, **108**, 2451-2456, 2004.
Okabe, H., Fluorescence and predissociation of sulfur dioxide, *J. Am. Chem. Soc.*, **93**, 7095-7096, 1971.
Okabe, H., *Photochemistry of Small Molecules*, Wiley, 1978.
Orkin, V. L. and E. E. Kasimovskaya, Ultraviolet absorption spectra of some Br-containing

haloalkanes, *J. Atm. Chem.*, **21**, 1-11, 1995.

Orlando, J. J., G. S. Tyndall, G. K. Moortgat and J. G. Calvert, Quantum yields for NO_3 photolysis between 570-635 nm, *J. Phys. Chem.*, **97**, 10996-11000, 1993.

Orphal, J., A critical review of the absorption cross-sections of O_3 and NO_2 in the ultraviolet and visible, *J. Photochem. Photobiol. A : Chem.*, **157**, 185-209, 2003.

Orphal, J., C. E. Fellows and J.-M. Flaud, The visible absorption spectrum of NO_3 measured by high-resolution Fourier transform spectroscopy, *J. Geophys. Res.*, **108**, 4077, doi : 10.1029/2002JD002489, 2003.

Osborne, B. A., G. Marston, L. Kaminski, N. C. Jones, J. M. Gingell, N. J. Mason, I. C. Walker, J. Delwiche and M.-J. Hubin-Franskin, Vacuum ultraviolet spectrum of dinitrogen pentoxide, *J. Quant. Spectrosc. Radiat. Transfer*, **64**, 67-74, 2000.

Osthoff, H. D., M. J. Pilling, A. R. Ravishankara and S. S. Brown, Temperature dependence of the NO_3 absorption cross-section above 298 K and determination of the equilibrium constant for $NO_3 + NO_2 \leftrightarrow N_2O_5$ at atmospherically relevant conditions, *Phys. Chem. Chem. Phys.*, **9**, 5785-5793, 2007.

Pagsberg P., E. Bjergbakke, A. Sillesen and E. Ratajczak, Kinetics of the gas phase reaction $OH + NO(+M) \rightarrow HONO(+M)$ and the determination of the UV absorption cross sections of HONO, *Chem. Phys. Lett.*, **272**, 383-390, 1997.

Papanastasiou, D. K., V. C. Papadimitriou, D. W. Fahey and J. B. Burkholder, UV absorption spectrum of the ClO dimer (Cl_2O_2) between 200 and 420 nm, *J. Phys. Chem. A*, **113**, 13711-13726, 2009.

Paraskevopoulos, G. and R. J. Cvetanovic, Competitive reactions of the excited oxygen atoms, $O(^1D)$, *J. Am. Chem. Soc.*, **91**, 7572-7577, 1969.

Park, J., Y. Lee and G. W. Flynn, Tunable diode laser probe of chlorine atoms produced from the photodissociation of a number of molecular precursors, *Chem. Phys Lett.*, **186**, 441-449, 1991.

Park, M.-S., Y.-J. Jung, S.-H. Lee, D.-C. Kim and K.-H. Jung, The role of $3\Pi_{0^+}$ in the photodissociation of BrCl at 235 nm, *Chem. Phys. Lett.*, **322**, 429-438, 2000.

Petersen, A. B. and I. W. M. Smith, Yields of $Br^*(4^2P_{1/2})$ as a function of wavelength in the photodissociation of Br_2 and IBr, *Chem. Phys.*, **30**, 407-413, 1978.

Pope, F. D., C. A. Smith, M. N. R. Ashfold and A. J. Orr-Ewing, High-resolution absorption cross sections of formaldehyde at wavelengths from 313 to 320 nm, *Phys. Chem. Chem. Phys.*, **7**, 79-84, 2005a.

Pope, F. D., C. A. Smith, P. R. Davis, D. E. Shallcross, M. N. R. Ashfold and A. J. Orr-Ewing, Photochemistry of formaldehyde under tropospheric conditions, *J. Chem. Soc. Faraday. Disc.*, **130**, 59-73, 2005b.

Prahlad, V. and V. Kumar, Temperature dependence of photoabsorption cross-sections of sulfur dioxide at 188-220 nm, *J. Quant. Spectrosc. Radiat. Transfer*, **57**, 719-723, 1997.

Preston, K. F. and R. F. Barr, Primary processes in the photolysis of nitrous oxide, *J. Chem. Phys.*, **54**, 3347-3348, 1971.

Rattigan, O., E. Lutman, R. L. Jones, R. A. Cox, K. Clemitshaw and J. Williams, Temperature-dependent absorption cross-sections of gaseous nitric acid and methyl nitrate, *J. Photochem. Photobiol. A : Chem.*, **69**, 125-126, 1992b.

Ravishankara, A. R., G. Hancock, M. Kawasaki and Y. Matsumi, Photochemistry of ozone : Surprises and recent lessons, *Science*, **280**, 60-61, DOI : 10.1126, 1998.

Regan, P. M., S. R. Langford, D. Ascenzi, P. A. Cook, A. J. Orr-Ewing and M. N. R. Ashfold, Spin-orbit branching in $Cl(^2P)$ atoms produced by ultraviolet photodissociation of HCl, *Phys. Chem. Chem. Phys.*, **1**, 3247-3251, 1999a.

Regan, P. M., S. R. Langford, A. J. Orr-Ewing and M. N. R. Ashfold, The ultraviolet photodissociation dynamics of hydrogen bromide, *J. Chem. Phys.*, **110**, 281-288, 1999b.

Robbins, D. E., Photodissociation of methyl chloride and methyl bromide in the atmosphere, *Geophys. Res. Lett.*, **3**, 213-216, 1976. (Erratum, GRL, 3, 757, 1976.)

Roberts, J. M. and R. W. Fajer, UV absorption cross sections of organic nitrates of potential atmospheric importance and estimation of atmospheric lifetimes, *Environ. Sci. Technol.*, **23**, 945-951, 1989.
Roehl, C. M., J. J. Orlando and J. G. Calvert, The temperature dependence of the UV-visible absorption cross-sections of NOCl, *J. Photochem. Photobiol. A : Chem.*, **69**, 1-5, 1992.
Roehl, C. M., J. J. Orlando, G. S. Tyndall, R. E. Shetter, G. J. Vazquez, C. A. Cantrell and J. G. Calvert, Temperature dependence of the quantum yields for the photolysis of NO_2 near the dissociation limit, *J. Phys. Chem.*, **98**, 7837-7843, 1994.
Roehl, C. M., J. B. Burkholder, G. K. Moortgat, A. R. Ravishankara and P. J. Crutzen, Temperature dependence of UV absorption cross sections and atmospheric implications of several alkyl iodides, *J. Geophys. Res.*, **102**, 12819-12829, 1997.
Roehl, C. M., T. L. Mazely, R. R. Friedl, Y. M. Li, J. S. Francisco and S. P. Sander, NO_2 Quantum yield from the 248 nm photodissociation of peroxynitric acid (HO_2NO_2), *J. Phys. Chem. A*, **105**, 1592-1598, 2001.
Rogers, J. D., Ultraviolet absorption cross sections and atmospheric photodissociation rate constants of formaldehyde, *J. Phys. Chem.*, **94**, 4011-4015, 1990.
Rowley, D. M., J. C. Mössinger, R. A. Cox and R. L. Jones, The UV-visible absorption cross-sections and atmospheric photolysis rate of HOI, *J. Atmos. Chem.*, **34**, 137-151, 1999.
Rudolph, R. N. and E. C. Y. Inn, OCS photolysis and absorption in the 200- to 300-nm region, *J. Geophys. Res.*, **86**, 9891-9894, 1981.
Rufus, J., G. Stark, P. L. Smith, J. C. Pickering and A. P. Thorne, High-resolution photoabsorption cross section measurements of SO_2, 2 : 220 to 325 nm at 295 K, *J. Geophys. Res.*, **108**, 5011, doi : 10. 1029/2002JE001931, 2003.
Saiz-Lopez, A., R. W. Saunders, D. M. Joseph, S. H. Ashworth and J. M. C. Plane, Absolute absorption cross-section and photolysis rate of I_2, *Atmos. Chem. Phys.*, **4**, 1443-1450, 2004.
Samartzis, P. C., I. Sakellariou and T. Gougousi, Photofragmentation study of Cl_2 using ion imaging, *J. Chem. Phys.*, **107**, 43-48, 1997.
Sander, S. P. and R. R. Friedl, Kinetics and product studies of the reaction chlorine monoxide + bromine monoxide using flash photolysis-ultraviolet absorption, *J. Phys. Chem.*, **93**, 4764-4771, 1989.
Sander, S. P., Temperature dependence of the nitrogen trioxide absorption spectrum, *J. Phys. Chem.*, **90**, 4135-4142, 1986.
Sander, S. P., D. M. Golden, M. J. Kurylo, G. K. Moortgat, A. R. Ravishankara, C. E. Kolb, M. J. Molina and B. J. Finlayson-Pitts, Chemical Kinetics and Photochemical Data for Use in Atmospheric Studies, Evaluation Number 14, JPL Publication 02-25, 2003. Website : http://jpldataeval.jpl.nasa.gov/pdf/JPL_02-25_rev02.
Sander, S. P., R. Baker, D. M. Golden, M. J. Kurylo, P. H. Wine, J. P. D. Abatt, J. B. Burkholder, C. E. Kolb, G. K. Moortgat, R. E. Huie and V. L. Orkin, Chemical Kinetics and Photochemical Data for Use in Atmospheric Studies, Evaluation Number 17, JPL Publication 10-6, 2011. Website : http://jpldataeval.jpl.nasa.gov/.
Schindler, R., M. Liesner, S. Schmidt, U. Kirschner and T. Benter, Identification of nascent products formed in the laser photolysis of CH_3OCl and HOCl at 308 nm and around 235 nm. Total Cl-atom quantum yields and the state and velocity distributions of $Cl(^2P_j)$, *J. Photochem. Photobiol. A : Chem.*, **107**, 9-19, 1997.
Schmidt, S., T. Benter and R. N. Schindler, Photodissociation dynamcis of ClO radicals in the range ($237 \leq \lambda \leq 270$) nm and at 205 nm and the velocity distribution of $O(^1D)$ atoms, *Chem. Phys. Lett.*, **282**, 292-298, 1998.
Selwyn, G., J. Podolske and H. S. Johnston, Nitrous oxide ultraviolet absorption spectrum at stratospheric temperatures, *Geophys. Res. Lett.*, **4**, 427-430, 1977.

Simon, P. C., D. Gillotay, N. Vanlaethem-Meuree and J. Wisemberg, Ultraviolet absorption cross-sections of chloro and chlorofluoro-methanes at stratospheric temperatures, *J. Atmos. Chem.*, **7**, 107-135, 1988.

Singer, R. J., J. N. Crowley, J. P. Burrows, W. Schneider and G. K. Moortgat, Measurement of the absorption cross-section of peroxynitric acid between 210 and 330 nm in the range 253-298 K, *J. Photochem. Photobiol.*, **48**, 17-32, 1989.

Slanger T. G. and P. C. Cosby, O_2 spectroscopy below 5.1 eV, *J. Phys. Chem.*, **92**, 267-282, 1988.

Smith, G. D., L. T. Molina and M. J. Molina, Measurement of radical quantum yields from formaldehyde photolysis between 269 and 339 nm, *J. Phys. Chem. A*, **106**, 1233-1240, 2002.

Smith, C. A., F. D. Pope, B. Cronin, C. B. Parkes and A. J. Orr-Ewing, Absorption cross sections of formaldehyde at wavelengths from 300 to 340 nm at 294 and 245 K, *J. Phys. Chem. A*, **110**, 11645-11653, 2006.

Soller, R., J. M. Nicovich and P. H. Wine, Bromine nitrate photochemistry: Quantum yields for O, Br, and BrO over the wavelength range 248-355 nm, *J. Phys. Chem. A*, **106**, 8378-8385, 2002.

Stevens, C. G., M. W. Swagel, R. Wallace and R. N. Zare, Analysis of polyatomic spectra using tunable laser-induced fluorescence: Applications to the NO_2 visible band system, *Chem. Phys. Lett.*, **18**, 465-469, 1973.

Stockwell, R. W. and J. G. Calvert, The near ultraviolet absorption spectrum of gaseous HONO and N_2O_3, *J. Photochem.*, **8**, 193-203, 1978.

Stutz, J., E. S. Kim, U. Platt, P. Bruno, C. Perrino and A. Febo, UV-visible absorption cross section of nitrous acid, *J. Geophys. Res.*, **105**, D11, 14585-14592, 2000.

Su, F., J. W. Bottenheim, D. L. Thorsell, J. G. Calvert and E. K. Damon, The efficiency of the phosphorescence decay of the isolated $SO_2(^3B_1)$ molecule, *Chem. Phys. Lett.*, **49**, 305-311, 1977.

Takacs, G. and J. Willard, Primary products and secondary reactions in the photodecomposition of methyl halides, *J. Phys. Chem.*, **81**, 1343-1349, 1977.

Takahashi, K., Y. Matsumi and M. Kawasaki, Photodissociation processes of ozone in the Huggins band at 308-326 nm: Direct observation of $O(^1D_2)$ and $O(^3P_j)$ products, *J. Phys. Chem.*, **100**, 4084-4089, 1996.

Takahashi, K., M. Kishigami, N. Taniguchi, Y. Matsumi and M. Kawasaki, Photofragment excitation spectrum for $O(^1D)$ from the photodissociation of jet-cooled ozone in the wavelength range 305-329 nm, *J. Chem. Phys.*, **106**, 6390-6397, 1997.

Takahashi, K., N. Taniguchi, Y. Matsumi, M. Kawasaki and M. N. R. Ashfold, Wavelength and temperature dependence of the absolute $O(^1D)$ yield from the 305-329 nm photodissociation of ozone, *J. Chem. Phys.*, **108**, 7161-7172, 1998.

Takahashi, K., S. Hayashi, Y. Matsumi, N. Taniguchi and S. Hayashida, Quantum yields of $O(^1D)$ formation in the photolysis of ozone between 230 and 308 nm, *J. Geophys. Res.*, **107**(D20), ACH-11, 10.1029/2001JD002048, 2002.

Taketani, F., K. Takahashi and Y. Matsumi, Quantum yields for $Cl(^2P_j)$ atom formation from the photolysis of chlorofluorocarbons and chlorinated hydrocarbons at 193.3 nm, *J. Phys. Chem.*, **A109**, 2855-2860, 2005.

Talukdar, R. K., G. L. Vashjiani and A. R. Ravishankara, Photodissociation of bromocarbons at 193, 222, and 248 nm: Quantum yields of Br atom at 298 K, *J. Chem. Phys.*, **96**, 8194-8201, 1992.

Talukdar, R. K., J. B. Burkholder, A.-M. Schmoltner, J. M. Roberts, R. Wilson and A. R. Ravishankara, Investigation of the loss processes for peroxyacetyl nitrate in the atmosphere: UV photolysis and reaction with OH, *J. Geophys. Res.*, **100**, 14163-14173, 1995.

Talukdar, R. K., M. Hunter, R. F. Warren, J. B. Burkholder and A. R. Ravishankara, UV laser photodissociation of CF_2ClBr and CF_2Br_2 at 298 K: Quantum yields of Cl, Br, and CF_2, *Chem. Phys. Lett.*, **262**, 669-674, 1996.

Talukdar, R. K., J. B. Burkholder, M. Hunter, M. K. Gilles, J. M. Roberts and A. R. Ravishankara,

Atmospheric fate of several alkyl nitrates Part 2 : UV absorption cross-sections and photodissociation quantum yields, *J. Chem. Soc. Faraday Trans.*, **93**, 2797-2805, 1997a.

Talukdar, R. K., M. K. Gilles, F. Battin-Leclerc and A. R. Ravishankara, Photolysis of ozone at 308 and 248 nm : Quantum yield of O(^{1}D) as a function of temperature, *Geophys. Res. Lett.*, **24**, 1091-1094, 1997b.

Talukdar, R. K., C. A. Longfellow, M. K. Gilles and A. R. Ravishankara, Quantum yields of O(^{1}D) in the photolysis of ozone between 289 and 329 nm as a function of temperature, *Geophys. Res. Lett.*, **25**, 143-146, 1998.

Taniguchi, N., K. Takahashi, Y. Matsumi, S. M. Dylewski, J. D. Geiser and P. L. Houston, Determination of the heat of formation of O_3 using vacuum ultraviolet laser-induced fluorescence spectroscopy and two-dimensional product imaging techniques, *J. Chem. Phys.*, **111**, 6350-6355, 1999.

Taniguchi, N., K. Takahashi and Y. Matsumi, Photodissociation of O_3 around 309 nm, *J. Phys. Chem.*, **104**, 8936-8944, 2000.

Taylor, W. D., T. D. Allston, M. J. Moscato, G. B. Fazekas, R. Koslowski and G. A. Takacs, Atmospheric photodissociation lifetimes for nitromethane, methyl nitrite, and methyl nitrate, *Int. J. Chem. Kinet.*, **12**, 231-240, 1980.

Troe, J., Are primary quantum yields of NO_2 photolysis at 398 nm smaller than unity, *J. Phys. Chem.*, **214**, 573-581, 2000.

Troe, J., Analysis of quantum yields for the photolysis of formaldehyde at $\lambda > 310$ nm, *J. Phys. Chem. A*, **111**, 3868-3874, 2007.

Turnipseed, A. A., G. L. Vaghjiani, T. Gierczak, J. E. Thompson and A. R. Ravishankara, The photochemistry of ozone at 193 and 222 nm, *J. Chem. Phys.*, **95**, 3244-3251, 1991.

Tyndall, G. S., K. M. Stedman, W. Schneider, J. P. Burrows and G. K. Moortgat, The absorption spectrum of ClNO between 190 and 350 nm, *J. Photochem.*, **36**, 133-139, 1987.

Vaghjiani, G. L. and A. R. Ravishankara, *J. Geophys. Res.*, Absorption cross sections of CH_3OOH H_2O_2, and D_2O_2 vapors between 210 and 365 nm at 297 K, **94**, 3487-3492, 1989.

Vandaele, A. C., P. C. Simon, J. M. Guilmot, M. Carleer and R. Colin, SO_2 absorption cross section measurement in the UV using a Fourier transform spectrometer, *J. Geophys. Res.*, **99**, 25599-25605, 1994.

Vandaele, A. C., C. Hermans, P. C. Simon, M. Carleer, R. Colin, S. Fally, M.F. Mérienne, A. Jenouvrier and B. Coquart, Measurements of the NO_2 absorption cross-section from 42000 cm^{-1} to 10000 cm^{-1} (238-1000 nm) at 220 K and 294 K, *J. Quant. Spectr. Rad. Trans.*, **59**, Issues 3-5, 171-184, 1998.

Vandaele, A. C., C. Hermans, S. Fally, M. Carleer, R. Colin, M.-F. Meerienne, A. Jenouvrier and B. Coquart, High-resolution Fourier transform measurement of the NO_2 visible and near-infrared absorption cross sections : Temperature and pressure effects, *J. Geophys. Res.*, **107**(D18), 4348, doi : 10.1029/2001JD000971, 2002.

Vasudev, R., Absorption spectrum and solar photodissociation of gaseous nitrous acid in actinic wavelength region, *Geophys. Res. Lett.*, **17**, 2153-2155, 1990.

Vasudev, R., R. N. Zare and R. N. Dixon, State-selected photodissociation dynamics : Complete characterization of the OH fragment ejected by the HONO state, *J. Chem. Phys.*, **80**, 4863-4878, 1984.

Wahner, A., G. S. Tyndall and A. R. Ravishankara, Absorption cross sections for symmetric chlorine dioxide as a function of temperature in the wavelength range 240-480nm, *J. Phys. Chem.*, **91**, 2734-2738, 1987.

Wahner, A., A. R. Ravishankara, S. P. Sander and R. R. Friedl, Absorption cross section of BrO between 312 and 385 nm at 298 and 223 K, *Chem. Phys. Lett.*, **152**, 507-512, 1988.

Wallace, L. and D. N. Hunten, Dayglow of the oxygen A band, *J. Geophys. Res.*, **73**, 4813-4834, 1968.

Warneck, P., Photodissociation of acetone in the troposphere : An algorithm for the quantum yield,

Atmos. Environ., **35**, 5773-5777, 2001.
Wayne, R. P., I. Barnes, J. P. Burrows, C. E. Canosa-Mas, J. Hjorth, G. Le Bras, G. K. Moortgat, D. Perner, G. Poulet, G. Restelli and H. Sidebottom, The nitrate radical : Physics, chemistry and atmosphere, *Atmos. Environ.*, **25**, 1-203, 1991.
Wilmouth, D. M., T. F. Hanisco, N. M. Donahue and J. G. Anderson, Fourier transform ultraviolet spectroscopy of the $A^2\Pi_{3/2} \leftarrow X^2\Pi_{3/2}$ transition of BrO, *J. Phys. Chem A.*, **103**, 8935-8945, 1999.
Wollenhaupt, M., S. A. Carl, A. Horowitz and J. N. Crowley, Rate coefficients for reaction of OH with acetone between 202 and 395 K, *J. Phys. Chem., A*, **104**, 2695-2705, 2000.
Wu, C. Y. R., F. Z. Chen and D. L. Judge, Temperature-dependent photoabsorption cross section of OCS in the 2000-2600 Å region, *J. Quant. Spectrosc. Rad. Transfer*, **61**, 265-271, 1999.
Yao, F., I. Wilson and H. Johnston, Temperature-dependent ultraviolet absorption spectrum for dinitrogen pentoxide, *J. Phys. Chem.*, **86**, 3611-3615, 1982.
Yokelson, R. J., J. B. Burkholder, R. W. Fox, R. K. Talukdar and A. R. Ravishankara, Temperature dependence of the NO_3 absorption spectrum, *J. Phys. Chem.*, **98**, 13144-13150, 1994.
Yokelson, R. J., J. Burkholder, R. W. Fox and A. R. Ravishankara, Photodissociation of $ClONO_2$: 2. Time-resolved absorption studies of product quantum yields, *J. Phys. Chem. A*, **101**, 6667-6678, 1997.
Yoshino, K., D. F. Freeman, J. R. Esmond and W. H. Parkinson, High resolution absorption cross section measurements and band oscillator strengths of the (1, 0)-(12, 0) Schumann-Runge bands of O_2, *Planet. Space Sci.*, **31**, 339-353, 1983.
Zhao, Z., R. E. Stickel and P. H. Wine, Quantum yield for carbon monoxide production in the 248 nm photodissociation of carbonyl sulfide (OCS), *Geophys. Res. Lett.*, **22**, 615-618, 1995.

5
大気中の均一素反応と速度定数

　大気の化学システムは膨大な数の化学反応からなっているが，化学反応について個々の原子，分子，フリーラジカルに関する結合の変化に注目して微視的な過程で考える場合，これを素反応（elementary reaction）と呼んでいる．気相における均一素反応は，第2章で述べた遷移状態理論などで理論的解析の対象となり，また分子動力学の研究対象となっている．本章では大気化学を構成する気相均一反応のうちで，とくに基本的な素反応を取り上げて，その反応生成物や反応速度定数についてのデータを掲げ，反応経路や反応速度に関する量子化学的な知見を含め簡単に紹介する．

　対流圏大気中に放出される多くの有機分子の逐次的酸化反応機構やHO_x連鎖反応機構などの総括的取扱いは第7章で，また成層圏におけるHO_x, NO_x, ClO_x連鎖反応システムは第8章において取り扱う．

　大気中の化学反応速度定数については，NASAパネルによる評価が1977年以来行われ，速度定数の推奨値が数年ごとに更新されている．最新の評価は2011年の評価No. 17 (Sander et al., 2011) である．一方，IUPAC小委員会による報告がVol. I 無機化合物，Vol. II 有機化合物，Vol. III 無機ハロゲン化合物，Vol. IV 有機ハロゲン化合物に分けてそれぞれ2004, 2006, 2007, 2008年に行われ速度定数の推奨値が報告されており (Atkinson et al., 2004, 2006b, 2007, 2008)，その後の推奨データはweb上に更新されている (Wallington et al., 2012)．これらの推奨値は大気化学研究にとってきわめて有用であり，本章においてはNASA/JPLパネル評価による推奨値または大気化学のための気相反応データ評価に関するIUPAC小委員会（IUPAC Subcommittee on Gas Kinetic Data Evaluation for Atmospheric Chemistry）報告に基づく推奨値を適宜引用した．なお推奨される温度依存反応速度式の適用温度範囲は，原則としてIUPAC小委員会報告の値を，反応エンタルピー$\Delta H°$の値は原則として巻末の付表1から求められる298 Kでの値を掲げた．

5.1 $O(^3P)$, $O(^1D)$ 原子の反応

大気中の O_2, O_3, NO_2 などの光分解で生成する酸素原子の反応は，成層圏・対流圏化学システムを駆動する最初のトリガー反応となる．成層圏・対流圏化学で対象となる酸素原子は基底状態の $O(^3P)$ とこれより $190\,kJ\,mol^{-1}$ 高いエネルギー状態にある最低一重項励起状態の $O(^1D)$ の2種類である．

$O(^3P)$ は大気中の多くの有機・無機微量分子と反応しうるが，反応性は一般に $O(^1D)$ に比べて小さい．対流圏清浄大気・汚染大気中に存在する炭化水素類はすべて $O(^3P)$ と反応するが，大気中濃度と反応速度定数を考慮した場合，いずれも後に述べる OH

表 5.1 $O(^3P)$, $O(^1D)$ 原子の反応に対する 298 K における速度定数と温度依存性

反応	k(298 K) ($cm^3\,molecule^{-1}\,s^{-1}$)	A 因子 ($cm^3\,molecule^{-1}\,s^{-1}$)	E_a/R (K)	Ref.
$O(^3P)+O_2+M \to O_3+M$	$6.0\times10^{-34}[O_2]\ (k_0)$	$6.0\times10^{-34}(T/300)^{-2.6}[O_2]\ (k_0)$		(a1)
	$5.6\times10^{-34}[N_2]\ (k_0)$	$5.6\times10^{-34}(T/300)^{-2.6}[N_2]\ (k_0)$		
$O(^3P)+O_3 \to 2\,O_2$	8.0×10^{-15}	8.0×10^{-12}	2060	(a1)
$O(^3P)+OH \to H+O_2$	3.5×10^{-11}	2.4×10^{-11}	-110	(a1)
$O(^3P)+HO_2 \to OH+O_2$	5.8×10^{-11}	2.7×10^{-11}	-220	(a1)
$O(^3P)+NO_2 \to NO+O_2$	1.0×10^{-11}	5.5×10^{-12}	-190	(a1)
$O(^3P)+NO_2+M \to NO_3+M$	$1.3\times10^{-31}[N_2]\ (k_0)$	$1.3\times10^{-31}(T/300)^{-1.5}[N_2]\ (k_0)$		(a1)
	$2.3\times10^{-11}\ (k_\infty)$	$2.3\times10^{-11}(T/300)^{-0.24}\ (k_\infty)$		
$O(^3P)+ClO \to Cl+O_2$	3.7×10^{-11}	2.5×10^{-11}	-110	(a2)
$O(^3P)+BrO \to Br+O_2$	4.1×10^{-11}	1.9×10^{-11}	-230	(a2)
$O(^1D)+N_2+M \to N_2O+M$	$2.8\times10^{-36}[N_2]\ (k_0)$	$2.8\times10^{-36}(T/300)^{-0.9}[N_2]\ (k_0)$		(a1, b)
$O(^1D)+N_2 \to O(^3P)+N_2$	3.1×10^{-11}	2.2×10^{-11}	-110	(b)
$\quad +O_2 \to O(^3P)+O_2$	4.0×10^{-11}	3.3×10^{-11}	-60	(b)
$O(^1D)+H_2 \to OH+H$	1.2×10^{-10}	1.2×10^{-10}	0	(b)
$O(^1D)+H_2O \to 2\,OH$	2.0×10^{-10}	1.6×10^{-10}	-60	(b)
$O(^1D)+N_2O \to$ overall	1.3×10^{-10}	1.2×10^{-10}	-20	(b)
$\quad \to N_2+O_2$	5.0×10^{-11}	4.6×10^{-11}	-20	(b)
$\quad \to 2\,NO$	7.8×10^{-11}	7.3×10^{-11}	-20	(b)
$O(^1D)+CH_4 \to$ overall	1.8×10^{-10}	1.8×10^{-10}	0	(b)
$\quad \to CH_3+OH$	1.3×10^{-10}	1.3×10^{-10}	0	(b)
$\quad \to CH_2OH+H$	0.35×10^{-10}	0.35×10^{-10}	0	(b)
$\quad \to HCHO+H_2$	0.09×10^{-10}	0.09×10^{-10}	0	(b)
$O(^1D)+CCl_3F \to$ overall	2.3×10^{-10}	2.3×10^{-10}	0	(b)
$O(^1D)+CCl_2F_2 \to$ overall	1.4×10^{-10}	1.4×10^{-10}	0	(a3)
$\quad \to ClO+CClF_2$	1.2×10^{-10}	1.2×10^{-10}	0	(a3)
$\quad \to O(^3P)+CCl_2F_2$	2.4×10^{-10}	2.4×10^{-11}	0	(a3)
$O(^1D)+CClF_3 \to$ overall	8.7×10^{-10}	8.7×10^{-11}	0	(b)

(a1, a2, a3) それぞれ IUPAC 小委員会報告 Vol. I, III, IV (Atkinson *et al.*, 2004, 2007, 2008).
(b) NASA/JPL パネル評価 No. 17 (Sander *et al.*, 2011).

ラジカルの反応に対して無視でき，O(^{3}P) の反応としては大気主成分である O_2 との反応のみを考慮すればよい．成層圏では O(^{3}P) の反応としては O_2 と O_3 との反応が主要であるが，連鎖反応システムのなかでは O(^{3}P) と OH, HO_2, NO_2, ClO との反応が重要となる．

一方，O(^{1}D) は O(^{3}P) に比べてはるかに反応性に富んでおり，O(^{3}P) が反応しない多くの大気中分子と反応する．そのなかでもっとも重要なのは水蒸気（H_2O）との反応による OH ラジカルの生成である．O(^{1}D) の大気反応としては，対流圏ではこの反応のみを考慮すればよいが，成層圏ではそのほかに N_2O, CH_4, CFC などとの反応も重要となる．

表 5.1 には NASA/JPL パネル評価 No. 17（Sander *et al.*, 2011）および IUPAC 小委員会による報告（Atkinson *et al.*, 2004）から抜粋した O(^{3}P) と O(^{1}D) の大気分子との反応速度定数を掲げる．本節ではこれらのうちから，大気化学的にとくに重要な O(^{3}P) と O_2, O_3, OH, HO_2, NO_2, ClO との反応，および O(^{1}D) と H_2O, N_2O, CH_4, CFC との反応について述べる．

5.1.1　O(^{3}P) + O_2 + M

O(^{3}P) と O_2 との反応は典型的な三分子再結合反応（2.3.1 項参照）であり，O_3 の生成をもたらす．

$$O(^3P) + O_2 + M \rightarrow O_3 + M \quad \Delta H°_{298} = -107 \text{ kJ mol}^{-1} \quad (5.1)$$

反応（5.1）の低圧極限速度定数 k_0 は次式のように，O_2 と N_2 が M として働く場合に多少異なる速度定数が実験室的に求められている（Lin and Liu, 1982; Hipper *et al.*, 1990）．IUPAC 小委員会による推奨値（Atkinson *et al.*, 2004）は，

$$k_{0.5.1}(N_2) = 5.6 \times 10^{-34} [N_2] \left(\frac{T}{300}\right)^{-2.6} \text{ cm}^3 \text{ molecule}^{-1} \text{ s}^{-1} \quad (100 \sim 300 \text{ K})$$

$$k_{0.5.1}(O_2) = 6.0 \times 10^{-34} [O_2] \left(\frac{T}{300}\right)^{-2.6} \text{ cm}^3 \text{ molecule}^{-1} \text{ s}^{-1} \quad (100 \sim 300 \text{ K})$$

である．大気条件下では反応（5.1）は速度定数が圧力に比例する低圧極限の条件下にあり，298 K，1 気圧下（$M = 2.69 \times 10^{19}$ molecules cm^{-3}）における見かけの二次速度定数は，1.6×10^{-14} cm^3 molecule^{-1} s^{-1} となる．

5.1.2　O(^{3}P) + O_3

O(^{3}P) と O_3 反応は大きな発熱を伴う典型的な二分子反応である．

$$O(^3P) + O_3 \rightarrow 2O_2 \quad \Delta H°_{298} = -320 \text{ kJ mol}^{-1} \quad (5.2)$$

Wine et al. (1983) は共鳴蛍光法で $O(^3P)$ の時間減衰を直接測定する方法で，反応 (5.2) の速度定数を 237～477 K の温度範囲で決定した．これらの値はそれ以前の実験により得られた測定値とよい一致がみられており，IUPAC 小委員会ではそれらの測定値を総合して，298 K における速度定数を $k(298\,\mathrm{K}) = 8.0 \times 10^{-15}\,\mathrm{cm^3\,molecule^{-1}\,s^{-1}}$，アレニウス式で表された温度依存性を

$$k_{5.2}(T) = 8.0 \times 10^{-12} \exp\left(-\frac{2060}{T}\right)\,\mathrm{cm^3\,molecule^{-1}\,s^{-1}} \quad (200\text{～}400\,\mathrm{K})$$

と推奨している（Atkinson et al., 2004）．反応 (5.2) の活性化エネルギーは 17.1 kJ mol^{-1} と，かなり大きな温度依存性をもつので，成層圏の温度条件に従って適正な速度定数を用いることが必要である．

反応 (5.2) に対しては Balakrishnan and Billing (1996) による量子力学的な遷移状態理論計算がなされており，得られた反応速度定数の理論値は上の実験値に妥当な範囲で一致する．理論計算の結果，大きな発熱反応による余剰エネルギーは生成する 2 個の O_2 のうちの一方に選択的に保持され，一方の O_2 が $v=27$ より高い振動準位にまで励起された分子として生成されることが示されている．

5.1.3　$O(^3P) + OH, HO_2, NO_2, ClO$

$O(^3P)$ と OH, HO_2, NO_2, ClO との反応は，$O(^3P)$ の濃度が高くなる上部成層圏におけるオゾン消滅反応サイクルを構成する重要な反応である．

これらの反応は $O(^3P)$ の反応相手がすべて不対電子をもつラジカルであるという点で共通点をもっている．それぞれの反応は，

$$O(^3P) + OH \rightarrow H + O_2 \qquad \Delta H^\circ_{298} = -68\,\mathrm{kJ\,mol^{-1}} \qquad (5.3)$$
$$ + HO_2 \rightarrow OH + O_2 \qquad \Delta H^\circ_{298} = -226\,\mathrm{kJ\,mol^{-1}} \qquad (5.4)$$
$$ + NO_2 \rightarrow NO + O_2 \qquad \Delta H^\circ_{298} = -192\,\mathrm{kJ\,mol^{-1}} \qquad (5.5\mathrm{a})$$
$$ + ClO \rightarrow Cl + O_2 \qquad \Delta H^\circ_{298} = -226\,\mathrm{kJ\,mol^{-1}} \qquad (5.6)$$

のような酸素原子の移動反応であり，生成物としてまた原子，ラジカルを与えるので，成層圏におけるオゾン破壊連鎖反応の伝搬反応（propagation reaction）としての役割を担っている（第 8 章参照）．

$O(^3P)$ と OH, HO_2, NO_2, ClO のような原子・ラジカル間の反応は，活性化エネルギーがほとんどなく，大きな速度定数をもつのが特徴である．反応 (5.3)～(5.6) の 298 K における反応速度定数は，それぞれ 3.5, 5.8, 1.0, 3.7 × 10^{-11} cm^3 molecule^{-1} s^{-1} という同程度の大きさであることが知られている（Atkinson et al., 2004, 2007）．IUPAC 小委員会による温度依存性を含めた推奨値は，

$$k_{5.3}(T) = 2.4 \times 10^{-11} \exp\frac{110}{T} \text{ cm}^3 \text{ molecule}^{-1} \text{ s}^{-1} \quad (150 \sim 500 \text{ K})$$

$$k_{5.4}(T) = 2.7 \times 10^{-11} \exp\frac{224}{T} \text{ cm}^3 \text{ molecule}^{-1} \text{ s}^{-1} \quad (220 \sim 400 \text{ K})$$

$$k_{5.5a}(T) = 5.5 \times 10^{-12} \exp\frac{188}{T} \text{ cm}^3 \text{ molecule}^{-1} \text{ s}^{-1} \quad (220 \sim 420 \text{ K})$$

$$k_{5.6}(T) = 2.5 \times 10^{-11} \exp\frac{110}{T} \text{ cm}^3 \text{ molecule}^{-1} \text{ s}^{-1} \quad (150 \sim 500 \text{ K})$$

となっており，いずれも小さな負の温度依存性をもっている．推奨されている反応速度定数の温度依存性は，それぞれ主に次の文献およびそれ以前のいくつかの実験値に基づいたものである．$O(^3P) + OH$：Lewis and Watson (1980), Howard and Smith (1981), $O(^3P) + HO_2$：Keyser (1982), Nicovich and Wine (1987), $O(^3P) + NO_2$：Ongstad and Birks (1986), Geer-Müller and Stuhl (1987), Gierczak et al. (1999), $O(^3P) + ClO$：Ongstad and Birks (1986), Nicovich et al. (1988), Goldfarb et al. (2001).

$O(^3P) + NO_2$ の反応については，上記の反応 (5.5a) 以外に，

$$O(^3P) + NO_2 + M \rightarrow NO_3 + M \quad \Delta H^\circ_{298} = -209 \text{ kJ mol}^{-1} \quad (5.5b)$$

の三体反応があることが知られている．この反応は，成層圏大気条件下では低圧極限と高圧極限の間の漸下領域 (fall-off region) にあるので，その反応速度定数の温度・圧力依存性については第2章で述べられた式 (2.50)，

$$k([M], T) = \left[\frac{k_0(T)[M]}{1 + k_0(T)[M]/k_\infty(T)}\right] F_c^{\left\{1 + \left[\log_{10}\left(\frac{k_0(T)[M]}{k_\infty(T)}\right)\right]^2\right\}^{-1}} \quad (5.7) [2.50]$$

が適用される．IUPAC 小委員会の推奨パラメータは $F_c = 0.6$ ととったときの，

$$k_{0, 5.5b}(T) = 1.3 \times 10^{-31} \left(\frac{T}{300}\right)^{-1.5} \text{ cm}^6 \text{ molecule}^{-2} \text{ s}^{-1} \quad (200 \sim 400 \text{ K})$$

$$k_{\infty, 5.5b}(T) = 2.3 \times 10^{-11} \left(\frac{T}{300}\right)^{-0.24} \text{ cm}^3 \text{ molecule}^{-1} \text{ s}^{-1} \quad (200 \sim 400 \text{ K})$$

であり，これらは Burkholder and Ravishankara (2000), Hahn et al. (2000), およびそれ以前のデータに基づくものである (Atkinson et al., 2004).

5.1.4 $O(^1D) + H_2O$

$O(^1D)$ と H_2O の反応経路としては OH の生成以外に，$H_2 + O_2$ の生成および $O(^3P)$ への脱活 (deactivation) (消光，quenching ともいう) 過程，

$$O(^1D) + H_2O \rightarrow 2OH \quad \Delta H^\circ_{298} = -121 \text{ kJ mol}^{-1} \quad (5.8a)$$

$$\to H_2 + O_2 \quad \Delta H°_{298} = -197 \text{ kJ mol}^{-1} \quad (5.8b)$$
$$\to O(^3P) + H_2O \quad \Delta H°_{298} = -190 \text{ kJ mol}^{-1} \quad (5.8c)$$

が考えられるが，反応 (5.8b)，(5.8c) の比率に関しては，それぞれ 0.6% (Glinski and Birks, 1985)，0.3% (Carl, 2005) などの報告があり，反応 (5.8a) に対してほとんど無視しうることが知られている．

$O(^1D) + H_2O$ の反応速度定数については，最近の Dunlea and Ravishankara (2004b) の測定は以前に報告されている値とよい一致が得られており，これらに基づいて NASA/JPL パネル評価 No.17 では，298 K における速度定数を $k_{5.7}(298\text{ K}) = 2.0 \times 10^{-10} \text{ cm}^3 \text{ molecule}^{-1} \text{ s}^{-1}$ と推奨している (Sander et al., 2011)．IUPAC 小委員会報告 Vol.I の推奨値も 200～350 K で温度によらず，$k_{5.7} = 2.2 \times 10^{-10} \text{ cm}^3 \text{ molecule}^{-1} \text{ s}^{-1}$ であり (Atkinson et al., 2004)，上記の値と 10% 以内で一致している．また，最近の Vranckx et al. (2010) のより広い温度範囲での測定も以前の結果とよく一致している．

このように反応 (5.7) は活性化エネルギーがほとんどゼロの，衝突頻度に近い速度定数をもつ非常に速い反応である．このことにより，この反応は対流圏において十分な H_2O 濃度があるところでは，大気分子による $O(^1D)$ の脱活反応 (Sander et al., 2011)，

$$O(^1D) + N_2 \to O(^3P) + O_2 \quad k_{5.8a}(298\text{ K}) = 3.1 \times 10^{-11} \text{ cm}^3 \text{ molecule}^{-1} \text{ s}^{-1} \quad (5.9a)$$
$$+ O_2 \to O(^3P) + O_2 \quad k_{5.8b}(298\text{ K}) = 4.0 \times 10^{-11} \text{ cm}^3 \text{ molecule}^{-1} \text{ s}^{-1} \quad (5.9b)$$

と十分競争して OH の生成をもたらすことができる．

$O(^1D) + H_2O$ の反応に対するポテンシャルエネルギー表面上の量子化学理論計算は Sayós et al. (2001) によってなされている．主要反応チャンネル (OH + OH) の最低エネルギー経路にはエネルギー障壁がないことが示されており実験とよく一致している．

5.1.5 $O(^1D) + N_2O$

$O(^1D)$ と N_2O の反応には，

$$O(^1D) + N_2O \to N_2 + O_2 \quad \Delta H°_{298} = -521 \text{ kJ mol}^{-1} \quad (5.10a)$$
$$\to 2NO \quad \Delta H°_{298} = -340 \text{ kJ mol}^{-1} \quad (5.10b)$$
$$\to O(^3P) + N_2O \quad \Delta H°_{298} = -190 \text{ kJ mol}^{-1} \quad (5.10c)$$

の経路が考えられる．反応 (5.10c) による $O(^3P)$ の生成割合は＜0.01 であり一般に無視できる (Vrackx et al., 2008a) が，反応 (5.10a)，(5.10b) の二つの経路はともに主要であることが知られている．大気化学的には反応 (5.10b) は成層圏におけ

る反応性窒素（奇数窒素 odd nitrogen とも呼ばれる）の生成反応として重要であり，反応（5.10a）と（5.10b）を合わせた総括（overall）反応速度定数は N_2O の消失速度の算出に重要である．

$O(^1D)$ と N_2O の反応速度定数についての測定は 2000 年以降に数多くなされており（Blitz et al., 2004；Dunlea and Ravishankara, 2004a；Carl, 2005；Takahashi et al., 2005；Vranckx et al., 2008a），NASA/JPL パネル評価 No. 17 ではこれらに基づき，$k_{5.10}(298 \text{ K}) = 1.3 \times 10^{-10} \text{ cm}^3 \text{ molecule}^{-1} \text{ s}^{-1}$ を推奨している（Sander et al., 2011）．IUPAC 小委員会の推奨値もこれと一致している．この反応も $O(^1D)$ と H_2O の反応同様，活性化エネルギーはほとんどゼロであり，200～350 K の温度範囲で反応速度に温度依存性はない．

反応（5.10a）（5.10b）の比率に関しては，Cantrell et al. (1994) に基づく 298 K における値，$k_{5.10b}/k_{5.10} = 0.61$ が推奨されており，この値を用いたときの NO 生成反応の速度定数は $k_{5.10b} = 7.8 \times 10^{-11} \text{ cm}^3 \text{ molecule}^{-1} \text{ s}^{-1}$ である（Sander et al., 2011）．

反応（5.10b）は大きな発熱を伴う反応であり，生成する NO が振動回転励起していることが実験から明らかにされている．Akagi et al. (1999) は酸素同位体を用いた $^{18}O(^1D) + N_2^{16}O \rightarrow N^{18}O + N^{16}O$ の実験から，N_2O 中のもとの $N^{16}O$ 分子はあまり振動励起されずにほとんどが $v = 0, 1$ に分布し，新しく形成される $N^{18}O$ 分子が $v = 4$～15 の高い振動順位に励起された状態で生成されることを見いだした．また最近 Tokel et al. (2010) は分子線を用いた実験から NO の振動準位（$v = 0$～9）には逆転分布がみられ，反応には統計的分布と逆転分布を与える二つの経路があることを示唆している．

$O(^1D) + N_2O$ の反応の量子力学的理論計算はいくつかのグループで行われている．Takayanagi and Wada (2001) は反応の発熱エネルギーは，新しく形成される NO の振動エネルギーに主に分配され，N_2O 中のもとの NO にはあまり分配されないこと，しかしこの NO も完全な傍観者（spectator）ではなく，一部の過剰エネルギーは古い NO にも分配されることを示した．この理論計算の結果は上の酸素同位体を用いた実験結果とよく一致している．Takayanagi and Akagi (2002) によるポテンシャルエネルギー表面上のトラジェクトリー計算によると，$O(^1D)$ の衝突エネルギーや $O(^1D)$ の N-N-O への接近方向などによって 2NO を生成する経路（5.10b）と $N_2 + O_2$ を生成する経路（5.10a）の比率に影響があることが示されている．

5.1.6　$O(^1D) + CH_4$

$O(^1D)$ と CH_4 の反応の経路としては，

$$O(^1D) + CH_4 \rightarrow CH_3 + OH \quad \Delta H°_{298} = -181 \text{ kJ mol}^{-1} \quad (5.11a)$$

$\rightarrow CH_2OH + H \quad \Delta H°_{298} = -163\ kJ\ mol^{-1}$ (5.11b)

$\rightarrow HCHO + H_2 \quad \Delta H°_{298} = -473\ kJ\ mol^{-1}$ (5.11c)

$\rightarrow O(^3P) + CH_4 \quad \Delta H°_{298} = -190\ kJ\ mol^{-1}$ (5.11d)

が考えられている．これらすべての反応経路を合わせた $O(^1D) + CH_4$ の総括反応速度定数とその温度依存性については，Davidson et al. (1977), Blitz et al. (2004), Dillon et al. (2007), Vranckx et al. (2008b) などに基づき，NASA/JPL パネル評価 No.17 では，$k_{5.11}(298\ K) = 1.8 \times 10^{-10}\ cm^3\ molecule^{-1}\ s^{-1}$ (Sander et al., 2011), IUPAC 小委員会報告 Vol. II では $k_{5.11}(298\ K) = 1.5 \times 10^{-10}\ cm^3\ molecule^{-1}\ s^{-1}$ (Atkinson et al., 2006), 200～350 K で温度依存性なしが推奨されている．すなわちこの反応も $O(^1D)$ と H_2O, N_2O の反応同様，活性化エネルギーゼロで衝突頻度に近い速度定数をもつ非常に速い反応である．

反応経路 (5.11a) (5.11b) (5.11c) の比率については，最近分子線などを用いた分光学的手法により研究が行われてきた (Casavecchia et al., 1980; Lin et al., 1999; Matsumi et al., 1993; Chen et al., 2005). 298 K における分岐比率とそれぞれの反応速度定数の推奨値はそれぞれ，

$$\frac{k_{5.11a}}{k_{5.11}} = 0.75 \pm 0.15, \quad k_{5.11a} = 1.31 \times 10^{-10}\ cm^3\ molecule^{-1}\ s^{-1}$$

$$\frac{k_{5.11b}}{k_{5.11}} = 0.20 \pm 0.10, \quad k_{5.11b} = 0.35 \times 10^{-10}\ cm^3\ molecule^{-1}\ s^{-1}$$

$$\frac{k_{5.11c}}{k_{5.11}} = 0.05 \pm 0.05, \quad k_{5.11c} = 0.09 \times 10^{-10}\ cm^3\ molecule^{-1}\ s^{-1}$$

である．反応 (5.11b) については，交叉分子線を用いた生成物の分解イオン化のパターンから $CH_2OH + H$ が主要であり，$CH_3O + H$ は重要でないことが示されている (Lin et al., 1998). また，$O(^1D)$ の物理的脱活経路 (5.11d) については，Wine and Ravishankara (1982), Takahashi et al. (1996) などにより数 % 以下であることが報告されてきたが，最近の Vranckx et al. (2008b) による化学発光法を用いた高精度での実験結果では $0.2 \pm 0.3\%$ であり，大気反応としては無視しうることが示されている．

酸素原子と CH_4 をはじめとするアルカン類の反応に関しては，$O(^3P)$ の反応が H 原子の引き抜き反応であるのに対して，$O(^1D)$ の反応は C-H 結合への挿入反応が主であることが議論されてきた．これに関連した実験事実として，Lin et al. (1999) は交叉分子線を用いた生成物の角度分布から，H 原子生成経路 (5.11b), H_2 分子生成経路 (5.11c) がともにある程度寿命の長い反応中間体 $CH_3OH^{\ddagger}$ を経由することを示

している．また，反応（5.11a）により生成されるOHラジカルの振動準位の相対的分布がLIF実験によって，$v=0, 1, 2, 3, 4$に対しそれぞれ0.18, 0.29, 0.37, 0.15, 0.01と求められ，$v=0, 1, 2$に関して統計的な分布からの逆転がみられることが知られている（Cheskis et al., 1989）．さらに，González et al. (2000) による$O(^1D)$の衝突エネルギーを変えた実験では，衝突エネルギーが57.8 kJ mol^{-1}（0.6 eV）以下ではもっぱら挿入反応によるOH振動準位の逆転がみられるが，衝突エネルギーが高くなるとそれがみられなくなることが示されている．ポテンシャル曲面上のトラジェクトリー計算からも衝突エネルギーが小さいときには挿入反応が主であるが，エネルギーが増大すると引き抜き反応が大きくなることが示され，この結果は実験とよい一致を示している（Sayós et al., 2002）．さらに Yu and Muckerman (2004) の配置間相互作用を考慮した理論計算から，衝突エネルギー28.4 kJ mol^{-1}での$O(^1D)+CH_4$の反応におけるOH, H, H_2の生成経路（5.11a）（5.11b）（5.11c）の比率が，0.725, 0.186, 0.025, 0.064と求められ実験をよく再現するとともに，そのほかにCH_2+H_2Oの経路が0.064の比率で存在することが示唆されている．

5.1.7　$O(^1D)+CFC$

$O(^1D)$ と CFC (clorofluorocarbon) やハロン（halon）との反応も 10^{-10} cm^3 molecule^{-1} s^{-1} の桁の非常に大きな反応速度をもつことが知られており，それらオゾン層破壊物質の成層圏寿命に影響を与える可能性がある．しかしCFCやハロンの成層圏における分解速度は一般には主に光分解速度で決まっており，光分解速度が大きい $CFCl_3$（CFC-11）やハロン類では$O(^1D)$との反応の寄与はほとんど無視できる．しかしCF_2Cl_2（CFC-12），CF_3Cl（CFC-13）など光分解速度が小さくなるにつれて，$O(^1D)$の反応の重要性が増してくる．

$O(^1D)$ と CFC の反応経路は ClO ラジカルの生成と物理的脱活とが考えられる．たとえばCF_2Cl_2では，

$$O(^1D)+CF_2Cl_2 \rightarrow ClO+CF_2Cl \quad \Delta H^\circ_{298}=-123 \text{ kJ mol}^{-1} \quad (5.12a)$$
$$\rightarrow O(^3P)+CF_2Cl_2 \quad \Delta H^\circ_{298}=-190 \text{ kJ mol}^{-1} \quad (5.12b)$$

の反応経路が知られている．

$O(^1D)$ と $CFCl_3$, CF_2Cl_2 との反応速度定数の測定は，Davidson et al. (1978), Force and Wiesenfeld (1981) によって，またCF_3Clについては Ravishankara et al. (1993) によって測定されておりいずれも温度依存性はない．表5.1に掲げられたNASA/JPLパネル，IUPAC小委員会の推奨値はこれらに基づく値である．反応と消光との比率については，Takahashi et al. (1996) によって，ClOの生成比率が$CFCl_3$,

CF_2Cl_2, CF_3Cl についてそれぞれ，88 ± 18, 87 ± 18, $85 \pm 18\%$ と求められている．

なお，$O(^1D)$ はハロン類とも反応して BrO を生成するが，CFC, PFC (perfluoro carbon) などからの FO 生成反応は起こさない．

5.2 OH ラジカルの反応

OH ラジカルは CO_2, N_2O, CFC などを除くほとんどすべての微量分子と反応し大気光化学反応システムを駆動する一方，多くの化学種の大気中寿命が OH との反応速度で決まっているなど対流圏におけるもっとも重要な反応活性種である．この意味で大気分子と OH との反応速度定数は，対流圏化学にとって一義的な重要性をもっている．一方，成層圏においては OH ラジカルの反応は HO_x サイクルを構成するとともに，同じくオゾン消失をもたらす NO_x サイクル，ClO_x サイクルとの連鎖間交叉反応として，主に無機ラジカルとの反応が重要である．現在では大気化学的に関心のもたれるほとんどの分子に対する OH の反応速度定数とその温度依存性が実験室的に測定されている．

本節では，これら膨大な数の OH の大気反応のなかから，素反応としても興味がもたれる反応を選んで解説する．表 5.2 には大気中でとくに重要と思われる OH 反応の速度定数とその温度依存性を，IUPAC 小委員会 (Atkinson *et al*., 2004, 2006) および NASA/JPL パネル (Sander *et al*., 2011) の推奨値から抜粋して掲げる．また，大気中の代表的可逆反応に対する平衡定数を後の節で扱われるものも合わせて表 5.3 に示した．

5.2.1 OH+O_3

OH ラジカルと O_3 との反応は，下部成層圏における HO_x サイクルにおいて OH から HO_2 への変換をもたらすオゾン消失連鎖過程で重要な反応である (第 8 章参照)．対流圏においては，清浄大気においても OH は CO などを介して HO_2 を再生するので，OH+O_3 の反応による HO_2 再生の寄与は小さい．

OH と O_3 の反応は，

$$OH + O_3 \rightarrow HO_2 + O_2 \quad \Delta H^\circ_{298} = -167 \text{ kJ mol}^{-1} \quad (5.13)$$

の経路で HO_2 ラジカルを生成する．この反応の速度定数に関しては，Ravishankara *et al*. (1979), Nizcorodov *et al*. (2000) などに基づき，IUPAC 小委員会では，298 K における値，$k_{5.13}(298 \text{ K}) = 7.3 \times 10^{-14} \text{ cm}^3 \text{ molecule}^{-1} \text{ s}^{-1}$ と温度依存性を，

5.2 OHラジカルの反応

表5.2 OHラジカル反応の298 Kにおける速度定数と温度依存性

反応	k(298 K) ($cm^3\ molecule^{-1}\ s^{-1}$)	A 因子 ($cm^3\ molecule^{-1}\ s^{-1}$)	E_a/R (K)	Ref.
$OH + O_3 \to HO_2 + O_2$	7.3×10^{-14}	1.7×10^{-12}	940	(a1)
$OH + HO_2 \to H_2O + O_2$	1.1×10^{-10}	4.8×10^{-11}	-250	(a1)
$OH + H_2O_2 \to H_2O + HO_2$	1.7×10^{-12}	2.9×10^{-12}	160	(a1)
$OH + CO \to$ overall	2.3×10^{-13} (1 atm)	$1.4 \times 10^{-13}(1+[N_2]/4.2 \times 10^{19})$		(a2)
$\to H + CO_2$	1.5×10^{-13}	$1.5 \times 10^{-13}(T/300)^{0.6}$ (k_∞)		(b)
$+ M \to HOCO + M$		$5.9 \times 10^{-33}(T/300)^{-1.4}[N_2]$ (k_0)		(b)
		$1.1 \times 10^{-12}(T/300)^{1.3}$ (k_∞)		
$OH + NO + M \to HONO + M$	$7.4 \times 10^{-31}[N_2]$ (k_0)	$7.4 \times 10^{-31}(T/300)^{-2.4}[N_2]$ (k_0)		(a1)
	3.3×10^{-11} (k_∞)	$3.3 \times 10^{-11}(T/300)^{0.3}$ (k_∞)		
$OH + NO_2 + M \to HONO_2 + M$	1.2×10^{-11} (1 atm)	$1.8 \times 10^{-30}(T/300)^{-3.0}[M]$ (k_0)		(b)
		$2.8 \times 10^{-11}(T/300)^{0}$ (k_∞)		
$\to HOONO + M$	1.2×10^{-12} (1 atm)	$9.1 \times 10^{-32}(T/300)^{-3.9}[M]$ (k_0)		(b)
		$4.2 \times 10^{-11}(T/300)^{-0.5}$ (k_∞)		
$OH + HONO \to H_2O + NO_2$	6.0×10^{-12}	2.5×10^{-12}	-260	(a1)
$OH + HONO_2 \to H_2O + NO_3$	1.5×10^{-13} (1 atm)	2.4×10^{-14}	-460	(a1)(b)
$OH + HO_2NO_2 \to$ products	4.6×10^{-12}	1.3×10^{-12}	-380	(b)
$OH + NH_3 \to H_2O + NH_2$	1.6×10^{-13}	1.7×10^{-12}	710	(b)
$OH + SO_2 + M \to HOSO_2 + M$	1.1×10^{-12} (1 atm)	$4.5 \times 10^{-31}(T/300)^{-3.9}[N_2]$ (k_0)		(a1)
		$1.3 \times 10^{-12}(T/300)^{0.7}$ (k_∞)		
$OH + OCS \to$ products	2.0×10^{-15}	1.1×10^{-13}	1200	(a1)
$OH + CS_2 + M \to HOCS_2 + M$	1.2×10^{-12} (1 atm)	$4.9 \times 10^{-31}(T/300)^{-3.5}[N_2]$ (k_0)		(b)
		$1.4 \times 10^{-11}(T/300)^{-1}$ (k_∞)		
$OH + H_2S \to SH + H_2O$	4.7×10^{-12}	6.1×10^{-12}	80	(b)
$OH + CH_3SH \to CH_3S + H_2O$	3.3×10^{-11}	9.9×10^{-12}	-360	(b)
$OH + CH_3SCH_3 \to CH_3SCH_2 + H_2O$	3.1×10^{-11}	1.2×10^{-11}	280	(b)
$OH + CH_3SCH_3 + M$ $\to (CH_3)_2SOH + M$	5.7×10^{-12} (1 atm)	$2.9 \times 10^{-31}(T/300)^{-6.2}[M]$ (k_0)		(a1)(b)
$OH + CH_3SSCH_3 \to$ products	2.3×10^{-10}	6.0×10^{-11}	-400	(b)
$OH + CH_4 \to CH_3 + H_2O$	6.4×10^{-15}	1.9×10^{-12}	1690	(a2)
$OH + C_2H_6 \to C_2H_5 + H_2O$	2.4×10^{-13}	6.9×10^{-12}	1000	(a2)
$OH + C_3H_8 \to C_3H_7 + H_2O$	1.1×10^{-12}	7.6×10^{-12}	590	(a2)
$OH + C_2H_4 + M \to HOCH_2CH_2 + M$	7.9×10^{-12} (1 atm)	$8.6 \times 10^{-29}(T/300)^{-3.1}[N_2]$ (k_0)		(a2)
		$9.0 \times 10^{-12}(T/300)^{-0.85}$ (k_∞)		
$OH + C_3H_6 + M \to HOC_3H_6 + M$	2.9×10^{-11} (1 atm)	$8 \times 10^{-27}(T/300)^{-3.5}[N_2]$ (k_0)		(a2)
		$3.0 \times 10^{-11}(T/300)^{-1}$ (k_∞)		
$OH + C_5H_8$ (isoprene) $\to$ products	1.0×10^{-10}	3.1×10^{-11}	-350	(b)
$OH + C_{10}H_{16}$ (α-pinene) $\to$ products	5.3×10^{-11}	1.2×10^{-11}	-440	(a2)
$OH + C_2H_2 + M \to HOCHCH + M$	7.8×10^{-13} (1 atm)	$5.5 \times 10^{-30}(T/300)^{0}[N_2]$ (k_0)		(a2)(b)
		$8.3 \times 10^{-13}(T/300)^{2}$ (k_∞)		
$OH + HCHO \to H_2O + HCO$	8.5×10^{-12}	5.4×10^{-12}	-140	(a2)
$OH + CH_3CHO \to H_2O + CH_3CO$	1.5×10^{-11}	4.4×10^{-12}	-370	(a2)
$OH + (CHO)_2 \to H_2O + CH(O)CO$	1.1×10^{-11}	—	—	(b)
$OH + CH_3C(O)CH_3$ $\to H_2O + CH_2C(O)CH_3$	1.8×10^{-13}	8.8×10^{-12}	1320	(a2)

表 5.2 （つづき）

反応	$k(298\ \mathrm{K})$ ($\mathrm{cm^3\ molecule^{-1}\ s^{-1}}$)	A 因子 ($\mathrm{cm^3\ molecule^{-1}\ s^{-1}}$)	E_a/R (K)	Ref.
$\mathrm{OH + CH_3OH \rightarrow products}$	9.0×10^{-13}	2.9×10^{-12}	350	(a2)
$\mathrm{OH + CH_3OOH \rightarrow products}$	5.5×10^{-12}	2.9×10^{-12}	-190	(a2)
$\mathrm{OH + HC(O)OH \rightarrow products}$	4.5×10^{-13}	4.5×10^{-13}	0	(a2)
$\mathrm{OH + CH_3ONO_2 \rightarrow products}$	2.3×10^{-14}	4.0×10^{-13}	850	(a2)
$\mathrm{OH + HCl \rightarrow H_2O + Cl}$	7.8×10^{-13}	1.8×10^{-12}	250	(b)
$\mathrm{OH + CH_3Cl \rightarrow H_2O + CH_2Cl}$	3.6×10^{-14}	2.4×10^{-12}	1250	(b)
$\mathrm{OH + CH_3CCl_3 \rightarrow H_2O + CH_2CCl_3}$	1.0×10^{-14}	1.6×10^{-12}	1520	(b)
$\mathrm{OH + CHF_2Cl \rightarrow H_2O + CF_2Cl}$	4.8×10^{-15}	1.1×10^{-12}	1600	(b)
$\mathrm{OH + HBr \rightarrow H_2O + Br}$	1.1×10^{-11}	5.5×10^{-12}	-200	(b)
$\mathrm{OH + CH_3Br \rightarrow H_2O + CH_2Br}$	3.0×10^{-14}	2.4×10^{-12}	1300	(b)
$\mathrm{OH + HI \rightarrow H_2O + I}$	7.0×10^{-11}	1.6×10^{-11}	-440	(a3)
$\mathrm{OH + CH_3I \rightarrow H_2O + CH_2I}$	7.2×10^{-14}	2.9×10^{-12}	1100	(b)

(a1, a2, a3) それぞれ IUPAC 小委員会報告 Vol. I, II, III（Atkinson *et al.*, 2004, 2006, 2007）.
(b) NASA/JPL パネル評価 No. 17（Sander *et al.*, 2011）.

表 5.3 大気中の代表的可逆反応に対する平衡定数：298 K における値と温度依存パラメータ

反応	K_{eq} (298 K) ($\mathrm{cm^3\ molecule^{-1}}$)	A ($\mathrm{cm^3\ molecule^{-1}}$)	B (K)
$\mathrm{HO + NO_2 \rightleftarrows HOONO}$	2.2×10^{-12}	3.5×10^{-27}	10140
$\mathrm{HO_2 + NO_2 \rightleftarrows HO_2NO_2}$	1.6×10^{-11}	2.1×10^{-27}	10900
$\mathrm{HO_2 + H_2O \rightleftarrows HO_2 \cdot H_2O}$	5.2×10^{-19}	2.4×10^{-25}	4350
$\mathrm{NO_2 + NO_3 \rightleftarrows N_2O_5}$	2.9×10^{-11}	2.7×10^{-27}	11000
$\mathrm{CH_3O_2 + NO_2 \rightleftarrows CH_3O_2NO_2}$	2.2×10^{-12}	9.5×10^{-29}	11230
$\mathrm{CH_3C(O)O_2 + NO_2 \rightleftarrows CH_3C(O)O_2NO_2}$	2.3×10^{-8}	9.0×10^{-29}	14000
$\mathrm{OH + CS_2 \rightleftarrows CS_2OH}$	1.4×10^{-17}	4.5×10^{-25}	5140
$\mathrm{CH_3S + O_2 \rightleftarrows CH_3SOO}$	2.2×10^{-19}	1.8×10^{-25}	5550
$\mathrm{Cl + O_2 \rightleftarrows ClOO}$	2.9×10^{-21}	6.6×10^{-25}	2500
$\mathrm{ClO + ClO \rightleftarrows Cl_2O_2}$	6.9×10^{-15}	1.7×10^{-27}	8650

$K_{eq}(T)\ (\mathrm{cm^3\ molecule^{-1}}) = A \exp(B/T)\ (200 < T < 300\ \mathrm{K})$
出典：NASA/JPL パネル評価 No. 17（Sander *et al.*, 2011）.

$$k_{5.13}(T) = 1.7 \times 10^{-12} \exp\left(-\frac{940}{T}\right)\ \mathrm{cm^3\ molecule^{-1}\ s^{-1}}$$

と推奨している（Atkinson *et al.*, 2004）．このように OH と O_3 の反応は，7.8 kJ mol^{-1} の活性化エネルギーをもち，常温付近ではあまり速い反応ではない．

一方，量子化学理論計算によると，計算レベルにより一つまたは二つの遷移状態をもち，実験値に比べて大きな障壁が計算される（Peiró-García and Nebot-Gil, 2003a）など，理論的にはなお今後の研究が必要である．

5.2.2 OH+HO$_2$

OH と HO$_2$ の反応は二つのラジカルから安定分子を生成する反応であり，中部から上部成層圏における HO$_x$ サイクルの停止反応として働き，オゾン消滅過程の効率に影響する重要な反応である．

OH と HO$_2$ の反応は，

$$\text{OH} + \text{HO}_2 \rightarrow \text{H}_2\text{O} + \text{O}_2 \quad \Delta H^\circ_{298} = -295 \text{ kJ mol}^{-1} \quad (5.14)$$

のように H$_2$O と O$_2$ を生成する．この反応速度定数の測定は実験的にむずかしく，従来測定値の不確定性が大きかった．その原因が反応物の OH と HO$_2$ を生成する際に副次的に生成する H 原子や O 原子の副反応によるものであることが Keyser (1988) により明らかにされ，化学モデルによる解析を併用してより正確な値が報告されるようになった．IUPAC 小委員会による 298 K での速度定数の推奨値が，$k_{5.14}(298 \text{ K}) = 1.1 \times 10^{-10} \text{ cm}^3 \text{ molecule}^{-1} \text{ s}^{-1}$ であり，この反応は非常に速いラジカル・ラジカル反応である．また温度依存性を含むアレニウス式として，

$$k_{5.14}(T) = 4.8 \times 10^{-11} \exp\left(\frac{250}{T}\right) \text{ cm}^3 \text{ molecule}^{-1} \text{ s}^{-1}$$

と，小さな負の活性化エネルギーをもつ式が推奨されている（Atkinson *et al.*, 2004）．また，この反応には 1～1000 torr の範囲では圧力依存性がないことが確かめられている (Keyser, 1988)．

この反応に関しては，燃焼化学の面からも関心がもたれ高温での速度定数が調べられているが，1100 K の高温で速度が低下するなど異常な温度依存性が Hipper *et al.* (1995) により報告されており，中間体にコンプレックスが存在する可能性が示唆されている．

5.2.3 OH+CO

OH と CO の反応は OH ラジカルにとって清浄な対流圏における主要な反応であるとともに，CO にとってはその大気寿命を決定する重要な反応である．この反応の速度定数については数多くの研究がなされており，それらの結果から反応は，

$$\text{OH} + \text{CO} \rightleftharpoons \text{HOCO}^\dagger \rightarrow \text{H} + \text{CO}_2 \quad (5.15)$$
$$\downarrow +\text{M}$$
$$\text{HOCO}$$

の経路で進行することが知られている．反応中間体として HOCO を含むスキームは OH+CO の反応速度定数が圧力とともに増加することから以前より提言されていた (Smith, 1977) が，その後 HOCO は赤外吸収 (Petty *et al.*, 1993) や光イオン化質量

分析計 (Miyoshi et al., 1994) で実験的に検出され，理論的にも確認されている．
上記のスキームに従って，OH＋CO の反応速度定数は，

$$OH + CO \rightarrow H + CO_2 \qquad \Delta H°_{298} = -102 \text{ kJ mol}^{-1} \qquad (5.15a)$$

$$OH + CO + M \rightarrow HOCO + M \qquad \Delta H°_{298} = -115 \text{ kJ mol}^{-1} \qquad (5.15b)$$

の二つの経路に分けて記述することができる．反応 (5.15b) で生成する HOCO は，

$$HOCO + O_2 \rightarrow HO_2 + CO_2 \qquad (5.16)$$

のように O_2 と反応し，その速度定数が $\sim 1.5 \times 10^{-12}$ cm^3 molecule^{-1} s^{-1} と報告されている (Miyoshi et al., 1994)．一方反応 (5.15a) で生成する H 原子も大気条件下ではもっぱら O_2 と反応して HO_2 を生成するので，大気化学反応としては OH＋CO の反応は (5.15a) (5.15b) のいずれの経路を経るにしても生成物は $HO_2 + CO_2$ と考えてよい．

上記のスキームに基づく比較的最近の反応速度定数の測定は，Golden et al. (1998)，McCabe et al. (2001) などによってなされ，これらを含むデータ集積が NASA/JPL パネル評価 No.17 に与えられている．低圧極限において反応は (5.15a) の経路で進行し，その二分子反応速度定数は，

$$k_{0, 5.15a}(T) = 1.5 \times 10^{-13} \left(\frac{T}{300}\right)^{0.6} \text{cm}^3 \text{ molecule}^{-1} \text{ s}^{-1}$$

であり温度依存性は小さい．一方，反応 (5.15b) は三分子反応であるので，その反応速度定数の温度・圧力依存性については式 (2.50) が適用され，低圧極限，高圧極限パラメータの推奨値 ($F_c = 0.6$) は

$$k_{0, 5.15b} = 5.9 \times 10^{-33} \left(\frac{T}{300}\right)^{-1.4} \text{cm}^6 \text{ molecule}^{-2} \text{ s}^{-1}$$

$$k_{\infty, 5.15b} = 1.1 \times 10^{-12} \left(\frac{T}{300}\right)^{-1.3} \text{cm}^3 \text{ molecule}^{-1} \text{ s}^{-1}$$

である (Sander et al., 2011)．大気条件下では反応 (5.15b) は低圧極限，高圧極限の中間領域にあり，その圧力依存性は式 (2.50) を用いて計算する必要がある．IUPAC 小委員会報告 Vol.II では，温度依存性の小さい温度範囲 200〜300 K，圧力 0〜1 気圧 (N_2) の範囲内で，反応 (5.15a) (5.15b) を合わせた総括反応速度定数の近似式として，

$$k_{5.15} = 1.44 \times 10^{-13} \left(1 + \frac{[N_2]}{4.2 \times 10^{19}}\right) \text{cm}^3 \text{ molecule}^{-1} \text{ s}^{-1}$$

を提唱している (Atkinson et al., 2006)．これらの結果から 298 K，1 気圧の条件下での速度定数は，$k_{5.15}(298 \text{ K}, 1 \text{ atm}) \approx 2.4 \times 10^{-13}$ cm^3 molecule^{-1} s^{-1} となる．

一方，理論面からは OH＋CO の反応は，重い 3 原子を含む 4 中心反応のモデルと

して興味がもたれ多くの研究がなされてきた．OH＋CO の会合反応のポテンシャルエネルギー曲面の計算はいくつかのグループによってなされており（Yu et al., 2001；Zhu et al., 2001；Valero et al., 2004），H＋CO の反応系は最初 trans-HOCO を生成し，cis-trans 異性化を経て H＋CO へ分解すると考えられている．こうしたポテンシャル曲面を用いた反応速度定数の理論計算は，トラジェクトリーに基づく計算（Valero et al., 2004；Medvedev et al., 2004）や，HOCO† に対する単分子分解理論（2.3.2 項参照）に基づく計算（Troe, 1998；Zhu et al., 2001；Senosiain et al., 2003；Chen and Markus, 2005；Joshi and Wang, 2006）などが数多くなされている．OH＋CO の反応は大気化学のほかの燃焼化学でも重要なため，80～2800 K の広い温度範囲で実験が行われており，得られる二分子反応速度定数の温度依存性には 500 K 以上と以下とでアレニウスプロットからの極端な解離がみられることが知られている．大気化学で重要な 300 K 以下では上述のように温度依存性は非常に小さいが，最近の理論的研究でも，300 K 以下の低温領域の温度依存性，圧力依存性，同位体効果などは充分再現できておらず，HOCO 分解経路の遷移状態エネルギーの高さの妥当性やトンネル効果の有無などについての議論が行われている．

5.2.4　OH＋NO_2＋M

OH ラジカルと NO_2 の再結合反応は対流圏における HO_x 連鎖反応の停止反応としてもっとも重要な反応である．OH＋NO_2 の反応は，従来三分子反応による硝酸（$HONO_2$）（硝酸は通常 HNO_3 と表記されるが，本章では反応経路を理解しやすくするためその分子構造を考慮して $HONO_2$ と表記する）の生成反応と考えられていた．しかしながら，パルス光分解法による反応速度定数の測定において OH の減衰が二重指数減衰を示すことなどから，$HONO_2$ 以外に HOONO（過亜硝酸，peroxynitrous acid）の生成経路の存在が示唆されており（Burkholder et al., 1987；Hippler et al., 2002），Golden and Smith（2000）により，この生成経路の重要性が提唱されている．

$$\text{OH} + NO_2 + \text{M} \rightarrow HONO_2 + \text{M} \quad \Delta H°_{298} = -207 \text{ kJ mol}^{-1} \quad (5.17a)$$
$$\rightarrow \text{HOONO} + \text{M} \quad \Delta H°_{298} = -93 \text{ kJ mol}^{-1} \quad (5.17b)$$

図 5.1 に Hipper et al.（2002）による OH＋NO_2 反応系に対する OH 信号強度の時間変化の測定例を示す．図にみられるように $T=300$ K では OH の減衰は単一指数関数的であるが，$T=430$ K では明確に二つの指数関数の和として表され，OH＋$NO_2 \rightleftarrows$ HOONO の平衡反応の存在が実験的に示唆されている．このような実験的事実や理論的考察から提唱された大気条件下での反応（5.17b）の存在は，従来反応（5.17b）を無視して大気反応モデルに広く用いられてきた OH＋NO_2 の反応速度

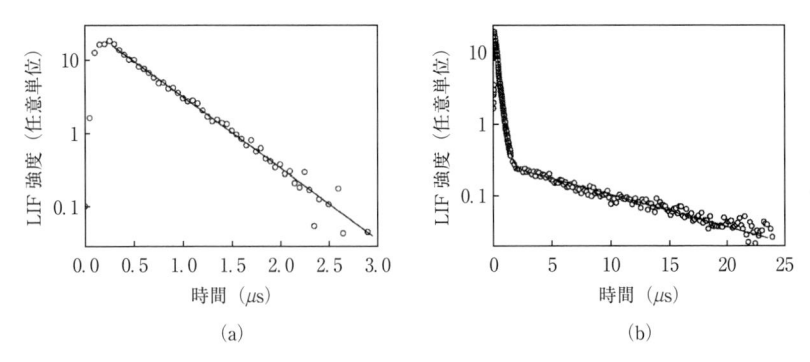

図 5.1 OH + NO$_2$ 反応実験における OH 信号強度の時間減衰（Hippler *et al.*, 2002 より改編）(a) 300 K，(b) 430 K．

定数が，反応（5.17a）の速度定数としては過大評価になっていることを意味し，対流圏におけるオゾン生成速度などのモデル計算に大きな影響を与える可能性がある（Golden and Smith, 2000）．HOONO 分子の分光学的な検出は赤外分光（Nizkorodov and Wennberg, 2002；Pollack *et al.*, 2003），キャビティ・リングダウン分光（cavity ring-down spectroscopy）（Bean *et al.*, 2003）などによってなされている．

NASA/JPL パネル評価 No.17 では Brown *et al.* (1999)，Dransfield *et al.* (1999)，D'Ottone *et al.* (2001)，Hipper *et al.* (2002) などとそれ以前の多くの報告に基づき，反応（5.17a）（5.17b）の低圧極限，高圧極限式を，

$$k_{0, 5.17a}(T) = 1.8 \times 10^{-30} \left(\frac{T}{300}\right)^{-3.0} \text{cm}^6 \text{ molecule}^{-2} \text{ s}^{-1}$$

$$k_{\infty, 5.17a}(T) = 2.8 \times 10^{-11} \left(\frac{T}{300}\right)^{0} \text{cm}^3 \text{ molecule}^{-1} \text{ s}^{-1}$$

$$k_{0, 5.17b}(T) = 9.1 \times 10^{-32} \left(\frac{T}{300}\right)^{-3.9} \text{cm}^6 \text{ molecule}^{-2} \text{ s}^{-1}$$

$$k_{\infty, 5.17b}(T) = 4.2 \times 10^{-11} \left(\frac{T}{300}\right)^{-0.5} \text{cm}^3 \text{ molecule}^{-1} \text{ s}^{-1}$$

と推奨している（Sander *et al.*, 2011）．この推奨値による 298 K, 1 気圧での HONO$_2$ 生成速度定数は，$k_{5.17a} = 1.1 \times 10^{-11}$ cm^6 molecule^{-2} s^{-1}，HOONO の生成経路比率は 5 ～15 % となっている．

最近，Mollner *et al.* (2010) はより高感度での OH の LIF 検出により N$_2$, O$_2$, air, 20 ～900 torr 下での OH + NO$_2$ の総括反応速度定数（$k_{5.17} = k_{5.17a} + k_{5.17b}$）をより正確に求め，同時に赤外キャビティ・リングダウン分光法により HONO$_2$ と HOONO を個別に検出して，反応（5.17a）と（5.17b）の分岐比 $k_{5.17b}/k_{5.17a}$ をより正確に決定して

いる．この結果から，第三体 M としての N_2 と O_2 には多少効率の差があり，空気（N_2 + O_2）の衝突効率は N_2 の94%であり，298 K における空気に対する反応（5.17a），（5.17b）の反応速度定数として，$k_{0,5.17a} = 1.51 \times 10^{-30}$ cm^6 molecule^{-2} s^{-1}，$k_{\infty,5.17a} = 1.84 \times 10^{-11}$ cm^3 molecule^{-1} s^{-1}，$k_{0,5.17b} = 6.2 \times 10^{-32}$ cm^6 molecule^{-2} s^{-1}，$k_{\infty,5.17b} = 8.1 \times 10^{-11}$ cm^3 molecule^{-1} s^{-1} が報告されている．これによると大気圧下での $HONO_2$ 生成反応速度定数は $k_{5.17a} = 9.2(\pm 0.4) \times 10^{-12}$ cm^3 molecule^{-1} s^{-1}，HOONO 生成の分岐比は $k_{5.17b}/k_{5.17a} = 0.142(\pm 0.012)$ となっている．ここで求められた $HONO_2$ 生成反応速度定数は，NASA/JPL パネル評価 No.17 の推奨値より，約14%低い値となっている．図5.2 には Mollner et al. (2010) によって報告されている反応速度定数 $k_{5.17}$，および分岐比 $k_{5.17b}/k_{5.17a}$ の圧力依存性を示す．

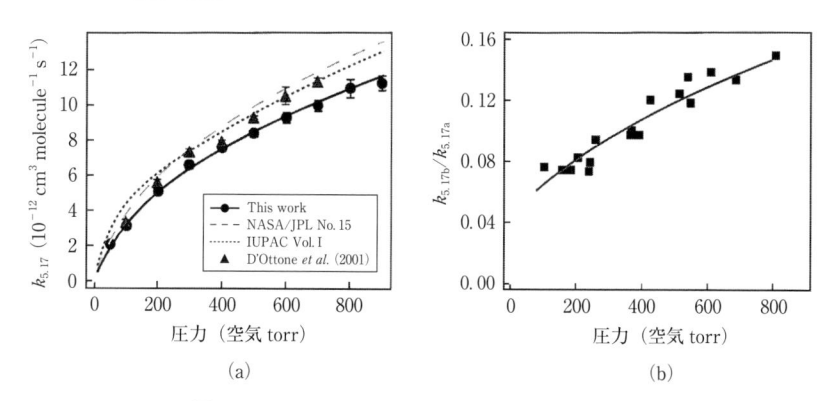

図 5.2 298 K における OH + NO_2 速度定数の圧力依存性
(a)：$k_{5.17}$；(b)：$k_{5.17b}/k_{5.17a}$（Moller et al., 2010 より改編）．

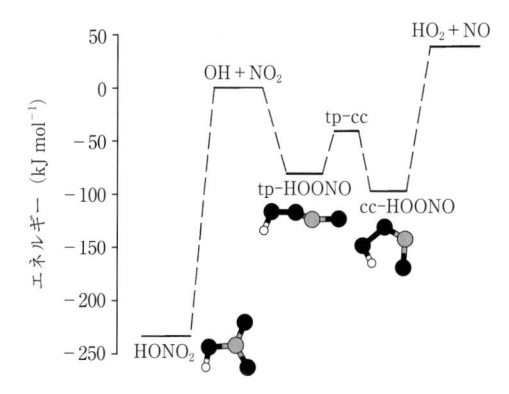

図 5.3 OH + NO_2 反応のポテンシャルエネルギー概念図
（Pollack et al., 2003 より改編）

OH+NO_2 の系について量子化学計算により得られたポテンシャルエネルギー図を図 5.3 に示す (Pollack et al., 2003). この反応の遷移状態に対して計算された電子構造を用いた RRKM 計算による反応速度定数の計算値と実験値との比較がこれまでに行われてきた (Sumathi and Peyerimhoff, 1997; Chakraborty et al., 1998) が, 最近 Golden et al. (2003) は, 新しい量子化学計算に基づく反応速度が実験から得られる温度圧力依存性をよく記述できることを示している. 反応中間体として生成した HOONO が大気中で $HONO_2$ に異性化するのか, 光分解やほかの活性種との反応で $HONO_2$ より反応性の高い化学種を再生するかによって, この反応の対流圏におけるオゾン生成などに対する影響は大きく異なる可能性があるが, この点はまだ解明されていない.

5.2.5 OH+$HONO_2$

成層圏における OH ラジカルと硝酸 ($HONO_2$) の反応は, NO_x サイクルにおいてリザバー分子である $HONO_2$ から活性窒素種を再生し連鎖反応の継続に寄与する重要な反応である. 水溶性である硝酸は対流圏においては主に雲霧への湿性沈着や地表面への乾性沈着によって除去されるが, 雲の少ない上部対流圏では光分解とともに OH ラジカルとの反応が大気からの除去過程として, また活性窒素再生反応として重要である.

OH と $HONO_2$ の反応の速度定数には, 圧力依存性や負の温度依存性がみられアレニウスプロットから大きくずれることが実験的に知られている (Margitan and Watson, 1982; Smith et al., 1984; Devolder et al., 1984; Stachnik et al., 1986; Brown et al., 1999). これらの実験的事実から, OH と $HNONO_2$ の反応は,

$$OH + HONO_2 \to H_2O + NO_3 \quad \Delta H°_{298} = -70 \text{ kJ mol}^{-1} \quad (5.18a)$$
$$\to [OH\text{-}HONO_2] \to H_2O + NO_3 \quad \Delta H°_{298} = -70 \text{ kJ mol}^{-1} \quad (5.18b)$$

のように反応中間体 OH-$HONO_2$ を経由する反応と, 直接反応の二つの経路があることが示唆されている (Smith et al., 1984; Brown et al., 1999). OH-$HONO_2$ の存在は理論的にも六員環分子として存在が確かめられ (Xia and Lin, 2001), 実験的にも赤外分光により直接検出がなされている (O'Donnell, 2008). 反応 (5.18b) の経路は模式的に,

$$OH + HONO_2 \rightleftarrows OH\text{-}HONO_2^{\dagger} \xrightarrow{(5.19a)} H_2O + NO_3 \quad (5.19)$$
$$(5.19b) \downarrow +M$$
$$OH\text{-}HONO_2 \to H_2O + NO_3$$

のように表すことができ, そのエネルギー概念図 (Brown et al., 1999) を図 5.4 に示す.

5.2 OHラジカルの反応

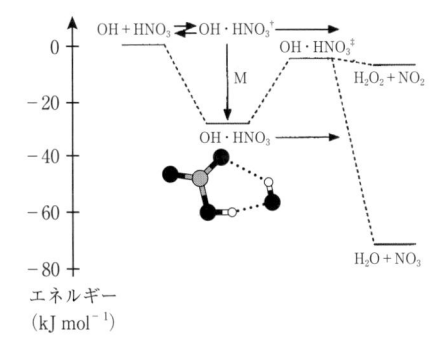

図5.4 OH+HONO₂ 反応のポテンシャルエネルギー概念図（Brown *et al.*, 1999 より改編）

これから OH+HONO₂ の総括反応速度定数は，圧力によらない定圧極限値 $k_{5.19a}$ とリンデマン機構の式で表される圧力依存速度定数の和として，

$$k_{5.19} = k_{5.18a}(T) + k_{5.18b}([M], T) \tag{5.20}$$

$$k_{5.18b}([M], T) = \frac{k_{5.19b}[M]}{1 + \dfrac{k_{5.19b}[M]}{k_{5.19a}}} \tag{5.21}$$

で表すことができる．NASA/JPL パネル評価 No. 17 による各パラメータの推奨値は，

$$k_{5.18a} = 2.4 \times 10^{-14} \exp\left(\frac{460}{T}\right) \text{cm}^3 \text{ molecule}^{-1} \text{ s}^{-1}$$

$$k_{5.19a} = 2.7 \times 10^{-17} \exp\left(\frac{2199}{T}\right) \text{cm}^3 \text{ molecule}^{-1} \text{ s}^{-1}$$

$$k_{5.19b} = 6.5 \times 10^{-34} \exp\left(\frac{1355}{T}\right) \text{cm}^6 \text{ molecule}^{-2} \text{ s}^{-1}$$

であり（Sander *et al.*, 2011），IUPAC 小委員会も 200～350 K の範囲で同じ値を採用している（Atkinson *et al.*, 2004）．この反応は反応（5.18a）（5.18b）のいずれの経路をとっても，同じ生成物を与えるので，反応による NO_3 の収率は1である．上のそれぞれの速度パラメータの温度依存性から温度が低くなるにつれて OH-HONO₂ を経由する経路が重要になることがわかる．

5.2.6　OH+SO₂+M

大気中での SO_2 の反応としては，OH ラジカルとの均一気相反応による酸化反応と，雲霧などの水滴中での H_2O_2 や O_3 との液相酸化反応が主なものである．本項では SO_2 の均一気相反応として重要な OH との反応について述べる．

OH と SO_2 の反応は，

$$OH + SO_2 + M \rightarrow HOSO_2 + M \quad \Delta H°_{298} = -125 \text{ kJ mol}^{-1} \quad (5.22)$$

で表される三体反応である．反応（5.22）の速度定数については，Wine et al.（1984）によって $F_c = 0.525$ ととって得られた，低圧極限・高圧極限式それぞれの速度式，

$$k_{0,5.22}(T) = 4.5 \times 10^{-31} [N_2] \left(\frac{T}{300}\right)^{-3.9} \text{ cm}^3 \text{ molecule}^{-1} \text{ s}^{-1}$$

$$k_{\infty,5.22}(T) = 1.3 \times 10^{-12} \left(\frac{T}{300}\right)^{-0.7} \text{ cm}^3 \text{ molecule}^{-1} \text{ s}^{-1}$$

が，IUPAC 小委員会によって推奨されている（Atkinson et al., 2004）．298 K，1 気圧での値は，$\sim 1 \times 10^{-12}$ cm^3 molecule^{-1} s^{-1} であり，OH による NO_2 の酸化反応速度定数より約1桁小さい．

反応（5.22）の経路および生成物の $HOSO_2$ に関する量子化学的計算は，Li and McKee（1997），Somnitz（2004）などによってなされている．$HOSO_2$ ラジカルに関しては，正確な熱力学的な数値が得られていないが，最近 Klopper et al.（2008）は生成エンタルピーとして $\Delta H°_{f,0}(HOSO_2) = -366.6 \pm 2.5$，$\Delta H°_{f,298}(HOSO_2) = -374.1 \pm 3.0$ kJ mol^{-1} の計算値を得ている．

OH と SO_2 の反応で生成した $HOSO_2$ ラジカルは大気中で，

$$HOSO_2 + O_2 \rightarrow HO_2 + SO_3 \quad \Delta H°_{298} = -9.5 \text{ kJ mol}^{-1} \quad (5.23)$$

の反応で HO_2 と SO_3 を生成すると考えられているが，上の $HOSO_2$ の生成熱からこの反応のエンタルピーが，$\Delta H°_0 = -8.5 \pm 3.0$，$\Delta H°_{298} = -9.5 \pm 3.0$ kJ mol^{-1} と求められた．なお実験的には $HOSO_2$ は気相（Egsgaard and Carlsen, 1988）での検出および低温マトリックス中（Hashimoto et al., 1984；Kuo et al., 1991）での検出が報告されている．

5.2.7 OH + CH_4, C_2H_6, C_3H_8

OH ラジカルはすべての飽和炭化水素（アルカン）と反応するが，ここでは代表的アルカンとしてメタン（CH_4），エタン（C_2H_6），プロパン（C_3H_8）を取り上げる．アルカン類の大気中寿命は OH との反応速度によって決まるので，たとえば CH_4 の正確な反応速度定数はその温室効果の評価にとって重要である．

OH とアルカン類との反応は，

$$OH + CH_4 \rightarrow CH_3 + H_2O \quad \Delta H°_{298} = -58 \text{ kJ mol}^{-1} \quad (5.24)$$
$$+ C_2H_6 \rightarrow C_2H_5 + H_2O \quad \Delta H°_{298} = -74 \text{ kJ mol}^{-1} \quad (5.25)$$
$$+ C_3H_8 \rightarrow CH_3CH_2CH_2 + H_2O \quad \Delta H°_{298} = -74 \text{ kJ mol}^{-1} \quad (5.26a)$$

$$\rightarrow CH_3CHCH_3 + H_2O \qquad \Delta H°_{298} = -88 \text{ kJ mol}^{-1} \qquad (5.26b)$$

のような H 原子引き抜き反応である．OH と CH_4 の反応の速度定数については，200〜420 K の温度範囲で多くの測定がなされており，IUPAC 小委員会報告 Vol. II では，298 K での速度定数 $k_{5.24}(298 \text{ K}) = 6.4 \times 10^{-15} \text{ cm}^3 \text{ molecule}^{-1} \text{ s}^{-1}$，および温度依存性，

$$k_{5.24}(T) = 1.85 \times 10^{-12} \exp\left(-\frac{1690}{T}\right) \text{ cm}^3 \text{ molecule}^{-1} \text{ s}^{-1}$$

が掲げられている (Atkinson et al., 2006)．NASA/JPL パネル評価 No. 17 ではより正確な温度依存式として三つのパラメータを用いた式，

$$k_{5.24}(T) = 2.80 \times 10^{-14} T^{0.667} \exp\left(-\frac{1575}{T}\right) \text{ cm}^3 \text{ molecule}^{-1} \text{ s}^{-1}$$

が下部成層圏，上部対流圏でのモデルに使用する値として推奨されている (Sander et al., 2011)．OH と CH_4 の反応速度定数の比較的最近の測定例としては Gierczak et al. (1997)，Bonard et al. (2002) などがあり，一般に以前の測定とよい一致を示している．

同様に OH と C_2H_6，C_3H_8 との反応速度定数も非常に多くの測定例が報告されており，それらに基づく IUPAC 小委員会の推奨値は，C_2H_6，C_3H_8 に対しそれぞれ 298 K での速度定数 $k_{5.25} = 2.4 \times 10^{-13}$，$k_{5.26} = 1.1 \times 10^{-12} \text{ cm}^3 \text{ molecule}^{-1} \text{ s}^{-1}$，温度依存性は

$$k_{5.25}(T) = 6.9 \times 10^{-12} \exp\left(-\frac{1000}{T}\right) \text{ cm}^3 \text{ molecule}^{-1} \text{ s}^{-1}$$

$$k_{5.26}(T) = 7.6 \times 10^{-12} \exp\left(-\frac{585}{T}\right) \text{ cm}^3 \text{ molecule}^{-1} \text{ s}^{-1}$$

である．298 K における反応速度定数を比較すると，C_2H_6 の速度定数は CH_4 に対し 2 桁以上，C_3H_8 は C_2H_6 に対し 1 桁近く大きくなっているが，この違いはそれぞれに対する活性化エネルギーの違いによるものであることがわかる．

炭素数 C_3 以上のアルカンとの反応では OH による水素引き抜きが，1 級 (primary, 隣接する炭素が一つ)，2 級 (secondary, 隣接する炭素が二つ)，3 級 (tertiary, 隣接する炭素が三つ) のどの炭素から起こるかが問題となる．C_3H_8 の場合，二つの反応経路 (5.26a) (5.26b) のそれぞれに対する反応速度の温度依存性は，Droege and Tully (1986) により，

$$k_{5.26a}(T) = 6.3 \times 10^{-12} \exp\left(-\frac{1050}{T}\right) \text{ cm}^3 \text{ molecule}^{-1} \text{ s}^{-1}$$

$$k_{5.26b}(T) = 6.3 \times 10^{-12} \exp\left(-\frac{580}{T}\right) \text{ cm}^3 \text{ molecule}^{-1} \text{ s}^{-1}$$

と与えられており，298 K における C_3H_8 の 1 級と 2 級の水素引き抜き経路の相対比

は 0.17：0.83 となる．アルカン類の H 原子引き抜きでは一般に 1 級より 2 級，2 級より 3 級の H 原子が引き抜かれやすいことが知られており，その差は上式にもみられるように活性化エネルギーの差に起因している．

OH とアルカン類の反応性の違いに関しては，分子の物理パラメータとの相関が以前から議論されてきたが，後に述べる OH, O_3, NO_3 とオレフィン類との反応の場合と同様，イオン化ポテンシャル（IP）との相関がよいことが知られている（Grosjean, 1990）．また通常の遷移状態理論により $\Delta S^{\ddagger}$, $\Delta H^{\ddagger}$ を計算し，これから求められる反応速度定数の温度依存性などの実験値との比較も行われている（Cohen, 1982）．

5.2.8 OH + C_2H_4 + M

エチレン（C_2H_4）をはじめとするアルケン類は炭化水素のなかでも OH ラジカルとの反応速度定数が大きく，都市大気中の濃度を考慮したとき都市における光化学オゾン生成への寄与が大きい．

OH とアルケン類との反応は一般に付加反応であり，OH と C_2H_4 との反応は次のような三分子反応で表される．

$$OH + C_2H_4 + M \rightarrow HOCH_2CH_2 + M \quad \Delta H^{\circ}_{298} = -23 \text{ kJ mol}^{-1} \quad (5.27)$$

反応 (5.27) の反応速度定数については，その温度・圧力依存性について多くの実験データが報告されている．IUPAC 小委員会報告 Vol. II では，Zellner and Lorenz (1984), Klein et al. (1984), Kuo and Lee (1991), Fulle et al. (1997), Vakhtin et al. (2003) などを用いて，200～300 K において低圧極限，高圧極限での速度定数を，

$$k_{0,5.27}(T) = 8.6 \times 10^{-29} \left(\frac{T}{300}\right)^{-3.1} \text{cm}^6 \text{ molecule}^{-2} \text{ s}^{-1}$$

$$k_{\infty,5.27}(T) = 9.0 \times 10^{-12} \left(\frac{T}{300}\right)^{-0.85} \text{cm}^3 \text{ molecule}^{-1} \text{ s}^{-1}$$

と推奨している（Atkinson et al., 2006）．上式にみるようにこの反応は低圧においては非常に大きな温度依存性をもつが，高圧極限ではほとんど温度依存性がない．OH + C_2H_4 の反応に対しては，量子化学計算に基づく速度定数の計算がなされており，実験値の解析に用いられている（Clearry et al., 2006；Taylor et al., 2008）．

OH + C_2H_4 の反応は 1 気圧の大気条件下では高圧極限に近いが，上空では低圧極限と高圧極限の中間領域の圧力依存性をもつので，その速度定数は上のパラメータを用いて前出の式 (2.50) から計算する必要がある．反応 (5.27) で生成した $HOCH_2CH_2$ ラジカルは大気圧条件下では，そのまま安定化して O_2 と反応し過酸化ラジカルを生成する（第 7 章参照）．

OH と C_3H_6 など炭素数の多いアルケンの反応は大気条件下ではほとんど高圧極限にあり，298 K, 1 気圧における速度定数は，IUPAC 小委員会報告 Vol. II により C_2H_4, C_3H_6, C_5H_8（イソプレン）に対して，それぞれ 7.9×10^{-12}, 2.9×10^{-11}, 1.0×10^{-10} cm^3 molecule^{-1} s^{-1} が推奨されている（Atkinson et al., 2006）．このように OH ラジカルとアルカン類との反応速度定数は一般に大きく炭素数とともに増大する．これらの反応の速度定数については，分子の電子構造パラメータとの相関が興味をもって調べられており，各分子のイオン化ポテンシャル（Grosjean, 1990），および量子化学的に計算される最高被占軌道（HOMO）のエネルギー（King et al., 1999）と非常によい相関をもつことが知られている．

5.2.9　OH + C_2H_2

アセチレン（C_2H_2）を代表とするアルキンは三重結合を有する鎖状炭化水素であり，前項のアルケンより OH との反応速度は小さいが，とくに C_2H_2 は汚染大気中の濃度も高く無視できない反応性を有している．

OH とアルキン類との反応は常温，大気圧付近ではアルケンと同様の付加反応であり，OH と C_2H_2 との反応は次のような三分子反応で表される．

$$\text{OH} + C_2H_2 + M \rightarrow \text{HOCHCH} + M \qquad \Delta H^\circ_{298} = -145 \text{ kJ mol}^{-1} \qquad (5.28)$$

反応（5.28）の反応速度定数については，その温度・圧力依存性についていくつかの測定がなされており，IUPAC 小委員会報告 Vol. II では，Bohn et al. (1996), Fulle et al. (1997) およびそれ以前の実験データから，300〜800 K における低圧極限，および 298 K における高圧極限に対しそれぞれ，

$$k_{0, 5.28}(T) = 5 \times 10^{-30} [N_2] \left(\frac{T}{300}\right)^{-1.5} \text{ cm}^3 \text{ molecule}^{-1} \text{ s}^{-1}$$

$$k_{\infty, 5.28}(298 \text{ K}) = 1.0 \times 10^{-12} \text{ cm}^3 \text{ molecule}^{-1} \text{ s}^{-1}$$

の推奨値を与えている（Atkinson et al., 2006）．また，大気圧下では，この反応はまだ高圧極限に達しておらず，常温 1 気圧における速度定数の推奨値は，

$$k_{5.28}(298 \text{ K}, 1 \text{ atm}) = 7.8 \times 10^{-13} \text{ cm}^3 \text{ molecule}^{-1} \text{ s}^{-1}$$

である．

OH と C_2H_2 の反応に対する理論計算は最近 Senosiain et al. (2005) によってなされ，広い範囲の温度圧力に対する速度定数が求められた．この計算からは高温では水素引き抜きよりむしろ，

$$\text{OH} + C_2H_2 \rightarrow CH_2CO + H \qquad (5.29)$$

によるケテンの生成が，低温では反応（5.28）の付加による HOCHCH の衝突安定化

が主要反応経路であるという結果が得られている．

5.2.10　OH＋C_6H_6, $C_6H_5CH_3$

大気温度付近でのOHと芳香族炭化水素の反応は，ベンゼン（C_6H_6）ではベンゼン環への付加反応，

$$OH + C_6H_6 + M \rightleftarrows HOC_6H_6 + M \tag{5.30}$$

であることが知られている（Atkinson and Arey, 2003）．一方，トルエン（$C_6H_5CH_3$）のような側鎖にアルキル基を有する化合物ではベンゼン環への付加とアルキル基からの水素引き抜き反応が同時に起こりうる（Atkinson and Arey, 2003）．

$$OH + \text{[toluene]} \rightleftarrows \text{[OH adduct]} \tag{5.31a}$$

$$\longrightarrow \text{[benzyl radical]} + H_2O \tag{5.31b}$$

図5.5はOHとトルエン，1,2,3-トリメチルベンゼン（trimethylbenzene）の反応

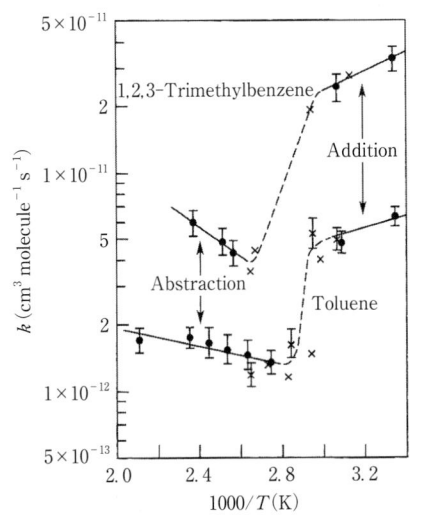

図5.5　OH＋トルエン，1,2,3トリメチルベンゼン反応速度定数のアレニウスプロット（Perry *et al.*, 1977より改編）

のアレニウスプロットである（Perry et al., 1977）．この図からトルエンでは〜350 K以上，1,2,3-トリメチルベンゼンでは〜380 K以上の高温域では，アレニウスプロットは通常の負の勾配（正の活性化エネルギー）をもつ直線を示すが，〜330 K以下の低温域ではともに正の勾配（負の活性化エネルギー）をもつ直線を示し，両者の温度域の間には反応速度定数に大きなギャップがあることがわかる．さらに，アレニウスプロットが直線となる高温域，低温域では OH の減衰速度の対数のプロットは時間に対し直線を示すが，図5.5のギャップ領域では非指数減衰（nonexponential decay）を示すことも報告されている（Perry et al., 1977）．このことは，OH と芳香族炭化水素の初期反応は，高温域では水素引き抜き反応，低温域では付加反応であり，その中間温度領域では両者が同時に重要であるとともに，付加反応で生じた OH 付加ラジカルからある時間遅れで OH を再放出する過程が起こることにより，OH 濃度が時間に対し非指数減衰を示すものと解釈される．また，上の水素引き抜きが，ベンゼン環からでなく，側鎖アルキル基から選択的にみられる理由は，側鎖アルキル基の C-H 結合エネルギー（360 kJ mol^{-1}）がベンゼン環の C-H 結合エネルギー（460 kJ mol^{-1}）よりずっと小さいことを反映している（Uc et al., 2006）．

　反応（5.30），（5.31a）などで生成するベンゼン環への OH 付加体ラジカルはシクロヘキサジエニル（cyclohexadieniel）ラジカルと呼ばれ，それらの存在はそれぞれの UV 吸収スペクトルによって実験的に確認されている（Grebenkin et al., 2004；Johnson et al., 2005）．OH のトルエンへの付加はメチル基に対し，イプソ（ipso，メチル基に結合した炭素），オルト（ortho，メチル基に隣接した位置），メタ（meta，メチル基から一つ炭素を隔てた位置），パラ（para，メチル基の反対側の位置）に起こる可能性が考えられる．実際の OH の付加反応はオルト位に優先的に起こり，次いでパラ位に起こる（オルト-パラ配向性）ことが，実験的にクレゾール異性体の生成収率から知られ（Smith et al., 1998；Klotz et al., 1998），このことは理論計算からも支持されている（Bartolotti and Edney, 1995；Suh et al., 2002）．シクロヘキサジエニルラジカルの大気中での O_2 との反応については7.2.8項において述べられる．

　OH とベンゼンの反応速度定数に関しては，Perry et al.（1977），Tully et al.（1981），Goumri et al.（1991），Bohn and Zetsch（1999）をはじめ多くの測定がなされており，>100 torr 以上では OH 付加ラジカルは衝突安定化し，それ以下の圧力では漸下領域にあることが知られている．IUPAC 小委員会は 230〜350 K 大気圧（高圧極限値）での値を，

$$k_{5.30}(T) = 2.3 \times 10^{-12} \left(-\frac{190}{T} \right) \mathrm{cm^3\ molecule^{-1}\ s^{-1}}$$

298 K における値を,
$$k_{5.30}(298\ \text{K}) = 1.2 \times 10^{-12}\ \text{cm}^3\ \text{molecule}^{-1}\ \text{s}^{-1}$$
と推奨している（Wallington *et al.*, 2012）．

OH とトルエンの反応も同様に，Perry *et al.* (1977)，Tully *et al.* (1981)，Bohn (2001) のほかいくつかの測定がなされており，これらをもとに IUPAC 小委員会は反応 (5.31) に対し，210～350 K および 298 K に対する推奨値を，
$$k_{5.31}(T) = 1.8 \times 10^{-12} \left(-\frac{340}{T} \right)\ \text{cm}^3\ \text{molecule}^{-1}\ \text{s}^{-1}$$
$$k_{5.31}(298\ \text{K}) = 5.6 \times 10^{-12}\ \text{cm}^3\ \text{molecule}^{-1}\ \text{s}^{-1}$$
と与えている（Wallington *et al.*, 2012）．付加反応 (5.31a) と引き抜き反応 (5.31b) の比率は，298 K において $k_{5.31b}/(k_{5.31a} + k_{5.31b}) = 0.063$ と与えられ，この分岐比は実験的に得られる生成物分析の結果を反映している（Smith *et al.*, 1998；Klotz *et al.*, 1998）．

5.2.11　OH + HCHO

OH とアルデヒド類の反応は一般的にアルデヒド基からの H 原子引き抜き反応と考えられている．OH と大気中有機化合物の反応としてはアルカン類のアルキル基からの水素引き抜き反応，アルケン類の炭素-炭素二重結合への付加反応と並ぶ一つの典型反応として，ここに HCHO と CH_3CHO の反応を取り上げる．

OH と HCHO の反応は実験的事実から，
$$\text{OH} + \text{HCHO} \rightarrow \text{H}_2\text{O} + \text{HCO} \qquad \Delta H^\circ_{298} = -127\ \text{kJ mol}^{-1} \qquad (5.32)$$
のようなアルデヒド基からの H 原子引き抜き反応であることが確かめられている（Niki *et al.*, 1984；Butkoyskaya and Setser, 1998；Sivakumaran *et al.*, 2003）．この反応については付加反応経路による HCOOH 生成の可能性，
$$\text{OH} + \text{HCHO} \rightarrow \text{H}_2\text{C(O)OH} \rightarrow \text{HCOOH} + \text{H} \qquad (5.33)$$
についての理論的検討がなされている．図 5.6 は D'Anna *et al.* (2003) によって量子化学的に計算された OH と HCHO の反応経路のエネルギー図である．この計算によると図にみられるように OH と HCHO の H 原子引き抜き反応の遷移状態には反応系からのエネルギー障壁はないが，付加反応の遷移状態は引き抜き反応より 30 kJ mol^{-1} ほど高く，正のエネルギー障壁をもつことが示されており，生成物に HCOOH がみられないという実験的事実とよく一致する．

OH と CH_3CHO の反応の場合には，
$$\text{OH} + \text{CH}_3\text{CHO} \rightarrow \text{H}_2\text{O} + \text{CH}_3\text{CO} \qquad \Delta H^\circ_{298} = -123\ \text{kJ mol}^{-1} \qquad (5.34a)$$
$$\rightarrow \text{H}_2\text{O} + \text{CH}_2\text{CHO} \qquad \Delta H^\circ_{298} = -133\ \text{kJ mol}^{-1} \qquad (5.34b)$$

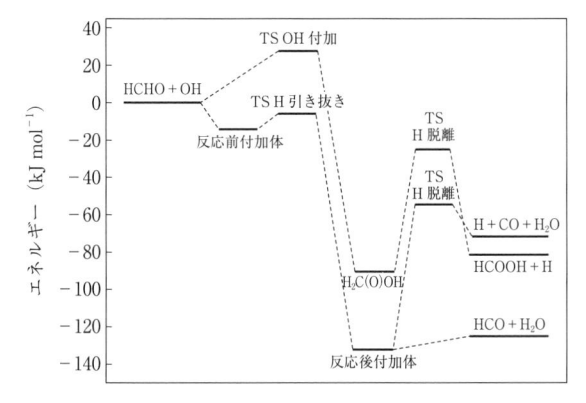

図 5.6 OH + HCHO 反応系のエネルギー図 (D'Anna et al., 2003)

のように，水素引き抜きに二つの可能性が考えられるが，これまでの多くの実験結果から式 (5.34a) で表されるアルデヒド基 H 原子の引き抜きが主であることが知られており，最近 Cameron et al. (2002) は生成物の CH_3CO ラジカルの直接測定からこの反応の収率が $(93±18)\%$ と報告している．また，式 (5.34b) で表される CH_3 基からの H 原子引き抜き反応の割合は最近，Butkovskaya et al. (2004) による CH_2CHO ラジカルの直接測定から約 5.1% との値が報告されている．

反応 (5.32) (5.34a) (5.34b) で生成した HCO, CH_3CO, CH_2CHO ラジカルは大気中では O_2 と反応して，それぞれの過酸化ラジカルを生成する．

$$HCO + O_2 \rightarrow HO_2 + CO \qquad \Delta H°_{298} = -139 \text{ kJ mol}^{-1} \qquad (5.35)$$
$$CH_3CO + O_2 + M \rightarrow CH_3C(O)O_2 + M \qquad \Delta H°_{298} = -162 \text{ kJ mol}^{-1} \qquad (5.36)$$
$$CH_2CHO + O_2 \rightarrow HCHO + HO_2 \qquad \Delta H°_{298} = -76 \text{ kJ mol}^{-1} \qquad (5.37)$$

ここで反応 (5.36) で生成するアセチルペルオキシ (acetylperoxy) ラジカルは汚染大気中で NO_2 と結合し，ペルオキシアセチルナイトレート (peroxyacetyl nitrate：PAN) と呼ばれる特異的な化合物 $CH_3C(O)O_2NO_2$ を生成するラジカルである (7.2.9 項参照)．

OH と HCHO の反応速度定数の温度依存性は Atkinson and Pitts (1978), Stief et al. (1980), Sivakumaran et al. (2003) などにより測定されており，これらに基づいて IUPAC 小委員会はアレニウス式，

$$k_{5.32}(T) = 5.4 \times 10^{-12} \exp\frac{135}{T} \text{ cm}^3 \text{ molecule}^{-1} \text{ s}^{-1} \qquad (200 \sim 300 \text{ K})$$

を推奨している (Atkinson et al., 2006). 上式にみられるように実験からは小さな負の活性化エネルギーが見いだされており，これは上の引き抜き反応に対する理論計算

の結果と一致している．ただしこの反応は 330 K より高温では上のアレニウス式から正の活性化エネルギーの側に大きくずれることが知られており，上式の適用は大気条件下に限られることに注意する必要がある（Atkinson $et\ al.$, 2006）．

CH_3CHO に対する同様のアレニウス式は，Sivakumaran and Crowley（2003）などから IUPAC 小委員会では，

$$k_{5.34}(T) = 4.6 \times 10^{-12} \exp\frac{350}{T} \text{ cm}^3 \text{ molecule}^{-1} \text{ s}^{-1} \quad (200\sim300\text{ K})$$

を推奨している（Atkinson $et\ al.$, 2006）．この値は最近の Zhu $et\ al.$ (2008) を含めた NASA/JPL パネル評価 No. 17 の推奨値(Sander $et\ al.$, 2011)とほとんど一致している．

このように OH と HCHO, CH_3CHO の反応速度定数の前指数因子と小さな負の活性化エネルギーの値はあまり大きな差がなく，このことは OH とアルカン，アルケン類との反応の場合と大きく異なる．また 298 K における HCHO, CH_3CHO の反応速度定数は多くの測定値の平均として IUPAC 小委員会報告 Vol. II，NASA/JPL パネル評価 No. 17 では共通に，それぞれ $k_{5.32}(298\text{ K}) = 8.5 \times 10^{-12}$, $k_{5.34}(298\text{ K}) = 1.5 \times 10^{-11}$ cm^3 $molecule^{-1}$ s^{-1} を与えている．このように OH とアルデヒドの反応は，もっとも炭素数の少ない HCHO でも常温で反応速度定数の大きな反応である．

5.3　HO_2, CH_3O_2 ラジカルの反応

HO_2 ラジカルは，OH ラジカルとともに対流圏・成層圏において連鎖反応サイクルを構成する主要な化学種の一つである．また対流圏においては，HO_2 のほかに有機過酸化ラジカル RO_2 も主要な連鎖伝播中間体となる．本節ではこれらラジカルの反応のなかで，成層圏・対流圏で O_3 の生成消滅に影響を及ぼす HO_2 と O_3 の反応，対流圏オゾン生成に直接関与する HO_2, CH_3O_2 と NO との反応，HO_2 と CH_3O_2 の間のラジカル-ラジカル反応を取り上げる．表 5.4 には本節で取り扱われる HO_2, CH_3O_2 の反応のほか，有機ラジカル反応の速度定数とその温度依存性を，IUPAC 小委員会報告 Vol. II（Atkinson $et\ al.$, 2004）または NASA/JPL パネル評価（Sander $et\ al.$, 2011）から抜粋して掲げる．

5.3.1　HO_2+O_3

HO_2 と O_3 の反応は成層圏における HO_x サイクルのなかで HO_2 を OH に変換する反応として重要な反応である．一方，対流圏では NO 濃度の低い海洋境界層内や自由対流圏において HO_2 を OH に変換する主要な反応となる．

5.3 HO_2, CH_3O_2 ラジカルの反応

表 5.4 HO_2 および有機ラジカル反応の 298 K における速度定数と温度依存性

反応	k(298 K) (cm^3 $molecule^{-1}$ s^{-1})	A 因子 (cm^3 $molecule^{-1}$ s^{-1})	E_a/R (K)	Ref.
$HO_2 + O_3 \rightarrow OH + 2O_2$	1.9×10^{-15}	1.0×10^{-14}	490	(b)
$HO_2 + NO \rightarrow OH + NO_2$	8.0×10^{-12}	3.3×10^{-12}	-270	(b)
$CH_3O_2 + NO \rightarrow CH_3O + NO_2$	7.7×10^{-12}	2.3×10^{-12}	360	(a)
$HO_2 + NO_2 + M \rightarrow HO_2NO_2 + M$	$2.0 \times 10^{-31}[N_2]$ (k_0)	$2.0 \times 10^{-31}(T/300)^{-3.4}[N_2]$		(b)
	2.9×10^{-12} (k_∞)	$2.9 \times 10^{-12}(T/300)^{-1.1}$		
$HO_2 + HO_2 \rightarrow H_2O_2 + O_2$	1.4×10^{-12}	3.0×10^{-13}	-460	(b)
$+ M \rightarrow HO_2NO_2 + M$	$4.6 \times 10^{-32}[M]$ (k_0)	$2.1 \times 10^{-33}[M]$	-920	
$HO_2 + CH_3O_2 \rightarrow CH_3OOH + O_2$	5.2×10^{-12}	4.1×10^{-13}	-750	(b)
$CH_3O_2 + CH_3O_2 \rightarrow$ products	3.5×10^{-13}	1.0×10^{-13}	-370	(a)
$HCO + O_2 \rightarrow HO_2 + CO$	5.1×10^{-12}	5.1×10^{-12}	0	(a)
$CH_3CO + O_2 + M \rightarrow CH_3C(O)O_2 + M$	5.1×10^{-12} (k_∞)	5.1×10^{-12}	0	(a)
$CH_3OH + O_2 \rightarrow HCHO + HO_2$	9.7×10^{-12}	—	—	(a)
$CH_3O + O_2 \rightarrow HCHO + HO_2$	1.9×10^{-15}	7.2×10^{-14}	1080	(a)
$CH_3O + NO + M \rightarrow CH_3ONO + M$	$2.6 \times 10^{-29}[N_2]$ (k_0)	$2.6 \times 10^{-29}(T/300)^{-2.8}[N_2]$		(a)
	3.3×10^{-11} (k_∞)	$3.3 \times 10^{-11}(T/300)^{-0.6}$		
$CH_3O + NO_2 + M \rightarrow CH_3ONO_2 + M$	$8.1 \times 10^{-29}[N_2]$ (k_0)	$8.1 \times 10^{-29}(T/300)^{-4.5}[N_2]$		(a)
	2.1×10^{-11} (k_∞)	2.1×10^{-11}		

(a) IUPAC 小委員会報告 Vol. II (Atkinson *et al.*, 2006).
(b) NASA/JPL パネル評価 No. 17 (Sander *et al.*, 2011).

HO_2 と O_3 の反応経路は,

$$HO_2 + O_3 \rightarrow OH + 2O_2 \quad \Delta H°_{298} = -118 \text{ kJ mol}^{-1} \quad (5.38)$$

である.この反応の速度定数は,Zahniser and Howard (1980), Sinha *et al.* (1987), Wang *et al.* (1988), Herndon *et al.* (2001) などによる測定に基づき,NASA/JPL パネル評価 (Sander *et al.*, 2011) では,アレニウス式,

$$k_{5.38}(T) = 1.0 \times 10^{-14} \exp\left(-\frac{490}{T}\right) \text{cm}^3 \text{ molecule}^{-1} \text{ s}^{-1}$$

を,IUPAC 小委員会では,さらに詳しい温度依存性を表す速度式,

$$k_{5.38}(T) = 2.0 \times 10^{-16} \left(\frac{T}{300}\right)^{4.57} \exp\frac{693}{T} \text{ cm}^3 \text{ molecule}^{-1} \text{ s}^{-1} \quad (250 \sim 340 \text{ K})$$

を推奨している (Atkinson *et al.*, 2004).この反応の 298 K における速度定数は $k_{5.38}$(298 K) $= 2.0 \times 10^{-15}$ cm^3 $molecule^{-1}$ s^{-1} であり,ラジカル反応としては比較的遅く OH + O_3 の反応 (5.2.1 項参照) に比べても,さらに 1 桁以上速度定数の小さい反応である.また上式にみられるようにアレニウスプロットには湾曲がみられ,とくに 250 K 以下において顕著である.このことは活性化エネルギーが低温で減少することを意味している.

この反応のメカニズムに関して,Sinha *et al.* (1987) は酸素同位体でラベルし

た $H^{18}O_2$ と $^{16}O_3$ とを用いた実験において生成する OH を LMR (laser magnetic resonance) で検出し，反応 (5.33) で生成する OH の大部分 (75±10%) が ^{16}OH であることを見いだした．このことは O_3 による H 原子の引き抜き反応が主に起こっていることを示している．さらに，Nelson and Zahnisier (1994) は同様の同位体を用いた手法で，OH を LIF で検出し ^{16}OH, ^{18}OH の生成比率を調べることにより，O_3 による H 原子の引き抜き反応が 226 K, 355 K の温度でそれぞれ，94±5, 85±5% であり，その温度変化は小さいことを見いだしている．

HO_2 と O_3 の反応に関しては量子化学計算がなされており，O_3-HO_2 の錯合体を経て HO_3 を生成する H 引き抜き反応の方が，O_3-O_2H を経て HO_3 を生成する O 引き抜き反応よりエネルギー障壁が低いことが示され，実験とよく一致する分岐比が得られている (Xu and Lin, 2007；Varandas and Viegas, 2011)．

5.3.2　HO_2 + NO

HO_2 と NO との反応による OH と NO_2 の生成は，対流圏・成層圏における OH-HO_2 連鎖反応を成立させる重要な反応である．とくに対流圏においては，後に述べる RO_2 と NO との反応とともに，光化学オゾン生成の根幹となる反応である．

HO_2 + NO の反応，

$$HO_2 + NO \rightarrow HO + NO_2 \qquad \Delta H^\circ_{298} = -35 \text{ kJ mol}^{-1} \qquad (5.39)$$

の速度定数は，Howard and Evenson (1977) の LMR 法によるはじめての絶対値の測定以来数多くなされており，1990 年以降の測定としては Jemi-Alade and Thrush (1990), Seeley et al. (1996a), Bohn and Zetzsch (1997), Bardwell et al. (2003) などがある．NASA/JPL パネル評価 No.17 では，298 K における値として $k_{5.30}$(298 K) = 8.0×10^{-12} cm^3 molecule^{-1} s^{-1}，温度依存性を含めた式として，

$$k_{5.39}(T) = 3.3 \times 10^{-12} \exp\frac{270}{T} \text{ cm}^3 \text{ molecule}^{-1} \text{ s}^{-1}$$

を推奨している (Sander et al., 2011)．IUPAC 小委員会による推奨値は 200～400 K においてこれより 10% 大きな値である (Atkinson et al., 2004)．この反応は，上式のように負の温度依存性をもち，圧力依存性はないことが知られている．

HO_2 と NO の反応に対する量子化学計算によるポテンシャルエネルギー面の研究は，Sumathi and Peyerimhoff (1997), Chakraborty et al. (1998), Zhang and Donahue (2006) などによってなされている．これらの研究によると HO_2 と NO の反応は HOONO 中間体を経由することが示され，その反応経路として (5.34) 以外に $HONO_2$, HNO などの生成の可能性が示唆されている．

$$HO_2 + NO \rightarrow HOONO^\dagger \rightarrow HO + NO_2 \qquad (5.39a)$$
$$\rightarrow HONO_2 \qquad (5.39b)$$
$$\rightarrow HNO + O_2 \qquad (5.39c)$$

とくに関心がもたれるのは上の過亜硝酸（HOONO）は，5.2.4項に述べられた OH と NO_2 の反応中間体と共通である点であり，これから $HO_2 + NO$ の反応で硝酸（$HONO_2$）の生成がみられるかどうかに興味がもたれる．

この問題に関連して最近 Butkovskaya $et\ al.$ (2005, 2007, 2009) が，$HO_2 + NO$ の反応における $HONO_2$ の生成を実験的に報告している．Butkovskaya $et\ al.$ (2009) は，化学イオン化質量分析計を用いた手法で $HONO_2$ を測定し，水蒸気の存在しないときの $HONO_2$ 生成の反応速度は 223～323 K，72～600 Torr の範囲で温度の低下，圧力の増加とともに増加すること，$HONO_2$ の収率は H_2O とともに直線的に増加することを示した．水蒸気の存在しないときの反応（5.39a）に対する反応（5.39b）の比率 $k_{5.34b}/k_{5.34a}$ は，

$$\frac{k_{5.34b}}{k_{5.34a}} = \frac{530}{T} + 6.4 \times 10^{-4} P(\text{Torr}) - 1.731 \qquad (5.40)$$

と与えられている．水蒸気の存在するとき H_2O による HNO_3 生成の増加率 f は，$[H_2O]$ の単位を molecules cm^{-3} としたとき，

$$f = 1 + 2 \times 10^{-17} [H_2O] \qquad (5.41)$$

で表される．この式から 298 K で相対湿度約 50%（$[H_2O] = 4 \times 10^{17}$ molecules cm^{-3}）のとき，HNO_3 の生成は $[H_2O] = 0$ のときの 8 倍になる．また，この水蒸気による反応の促進が，$HO_2 \cdot H_2O$ 複合体による反応，

$$HO_2 \cdot H_2O + NO \rightarrow HONO_2 + H_2O \qquad (5.42)$$

によるものと考えると，298 K，1 気圧における反応（5.42）の速度定数は，$k_{5.42} = 6 \times 10^{-13}$ cm^3 molecule^{-1} s^{-1} となり，同じ温度圧力で水蒸気の存在しないときの $HONO_2$ の生成反応（5.34b）の 40 倍の値となっている．Butkovskaya $et\ al.$ (2009) はこの反応の実験における不均一反応の寄与の可能性は低いことを検討しており，$HO_2 \cdot H_2O$ コンプレックスの NO との反応による $HONO_2$ の生成は，下部対流圏大気中のモデルにとって重要となる可能性が高い．

$HO_2 + NO$ の反応に対する量子化学計算は Zhu and Lin (2003a) によってなされており，反応経路としては HOONO の直接分解による $OH + NO_2$ の生成が主で，HOONO から $HONO_2$ への異性化はエネルギー的に 21.7 kJ mol^{-1} 不利であるとされている．また，理論計算に基づく反応速度の計算から，$OH + NO_2$ の反応は 10 atm 以下で圧力依存性がないことが示され，実験とよく一致している．

5.3.3 $CH_3O_2 + NO$

CH_3O_2 をはじめとする有機過酸化ラジカルと NO との反応は,前項の HO_2 と NO との反応同様,対流圏化学において HO_x 連鎖反応を伝搬する重要な反応であり,とくに都市や森林などそれぞれ人為起源や植物起源炭化水素濃度の高い地域では,局地的なオゾン生成に $RO_2 + NO$ の反応の寄与が大きい.ここでは,有機過酸化ラジカルの代表例として CH_3O_2 を取り上げ,ほかのアルキル過酸化ラジカルについても言及する.

CH_3O_2 と NO の反応の生成物は CH_3O と NO_2 であることが知られており (Ravishankara *et al.*, 1981 ; Zellner *et al.*, 1986 ; Bacak *et al.*, 2004),その主反応は,

$$CH_3O_2 + NO \rightarrow CH_3O + NO_2 \quad \Delta H°_{298} = -49 \text{ kJ mol}^{-1} \quad (5.43)$$

である.この反応の速度定数は数多くの測定値が報告されているが,IUPAC 小委員会では,Scholtens *et al.* (1999),Bacak *et al.* (2004) およびそれ以前の数値に基づき,298 K における速度定数を $k_{5.43}(298 \text{ K}) = 7.7 \times 10^{-12} \text{ cm}^3 \text{ molecule}^{-1} \text{ s}^{-1}$,温度依存式を,

$$k_{5.43}(T) = 2.3 \times 10^{-12} \exp\frac{360}{T} \text{ cm}^3 \text{ molecule}^{-1} \text{ s}^{-1}$$

と推奨している (Atkinson *et al.*, 2006).

上式のようにこの反応は負の温度依存性をもち,低温では速度定数が圧力とともに増加する圧力依存性がみられることから,この反応の経路は前項の $HO_2 + NO$ の反応で考えられたような,

$$\begin{array}{c} CH_3O_2 + NO \leftrightarrow [CH_3OONO]^\dagger \xrightarrow{(5.44a)} CH_3O + NO_2 \\ (5.44b) \downarrow M \\ CH_3ONO_2 \end{array} \quad (5.44)$$

のスキームが想定される (Scholtens *et al.*, 1999).反応中間体の CH_3OONO から硝酸メチル CH_3ONO_2 へ異性化するこのスキームは,Zhang *et al.* (2004) による量子化学理論計算からも予測されている.しかしながら,実験的には反応 (5.44b) による硝酸メチル CH_3ONO_3 の生成はみられず,Scholtens *et al.* (1999) によって上限値は 0.3% とされている.

上の反応スキームによる硝酸エステル(硝酸アルキル)の生成は,RO_2 中のアルキル基の炭素数が大きくなるにつれて,収率が高くなることが実験的に知られている.たとえば,過酸化エチルラジカル $C_2H_5O_2$ と NO の反応,

$$C_2H_5O_2 + NO \rightarrow C_2H_5O + NO_2 \quad \Delta H°_{298} = -45 \text{ kJ mol}^{-1} \quad (5.45a)$$
$$\rightarrow C_2H_5ONO_2 \quad \Delta H°_{298} = -217 \text{kJ mol}^{-1} \quad (5.45b)$$

に対しては，反応全体に対する $C_2H_5ONO_2$ の生成比率は $k_{5.45b}/k_{5.45} \leq 0.014$（298 K）（Ranschaert *et al.*, 2000），n-$C_3H_7O_2$, i-$C_3H_7O_2$ に対しては n-$C_3H_7ONO_2$, i-$C_3H_7ONO_2$ の生成比はそれぞれ，0.020, 0.042（Carter and Atkinson, 1989）の値が IUPAC 小委員会で推奨されている（Atkinson *et al.*, 2006）．個々のアルカン（RH）に対する $RONO_2$ の生成収率は，Lightfoot *et al.* (1992)，Tyndall *et al.* (2001)，Finlayson-Pitts and Pitts (2000) などにまとめて掲げられているが，$RONO_2$ の生成比は C_4 以上ではさらに増加し，C_7, C_8 では 0.3 以上に達することが知られている．

一般に RO_2 と NO の反応，

$$RO_2 + NO \rightarrow RO + NO_2 \qquad (5.46a)$$
$$\rightarrow RONO_2 \qquad (5.46b)$$

で生成する RO ラジカルからは，

$$RO + O_2 \rightarrow R'CHO + HO_2 \qquad (5.47)$$

の反応で HO_2 が再生され，連鎖反応を継続させるのに対し，$RONO_2$ の生成は連鎖反応を停止させる働きをする．したがって，RO_2 と NO との反応における $RONO_2$ 生成収率は，汚染大気中における各炭化水素の光化学オゾン生成効率に影響する重要なパラメータである．

RO_2 （R = CH_3, C_2H_5, n-C_3H_7, i-C_3H_7, 2-C_5H_{11}) + NO の反応に対する量子化学計算は，Lohr *et al.* (2003)，Barker *et al.* (2003) などによってなされている．これらの理論計算によると反応の主生成物は $RO + NO_2$ で，ROONO から $RONO_2$ への異性化反応のエネルギー障壁は高く，この計算では実験で得られている $RONO_2$ の収率を説明できていない．

5.3.4 HO_2+NO_2+M

HO_2 と NO_2 の反応によるペルオキシ硝酸（HO_2NO_2）の生成は，OH-HO_2 ラジカル連鎖反応の停止反応として働く可能性があるが，生成した HO_2NO_2 が熱的に不安定で，常温では数秒以内に HO_2 と NO_2 に戻ってしまうので，地表付近ではオゾン生成に対する影響はほとんどない．ただし，気温の低い対流圏で生成される場合，HO_2NO_2 はリザバーとして NO_x を長距離に輸送する働きをするので，この反応をモデルに含めることが重要となる．

HO_2 と NO_2 の反応はこのように，

$$HO_2 + NO_2 + M \rightarrow HO_2NO_2 + M \qquad \Delta H^\circ_{298} = -101 \text{ kJ mol}^{-1} \qquad (5.48)$$
$$HO_2NO_2 + M \rightarrow HO_2 + NO_2 + M \qquad \Delta H^\circ_{298} = 101 \text{ kJ mol}^{-1} \qquad (5.49)$$

のような熱平衡反応である．反応 (5.48) は三体反応であり，たとえば $F_c = 0.6$ ととっ

た式 (2.50) を用いて低圧極限，高圧極限式が決定されている．NASA/JPL パネル評価 No. 17 では最近の Christensen et al. (2004) のデータをもとにそれぞれ，

$$k_{0,5.48}(T) = 2.0 \times 10^{-31} \left(\frac{T}{300}\right)^{-3.4} \text{cm}^6 \text{molecule}^{-2} \text{s}^{-1}$$

$$k_{\infty,5.48}(T) = 2.9 \times 10^{-12} \left(\frac{T}{300}\right)^{-1.1} \text{cm}^3 \text{molecule}^{-1} \text{s}^{-1}$$

を推奨している (Sander et al., 2011). 一方，逆反応 (5.49) については，Graham et al. (1977), Zabel (1995) のデータをもとに，IUPAC 小委員会の推奨値が 260～300 K の温度範囲で，

$$k_{0,5.49}(T) = 4.1 \times 10^{-5} \exp\left(-\frac{10650}{T}\right) [N_2] \text{cm}^3 \text{molecule}^{-1} \text{s}^{-1}$$

$$k_{\infty,5.49}(T) = 4.8 \times 10^{15} \exp\left(-\frac{11170}{T}\right) \text{s}^{-1}$$

と与えられている (Atkinson et al., 2004). 298 K における値はそれぞれ，$k_{0,5.49} = 1.3 \times 10^{-20} [N_2]$ s^{-1}，$k_{\infty,5.49} = 0.25$ s^{-1} となっており，これから常温における HO_2NO_2 の大気寿命は数秒程度であることが算定される．NASA/JPL パネルでは，これら逆反応の速度定数と上記の反応 (5.38) の速度定数から反応 (5.48) (5.49) の平衡定数，

$$K_{5.48/5.49}(T) = 2.1 \times 10^{-27} \exp\left(-\frac{10900}{T}\right) \text{cm}^3 \text{molecule}^{-1}$$

および 298 K における平衡定数，$K_{5.48/5.49}(298 \text{K}) = 1.6 \times 10^{-11}$ cm^3 molecule^{-1} を推奨している (Sander et al., 2011).

HO_2 と NO_2 の反応に対する量子化学計算では HONO の生成経路が示唆されている (Bai et al., 2005) が，実験的にはこの反応による HONO の生成は認められていない (Dransfield et al., 2001).

5.3.5　$HO_2 + HO_2 (+M)$

HO_2 どうしの反応は，大気ラジカルのなかでは一般に HO_2 の濃度がもっとも高いことから対流圏・成層圏におけるラジカル連鎖停止反応の一つとして重要な反応である．この反応で生成される H_2O_2 は，とくに汚染大気中の雲霧中における SO_2 の液相酸化反応にとって重要な酸化剤として働く (7.6.2 項参照).

HO_2 どうしの反応は，

$$HO_2 + HO_2 \rightarrow H_2O_2 + O_2 \quad \Delta H°_{298} = -166 \text{ kJ mol}^{-1} \quad (5.50\text{a})$$
$$+ M \rightarrow H_2O_2 + O_2 + M \quad \Delta H°_{298} = -166 \text{ kJ mol}^{-1} \quad (5.50\text{b})$$

のように二分子反応による反応と三分子反応による反応が並行してみられることが知

5.3　HO$_2$, CH$_3$O$_2$ラジカルの反応

られている（Kircher and Sander, 1984；Kuryko, 1986；Takacs and Howard, 1986；Lightfoot et al., 1988）．IUPAC 小委員会による二分子反応に対する，298 K における速度定数の推奨値は，$k_{5.50a}$(298 K) = 1.6×10^{-12} cm^3 molecule^{-1} s^{-1}，三分子反応に対しては $k_{5.50b}$(298 K) = 5.2×10^{-32}[N$_2$], 4.6×10^{-32}[O$_2$] cm^3 molecule^{-1} s^{-1} である（Atkinson et al., 2004）．NASA/JPL パネルでは二分子反応に対する値を $k_{5.50a}$(298 K) = 1.4×10^{-12} cm^3 molecule^{-1} s^{-1}，三分子反応に対しては第三体としての効果を N$_2$, O$_2$ 共通に 4.6×10^{-32}[M] cm^3 molecule^{-1} s^{-1} を推奨している（Sander et al., 2011）．また，二分子反応，三分子反応に対する温度速度式を 240〜420 K の範囲でそれぞれ，

$$k_{5.50a}(T) = 3.0\times10^{-13}\exp\frac{460}{T}\text{ cm}^3\text{ molecule}^{-1}\text{ s}^{-1}$$

$$k_{5.50b}(T) = 2.1\times10^{-33}[\text{M}]\exp\frac{920}{T}\text{ cm}^3\text{ molecule}^{-1}\text{ s}^{-1}$$

を推奨している（Sander et al., 2011）．このようにこの反応は負の活性化エネルギーをもつが，ラジカル-ラジカル反応としては速度定数のあまり大きくない反応である．

　この反応に対しては水蒸気の存在下で速度定数が増加することが知られている．反応（5.50）に対する水蒸気影響は，Hamilton（1975）によってはじめて見いだされ，Lii et al.（1981），Kircher and Sander（1984）などによって温度影響を含めた反応速度式が実験的に得られている．温度依存性を含む反応（5.50）の水蒸気存在下での速度定数の増加係数 $f_{5.50}$ は，Kircher and Sander（1984）によって，

$$f_{5.50} = 1 + 1.4\times10^{-21}[\text{H}_2\text{O}]\exp\frac{2200}{T}\text{ cm}^3\text{ molecule}^{-1}\text{ s}^{-1}$$

と与えられ，IUPAC 小委員会でもこの式が推奨されている（Atkinson et al., 2004）．

　HO$_2$ + HO$_2$ の反応に対する H$_2$O の影響の原因については，その後理論的，実験的に詳しい研究がなされ，HO$_2$ は H$_2$O と

$$\text{HO}_2 + \text{H}_2\text{O} \rightarrow \text{HO}_2\cdot\text{H}_2\text{O} \tag{5.51}$$

のように複合体 HO$_2$·H$_2$O を形成し（Aloisio and Francisco, 1998, 2000；Zhu and Lin, 2002），この複合体の HO$_2$ との反応，

$$\text{HO}_2 + \text{HO}_2\cdot\text{H}_2\text{O} \rightarrow \text{H}_2\text{O}_2 + \text{O}_2 + \text{H}_2\text{O} \tag{5.52}$$

の速度定数が，HO$_2$ + HO$_2$ の速度定数より大きいためであることが明らかにされている．Kanno et al.（2005, 2006）は H$_2$O 存在下での HO$_2$ ラジカルの赤外吸収の減少から HO$_2$ と HO$_2$-H$_2$O の平衡定数を求め，実験的に求められた HO$_2$ の減衰速度から反応（5.50）による反応速度を差し引くことにより，反応（5.52）の温度依存速度式，

$$k_{5.52} = 5.4 \times 10^{-11} \exp\left(-\frac{410}{T}\right) \text{ cm}^3 \text{ molecule}^{-1} \text{ s}^{-1}$$

を得ている．298 K における $k_{5.52}$ の値は 1.4×10^{-11} cm^3 molecule^{-1} s^{-1} であり，H$_2$O を含まない反応（5.50）の速度定数に比べて，1桁大きな値である．NASA/JPL パネルでは反応（5.52）の速度定数としてこの値を推奨している（Sander et al., 2011）．

Kanno et al.（2006）によって得られた HO$_2$-H$_2$O の平衡定数の温度依存性から計算された反応（5.52）のエンタルピー $\Delta H°_{298}$ とエントロピー $\Delta S°_{298}$ はそれぞれ，-31 ± 4 kJ mol^{-1}，-83 ± 14 mol^{-1} K^{-1} は以前に求められた実験値（Aloisio et al., 2000），および理論値（Hamilton and Naleway, 1976；Aloisio and Francisco, 1998）とよく一致している．得られた平衡定数から，297 K, 相対湿度 50% における ［HO$_2$-H$_2$O］/［HO$_2$］の濃度比は 0.19 ± 0.11 と推定されている（Kanno et al., 2005）．

HO$_2$ の自己反応に対する H$_2$O の影響に対する量子化学理論計算は Zhu and Lin（2002）によって報告されているが，一重項，三重項それぞれのポテンシャル曲面を経由する経路が可能であり，それぞれの経路において H$_2$O 分子が反応の障壁を低下させることが示されている．

5.3.6　HO$_2$ + CH$_3$O$_2$

NO$_x$ 濃度の低い自由対流圏においては前項で述べた HO$_2$ どうしの自己反応以外に，CH$_4$ の酸化で生ずる CH$_3$O$_2$ と HO$_2$ との交叉ラジカル反応による連鎖停止反応も重要となる．また，汚染大気中では有機過酸化ラジカル（RO$_2$）濃度が高まるため，オゾン生成のモデル計算などにそれらと HO$_2$ との交叉ラジカル反応も考慮する必要がある．ここではそれら RO$_2$ のラジカル-ラジカル消失反応の代表例として HO$_2$ と CH$_3$O$_2$ との反応を取り上げる．

HO$_2$ と CH$_3$O$_2$ の反応経路としては，

$$\text{HO}_2 + \text{CH}_3\text{O}_2 \rightarrow \text{CH}_3\text{OOH} + \text{O}_2 \quad \Delta H° = -155 \text{ kJ mol}^{-1} \quad (5.53a)$$
$$\rightarrow \text{HCHO} + \text{H}_2\text{O} + \text{O}_2 \quad \Delta H° = -374 \text{ kJ mol}^{-1} \quad (5.53b)$$

の二つが知られている．

この反応の速度定数の過去の実験値のバラツキは主にラジカル濃度の測定に用いられる UV 吸収断面積のバラツキによるところが大きかったが，IUPAC 小委員会（atkinson et al., 2006）および NASA/JPL パネル（Sander et al., 2011）では，Cox and Tyndall (1980), Dagaut et al. (1988), Lightfoot et al. (1991), Boyd et al. (2003) などの測定値，および Tyndall et al. (2001) のレビューなどをもとに 298 K における速度定数と温度依存式の推奨値を与えている．298 K における推奨値は両評価で一

致しており，$k_{5.52}(298\,\mathrm{K}) = 5.2\times10^{-12}\,\mathrm{cm^3\,molecule^{-1}\,s^{-1}}$ であるが，Lightfoot et al. (1990) などにより室温での速度定数は 13〜1013 hPa の範囲で圧力によらないことが示されている.

NASA/JPL パネル評価による温度依存アレニウス式の推奨値は，

$$k_{5.53}(T) = 4.1\times10^{-13}\exp\frac{750}{T}\,\mathrm{cm^3\,molecule^{-1}\,s^{-1}}$$

である (Sander et al., 2011) が，IUPAC 小委員会の推奨パラメータ値も 10% 以内で一致している (Atkinson et al., 2006).

二つの反応経路の分岐比については，Wallington (1990)，Elrod et al. (2001) などによって得られている．298 K においては $k_{5.53b}/k_{5.53}(298\,\mathrm{K}) = 0.1$ と反応 (5.53b) の収量は小さいが，分岐比には温度依存性があることが見いだされており (Elrod et al., 2001)，IUPAC 小委員会による推奨値は

$$\frac{k_{5.53b}}{k_{5.53}} = \frac{1}{1 + 498\exp(-1160/T)}$$

となっている．すなわち反応 (5.53b) の分岐比は温度の低下とともに大きくなり，218 K では 0.31 となる.

この反応に対する量子化学理論計算によると，反応経路には CH_3OOOOH の複合体を経由する一重項と三重項の経路があり，反応 (5.53a) においてそれぞれ一重項，三重項の O_2 の生成に相関することが示されている (Zhou et al., 2006).

5.4　O_3 の 反 応

オゾン (O_3) は大気中の安定分子のなかでは反応性に富んだ分子であるが，均一気相反応の相手となる大気中の分子はそれほど多くない．大気反応として重要なのは成層圏におけるハロゲン原子・ラジカルの反応以外に，対流圏・成層圏での NO, NO_2 との反応および対流圏におけるアルケン (オレフィン) 類，ジアルケン (ジオレフィン) 類，植物起源環状オレフィン類などとの反応である．本節ではこれらのうち，NO, NO_2 および典型オレフィンとして C_2H_4 との反応について述べ，植物起源炭化水素類との反応については 7.2.6 項で触れる．大気中の基本的な O_3 反応の速度定数は表 5.5 にまとめられている.

5.4.1　O_3+NO

対流圏における O_3 と NO との反応は，O_3 を一時的に消失させる働きをし，とくに

表 5.5　オゾン反応の 298 K における速度定数と温度依存性

反応	k(298 K) $(\mathrm{cm}^3\,\mathrm{molecule}^{-1}\,\mathrm{s}^{-1})$	A 因子 $(\mathrm{cm}^3\,\mathrm{molecule}^{-1}\,\mathrm{s}^{-1})$	E_a/R (K)	Ref.
$O_3 + NO \rightarrow NO_2 + O_2$	1.8×10^{-14}	1.0×10^{-12}	1310	(a1)
$O_3 + NO_2 \rightarrow NO_3 + O_2$	3.5×10^{-17}	1.4×10^{-13}	2470	(a1)
$O_3 + C_2H_2 \rightarrow$ products	1.0×10^{-20}	1.0×10^{-14}	4100	(b)
$O_3 + C_2H_4 \rightarrow$ products	1.7×10^{-18}	1.2×10^{-14}	2630	(b)
$O_3 + C_3H_6 \rightarrow$ products	1.1×10^{-17}	6.5×10^{-15}	1900	(b)
$O_3 + i\text{-}C_4H_8 \rightarrow$ products	1.1×10^{-17}	2.7×10^{-15}	1630	(a2)
$O_3 + 1\text{-}C_4H_8 \rightarrow$ products	9.6×10^{-18}	3.6×10^{-15}	1750	(a2)
$O_3 + cis\text{-}2\text{-}C_4H_8 \rightarrow$ products	1.3×10^{-16}	3.2×10^{-15}	970	(a2)
$O_3 + trans\text{-}2\text{-}C_4H_8 \rightarrow$ products	1.9×10^{-16}	6.6×10^{-15}	1060	(a2)
$O_3 + C_5H_8$(isoprene) $\rightarrow$ products	1.3×10^{-17}	1.0×10^{-14}	1970	(b)
$O_3 + C_{10}H_{16}$(α-pinene) $\rightarrow$ products	9.0×10^{-17}	6.3×10^{-16}	580	(a2)

(a1, a2) それぞれ IUPAC 小委員会報告（Atkinson et al., 2004；Wallington et al., 2012）.
(b) NASA/JPL パネル評価 No. 17（Sander et al., 2011）.

発生源近傍や都市大気中での「滴定反応（titration reaction）」として知られている．また成層圏においては，O_3 の正味の消滅をもたらす NO_x サイクルを構成する反応として重要である（8.2.2 項参照）．

O_3 と NO との反応は，

$$O_3 + NO \rightarrow NO_2 + O_2 \quad \Delta H^\circ_{298} = -200\text{ kJ mol}^{-1} \quad (5.54\mathrm{a})$$

で表される．この反応の速度定数は，Lippman et al.（1980），Ray and Watson（1981），Borders and Birks（1982），Moonen et al.（1998）をはじめとする多くの測定がなされており，IUPAC 小委員会報告 Vol. I, NASA/JPL パネル評価 No. 17 ではこれらに基づいた速度定数とその温度依存性を与えている（Atkinson et al., 2004；Sander et al., 2011）．IUPAC 小委員会では上記の反応（5.54a）と以下に述べられる反応（5.54b）とを合わせた総括反応速度の 289 K における値を $k_{5.54}$(298 K) $= 1.8 \times 10^{-14}\,\mathrm{cm}^3\,\mathrm{molecule}^{-1}\,\mathrm{s}^{-1}$，アレニウス式を 195〜308 K の範囲で，

$$k_{5.54}(T) = 1.4 \times 10^{-12} \exp\left(-\frac{1310}{T}\right) \mathrm{cm}^3\,\mathrm{molecule}^{-1}\,\mathrm{s}^{-1}$$

と推奨している（Atkinson et al., 2004）．

一方，この反応は以前から NO_2 の化学発光のみられる反応としてよく知られており（Clyne et al., 1964；Clough and Thrush, 1967），

$$O_3 + NO \rightarrow NO_2^* + O_2 \quad (5.54\mathrm{b})$$

反応（5.54b）の活性化エネルギーが反応（5.54a）よりも大きいことが示されている（Michael et al., 1981；Schurath et al., 1981）．また，290 K における NO_2^* の生成量子収率 0.20 が Schurath et al.（1981）により得られている．この反応は大気化学的には，

反応 (5.54a), (5.54b) を合わせた総括反応速度のみが重要であるが, 反応 (5.54b) による化学発光は大気中の O_3 の測定装置に利用されている (Fontijn *et al.*, 1970).

O_3+NO の量子化学的理論計算は, Viswanathan and Raff (1983) によっていくつかのポテンシャル曲面上で準古典トラジェクトリ法によってなされ, 反応断面積, 内部エネルギーの分配などが求められているが, 最近の研究は行われていない.

5.4.2　O_3+NO_2

O_3 と NO_2 の反応は NO_3 ラジカルを生成する反応として, とくに対流圏化学で重要である. NO_3 とほかの大気分子との反応については 5.5 節で述べる.

O_3 と NO_2 の反応経路は,

$$O_3 + NO_2 \rightarrow NO_3 + O_2 \quad \Delta H^\circ_{298} = -102 \text{ kJ mol}^{-1} \quad (5.55)$$

のように NO_3 を生成する. この反応の速度定数については, Davis *et al.* (1974), Graham and Johnston (1974), Hui and Herron (1974), Cox and Coker (1983) などの測定値をもとに, IUPAC 小委員会では $k_{5.54}(298\text{ K}) = 3.5 \times 10^{-17} \text{ cm}^3 \text{ molecule}^{-1}$, 温度依存性に関しては,

$$k_{5.55}(T) = 1.4 \times 10^{-13} \exp\left(-\frac{2470}{T}\right) \text{ cm}^3 \text{ molecule}^{-1} \text{ s}^{-1} \quad (230\sim360\text{ K})$$

のアレニウス式を推奨している (Atkinson *et al.*, 2004). この反応は活性化エネルギー 20.5 kJ mol^{-1} をもち, 常温ではかなり遅い反応である.

O_3 と NO_2 の反応の量子化学理論計算は Peiró-García and Nebot-Gil (2003b) によってなされており, 実験とかなりよく一致した活性化エネルギー, 反応エンタルピー, 反応速度定数が得られている.

5.4.3　O_3+C_2H_4

汚染大気中の O_3 の反応として重要なのは, アルケン類, ジアルケン類, テルペン類などの二重結合をもった有機化合物との反応である. ここではそのもっとも基本的な素反応であるエチレン (C_2H_4) との反応について述べ, ほかのアルケン類や植物起源炭化水素との反応については 7.2.4, 7.2.6 項で扱う.

O_3 と C_2H_4 の反応,

$$O_3 + C_2H_4 \rightarrow \text{products} \quad (5.56)$$

の速度定数の測定は広い温度範囲でなされている. IUPAC 小委員会では比較的最近の Bahta *et al.* (1984), Treacy *et al.* (1992) をもとに, 180～360 K におけるアレニウス式を,

$$k_{5.56}(T) = 9.1 \times 10^{-15} \exp\left(-\frac{2580}{T}\right) \text{ cm}^3 \text{ molecule}^{-1} \text{ s}^{-1}$$

また,298 K における速度定数を $k_{5.56}(298 \text{ K}) = 1.6 \times 10^{-18}$ cm^3 molecule^{-1} と推奨している(Atkinson et al., 2006).このように O_3 と C_2H_4 の反応は活性化エネルギー 21.5 kJ mol^{-1} を有する比較的遅い反応であるが,O_3, C_2H_4 濃度が高い汚染大気中における C_2H_4 の消失過程として,また以下に述べるようにラジカル類の生成反応として重要である.

O_3 とアルケン類との反応の活性化エネルギーは一般に炭素数の増加とともに減少し,反応速度定数は急速に増加する.たとえばプロピレン(C_3H_6), α-ピネン($C_{10}H_{16}$)との反応の活性化エネルギーはそれぞれ 15.6, 4.8 kJ mol^{-1} に低下し,298 K における速度定数はそれぞれ 1.0×10^{-17}, 9.0×10^{-17} cm^3 molecule^{-1} と C_2H_4 に比較してそれぞれほぼ 1~2 桁近く大きい(Atkinson et al., 2006).

O_3 とアルケン類との反応の初期過程は,O_3 の二重結合に対する環状付加による一次オゾニド(primary ozonide)を経由したカルボニル化合物とカルボニルオキシド(carbonyl oxide)の生成であることが知られている.エチレンの場合の反応式は,

$$O_3 + C_2H_4 \rightarrow \begin{bmatrix} \text{O-O-O} \\ | \quad \quad | \\ \text{CH}_2\text{---CH}_2 \\ \text{(A)} \end{bmatrix}^{\dagger} \rightarrow \text{HCHO} + [\text{CH}_2\text{OO}]^{\dagger} \quad (5.57)$$

と表される.このようなメカニズムは当初液相のオゾン反応における溶媒かご(solvent cage)内での二次オゾニド(secondary ozonide)の生成,

$$\text{HCHO} + \text{CH}_2\text{OO} \rightarrow \begin{array}{c} \text{H} \quad \text{O-O} \quad \text{H} \\ \diagdown \text{C} \diagup \quad \diagdown \text{C} \diagup \\ \text{H} \diagup \quad \text{O} \quad \diagdown \text{H} \end{array} \quad (5.58)$$

を説明するために提言されてきたものである(Criegee, 1975)が,反応(5.57)の経路はその後の研究により気相におけるオゾン-アルケン反応に対して広く認められている(Finlayson-Pitts and Pitts, 2000).

気相におけるエチレン一次オゾニド(A)の生成はマイクロ波分光によって確認され,その分子構造が決定されている(Gillies et al., 1988, 1989).また,エチレン一次オゾニドに対する量子化学計算は,McKee and Rohlfing (1989) によってなされ,幾何学的分子構造は実験値と非常によい一致が得られている.これら実験と理論から,一次オゾニドの構造は C_2H_4 の二つのメチレン基(CH_2)の平面と O_3 の O-O-O 平面が平行構造をもつことが確認されている.一次オゾニドの生成熱を理論計算値

の-51 kJ mol^{-1}（Olzmann et al., 1997）ととると，反応（5.57）による一次オゾニドの生成は246 kJ mol^{-1}の発熱反応であり，生成したオゾニドは過剰エネルギーによってHCHOとCH$_2$OOに分解することが推定される．実験的にも，Grosjean and Grosjean（1996）によりこの反応におけるHCHOの生成収率が1.0であることが求められている．

一般にオゾン-オレフィン反応で生成する一次オゾニドの分解生成物のうちカルボニル化合物以外のRR'COO型の分子種（C$_2$H$_4$の場合はCH$_2$OO）は，この機構をはじめて提唱したCriegeeの名を附してクリーギー中間体（Criegee intermediate）とも，カルボニルオキシドとも呼ばれている．クリーギー中間体については，理論的研究を含めその存在は認められてきたが，長いこと気相における直接測定がなされてこなかった．最近，シンクロトロン放射光を用いた光イオン化質量分析の手法を用いてCH$_2$OO（ホルムアルデヒドオキシド，formaldehyde oxide）の直接検出がなされ（Taatjes et al., 2008; Welz et al., 2012），その紫外，赤外吸収スペクトルが報告されている（Beams et al., 2012; Su et al., 2013）．

液相においては，CH$_2$OOはその反応性から双極性イオン（zwitterion）構造$^+$CH$_2$OO$^-$が広く認められている．一方，気相におけるCH$_2$OOが・CH$_2$OO・のようなビラジカル構造か双極性イオン構造かについては理論的に長いこと議論がなされてきた（Wald and Goddard III, 1975; Johnson and Marston, 2008）が，最近のab initio計算ではイオン性をもったビラジカルであることが示されている（Sander, 1990; Cremer et al., 1993）．また，理論計算により基底状態CH$_2$OO（1A'）の生成熱が$\Delta H^\circ_{f,298} = 1.2$，$\Delta H^\circ_{f,0} = 12.5$ kJ mol^{-1}と報告されている（Nguyen et al., 2007）．

反応（5.57）で生成したCH$_2$OOは振動励起しており，大気圧条件下で一部が単分子分解を起こし，一部がCH$_2$OO分子として安定化し，ほかの分子との二分子反応に与ることが知られている（Atkinson et al., 2006）．

$$[CH_2OO]^\dagger + M \rightarrow CH_2OO + M \tag{5.59a}$$

$$\rightarrow \left[CH_2 \diagup\!\!\!\diagdown \begin{matrix} O \\ | \\ O \end{matrix} \right]^\dagger \tag{5.59b}$$

$$\rightarrow HCO + OH \tag{5.59c}$$

$$\left[CH_2 \diagup\!\!\!\diagdown \begin{matrix} O \\ | \\ O \end{matrix} \right]^\dagger \rightarrow [HCOOH]^\dagger \rightarrow CO_2 + H_2 \tag{5.60a}$$

$$\rightarrow CO + H_2O \tag{5.60b}$$

$$\rightarrow CO_2 + 2H \tag{5.60c}$$

$$\rightarrow HCO + OH \tag{5.60d}$$

大気圧条件下での安定化 CH_2OO の収率については，HCHO，SO_2 その他の分子での捕捉実験から常温 1 気圧で $\Phi(CH_2OO) = 0.35 \sim 0.39$ の値が得られていた（Niki et al., 1981；Kan et al.；Hatakeyama et al., 1984, 1986；Hasson et al., 2001）が，最近の実験ではこれより大きな $\Phi(CH_2OO) = 0.47 \sim 0.50$ の値が報告されている（Horie and Moortgat, 1991；Neeb et al., 1996, 1998；Horie et al., 1999；Alam et al., 2011）．安定化 CH_2OO の収率には圧力依存性があることが予測されるが，Hatakeyama et al. (1986) は圧力 0 へ外挿した場合にも $\Phi(CH_2OO) = 0.20 \pm 0.03$ が得られることを報告しており，このことは反応 (5.57) の一次オゾニドの分解過程で一部の CH_2OO は過剰エネルギーをもたずに生成されることを意味している．

振動励起 CH_2OO の分解生成物としては CO_2，H_2，CO，H_2O のほか，OH ラジカルと H 原子が生成されることが知られている（Atkinson et al., 2006；Finlayson-Pitts and Pitts, 2000）．CH_2OO の分解経路については多くの理論計算がなされており，これらの生成物の多くは反応 (5.60a〜d) に示されるように環状異性体であるジオキシラン（dioxirane）を経て振動励起状態のギ酸 HCOOH に異性化し，これから分解が起こることが推定されている（Anglada et al., 1996；Gutbrod et al., 1996；Olzmann et al., 1997；Qi et al., 1998）．

これらの分解過程のうちで大気化学的に重要なのは OH ラジカルと H 原子の生成収率である．OH の収率については，トレーサーを用いた実験や LIF による直接測定などからその収率が求められており（Paulson et al., 1999；Rickard et al., 1999；Kroll et al., 2001），IUPAC 小委員会では $\Phi(OH) = 0.16$ を推奨している（Atkinson et al., 2006）．最近の EUPHORE チャンバー（p.278 のコラム参照）を用いた LIF 検出による値も $\Phi(OH) = 0.17 \pm 0.09$ とこの推奨値とよく一致している（Alam et al., 2011）．HCO + OH への生成経路については，上式のジオキシラン経由のほか，振動励起 CH_2OO からの直接分解の経路 (5.59c) があることが示唆されている（Alam et al., 2011）．C_2H_4 以外のアルケンと O_3 反応における OH の生成に関する知見は 7.2.4 項で述べる．

一方，H 原子の生成収率については，反応 (5.60c) で生成した H 原子は大気条件下では O_2 と反応して HO_2 に変換されるため，実験的には HO_2 の収率として求められている．ただし反応 (5.60d) で OH とともに生成される HCO ラジカルも大気圧条件下では O_2 との反応 (5.35) で HO_2 を生成するため，測定される HO_2 の収率はこれらを合わせた $2\Phi_{5.60c} + 2\Phi_{5.60d}$ に相当する．また実験条件によっては生成した OH と反応物の O_3 との反応 (5.13) で副次的に生成される HO_2 が初期生成収率の測定誤差となりうる．低温マトリックス法，化学増幅（PERCA）法などによって求められ

た HO_2 の収率はそれぞれ，0.39 ± 0.03 (Mihelcic et al., 1999), 0.38 ± 0.02 (Qi et al., 2006), 0.27 ± 0.07 (Alam et al., 2011) が報告されている．

反応 (5.59a) で生成する安定化された CH_2OO については，大気中のほかの分子との二分子反応が考慮される．これまでに考えられてきた二分子反応としては，

$$CH_2OO + H_2O \rightarrow HCOOH + H_2O \qquad (5.61)$$
$$+ NO \rightarrow HCHO + NO_2 \qquad (5.62)$$
$$+ NO_2 \rightarrow HCHO + NO_3 \qquad (5.63)$$
$$+ SO_2 \rightarrow HCHO + SO_3 \qquad (5.64)$$

などがあるが，これらの反応速度定数に関しては CH_2OO に関する上の反応機構を仮定した間接的な値であり，それらの推定値には何桁もの不確定性が存在してきた．最近，CH_2OO の直接測定に基づくこれらの反応の速度定数 (298, 295 K) が，Welz et al. (2012), Stone et al. (2014) によりそれぞれ次のように報告されている．SO_2：3.9×10^{-11}, 3.4×10^{-11}; NO_2: 7×10^{-12}, 1.5×10^{-12}; NO: $< 6 \times 10^{-14}$, $< 2 \times 10^{-13}$; H_2O: $< 4 \times 10^{-15}$, $< 9 \times 10^{-7}\,cm^3\,molecule^{-1}\,s^{-1}$. SO_2, NO_2 に対するこれらの速度定数は，これらの反応が汚染大気中で重要な影響を与えうるに十分大きな値である．

O_3 とほかのアルケン類との反応，およびそれらから生成されるカルボニルオキシドについては 7.2.4 項で述べる．

5.5 NO_3 ラジカルの反応

硝酸ラジカル (nitrate radical) NO_3 は O_3 と NO_2 との反応 (5.4.2 項) で生成し，汚染大気中での夜間の大気化学に大きな役割を果たす．NO_3 は 4.2.4 項でみたように可視部に吸収をもち，太陽光で容易に光分解されるため日中は非常に低濃度になる．同様に NO_3 は NO との反応速度定数が大きく，NO によって容易に NO_2 に戻されるため，NO の排出源の近傍ではその濃度は非常に低くなる．NO_3 はアルケン類およびアルデヒド類と反応し，ジナイトレート (dinitrate) 化合物や夜間の OH/HO_2 ラジカルの生成源となる．

大気中の NO_3 およびこれに関連する N_2O_5 の基本的な反応の速度定数は表 5.6 にまとめられている．

5.5.1 $NO_3 + NO$

NO_3 と NO との反応は，

$$NO_3 + NO \rightarrow 2\,NO_2 \qquad \Delta H^\circ_{298} = -98\,kJ\,mol^{-1} \qquad (5.65)$$

表5.6 NO_3, N_2O_5 反応の 298 K における速度定数と温度依存性

反応	k(298 K) ($cm^3\,molecule^{-1}\,s^{-1}$)	A 因子 ($cm^3\,molecule^{-1}\,s^{-1}$)	E_a/R (K)	Ref.
$NO_3 + NO \rightarrow 2NO_2$	2.6×10^{-11}	1.8×10^{-11}	-110	(a1)
$NO_3 + NO_2 + M \rightarrow N_2O_5 + M$	$3.6 \times 10^{-30}[N_2]\,(k_0)$	$3.6 \times 10^{-30}[N_2]\,(T/300)^{-4.1}\,(k_0)$		(a1)
	$1.9 \times 10^{-12}\,(k_\infty)$	$1.9 \times 10^{-12}(T/300)^{0.2}$	(k_∞)	
$N_2O_5 + M \rightarrow NO_3 + NO_2$	$1.2 \times 10^{-19}[N_2]\,(k_0/s^{-1})$	$1.3 \times 10^{-3}\,[N_2]\,(T/300)^{-3.5}$		(a1)
	$6.9 \times 10^{-2}\quad(k_\infty/s^{-1})$	$\times \exp(-11000/T)$	(k_0/s^{-1})	
		$9.7 \times 10^{14}(T/300)^{0.1}$		
		$\times \exp(-11080/T)$	(k_∞/s^{-1})	
$N_2O_5 + H_2O \rightarrow 2HONO_2$	2.5×10^{-22}	—	—	(a1)
$N_2O_5 + 2H_2O \rightarrow 2HONO_2 + H_2O$	$1.8 \times 10^{-39\,(b)}$	—	—	(a1)
$NO_3 + C_2H_4 \rightarrow products$	2.1×10^{-16}	3.3×10^{-12}	2880	(a2)
$NO_3 + C_3H_6 \rightarrow products$	9.5×10^{-15}	4.6×10^{-13}	1160	(a2)
$NO_3 + i\text{-}C_4H_8 \rightarrow products$	3.4×10^{-13}	—	—	(a3)
$NO_3 + 1\text{-}C_4H_8 \rightarrow products$	1.3×10^{-14}	3.2×10^{-13}	950	(a3)
$NO_3 + cis\text{-}2\text{-}C_4H_8 \rightarrow products$	3.5×10^{-13}	—	—	(a3)
$NO_3 + trans\text{-}2\text{-}C_4H_8 \rightarrow products$	3.9×10^{-13}	—	—	(a3)
$NO_3 + C_5H_8(isoprene) \rightarrow products$	7.0×10^{-13}	3.2×10^{-12}	450	(a2)
$NO_3 + C_{10}H_{16}(\alpha\text{-}pinene) \rightarrow products$	6.2×10^{-12}	1.2×10^{-12}	-490	(a2)
$NO_3 + n\text{-}C_4H_{10} \rightarrow products$	4.6×10^{-17}	2.8×10^{-12}	3280	(a3)
$NO_3 + i\text{-}C_4H_{10} \rightarrow products$	1.1×10^{-16}	3.0×10^{-12}	3050	(a3)
$NO_3 + HCHO \rightarrow HONO_2 + HCO$	5.6×10^{-16}	—	—	(a2)
$NO_3 + CH_3CHO \rightarrow HONO_2 + CH_3CO$	2.7×10^{-15}	1.4×10^{-12}	1860	(a2)
$NO_3 + C_2H_5CHO \rightarrow HONO_2 + C_2H_5CO$	6.4×10^{-15}	—	—	(a2)
$NO_3 + pinonaldehyde \rightarrow products$	2.0×10^{-14}	—	—	(a3)

(a1, a2, a3) それぞれ IUPAC 小委員会報告 Vol. I, II (Atkinson *et al.*, 2004, 2006), および Wallington *et al.* (2012). (b) 単位 : $cm^6\,molecule^{-2}\,s^{-1}$

のような単純な酸素原子移動反応である．反応 (5.65) の速度定数に関する Hammer (1986), Sander and Kirchner (1986), Tyndall (1991), Brown *et al.* (2000) などの測定値は非常によい一致が得られており，それらに基づき，IUPAC 小委員会では $k_{5.65}(298\,\mathrm{K}) = 2.6 \times 10^{-11}\,cm^3\,molecule^{-1}$, 温度依存性のアレニウス式が 220～420 K の範囲で，

$$k_{5.65}(T) = 1.8 \times 10^{-11} \exp\frac{110}{T}\,cm^3\,molecule^{-1}\,s^{-1}$$

を推奨している (Atkinson *et al.*, 2004). このように NO_3 と NO の反応は，負の活性化エネルギーを有し，反応が衝突頻度の約 1/10 で起こる速い反応である．

5.5.2 $NO_3 + NO_2 + M$

汚染大気中における NO_3 ラジカルと NO_2 の反応は夜間における NO_3 の除去をもた

らすとともに生成される N_2O_5 は H_2O と反応して $HONO_2$ に変換される．したがってこの反応は，昼間における $OH + NO_2 + M$ の反応（5.2.4 項参照）と並んで，連鎖反応系からの NO_x を除去し，リザバーである $HONO_2$ を生成する反応として重要である．

NO_3 と NO_2 の反応は N_2O_5 との平衡反応であり，

$$NO_3 + NO_2 + M \longrightarrow N_2O_5 + M \qquad \Delta H_{298}^\circ = -96 \text{ kJ mol}^{-1} \qquad (5.66)$$

$$N_2O_5 + M \longrightarrow NO_3 + NO_2 + M \qquad \Delta H_{298}^\circ = 96 \text{ kJ mol}^{-1} \qquad (5.67)$$

IUPAC 小委員会は $NO_3 + NO_2 + M$ 反応の低圧極限式，高圧極限式としては，Orland et al. (1991)，Hahn et al. (2000) およびそれ以前のデータに基づき $F_c = 0.35$ ととったとき，

$$k_{0, 5.66}(T) = 3.6 \times 10^{-30} [N_2] \left(\frac{T}{300}\right)^{-4.1} \text{ cm}^3 \text{ molecule}^{-1} \text{ s}^{-1} \qquad (200 \sim 300 \text{ K})$$

$$k_{\infty, 5.66}(T) = 1.9 \times 10^{-12} \left(\frac{T}{300}\right)^{0.2} \text{ cm}^3 \text{ molecule}^{-1} \text{ s}^{-1} \qquad (200 \sim 400 \text{ K})$$

を推奨している（Atkinson et al., 2004）．また，N_2O_5 の熱分解反応（5.6.7）の低圧極限式，高圧極限式に対する推奨値は，Cantrell et al. (1993) に基づきそれぞれ，

$$k_{0, 5.67}(T) = 1.3 \times 10^{-3} [N_2] \left(\frac{T}{300}\right)^{-3.5} \exp\left(-\frac{11000}{T}\right) \text{ s}^{-1} \qquad (200 \sim 400 \text{ K})$$

$$k_{\infty, 5.67}(T) = 9.7 \times 10^{14} \left(\frac{T}{300}\right)^{0.1} \exp\left(-\frac{11000}{T}\right) \text{ s}^{-1} \qquad (200 \sim 400 \text{ K})$$

である．NASA/JPL パネル評価 No.17 ではこれらの値とその他の文献値を用いて，反応（5.66）（5.67）の平衡定数を表 5.3 のように，

$$K_{5.66/5.67}(T) = 2.7 \times 10^{-27} \exp\left(-\frac{11000}{T}\right) \text{ cm}^3 \text{ molecule}^{-1}$$

$$K_{5.66/5.67}(298 \text{ K}) = 2.9 \times 10^{-11} \text{ cm}^3 \text{ molecule}^{-1}$$

と推奨している（Sander et al., 2011）．

上式から計算される常温，大気圧下での N_2O_5 の大気寿命は 10 秒程度であり，この間に N_2O_5 は H_2O 分子との均一反応，

$$N_2O_5 + H_2O \rightarrow 2 \text{ HONO}_2 \qquad \Delta H_{298}^\circ = -39 \text{ kJ mol}^{-1} \qquad (5.68)$$

$$N_2O_5 + 2H_2O \rightarrow 2 \text{ HONO}_2 + H_2O \qquad \Delta H_{298}^\circ = -39 \text{ kJ mol}^{-1} \qquad (5.69)$$

または，エアロゾル上での不均一反応により $HONO_2$ に変換される．反応 (5.68), (5.69) の均一反応速度定数は，Wahner et al. (1998) の測定に基づき IUPAC 小委員会では，290 K における値として，$k_{5.68}(290 \text{ K}) = 2.5 \times 10^{-22} \text{ cm}^3 \text{ molecule}^{-1} \text{ s}^{-1}$, $k_{5.69}(290 \text{ K}) = 1.8 \times 10^{-39} \text{ cm}^6 \text{ molecule}^{-2} \text{ s}^{-1}$ を推奨している．実際の汚染大気中では一般に不均一反応による $HONO_2$ 生成の方がより重要と考えられるが，不均一過程による N_2O_5 の

$HONO_2$ への変換反応は第6章で取り扱われる.

NO_3, NO_2 と N_2O_5 の平衡反応に対する量子化学理論計算は, Jitariu and Hirst (2000), Glendening and Halpern (2007) などによって研究されている. Jitariu and Hirst (2000) は N_2O_5 の分子構造や単分子分解の遷移状態を求め, NO_3 と NO_2 の反応が ONO-ONOO のような過酸化型のコンプレックスを経て, $NO_2 + NO + O_2$ への分解過程が起こることを示唆している. 実験からは $NO_2 + NO + O_2$ を生成する経路の重要性は確認されていない (Sander et al., 2011). また, Glendening and Halpern (2007) は理論計算から反応 (5.66) (5.67) およびその他の窒素酸化物間の平衡反応の $\Delta H°$, $\Delta G°$, $\Delta S°$ を求め, NIST/JANAF (1988) の値との比較の議論を行っている. N_2O_5 の加水分解反応 (5.68) (5.69) については, Hanway and Tao (1998) による理論計算がなされており, 理論からも H_2O 1分子が含まれる反応と H_2O 2分子が含まれる反応の二つの最低エネルギー経路があることが示されている. この計算によると H_2O 1分子が含まれる反応の活性化エネルギーは 84 kJ mol^{-1}, H_2O 2分子が含まれる反応の活性化エネルギーはその半分ほどに低下すること, さらに不均一加水分解過程の方が均一過程より効率よく進行することが示されている.

5.5.3　$NO_3 + C_2H_4$

NO_3 ラジカルは有機化合物のなかではアルケン類およびアルデヒド類と反応することが知られている. ここでは NO_3 とアルケン類の反応の代表例として C_2H_4 との反応について述べる.

NO_3 と C_2H_4 などのアルケン類との初期反応は付加反応であり,

$$NO_3 + C_2H_4 \rightarrow \underset{H}{\overset{H}{>}}\underset{|}{\overset{ONO_2}{C}}\text{———}\dot{C}\underset{H}{\overset{H}{<}} \quad (5.70)$$

$$\underset{H}{\overset{H}{>}}\underset{|}{\overset{ONO_2}{C}}\text{———}\dot{C}\underset{H}{\overset{H}{<}} \rightarrow H_2C\overset{O}{\overset{\diagup\diagdown}{\text{———}}}CH_2 + NO_2 \quad (5.71)$$

の経路で進行することが知られている. NO_3-alkene 付加体からはエポキシド (epoxide) (C_2H_4 の場合はエポキシエタン) を生成する (Benter et al., 1994; Skov et al., 1994). ここで生成される中間付加体の寿命は十分長いため, C-C 結合のまわりの分子内回転が起こり, たとえば cis-, trans-2-ブテンのような非対称アルケンからは, どちらから出発しても cis-, trans-エポキシドが同じ比率で生成することが知

5.5 NO₃ラジカルの反応

られている (Benter et al., 1994). エポキシドの生成収率は cis-, tran-2-butene, 2,3-dimethyl-2-butene, isoprene でそれぞれ 0.50, 0.95, 0.20 と報告されている (Skov et al., 1994).

一方, 大気中では NO₃-alkene 付加体は O₂ と反応してペルオキシラジカルを生成し, これからのジナイトレートの生成がみられる.

$$\begin{array}{c} \text{ONO}_2 \\ | \\ \text{H}\diagdown\text{C}\text{---}\text{C}\diagup\text{H} \\ \text{H}\diagup\quad\quad\diagdown\text{H} \end{array} \xrightarrow{+\text{O}_2} \begin{array}{c} \text{ONO}_2\ \text{OO·} \\ |\quad\quad| \\ \text{H}\diagdown\text{C}\text{---}\text{C}\diagup\text{H} \\ \text{H}\diagup\quad\quad\diagdown\text{H} \end{array} \tag{5.72}$$

$\downarrow +\text{NO} \quad\quad \searrow +\text{NO}$

$$\begin{array}{c} \text{ONO}_2\ \text{ONO}_2 \\ |\quad\quad| \\ \text{H}\diagdown\text{C}\text{---}\text{C}\diagup\text{H} \\ \text{H}\diagup\quad\quad\diagdown\text{H} \end{array} \xleftarrow{+\text{NO}_2} \begin{array}{c} \text{ONO}_2\ \text{O·} \\ |\quad\quad| \\ \text{H}\diagdown\text{C}\text{---}\text{C}\diagup\text{H} \\ \text{H}\diagup\quad\quad\diagdown\text{H} \end{array} +\text{NO}_2$$

NO₃ と C₂H₄ の反応の速度定数については IUPAC 小委員会報告 Vol. II において, Canosa-Mas et al. (1988a, b) などに基づくアレニウス式,

$$k_{5.70}(T) = 3.3 \times 10^{-12} \exp\left(-\frac{2880}{T}\right) \text{cm}^3 \text{molecule}^{-1} \text{s}^{-1} \quad (270\sim340\ \text{K})$$

および 298 K における速度定数 2.1×10^{-16} cm³ molecule⁻¹ s⁻¹ が推奨されている (Atkinson et al., 2006). NO₃ と C₂H₄ の反応は上に述べたように付加反応であるが, この反応に圧力依存性はみられず, 大気条件下ではすでに高圧極限にあるものと考えられる. NO₃ とアルケン類の反応速度定数は, エチレンでは活性化エネルギーが 23.9 kJ mol⁻¹ と高いため速度定数は小さいが, 炭素数の増加とともに活性化エネルギーは低下し, たとえば cis-2-butene, 2,3-dimethyl-2-butene, isoprene では, 298 K における速度定数はそれぞれ 3.5×10^{-13}, 5.7×10^{-11}, 7.0×10^{-13} cm³ molecule⁻¹ s⁻¹ と非常に大きくなる (Atkinson et al., 2006).

NO₃ と C₂H₄ の反応に対する量子化学計算は, Nguyen et al. (2011) によってなされ, 反応の初期経路は NO₃ の酸素原子が炭素–炭素二重結合に電子親和的に付加して開環付加体を生成するという上の反応式 (5.70) に示された描像で表されることが確かめられている. またこの計算からは生成した付加体の 80～90% はこの形で安定化し, 残りの 10～20% がエポキシエタンを生成する. また反応速度定数の計算値は上の実験値とよく一致する結果が得られている.

5.5.4　NO_3 + HCHO

NO_3 は大気中有機化合物のうちではアルケン類以外にアルデヒド類と反応する. NO_3 とアルデヒドとの反応で生成するアシル（acyl）ラジカルからは，大気中で HO_2 ラジカルが生成されるので，NO_3 とアルデヒド類の反応は夜間における HO, HO_2 ラジカル源として重要である．本項ではアルデヒドの代表例として HCHO と CH_3CHO の反応について述べる．

NO_3 とアルデヒド類の反応はアルデヒド基からの水素引き抜き反応である. HCHO, CH_3CHO の場合の反応は，

$$NO_3 + HCHO \rightarrow HONO_2 + HCO \quad \Delta H_{298}^\circ = -57 \text{ kJ mol}^{-1} \quad (5.73)$$

$$NO_3 + CH_3CHO \rightarrow HONO_2 + CH_3CO \quad \Delta H_{298}^\circ = -53 \text{ kJ mol}^{-1} \quad (5.74)$$

の反応で $HONO_2$ とアシルラジカル（RCO）を生成し，大気中では 5.2.11 項の反応 (5.35)〜(5.37) でみたように HCO, CH_3CO からは O_2 との反応で過酸化ラジカル HO_2, $CH_3C(O)OO$ が生成される.

NO_3 と HCHO, CH_3CHO の反応の速度定数の測定例は少ない．IUPAC 小委員会では DOAS を用いた NO_3 の直接測定に基づく Cantrell et al. (1985) により，298 K における速度定数を $k_{5.73}(298 \text{ K}) = 5.6 \times 10^{-16}$, $k_{5.74}(298 \text{ K}) = 2.7 \times 10^{-15}$ cm^3 molecule^{-1} s^{-1} と推奨している（Atkinson et al., 2006）．温度依存性の測定は CH_3CHO に対する反応 (5.74) に対してのみ行われており，IUPAC 小委員会では Dlugokencky and Howard (1989) に基づいて，

$$k_{5.74}(T) = 1.4 \times 10^{-12} \exp\left(-\frac{1860}{T}\right) \text{ cm}^3 \text{ molecule}^{-1} \text{ s}^{-1}$$

を推奨している（Atkinson et al., 2006）．ここで与えられている活性化エネルギーは 15.6 kJ mol^{-1} となる．HCHO に対する反応の温度依存性の測定は行われておらず，前指数因子（pre-exponential factor）を CH_3CHO との反応と同程度と仮定すると，$k_{5.74}(T) \approx 2 \times 10^{-12} \exp(-2440/T)$ cm^3 molecule^{-1} s^{-1} となり，かなり大きな活性化エネルギー 20.3 kJ mol^{-1} をもつ反応であることが推定される．

NO_3 と HCHO, CH_3CHO の反応に対する量子化学理論計算が Mora-Diez and Boyd (2002) によってなされており，反応 (5.73) (5.74) の引き抜き反応に対する遷移状態とそのエネルギー準位が求められている．理論計算から得られる CH_3CHO に対する活性化エネルギーは 18.5 kJ mol^{-1} となり，実験から得られている活性化エネルギー 15.6 kJ mol^{-1} および 298 K における HCHO, CH_3CHO の反応の速度定数をかなりよく再現することが示されている．

5.6 Cl 原子，ClO ラジカルの反応

ハロゲン原子・ラジカルの反応は 4.4 節で述べたように成層圏化学において基本的に重要な反応であり，対流圏化学においてもとくに海洋境界層内でのハロゲン循環に興味がもたれている．本節では大気中のハロゲン原子，ラジカルの反応のうち，とくに均一素反応として興味がもたれる Cl 原子，ClO ラジカルの基本的な反応を取り上げ，塩素以外の臭素，ヨウ素などの原子・ラジカル反応は第 7 章，第 8 章の大気化学の現象論のなかで触れることにする．

表 5.7 には Cl，ClO その他のハロゲン原子，ラジカルの大気中での反応の速度定数とその温度依存性を，NASA/JPL パネル評価 No.17（Sander et al., 2011），IUPAC 小委員会報告 Vol. IV（Atkinson et al., 2008）から抜粋して掲げる．

5.6.1 Cl+O_3

Cl 原子と O_3 との反応は ClO_x サイクル（8.2.3 項）において直接 O_3 分子を消滅させる反応であり，CFC による成層圏オゾン層破壊，および自然状態の成層圏において CH_3Cl によるオゾンの平衡濃度の低下をもたらす ClO_x サイクルの律速反応として重要な反応である．

Cl と O_3 との反応は，

$$Cl + O_3 \rightarrow ClO + O_2 \quad \Delta H°_{298} = -162 \text{ kJ mol}^{-1} \quad (5.75)$$

による ClO (chlorine oxide) ラジカルの生成がほぼ収率 1 で起こることが知られている (Atkinson et al., 2004 ; Sander et al., 2011)．CFC によるオゾン層破壊に関連するこの反応の重要性から，反応 (5.75) の速度定数については非常に多くの測定がなされている．比較的最近の測定としては，Nicovich et al. (1990), Seeley et al. (1996b), Beach et al. (2002) などがあり，NASA/JPL パネル評価 No.17 ではこれらの値およびそれ以前の測定値に基づき，速度定数のアレニウス式，および 298 K における値を，

$$k_{5.75}(T) = 2.3 \times 10^{-11} \exp\frac{200}{T} \text{ cm}^3 \text{ molecule}^{-1} \text{ s}^{-1} \quad (180 \sim 300 \text{ K})$$

$k_{5.75}(298 \text{ K}) = 1.2 \times 10^{-11} \text{ cm}^3 \text{ molecule}^{-1} \text{ s}^{-1}$ と推奨している．IUPAC 小委員会による推奨値も $k_{5.75}(298 \text{ K})$ についてはこの値に等しく，アレニウス因子も誤差の範囲内で上の値とよく一致している．

反応 (5.75) は大きな余剰エネルギーを伴う発熱反応であるが，この反応では振動励起された ClO が $v'' = 0, 1, 2, 3, 4, 5$ に対して，0.8 : 1.0 : 1.3 : 2.4 : 2.9 : 2.7 のような

表 5.7 ハロゲン原子,ラジカル反応の 298 K における速度定数と温度依存性

反応	$k(298\text{ K})$ (cm^3 molecule^{-1} s^{-1})	A 因子 (cm^3 molecule^{-1} s^{-1})	E_a/R (K)	Ref.
$F + O_2 + M \rightarrow FOO + M$	$5.8 \times 10^{-33}[N_2]$ (k_0)	$5.8 \times 10^{-33}(T/300)^{-3.9}[N_2]$ (k_0)		(a)
	1.2×10^{-10} (k_∞)	1.2×10^{-10} (k_∞)		
$Cl + O_2 + M \rightarrow ClOO + M$	$1.4 \times 10^{-33}[N_2]$ (k_0)	$1.4 \times 10^{-33}(T/300)^{-3.9}[N_2]$ (k_0)		(a)
	$1.6 \times 10^{-33}[O_2]$ (k_0)	$1.6 \times 10^{-33}(T/300)^{-2.9}[O_2]$ (k_0)		
$F + O_3 \rightarrow FO + O_2$	1.0×10^{-11}	2.2×10^{-11}	230	(b)
$Cl + O_3 \rightarrow ClO + O_2$	1.2×10^{-11}	2.3×10^{-11}	200	(b)
$Br + O_3 \rightarrow BrO + O_2$	1.2×10^{-12}	1.6×10^{-11}	780	(b)
$I + O_3 \rightarrow BrO + O_2$	1.2×10^{-12}	2.3×10^{-11}	870	(b)
$F + H_2 \rightarrow HF + H$	2.6×10^{-11}	1.4×10^{-10}	500	(b)
$F + CH_4 \rightarrow HF + CH_3$	6.7×10^{-11}	1.6×10^{-10}	260	(b)
$F + H_2O \rightarrow HF + OH$	1.4×10^{-11}	1.4×10^{-11}	0	(b)
$Cl + CH_4 \rightarrow HCl + CH_3$	1.0×10^{-13}	7.3×10^{-12}	1280	(b)
$FO + O \rightarrow F + O_2$	2.7×10^{-11}	—	—	(b)
$ClO + O \rightarrow Cl + O_2$	3.7×10^{-11}	2.8×10^{-11}	-90	(b)
$BrO + O \rightarrow Br + O_2$	4.1×10^{-11}	1.9×10^{-11}	-230	(b)
$IO + O \rightarrow I + O_2$	1.2×10^{-10}	—	—	(b)
$ClO + OH \rightarrow HO_2 + Cl$	1.8×10^{-11}	7.4×10^{-12}	-270	(b)
$\rightarrow HCl + O_2$	1.3×10^{-12}	6.0×10^{-13}	-230	(b)
$BrO + OH \rightarrow$ products	3.9×10^{-11}	1.7×10^{-12}	-250	(b)
$ClO + HO_2 \rightarrow HOCl + O_2$	6.9×10^{-12}	2.6×10^{-12}	-290	(b)
$BrO + HO_2 \rightarrow HOBr + O_2$	2.1×10^{-11}	4.5×10^{-12}	-460	(b)
$IO + HO_2 \rightarrow HOI + O_2$	8.4×10^{-11}	—	—	(b)
$FO + NO \rightarrow NO_2 + F$	2.2×10^{-11}	8.2×10^{-12}	-300	(b)
$ClO + NO \rightarrow NO_2 + Cl$	1.7×10^{-11}	6.4×10^{-12}	-290	(b)
$BrO + NO \rightarrow NO_2 + Br$	2.1×10^{-11}	8.8×10^{-12}	-260	(b)
$IO + NO \rightarrow NO_2 + I$	2.0×10^{-11}	9.1×10^{-12}	-240	(b)
$FO_2 + NO \rightarrow FNO + O_2$	7.5×10^{-13}	7.5×10^{-12}	690	(b)
$ClO + NO_2 + M \rightarrow ClONO_2 + M$	$1.8 \times 10^{-31}[M]$ (k_0)	$1.8 \times 10^{-31}(T/300)^{-3.4}$ (M) (k_0)		(b)
	1.5×10^{-11} (k_∞)	$1.5 \times 10^{-11}(T/300)^{-1.9}$ (k_∞)		
$BrO + NO_2 + M \rightarrow BrONO_2 + M$	$5.2 \times 10^{-31}[M]$ (k_0)	$5.2 \times 10^{-31}(T/300)^{-32}[M]$ (k_0)		(b)
	6.9×10^{-12} (k_∞)	$6.9 \times 10^{-12}(T/300)^{-2.9}$ (k_∞)		
$ClO + ClO + M \rightarrow Cl_2O_2 + M$	$1.6 \times 10^{-32}[M]$ (k_0)	$1.6 \times 10^{-32}(T/300)^{-4.5}[M]$ (k_0)		(b)
	3.0×10^{-12} (k_∞)	$3.0 \times 10^{-12}(T/300)^{-2.0}$ (k_∞)		
$ClO + ClO \rightarrow Cl_2 + O_2$	4.8×10^{-15}	1.0×10^{-12}	1590	(a)
$\rightarrow Cl + ClOO$	8.0×10^{-15}	3.0×10^{-11}	2450	
$\rightarrow Cl + OClO$	3.5×10^{-15}	3.5×10^{-13}	1370	
$BrO + ClO \rightarrow Br + OClO$	6.0×10^{-12}	9.5×10^{-13}	-550	(b)
$\rightarrow Br + ClOO$	5.5×10^{-12}	2.3×10^{-12}	-260	
$\rightarrow BrCl + O_2$	1.1×10^{-12}	4.1×10^{-13}	-290	
$BrO + BrO \rightarrow$ products	3.2×10^{-12}	1.5×10^{-12}	-230	(b)
$BrO + IO \rightarrow$ products	6.9×10^{-11}	—	—	(b)
$IO + IO \rightarrow$ products	8.0×10^{-11}	1.5×10^{-11}	-500	(b)

(a) IUPAC 小委員会報告 Vol. III (Atkinson *et al.*, 2007).
(b) NASA/JPL パネル評価 No. 17 (Sander *et al.*, 2011).

逆転分布をもって生成されることが，Matsumi et al. (1996) によって明らかにされている．また，Castillo et al. (2011) はこの反応に対する量子化学計算から反応のポテンシャルエネルギー曲面を求め，遷移状態のエネルギーが反応系に比べて低い位置にあり，反応にはエネルギー障壁がないことなど，反応が小さな負の活性化エネルギーを有するという実験との一致がみられている．また，計算から得られた反応速度定数，生成物 ClO の振動励起準位の強い逆転分布などについて，上述の実験結果とかなりよい一致が得られている．

5.6.2　Cl + CH$_4$

Cl 原子による CH$_4$ の消失反応は成層圏だけでなく，対流圏においてもかなり重要な役割を果たしている可能性があるが，対流圏における海塩粒子からの無機ハロゲンのグローバルでの放出量が算定されていないため，OH との反応による消失に対する比率の重要性については定量的に算定されていない．

Cl と CH$_4$ の反応は単純な H 原子引き抜き反応である．

$$Cl + CH_4 \rightarrow HCl + CH_3 \quad \Delta H° = 8.6 \text{ kJ mol}^{-1} \quad (5.76)$$

この反応の速度定数の測定は数多くなされており，温度依存性を含む測定としては比較的最近 Seeley et al. (1996b)，Pilgrim et al. (1997)，Wang and Keyser (1999)，Bryukov et al. (2002) などのものがある．これらおよび 298 K における測定値からその温度依存性を表すアレニウス式は NASA/JPL パネル評価 No. 17 では，

$$k_{5.76}(T) = 7.3 \times 10^{-12} \exp\left(-\frac{1280}{T}\right) \text{cm}^3 \text{ molecule}^{-1} \text{ s}^{-1} \quad (200 \sim 300 \text{ K})$$

および $k_{5.76}(298 \text{ K}) = 1.0 \times 10^{-13} \text{ cm}^3 \text{ molecule}^{-1} \text{ s}^{-1}$ が推奨されている（Sander et al., 2011）．IUPAC 小委員会の $k_{5.76}(298 \text{ K})$ の推奨値はこれと一致し，アレニウスパラメータも誤差の範囲内でよく一致している（Atkinson et al., 2006）．この反応の活性化エネルギーは 300 K 以上と以下とで異なることが報告されており，上式は常温以下の大気条件下での推奨値である．

Cl + CH$_4$ の反応はわずかに吸熱で熱的にはほとんど中立な反応であるが，5.2.7 項で述べられた 58 kJ の発熱反応である OH + CH$_4$ の反応（5.24）に比べて，活性化エネルギーが 3.4 kJ 小さく前指数因子が約 4 倍大きいため，298 K における速度定数は約 15 倍大きい．このため，OH に比べて Cl 濃度が低い条件下でもこの反応の寄与が無視できない可能性がある．

Cl + CH$_4$ の反応に関しては量子化学的に大きな興味がもたれ，CH$_4$ の内部振動モード励起の反応速度への影響，Cl 原子のスピン-軌道状態（$^2P_{3/2}$, $^2P_{1/2}$）の違いによる反

応性の違い，生成する HCl の内部エネルギー分布などを求める交叉分子線を用いた反応動力学的実験が最近盛んに行われている (Yoon et al., 2002；Bechtel et al., 2004；Zhou et al., 2004；Bass et al., 2005). また，これらを説明する量子化学的計算も数多く行われ，ポテンシャルエネルギー曲面，速度定数，動力学的特性などが求められ，実験との対応が議論されている (Corchado et al., 2000；Troya et al., 2002；Yang et al., 2008).

5.6.3 ClO＋OH

ClO と OH の反応は次項の HO_2 との反応とともに，成層圏オゾン破壊反応における ClO_x サイクルと HO_x サイクルとの交叉反応である.

ClO と OH の反応経路としては，

$$OH + ClO \rightarrow HO_2 + Cl \quad \Delta H^\circ_{298} = -4.9 \text{ kJ mol}^{-1} \quad (5.77a)$$
$$\rightarrow HCl + O_2 \quad \Delta H^\circ_{298} = -233 \text{ kJ mol}^{-1} \quad (5.77b)$$

の二つの経路がみられることが実験的に確かめられている．両者の反応のうち，反応 (5.77a) が Cl 原子を再生する連鎖伝播反応であるのに対して，反応 (5.76b) は準安定の HCl を生成する連鎖停止反応である点が，連鎖反応における機能として大きく異なっている．生成物の直接測定に基づく，両者の分岐比を求めた実験としては Wang and Keyser (2001a), Lipson et al. (1999) があり，反応 (5.77b) の収率がそれぞれ，0.07 ± 0.03, 0.090 ± 0.048 で温度によらないことが報告されている．IUPAC 小委員会による $HCl + O_2$ 生成比率の推奨値はこれらの平均をとった 0.06 である (Atkinson et al., 2007).

OH と ClO の反応速度定数の測定は数多く行われているが，比較的最近の 1990 年代末以降の測定には，Lipson et al. (1999), Kegley-Owen et al. (1999), Bedjianian et al. (2001), Wang and Keyser (2001b) などがある．これらおよびそれ以前の測定に基づく NASA/JPL パネル評価 No.17 による推奨値は，

$$k_{5.77a}(T) = 7.4 \times 10^{-12} \exp\frac{270}{T} \text{ cm}^3 \text{ molecule}^{-1} \text{ s}^{-1} \quad (200 \sim 380 \text{ K})$$

$$k_{5.77b}(T) = 6.0 \times 10^{-13} \exp\frac{230}{T} \text{ cm}^3 \text{ molecule}^{-1} \text{ s}^{-1} \quad (200 \sim 380 \text{ K})$$

298 K における速度定数の推奨値はそれぞれ，$k_{5.77a}(298 \text{ K}) = 1.8 \times 10^{-11}$, $k_{5.77b}(298 \text{ K}) = 1.3 \times 10^{-12} \text{ cm}^3 \text{ molecule}^{-1} \text{ s}^{-1}$ であり，IUPAC 小委員会による推奨値もこれらとほぼ一致している (Sander et al., 2011；Atkinson et al., 2007).

ClO＋OH の反応に対する量子化学計算は Zhu et al. (2002) によってなされている.

この反応は主に一重項ポテンシャル曲面に沿って進行し，反応経路 (5.77a) (5.77b) に従って HO_2+Cl, $HCl+O_2(^1\Delta)$ を生成するが，前者が主で $HCl+O_2$ の生成比率は 0.073 と得られており実験とよく一致している．

5.6.4　$ClO+HO_2$

ClO と HO_2 の反応も前項の OH との反応同様，成層圏における ClO_x サイクルと HO_x サイクルとの交叉反応である．

ClO と HO_2 の反応の経路に関しては，

$$HO_2+ClO \rightarrow HOCl+O_2 \quad \Delta H^\circ_{298} = -195 \text{ kJ mol}^{-1} \quad (5.78\text{a})$$

が実質的に唯一の経路と考えられる．これまでに上の反応経路以外に，

$$HO_2+ClO \rightarrow HCl+O_3 \quad \Delta H^\circ_{298} = -66 \text{ kJ mol}^{-1} \quad (5.78\text{b})$$

が考えられ，この反応の比率を求めるいくつかの実験が行われてきたが，最近の Knight et al. (2000) の測定を含めほとんどの実験では反応 (5.78b) による HCl の生成は観測されていない．また最近の Nickolaisen et al. (2000) による理論的研究からも，この反応は実質的にゼロと結論されている．

反応 (5.78) の反応速度定数の測定は Nickolaisen et al. (2000)，Knight et al. (2000)，Hickson et al. (2007) などによってなされており，これらとそれ以前のデータに基づく NASA/JPL パネル評価 No. 17 の推奨値は，

$$k_{5.78}(T) = 2.6\times 10^{-12} \exp\frac{290}{T} \text{ cm}^3 \text{ molecule}^{-1}\text{ s}^{-1} \quad (230\sim 300 \text{ K})$$

$k_{5.78}(298 \text{ K}) = 6.9\times 10^{-12}\text{ cm}^3\text{ molecule}^{-1}\text{ s}^{-1}$ である（Sander et al., 2011）．IUPAC 小委員会による推奨値もこれらとほぼ一致している（Atkinson et al., 2007）．このようにこの反応は $ClO+OH$ の反応に比較して，同程度の小さな負の活性化エネルギーを有し，前指数因子および 298 K における速度定数が，反応 (5.77) の約 50% の大きさの反応である．

$ClO+HO_2$ 反応の量子化学的計算（Nickolaisen et al., 2000; Kaltsoyannis and Rowley, 2002; Xu et al., 2003）によると，この反応は一重項ポテンシャル曲面に沿った反応では，

$$ClO+HO_2+M \rightarrow HOOOCl+M \quad (5.79)$$

のように，反応系に比べて 64 kJ mol^{-1} 安定な付加化合物を生成し，この化合物の $HOCl+O_2(^1\Delta)$，$HCl+O_3$ への分解経路には非常に大きなエネルギー障壁があるので，HOOOCl は大気中でかなりの寿命をもつ可能性があることが示唆されている．一方，三重項ポテンシャル曲面に沿った反応は反応 (5.78a) で示された $HOCl+O_2(^3\Sigma)$ を

与え，この反応は計算からも 10 kJ mol^{-1} 程度の小さな負の障壁が得られている．これらの理論的研究の結果は実験から得られている小さな負の活性化エネルギー，およびこの反応経路が（5.78a）のみで，（5.78b）の HCl+O$_3$ の経路がみられないという事実とよく一致している．

5.6.5　ClO＋NO$_2$

ClO と NO$_2$ との反応による ClONO$_2$ の生成は ClO$_x$ ラジカル連鎖反応の停止反応であると同時に，成層圏オゾン消失反応における ClO$_x$ サイクルと NO$_x$ サイクルの交叉反応である．

ClO+NO$_2$ の反応は OH+NO$_2$ の反応と同様に，

$$ClO + NO_2 + M \rightarrow ClONO_2 + M \qquad \Delta H°_{298} = -112 \text{ kJ mol}^{-1} \qquad (5.80)$$

のような三分子再結合反応であり，大気圧付近では反応速度定数は漸下領域にある．この反応の速度定数の測定はほとんどが 1990 年以前に行われているが，Handwerk and Zellner (1984)，Wallington and Cox (1986)，Percival et al. (1997) および以前の測定に基づき，NASA/JPL パネル評価では低圧極限式，および高圧極限式をそれぞれ，

$$k_{0,\,5.80}(T) = 1.8 \times 10^{-31} \left(\frac{T}{300}\right)^{-3.4} \text{ cm}^6 \text{ molecule}^{-2} \text{ s}^{-1}$$

$$k_{\infty,\,5.80}(T) = 1.5 \times 10^{-11} \left(\frac{T}{300}\right)^{-1.9} \text{ cm}^3 \text{ molecule}^{-1} \text{ s}^{-1}$$

を推奨している（Sander et al., 2011）．ただし，この高圧極限式は直接高圧実験からは得られておらず，1 気圧以下での測定から式（2.40）において F_c=0.6 ととったときの曲線回帰による値である．IUPAC 小委員会では Cobos and Troe (2003) に基づいて F_c の値をより妥当とされる F_c=0.4 にとり，温度によらない高圧極限式，$k_{\infty,\,5.80}$ =7×10^{-11} cm^3 molecule^{-1} s^{-1} を推奨している（Atkinson et al., 2007）．

ClO+NO$_2$ の反応に対する量子化学計算は，Kovacic et al. (2005)，Zhu and Lin (2005) によってなされている．これらの理論計算によるとこの反応は ClO の O 原子と NO$_2$ の N 原子との会合により，エネルギー障壁なしで ClONO$_2$ が生成される．また OH+NO$_2$ の反応でみられた HOONO に相当する cis-ClOONO, trans-ClOONO の生成は熱的に中立ないしは多少の発熱過程であるが，これらの ClOONO から ClONO$_2$ への異性化には大きなエネルギー障壁があり，この過程を経て ClONO$_2$ が生成されることはないと結論されている．

5.6.6 ClO+ClO

ClO どうしの自己反応 (self-reaction) はオゾンホール内のように ClO 濃度が非常に高くなる条件の下で重要となる反応である.

ClO + ClO の反応でもっとも重要な経路は,

$$\text{ClO} + \text{ClO} + \text{M} \rightarrow \text{ClOOCl} + \text{M} \quad \Delta H^\circ_{298} = -75 \text{ kJ mol}^{-1} \quad (5.81)$$

の三体反応による再結合反応による ClO 二量体, 過酸化二塩素 (dichlorine peroxide) Cl_2O_2 (ClOOCl) の生成である (Birk et al., 1989; Trolier et al., 1990). この三体反応は成層圏大気条件下では漸下領域にあり, 式 (2.50) を用いた曲線回帰から低圧極限, 高圧極限式が得られている. NASA/JPL パネル評価では Trolier et al. (1990), Nickolaisen et al. (1994), Bloss et al. (2001), Boakes et al. (2005) などの測定値に基づき, $F_c = 0.6$ ととったときの速度式,

$$k_{0, 5.81}(T) = 1.6 \times 10^{-32} \left(\frac{T}{300}\right)^{-4.5} \text{cm}^6 \text{ molecule}^{-2} \text{s}^{-1}$$

$$k_{\infty, 5.81}(T) = 3.0 \times 10^{-12} \left(\frac{T}{300}\right)^{-2.0} \text{cm}^3 \text{ molecule}^{-1} \text{s}^{-1}$$

を推奨している (Sander et al., 2011). 一方, IUPAC 小委員会では Trolier et al. (1990), Bloss et al. (2001) に基づく推奨値として,

$$k_{0, 5.81}(T) = 2.0 \times 10^{-32} \left(\frac{T}{300}\right)^{-4} \text{cm}^6 \text{ molecule}^{-2} \text{s}^{-1} \quad (190 \sim 300 \text{ K})$$

$$k_{\infty, 5.81} = 1.0 \times 10^{-11} \quad \text{cm}^3 \text{ molecule}^{-1} \text{s}^{-1} \quad (190 \sim 300 \text{ K})$$

を与えている. とくに高圧極限に関しては $F_c = 0.45$ ととったときの温度依存性のない値を提示している.

ClO + ClO の反応としてはこのほかに二分子反応,

$$\text{ClO} + \text{ClO} \rightarrow \text{Cl}_2 + \text{O}_2 \quad \Delta H^\circ_{298} = -203 \text{ kJ mol}^{-1} \quad (5.82\text{a})$$
$$\rightarrow \text{Cl} + \text{ClOO} \quad \Delta H^\circ_{298} = 16 \text{ kJ mol}^{-1} \quad (5.82\text{b})$$
$$\rightarrow \text{Cl} + \text{OClO} \quad \Delta H^\circ_{298} = 13 \text{ kJ mol}^{-1} \quad (5.82\text{c})$$

が知られており, NASA/JPL パネルおよび IUPAC 小委員会ではともに Nickolaisen et al. (1994) の測定値を推奨値として掲げている (Sander et al., 2011; Atkinson et al., 2007).

$$k_{5.82\text{a}}(T) = 1.0 \times 10^{-12} \exp\left(-\frac{1590}{T}\right) \text{cm}^3 \text{ molecule}^{-1} \text{s}^{-1} \quad (260 \sim 390 \text{ K})$$

$$k_{5.82\text{b}}(T) = 3.0 \times 10^{-11} \exp\left(-\frac{2450}{T}\right) \text{cm}^3 \text{ molecule}^{-1} \text{s}^{-1} \quad (260 \sim 390 \text{ K})$$

$$k_{5.82c}(T) = 3.5 \times 10^{-13} \exp\left(-\frac{1370}{T}\right) \text{cm}^3 \text{molecule}^{-1} \text{s}^{-1} \quad (260 \sim 390 \text{ K})$$

298 K における速度定数は $k_{5.82a}$, $k_{5.82b}$, $k_{5.82c}$ に対してそれぞれ，4.8, 8.0, 3.5×10^{-15} cm^3 molecule^{-1} s^{-1} であり，反応の分岐比は 0.39, 0.41, 0.20 となっている．これらの二分子反応は活性化エネルギーが大きいため，ラジカル-ラジカル反応としては速度定数は非常に小さく，成層圏大気条件下では三分子反応 (5.81) がはるかに優先する．ただし，この三分子反応で生成する ClOOCl は熱的に不安定で ClO との間に，

$$\text{ClO} + \text{ClO} \rightleftharpoons \text{Cl}_2\text{O}_2 \quad \text{ClO} + \text{ClO} + \text{M} \longrightarrow \text{ClOOCl} \quad (5.81)$$

$$\text{ClOOCl} + \text{M} \longrightarrow \text{ClO} + \text{ClO} + \text{M} \quad (5.83)$$

$$K_{5.81/5.83}(T) = 1.72 \times 10^{-27} \exp\left(-\frac{8650}{T}\right) \text{cm}^3 \text{molecule}^{-1}$$

の平衡定数をもった平衡関係がある(Sander et al., 2011)．このため三分子反応(5.81)は 285 K 以上では大気反応としては重要でなくなる (Atkinson et al., 2007)．

ClO + ClO の反応に対する量子化学計算によるとこの反応は，主に一重項エネルギー曲面に沿って進行し，二量体の構造としては ClOOCl, ClOClO, ClClOO が存在するが，これらのうちでは ClOOCl がエネルギー的にもっとも安定であり，実験的に得られている知見と合致している (Lee et al., 1992; Zhu and Lin, 2003; Liu and Barker, 2007)．

引用文献

Akagi, H., Y. Fujimura and O. Kajimoto, Energy partitioning in two kinds of NO molecules generated from the reaction of O(^{1}D) with N$_2$O : Vibrational state distributions of "new" and "old" NO's, *J. Chem. Phys.*, **111**, 115-122, 1999.

Alam, M. S., M. Camredon, A. R. Rickard, T. Carr, K. P. Wyche, K. E. Hornsby, P. S. Monks and W. J. Bloss, Total radical yields from tropospheric ethene ozonolysis, *Phys. Chem. Chem. Phys.*, **13**, 11002-11015, 2011.

Aloisio, S. and J. S. Francisco, Existence of a hydroperoxy and water (HO$_2 \cdot$H$_2$O) radical complex, *J. Phys. Chem. A*, **102**, 1899-1902, 1998.

Aloisio, S., J. S. Francisco and R. R. Friedl, Experimental evidence for the existence of the HO$_2$-H$_2$O complex, *J. Phys. Chem. A*, **104**, 6597-6601, 2000.

Anglada, J. M., J. M. Bofill, S. Olivella and A. Solé, Unimolecular isomerizations and oxygen atom loss in formaldehyde and acetaldehyde carbonyl oxides. A theoretical investigation, *J. Am. Chem. Soc.*, **118**, 4636-4647, 1996.

Atkinson, R. and J. Arey, Atmospheric degradation of volatile organic compounds, *Chem. Rev.*, **103**, 4605-4638, 2003.

Atkinson, R. and J. N. Pitts, Kinetics of the reactions of the OH radical with HCHO and CH$_3$CHO over the temperature range 299-426 K, *J. Chem. Phys.*, **68**, 3581-3590, 1978.

Atkinson, R., D. L. Baulch, R. A. Cox, J. N. Crowley, R. F. Hampson, R. G. Hynes, M. E. Jenkin, M. J. Rossi and J. Troe, Evaluated kinetic and photochemical data for atmospheric chemistry : Volume I —Gas phase reactions of Ox, HOx, NOx, and SOx species, *Atmos. Chem. Phys.*, **4**, 1461-1738, 2004.

引 用 文 献

Atkinson, R., D. L. Baulch, R. A. Cox, J. N. Crowley, R. F. Hampson, R. G. Hynes, M. E. Jenkin, M. J. Rossi and J. Troe, Evaluated kinetic and photochemical data for atmospheric chemistry: Volume II—Gas phase reactions of organic species, *Atmos. Chem. Phys.*, **6**, 3625-4055, 2006.

Atkinson, R., D. L. Baulch, R. A. Cox, J. N. Crowley, R. F. Hampson, R. G. Hynes, M. E. Jenkin, M. J. Rossi and J. Troe, Evaluated kinetic and photochemical data for atmospheric chemistry: Volume III—Gas phase reactions of inorganic halogens, *Atmos. Chem. Phys.*, **7**, 981-1191, 2007.

Atkinson, R., D. L. Baulch, R. A. Cox, J. N. Crowley, R. F. Hampson, R. G. Hynes, M. E. Jenkin, M. J. Rossi, J. Troe and T. J. Wallington, Evaluated kinetic and photochemical data for atmospheric chemistry: Volume IV—Gas phase reactions of organic halogen species, *Atmos. Chem. Phys.*, **8**, 4141-4496, 2008.

Bacak, A., M. W. Bardwell, M. T. Raventos, C. J. Percival, G. Sanchez-Reyna and D. E. Shallcross, Kinetics of the reaction of $CH_3O_2 + NO$: A temperature and pressure dependence study with chemical ionization mass spectrometry, *J. Phys. Chem. A*, **108**, 10681-10687, 2004.

Bahta, A., R. Simonaitis and J. Heicklen, Reactions of ozone with olefins: Ethylene, allene, 1, 3-butadiene, and trans-1, 3-pentadiene, *Int. J. Chem. Kinet.*, **16**, 1227-1246, 1984.

Bai, H.-T., X.-R. Huang, Z.-G. Wei, J.-L. Li and J.-Z. Sun, Theoretical study on the reaction of HO_2 radical with NO_2 by density functional theory method, *Huaxue Xuebao*, **63**, 196-202, 2005.

Balakrishnan, N. and G. D. Billing, Quantum-classical reaction path study of the reaction $O(^3P) + O_3$ $(^1A_1) \to 2O_2(X^3\Sigma_g^-)$, *J. Chem. Phys.*, **104**, 9482-9494, 1996.

Bardwell, M. W., A. Bacak, M. T. Raventos, C. J. Percival, G. Sanchez-Reyna and D. E. Shallcross, Kinetics of the $HO_2 + NO$ reaction: A temperature and pressure dependence study using chemical ionisation mass spectrometry, *Phys. Chem. Chem. Phys.*, **5**, 2381-2385, 2003.

Barker, J. R., L. L. Lohr, R. M. Shroll and S. Reading, Modeling the organic nitrate yields in the reaction of alkyl peroxy radicals with nitric oxide. 2. Reaction simulations, *Phys. Chem. A*, **107**, 7434-7444, 2003.

Bartolotti, L. J. and E. O. Edney, Density functional theory derived intermediates from the OH initiated atmospheric oxidation of toluene, *Chem. Phys. Lett.*, **245**, 119-122, 1995.

Bass, M. J., M. Brouard, R. Cireasa, A. P. Clark and C. Vallance, Imaging photon-initiated reactions: A study of the $Cl(^2P_{3/2}) + CH_4 \to HCl + CH_3$ reaction, *J. Chem. Phys.*, **123**, 094301 (12 pages), 2005.

Beach, S. D., I. W. M. Smith and R. P. Tuckett, Rate constants for the reaction of Cl atoms with O_3 at temperatures from 298 to 184 K, *Int. J. Chem. Kinet.*, **34**, 104-109, 2002.

Beames, J. M., F. Liu, L. Lu and M. I. Lester, Ultraviolet spectrum and photochemistry of the simplest Criegee intermediate CH_2OO, *J. Am. Chem. Soc.*, **134**, 20045-20048, 2012.

Bean, B. D., A. K. Mollner, S. A. Nizkorodov, G. Nair, M. Okumura, S. P. Sander, K. A. Peterson and J. S. Francisco, Cavity ringdown spectroscopy of *cis-cis* HOONO and the $HOONO/HONO_2$ branching ratio in the reaction $OH + NO_2 + M$, *J. Phys. Chem. A*, **107**, 6974-6985, 2003.

Bechtel, H. A., J. P. Camden, D. J. A. Brown and R. N. Zare, Comparing the dynamical effects of symmetric and antisymmetric stretch excitation of methane in the $Cl + CH_4$ reaction, *J. Chem. Phys.*, **120**, 5096-5103, 2004.

Bedjanian, Y., V. Riffault and G. Le Bras, Kinetics and mechanism of the reaction of OH with ClO, *Int. J. Chem. Kinet.*, **33**, 587-599, 2001.

Benter, Th., M. Liesner, R. N. Schindler, H. Skov, J. Hjorth and G. Restelli, REMPI-MS and FTIR study of NO_2 and oxirane formation in the reactions of unsaturated hydrocarbons with NO_3 radicals, *J. Phys. Chem.*, **98**, 10492-10496, 1994.

Birk, M., R. R. Friedl, E. A. Cohen, H. M. Pickett and S. P. Sander, The rotational spectrum and structure of chlorine peroxide, *J. Chem. Phys.*, **91**, 6588-6597, 1989.

Blitz, M. A., T. J. Dillon, D. E. Heard, M. J. Pilling and I. D. Trought, Laser induced fluorescence studies of the reactions of $O(^1D_2)$ with N_2, O_2, N_2O, CH_4, H_2, CO_2, Ar, Kr and n-C_4H_{10}, *Phys. Chem. Chem. Phys.*, **6**, 2162-2171, 2004.

Bloss, W. J., S. L. Nickolaisen, R. J. Salawitch, R. R. Friedl and S. P. Sander, Kinetics of the ClO self-reaction and 210 nm absorption cross section of the ClO dimer, *J. Phys. Chem. A*, **105**, 11226-11239, 2001.
Boakes, G., W. H. H. Mok and D. M. Rowley, Kinetic studies of the ClO + ClO association reaction as a function of temperature and pressure, *Phys. Chem. Chem. Phys.*, **7**, 4102-4113, 2005.
Bohn, B., M. Siese and C. Zetzsch, Kinetics of the OH + C_2H_2 reaction in the presence of O_2, *J. Chem. Soc. Faraday Trans.*, **92**, 1459-1466, 1996.
Bohn, B. and C. Zetzsch, Rate constants of HO_2 + NO covering atmospheric conditions. 1. HO_2 formed by OH + H_2O_2, *J. Phys. Chem. A*, **101**, 1488-1493, 1997.
Bohn, B. and C. Zetzsch, Kinetics of the reaction of hydroxyl radical with benzene and toluene, *Phys. Chem. Chem. Phys.*, **1**, 5097-5107, 1999.
Bohn, B., Formation of peroxy radicals from OH-toluene adducts and O_2, *J. Phys. Chem. A*, **105**, 6092-6101, 2001.
Bonard, A., V. Daele, J.-L. Delfau and C. Vovelle, Kinetics of OH radical reactions with methane in the temperature range 295-660 K and with dimethyl ether and methyl-*tert*-butyl ether in the temperature range 295-618 K, *J. Phys. Chem. A*, **106**, 4384-4389, 2002.
Borders, R. A. and J. W. Birks, High-precision measurements of activation energies over small temperature intervals : Curvature in the Arrhenius plot for the reaction NO + $O_3 \rightarrow NO_2 + O_2$, *J. Phys. Chem.*, **86**, 3295-3302, 1982.
Boyd, A. A., P.-M. Flaud, M. Daugey and R. Lesclaux, Rate constants for $RO_2 + HO_2$ reactions measured under a large excess of HO_2, *J. Phys. Chem. A*, **107**, 818-821, 2003.
Brown, S. S., R. K. Talukdar and A. R. Ravishankara, Reconsideration of the rate constant for the reaction of hydroxyl radicals with nitric acid, *J. Phys. Chem. A*, **103**, 3031-3037, 1999.
Brown, S. S., A. R. Ravishankara and H. Stark, Simultaneous kinetics and ring-down : Rate coefficients from single cavity loss temporal profiles, *J. Phys. Chem. A*, **104**, 7044-7052, 2000.
Bryukov, M. G., I. R. Slagle and V. D. Knyazev, Kinetics of reactions of Cl atoms with methane and chlorinated methanes, *J. Phys. Chem. A*, **106**, 10532-10542, 2002.
Burkholder, J. B., P. D. Hammer and C. J. Howard, Product analysis of the OH + NO_2 + M reaction, *J. Phys. Chem.*, **91**, 2136-2144, 1987.
Burkholder, J. B. and A. R. Ravishankara, Rate coefficient for the reaction : O + NO_2 + M $\rightarrow NO_3$ + M, *J. Phys. Chem. A*, **104**, 6752-6757, 2000.
Butkovskaya, N. I. and D. W. Setser, Infrared chemiluminescence study of the reactions of hydroxyl radicals with formaldehyde and formyl radicals with H, OH, NO, and NO_2, *J. Phys. Chem. A*, **102**, 9715-9728, 1998.
Butkovskaya, N. I., A. Kukui and G. Le Bras, Branching fractions for H_2O forming channels of the reaction of OH radicals with acetaldehyde, *J. Phys. Chem. A*, **108**, 1160-1168, 2004.
Butkovskaya, N. I., A. Kukui, N. Pouvesle and G. Le Bras, Formation of nitric acid in the gas-phase HO_2 + NO reaction : Effects of temperature and water vapor, *J. Phys. Chem. A*, **109**, 6509-6520, 2005.
Butkovskaya, N., A. Kukui and G. Le Bras, HNO_3 Forming channel of the HO_2 + NO reaction as a function of pressure and temperature in the ranges of 72-600 Torr and 223-323 K, *J. Phys. Chem. A*, **111**, 9047-9053, 2007.
Butkovskaya, N., M.-T. Rayez, J.-C. Rayez, A. Kukui and G. Le Bras, Water vapor effect on the HNO_3 yield in the HO_2 + NO reaction : Experimental and theoretical evidence, *J. Phys. Chem. A*, **113**, 11327-11342, 2009.
Cameron, M., V. Sivakumaran, T. J. Dillon and J. Crowley, Reaction between OH and CH_3CHO Part 1. Primary product yields of CH_3 (296 K), CH_3CO (296 K), and H (237-296 K), *Phys. Chem. Chem. Phys.*, **4**, 3628-3638, 2002
Cantrell, C. A., W. R. Stockwell, L. G. Anderson, K. L. Busarow, D. Perner, A. Schmeltekopf, J. G.

Calvert and H. S. Johnston, Kinetic study of the nitrate free radical (NO$_3$)-formaldehyde reaction and its possible role in nighttime tropospheric chemistry, *J. Phys. Chem.*, **89**, 139-146, 1985.

Cantrell, C. A., R. E. Shetter, J. G. Calvert, G. S. Tyndall and J. J. Orlando, Measurement of rate coefficients for the unimolecular decomposition of dinitrogen pentoxide, *J. Phys. Chem.*, **97**, 9141-9148, 1993.

Cantrell, C. A., R. E. Shetter and J. G. Calvert, Branching ratios for the O(^{1}D) + N$_2$O reaction, *J. Geophys. Res.*, **99**, 3739-3743, 1994.

Carl, S. A., A highly sensitive method for time-resolved detection of O(^{1}D) applied to precise determination of absolute O(^{1}D) reaction rate constants and O(^{3}P) yields, *Phys. Chem. Chem. Phys.*, **7**, 4051-4053, 2005.

Carter, W. P. L. and R. Atkinson, Alkyl nitrate formation from the atmospheric photoxidation of alkanes ; A revised estimation method, *J. Atmos. Chem.*, **8**, 165-173, 1989.

Casavecchia, P., R. J. Buss, S. J. Sibener and Y. T. Lee, A crossed molecular beam study of the O(^{1}D$_2$) + CH$_4$ reaction, *J. Chem. Phys.*, **73**, 6351-6352, 1980.

Castillo, J. F., F. J. Aoiz and B. Martínez-Haya, Theoretical study of the dynamics of Cl + O$_3$ reaction I. Ab initio potential energy surface and quasiclassical trajectory results, *Phys. Chem. Chem. Phys.*, **13**, 8537-8548, 2011.

Chakraborty, D., J. Park and M. C. Lin, Theoretical study of the OH + NO$_2$ reaction : Formation of nitric acid and the hydroperoxyl radical, *Chem. Phys.*, **231**, 39-49, 1998.

Chen, H.-B., W. D. Thweatt, J. Wang, G. P. Glass and R. F. Curl, IR kinetic spectroscopy, investigation of the CH$_4$ + O(^{1}D) reaction, *J. Phys. Chem. A*, **109**, 2207-2216, 2005.

Chen, W.-C. and R. A. Marcus, On the theory of the CO + OH reaction, including H and C kinetic isotope effects, *J. Chem. Phys.*, **123**, 094307/1-16, 2005.

Cheskis, S. G., A. A. Iogansen, P. V. Kulakov, I. Y. Razuvaev, O. M. Sarkisov and A. A. Titov, OH vibrational distribution in the reaction O(^{1}D) + CH$_4$, *Chem. Phys. Lett.*, **155**, 37-42, 1989.

Christensen, L. E., M. Okumura, S. P. Sander, R. R. Friedl, C. E. Miller and J. J. Sloan, Measurements of the rate constant of HO$_2$ + NO$_2$ + N$_2$ → HO$_2$NO$_2$ + N$_2$ using near-infrared wavelength-modulation spectroscopy and UV-Visible absorption spectroscopy, *J. Phys. Chem. A*, **108**, 80-91, 2004.

Cleary, P. A., M. T. B. Romero, M. A. Blitz, D. E. Heard, M. J. Pilling, P. W. Seakins and L. Wang, Determination of the temperature and pressure dependence of the reaction OH + C$_2$H$_4$ from 200-400 K using experimental and master equation analyses, *Phys. Chem. Chem. Phys.*, **8**, 5633-5642, 2006.

Clough, P. N. and B. A. Thrush, Mechanism of chemiluminescent reaction between nitric oxide and ozone, *Trans. Faraday Soc.*, **63**, 915-925, 1967.

Clyne, M. A. A., B. A. Thrush and R. P. Wayne, Kinetics of the chemiluminescent reaction between nitric oxide and ozone, *Trans. Faraday Soc.*, **60**, 359-370, 1964.

Cobos, C. J. and J. Troe, Prediction of reduced falloff curves for recombination reactions at low temperatures, *J. Phys. Chem.*, **217**, 1031-1044, 2003.

Cohen, N., The use of transition-state theory to extrapolate rate coefficients for reactions of OH with alkanes, *Int. J. Chem. Kinet.*, **14**, 1339-1362, 1982.

Corchado, J. C., D. G. Truhlar and J. Espinosa-García, Potential energy surface, thermal, and state-selected rate coefficients, and kinetic isotope effects for Cl + CH$_4$ → HCl + CH$_3$, *J. Chem. Phys.*, **112**, 9375-9389, 2000.

Cox, R. A. and G. S. Tyndall, Rate constants for the reactions of CH$_3$O$_2$ with HO$_2$, NO and NO$_2$ using molecular modulation spectrometry, *J. Chem. Soc. Faraday Trans. 2*, **76**, 153-163, 1980.

Cox, R. A. and G. B. Coker, Kinetics of the reaction of nitrogen dioxide with ozone, *J. Atmos. Chem.*, **1**, 53-63, 1983.

Cremer, D., J. Gauss, E. Kraka, J. F. Stanton and R. J. Bartlett, A CCSD (T) investigation of carbonyl oxide and dioxirane. Equilibrium geometries, dipole moments, infrared spectra, heats of formation

and isomerization energies, *Chem. Phys. Lett.*, **209**, 547-556, 1993.
Criegee, R., Mechanism of Ozonolysis, *Angew. Chem. Int. Ed. Engl.*, **14**, 745-752, 1975.
Dagaut, P., T. J. Wallington and M. J. Kurylo, The temperature dependence of the rate constant for the $HO_2 + CH_3O_2$ gas-phase reaction, *J. Phys. Chem.*, **92**, 3833-3836, 1988.
D'Anna, B., V. Bakke, J. A. Beuke, C. J. Nielsen, K. Brudnik and J. T. Jodkowski, Experimental and theoretical studies of gas phase NO_3 and OH radical reactions with formaldehyde, acetaldehyde and their isotopomers, *Phys. Chem. Chem. Phys.*, **5**, 1790-1805, 2003.
Davidson, J. A., H. I. Schiff, G. E. Streit, J. R. McAfee, A. L. Schmeltekopf and C. J. Howard, Temperature dependence of $O(^1D)$ rate constants for reactions with N_2O, H_2, CH_4, HCl, and NH_3, *J. Chem. Phys.*, **67**, 5021-5025, 1977.
Davidson, J. A., H. I. Schiff, T. J. Brown and C. J. Howard, Temperature dependence of the rate constants for reactions of $O(^1D)$ atoms with a number of halocarbons, *J. Chem. Phys.*, **69**, 4277-4279, 1978.
Davis, D. D., J. Prusazcyk, M. Dwyer and P. Kim, Stop-flow time-of-flight mass spectrometry kinetics study. Reaction of ozone with nitrogen dioxide and sulfur dioxide, *J. Phys. Chem.*, **78**, 1775-1779, 1974.
Devolder, P., M. Carlier, J. F. Pauwels and L. R. Sochet, Rate constant for the reaction of OH with nitric acid: A new investigation by discharge flow resonance fluorescence, *Chem. Phys. Lett.*, **111**, 94-99, 1984.
Dillon, T. J., A. Horowitz and J. N. Crowley, Absolute rate coefficients for the reactions of $O(^1D)$ with a series of *n*-alkanes, *Chem. Phys. Lett.*, **443**, 12-16, 2007.
Dlugokencky, E. J. and C. J. Howard, Studies of nitrate radical reactions with some atmospheric organic compounds at low pressures, *J. Phys. Chem.*, **93**, 1091-1096, 1989.
D'Ottone, L., P. Campuzano-Jost, D. Bauer and A. J. Hynes, A pulsed laser photolysis-pulsed laser induced fluorescence study of the kinetics of the gas-phase reaction of OH with NO_2, *J. Phys. Chem. A*, **105**, 10538-10543, 2001.
Dransfield, T. J., N. M. Donahue and J. G. Anderson, High-pressure flow reactor product study of the reactions of $HO_2 + NO_2$: The role of vibrationally excited intermediates, *J. Phys. Chem. A*, **105**, 1507-1514, 2001.
Droege, A. T. and F. P. Tully, Hydrogen-atom abstraction from alkanes by hydroxyl. 3. Propane, *J. Phys. Chem.*, **90**, 1949-1954, 1986.
Dunlea, E. J. and A. R. Ravishankara, Kinetic studies of the reactions of $O(^1D)$ with several atmospheric molecules, *Phys. Chem. Chem. Phys.*, **6**, 2152-2161, 2004a.
Dunlea, E. J. and A. R. Ravishankara, Measurement of the rate coefficient for the reaction of $O(^1D)$ with H_2O and re-evaluation of the atmospheric OH production rate, *Phys. Chem. Chem. Phys.*, **6**, 3333-3340, 2004b.
Egsgaard, H. and L. Carlsen, Experimental evidence for the gaseous $HSO_3\cdot$ radical, The key intermediate in the oxidation of SO_2 in the atmosphere, *Chem. Phys. Lett.*, **148**, 537-540, 1988.
Elrod, M. J., D. L. Ranschaert and N. J. Schneider, Direct kinetics study of the temperature dependence of the CH_2O branching channel for the $CH_3O_2 + HO_2$ reaction, *Int. J. Chem. Kinet.*, **33**, 363-376, 2001.
Finlayson-Pitts, B. J. and J. N. Pitts, Jr., *Chemistry of the Upper and Lower Atmosphere*, Academic Press, 2000.
Fontijn, A., A. J. Sabadell and R. J. Ronco, Homogeneous chemiluminescent measurement of nitric oxide with ozone. Implications for continuous selective monitoring of gaseous air pollutants, *Anal. Chem.*, **42**, 575-579, 1970.
Force, A. P. and J. R. Wiesenfeld, Collisional deactivation of oxygen($^1D_2$) by the halomethanes. Direct determination of reaction efficiency, *J. Phys. Chem.*, **85**, 782-785, 1981.
Fulle, D., H. F. Hamann, H. Hippler and C. P. Jänsch, The high pressure range of the addition of OH

to C_2H_2 and C_2H_4, *Ber. Bunsenges. Phys. Chem.*, **101**, 1433-1442, 1997.

Geers-Müller, R. and F. Stuhl, On the kinetics of the reactions of oxygen atoms with NO_2, N_2O_4, and N_2O_3 at low temperatures, *Chem. Phys. Lett.*, **135**, 263-268, 1987.

Gierczak, T., R. K. Talukdar, S. C. Herndon, G. L. Vaghjiani and A. R. Ravishankara, Rate coefficients for the reactions of hydroxyl radicals with methane and deuterated methanes, *J. Phys. Chem. A*, **101**, 3125-3134, 1997.

Gierczak, T., J. B. Burkholder and A. R. Ravishankara, Temperature dependent rate coefficient for the reaction $O(^3P) + NO_2 \rightarrow NO + O_2$, *J. Phys. Chem. A*, **103**, 877-883, 1999.

Gillies, J. Z., C. W. Gillies, R. D. Suenram and F. J. Lovas, The ozonolysis of ethylene. Microwave spectrum, molecular structure, and dipole moment of ethylene primary ozonide (1, 2, 3-trioxolane), *J. Am. Chem. Soc.*, **110**, 7991-7999, 1988.

Gillies, J. Z., C. W. Gillies, R. D. Suenram, F. J. Lovas and W. Stahl, The microwave spectrum and molecular structure of the ethylene-ozone van der Waals complex, *J. Am. Chem. Soc.*, **111**, 3073-3074, 1989.

Glendening, E. D. and A. M. Halpern, Ab initio calculations of nitrogen oxide reactions : Formation of N_2O_2, N_2O_3, N_2O_4, N_2O_5, and N_4O_2 from NO, NO_2, NO_3, and N_2O, *J. Chem. Phys.*, **127**, 164307 (11pages), 2007.

Glinski, R. J. and J. W. Birks, Yields of molecular hydrogen in the elementary reactions hydroperoxo $(HO_2) + HO_2$ and atomic oxygen $(^1D_2) +$ water, *J. Phys. Chem.*, **89**, 3449-3453, 1985.

Golden, D. M., G. P. Smith, A. B. McEwen, C.-L.Yu, B. Eiteneer, M. Frenklach, G. L. Vaghjiani, A. R. Ravishankara and F. P. Tully, OH(OD) + CO : Measurements and an optimized RRKM Fit, *J. Phys. Chem. A*, **102**, 8598-8606, 1998.

Golden, D. M. and G. P. Smith, Reaction of $OH + NO_2 + M$: A new view, *J. Phys. Chem. A*, **104**, 3991-3997, 2000.

Golden, D. M., J. R. Barker and L. L. Lohr, Master equation models for the pressure- and temperature-dependent reactions $HO + NO_2 \rightarrow HONO_2$ and $HO + NO_2 \rightarrow HOONO$, *J. Phys. Chem. A*, **107**, 11057-11071, 2003.

Goldfarb, L., J. B. Burkholder and A. R. Ravishankara, Kinetics of the O + ClO reaction, *J. Phys. Chem. A*, **105**, 5402-5409, 2001.

González, M., M. P. Puyuelo, J. Hernando, R. Sayós, P. A. Enríquez, J. Guallar and I. Baños, Influence of the collision energy on the $O(^1D) + RH \rightarrow OH(X^2\Pi) + R (RH = CH_4, C_2H_6, C_3H_8)$ reaction dynamics : A laser-induced fluorescence and quasiclassical trajectory study, *J. Phys. Chem. A*, **104**, 521-529, 2000.

Goumri, A., J. F. Pauwels and P. Devolder, Rate of the $OH + C_6H_6 + He$ reaction in the fall-off range by discharge flow and OH resonance fluorescence, *Can. J. Chem.*, **69**, 1057-1064, 1991.

Graham, R. A. and H. S. Johnston, Kinetics of the gas-phase reaction between ozone and nitrogen dioxide, *J. Chem. Phys.*, **60**, 4628-4629, 1974.

Graham, R. A., A. M. Winer and J. N. Pitts, Jr., Temperature dependence of the unimolecular decomposition of pernitric acid and its atmospheric implications, *Chem. Phys. Lett.*, **51**, 215-220, 1977.

Grebenkin, S. Y. and L. N. Krasnoperov, Kinetics and thermochemistry of the hydroxy-cyclohexadienyl radical reaction with O_2 : $C_6H_6OH + O_2 \rightleftharpoons C_6H_6(OH)OO$, *J. Phys. Chem. A*, **108**, 1953-1963, 2004.

Grosjean, D., Atmospheric chemistry of toxic contaminants 1. Reaction rates and atmospheric persistence, *J. Air Waste Manag. Assoc.*, **40**, 1397-1402, 1990.

Grosjean, E. and D. Grosjean, Carbonyl products of the gas phase reaction of ozone with symmetrical alkenes, *Environ. Sci. Technol.*, **30**, 2036-2044, 1996.

Gutbrod, R., R. N. Schindler, E. Kraka and D. Cremer, Formation of OH radicals in the gas phase ozonolysis of alkenes : The unexpected role of carbonyl oxides, *Chem. Phys. Lett.*, **252**, 221-229,

1996.
Hahn, J., K. Luther and J. Troe, Experimental and theoretical study of the temperature and pressure dependences of the recombination reactions $O+NO_2(+M) \rightarrow NO_3(+M)$ and $NO_2+NO_3(+M) \rightarrow N_2O_5(+M)$, Phys. Chem. Chem. Phys., **2**, 5098-5104, 2000.
Hamilton, E. J., Water vapor dependence of the kinetics of the self reaction of HO_2 in the gas phase, J. Chem. Phys., **63**, 3682-3683, 1975.
Hamilton, E. J., Jr. and C. A. Naleway, Theoretical calculation of strong complex formation by the HO_2 radical : $HO_2 \cdot H_2O$ and $HO_2 \cdot NH_3$, J. Phys. Chem., **80**, 2037-2040, 1976.
Hammer, P. D., E. J. Dlugokencky and C. J. Howard, Kinetics of the nitric oxide-nitrate radical gas-phase reaction $NO+NO_3 \rightarrow 2NO_2$, J. Phys. Chem., **90**, 2491-2496, 1986.
Handwerk, V. and R. Zellner, Pressure and temperature dependence of the reaction $ClO+NO_2(+N_2) \rightarrow ClONO_2(+N_2)$, Ber. Bunsenges. Phys. Chem., **88**, 405-409, 1984.
Hanway, D. and F.-M. Tao, A density functional theory and ab initio study of the hydrolysis of dinitrogen pentoxide, Chem. Phys. Lett., **285**, 459-466, 1998.
Hashimoto, S., G. Inoue and H. Akimoto, Infrared spectroscopic detection of the $HOSO_2$ radical in argon matrix at 11 K, Chem. Phys. Lett., **107**, 198-202, 1984.
Hasson, A. S., G. Orzechowska and S. E. Paulson, Production of stabilized Criegee intermediates and peroxides in the gas phase ozonolysis of alkenes 1. Ethene, trans-2-butene, and 2, 3-dimethyl-2-butene, J. Geophys. Res., **106**, 34131-34142, 2001.
Hatakeyama, S., H. Kobayashi and H. Akimoto, Gas-phase oxidation of sulfur dioxide in the ozone-olefin reactions, J. Phys. Chem., **88**, 4736-4739, 1984.
Hatakeyama, S., H. Kobayashi, Z.-Y. Lin, H. Takagi and H. Akimoto, Mechanism for the reaction of peroxymethylene with sulfur dioxide, J. Phys. Chem., **90**, 4131-4135, 1986.
Herndon, S. C., P. W. V. Malta, D. D. Nelson, J. T. Jayne and M. S. Zahniser, Rate constant measurements for the reaction of HO_2 with O_3 from 200 to 300 K using a turbulent flow reactor, J. Phys. Chem. A, **105**, 1583-1591, 2001.
Hickson, K. M., L. F. Keyser and S. P. Sander, Temperature dependence of the HO_2+ClO reaction. 2. Reaction kinetics using the discharge-flow resonance-fluorescence technique, J. Phys. Chem. A, **111**, 8126-8138, 2007.
Hippler, H., R. Rahn and J. Troe, Temperature and pressure dependence of ozone formation rates in the range 1-1000 bar and 90-370 K, J. Chem. Phys., **93**, 6560, 1990.
Hippler, H., N. Neunaber and J. Troe, Shock wave studies of the reactions $HO+H_2O_2 \rightarrow H_2O+HO_2$ and $HO+HO_2 \rightarrow H_2O+O_2$ between 930 and 1680 K, J. Chem. Phys., **103**, 3510-3516, 1995.
Hippler, H., S. Nasterlack and F. Striebel, Reaction of $OH+NO_2+M$: Kinetic evidence of isomer formation, Phys. Chem. Chem. Phys., **4**, 2959-2964, 2002.
Horie, O. and G. K. Moortgat, Decomposition pathways of the excited Criegee intermediates in the ozonolysis of simple alkenes, Atmos. Environ., **25A**, 1881-1896, 1991.
Horie, O., C. Schäfer and G. K. Moortgat, High reactivity of hexafluoro acetone toward Criegee intermediates in the gas-phase ozonolysis of simple alkenes, Int. J. Chem. Kinet., **31**, 261-269, 1999.
Howard, C. J. and K. M. Evenson, Kinetics of the reaction of HO_2 with NO, Geophys. Res. Lett., **4**, 437-440, 1977.
Howard, M. J. and I. W. M. Smith, Direct rate measurements on the reactions $N+OH \rightarrow NO+H$ and $O+OH \rightarrow O_2+H$ from 250 to 515 K, J. Chem. Soc. Faraday Trans. 2, **77**, 997-1008, 1981.
Huie, R. E. and J. T. Herron, The rate constant for the reaction $O_3+NO_2 \rightarrow O_2+NO_3$ over the temperature range 259-362 K, Chem. Phys. Lett., **27**, 411-414, 1974.
Jemi-Alade, A. A. and B. A. Thrush, Reactions of HO_2 with NO and NO_2 studied by mid-infrared laser magnetic resonance, J. Chem. Soc. Faraday Trans. 2, **86**, 3355-3363, 1990.
Jitariu, L. C. and D. M. Hirst, Theoretical investigation of the $N_2O_5 \rightleftharpoons NO_2+NO_3$ equilibrium by density functional theory and ab initio calculations, Phys. Chem. Chem. Phys., **2**, 847-852, 2000.

Johnson, D., S. Raoult, R. Lesclaux and L. N. Krasnoperov, UV absorption spectra of methyl-substituted hydroxy-cyclohexadienyl radicals in the gas phase, *J. Photochem. Photobiol. A*, **176**, 98-106, 2005.

Johnson, D. and G. Marston, The gas-phase ozonolysis of unsaturated volatile organic compounds in the troposphere, *Chem. Soc. Rev.*, **37**, 699-716, 2008.

Joshi, V. A. and H. Wang, Master equation modeling of wide range temperature and pressure dependence of $CO+OH \rightarrow$ products, *Int. J. Chem. Kinet.*, **38**, 57-73, 2006.

Kaltsoyannis, N. and D. M. Rowley, Ab initio investigations of the potential energy surfaces of the $XO+HO_2$ reaction (X = chlorine or bromine), *Phys. Chem. Chem. Phys.*, **4**, 419-427, 2002.

Kan, C. S., F. Su, J. G. Calvert and J. H. Shaw, Mechanism of the ozone-ethene reaction in dilute N_2/O_2 mixtures near 1-atm pressure, *J. Phys. Chem.*, **85**, 2359-2363, 1981.

Kanno, N., K. Tonokura, A. Tezaki and M. Koshi, Water dependence of the HO_2 self reaction : Kinetics of the HO_2-H_2O complex, *J. Phys. Chem. A*, **109**, 3153-3158, 2005.

Kanno, N., K. Tonokura and M. Koshi, Equilibrium constant of the HO_2-H_2O complex formation and kinetics of $HO_2 + HO_2$-H_2O : Implications for tropospheric chemistry, *J. Geophys. Res.*, **111**, D20312, 1-7, 2006,

Kegley-Owen, C. S., M. K. Gilles, J. B. Burkholder and A. R. Ravishankara, Rate coefficient measurements for the reaction $OH+ClO \rightarrow$ Products, *J. Phys. Chem. A*, **103**, 5040-5048, 1999.

Keyser, L. F., Kinetics of the reaction $O + HO_2 \rightarrow OH + O_2$ from 229 to 372 K, *J. Phys. Chem.*, **86**, 3439-3446, 1982.

Keyser, L. F., Kinetics of the reaction $OH + HO_2 \rightarrow H_2O + O$ from 254 to 382 K, *J. Phys. Chem.*, **92**, 1193-1200, 1988.

King, M. D., C. E. Canosa-Mas and R. P. Wayne, Frontier molecular orbital correlations for predicting rate constants between alkenes and the tropospheric oxidants NO_3, OH and O_3, *Phys. Chem. Chem. Phys.*, **1**, 2231-2238, 1999.

Kircher, C. C. and S. P. Sander, Kinetics and mechanism of HO_2 and DO_2 disproportionations, *J. Phys. Chem.*, **88**, 2082-2091, 1984.

Klein, T., I. Barnes, K. H. Becker, E. H. Fink and F. Zabel, Pressure dependence of the rate constants for the reactions of ethene and propene with hydroxyl radicals at 295 K, *J. Phys. Chem.*, **88**, 5020-5025, 1984.

Klopper, W., D. P. Tew, N. González-García and M. Olzmann, Heat of formation of the $HOSO_2$ radical from accurate quantum chemical calculations, *J. Chem. Phys.*, **129**, 114308, 2008.

Klotz, B., S. Sørensen, I. Barnes, K. H. Becker, T. Etzkorn, R. Volkamer, U. Platt, K. Wirtz and M. Martín-Reviejo, Atmospheric oxidation of toluene in a large-volume outdoor photoreactor : In situ determination of ring-retaining product yields, *J. Phys. Chem. A*, **102**, 10289-10299, 1998.

Knight, G. P., T. Beiderhase, F. Helleis, G. K. Moortgat and J. N. Crowley, Reaction of HO_2 with ClO : Flow tube studies of kinetics and product formation between 215 and 298 K, *J. Phys. Chem. A*, **104**, 1674-1685, 2000.

Kovacic, S., K. Lesar, S and M. Hodoscek, Quantum mechanical study of the potential energy surface of the $ClO+NO_2$ reaction, **45**, 58-64, 2005.

Kroll, J. H., T. F. Hanisco, N. M. Donahue, K. L. Demerjian and J. G. Anderson, Accurate, direct measurements of OH yields from gas-phase ozone-alkene reactions using an LIF Instrument, *Geophys. Res. Lett.*, **28**, 3863-3866, 2001.

Kuo, C. H. and Y. P. Lee, Kinetics of the reaction hydroxyl + ethene in helium, nitrogen, and oxygen at low pressure, *J. Phys. Chem.*, **95**, 1253-1257, 1991.

Kuo, Y. P., B. M. Cheng and Y. P. Lee, Production and trapping of $HOSO_2$ from the gaseous reaction $OH + SO_2$: The infrared absorption of $HOSO_2$ in solid argon, *Chem. Phys. Lett.*, **177**, 195-199, 1991.

Kurylo, M. J., P. A. Ouellette and A. H. Laufer, Measurements of the pressure dependence of the hydroperoxy (HO_2) radical self-disproportionation reaction at 298 K, *J. Phys. Chem.*, **90**, 437-440,

1986.
Lee, T. J., C. M. Rohlfing and J. E. Rice, An extensive ab initio study of the structures, vibrational spectra, quadratic force fields, and relative energetics of three isomers of Cl_2O_2, *J. Chem. Phys.*, **97**, 6593-6605, 1992.
Lewis, R. S. and R. T. Watson, Temperature dependence of the reaction $O(^3P) + OH(^2\Pi) \rightarrow O_2 + H$, *J. Phys. Chem.*, **84**, 3495-3503, 1980.
Li, W.-K. and M. L. McKee, Theoretical study of OH and H_2O addition to SO_2, *J. Phys. Chem. A*, **101**, 9778-9782, 1997.
Lightfoot, P. D., B. Veyret and R. Lesclaux, The rate constant for the $HO_2 + HO_2$ reaction at elevated temperatures, *Chem. Phys. Lett.*, **150**, 120-126, 1988.
Lightfoot, P. D., B. Veyret and R. Lesclaux, Flash photolysis study of the $CH_3O_2 + HO_2$ reaction between 248 and 573 K, *J. Phys. Chem.*, **94**, 708-714, 1990.
Lightfoot, P. D., P. Roussel, F. Caralp and R. Lesclaux, Flash photolysis study of the $CH_3O_2 + CH_3O_2$ and $CH_3O_2 + HO_2$ reactions between 600 and 719 K : Unimolecular decomposition of methylhydroperoxide, *J. Chem. Soc. Faraday Trans.*, **87**, 3213-3220, 1991.
Lightfoot, P. D., R. A. Cox, J. N. Crowly, M. Destriau, G. D. Hayman, M. E. Jenkin, G. K. Moortgat and F. Zabel, Organic peroxy radicals : Kinetics, spectroscopy and tropospheric chemistry, *Atmos. Environ.*, **26A**, 1805-1961, 1992.
Lii, R.-R., M. C. Sauer Jr. and S. Gordon, Temperature dependence of the gas-phase self-reaction of HO_2 in the presence of H_2O, *J. Phys. Chem.*, **85**, 2833-2834, 1981.
Lin, C. L. and M. T. Leu, Temperature and third-body dependence of the rate constant for the reaction $O + O_2 + M \rightarrow O_3 + M$, *Int. J. Chem. Kinet.*, **14**, 417, 1982.
Lin, J. J., Y. T. Lee and X. Yang, Crossed molecular beam studies of the $O(^1D) + CH_4$ reaction : Evidences for the $CH_2OH + H$ channel, *J. Chem. Phys.*, **109**, 2975-2978, 1998.
Lin, J. J., S. Harich, Y. T. Lee and X. Yang, Dynamics of the $O(^1D) + CH_4$ reaction : Atomic hydrogen channel vs molecular hydrogen channel, *J. Chem. Phys.*, **110**, 10821-10829, 1999.
Lippmann, H. H., B. Jesser and U. Schurath, The rate constant of $NO + O_3 \rightarrow NO_2 + O_2$ in the temperature range of 283-443 K, *Int. J. Chem. Kinet.*, **12**, 547-554, 1980.
Lipson, J. B., T. W. Beiderhase, L. T. Molina, M. J. Molina and M. Olzmann, Production of HCl in the OH + ClO reaction : Laboratory measurements and statistical rate theory calculations, *J. Phys. Chem. A*, **103**, 6540-6551, 1999.
Liu, J. Y. and J. R. Barker, On the Chaperon mechanism : Application to $ClO + ClO (+ N_2) \rightarrow ClOOCl (+ N_2)$, *J. Phys. Chem. A*, **111**, 8689-8698, 2007.
Lohr, L. L., J. R. Barker and R. M. Shroll, Modeling the organic nitrate yields in the reaction of alkyl peroxy radicals with nitric oxide. 1. Electronic structure calculations and thermochemistry, *J. Phys. Chem. A*, **107**, 7429-7433, 2003.
Margitan, J. J. and R. T. Watson, Kinetics of the reaction of hydroxyl radicals with nitric acid, *J. Phys. Chem.*, **86**, 3819-3824, 1982.
Matsumi, Y., K. Tonokura, Y. Inagaki and M. Kawasaki, Isotopic branching ratios and translational energy release of hydrogen and deuterium atoms in reaction of oxygen (^1D) atoms with alkanes and alkyl chlorides, *J. Phys. Chem.*, **97**, 6816-6821, 1993.
Matsumi, Y., S. Nomura, M. Kawasaki and T. Imamura, Vibrational distribution of ClO radicals produced in the reaction $Cl + O_3 \rightarrow ClO + O_2$, *J. Phys. Chem.*, **100**, 176-179, 1996.
McCabe, D. C., T. Gierczak, R. Talukdara and A. R. Ravishankara, Kinetics of the reaction OH + CO under atmospheric conditions, *Geophys. Res. Lett.*, **28**, 3135-3138, 2001.
McKee, M. J. and C. M. Rohlfing, An ab initio study of complexes between ethylene and ozone, *J. Am. Chem. Soc.*, **111**, 2497-2500, 1989.
Medvedev, D., S. K. Gray, E. M. Goldfield, M. J. Lakin, D. Troya and G. C. Schatz, Quantum wave packet and quasiclassical trajectory studies of OH + CO : Influence of the reactant channel well on

thermal rate constants, *J. Chem. Phys.*, **120**, 1231-1238, 2004.
Michael, J. V., J. E. Allen Jr. and W. D. Brobst, Temperature dependence of the nitric oxide + ozone reaction rate from 195 to 369 K, *J. Phys. Chem.*, **85**, 4109-4117, 1981.
Mihelcic, D., M. Heitlinger, D. Kley, P. Musgen and A. Volz-Thomas, Formation of hydroxyl and hydroperoxy radicals in the gas-phase ozonolysis of ethene, *Chem. Phys. Lett.*, **301**, 559-564, 1999.
Miyoshi, A., H. Matsui and N. Washida, Detection and reactions of the HOCO radical in gas phase, *J. Chem. Phys.*, **100**, 3532-3539, 1994.
Mollner, A. K., S. Valluvadasan, L. Feng, M. K. Sprague, M. Okumura, D. B. Milligan, W. J. Bloss, S. P. Sander, P. T. Martien, R. A. Harley, A. B. McCoy and W. P. L. Carter, Rate of gas phase association of hydroxyl radical and nitrogen dioxide, *Science*, **330**, 646-649, 2010.
Moonen, P. C., J. N. Cape, R. L. Storeton-West and R. McColm, Measurement of the NO + O_3 reaction rate at atmospheric pressure using realistic mixing ratios, *J. Atmos. Chem.*, **29**, 299-314, 1998.
Mora-Diez, N. and R. J. Boyd, A computational study of the kinetics of the NO_3 hydrogen-abstraction reaction from a series of aldehydes (XCHO : X) F, Cl, H, CH_3), *J. Phys. Chem. A*, **106**, 384-394, 2002.
Neeb, P., O. Horie and G. K. Moortgat, Gas-phase ozonolysis of ethene in the presence of hydroxylic compounds, *Int. J. Chem. Kinet.*, **28**, 721-730, 1996.
Neeb, P., O. Horie and G. K. Moortgat, The ethene-ozone reaction in the gas phase, *J. Phys. Chem. A*, **102**, 6778-6785, 1998.
Nelson Jr., D. D. and M. S. Zahniser, A mechanistic study of the reaction of HO_2 radical with ozone, *J. Phys. Chem.*, **98**, 2101-2104, 1994.
Nguyen, T. L., J. H. Park, K. J. Lee, K. Y. Song and J. R. Barker, Mechanism and kinetics of the reaction $NO_3 + C_2H_4$, *J. Phys. Chem. A*, **115**, 4894-4901, 2011.
Nguyen, M. T., T. L. Nguyen, V. T. Ngan and H. M. T. Nguyen, Heats of formation of the Criegee formaldehyde oxide and dioxirane, *Chem. Phys. Lett.*, **448**, 183-188, 2007.
Nickolaisen, S. L., R. R. Friedl and S. P. Sander, Kinetics and mechanism of the chlorine oxide ClO + ClO reaction : Pressure and temperature dependences of the bimolecular and termolecular channels and thermal decomposition of chlorine peroxide, *J. Phys. Chem.*, **98**, 155-169, 1994.
Nickolaisen, S. L., C. M. Roehl, L. K. Blakeley, R. R. Friedl, J. S. Francisco, R. F. Liu and S. P. Sander, Temperature dependence of the HO_2 + ClO reaction. 1. Reaction kinetics by pulsed photolysis-ultraviolet absorption and ab initio studies of the potential surface, *J. Phys. Chem. A*, **104**, 308-319, 2000.
Nicovich, J. M. and P. H. Wine, Temperature dependence of the O + HO_2 rate coefficient, *J. Phys. Chem.*, **91**, 5118-5123, 1987.
Nicovich, J. M., P. H. Wine and A. R. Ravishankara, Pulsed laser photolysis kinetics study of the O(^{3}P) + ClO reaction, *J. Chem. Phys.*, **89**, 5670-5679, 1988.
Nicovich, J. M., K. D. Kreutter and P. H. Wine, Kinetics of the reactions of Cl(^{2}PJ) and Br ($^2P_{3/2}$) with O_3, *Int. J. Chem. Kinet.*, **22**, 399-414, 1990.
Niki, H., P. D. Maker, C. M. Savage and L. P. Breitenbach, A FT IR study of a transitory product in the gas-phase ozone-ethylene reaction, *J. Phys. Chem.*, **85**, 1024-1027, 1981.
Niki, H., P. D. Maker, C. M. Savage and L. P. Breitenbach, An Fourier transform infrared study of the kinetics and mechanism for the reaction of hydroxyl radical with formaldehyde, *J. Phys. Chem.*, **88**, 5342-5344, 1984.
NIST-JANAF Thermochemical Tables, Edited by M. W. Chase, Jr., American Chemical Society and American Institute of Physics, Woodbury, NY, 4th ed., *J. Phys. Chem. Ref.* Data Monograph No. 9, 1988.
Nizkorodov, S. A., W. W. Harper, B. W. Blackman and D. J. Nesbitt, Temperature dependent kinetics of the $OH/HO_2/O_3$ chain reaction by time-resolved IR laser absorption spectroscopy, *J. Phys. Chem. A*, **104**, 3964-3973, 2000.

Nizkorodov, S. A. and P. O. Wennberg, First spectroscopic observation of gas-phase HOONO, *J. Phys. Chem. A*, **106**, 855-859, 2002.

O'Donnell, B. A, E. X. J. Li, M. I. Lester and J. S. Francisco, Spectroscopic identification and stability of the intermediate in the OH + HONO$_2$ reaction, *Proc. Natl. Acad. Sci.*, USA, **105**, 12647-12648, 2008.

Olzmann, M., E. Kraka, D. Cremer, R. Gutbrod and S. Andersson, Energetics, kinetics, and product distributions of the reactions of ozone with ethene and 2, 3-dimethyl-2-butene, *J. Phys. Chem. A*, **101**, 9421-9429, 1997.

Ongstad, A. P. and J. W. Birks, Studies of reactions of importance in the stratosphere. VI. Temperature dependence of the reactions $O + NO_2 \rightarrow NO + O_2$ and $O + ClO \rightarrow Cl + O_2$, *J. Chem. Phys.*, **85**, 3359-3368, 1986.

Orlando, J. J., G. S. Tyndall, C. A. Cantrell and J. G. Calvert, Temperature and pressure dependence of the rate coefficient for the reaction $NO_3 + NO_2 + N_2 \rightarrow N_2O_5 + N_2$, *J. Chem. Soc. Faraday Trans.*, **87**, 2345-2349, 1991.

Paulson, S. E., J. D. Fenske, A. D. Sen and T. W. Callahan, A novel small-ratio relative-rate technique for measuring OH formation yields from the reactions of O_3 with alkenes in the gas phase, and its application to the reactions of ethene and propene, *J. Phys. Chem. A*, **103**, 2050-2059, 1999.

Peiró-García, J. and I. Nebot-Gil, Ab initio study on the mechanism of the atmospheric reaction OH + $O_3 \rightarrow HO_2 + O_2$, *ChemPhysChem*, **4**, 843-847, 2003a.

Peiró-García, J. and I. Nebot-Gil, Ab initio study of the mechanism of the atmospheric reaction : $NO_2 + O_3 \rightarrow NO_3 + O_2$, *J. Comput. Chem.*, **24**, 1657-1663, 2003b.

Percival, C. J., G. D. Smith, L. T. Molina and M. J. Molina, Temperature and pressure dependence of the rate constant for the ClO + NO$_2$ reaction, *J. Phys. Chem. A*, **101**, 8830-8833, 1997.

Perry, R. A., R. Atkinson and J. N. Pitts Jr., Kinetics and mechanism of the gas phase reaction of hydroxyl radicals with aromatic hydrocarbons over the temperature range 296-473 K, *J. Phys. Chem.*, **81**, 296-304, 1977.

Petty, J. T., J. A. Harrison and C. B. Moore, Reactions of *trans*-HOCO studied by infrared spectroscopy, *J. Phys. Chem.*, **97**, 11194-11198, 1993.

Pilgrim, J. S., A. McIlroy and C. A. Taatjes, Kinetics of Cl atom reactions with methane, ethane, and propane from 292 to 800 K, *J. Phys. Chem. A*, **101**, 1873-1880, 1997.

Pollack, I. B., I. M. Konen, E. X. J. Li and M. I. Lester, Spectroscopic characterization of HOONO and its binding energy via infrared action spectroscopy, *J. Chem. Phys.*, **119**, 9981-9984, 2003.

Qi B., K.-H. Su, Y.-B. Wang, Z.-Y. Wen and X.-Y. Tang, Gaussian-2 calculations of the thermochemistry of Criegee intermediates in gas phase reactions, *Acta. Phys. Chim. Sin.*, **14**, 1033-1039, 1998.

Qi, B., K. Sato, T. Imamura, A. Takami, S. Hatakeyama and Y. Ma, Production of the radicals in the ozonolysis of ethene : A chamber study by FT-IR and PERCA, *Chem. Phys. Lett.*, **427**, 461-465, 2006.

Ranschaert, D. L., N. J. Schneider and M. J. Elrod, Kinetics of the $C_2H_5O_2 + NO_x$ reactions : Temperature dependence of the overall rate constant and the $C_2H_5ONO_2$ branching channel of $C_2H_5O_2 + NO$, *J. Phys. Chem. A*, **104**, 5758-5765, 2000.

Ravishankara, A. R., P. H. Wine and A. O. Langford, Absolute rate constant for the reaction $OH(v=0) + O_3 \rightarrow HO_2 + O_2$ over the temperature range 238-357 K, *J. Chem. Phys.*, **70**, 984-989, 1979.

Ravishankara, A. R., F. L. Eisele, N. M. Kreutter and P. H. Wine, Kinetics of the reaction of CH_3O_2 with NO, *J. Chem. Phys.*, **74**, 2267-2274, 1981.

Ravishankara, A. R., S. Solomon, A. A. Turnipseed and R. F. Warren, Atmospheric lifetimes of long-lived halogenated species, *Science*, **259**, 194-199, 1993.

Ray, G. W. and R. T. Watson, Kinetics of the reaction $NO + O_3 \rightarrow NO_2 + O_2$ from 212 to 422 K, *J. Phys. Chem.*, **85**, 1673-1676, 1981.

Rickard, A. R., D. Johnson, C. D. McGill and G. Marston, OH yields in the gas-phase reactions of ozone with alkenes, *J. Phys. Chem. A*, **103**, 7656-7664, 1999.

Sander, S. P., R. Baker, D. M. Golden, M. J. Kurylo, P. H. Wine, J. P. D. Abatt, J. B. Burkholder, C. E. Kolb, G. K. Moortgat, R. E. Huie and V. L. Orkin, Chemical Kinetics and Photochemical Data for Use in Atmospheric Studies, Evaluation Number 17, JPL Publication 10-6, Pasadena, California, 2011. Website : http://jpldataeval.jpl.nasa.gov/.

Sander, S. P. and C. C. Kircher, Temperature dependence of the reaction $NO + NO_3 \rightarrow 2NO_2$, *Chem. Phys. Lett.*, **126**, 149-152, 1986.

Sander, W., Carbonyl oxides : Zwitterions or diradicals?, *Angew. Chem. Int. Ed. Engl.*, **29**, 344-354, 1990.

Sayós, R., C. Olive and M. González, Ab initio CASPT2/CASSCF study of the $O(^1D) + H_2O(X^1A_1)$ reaction, *J. Chem. Phys.*, **115**, 8826-8835, 2001.

Sayós, R., J. Hernando, M. P. Puyuelo, P. A. Enríquez and M. González, Influence of collision energy on the dynamics of the reaction $O(^1D) + CH_4(X^1A_1) \rightarrow OH(X^2\Pi) + CH_3(X^2A_2)$, *Phys. Chem. Chem. Phys.*, **4**, 288-294, 2002.

Scholtens, K. W., B. M. Messer, C. D. Cappa and M. J. Elrod, Kinetics of the $CH_3O_2 + NO$ reaction : Temperature dependence of the overall rate constant and an improved upper limit for the CH_3ONO_2 branching channel, *J. Phys. Chem. A*, **103**, 4378-4384, 1999.

Schurath, U., H. H. Lippmann and B. Jesser, Temperature dependence of the chemiluminescent reaction (1), $NO + O_3 \rightarrow NO_3(^2A_1 ; ^2B_{1,2}) + O_3$, and quenching of the excited product, *Ber. Bunsenges. Phys. Chem.*, **85**, 807-813, 1981.

Seeley, J. V., R. F. Meads, M. J. Elrod, and M. J. Molina, Temperature and pressure dependence of the rate constant for the $HO_2 + NO$ reaction, *J. Phys. Chem.*, **100**, 4026-4031, 1996a.

Seeley, J. V., J. T. Jayne and M. J. Molina, Kinetic studies of chlorine atom reactions using the turbulent flow tube technique, *J. Phys. Chem.*, **100**, 4019-4025, 1996b.

Senosiain, J. P., C. B. Musgrave and D. M. Golden, Temperature and pressure dependence of the reaction of OH and CO : Master equation modeling on a high-level potential energy surface, *Int. J. Chem. Kinet.*, **35**, 464-474, 2003.

Senosiain, J. P., S. J. Klippenstein and J. A. Miller, The reaction of acetylene with hydroxyl radicals, *J. Phys. Chem. A*, **109**, 6045-6055, 2005.

Sinha, A., E. R. Lovejoy and C. J. Howard, Kinetic study of the reaction of HO_2 with ozone, *J. Chem. Phys.*, **87**, 2122-2128, 1987.

Sivakumaran, V., D. Holscher, T. J. Dillon and J. Crowley, Reaction between OH and HCHO : Temperature dependent rate coefficients (202-399 K) and product pathways (298 K), *Phys. Chem. Chem. Phys.*, **5**, 4821, 2003.

Sivakumaran, V. and J. N. Crowley, Reaction between OH and CH_3CHO Part 2. Temperature dependent rate coefficients (201-348 K), *Phys. Chem. Chem. Phys.*, **5**, 106-111, 2003.

Sivakumaran, V., D. Holscher, T. J. Dillon and J. Crowley, Reaction between OH and HCHO : Temperature dependent rate coefficients (202-399 K) and product pathways (298 K), *Phys. Chem. Chem. Phys.*, **5**, 4821-4827, 2003.

Skov, H., Th. Benter, R. N. Schindler, J. Hjorth and G. Restelli, Epoxide formation in the reactions of the nitrate radical with 2, 3-dimethyl-2-butene, *cis*- and *trans*-2-butene and isoprene, *Atmos. Environ.*, **28**, 1583-1592, 1994.

Smith, I. W. M., The mechanism of the $OH + CO$ reaction and the stability of the HOCO radical, *Chem. Phys. Lett.*, **49**, 112-115, 1977.

Smith, C. A., L. T. Molina, J. J. Lamb and M. J. Molina, Kinetics of the reaction of OH with pernitric and nitric acids, *Int. J. Chem. Kinet.*, **16**, 41-55, 1984.

Smith, D. F., C. D. McIver and T. E. Kleindienst, Primary product distribution from the reaction of hydroxyl radicals with toluene at ppb NOx mixing ratios, *J. Atmos. Chem.*, **30**, 209-228, 1998.

Somnitz, H., Quantum chemical and dynamical characterization of the reaction $OH+SO_2 \rightarrow HOSO_2$ over an extended range of temperature and pressure, *Phys. Chem. Chem. Phys.*, **6**, 3844-3851, 2004.

Stachnik, R. A., M. J. Molina and L. T. Molina, Pressure and temperature dependences of the reaction of hydroxyl radical with nitric acid, *J. Phys. Chem.*, **90**, 2777-2780, 1986.

Stief, L. J., D. F. Nava, W. A. Payne and J. V. Michael, Rate constant for the reaction of hydroxyl radical with formaldehyde over the temperature range 228-362 K, *J. Chem. Phys.*, **73**, 2254-2258, 1980.

Stone, D., M. Blitz, L. Daubney, N. U. M. Howes and P. Seakins, Kinetics of CH_2OO reactions with SO_2, NO_2, NO, H_2O and CH_3CHO as a function of pressure, *Phys. Chem. Chem. Phys.*, **16**, 1139-1149, 2014.

Su, Y.-T., Y.-H. Huang, H. A. Witek and Y.-P. Lee, Infrared absorption spectrum of the simplest Criegee intermediate CH_2OO, *Science*, **340**, 174-176, 2013.

Suh, I., D. Zhang, R. Zhang, L. T Molina and M. J Molina, Theoretical study of OH addition reaction to toluene, *Chem. Phys. Lett.*, **364**, 454-462, 2002.

Sumathi, R. and S. D. Peyerimhoff, An *ab initio* molecular orbital study of the potential energy surface of the $HO_2 + NO$ reaction, *J. Chem. Phys.*, **107**, 1872-1880, 1997.

Taatjes, C. A., G. Meloni, T. M. Selby, A. J. Trevitt, D. L. Osborn, C. J. Percival and D. E. Shallcross, Direct observation of the gas phase Criegee intermediate (CH_2OO), *J. Am. Chem. Soc.*, **130**, 11883-11885, 2008.

Takacs, G. A. and C. J. Howard, Temperature dependence of the reaction $HO_2 + HO_2$ at low pressures, *J. Phys. Chem.*, **90**, 687-690, 1986.

Takahashi, K., R. Wada, Y. Matsumi and M. Kawasaki, Product branching ratios for $O(^3P)$ atom and ClO radical formation in the reactions of $O(^1D)$ with chlorinated compounds, *J. Phys. Chem.*, **100**, 10145-10149, 1996.

Takahashi, K., Y. Takeuchi and Y. Matsumi, Rate constants of the $O(^1D)$ reactions with N_2, O_2, N_2O, and H_2O at 295 K, *Chem. Phys. Lett.*, **410**, 196-200, 2005.

Takayanagi, T. and A. Wada, Reduced dimensionality quantum reactive scattering calculations on the ab initio potential energy surface for the $O(^1D) + N_2O \rightarrow NO + NO$ reaction, *Chem. Phys.*, **269**, 37-47, 2001.

Takayanagi, T. and H. Akagi, Translational energy dependence of $NO + NO/N_2 + O_2$ product branching in the $O(^1D) + N_2O$ reaction : A classical trajectory study on a new global potential energy surface for the lowest 1A′ state, *Chem. Phys. Lett.*, **363**, 298-306, 2002.

Taylor, S. E., A. Goddard, M. A. Blitz, P. A. Cleary and D. E. Heard, Pulsed Laval nozzle study of the kinetics of OH with unsaturated hydrocarbons at very low temperatures, *Phys. Chem. Chem. Phys.*, **10**, 422-437, 2008.

Tokel, O., J. Chen, C. K. Ulrich and P. L. Houston, $O(^1D) + N_2O$ reaction : NO vibrational and rotational distributions, *J. Phys. Chem. A*, **114**, 11292-11297, 2010.

Treacy, J., M. El. Hag, D. O'Farrell and H. Sidebottom, Reactions of ozone with unsaturated organic compounds, *Ber. Bunsenges. Phys. Chem.*, **96**, 422-427, 1992.

Troe, J., Modeling the temperature and pressure dependence of the reaction $HO + CO \rightleftarrows HOCO \rightleftarrows H + CO_2$, *Proc. Combust. Inst.*, **27**, 167-175, 1998.

Trolier, M., R. L. Mauldin, III and A. R. Ravishankara, Rate coefficient for the termolecular channel of the self-reaction of chlorine monoxide, *J. Phys. Chem.*, **94**, 4896-4907, 1990.

Troya, D., J. Millán, I. Baños and M. González, Ab initio, kinetics, and dynamics study of $Cl + CH_4 \rightarrow HCl + CH_3$, *J. Chem. Phys.*, **117**, 5730-5741, 2002.

Tully, F. P., A. R. Ravishankara, R. L. Thompson, J. M. Nicolvich, R. C. Shah and N. M. Kreulter, Kinetics of the reaction of hydroxyl radical with benzene and toluene, *J. Phys. Chem.*, **85**, 2262-2269, 1981.

Tyndall, G. S., J. J. Orlando, C. A. Cantrell, R. E. Shetter and J. G. Calvert, Rate coefficient for the reaction $NO + NO_3 \rightarrow 2NO_2$ between 223 and 400 K, *J. Phys. Chem.*, **95**, 4381-4386, 1991.
Tyndall, G. S., R. A. Cox, C. Granier, R. Lesclaux, G. K. Moortgat, M. J. Pilling, A. R. Ravishankara and T. J. Wallington, Atmospheric chemistry of small organic peroxy radicals, *J. Geophys. Res.*, **106**, 12157-12182, 2001.
Uc, V. H., J. R. Alvarez-Idaboy, A. Galano, I. García-Cruz and A. Vivier-Bunge, Theoretical determination of the rate constant for OH hydrogen abstraction from toluene, *J. Phys. Chem. A*, **110**, 10155-10162, 2006.
Vakhtin, A. B., J. E. Murphy and S. R. Leone, Low-temperature kinetics of reactions of OH radical with ethene, propene, and 1-butene, *J. Phys. Chem. A*, **107**, 10055-10062, 2003.
Valero, R., M. C. van Hemert and G.-J. Kroes, Classical trajectory study of the HOCO system using a new interpolated ab initio potential energy surface, *Chem. Phys. Lett.*, **393**, 236-244, 2004.
Varandas, A. J. C. and L. P. Viegas, The $HO_2 + O_3$ reaction: Current status and prospective work, *Comp. Theoret. Chem.*, **965**, 291-297, 2011.
Viswanathan, R. and L. M. Raff, Theoretical investigations of the reaction dynamics of polyatomic gas-phase systems: The ozone + nitric oxide reaction, *J. Phys. Chem.*, **87**, 3251-3266, 1983.
Vranckx, S., J. Peeters and S. A. Carl, Absolute rate constant and $O(^3P)$ yield for the $O(^1D) + N_2O$ reaction in the temperature range 227 K to 719 K, *Atmos. Chem. Phys.*, **8**, 6261-6272, 2008.
Vranckx, S., J. Peeters and S. Carl, A temperature dependence kinetic study of $O(^1D) + CH_4$: Overall rate coefficient and product yields, *Phys. Chem. Chem. Phys.*, **10**, 5714-5722, 2008.
Vranckx, S., J. Peeters and S. Carl, Kinetics of $O(^1D) + H_2O$ and $O(^1D) + H_2$: Absolute rate coefficients and $O(^3P)$ yields between 227 and 453 K., *Phys. Chem. Chem. Phys.*, **28**, 9213-9221, 2010.
Wahner, A., T. F. Mentel and M. Sohn, Gas phase reaction of N_2O_5 with water vapor: Importance of heterogeneous hydrolysis of N_2O_5 and surface desorption of HNO_3 in a large Teflon chamber, *Geophys. Res. Lett.*, **25**, 2169-2172, 1998.
Wald, W. R. and W. A. Goddard III, The electronic structure of the Criegee intermediate. Ramifications for the mechanism of ozonolysis, *J. Am. Chem. Soc.*, **97**, 3004-3021, 1975.
Wallington, T. J. and R. A. Cox, Kinetics and product of the gas-phase reaction of ClO with NO_2, *J. Chem. Soc. Faraday Trans. 2*, **82**, 275-289, 1986.
Wallington, T. J. and S. M. Japar, Reaction of $CH_3O_2 + HO_2$ in air at 295 K: A product study, *Chem. Phys. Lett.*, **167**, 513-518, 1990.
Wallington, T., M. Armmann, R. Atkinson, R. A. Cox, J. N. Crowley, R. Hynes, M. E. Jenkin, W. Mellouki, M. J. Rossi and J. Troe, IUPAC Subcommittee for Gas Kinetic Data Evaluation for Atmospheric Chemistry, Evaluated Kinetic Data, Gas-phase reactions, http://www.iupac-kinetic.ch.cam.ac.uk/, 2012.
Wang, J. J. and L. F. Keyser, Kinetics of the $Cl(^2P_j) + CH_4$ Reaction: Effects of secondary chemistry below 300 K, *J. Phys. Chem. A*, **103**, 7460-7469, 1999.
Wang, J. J. and L. F. Keyser, HCl yield from the OH + ClO reaction at temperatures between 218 and 298 K, *J. Phys. Chem. A*, **105**, 6479-6489, 2001a.
Wang, J. J. and L. F. Keyser, Absolute rate constant of the OH + ClO reaction at temperatures between 218 and 298 K, *J. Phys. Chem. A*, **105**, 10544-10552, 2001b.
Wang, X., M. Suto and L. C. Lee, Reaction rate constants of $HO_2 + O_3$ in the temperature range 233-400 K, *J. Chem. Phys.*, **88**, 896-899, 1988.
Welz, O., J. D. Savee, D. L. Osborn, S. S. Vasu, C. J. Percival, D. E. Shallcross and C. A. Taatjes, Direct kinetic measurements of Criegee intermediate (CH_2OO) formed by reaction of CH_2I with O_2, *Science*, **335**, 204-207, 2012.
Wine, P. H. and A. R. Ravishankara, O_3 photolysis at 248 nm and $O(^1D_2)$ quenching by H_2O, CH_4, H_2, and N_2O: $O(^3P_j)$ yields, *Chem. Phys.*, **69**, 365-373, 1982.

Wine, P. H., J. M. Nicovich, R. J. Thompson and A. R. Ravishankara, Kinetics of atomic oxygen (^3P_J) reactions with hydrogen peroxide and ozone, *J. Phys. Chem.*, **87**, 3948-3954, 1983.

Wine, P. H., R. J. Thompson, A. R. Ravishankara, D. H. Semmes, C. A. Gump, A. Torabi and J. M. Nicovich, Kinetics of the reaction $OH+SO_2+M \rightarrow HOSO_2+M$. Temperature and pressure dependence in the fall-off region, *J. Phys. Chem.*, **88**, 2095-2104, 1984.

Xia, W. S. and M. C. Lin, A multifacet mechanism for the $OH+HNO_3$ reaction : An ab initio molecular orbital/statistical theory study, *J. Chem. Phys.*, **114**, 4522-4532, 2001.

Xu, Z. F., R. S. Zhu and M. C. Lin, Ab initio studies of ClOx reactions : VI. Theoretical prediction of total rate constant and product branching probabilities for the HO_2+ClO reaction, *J. Phys. Chem. A*, **107**, 3841-3850, 2003.

Xu, Z. F. and M. C. Lin, Ab initio study on the kinetics and mechanisms for O_3 reactions with HO_2 and HNO, *Chem. Phys. Lett.*, **440**, 12-18, 2007.

Yang, M.-U., C.-L. Yang, J.-Z. Chen and Q.-G. Zhang, Modified potential energy surface and time-dependent wave packet dynamics study for $Cl+CH_4 \rightarrow HCl+CH_3$ reaction, *Chem. Phys.*, **354**, 180-185, 2008.

Yoon, S., S. Henton, A. N. Zivkovic and F. F. Crim, The relative reactivity of the stretch-bend combination vibrations of CH_4 in the $Cl(^2P_{3/2})+CH_4$ reaction, *J. Chem. Phys.*, **116**, 10744-19752, 2002.

Yu, H.-G., J. T Muckerman and T. J Sears, A theoretical study of the potential energy surface for the reaction $OH+CO \rightarrow H+CO_2$, *Chem. Phys. Lett.*, **349**, 547-554, 2001.

Yu, H. G. and J. T. Muckerman, MRCI calculations of the lowest potential energy surface for CH_3OH and direct ab initio dynamics simulations of the $O(^1D)+CH_4$ reaction, *J. Phys. Chem. A*, **108**, 8615-8623, 2004.

Zabel, F., Unimolecular decomposition of peroxynitrates, *Z. Physik. Chem.*, **188**, 119-142, 1995.

Zahniser, M. S. and C. J. Howard, Kinetics of the reaction of HO_2 with ozone, *J. Chem. Phys.*, **73**, 1620-1626, 1980.

Zellner, R. and K. Lorenz, Laser photolysis/resonance fluorescence study of the rate constants for the reactions of hydroxyl radicals with ethene and propene, *J. Phys. Chem.*, **88**, 984-989, 1984.

Zellner, R., B. Fritz and K. Lorenz, Methoxy formation in the reaction of CH_3O_2 radicals with NO, *J. Atmos. Chem.*, **4**, 241-251, 1986.

Zhang, J., T. Dransfield and N. M. Donahue, On the mechanism for nitrate formation via the peroxy radical+NO reaction, *J. Phys. Chem. A*, **108**, 9082-9095, 2004.

Zhang, J. and N. M. Donahue, Constraining the mechanism and kinetics of $OH+NO_2$ and HO_2+NO using the multiple-well master equation, *J. Phys. Chem. A*, **110**, 6898-6911, 2006.

Zhou, J., J. J. Lin, B. Zhang and K. Liu, On the $Cl^*(^2P_{1/2})$ reactivity and the effect of bend excitation in the $Cl+CH_4/CD_4$ reactions, *J. Phys. Chem.*, **108**, 7832-7836, 2004.

Zhou, X.-M., Z.-Y. Zhou, Q.-Y. Wu, A. F. Jalbout and N. Zhang, Reaction of CH_3O_2 and HO_2 : Ab initio characterization of dimer structure and vibrational mode analysis for reaction mechanisms, *Int. J. Quant. Chem.*, **106**, 514-525, 2006.

Zhu, R. S., E. G. W. Diau, M. C. Lin and A. M. Mebel, A computational study of the $OH(OD)+CO$ reactions : Effects of pressure, temperature, and quantum-mechanical tunneling on product formation, *J. Phys. Chem. A*, **105**, 11249-11259, 2001.

Zhu, R. S. and M. C. Lin, Ab initio study of the catalytic effect of H_2O on the self-reaction of HO_2, *Chem. Phys. Lett.*, **354**, 217-226, 2002.

Zhu, R. S., Z. F. Xu and M. C. Lin, Ab initio studies of ClOx reactions. I. Kinetics and mechanism for the $OH+ClO$ reaction, *J. Chem. Phys.*, **116**, 7452-7460, 2002.

Zhu, R. S. and M. C. Lin, Ab initio study of the HO_2+NO reaction : Prediction of the total rate constant and product branching ratios for the forward and reverse processes, *J. Chem. Phys.*, **119**, 10667-10677, 2003a.

Zhu, R. S. and M. C. Lin, Ab initio studies of ClOx reactions. IV. Kinetics and mechanism for the self-reaction of ClO radicals, *J. Chem. Phys.*, **118**, 4094-4106, 2003b.

Zhu, R. S and M. C. Lin, Ab initio studies of ClOx reactions : prediction of the rate constants of ClO + NO_2 for the forward and reverse processes, *ChemPhysChem*, **12**, 1514-1521, 2005.

Zhu, L., R. K. Talukdar, J. B. Burkholder and A. R. Ravishankara, Rate coefficients for the OH + acetaldehyde (CH_3CHO) reaction between 204 and 373 K, *Int. J. Chem. Kinet.*, **40**, 635-646, 2008.

6

大気中の不均一反応と取り込み係数

　大気の化学システムを構成する化学過程のほとんどは第4章，第5章で述べられた気相分子の光分解過程と，気相均一化学反応過程から構成されているが，それ以外に大気分子の固体・液体表面上への取り込み，取り込まれたバルク溶液内での液相反応，表面上での不均一反応過程などの多相反応が重要となる現象がある．成層圏における極成層圏雲（polar stratospheric cloud, PSC）の生成とその表面上での化学反応は，そのもっとも顕著な例でありオゾンホールの形成に本質的な重要性をもっている．一方，対流圏では歴史的には酸性雨に関連した雲霧水滴中の多相反応がよく研究されてきたが，最近は海洋境界層での海塩粒子や雪氷表面に付着した海塩によるハロゲン化学への影響，HO_2ラジカルや窒素化合物のエアロゾル上の取り込みや不均一反応のオゾン化学への影響が注目されている．本章では対流圏における不均一過程の場として重要な水滴，海塩粒子，鉱物粒子，ススを，成層圏における不均一過程の場として重要なPSCを取り上げ，それらへの取り込み係数について取り扱う．対流圏，成層圏における多相反応の役割については，それぞれ第7章，第8章で取り上げる．

　大気中の均一反応過程のほとんどがすでに大筋で解明されていることから，最近は大気中の気固・気液界面を反応場とする化学過程や現象に関心が高まり多くの研究が行われている．しかし，不均一過程は均一過程と異なり，表面の化学的構造，形態的構造が多様なため，取り込み係数や反応確率などが定数として一義的に決まらないという問題点を有している．液体・固体粒子表面での気体分子の消失速度を記述する定数としては，2.4節で述べられたように，

$$J_{het} = \frac{1}{4}\gamma u_{av} N_g \qquad (6.1)[2.80]$$

で表すことができる．ここでJは気体分子の消失フラックス（molecules cm^{-2} s^{-1}），γは取り込み係数（気体分子の粒子への衝突数に対する気体分子の消失数の比），N_gは気体分子密度（molecules cm^{-3}），u_{av}は気体分子の平均速度（cm s^{-1}）である．一般に気体分子の液体・固体表面での消失過程は気相拡散，適応係数，ヘンリー定数，界面相互作用，バルク液相での反応などの結合した過程であり，取り込み係数γはそ

れらの連立方程式を含むことになるが，そのような一般解は得られないので，γ に対しては抵抗モデルによる近似式が用いられる（2.4節参照）．本章で主に扱われる不均一反応を伴う取り込みの場合の γ は，

$$\frac{1}{\gamma} = \frac{1}{\Gamma_g} + \frac{1}{\alpha} + \frac{1}{\Gamma_{sol} + \Gamma_{rxn}} \qquad (6.2)\,[2.84]$$

で表される．ここで α は気体分子が粒子表面に1回衝突したときその分子が表面へ留まる確率を表す適応係数（mass accommodation coefficient），Γ_g は気相拡散，Γ_{sol}，Γ_{rxn} はそれぞれ液層内での拡散，化学反応に相当する伝導率（conductance）である．ここで Γ_g を無視し，Γ_{sol}，Γ_{rxn} を合わせて Γ_{rs} と表すと式 (6.2) は，

$$\frac{1}{\gamma} = \frac{1}{\alpha} + \frac{1}{\Gamma_{rs}} \qquad (6.3)$$

のように簡単化される．本章で取り扱われるのは，実験室的に求められた上式で定義された γ と α である．

ただし，文献によっては Γ_g の効果が無視できない実験条件下で得られた数値がそのまま γ や α として報告されている場合があり，本章で取り上げたいくつかの不均一過程においてそれらに対する議論がなされている．一方，たとえば極成層圏雲粒子（PSC）上の反応のように $\alpha \approx 1$ と考えられる場合には，γ はほとんどバルク液体中の Γ_{rs} で決まっていることになる．また，γ は一般に表面に過去に取り込まれて共存する分子の密度に依存し，時間に依存するものと考えられるので，本章では初期取り込み係数を γ_0，定常状態の取り込み係数を γ_{ss}，これらが区別されないときの取り込み係数を単に γ として用いている．ただし，定常状態に達するのに要する時間は，それぞれの反応の表面過程や大気中の分子密度に依存するので，実際の大気モデルに適用するのに，γ_0 を用いるのがよいか，γ_{ss} を用いるのがよいかは必ずしも明らかでない．また，表面が多孔質の場合には γ の算出に幾何学的面積を用いるか BET（Brunauer-Emmett-Teller）面積を用いるかで何桁もの差が出てくる．本章では BET 面積を用いたときの取り込み係数を γ_{BET} と表している．また，分子の取り込みが物理吸着や液滴への溶解に留まらず，表面上ないしはバルク液相での二分子反応を伴い，反応生成物の生成速度に関心がもたれる場合の取り込み反応係数に対し γ_r を用いた．

本章で取り上げられた不均一過程に関しても NASA/JPL パネル評価 No.17（Sander et al., 2011），および大気化学のための気相反応データ評価に関する IUPAC 小委員会（IUPAC Subcommittee on Gas Kinetic Data Evaluation for Atmospheric Chemistry）の報告 Vol. V（Crowley et al., 2010）やデータシート（Wallington et al., 2012）に有用なレビューがなされている．ただし，上記の理由により第5章に掲げら

表 6.1 水滴，海塩粒子，土壌・鉱物粒子，スス上の取り込み係数

気相分子	表面	生成物	取り込み（適応）係数	温度 (K)	Ref.
H_2O	水滴	—	$\alpha > 0.3$	250〜290	(c)
OH	水滴	—	$\alpha > 0.1$	205〜253	(a)
HO_2	水滴	—	$\alpha > 0.5$	275〜300	(a)
	海塩	—	$\gamma = 0.1$	290〜300	(a)
O_3	水滴	—	$\alpha \geq 0.04$	195〜262	(b)
	NaCl	—	$\gamma < 1 \times 10^{-2}$	223〜300	(b)
	自然海塩	—	$\gamma = 10^{-3}\text{-}10^{-2}$	〜298	(d)
	Al_2O_3	—	$\gamma_{0,\mathrm{BET}} = (1.2 \pm 0.4) \times 10^{-4}$	296	(e)
	土壌	—	$\gamma_{0,\mathrm{BET}} = (3\text{-}6) \times 10^{-5}$	296	(e)
	スス	—	$\gamma_0 = 10^{-4}\text{-}10^{-3}$	298	(f)
NO_2	スス	HONO, NO	$\gamma_{0,\mathrm{BET}} = (3\text{-}5) \times 10^{-5}$	240〜350	(g)
N_2O_5	水滴	HNO_3	$\gamma = 0.01\text{-}0.06$	260〜295	(b)
	NaCl	$ClNO_2$, HNO_3	$\gamma_0 = 0.005$	〜298	(h)
	NaCl 溶液	—	$\gamma_0 = 0.02$	260〜300	(a)
	合成海塩	$ClNO_2$	$\gamma_0 = 0.02\text{〜}0.03$	〜298	(h)
	土壌	—	$\gamma_{ss} = 0.01\text{〜}0.04$	296	(i)
	スス	HNO_3	$\gamma = (4 \pm 2) \times 10^{-4}$	294	(j)
	スス	$NO + NO_2$	$\gamma_{ss} = 5.0 \times 10^{-3}$	298	(k)
HNO_3	水滴	—	$\alpha \geq 0.05$	250〜300	(b)
	NaCl	$NaNO_3$	$\gamma_0 = 0.002$	295〜298	(b)
	合成海塩	$NaNO_3$	$\gamma_0 = 0.07\text{-}0.75$	298	(l)
	$\alpha\text{-}Al_2O_3$	—	$\gamma_0 < 0.2$	295〜300	(b)
	土壌	—	$\gamma_0 \approx 0.1$	298	(m)
	スス	NO, NO_2	$\gamma_0 = (2.0 \pm 0.1) \times 10^{-2}$	298	(n)
$ClNO_2$	NaCl	—	$\gamma_0 = 0.23 \pm 0.06$	298	(o)
	合成海塩	—	$\gamma_0 = 0.42$	298	(o)
SO_2	水滴	—	$\alpha \geq 0.12$	260〜298	(b)
	$\gamma\text{-}Al_2O_3$	—	$\gamma_0 > 5 \times 10^{-3}$	298	(b)
	土壌粒子	—	$\gamma_0 = (7.6 \pm 0.5) \times 10^{-2}$	298	(b)
	スス	—	$\gamma \approx 2 \times 10^{-3}$	298	(q)

(a) IUPAC 小委員会報告シート (Wallington et al., 2012).
(b) NASA/JPL パネル評価 No.17 (Sander et al., 2011).
(c) Voiglander et al. (2007), (d) Mochida et al. (2000), (e) Michel et al. (2003), (f) Fendel et al. (1995); Rogaski et al. (1997), (g) Lelievre et al. (2004), (h) Thornton and Abbatt (2005), (i) Wagner et al. (2008, 2009), (j) Saathoff et al. (2001), (k) Kargulian and Rossi (2007), (l) De Haan and Finlayson-Pitts (1997), (m) Seisel et al. (2004), (n) Salgado-Muñoz and Rossi (2002), (o) Gebel and Finlayson-Pitts (2001), (p) Seisel et al. (2006), (q) Koehler et al. (1999).

れた均一素反応の場合と異なり，不均一過程に関しては一般にまだ研究途上であることから取り込み係数の推奨値が掲げられていない場合も多い．表 6.1 には本章で取り上げた不均一過程に対する取り込み（反応）係数に対する上記評価報告書の値，または最近の文献値を参考値として掲げた．それらの値は今後より正確な値に改訂される可能性が大きい．表 6.1 には，個々の文献値に従って過程により α, γ, γ_0, $\gamma_{0,\mathrm{BET}}$ など

の値がケースバイケースで掲げられている.

6.1 水滴への取り込み

水滴 $H_2O(l)$ への気体分子の取り込み係数は,雲霧上でのそれらの除去速度や海洋上での大気分子の沈着除去速度を決める重要な定数である.大気分子のうち,O_3,H_2O,H_2O_2,NO_2,HONO,HNO_3,などのほか,多くの水溶性有機分子について,水面への取り込み係数の測定がなされており,表6.1にはそれらいくつかの代表的大気分子の水面への適応係数または取り込み係数の値を掲げる.水の気液界面を通じた輸送の分子シミュレーションは理論的にも興味がもたれ,Garrett et al. (2006) による最近の総説にまとめられている.

6.1.1 H_2O

気体 H_2O 分子(水蒸気)の水への取り込みと蒸発は雲物理の微視過程として非常に重要なため,こうした観点からの非常に多くの測定と理論的研究が行われている.大気化学の観点からはほかの多くの大気分子の水面への取り込みのもっとも基礎的な過程として興味がもたれる.

$H_2O(g)$ の $H_2O(l)$ に対する適応係数に対する最近の測定は,主に液滴降下法と液滴成長法によってなされており,いずれも $0.1<\alpha<1$ の範囲に収束しているが,両者の間に差があることが知られている.液滴降下法による α の測定値はたとえば Li et al. (2001) により,280 K において 0.17 ± 0.03,258 K において 0.32 ± 0.04,また Smith et al. (2006) により液滴蒸発速度の測定から 255〜295 K において 0.62 ± 0.09 の値などが報告されている.一方,膨張チャンバー(expansion chamber)内での液滴成長速度による実験からは Laaksonen et al. (2005),Winkler et al. (2006) などにより 250〜290 K において $0.4<\alpha<1$ が得られ,$\alpha\approx1$ が提唱され,これら両者の手法によって得られた適応係数の値の不一致についての議論が Davidovits et al. (2004) によってなされている.また最近の Voigländer et al. (2007) による流通系での液滴成長実験と流体力学モデル計算を組み合わせた研究では α は 1 に近く,実験誤差による下限値が 0.3 と報告されている.NASA/JPL パネル評価 No. 17 による推奨値は $\alpha>0.1$ となっている(Sander et al., 2011).

一方,H_2O 分子の液体 H_2O 表面への取り込みは気液界面過程の基礎的モデルとして分子動力学の観点からも興味がもたれ,理論的解析がなされている(Morita et al., 2003, 2004b;Vieceli et al., 2004).これらの理論的解析からは $\alpha\approx1$ が得られており,

液滴降下法によりこれより小さな値が得られる理由は，実験における気相拡散の影響に帰されている．

また，水滴表面が有機物で被覆されたような場合には，α の値は低下することが知られており (Chakraborty and Zachariah, 2011; Takahama and Russell, 2011; Sakaguchi et al., 2012)．このことはエアロゾルの気候感度に対する間接効果の観点から注目されている．

6.1.2 OH

OH，HO_2 は対流圏でもっとも重要な HO_x 連鎖反応を担っている主要ラジカルであることと，ともに親水性であることからこれらの $H_2O(l)$ への取り込みは理論的観点からも興味がもたれいくつかの研究がなされている．ただし，OH や HO_2 の取り込み速度は $H_2O(l)$ 表面での自己反応などによりそれらラジカル自身がどれだけすみやかに界面から取り除かれるかによると考えられるので，取り込み係数はラジカルの界面への接触時間や水の pH，共存物質などに依存するものと考えられる．したがって直接実験的に得られるのは，その実験条件下での取り込み係数の値であり，これから適応係数 α を求めるためには，これらラジカルの界面反応シミュレーションなどを考慮して変換する必要がある．

OH の $H_2O(l)$ への取り込みに関しては，Hanson et al. (1992) による濡れ壁流通法による測定によって 275 K での純水に対して $\gamma > 3.5 \times 10^{-3}$ が得られている．また，Takami et al. (1998) による流通衝突法による測定からは 293 K, pH = 7 の純水に対して $(4.2 \pm 2.8) \times 10^{-3}$ が得られ，気液接触時間が長くなると減少し，pH = 1, 11 の酸性水，アルカリ性水ではこれより 2～3 倍値が大きくなることが報告されている．OH の水中での反応速度定数とヘンリー定数から反応シミュレーションによって計算される適応係数は 1 に近いことが推定されており (Takami et al., 1998)．この結果は Roeselová et al. (2004) による分子動力学計算の結果 $\alpha = 0.83$ (300 K) と一致する．IUPAC 小委員会および NASA/JPL パネルの推奨値はそれぞれ $\alpha > 0.1$, 0.02 である (Wallington et al., 2012; Sander et al., 2011)．

6.1.3 HO_2

HO_2 の純水への取り込みに関しては，Hanson et al. (1992) による濡れ壁流通法による測定例があり，275 K での適応係数 $\alpha > 0.01$ が報告されている．一方，Mozurkewich et al. (1987) は Cu^{2+} を添加した NH_4HSO_4 などの濃縮溶液液滴を用いて取り込みを加速した微小粒子流通法実験で測定された値を適応係数と考え $\alpha > 0.2$

を得ている．Morita *et al.* (2004a) は，分子動力学計算から $\alpha \approx 1$ を得ており，これから取り込み係数 γ の上限値が1に近い可能性があることを導いている．IUPAC 小委員会および NASA/JPL パネルの推奨値はそれぞれ $\alpha > 0.5$, $\alpha > 0.02$ である（Wallington *et al.*, 2012；Sander *et al.*, 2011）．

6.1.4 O_3

O_3 の純水表面上への取り込み速度は非常に小さく実験的には直接測定できないので，これまで行われている適応係数の測定はすべて O_3 の捕捉剤として I^- その他のイオンを溶解させた水溶液上で行われている．これらの測定により O_3 の $H_2O(l)$ への適応係数には負の温度依存性があり，275〜300 K の温度範囲では低温ほど α が大きくなることが知られている．Magi *et al.* (1997) の測定値は，281 K で 0.92×10^{-2}, 261 K で 0.2×10^{-2} である．濡れ壁法による Müller and Heal (2002) の測定は 293 K において $\alpha = 4 \times 10^{-3}$ を与えており，実験誤差を考慮した見積もりとして $\alpha \geq 0.01$ を提唱しているが，より1に近い可能性も否定していない．比較的最近の単一粒子流通法による Schütze and Herrmann (2002) の測定は 298 K において $\alpha \geq 0.02$ を与えている．

一方，分子動力学的な理論計算からは，Roeselová *et al.* (2003) により $\alpha \approx 0.1$, Vieceli *et al.* (2005) により $\alpha = 0.047$ が得られている．これらの研究では OH と O_3 の $H_2O(l)$ 表面への衝突が比較されており，常温の熱エネルギーで $H_2O(l)$ へ衝突した OH は水面上に 100 ps 以上留まるが O_3 では 50 ps 以下であることなど，それらの $H_2O(l)$ への親和性の違いが示されている．NASA/JPL パネルによる推奨値は $\alpha \geq 0.04$ である（Sander *et al.*, 2011）．

6.1.5 N_2O_5

N_2O_5 の水滴やエアロゾルへの取り込みは硝酸 $HONO_2$ (HNO_3) を生成し，気相からの NO_x の除去をもたらすので，O_3, OH などの生成濃度に大きな影響を及ぼす可能性が大きく最近多くの研究が行われている．

N_2O_5 の純水および塩水溶液への取り込みと反応過程については，Bertram and Thornton (2009) などにより次のようにまとめられている．

$$N_2O_5(g) \rightleftharpoons N_2O_5(aq) \tag{6.4}$$

$$N_2O_5(aq) + H_2O(l) \rightarrow H_2ONO_2^+(aq) + NO_3^-(aq) \tag{6.5}$$

$$H_2ONO_2^+(aq) + NO_3^-(aq) \rightarrow N_2O_5(aq) + H_2O(l) \tag{6.6}$$

$$H_2ONO_2^+(aq) + H_2O(l) \rightarrow H_3O^+(aq) + HONO_2(aq) \tag{6.7}$$

N_2O_5 の $H_2O(l)$ への吸着溶け込み（6.4）に引き続き，$N_2O_5(aq)$ と $H_2O(l)$ との反応によるプロトン付加硝酸 $H_2ONO_2^+(aq)$ の生成（6.5）が仮定され，純水中では $H_2ONO_2^+(aq)$ は $H_2O(l)$ との反応で $HONO_2(aq)$ を生成する．また，反応（6.6）のように $NO_3^-(aq)$ の存在は $N_2O_5(aq)$ を増加させ，$N_2O_5(g)$ の取り込み速度を低下させるものと考えられている．

N_2O_5 の純水表面上への取り込みについては，Van Doren et al. (1990) は液滴連続滴下法によりこの反応の取り込み係数 γ が，0.057 ± 0.003（271 K），0.036 ± 0.004（282 K）と負の温度依存性をもつことを見いだし，同様な手法による George et al. (1994) の測定も，0.030 ± 0.002（262 K），0.013 ± 0.008（277 K）とほぼ同じ結果を得ている．また，Schütze and Herrmann (2002) は単一粒子浮遊流通法により気相拡散補正後の値として $\alpha=0.011$（293 K）を得ている．

一方，N_2O_5 の無機塩水溶液への取り込みについても数多くの測定がなされている．NASA/JPL パネル評価 No.17 (Sander et al., 2011) では，Mozurkewich and Calvert (1988) の $NH_3/H_2SO_4/H_2O$ に対する先駆的研究を含め，比較的最近の Hallquist et al. (2003)（$(NH_4)_2SO_4$，$NaNO_3$），Griffiths et al. (2009)（有機酸＋$(NH_4)_2SO_4$）などの測定は，温度と湿度影響を考慮した場合，室温で $\gamma=0.02\sim0.04$ の範囲でよく一致した結果を与えていることが述べられている．また最近 Bertram and Thornton (2009) は，化学イオン化質量分析計（CIMS）を用いた実験系で H_2O，NO_3^-，Cl^-，有機酸などの混合液滴を用いた実験から，たとえば Cl^- の共存下では NO_3^- による取り込み抑制効果が打ち消されるなど，上の反応（6.1）〜（6.4）のスキームに従った混合液滴への N_2O_5 の取り込みに対する新しいパラメータ化を提案している．

水滴表面が有機物で被覆されたような場合には，H_2O の $H_2O(l)$ への取り込みと同様，N_2O_5 の取り込み係数も低下することが知られ（Folkers et al., 2003；Anttila et al., 2006；Park et al., 2007），その定式化とモデル解析が行われている（Anttila et al., 2006；Riemer et al., 2009）．

6.1.6 HNO_3

HNO_3 は $H_2O(l)$ との親和力が大きく，その気相からの除去過程としては溶解度やバルクの液相反応でなく適応係数が律速であることが知られている．

HNO_3 の $H_2O(l)$ への取り込み係数に関しては，Van Doren et al. (1990) などにより単分散液滴連続滴下法を用いて，γ の値が 268 K で 0.19 ± 0.02，293 K で 0.071 ± 0.02 と負の温度依存性をもっていることが見いだされている．6.1.1 項でみたように，この実験手法は気体の拡散の影響により適応係数が過小評価されることが知られている

(Garrett et al., 2006）が，同様の実験方法により Ponche et al. (1993) は 298 K で 0.11 ±0.01 を，Schütze and Herrman (2002) は単一液滴流通法により求めた値に気相拡散の補正を行い $\alpha \geq 0.03$ を得ている．NASA/JPL パネルの推奨値は $\alpha \geq 0.05$ である (Sander et al., 2011)．一般に $\alpha \geq 10^{-3}$ と大きい場合には，大気中の取り込み過程は気相での気体拡散が律速となるものと考えられている．

6.1.7 SO_2

SO_2 が $H_2O(l)$ 表面に接触し，水溶液中に取り込まれた場合，SO_2 は水分子と反応し，

$$SO_2(g) + H_2O \rightleftarrows SO_2 \cdot H_2O \tag{6.8}$$

$$SO_2 \cdot H_2O \rightleftarrows HSO_3^- + H^+ \tag{6.9}$$

$$HSO_3^- \rightleftarrows SO_3^{2-} + H^+ \tag{6.10}$$

のような化学平衡に達する (Wallington et al., 2012) (7.6.2 項参照)．このため SO_2 の取り込みは水滴がアルカリ性の場合は界面上の SO_2 は反応 (6.9) (6.10) を通じてすみやかに取り除かれるが，pH が低い領域では取り込み速度は接触時間に依存する．Jayne et al. (1990) は SO_2 の取り込みを pH およびガス−表面接触時間を変えて液滴法で測定し，pH>5 では取り込みは SO_2 と H_2O の反応による HSO_3^- の生成速度に支配され，pH が低いときはヘンリー則溶解度で規定されるが，取り込み係数はいずれの場合も既知の定数から予測されるものよりかなり大きいことを報告している．Donaldson et al. (1995) は Jayne et al. (1990) によって仮定された水表面に化学吸着された $SO_2 \cdot H_2O$ を分光学的手法により検出している．

γ の値は Boniface et al. (2000) の実験から，263 K で 0.43±0.01，291 K で 0.175 ±0.015 と負の温度依存性が得られており，そのほかに低圧反応管による Ponche et al. (1993) の値 $\gamma = 0.13 \pm 0.01$，液体インピンジング法による Shimono and Koda (1996) の値 $\gamma = 0.2$ などがある．NASA/JPL パネル評価 No.17 の推奨値は $\alpha \geq 0.12$ である (Sander et al., 2011)．IUPAC 小委員会ではバルク適応係数，α_b を提唱し，$\alpha_b = 0.11$ を提唱している (Wallington et al., 2012)．

SO_2 が霧滴・雨滴などに取り込まれた後の O_3 や H_2O_2 などによる液相酸化過程を含む一連の多相反応については 7.6.2 項で述べられる．

6.2 海塩・ハロゲン化アルカリ塩への取り込みと表面反応

海塩粒子と O_3, N_2O_5 などの界面反応は Cl, Br などのハロゲンを含む無機分子を大気中に放出する可能性のある重要な不均一反応であるが，それらの反応過程は物理化

学的に十分明らかにされておらず，実験的にも理論的にも今後の重要な研究課題である．また，HO_2ラジカルの海塩粒子およびハロゲン化アルカリ塩類への取り込みは，次節の土壌・鉱物粒子への取り込みとともに対流圏におけるHO_xサイクルの効率に大きな影響を与え，オゾンの生成速度に影響を及ぼす重要な過程である．さらに硝酸HNO_3は海塩粒子との反応で，$NaNO_3$などに変換され，表面沈着速度の大きいHNO_3ガスに比べてはるかに長距離まで輸送されるので，対流圏での窒素収支に大きな影響を与える．本節の最後に扱う$ClONO_2$と海塩粒子の反応は，対流圏ハロゲンサイクルの一つの過程として重要である．海塩粒子およびハロゲン化アルカリ塩表面上の大気分子の取り込みと反応に関しては，Finlayson-Pitts (2003)，Rossi (2003) による総説がある．

NaClの風化 (efforescence) 点，潮解 (deliquescence) 点はそれぞれ相対湿度43%，75%であり，風化点以上の湿度では固体表面に水分が吸着し，潮解点以上では溶液塩となっていると考えられる．本節ではこれらの含水塩を含めた海塩およびその代理化合物としてのNaClなどハロゲン化アルカリ塩表面での大気分子の取り込みと反応を扱う．一般に無機塩類の表面は多孔質ではないので，BET法による吸着表面積は幾何学的表面積と一致する．

6.2.1　O_3

純粋なNaCl, NaBrなどの固体表面に対するO_3の取り込み係数は，実験的にO_3の消失がみられない程度（$\gamma \approx 10^{-6}$）に小さいが（Alebic-Juretic et al., 1997; Mochida et al., 2000)，実際の海塩粒子がそうであるように，水蒸気が吸着したり潮解した場合，またほかのイオンが共存した場合にはγの値が大きく増加し，Cl_2やBr_2の放出がみられることが知られている．

Sadanaga et al. (2001) はNaClにFe^{3+}が0.1%以上共存するとγの値が$<10^{-5}$から3.5×10^{-2}へと大きく増加し，Fe^{3+}割合が0.5～1%に増加すると暗反応でCl_2の放出がみられること，合成海塩を用いた実験ではFe^{3+}共存下でBr_2の生成のみがみられたことを報告し，実際の海塩上の反応ではBr_2が枯渇した後にCl_2の放出がありうることを示唆している．Hirokawa et al. (1998) は潮解点付近まで相対湿度を上げた場合にのみNaBrからBr_2の生成がみられたことを報告している．NaBrによる同様のO_3の取り込みとBr_2の放出はパイレックスガラス表面 (Anastasio and Mozurkewich, 2002) やエアロゾルチャンバー内 (Hunt et al., 2004) でも確かめられている．さらに，Oum et al. (1998b) は海水氷表面でのO_3の暗反応によりBr_2が生成されることを，Mochida et al. (2000) は合成海塩，自然海塩を用いた室温におけ

るクヌーセンセル（Knudsen cell）を用いた実験において，$\gamma \approx 10^{-3} \sim 10^{-2}$ で Br_2 の生成がみられ，これらの値はバルクの臭素溶液反応から推定される値より約 3 桁大きいことを報告している．

　海塩粒子中の Cl：Br の比率は 660：1 であるにもかかわらず，海塩粒子と O_3 との反応において Br_2 の生成が選択的に起こる理由については，実験的・理論的にいくつかの研究がなされている．Ghosal et al. (2000) は X 線光電子スペクトルにより，水蒸気の曝露下で少量の Br^- を添加した NaCl の表面に Br^- が凝集されることを実験的に示した．さらに，Zangmeister et al. (2001) はいくつかの分光学的手法により海塩と同じ Br：Cl 比率の混合塩における表面での Br の比率は 4～5% となり，バルク結晶内の比率の 35 倍高いことを報告している．同様に Br をドープした NaCl 単結晶で相対湿度が 50，65% に高くなると表面に Br 濃縮が起こることがラザフォード後方散乱分光法を用いて Hess et al. (2007) により示され，この結果を自然海塩に当てはめると，表面の Br/Cl 比は 0.2 にまで高まっていることが示唆されている．一方，理論的にも分子動力学の理論計算から，Br^- や I^- のような分極性イオンが水分子の存在により多く表面に浮き上がってくることが示されている（Jungwirth and Tobias, 2002）．

6.2.2　OH

　OH ラジカルの海塩粒子上の取り込み係数の直接測定はなされていないが，チャンバー内で海塩粒子共存下で O_3 に疑似太陽光を照射すると活性塩素種が生成することが報告されている（Behnke et al., 1995）．Oum et al. (1998a) は O_3 共存下で潮解海塩に 254 nm の紫外線を照射すると Cl_2 が気相に生成することを確認し，水蒸気存在下で O_3 の光分解で生成する OH と海塩粒子との表面反応による Cl_2 の生成を提言している．

　この不均一反応過程については Knipping et al. (2000) により新たなチャンバー実験と分子動力学的理論計算を含めた詳しい解析がなされ，実験的にはこの反応は純粋の NaCl でも海塩粒子でも同様に起こることから，ほかの金属イオンの共存なしに起こることが確認された．分子動力学的計算からは，潮解 NaCl 表面では Na^+ は水素結合を通じた溶媒和によってバルクの水中に埋没するのに対し，分子径の大きい Cl^- は表面に押し出され表面反応の確率が高められること，さらに OH ラジカルの Cl^- との親和エネルギーは 4.0 kJ mol^{-1} と H_2O に対する値 1.2 kJ mol^{-1} に比べてずっと大きく，容易に OH・Cl^- コンプレックスが生成されることが明らかにされた．こうした結果をもとに Knipping et al. (2000) は OH と海塩粒子からの Cl_2 の生成機構を，

$$\text{OH}(g) + \text{Cl}^-(\text{int}) \to \text{OH} \cdot \text{Cl}^-(\text{int}) \tag{6.11}$$

$$2\,\text{OH} \cdot \text{Cl}^-(\text{int}) \to \text{Cl}_2 + 2\,\text{OH}^- \tag{6.12}$$

のように提言している．ここで X(int) は界面上の化学種を表す．さらに速度論的解析からは，実験結果はこの機構に基づいてよく再現されること，一方従来知られている液相反応では強い酸性溶液を仮定しない限り実験結果は説明されないことが示されている．

6.2.3 HO_2

HO_2 ラジカルの海塩粒子上への取り込みは，海洋境界層における HO_2 の消失過程として興味がもたれている．実験的には，従来大気濃度に比べ数百倍高い HO_2 濃度での実験からは，表面での HO_2 どうしの自己反応による H_2O_2 の生成が報告されてきたが，最近 Taketani et al. (2008, 2009) は大気中での HO_2 の直接測定に用いられる化学変換 LIF 法を用いて HO_2 を検出することにより，大気中と同程度の濃度での HO_2 の取り込み実験を行い，取り込み係数 γ の測定結果を報告している．その結果によると乾燥状態の NaCl, $(NH_4)_2SO_4$ に対しての γ はそれぞれ 0.04～0.05（RH = 20～45%），0.01～0.02（RH = 20～55%）と小さいが，潮解点以上に湿度を高めた NaCl, $(NH_4)_2SO_4$ の潮解塩に対しては γ の値はそれぞれ 0.11～0.19（RH = 44～75%），0.09～0.11（RH = 53～75%）に増加し，さらにこれらに Cu(II) をドーピングすると γ の値はそれぞれ，0.53 ± 0.12, 0.65 ± 0.17 へと著しく増加する．このように海塩に対する HO_2 の取り込み係数は表面の $H_2O(l)$ 分子，および Cu(II) のような金属イオンの存在によって増加することが知られている．さらに，Taketani et al. (2009) は合成海塩および実際の海水から結晶させた自然海塩に対する実験から，それらに対する γ の値は RH = 35～75% の範囲でそれぞれ，0.07～0.13, 0.10～0.11 であることを報告している．これらの結果から，IPCC 小委員会では大気モデルに用いられる海塩粒子上の取り込み係数の値として 0.1 を推奨している（Wallington et al., 2012）．また，海塩粒子および NaCl, NaBr, $MgCl_2 \cdot 6H_2O$ 上の HO_2 の反応には負の温度依存性がみられることが Loukhovitskaya et al. (2009) によって報告されている．

これらの結果から HO_2 の海塩粒子への取り込みでは，O_3 や OH の場合と異なって Cl^-, Br^- との直接的な化学的相互作用はなく，水溶液界面での反応として，

$$HO_2(g) \to O_2^-(aq) + H^+ \tag{6.13}$$

$$O_2^-(aq) + HO_2(aq) + H_2O(l) \to H_2O_2(aq) + O_2(aq) + OH^-(aq) \tag{6.14}$$

$$O_2^-(aq) + \text{Me}^{n+} \to \text{products} \tag{6.15}$$

のような過程が考えられている（Wallington et al., 2012）．ここで Me^{n+} は Cu(II) の

6.2.4 N_2O_5

N_2O_5 の海塩粒子上の反応は，海洋境界層中での N_2O_5 の消失過程となるほか，都市沿岸境界層内で光化学活性な $ClNO_2$ を生成し，対流圏ハロゲン化学の引き金となることから対流圏化学として関心がもたれ，多くの研究がなされている．

海塩の代理物質として NaCl を用いた場合の N_2O_5 と NaCl の表面反応の経路としては，固体表面上に水分が存在する場合，Cl^- との反応による $ClNO_2$ の生成と，加水分解反応による HNO_3 の生成が並行して起こることが知られている．最近までの多くの測定をもとに，Bertram and Thornton (2009) は N_2O_5 と溶解 NaCl との表面反応の $H_2O(l)$，Cl^- に対する濃度依存性を取りまとめ，NaCl の表面上の水分濃度とともに取り込み係数 γ の値が大きくなること（図 6.1a），Cl^- の濃度の増加とともに N_2O_5 の減少量 $\Delta(N_2O_5)$ に対する $ClNO_2$ の生成量 $\Delta(ClNO_2)$ が大きくなり，$[Cl^-]>1$ M では $ClNO_2$ の収率 $\Delta(ClNO_2)/\Delta(N_2O_5)$ が 1 となることを明らかにしている（図 6.1b）．

いくつかの条件下における γ の値としては，Hoffman et al. (2003) の実験では，NaCl 結晶上での $ClNO_2$ と HNO_3 の生成を合わせた取り込み係数は $\gamma=0.0029\pm0.0017$ (2σ)，$ClNO_2$ 生成反応の分岐比は 0.73 ± 0.28 と求められている．Thornton and Abbatt (2005) の測定では，湿度が潮解点以下の NaCl 結晶では γ の値は 0.005 ± 0.004 と Hoffman et al. (2003) の値と一致するが，潮解海塩では，これより 1 桁大きく 0.03 ± 0.008 (RH=65%) であることが報告され，Stewart et al. (2004) の値 0.025 (RH

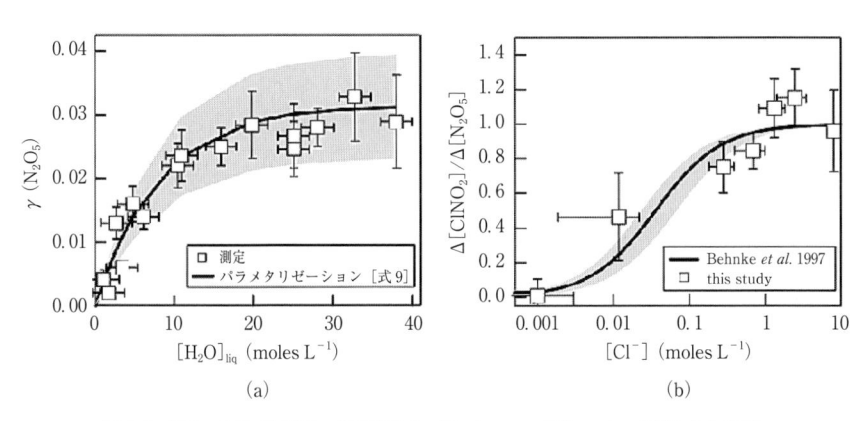

図 6.1 N_2O_5 の NaCl 粒子への取り込み（Bertram and Thornton, 2009 より改編）(a) 取り込み係数 $\gamma(N_2O_5)$ の表面水分濃度依存性，(b) $ClNO_2$ の生成収率（$\Delta[ClNO_2]/\Delta[N_2O_5]$）の表面 Cl^- 濃度依存性．

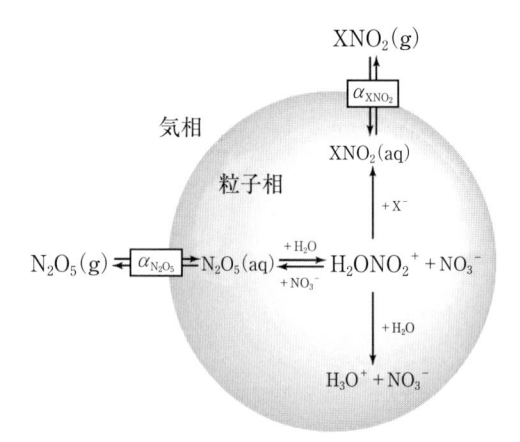

図 6.2 N_2O_5 の NaCl 粒子への取り込みと液滴表面反応の模式図（Bertram and Thornton, 2009 より改編）

>40%) とよく一致している．最近 Roberts et al.（2009）は水溶液中の NaCl 濃度を変えた実験から，$0.02<[Cl^-]<0.5$ M では $0.2<\Delta(ClNO_2)/\Delta(N_2O_5)<0.8$ を得ており，これらの値は，図 6.1(a)，(b) に示された [$H_2O(l)$]，[Cl^-] に対する取り込み係数および $ClNO_2$ の生成収率とよく一致している．

一方，合成海塩を用いた実験では γ の値は NaCl より 1 桁大きく 0.034 ± 0.08，$ClNO_2$ の生成収率が 100% であることが Hoffman et al.（2003）により報告されている．Stewart et al.（2004）の値は相対湿度 30% 以上で湿度によらず $\gamma=0.025$，Thornton and Abbatt（2005）では相対湿度 43～70% で $\gamma=0.02$～0.03 と類似の値が得られている．

これらの多くの実験をもとに，N_2O_5 の溶解塩表面での反応に対して，

$$N_2O_5(aq) + H_2O(l) \rightarrow H_2ONO_2^+(aq) + NO_3^-(aq) \quad (6.5)$$
$$H_2ONO_2^+(aq) + Cl^-(aq) \rightarrow ClNO_2(aq) + H_2O(l) \quad (6.16)$$

のような塩化ニトルシルの生成経路が提案されている（Bertram and Thornton, 2009）．また，図 6.2 はこれらを含む液滴反応過程をスキーム的に図示したものである（Bertram and Thornton, 2009）．

6.2.5　HNO_3

HNO_3 と海塩粒子との反応は，ガス状硝酸を粒子状の硝酸ナトリウム $NaNO_3$ へ変換する対流圏で重要な不均一反応である．この反応は取り込み係数が大きいため，汚染地域の陸域境界層から海洋境界層へ輸送された HNO_3 は，そのほとんどが数時間

以内に NaNO$_3$ に変換される．HNO$_3$ は地表への沈着係数が非常に大きく，境界層内の大気寿命が短いが，NaNO$_3$ はこれに比べて沈着係数がはるかに小さい．このことは HNO$_3$ が NaNO$_3$ に変換されることにより，NO$_3^-$ が対流圏内ではるかに遠くまで長距離輸送されることを意味しており，遠隔地域での NO$_3^-$ の沈着に大きな影響を与える．他方，大きな火山噴火で NaCl やほかの塩類が成層圏に注入されることがあることから，この不均一反応は成層圏化学でも関心がもたれている．

HNO$_3$ の NaCl 粒子，潮解塩への取り込みについては数多くの研究がなされており (Rossi, 2003)．この過程は NaCl 表面で，

$$HNO_3(g) + NaCl(aq) \rightarrow HCl(g) + NaNO_3(aq) \tag{6.17}$$

の置換反応が起こることによって取り込みが促進されることが知られている．この反応は NaCl 表面に吸着された水分量に強く依存し，潮解点以下の湿度でも表面の吸着水が NaCl 表面のイオンの移動度を増加させ取り込み係数を増加させることが，Ghosal and Hemminger (2004)，Davies and Cox (1998) などによって示されている．これらおよび Hoffman et al. (2003)，Leu et al. (1995) の測定に基づき，NASA/JPL パネルでは NaCl 単結晶による HNO$_3$ の初期取り込み係数 γ_0 として 0.002 を推奨している (Sander et al., 2011)．

NaCl への取り込み係数の値は表面状態によって大きく異なり，RH 60% の潮解塩では γ_0 が 0.5±0.2 まで大きくなるが，表面を長鎖脂肪酸によって被覆されると，取り込み係数はこれより 5～50 倍も小さくなることが Stemmler et al. (2008) によって報告されている．Saul et al. (2006) は湿度影響に加えて，MgCl$_2$ の共存下では取り込み係数は RH 10% の低湿度でも >0.1 と非常に大きいことを報告している．

合成海塩を用いた De Haan and Finlayson-Pitts (1997) の実験による γ_0 の値は 0.07～0.75，定常状態での値 γ_{ss} は 0.03～0.25 が報告されており，6.2.1 項で述べられた O$_3$ との反応の場合と同様，純粋塩に比較して海塩では取り込み係数がずっと大きくなることが示されている．同様に，潮解海塩 (RH 55%) を用いた Guimbaud et al. (2002) の実験では，取り込み係数は 0.5±0.2 と非常に大きい．

6.2.6 ClONO$_2$

ClONO$_2$ は対流圏ハロゲン化学において NO$_x$ 濃度の比較的高い都市沿岸部における ClO の連鎖停止反応によって生成する準安定化合物である．ClONO$_2$ と海塩粒子の反応は，

$$ClONO_2(g) + NaCl(aq) \rightarrow Cl_2(g) + NaNO_3(aq) \tag{6.18}$$

のように光化学活性な Cl$_2$ を生成するので，対流圏におけるハロゲン連鎖反応を促進

する働きがある（Finlayson-Pitts et al., 1989）．また，対流圏でエピソード的に観測されている Cl_2 のソース反応としての役割を果たしている可能性もある．

$ClONO_2$ の NaCl 結晶による取り込み係数に関してはいくつかの測定値が報告されている．初期取り込み係数としては，$\gamma_0 = 0.23 \pm 0.06$, (Caloz et al., 1996), 0.10 ± 0.05 (Aguzzi and Rossi, 1999), 0.23 ± 0.06 (Gebel and Finlayson-Pitts, 2001) のような非常に大きな値が報告されており，モデルにより修正された定常状態での取り込み係数として Hoffman et al. (2003) は，$\gamma_{ss} = 0.024 \pm 0.012$ を報告している．また，NaCl 水溶液を用いた連続液滴法による実験から Deiber et al. (2004) はこの反応の適応係数の値として $\alpha = 0.108 \pm 0.03$ を得ている．生成物に関しては，これらの実験において反応(6.18)における Cl_2 の収率がほぼ 1 であるという一致した結果が得られている．

同様の実験は NaBr, KBr を用いても行われており，上記の NaCl に対する値と同程度に大きい取り込み係数の値と，生成物として BrCl が生成されることが報告されている（Caloz et al., 1996；Aguzzi and Rossi, 1999；Deiber et al., 2004）．

さらに，合成海塩を用いた実験は Gebel and Finlayson-Pitts (2001) によってなされ，初期取り込み係数 0.42，定常状態での取り込み係数 0.16，Cl_2 の収率 0.78 ± 0.13 の値が報告されている．

6.3 土壌粒子・鉱物粒子への取り込みと表面反応

サハラ砂漠やゴビ砂漠などから大量に巻き上げられる土壌粒子は対流圏の重要な構成要素であり，それらの粒子表面への O_3, N_2O_5, HNO_3, SO_2 などの取り込みは対流圏化学に大きな影響を与える可能性がある（Bauer et al., 2004）．これら土壌粒子は化学成分としては，SiO_2, Al_2O_3, Fe_2O_3, $CaCO_3$, NaCl, $MgCO_3$ などから構成されており，典型的風送ダストでは 60% SiO_2, 10〜15% Al_2O_3 のようにケイ素とアルミニウムの酸化物が主成分で，ほかの元素を含む鉱物粒子の割合は場所により変動が大きい（Usher et al., 2003）．このため，実験室実験では土壌粒子の代理物質としては SiO_2, Al_2O_3, Fe_2O_3 などが用いられることが多い．これら鉱物粒子表面は，前節で述べた無機塩類結晶と異なって一般に表面が多孔質であるので，BET 表面積の補正前と補正後では取り込み係数の値が大きく異なることに注意する必要がある．

鉱物粒子上の化学反応については Usher et al. (2003) の総説があり，全球モデルを用いたグローバル対流圏化学に対する影響は Bian and Zender (2003), Bauer et al. (2004), Evans and Jacob (2005) などによって議論されている．

6.3.1 O_3

サハラ砂漠などからの風送ダスト時に O_3 濃度が減少することが野外観測から見いだされており，土壌・鉱物粒子表面上で O_3 の分解や，N_2O_5 の取り込み，HNO_3 への変換による気相からの NO_x の除去などがその原因として議論されてきた（Usher *et al.*, 2003）。

こうしたことからサハラ砂塵などの実際の土壌粒子やその代理物質としての鉱物粒子表面への取り込み係数とその曝露時間依存性，水分影響についてはかなり多くの実験がなされている。それらの結果から O_3 の表面分解過程としては，

$$O_3 + SS \rightarrow SS\text{-}O + O_2 \tag{6.19}$$

$$O_3 + SS\text{-}O \rightarrow SS\text{-}O_2 + O_2 \tag{6.20}$$

のようなスキームが提案されている（Li *et al.*, 1998）。ここで SS は Al_2O_3 や Fe_2O_3 の粒子表面に存在すると思われる表面反応サイトを表す。O_3 の鉱物表面への取り込みは不可逆的で，表面からの O_3 の脱着はみられていない（Crowley *et al.*, 2010）。このような過程を想定することにより O_3 の取り込みは初期に大きく，SS がすべて SS-O に酸化された後には O_3 の取り込みは低下して定常状態に達することが予想される。また，表面における H_2O 分子の存在は SS を競争的に被覆することによって O_3 の取り込みを阻害するか，SS-O を再活性化させるかによって O_3 の取り込みを促進するかのいずれが優先するかによって，湿度影響が正になったり負になったりすることが予想される（Sullivan *et al.*, 2004；Mogili *et al.*, 2006）。Al_2O_3 の表面における SS-O の存在は，赤外分光による Roscoe and Abbatt（2005）の実験で確認されている。

初期取り込み係数 γ_0 については，クヌーセンセルを用いた Michel *et al.*（2003）の実験（296 K）では，$\alpha\text{-}Al_2O_3$, $\alpha\text{-}Fe_2O_3$, SiO_2 に対し BET 表面積補正後の値として $1.2 \pm 0.4 \times 10^{-4}$, $2.0 \pm 0.3 \times 10^{-4}$, $6.3 \pm 0.9 \times 10^{-5}$, さらに黄砂に対し $2.7 \pm 0.8 \times 10^{-5}$，サハラ砂塵に対して $6 \pm 2 \times 10^{-5}$ の値が報告されている。他方，定常状態での取り込み係数は，$\alpha\text{-}Fe_2O_3$ に対して $\gamma_{ss,BET} = 2.2 \times 10^{-5}$，サハラ砂塵に対して 6×10^{-6} である。Sullivan *et al.*（2004）による被覆壁流通反応器による実験では低濃度域（ppmv）の O_3 に対し，$\alpha\text{-}Al_2O_3$ では $\gamma_{0,BET} = 1.0 \times 10^{-5}$ を，サハラ砂塵では 6×10^{-6} を得ている。同様に Hanisch and Crowley（2003）もサハラ砂塵に対する取り込み係数が O_3 濃度に依存することを示し，30 ppb における $\gamma_{0,BET} \approx 3 \times 10^{-5}$, $\gamma_{ss,BET} \approx 7 \times 10^{-6}$ を得ている。これらの測定から，実際の土壌および SiO_2 に対する $\gamma_{0,BET}$ および $\gamma_{ss,BET}$ はそれぞれ $\sim 10^{-5}$ および $\sim 10^{-6}$ であり，純粋な Al_2O_3, $\alpha\text{-}Fe_2O_3$ ではそれぞれこれらより 1 桁大きい。

6.3.2 　HO_2

　HO_2 の土壌粒子への取り込み係数の測定が最近になされ，その湿度依存性が報告されている．Bendjamian *et al.*（2013）は低圧流通法と分子線質量分析法を組み合わせた手法で，アリゾナ砂塵塗布膜上への HO_2 の反応取り込み係数を求め，RH＝0.02〜94％ の範囲で温度（275〜320 K）や光照射強度によらない幾何学的面積に基づく値として，$\gamma_0 = 1.2/(18.7 + RH^{1.1})$，表面上での H_2O_2 の生成収率の上限を5％ と報告している．また，Taketani *et al.*（2012）は中国の泰山（Mt. Tai），蟒山（Mt. Mang）で採取した野外粒子上での HO_2 の取り込み係数の測定を LIF 法を用いて行い，取り込み係数の値をそれぞれ 0.13〜0.34, 0.09〜0.04 と報告している．これらの値は海塩粒子やその他の単一成分粒子上の値に比べて一般に大きな値であり，実際の大気中のエアロゾル粒子では微量金属イオンや有機物の影響などで HO_2 の取り込み係数が大きくなる可能性を指摘している．

6.3.3 　N_2O_5

　N_2O_5 の土壌粒子への取り込みは，風送ダストなどによる対流圏オゾンの減少にもっとも影響が大きいと考えられており，いくつかの実験室的研究がなされているが，測定された取り込み係数の値には大きな開きがあるのが現状である．最近 N_2O_5 の不均一反応に関し，野外観測，モデル計算を含む総説が Chang *et al.*（2011）によってなされている．

　クヌーセンセルを用いたサハラ砂塵に対する実験では γ_{ss}（RH＝0％）として，Seisel *et al.*（2005）は 0.008 ± 0.003，Karagulian *et al.*（2006）は 0.2 ± 0.05 と一桁以上異なる値が報告されている．その原因としては用いられた N_2O_5 濃度の差（低濃度で取り込み係数が増大）と粒子表面積の推定の差が大きいものと考えられている．最近 Wagner *et al.*（2008, 2009）は粒子流通反応器を用いて，サハラ砂塵に対する取り込み係数（RH 0％）を $\gamma = 0.013 \pm 0.002$ と求めている．同時に行ったクヌーセンセルによる取り込み係数は，サハラ砂塵，アリゾナ砂塵に対しそれぞれ上限値として $\gamma_0 = \gamma_{ss} = 0.037 \pm 0.012, 0.022 \pm 0.008$ と報告されている．

　N_2O_5 の粒子への取り込み後の反応生成物については，Karagulian *et al.*（2006）はアリゾナ砂塵，カオリナイト（Al を含むケイ酸塩鉱物）では気相 HNO_3 の生成収率が大きく，サハラ砂塵，$CaCO_3$ では収率が小さいこと，とくに $CaCO_3$ の場合は CO_2 が 42〜50％ の収率で生成されることを報告している．

　N_2O_5 の鉱物粒子上の反応機構については，Seisel *et al.*（2005）により，

$$N_2O_5(g) + \text{S-OH} \rightarrow N_2O_5 \cdot \text{S-OH} \tag{6.21}$$

$$N_2O_5 \cdot \text{S-OH} \rightarrow HNO_3(\text{ads}) + \text{S-NO}_3 \qquad (6.22)$$
$$HNO_3(\text{ads}) + \text{S-OH} \rightarrow H_2O(\text{ads}) + \text{S-NO}_3 \qquad (6.23)$$

のようなメカニズムで $HNO_3(\text{ads})$ に変換される過程が提案されている．ここで S-OH は表面サイトに存在する OH グループを表す．一方，表面に吸着水が存在する場合には，

$$N_2O_5(\text{g}) + H_2O(\text{ads}) \rightarrow 2HNO_3(\text{ads}) \qquad (6.24)$$
$$HNO_3(\text{ads}) + H_2O(\text{ads}) \rightarrow H_3O^+ + NO_3^- \qquad (6.25)$$

のような反応で直接 HNO_3 の生成が起こるものと考えられている．

6.3.4 HNO_3

硝酸ガス HNO_3 の大気中土壌・鉱物エアロゾルへの取り込みは，気相からの HNO_3 の除去をもたらし，上部対流圏における光分解による NO_x の供給を減少させることによって対流圏での O_3 生成に影響を与える重要なプロセスと考えられている（Bian and Zender, 2003；Bauer et al., 2004）．一方，表面が HNO_3 で被覆された鉱物粒子は，エアロゾルの光学的性質を変えたり，親水性となって凝縮核として働くようになったりすることで，気候への影響の観点からも関心をもたれている（Lohmann et al., 2004）．

HNO_3 の鉱物粒子への取り込み係数の測定は数多く報告されているが，それらの値には大きなバラツキがあり，その原因としては試料表面積の算定の仕方の誤差によるものが大きいと考えられている．一般に表面の孔内拡散や BET 表面積で補正した値は，幾何学的表面積を用いて算定された値に比べて何桁か小さな値を与える．Hanisch and Crowley（2001a, 2001b）はクヌーセンセル法により Al_2O_3, $CaCO_3$, サハラ砂塵に対する取り込み係数 γ_0 をそれぞれ，0.13 ± 0.033, 0.10 ± 0.025, 0.11 ± 0.03 と同程度の値を与えている．同じくクヌーセンセル法によるサハラ，中国，アリゾナ砂塵に対する Seisel et al.（2004）の測定値も $\gamma_0\approx0.1$ となっている．Vlasenko et al.（2006）はアリゾナ砂塵を用いた流通法による実験から取り込み係数が 0.022 ± 0.007（RH 12%）から 0.113 ± 0.017（RH 73%）へと湿度とともに増加することを報告している．一方，BET 表面積を用いた値として $CaCO_3$ に対し $2.5\pm0.1\times10^{-4}$（Goodman et al., 2000），$2\pm1\times10^{-3}$（Johnson et al., 2005）などの小さな値の報告がある．NASA/JPL パネル評価 No.17 では上の Hanisch and Crowley（2001a, 2001b），Seisel et al.（2004）などの測定をもとに，α-Al_2O_3 に対し $\gamma_0<0.2$ を推奨している（Sander et al., 2011）．

Seisel et al.（2004）は初期取り込み係数が ~0.1 と大きいのに対して表面 NO_3^- の

生成は取り込み係数より小さく $8\times10^{-3}<\gamma<5.4\times10^{-2}$ であることから，HNO_3 の取り込みに対しては $HNO_3(g)$ の表面吸着と $HNO_3(ads)$ の表面反応の 2 段階機構を提言している．

HNO_3 と $CaCO_3$ の反応は総括反応としては，
$$2\,HNO_3 + CaCO_3 \rightarrow Ca(NO_3)_2 + CO_2 + H_2O \tag{6.26}$$
と表されるが，CO_2/HNO_3，H_2O/HNO_3 などの生成収率は上式からの化学量論的な値よりもずっと小さく，実際の過程が複雑であることが推定されている（Goodman et al., 2000）．

6.3.5 SO_2

SO_2 の土壌粒子への取り込みは，野外測定において SO_2 濃度とサハラ砂塵，中国砂塵（黄砂）濃度の間に反相関がみられたり（Hanke et al., 2003），鉱物粒子表面が一般に nss-SO_4^{2-} で被覆されており（Kojima et al., 2006），エアロゾル中の nss-SO_4^{2-} と鉱物粒子の濃度の間に正相関がみられること（Carmichael et al., 1996）などから関心がもたれている．また，Kasibhatla et al. (1997) による全球モデルを用いた観測との比較では SO_2 の過大評価，SO_4^{2-} の過小評価が系統的にみられ，従来知られている SO_2 気相反応と液滴内反応以外のエアロゾル表面での酸化プロセスの存在が示唆されている．

SO_2 の鉱物粒子表面への取り込み係数の値は，試料の作成方法や処理方法，表面積の算定の仕方，気相の湿度，SO_2 などに依存し，測定値にはバラツキが大きい．鉱物粒子として Al_2O_3 を用いた実験では $\gamma_{0,BET}$ として，$(9.5\pm0.3)\times10^{-5}$ (Goodman et al., 2001)，$(1.6\pm0.5)\times10^{-4}$ (Usher et al., 2002)，サハラ砂塵では，$\gamma_{0,BET}$ としてそれぞれ $\sim10^{-6}$ (Ullerstam et al., 2003)，$(6.6\pm0.8)\times10^{-5}$ (Adams et al., 2005)，また，Seisel et al. (2006) は BET 補正をしない γ_0 を γ-Fe_2O_3, γ-Al_2O_3, サハラ砂塵に対してそれぞれ $(7.4\pm0.9)\times10^{-3}$, $(8.8\pm0.4)\times10^{-2}$, $(7.6\pm0.5)\times10^{-2}$ と大きな値を報告している．

SO_2 が鉱物粒子上に取り込まれた場合，O_3 の共存下では表面上で SO_4^{2-}, $HOSO_3^-$ への酸化がみられることが知られている（Usher et al., 2002; Ullerstam et al., 2003）．最近 Wu et al. (2011) は拡散反射フーリエ赤外分光法（diffuse reflectance infrared Fourier transform spectroscopy, DRIFTA）を用いて，O_3 の共存下で $CaCO_3$ 上での SO_4^{2-} 生成をもたらす SO_2 の取り込み係数の温度依存性を詳しく測定し，SO_4^{2-} 生成速度が 230～250 K では温度とともに増加し，250～298 K では温度とともに減少することを見いだしている．230～245 K の温度範囲での見かけの活性化エネルギーは

14.6±0.2 KJ mol^{-1} とかなり大きい．測定された $\gamma_{0,BET}$ の値は 298 K で 1.27×10^{-7} であり，以前の Li *et al.* (2006) による $CaCO_3$ 上の値 1.4×10^{-7} とよい一致をみている．ちなみに BET 面積でなく幾何学的面積を用いた値は $(7.7\pm1.6)\times10^{-4}$ と 4 桁以上大きな値を与えている．同様の手法による Ullerstam *et al.* (2002) によるサハラ砂塵上での $\gamma_{0,BET}$ の値は 5×10^{-7} と $CaCO_3$ の値より 3 倍大きいが，幾何学的面積を用いた値は $\sim10^{-3}$ と Li *et al.* (2006) の値と桁ではよく一致している．NASA/JPL パネルでは γ-Al_2O_3 に対する値として $\gamma_0 > 5\times10^{-3}$ を推奨している (Sander *et al.*, 2011)．

これらの結果から O_3 共存下での SO_2 の取り込みは，鉱物粒子表面への吸着と，それに引き続いて起こる酸化反応の 2 段階で起こるものと考えられている (Ullerstam *et al.*, 2002；Li *et al.*, 2006)．反応律速は鉱物粒子表面への吸着過程であるが，Al_2O_3，Fe_2O_3 などの場合は物理吸着と H_2O の存在下では $H_2O(l)$ への溶け込みによる HSO_3^-，SO_3^{2-} の生成が起こるものと考えられる．$CaCO_3$ の場合は，

$$SO_2 + Ca(OH)(HCO_3) \rightarrow Ca(OH)(HSO_3) + CO_2 \qquad (6.27)$$
$$SO_2 + Ca(OH)(HCO_3) \rightarrow CaSO_3 + H_2CO_3 \qquad (6.28)$$

のような反応が提言されている (Al-Hosney *et al.*, 2004；Santschi and Rossi, 2006)．

6.4 ススへの取り込みと表面反応

ススは化石燃料や生物体の不完全燃焼によって大気中に放出されるが，太陽・地球からの紫外・可視・赤外放射光を強く吸収することから，黒色炭素（ブラックカーボン）とも呼ばれ，放射活性物質として気候変動の観点から注目されている．スス表面上の反応としては，上部対流圏，下部成層圏で航空機排気から放出されたススによる O_3 の取り込み消失，境界層での NO_2，N_2O_5，HNO_3 の取り込み反応による O_3 の光化学収支への影響が議論されてきた．とくにスス上の NO_2 の反応による HONO の生成は汚染大気中の OH 生成源として重要な寄与をすることから大きな関心がもたれている．新鮮なスス表面は疎水性であるが，気相中の H_2SO_4 や HNO_3 の取り込みや，SO_2 の表面反応による H_2SO_4 の生成などで，スス表面が酸で被覆されることにより親水性となり，雲凝縮核として活性化することなど，大気中におけるスス表面上の不均一過程は雲物理の観点からも関心がもたれている．

ススの成分は多環芳香族炭化水素や含酸素多環芳香族炭化水素を含む無定形 (amorphous) 炭素が主成分であり，C：$\sim$95％，H：$\sim$1％，O：$\sim$1-5％，N：$<$1％ のような元素組成をもっている (Chughtai *et al*, 1998；Stadler *et al.*, 2000)．さらに，ススの表面にはカルボニル基をはじめとする種々の官能基が存在することが赤外分光な

どから知られており（Kirchner et al., 2000；Liu et al., 2010），それら官能基の種類と量が気体分子の取り込みや反応に重要な影響を及ぼす．表面官能基の種類は燃料の種類や燃焼条件，炎の中からのススのサンプリング位置などによって異なる．ススの取り込み係数や表面反応の実験室的研究に用いられるススとしては，n-ヘキサンやディーゼル燃料の燃焼炎，またはディーゼル自動車エンジンに用いられているスパーク発生器から採取されるものが多く用いられている．標準的なススとして，ブラックカーボン標準物質のための国際委員会（International Steering Committee for Black Carbon Reference Materials）では，n-ヘキサン燃焼炎からのものが推奨されている（Sander et al., 2011）．

ススは無定形でフラクタル構造をもつため，エアロゾル中の質量比率は小さくとも，表面積比率はこれよりずっと大きく，大気中の不均一反応に対してはほかのエアロゾルと同様の重要性をもつものと考えられる．これまでのスス表面への大気分子の取り込み係数には数桁の不確定性があり，その主な原因としては，上述のススの生成方法の違いによる表面官能基の種類や量の違いと表面積の算定の違いが大きいものと考えられる．スス上の反応サイトは少なくとも2種類あり，発生源近傍の新鮮なススでは反応速度の大きなサイトを有するが，大気中で時間が経過したススでは反応速度の小さなサイトに変換されることが知られており，測定値の不確定性はこうしたスス表面自体の化学的変質に起因する気固接触時間の違いによる影響も大きいと考えられる．

6.4.1　O_3

O_3のスス粒子上の取り込みと分解については，航空機から排出されたススによる下部成層圏や上部対流圏におけるO_3の消失（Lary et al., 1997）や，都市大気中の夜間のO_3の消失（Berkowitz et al., 2001）に寄与している可能性が示唆されており，数多くの測定がなされている（Sander et al., 2011）．

O_3の取り込みは新しいススでは初期に非常に大きなO_3の消失をもたらすが，反応の経過とともに，また前処理されたススでは取り込み速度が非常に低下する．初期の取り込み係数としては$\gamma_0 = 10^{-4} \sim 10^{-3}$の値が報告されている（Fendel et al., 1995；Rogaski et al., 1997）が，時間の経過とともに$10^{-6} \sim 10^{-7}$の桁まで低下することが知られている（Kamm et al., 1999；Pöschl et al., 2001）．また，Longfellow et al. (2000)は表面積の取り方によってγ_0の値もこれより30倍小さな値になることを示している．これらの値から，O_3のスス粒子上の消失過程の重要性は限定的であることが議論されている．

6.4.2 NO$_2$

　NO$_2$のスス粒子上への取り込みと反応は，気相へのHONO放出をもたらす過程として非常に重要である．NO$_2$とH$_2$Oからの表面不均一反応によるHONOの生成とその光による促進は，スモッグチャンバー（p. 278のコラム参照）内の未知OH源に関連してAkimoto et al. (1987) によりはじめて見いだされたが，ススへのNO$_2$取り込みとその光触媒反応は，HONO生成過程の特性を定量的に解明する一つのモデル反応として大きな関心がもたれている．

　汚染大気中ではHONOがOH+NO+M→HONO+Mの均一気相反応から期待されるよりはるかに高濃度で測定されており，均一反応以外の寄与に関する議論がモデルを用いてなされている（Gonçalves et al., 2012；Elshorbany et al., 2012）．

　NO$_2$のスス粒子上への取り込みもO$_3$の場合と同様，初期の速い取り込みとそれに続く遅い反応の二つの過程からなっており，γ_0およびγ_{aged}に対し多くの測定がなされている．γ_0およびγ_{aged}の値としては種々の方法によって生成されたススに対し，それぞれ$\gamma_0 = 10^{-1}$-10^{-4}，$\gamma_{aged} = 10^{-4}$-10^{-6}のような非常に大きな幅のある値が報告されている（Sander et al., 2011）．最近では$\gamma_{0, BET} \approx 10^{-5}$ (Lelievre et al., 2004)，$\gamma_{aged, BET} \approx 10^{-8}$ (Prince et al., 2002) など以前より小さな値が報告され，汚染大気中の高濃度HONOの発生源とはなりえないとの議論がなされているが，後述の不均一HONO生成過程への太陽光による光促進効果があれば十分な寄与をなしうる可能性が指摘されている．

　NO$_2$のスス粒子上の反応生成物としては，上述の気相へのHONOの放出がよく知られている．そのほかに条件によりNOの生成が報告されているが，HNO$_3$の生成はみられていない（Arens et al., 2001）．HONOの生成収率は，燃料・酸素比の高い炎からのススではほぼ100%，希薄炎では収率が低いことが報告されている（Stadler and Rossi, 2000；Khalizov et al., 2010）．またNO$_2$の取り込み係数やHONOの生成収率は，ススの表面がH$_2$SO$_4$や有機物で被覆されることにより影響を受けることが実験的に示されている（Aubin et al., 2007；Khalizov et al., 2010）．

　最近，Monge et al. (2010) はNO$_2$のスス粒子上のHONOの生成反応が300～420 nmの光照射によって加速され，しかも光照射下ではHONOの生成速度が時間とともに低下することなくNO$_2$の取り込み係数 $(2.0 \pm 0.6) \times 10^{-6}$ が持続することを見いだしている．図6.3はγの光照射強度依存性を示す．図に示されるようにγの値は光照射強度に比例する．この結果は，観測で見いだされている昼間の高濃度HONOの発生源として，NO$_2$の不均一光触媒反応の可能性を示唆する重要な実験結果と思われる．表面不均一反応によるHONO生成速度の光による促進の例は，スモッ

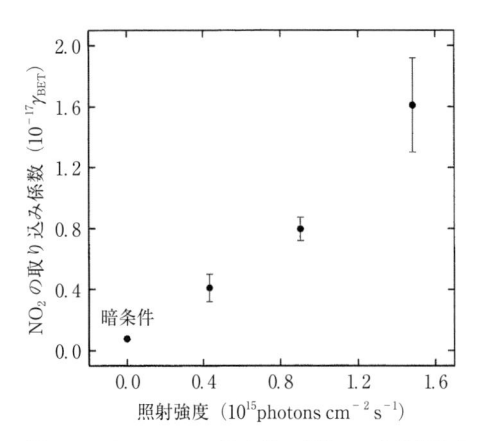

図 6.3 NO$_2$のススへの取り込み係数 γ の光照射強度依存性（Monge et al., 2010 より改編）

チャンバー内（Akimoto et al., 1987）やPAHの一つであるパイレン（pyrene）薄膜上（Brignite et al., 2008）でも見いだされており，スス以外のより広範な多種類の表面で起こっている可能性が推測される．

6.4.3 N$_2$O$_5$

N$_2$O$_5$のスス粒子上の反応は，気相における N$_2$O$_5$+H$_2$O→2HNO$_3$ の二分子反応が非常に遅いことからこれに代わって N$_2$O$_5$ から HNO$_3$ への変換をもたらす不均一反応の一つの可能性として研究されている．Longfellow et al.（2000）による測定ではこの反応による気相への NO$_2$ の生成がみられ，幾何学的表面積を用いた取り込み係数の上限として $\gamma=0.016$ が報告されている．Saathoff et al.（2001）の測定では，N$_2$O$_5$+soot→2HNO$_3$ をもたらす取り込み係数を乾燥状態において $\gamma=(4\pm2)\times10^{-5}$，RH 50% で $(2\pm1)\times10^{-4}$，N$_2$O$_5$+soot→NO+NO$_2$ をもたらす取り込み係数として乾燥状態で $\gamma=(4\pm2)\times10^{-6}$ を得ている．Kargulian and Rossi（2007）は反応生成物としてNO+NO$_2$を与える取り込み反応係数 $\gamma_{r,ss}$として，N$_2$O$_5$濃度を低濃度にゼロ外挿したときの大きな値 5.0×10^{-3} を報告している．

6.4.4 HNO$_3$

HNO$_3$とススの反応は，下部成層圏や上部対流圏において航空機から排出されたススの表面における HNO$_3$ から NO や NO$_2$ への変換により HNO$_3$/NO$_2$ 比を低下させて，モデルとの不一致を解消する方向へ近づける（Lary et al., 1997）ことが期待されい

くつかの測定がなされてきた．

　Kirchner et al. (2000) の測定では，HNO_3 の取り込みはスス粒子上の O_3 や NO_2 の取り込みと同様，速い過程と遅い過程からなることが確かめられている．スパーク発生器からのススに対しては速い過程に対して $\gamma=10^{-3}\sim10^{-6}$，遅い過程に対して $\gamma=10^{-6}\sim10^{-8}$ の値が，ディーゼルエンジン排気からのススではこれより1桁小さい値が報告されている．またフーリエ変換赤外分光（FTIR）により，HNO_3 を取り込んだスス表面には-C=O, $-NO_2$, $-ONO_2$, -ONO などの官能基が生成することが知られ，HNO_3 はスス表面の分子と反応していることがわかる．Longfellow et al. (2000) は流通管/化学イオン化質量分光器により，298 K での HNO_3 の取り込みは可逆的で，NO_2 や NO の生成はみられなかったことを報告している．一方，Disselkamp et al. (2000) は長光路赤外分光を用いたチャンバー実験で，NO_2 が生成されることを見いだしており，HNO_3 の減少に対する NO_2 の生成収率は，ススの種類によること，NO_2 を生成する表面活性点は再生されず，未反応の HNO_3 分子が表面に留まることを報告している．同様に Saathoff et al. (2001) はチャンバー実験での NO_2 生成が $\gamma_{BET} \leq 3\times 10^{-7}$ でみられること，Salgado-Muñoz and Rossi (2002) はクヌーセンセルを用いた実験で，デカン希薄炎からの黒色ススでは NO_2 の生成がみられ，幾何学的表面積に対し NO_2 生成取り込み係数として $\gamma_{r,0}=(2.0\pm0.1)\times10^{-2}$, $\gamma_{r,ss}=(4.6\pm1.6)\times10^{-3}$ の値を得ている．

　このように大気濃度の HNO_3 に対しスス上での不均一反応による NO_2 の生成が確かめられているが，取り込み反応係数 γ_r はススの種類や生成方法によって異なり，この反応の大気中における重要性に関してはなお不確定性が大きい．

6.4.5　SO_2

　SO_2 のスス表面上への取り込みと反応は，液滴中や鉱物粒子上での SO_2 の H_2SO_4 への酸化と同列に，不均一反応による $S(IV)\to S(VI)$ の酸化過程の一つとして議論されてきたが，その取り込み反応係数の測定例は少ない．

　Rogaski et al. (1997)，Koehler et al. (1999) はともに試料として燃焼炎ススを用い，幾何学的表面積に対する初期の取り込み係数をそれぞれ，$\gamma \leq (3\pm1)\times10^{-3}$ (298 K)，$(2\pm1)\times10^{-3}$ (173 K) と同程度の値を報告している．表面の粗度を考慮した表面積を用いた場合，この値は33分の1の値となる（Koehler et al., 1999）．しかし，この取り込み係数は短時間の間に時間とともにほとんどゼロにまで減少することから，SO_2 のスス表面上の反応は大気中での H_2SO_4 の生成への寄与は小さいものと推定されている．一方，スス表面に Fe_2O_3, MnO_2, V_2O_5 などの金属酸化物が存在する場合には，

H_2SO_4 の生成速度は,ススや金属酸化物単体に比べて大きく増加することが報告されている (Chughtai et al., 1993).

6.5 極成層圏雲 (PSC) 上の反応

これまで述べられた多くの不均一反応が対流圏において均一気相反応の補完的役割を演じているのに対し,本節で述べられる極成層圏雲 (PSC) 上の不均一反応は,成層圏オゾンホールの生成に一義的な重要性をもつ主要な反応過程である.

南北両極の下部成層圏で冬季 (極夜) の気温が 200 K 以下に低下すると,PSC と呼ばれるエアロゾル粒子からなる雲が出現する (Brasseur and Solomon, 2005). このエアロゾルの成分は H_2SO_4, HNO_3, H_2O からなっているが,それらの混合比は気温とともに熱力学的な安定性に従って遷移することが知られている (Koop et al., 1997). 成層圏にはもともと 40~80 wt% の硫酸エアロゾル $H_2SO_4/H_2O(l)$ (SSA, stratospheric sulfate aerosols) が液滴として存在するが,気温の低下とともに,硫酸液滴に HNO_3 と H_2O の気体分子が取り込まれ,H_2SO_4, HNO_3 がそれぞれ約 30% ずつの希酸溶液となる.さらに気温が低下すると,硫酸液滴は HNO_3 と H_2O によってさらに薄まり,195 K 付近ではほとんど硝酸と水からなる液滴となる.この状態からもっとも熱力学的に安定に氷結するのは硝酸三水和物 $HNO_3 \cdot 3H_2O$ (NAT, nitric acid trihydrate) であり (Molina et al., 1993;Voight et al., 2000), ライダー観測の観点からは偏光の解消を伴うタイプ Ia 粒子と呼ばれている.これに対して NAT よりさらに 3~4 K 低い温度では $H_2SO_4/HNO_3/H_2O$ からなる過冷却三成分液体 (STS, supercooled ternary solution) の生成がみられ,これはライダーの偏光を解消しない球体粒子でタイプ Ib 粒子と呼ばれている.さらに H_2O の結氷温度 188 K 以下では,$H_2O(s)$ からなる氷 (ice) の大粒子が形成され,これはタイプ II の PSC と呼ばれる.

表 6.2 極成層圏雲 (PSC) を構成する代表的粒子

粒子名称	化学組成	形状・相	粒子直径 (μm)	生成温度しきい値 (K)
成層圏硫酸エアロゾル (SSA)	H_2SO_4/H_2O	微小液滴	0.1~5	$T<261$
硫酸四水和物 (SAT)	$H_2SO_4 \cdot 4H_2O$	微小固体結晶	<1	$T<213$
硝酸三水和物 (NAT)	$HNO_3 \cdot 3H_2O$	固体結晶	1~5	$T<196$
過冷却三成分溶液 (STS)	$H_2SO_4/HNO_3/H_2O$	液滴	<1	$T<192$
氷 (ice)	H_2O	大固体結晶	5~50	$T<189$

Brassuer and Solomon (2005) などに基づく.

6.5 極成層圏雲 (PSC) 上の反応

表 6.3 典型的極夜条件下での極成層圏雲粒子上の取り込み反応係数 (γ_r)(温度を表記したもの以外は出典参照のこと)[a]

反応	固体 ice 水	固体 NAT 硝酸三水和物	固体 SAT 硫酸四水和物	液体 SSA 硫酸エアロゾル 極成層圏雲粒子[a]	液体 STS 過冷却三成分液体
$N_2O_5 + H_2O \rightarrow 2HNO_3$	0.02(b)	4×10^{-4}(b)	6×10^{-3}(b)	0.05–0.20(b)	0.09 (218 K) (c) 0.02–0.03 (195 K) (c)
$N_2O_5 + HCl \rightarrow ClNO_2 + HNO_3$	0.03(b)	3×10^{-3}(b)	$<1 \times 10^{-4}$(SAM) (b)	—	—
$HOCl + HCl \rightarrow Cl_2 + H_2O$	0.2(b)	0.1(b)	—	0.15 (58 wt% H_2SO_4, 1×10^{-8} atm HCl, 220 K) (d) H_2SO_4濃度とともに減少. HCl分圧とともに増加 (e)	—
$ClONO_2 + H_2O \rightarrow HOCl + HNO_3$	0.3(b)	0.004(b)	0.01 (RH 100%) (f) 5×10^{-4} (RH 8%) (f) RHに2次で増加 (f)	0.038 (45 wt% H_2SO_4, 230 K) (g) 1.1×10^{-5} (75 wt% H_2SO_4, 230 K) (g) H_2SO_4濃度とともに急速に減少 (e)	0.019 (4.6% HNO_3, 40% wt% H_2SO_4, 205 K) (g) HNO_3濃度とともに減少 (g)
$ClONO_2 + HCl \rightarrow Cl_2 + HNO_3$	0.3(b)	0.2(b)	≥ 0.1 (RH 100%) (f) 0.0035 (RH 18%) (f) RHに2次で増加 (f)	0.6 (45 wt% H_2SO_4, HCl 10^{-8} atm) (g) 0.043 (55 wt% H_2SO_4, HCl 10^{-8} atm) (g) H_2SO_4濃度とともに急速に減少,HCl分圧とともに増加 (e)	0.18 (4.4% HNO_3, 44% wt% H_2SO_4) (g) HNO_3濃度とともに減少 (g)

(a) ice = H_2O. NAT (nitric trihydrate) = $HNO_3 \cdot 3H_2O$. SAT (sulfuric acid tetrahydrate) = $H_2SO_4 \cdot 4H_2O$. SSA (stratospheric sulfate aerosols)/LBA (liquid binary sulfate aerosol) = H_2SO_4/H_2O. STS (supercooled ternary solution) = $H_2SO_4/HNO_3/H_2O$. SAM (sulfuric acid monohydrate) = $H_2SO_4 \cdot H_2O$
(b) NASA/JPL パネル評価 No. 17 (Sander et al. 2011). (c) Zhang et al. (1995). (d) Donaldson et al. (1997). (e) Shi et al. (2001). (f) Zhang et al. (1994b). (g) Hanson (1998).

このほか硫酸四水和物 $H_2SO_4 \cdot 4H_2O$ (SAT, sulfuric acid tetrahydrate) が $H_2SO_4/HNO_3/H_2O$ 溶液から固体粒子として氷結することが知られている．PSC にはこのほかにもいくつかの異なる成分の粒子が考えられているが，本項では PSC としてもっとも代表的な ice, NAT, SAT の 3 種の固体粒子および SSA, STS の 2 種の液滴粒子を対象として取り上げる．これら本書で取り上げられる主要な PSC の種類とそれぞれの特性を表 6.2 に掲げる．

一方，PSC 上の反応としては H_2O, N_2O_5, HCl, HOCl, $ClONO_2$ の間の反応が取り上げられる．南極や北極のオゾンホール形成に PSC が一義的な役割を果たす理由は，PSC 上のこれら化学種間の不均一反応により Cl_2, HOCl, $ClNO_2$ などの可視部の光を吸収する分子が生成し，これらが極夜が終わったときすみやかに光分解して Cl 原子を生成し，急速なオゾン破壊を引き起こすからである (8.4 節参照). 同様の反応は Br を含む化学種についても知られている (Finlayson-Pitts and Pitts, 2000) が，本章では PSC 上の不均一ハロゲン反応としては Cl 化合物の関わる反応だけを取り上げる．

PSC 粒子上の不均一反応については NASA/JPL パネル評価 No.17 (Sander *et al.*, 2011), IUPAC 小委員会報告 Vol.V (Crowley *et al.*, 2010) およびデータシート (Wallington *et al.*, 2012) にレビューされ，多くの取り込み反応係数の推奨値が掲げられている．表 6.3 にはこれらの評価報告書をもとに，Cl 化合物の PSC 上の不均一過程の取り込み反応係数 γ_r の値を掲げる．

6.5.1 $N_2O_5 + H_2O$

PSC 上における N_2O_5 と H_2O の反応は，

$$N_2O_5 + H_2O \rightarrow 2HNO_3 \tag{6.29}$$

のように粒子上で硝酸を生成する反応である．オゾンホールの形成に関連してこの反応が重要なのは，この反応により極夜の間に反応性 NO_x が気相から除去されるため，春季に $ClO + NO_2 + M \rightarrow ClONO_2 + M$ の ClO_x 連鎖停止反応が効かなくなりオゾン破壊を加速するからである．また，PSC のなかでも氷からなる大粒子に取り込まれた場合は，重力沈降で硝酸 HNO_3 が成層圏から除去される脱窒 (denitrification) が起こり，HNO_3 の光分解による NO_2 の供給もなくなるため，オゾン破壊はさらに効率よく進行することになる．

N_2O_5 の 188 K における氷粒子への取り込み係数は被覆壁流通法による Leu (1988), Hanson and Ravishankara (1991b, 1993a) とクヌーセンセル法による Quinlan *et al.* (1990), Seisel *et al.* (1998) のデータはよい一致をみており，NASA/JPL パネル

(Sander et al., 2011), IUPAC 小委員会 (Wallington et al., 2012) では, ともに $\gamma = 0.02$ を推奨している.

NAT 表面への N_2O_5 の取り込み係数については, NASA/JPL パネル評価では Hanson and Ravishankara (1993a) の測定による $\gamma = 4 \times 10^{-4}$ が推奨されており, 氷粒子への取り込み係数に比べてはるかに小さい.

SAT 表面への N_2O_5 の取り込み係数は Hanson and Ravishankara (1993b) の測定に基づき NASA/JPL パネルでは 6×10^{-3} (Sander et al., 2011) を, IUPAC 小委員会では同様の値 6.5×10^{-3} を RH 22〜100%, 195〜205 K に対して推奨している (Walligton et al., 2012).

これら固体 PSC 表面上の反応に比べて, N_2O_5 の硫酸溶液 H_2SO_4/H_2O 表面上の反応については, 195 K から常温の範囲で非常に多くの測定がなされている. PSC を想定した低温での測定は, エアロゾル流通法 (Fried et al., 1994; Hanson and Lovejoy, 1994), 濡れ壁流通法 (Zhang et al., 1995), クヌーセンセル法 (Beichert and Finlayson-Pitts, 1996), 液滴滴下法 (Robinson et al., 1997), チャンバー法 (Wagner et al., 2005) など多くの手法でなされており, 40〜80% H_2SO_4 に対する測定値は $\gamma_r = 0.05$-0.20 の範囲で比較的よい一致をみている. Robinson et al. (1997) は低温における N_2O_5 の取り込みはバルク液体中の N_2O_5 加水分解速度で支配されていることを推定し, その温度・濃度依存性のパラメータ式を提案している. IUPAC 小委員会は 210-

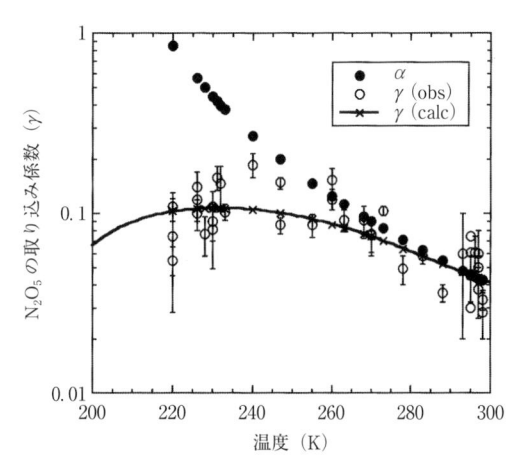

図 6.4 N_2O_5 の SSA (H_2SO_4/H_2O) 表面への取り込み係数の温度依存性 (IUPAC 小委員会評価データシート, Wallington et al., 2012 より改編)

300 K の範囲での取り込み反応係数の温度依存式として $\gamma_r = [(7353/T) - 24.83]^{-1}$ を推奨している（Wallington *et al.*, 2012）．図 6.4 はこの評価報告にまとめられた N_2O_5 の H_2SO_4/H_2O エアロゾル上への取り込み係数の温度依存性を示したものである．図中の α は N_2O_5 の物理的適応係数，γ_r は $N_2O_5 + H_2O \rightarrow 2\,HNO_3$ の取り込み反応係数，実線は上式の計算値である．

　H_2SO_4/H_2O に N_2O_5 が取り込まれるにつれて，硫酸水溶液は硝酸 HNO_3 で希釈され，PSC は三成分液滴（STS）$H_2SO_4/HNO_3/H_2O$ へと変化する．STS では HNO_3 濃度が増加するにつれて N_2O_5 の取り込み係数が減少することが，Hanson (1997) によって示されている．Zhang *et al.* (1995)，Wagner *et al.* (2005) の実験からは，この硝酸効果（nitrate effect）は温度の低下とともに大きくなり，たとえば成層圏条件下の $P(H_2O) = 3.8 \times 10^{-4} - 1.0 \times 10^{-3}$ Torr では 218 K における 0.09 から 195 K における 0.02〜0.03 へ，γ_r が 1/2〜1/5 になることが示されている（Zhang *et al.*, 1995）．

6.5.2　$N_2O_5 + HCl$

　PSC 上の $N_2O_5 + HCl$ の反応は，

$$N_2O_5 + HCl \rightarrow ClNO_2 + HNO_3 \tag{6.30}$$

によって準安定な HCl を光化学活性の高い $ClNO_2$ に変換して気相に放出する働きと，NO_x の一部を HNO_3 に変換して気相から NO_2 を取り除く両者の作用によって，極域成層圏春季のオゾン破壊を加速する．

　氷粒子 $H_2O(s)$ 上の $N_2O_5 + HCl$ の反応については，クヌーセンセルを用いた Seisel *et al.* (1998) の実験により，HCl 存在下での N_2O_5 の取り込み係数が $\gamma_r = 0.03$，生成物としては消費された N_2O_5 に対し $ClNO_2$ が 63% の収率で見いだされることが報告されている．NASA/JPL パネルではこの値を推奨値としているが，Hanson and Ravishankara (1991a) はこの反応は反応の初期に氷表面に N_2O_5 の反応によって NAT 層が形成されるため，取り込み係数が小さくなり純粋の $H_2O(s)$ に対する反応係数の測定は困難であることを指摘している．

　NAT 粒子に対するこの反応の取り込み係数は，Hanson and Ravishankara (1991a) による測定値 3.2×10^{-3} にもとづき NASA/JPL パネルではこの値を推奨している（Sander *et al.*, 2011）．SAT に対する測定はなされておらず，$H_2SO_4 \cdot H_2O$ (SAM, sulfuric acid monohydrate) に対して Zhang *et al.* (1995) は $\gamma_r = 1 \times 10^{-4}$ の小さな値を報告している．IUPAC 小委員会の推奨値はこれに基づき $\gamma_r < 1 \times 10^{-4}$ を上限値としている（Walington *et al.*, 2012）．

6.5.3 HOCl+HCl

PSC 粒子上の HOCl と HCl の反応は,

$$\mathrm{HOCl + HCl \rightarrow Cl_2 + H_2O} \tag{6.31}$$

のように Cl_2 を生成する反応である.この反応は次項 (6.5.4, 6.5.5) で述べられる PSC 上の $ClONO_2$ の反応とともに極夜の成層圏に蓄積している準安定塩素化合物である HCl や $ClONO_2$ を光化学活性な Cl_2 や HOCl へ変換して気相に放出するので,こうした過程は塩素活性化 (chlorine activation) と呼ばれている.HCl は図 4.38 (4.4.3 項) でみたように 200 nm 以下にしか吸収をもたないが,HOCl は図 4.39a (4.4.4 項) のように 300 nm より長波長に吸収をもち,極域成層圏初春の低高度の太陽光でも光分解可能であり,Cl_2 は図 4.36 (4.4.1 項) のように可視部においても大きな吸収断面積をもっているので,さらに効率よく光分解され 2 個の Cl 原子を放出する.

HOCl と HCl の反応は氷粒子,NAT,SAT,SSA などのいずれの PSC 上でも取り込み反応係数 $\gamma_r > 0.1$ の大きな値をもつことが知られている (Hanson and Ravishankara, 1992;Abbatt and Molina, 1992a).McNeill et al. (2006) は気相における HCl の存在は,成層圏温度 (188〜203 K) において微量の HCl が氷表面層の溶解による表面無秩序化 (surface disorder) をもたらして準液相 (QLL, quasi liquid layer) を誘起し,これが HOCl や $ClONO_2$ と HCl との氷表面上の不均一反応を促進することを推論している.このため HCl でドープされた氷膜上の HOCl の取り込み反応は非常に速く,NASA/JPL パネルでは Hanson and Ravishankara (1992), Abbatt and Molina (1992a), Chu et al. (1993) によって報告された値の平均から $\gamma_r = 0.2$ (不確定性 2 倍) を推奨している.一方,Chu et al. (1993) によって表面の多孔性を考慮した表面積を用いるとこの値は 3〜4 分の 1 に減少することが報告されている.この反応の生成物は反応 (6.31) で示されるように Cl_2 と H_2O であることが報告されている.HOCl 消失に対する Cl_2 の生成収率は Abbatt and Molina (1992a) により 0.87 ± 0.20 が報告されているが,一般にこの反応は Cl_2 と H_2O を収率 100% で生成するものと考えられている (Sander et al., 2011).

NAT 粒子上でのこの反応は水蒸気圧とともに γ_r が増加し,ある程度以上で一定になることが知られている.Hanson and Ravishankara (1992), Abbatt and Molina (1992a) による多孔性表面積を考慮しない測定値の平均は $\gamma_r = 0.135 \pm 0.049$ である.水蒸気がほとんどない場合の γ_r は 10 分の 1 に減少する (Abbatt and Molina, 1992a).NASA/JPL パネルによる推奨値は $\gamma = 0.1$ (2 倍の不確定性) となっている (Sander et al., 2011).

HOCl と HCl の硫酸液滴 $H_2SO_4 \cdot nH_2O(l)$ 上の反応は数多く測定されている.こ

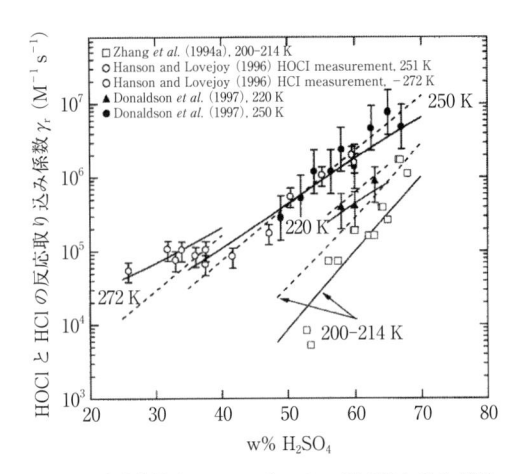

図 6.5 硫酸液滴内の HOCl と HCl の反応取り込み係数の温度・硫酸濃度依存性(Shi et al., 2001 より改編)

の反応の係数は温度と水蒸気圧,また H_2SO_4/H_2O の濃度比に依存するが,これは HOCl, HCl の溶解度がこれらのパラメータによって大きく影響を受けるためであると考えられている.硫酸液滴内の HCl と HOCl の反応および 6.5.5 項に述べられる $ClONO_2$ との反応は,酸触媒プロトン化反応経路を考えることによって実験結果をよく説明できることが提案されている(Donaldson et al., 1997).

$$HOCl(g) \leftrightarrows HOCl(l) \quad (6.32)$$
$$HOCl(l) + H^+ \leftrightarrows H_2OCl^+(l) \quad (6.33)$$
$$H_2OCl^+(l) + HCl(l) \rightarrow H_3O^+(l) + Cl_2(l) \quad (6.34)$$
$$Cl_2(l) \leftrightarrows Cl_2(g) \quad (6.35)$$

Shi et al. (2001) は 185~260 K の温度範囲でこのスキームを考慮した反応のモデル化を行い,図6.5 に示されるように,Donaldson et al. (1997), Hanson and Lovejoy (1996), Zhang et al. (1994a) による γ_r の測定値の HCl 分圧,H_2SO_4 濃度,温度に対する依存性がこのモデルによってかなりよく再現されることを示している.図にみられるように,γ_r の値は HCl 分圧,硫酸中の H_2O の比率の増加,および温度の低下とともに増加する.Zhang et al. (1994a) は 198 K から 209 K への温度上昇により γ_r の値は 50 分の 1 に減少することを報告している.$T<199$ K の寒冷な成層圏では HOCl+HCl は非常に速く,HCl が枯渇することによって HOCl+HCl の反応速度は低下する.

6.5.4　$ClONO_2 + H_2O$

PSC 上の $ClONO_2$ と H_2O からの

$$ClONO_2 + H_2O \rightarrow HOCl + HNO_3 \tag{6.36}$$

による HOCl の生成は，次項で述べられる $ClONO_2$ と HCl からの Cl_2 生成反応と並んで，オゾンホール生成にもっとも重要な塩素活性化反応（前項参照）である．太陽光の照射しない極夜において，ClO ラジカルのほとんどは NO_2 との反応で準安定な硝酸塩素 $ClONO_2$ に変換される．$ClONO_2$ の吸収スペクトルは図 4.37（4.4.2 項）でみたように 300 nm より短波長でのみ大きな吸収断面積をもつので，もし極夜の間 $ClONO_2$ がそのまま存在したとしたら太陽高度の低い極域初春の比較的長波長の光照射では，光分解による活性塩素の再放出は効率よく起こらず，オゾンホールのような急速なオゾン破壊はもたらされない．極夜に PSC が存在することによってはじめて，上式による $ClONO_2$ から HOCl への変換が起こり，HOCl は図 4.39a（4.4.4 項）にみたように 300～350 nm に吸収をもつので，低高度太陽光により Cl 原子が放出され，オゾンホールの形成がもたらされる．

氷 $H_2O(s)$ 粒子表面での $ClONO_2$ と H_2O の反応は，氷膜上への $ClONO_2$ の取り込みに引き続いて H_2O との反応による HOCl と HNO_3 の生成が起こるものと考えられている．成層圏温度では，生成物の HOCl は気相に放出され，HNO_3 は NAT となって氷表面に留まる．氷表面上の HNO_3 は反応に与ることのできる H_2O を減少させ反応を阻害する．したがって，一般にこの反応の取り込み反応係数は時間とともに低下するが，このことは高濃度の $ClONO_2$ を用いた実験で顕著である（Sander et al., 2011；Wallington et al., 2012）．比較的低濃度の $ClONO_2$ を用いた Hanson and Ravishankara（1991a, 1992），Oppliger et al.（1997），Fernandez et al.（2005）などの実験から得られた幾何学的表面積を用いたときの値をもとに NASA/JPL パネルでは 180-200 K における取り込み反応係数 $\gamma_r = 0.3$ を推奨している（Sander et al., 2011）．IUPAC 小委員会報告では図 6.6 のようにこの反応の負の温度依存性が示され，Fernandez et al.（2005）の結果による温度パラメータが掲げられている（Wallington et al., 2012）．

NAT 上の $ClONO_2$ と H_2O の取り込み反応係数は Hanson and Ravishakara（1992, 1993b），Abbatt and Molina（1992b），Zhang et al.（1994b），Barone et al.（1997）などによって測定され，上述の理由から NAT 上の取り込み反応係数は氷粒子上の値に比べてはるかに小さい．同様に水蒸気圧の高いときの NAT に対する γ_r は，相対湿度の低いときの値に比べて大きくなることが示されている（Wallington et al., 2012）．RH 90% 以上のときの γ_r の平均値として Sander et al.（2011）では $\gamma_r = 0.0043 \pm 0.0021$

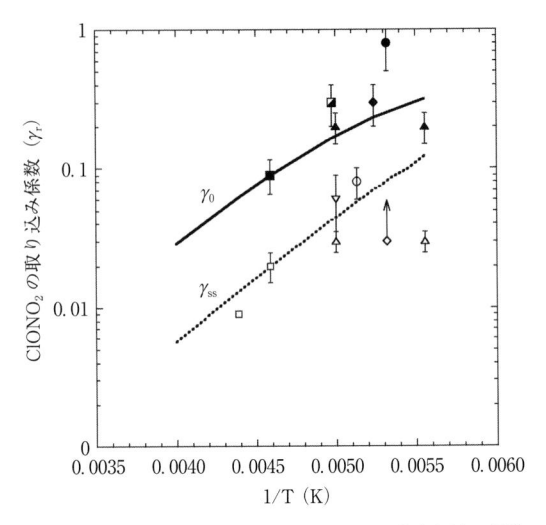

図 6.6 PSC 氷表面での $ClONO_2$ と H_2O の反応取り込み係数の温度依存性（IUPAC 小委員会評価データシート，Wallington *et al.*, 2012 より改編）

個々の点（実験値）の出典は図の原典参照のこと．実線と点線はそれぞれ γ_0, γ_{ss} に対するモデルによる計算値．

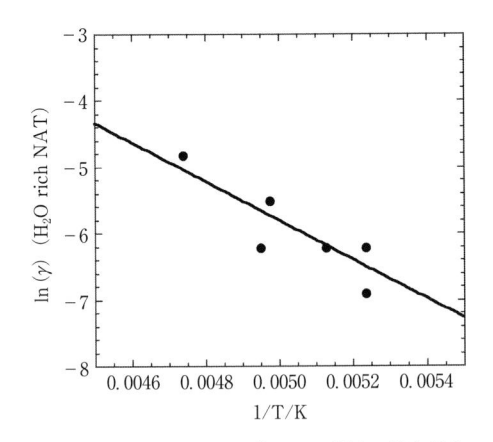

図 6.7 NAT 上の $ClONO_2$ と H_2O の反応の取り込み反応係数の湿度依存性（IUPAC 小委員会データシート，Wallington *et al.*, 2012 より改編）

を提示している．また，この反応は図 6.7 のように氷粒子上の反応と逆に正の温度依存性をもつことが示され，100% RH のときの γ_r に対するアレニウスプロットから，$\gamma_r = 7.1 \times 10^{-3} \exp(-2940/T)$ が得られている（Wallington *et al.*, 2012）．

SAT 上の $ClONO_2$ と H_2O の反応の取り込み反応係数は Hanson and Ravishakara (1993b), Zhang et al. (1994b) により, 192～205 K の温度範囲で相対湿度依存性が詳しく測定されている. これらの結果からは, この反応の γ_r は RH の増大とともに急速に大きくなることが報告されている. Zhang et al. (1994b) の測定によれば, RH 100% での γ_r は 195 K で 0.016 と氷粒子と H_2O-rich の NAT の値の中間の値であるが, RH の低下とともに急速に値が小さくなり, RH 8% では 5×10^{-4} にまで低下する. このデータをもとに IUPAC 小委員会では γ_r の相対湿度依存性を, $\gamma_r = 1 \times 10^{-4} + 1 \times 10^{-4}[RH] + 1 \times 10^{-7}[RH]^2$ (192～205 K) と推奨している (Crowley et al., 2010; Wallington et al., 2012).

硫酸液滴 $H_2SO_4 \cdot H_2O(l)$ 上の $ClONO_2 + H_2O$ の反応に対しては, 上述の固体 PSC 上の反応に比べ数多くの測定がなされ, 温度, 湿度, 硫酸組成に対する依存性が調べられている. 硫酸液滴上の $ClONO_2 + H_2O$ の反応生成物は, PSC 固体表面上と同様 HOCl と HNO_3 であるが, 固体表面の場合と異なり HNO_3 も気相に放出されることが知られている. 取り込み反応係数 γ_r は硫酸中の H_2O 含有量に強く依存することが知られており, 20～70% wt% H_2SO_4 の範囲で H_2O 含有量の増加とともに, また温度の下降とともに増加する (Hanson and Ravishankara, 1991b ; Zhang et al., 1995 ; Ball et

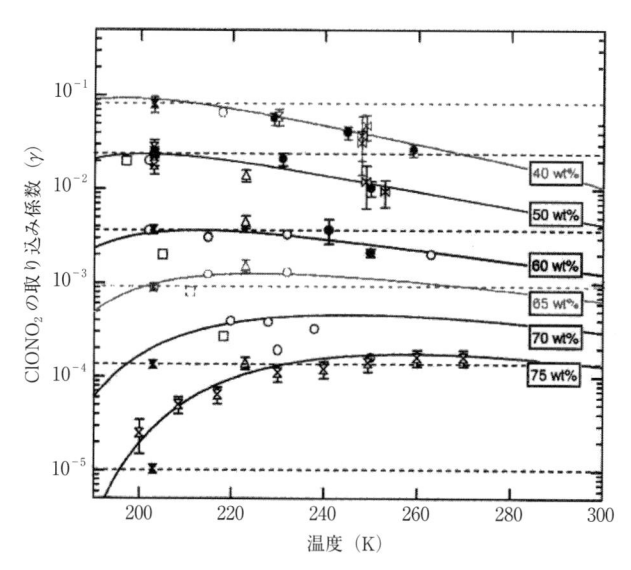

図 6.8 硫酸液滴中の $ClONO_2$ と H_2O 取り込み反応係数の温度, 硫酸濃度依存性 (Shi et al., 2001 より改編)
個々の点(実験値)の出典は図の原典参照のこと.

al., 1998；Hanson 1998)．たとえば200 K付近のγ_rは40 wt% H_2SO_4では0.1に近いが，75 wt% H_2SO_4では～10^{-5}にまで減少する（Hanson, 1998)．

Shi *et al.*（2001）はこの反応に対しては式（6.36）の直接反応と6.5.3項でHOClとHClの反応について述べられた酸触媒反応，

$$ClONO_2 + H^+ \rightleftharpoons ClONO_2^+ (l) \tag{6.37}$$
$$ClONO_2^+ (l) + H_2O(l) \rightarrow H_3O^+ (l) + HOCl(l) \tag{6.38}$$

が同時に起こるものと考え，反応速度の解析を行っている．

図6.8は$ClONO_2$とH_2O取り込み反応係数の温度，硫酸濃度依存性を実験データと上式に基づくShi *et al.*（2001）のモデル式の適合性を表したものである．このモデル式のさらに詳しいパラメータの値がIUPAC小委員会データシートに与えられている（Wallington *et al.*, 2012)．

硫酸液滴に硝酸HNO_3が共存した$H_2SO_4/HNO_3/H_2O(l)$では取り込み係数が小さくなり典型的な極域下部成層圏の条件である気相濃度～5 ppb HNO_3の下ではγ_rの値は2分の1になることが報告されている（Zhang *et al.*, 1995；Hanson, 1998)．

6.5.5　$ClONO_2$+HCl

PSC上の$ClONO_2$とHClの反応,

$$ClONO_2 + HCl \rightarrow Cl_2 + HNO_3 \tag{6.39}$$

は前項の$ClONO_2$とH_2Oの反応とともに極域オゾンホール生成の原因となる主要な反応である．とくに反応（6.39）は，ともに塩素原子1個ずつを含む準安定分子である$ClONO_2$とHClから塩素原子2個を含む光化学活性分子であるCl_2を生成するが，Cl_2は図4.35（4.4.1項）にみたように可視部にまで吸収が伸びているので，低高度太陽光によりHOCl以上に効率よくCl原子を放出し，春季における極域成層圏の急速なオゾン破壊をもたらす．

$ClONO_2$とHClの不均一反応は氷$H_2O(s)$表面上ですみやかに起こり，反応生成物のCl_2はすぐに気相に放出されることが知られている（Oppliger *et al.*, 1997)．クヌーセンセルを用いたMcNeill *et al.*（2006）の測定によると，HCl分圧（p_{HCl}）が$ClONO_2$分圧（p_{ClONO_2}）より大きな条件下では，この反応の取り込み係数γ_rはp_{HCl}によらず≧0.3の大きな値をもつことが報告されている．NASA/JPLパネル評価では，この値およびほかの多くの測定（Leu, 1988；Hanson and Ravishankara, 1991a；Chu *et al.*, 1993；Lee *et al.*, 1999；Fernandez *et al.*, 2005）などから180～200 Kでγ_r=0.3を推奨している（Sander *et al.*, 2011)．この反応のγ_rは$p_{HCl} \leq p_{ClONO_2}$の条件下では減少し（Oppliger *et al.*, 1997)．またこの反応も前項の$ClONO_2$とH_2Oの反応と同様，

氷表面が HNO_3 で被覆されることによって低下することが知られている（Fernandez et al., 2005）.

NAT 上の $ClONO_2$ と HCl の反応の取り込み係数は，Hanson and Ravishankara (1991a, 1992, 1993b)，Leu et al. (1991)，Abbatt and Molina (1992b) によって測定され，γ_r>0.1 の大きな値で一致している．これらに基づく NASA/JPL パネル評価による推奨値は 185〜210 K で γ_r=0.2 である．Abbatt and Molina (1992b) によると，この反応の γ_r は RH 90% では＞0.2 と上述の $H_2O(s)$ 上とほぼ同じ値であるが，RH 20% では 0.002 へ急速に減少し，この反応には H_2O との溶媒和（solvation）が必要であることが示唆されている．また，H_2O-rich な NAT 上の取り込み反応係数は，図 6.9 に示されるように 190〜202 K の範囲で温度とともに減少することが IUPAC 小委員会データシートにまとめられている（Wallington et al., 2012）．一方，HNO_3-rich な NAT 上の反応係数は HCl 分圧とともに増加し，HCl がこの反応の制限因子となっていることが Abbatt and Molina (1992b) によって示され，Carslaw and Peter (1997) によって HCl 依存性がモデル化されている．

SAT 上の $ClONO_2$ と HCl の反応の取り込み係数は，Hanson and Ravishankara (1993b)，Zhang et al. (1994b) によって測定されているが，その取り込み反応係数は温度と水蒸気圧に強く依存することが知られている．この反応の γ_r は NAT 上の反応と同様，RH 100% 付近では 0.12 と大きな値をもつが，RH の減少とともに急速に減少し，RH 18% では 0.0035 となる．γ_r の RH 依存性については Zhang et al. (1994b)

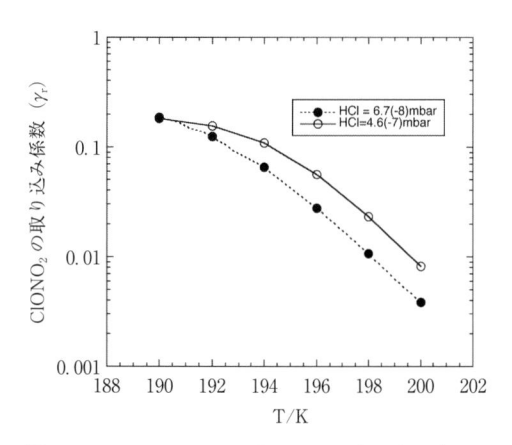

図 6.9 NAT 上の $ClONO_2$ と HCl の反応の取り込み係数の温度依存性（IUPAC 小委員会評価データシート，Wallington et al., 2012 より改編）

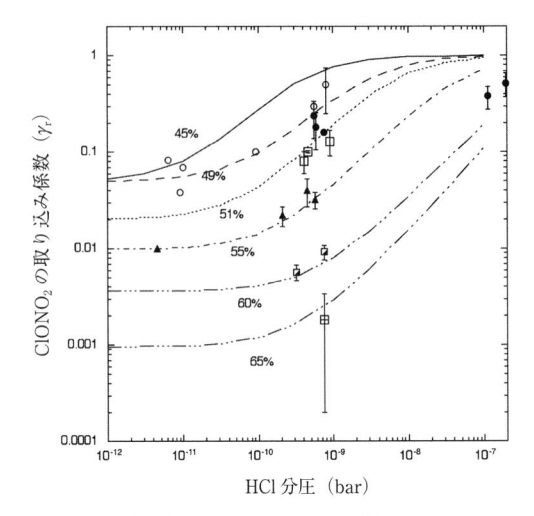

図 6.10 硫酸液滴中の $ClONO_2$ と HCl の異なる H_2SO_4 wt% に対する反応取り込み係数の気相 HCl 分圧依存性 (IUPAC 小委員会評価データシート，Wallington *et al*., 2012 より改編)

にパラメータ式が提示されている．

極夜成層圏条件下での硫酸液滴 $H_2SO_4 \cdot H_2O(l)$ 上における $ClONO_2$ と HCl の反応に関しては，$ClONO_2$ と H_2O の反応と同様，固体 PSC 上に比べて数多くの測定がなされている (Tolbert *et al*., 1988；Hanson and Ravishankara, 1991b, 1994；Zhang *et al*., 1994a；Elrod *et al*., 1995；Hanson, 1998)．反応生成物は式 (6.39) に示された Cl_2 と HNO_3 であり，これらはともに気相に放出される．この反応は前項の $ClONO_2$ と H_2O の反応と同様，温度，湿度，硫酸組成に強く依存するほか，HCl 分圧にも複雑に依存する．この反応の γ_r は，たとえば HCl 分圧の比較的高いとき 202 K で $\gamma_r = 0.6$ という大きな値から $p(HCl)$ の低下とともに 0.01 程度に低下する (表 6.3 参照)．また，温度に対しては負の温度依存性をもち，このことは温度の上昇とともに HCl の硫酸への溶け込みが減少することを反映しているものと考えられる．

Shi *et al*. (2001) はこの反応に対しても，前項の $ClONO_2$ と H_2O の反応と同様に H^+ による酸触媒反応を仮定し，これまでの実験データを再評価することにより，温度，湿度，硫酸組成に対する γ_r の依存性をモデル化した式を提示している．IUPAC 小委員会評価シートでは Shi *et al*. (2001) のパラメータを採用しており，これによる 200 K 付近での異なる硫酸濃度 wt% H_2SO_4 に対する γ_r の p_{HCl} 依存性を図 6.10 に示す (Wallington *et al*., 2012)．またこの反応は $H_2SO_4 \cdot H_2O(l)$ 中の HNO_3 の濃度の増加と

ともに,γ_rが減少することが知られている(Zhang et al., 1994b;Hanson, 1998).

引用文献

Abbatt, J. P. D. and M. J. Molina, The heterogeneous reaction of HOCl + HCl → Cl_2 + H_2O on ice and nitric acid trihydrate:Reaction probabilities and stratospheric implications, Geophys. Res. Lett., 19, 461-464, 1992a.

Abbatt, J. P. D. and M. J. Molina, Heterogeneous interactions of $ClONO_2$ and HCl on nitric acid trihydrate at 202 K, J. Phys. Chem., 96, 7674-7679, 1992b.

Adams, J. W., D. Rodriguez and R. A. Cox, The uptake of SO_2 on Saharan dust:A flow tube study, Atmos. Chem. Phys., 5, 2679-2689, 2005.

Aguzzi, A. and M. J. Rossi, The kinetics of the heterogeneous reaction of $BrONO_2$ with solid alkali halides at ambient temperature. A comparison with the interaction of $ClONO_2$ on NaCl and KBr, Phys. Chem. Chem. Phys., 1, 4337-4346, 1999.

Akimoto, H., H. Takagi and F. Sakamaki, Photoenhancement of the nitrous acid formation in the surface reaction of nitrogen dioxide and water vapor:Extra radical source in smog chamber experiments, Int. J. Chem. Kinet., 19, 539-551, 1987.

Alebic-Juretic, A., T. Cvitas and L. Klasinc, Ozone destruction on solid particles, Environ. Monit. Assess., 44, 241-247, 1997.

Al-Hosney, H. A. and V. H. Grassian, Carbonic acid:An important intermediate in the surface chemistry of calcium carbonate, J. Am. Chem. Soc., 126, 8068-8069, 2004.

Anastasio, C. and M. Mozurkewich, Laboratory studies of bromide oxidation in the presence of ozone:Evidence for glass-surface mediated reaction, J. Atmos. Chem., 41, 135-162, 2002.

Anttila, T., A. Kiendler-Scharr, R. Tillmann and T. F. Mentel, On the reactive uptake of gaseous compounds by organic-coated aqueous aerosols:Theoretical analysis and application to the heterogeneous hydrolysis of N_2O_5, J. Phys. Chem. A, 110, 10435-10443, 2006.

Arens, F., L. Gutzwiller, U. Baltensperger, H. W. Gäggeler and M. Ammann, Heterogeneous reaction of NO_2 on diesel soot particles, Environ. Sci. Technol., 35, 2191-2199, 2001.

Aubin, D. G. and J. P. D. Abbatt, Interaction of NO_2 with hydrocarbon soot:Focus on HONO yield, surface modification, and mechanism, J. Phys. Chem. A, 111, 6263-6273, 2007.

Ball, S. M., A. Fried, B. E. Henry and M. Mozurkewich, The hydrolysis of $ClONO_2$ on sub-micron liquid sulfuric acid aerosol, Geophys. Res. Lett., 25, 3339-3342, 1998.

Barone, S. B., M. A. Zondlo and M. A. Tolber, A kinetic and product study of the hydrolysis of $ClONO_2$ on type Ia polar stratospheric cloud materials at 185 K, J. Phys. Chem. A, 101, 8643-8652, 1997.

Bauer, S. E., Y. Balkanski, M. Schulz, D. A. Hauglustaine and F. Dentener, Global modeling of heterogeneous chemistry on mineral aerosol surfaces:Influence on tropospheric ozone chemistry and comparison to observations, J. Geophys. Res., 109, D02304, doi:10.1029/2003JD003868, 17 pp, 2004.

Bedjanian, Y., M. N. Romanias and A. El Zein, Uptake of HO_2 radicals on Arizona test dust surface, Atmos. Chem. Phys. Discuss., 13, 8873-8900, 2013.

Behnke, W. and C. Zetzsch, Production of a photolytic precursor of atomic Cl from aerosols and Cl^- in the presence of O_3, in Naturally-Produced Organohalogens, edited by A. Grimvall and E. W. B. de Leer, pp. 375-384, Kluwer Acad., Norwell, Mass., 1995.

Beichert, P. and B. J. Finlayson-Pitts, Knudsen cell studies of the uptake of gaseous HNO_3 and other oxides of nitrogen on solid NaCl:The role of surface-adsorbed water, J. Phys. Chem., 100, 15218, 1996.

Berkowitz, C. M., E. G. Chapman, R. A. Zaveri, N. S. Laulainen, R. S. Disselkamp and X. Bian, Evidence of nighttime ozone depletion through heterogeneous chemistry, Atmos. Environ., 35, 2395-2404,

2001.
Bertram, T. H. and J. A. Thornton, Toward a general parameterization of N_2O_5 reactivity on aqueous particles : The competing effects of particle liquid water, nitrate and chloride, *Atmos. Chem. Phys.*, **9**, 8351-8363, 2009.
Bian H. and C. S. Zender, Mineral dust and global tropospheric chemistry : Relative roles of photolysis and heterogeneous uptake, *J. Geophys. Res.*, **108**, 4672, doi : 10.1029/2002JD003143, 10 pp, 2003.
Boniface, J., Q. Shi, Y. Q. Li, J. L. Chueng, O. V. Rattigan, P. Davidovits, D. R. Worsnop, J. T. Jayne and C. E. Kolb, Uptake of gas-phase SO_2, H_2S, and CO_2 by aqueous solutions, *J. Phys. Chem. A*, **104**, 7502-7510, 2000.
Brasseur, G. P and S. Solomon, A*eronomy of the Middle Atmosphere* : *Chemistry and Physics of the Stratosphere and Mesosphere*, 3rd ed., Springer, 2005.
Brigante M., D. Cazoir, B. D'Anna, C. George and D. J. Donaldson, Photoenhanced uptake of NO_2 by pyrene solid films, *J. Phys. Chem. A*, **112**, 9503-9508, 2008.
Caloz, F., F. F. Fentner and M. J. Rossi, 1996, Heterogeneous kinetics of the uptake of $ClONO_2$ on NaCl and KBr, *J. Phys. Chem.*, **100**, 7494-7501, 1996.
Carmichael, G. R., Y. Zhang, L. L. Chen, M. S. Hong and H. Ueda, Seasonal variation of aerosol composition at Cheju Island, Korea, *Atmos. Environ.*, **30**, 2407-2416, 1996.
Carslaw, K. S. and T. Peter, Uncertainties in reactive uptake coefficients for solid stratospheric particles-1. Surface chemistry, *Geophys. Res. Lett.*, **24**, 1743-1746, 1997.
Chakraborty, P. and M. Zachariah, On the structure of organic-coated water droplets : From "net water attractors" to "oily" drops, *J. Geophys. Res.*, **116**, D21205, 8pp, doi : 10.1029/2011JD015961, 2011 .
Chang, W. L., P. V. Bhave, S. S. Brown, N. Riemer, J. Stutz and D. Dabdub, Heterogeneous atmospheric chemistry, ambient measurements, and model calculations of N_2O_5 : A review, *Aerosol Sci. Technol.*, **45**, 665-695, 2011.
Chu, L. T., M.-T. Leu and L. F. Keyser, Heterogeneous reactions of hypochlorous acid + hydrogen chloride → Cl_2 + H_2O and chlorosyl nitrite + HCl → Cl_2 + HNO_3 on ice surfaces at polar stratospheric conditions, *J. Phys. Chem.*, **97**, 12798-12804, 1993.
Chughtai, A. R., M. E. Brooks and D. M. Smith, Effect of metal oxides and black carbon (soot) on $SO_2/O_2/H_2O$ reaction systems, *Aerosol Sci. Technol.*, **19**, 121-132, 1993.
Chughtai, A. R., M. M. O. Atteya, J. Kim, B. K. Konowalchuck and D. M. Smith, Adsorption and adsorbate interaction at soot particle surfaces, *Carbon*, **36**, 1573-1589, 1998.
Crowley, J. N., M. Ammann, R. A. Cox, R. G. Hynes, M. E. Jenkin, A. Mellouki, M. J. Rossi, J. Troe and T. J. Wallington, Evaluated kinetic and photochemical data for atmospheric chemistry : Volume V —heterogeneous reactions on solid substrates, *Atmos. Chem. Phys.*, **10**, 9059-9223, 2010.
Davidovits, P., D. R. Worsnop, J. T. Jayne, C. E. Kolb, P. Winkler, A. Vrtala, P. E. Wagner, M. Kulmula, K. E. J. Lehtinen, T. Vessala and M. Mozurkewich, Mass accommodation coefficient of water vapor on liquid water, *Geophys. Res. Lett.*, **31**, L22111, 2004.
Davies, J. A. and R. A. Cox, Kinetics of the heterogeneous reaction of HNO_3 with NaCl : Effect of water vapor, *J. Phys. Chem. A*, **102**, 7631-7642, 1998.
DeHaan, D. O. and B. J. Finlayson-Pitts, Knudsen cell studies of the reaction of gaseous nitric acid with synthetic sea salt at 298 K, *J. Phys. Chem. A*, **101**, 9993-9999, 1997.
Deiber, G., C. George, S. Le Calve, F. Schweitzer and P. Mirabel, Uptake study of $ClONO_2$ and $BrONO_2$ by Halide containing droplets, *Atmos. Chem. Phys.*, **4**, 1291-1299, 2004.
Disselkamp, R. S., M. A. Carpenter and J. P. Cowin, A chamber investigation of nitric acid-soot aerosol chemistry at 298 K, *J. Atmos. Chem.*, **37**, 113-123, 2000.
Donaldson, D. J., J. A. Guest and M. C. Goh, Evidence for adsorbed SO_2 at the aqueous-air interface, *J. Phys. Chem.*, **99**, 9313-9315, 1995.

Donaldson, D. J., A. R. Ravishankara and D. R. Hanson, Detailed study of HOCl + HCl → Cl_2 + H_2O in sulfuric acid, *J. Phys. Chem. A*, **101**, 4717-4725, 1997.

Elrod, M. J., R. E. Koch, J. E. Kim and M. S. Molina, HCl vapour pressures and reaction probabilities for $ClONO_2$ + HCl on liquid H_2SO_4-HNO_3-HCl-H_2O solutions, *Faraday Discuss*, **100**, 269-278, 1995.

Elshorbany, Y. F., B. Steil, C. Bruhl and J. Lelieveld, Impact of HONO on global atmospheric chemistry calculated with an empirical parameterization in the EMAC model, *Atmos. Chem. Phys.*, **12**, 9977-10000, 2012.

Evans, M. J. and D. J. Jacob, Impact of new laboratory studies of N_2O_5 hydrolysis on global model budgets of tropospheric nitrogen oxides, ozone, and OH, *Geophys. Res. Lett.*, **32**, L09813, doi: 10.1029/2005GL022469, 2005.

Fendel, W., D. Matter, H. Burtscher and A. Schimdt-Ott, Interaction between carbon or iron aerosol particles and ozone, *Atmos. Environ.*, **29**, 967-973, 1995.

Fernandez, M. A., R. G. Hynes and R. A. Cox, Kinetics of $ClONO_2$ reactive uptake on ice surfaces at temperatures of the upper troposphere, *J. Phys. Chem. A*, **109**, 9986-9996, 2005.

Finlayson-Pitts, B. J., M. J. Ezell and J. N. Pitts, Jr., Formation of chemically active chlorine compounds by reactions of atmospheric NaCl particles with gaseous N_2O_5 and $ClONO_2$, *Nature*, **337**, 241-244, 1989.

Finlayson-Pitts, B. J. and J. N. Pitts, Jr., *Chemistry of the Upper and Lower Atmosphere*, Academic Press, 2000.

Finlayson-Pitts, B. J., The tropospheric chemistry of sea salt: A molecular-level view of the chemistry of NaCl and NaBr, *Chem. Rev.*, **103**, 4801-4822, 2003.

Folkers, M., T. F. Mentel and A. Wahner, Influence of an organic coating on the reactivity of aqueous aerosols probed by the heterogeneous hydrolysis of N_2O_5, *Geophys. Res. Lett.*, **30**(12), 1644, doi: 10.1029/2003GL017168, 2003.

Fried, A., B. E. Henry, J. G. Calvert and M. Mozukewich, The reaction probability of N_2O_5 with sulfuric acid aerosols at stratospheric temperatures and compositions, *J. Geophys. Res.*, **99**, 3517-3532, 1994.

Garrett, B. C., G. K. Schenter and A. Morita, Molecular simulations of the transport of molecules across the liquid/vapor interface of water, *Chem. Rev.*, **106**, 1355-1374, 2006.

Gebel, M. E. and B. J. Finlayson-Pitts, Uptake and reaction of $ClONO_2$ on NaCl and synthetic sea salt, *J. Phys. Chem. A*, **105**, 5178-5187, 2001.

George, C., J. L. Ponche, P. Mirabel, W. Behnke, V. Sheer and C. Zetzsch, Study of the uptake of N_2O_5 by water and NaCl solutions, *J. Phys. Chem.*, **98**, 8780-8784, 1994.

Ghosal, S., A. Shbeeb and J. C. Hemminger, Surface segregation of bromine in bromide doped NaCl: Implications for the seasonal variations in Arctic ozone, *Geophys. Res. Lett.*, **27**, 1879-1882, 2000.

Ghosal, S. and J. C. Hemminger, Surface adsorbed water on NaCl and its effect on nitric acid reactivity with NaCl powders, *J. Phys. Chem. B*, **108**, 14102-14108, 2004.

Gonçalves, M., D. Dabdub, W. L. Chang, O. Jorba and J. M. Baldasano, Impact of HONO sources on the performance of mesoscale air quality models, *Atmos. Environ.*, **54**, 168-176, 2012.

Goodman, A. L., G. M. Underwood and V. H. Grassian, A laboratory study of the heterogeneous reaction of nitric acid on calcium carbonate particles, *J. Geophys. Res.*, **105**, 29053-29064, 2000.

Goodman, A. L., P. Li, C. R. Usher and V. H. Grassian, Heterogeneous uptake of sulfur dioxide on aluminum and magnesium oxide particles, *J. Phys. Chem. A*, **105**, 6109-6120, 2001.

Griffiths, P. T., C. L. Badger, R. A. Cox, M. Folkers, H. H. Henk and T. F. Mentel, Reactive uptake of N_2O_5 by aerosols containing dicarboxylic acids. Effect of particle phase, composition, and nitrate content, *J. Phys. Chem. A*, **113**, 5082-5090, 2009.

Guimbaud, C., F. Arens, L. Gutzwiller, H. W. Gäggeler and M. Ammann, Uptake of HNO_3 to deliquescent sea-salt particles: A study using the short-lived radioactive isotope tracer ^{13}N, *Atmos. Chem. Phys.*, **2**, 249-257, 2002.

Hallquist, M., D. J. Stewart, S. K. Stephenson and R. A. Cox, Hydrolysis of N_2O_5 on sub-micron sulfate aerosols, *Phys. Chem. Chem. Phys.*, **5**, 3453-3463, 2003.
Hanisch, F. and J. N. Crowley, Heterogeneous reactivity of gaseous nitric acid on Al_2O_3, $CaCO_3$, and atmospheric dust samples: A Knudsen cell study, *J. Phys. Chem. A*, **105**, 3096-3106, 2001a.
Hanisch, F. and J. N. Crowley, The heterogeneous reactivity of gaseous nitric acid on authentic mineral dust samples, and on individual mineral and clay mineral components, *Phys. Chem. Chem. Phys.*, **3**, 2474-2482, 2001b.
Hanisch, F. and J. N. Crowley, Ozone decomposition on Saharan dust: An experimental investigation, *Atmos. Chem. Phys.*, **3**, 119-130, 2003.
Hanke, M., B. Umann, J. Uecker, F. Arnold and H. Bunz, Atmospheric measurements of gas-phase HNO_3 and SO_2 using chemical ionization mass spectrometry during the MINATROC field campaign 2000 on Monte Cimone, *Atmos. Chem. Phys.*, **3**, 417-436, 2003.
Hanson, D. R., Reaction of N_2O_5 with H_2O on bulk liquids and on particles and the effect of dissolved HNO_3, *Geophys. Res. Lett.*, **24**, 1087-1090, 1997.
Hanson, D. R., Reaction of $ClONO_2$ with H_2O and HCl in sulfuric acid and $HNO_3/H_2SO_4/H_2O$ mixtures, *J. Phys. Chem. A*, **102**, 4794-4807, 1998.
Hanson, D. R., J. B. Burkholder, C. J. Howard and A. R. Ravishankara, Measurement of OH and HO_2 radical uptake coefficients on water and sulfuric acid surfaces, *J. Phys. Chem.*, **96**, 4979-4985, 1992a.
Hanson, D. R. and E. R. Lovejoy, The uptake of N_2O_5 onto small sulfuric acid particle, *Geophys. Res. Lett.*, **21**, 2401-2404, 1994.
Hanson, D. R. and E. R. Lovejoy, Heterogeneous reactions in liquid sulfuric acid: HOCl + HCl as a model system, *J. Phys. Chem.*, **100**, 6397-6405, 1996.
Hanson, D. R. and A. R. Ravishankara, The reaction probabilities of $ClONO_2$ and N_2O_5 on polar stratospheric cloud materials, *J. Geophys. Res.*, **96**, 5081-5090, 1991a.
Hanson, D. R. and A. R. Ravishankara, The reaction probabilities of $ClONO_2$ and N_2O_5 on 40 to 75% sulfuric acid solutions, *J. Geophys. Res.*, **96**, 17307-17314, 1991b.
Hanson, D. R. and A. R. Ravishankara, Investigation of the reactive and nonreactive processes involving $ClONO_2$ and HCl on water and nitric acid doped ice, *J. Phys. Chem.*, **96**, 2682-2691, 1992.
Hanson, D. R. and A. R. Ravishankara, Response to "Comment on porosities of ice films used to simulate stratospheric cloud surfaces", *J. Phys. Chem.*, **97**, 2802-2803, 1993a.
Hanson, D. R. and A. R. Ravishankara, Reaction of $ClONO_2$ with HCl on NAT, NAD, and frozen sulfuric acid and hydrolysis of N_2O_5 and $ClONO_2$ on frozen sulfuric acid, *J. Geophys. Res.*, **98**, 22931-22936, 1993b.
Hanson, D. R. and A. R. Ravishankara, Reactive uptake of $ClONO_2$ onto sulfuric acid due to reaction with HCl and H_2O, *J. Phys. Chem.*, **98**, 5728-5735, 1994.
Hess, M., U. K. Krieger, C. Marcolli, T. Huthwelker, M. Ammann, W. A. Lanford and Th. Peter, Bromine enrichment in the near-surface region of Br-doped NaCl single crystals diagnosed by Rutherford backscattering spectrometry, *J. Phys. Chem. A*, **111**, 4312-4321, 2007.
Hirokawa, J., K. Onaka, Y. Kajii and H. Akimoto, Heterogeneous processes involving sodium halide particles and ozone: Molecular bromine release in the marine boundary layer in the absence of nitrogen oxides, *Geophys. Res. Lett.*, **25**, 2449-2452, 1998.
Hoffman, R. C., M. E. Gebel, B. S. Fox and B. J. Finlayson-Pitts, Knudsen cell studies of the reactions of N_2O_5 and $ClONO_2$ with NaCl: Development and application of a model for estimating available surface areas and corrected uptake coefficients, *Phys. Chem. Chem. Phys.*, **5**, 1780-1789, 2003.
Hunt, S. W., M. Roesolová, W. Wang, L. M. Wingen, E. M. Knipping, D. J. Tobias, D. Dabdub and B. J. Finlayson-Pitts, Formation of molecular bromine from the reaction of ozone with deliquesced NaBr aerosol: Evidence for interface chemistry, *J. Phys Chem. A*, **108**, 11559-11572, 2004.
Jayne, J. T., P. Davidovits, D. R. Worsnop, M. S. Zahniser and C. E. Kolb, Uptake of sulfur dioxide (g)

by aqueous surfaces as a function of pH : The effect of chemical reaction at the interface, *J. Phys. Chem.*, **94**, 6041-6048, 1990.

Johnson, E. R., J. Sciegienka, S. Carlos-Cuellar and V. H. Grassian, Heterogeneous uptake of gaseous nitric acid on dolomite ($CaMg(CO_3)_2$) and calcite ($CaCO_3$) particles : A Knudsen cell study using multiple, single, and fractional particle layers, *J. Phys. Chem. A*, **109**, 6901-6911, 2005.

Jungwirth, P. and D. J. Tobias, Ions at the air/water interface, *J. Phys. Chem. B*, **106**, 6361-6373, 2002.

Kamm, S., O. Mohler, K.-H. Naumann, H. Saathoff and U. Schurath, The heterogeneous reaction of ozone with soot aerosol, *Atmos. Environ.*, **33**, 4651-4661, 1999.

Karagulian, F., C. Santschi and M. J. Rossi, The heterogeneous chemical kinetics of N_2O_5 on $CaCO_3$ and other atmospheric mineral dust surrogates, *Atmos. Chem. Phys.*, **6**, 1373-1388, 2006.

Karagulian, F. and M. J. Rossi, Heterogeneous chemistry of the NO_3 free radical and N_2O_5 on decane flame soot at ambient temperature : Reaction products and kinetics, *J. Phys. Chem. A*, **111**, 1914-1926, 2007.

Kasibhatla, P., W. L. Chameides and J. St John, A three-dimensional global model investigation of seasonal variations in the atmospheric burden of anthropogenic sulfate aerosols, *J. Geophys. Res.*, **102**, 3737-3759, 1997.

Khalizov, A. F., M. Cruz-Quinones and R. Zhang, Heterogeneous reaction of NO_2 on fresh and coated soot surfaces, *J. Phys. Chem. A*, **114**, 7516-7524, 2010.

Kirchner, U., V. Scheer and R. Vogt, FTIR spectroscopic investigation of the mechanism and kinetics of the heterogeneous reactions of NO_2 and HNO_3 with soot, *J. Phys. Chem. A*, **104**, 8908-8915, 2000.

Knipping, E. M., M. J. Lakin, K. L. Foster, P. Jungwirth, D. J. Tobias, R. B. Gerber, D. Dabdub and B. J. Finlayson-Pitts, Experiments and simulations of ion-enhanced interfacial chemistry on aqueous NaCl aerosols, *Science*, **288**, 301-306, 2000.

Koehler, B. G., V. T. Nicholson, H. G. Roe and E. S. Whitney, A Fourier transform infrared study of the adsorption of SO_2 on *n*-hexane soot from $-130°$ to $-40°C$, *J. Geophys. Res.*, **104**, 5507-5514, 1999.

Kojima, T., P. R. Buseck, Y. Iwasaka, A. Matsuki and D. Trochkine, Sulfate-coated dust particles in the free troposphere over Japan, *Atmos. Res.*, **82**, 698-708, 2006.

Koop, K., K. S. Carslaw and T. Peter, Thermodynamic stability and phase transitions of PSC particles, *Geophys. Res. Lett.*, **24**, 2199-2202, 1997.

Laaksonen, A., T. Vesala, M. Kulmala, P. M. Winkler and P. E. Wagner, Commentary on cloud modelling and the mass accommodation coefficient of water, *Atmos. Chem. Phys.*, **5**, 461-464, 2005.

Lary, D. J., A. M. Lee, R. Toumi, M. J. Newchurch, M. Pirre, and J. B., Renard, Carbon aerosols and atmospheric photochemistry, *J. Geophys. Res.*, **102**, 3671-3682, 1997.

Lee, S. H., D. C. Leard, R. Zhang, L. T. Molina and M. J. Molina, The $HCl + ClONO_2$ reaction rate on various water ice surfaces, *Chem. Phys. Lett.*, **315**, 7, 1996.

Lelievre, S., Y. Bedjanian, G. Laverdet and G. Le Bras, Heterogeneous reaction of NO_2 with hydrocarbon flame soot, *J. Phys. Chem. A*, **108**, 10807-10817, 2004.

Leu, M.-T., Laboratory studies of sticking coefficients and heterogeneous reactions important in the Antarctic stratosphere, *Geophys. Res. Lett.*, **15**, 17-20, 1988.

Leu, M.-T., S. B. Moore and L. F. Keyser, Heterogeneous reactions of chlorine nitrate and hydrogen chloride on type I polar stratospheric clouds, *J. Phys. Chem.*, **95**, 7763-7771, 1991.

Leu, M.-T., R. S. Timonen, L. F. Keyser and Y. L. Yung, Heterogeneous reactions of $HNO_3(g) + NaCl(s) \rightarrow HCl(g) + NaNO_3(s)$ and $N_2O_5(g) + NaCl(s) \rightarrow ClNO_2(g) + NaNO_3(s)$, *J. Phys. Chem.*, **99**, 13203-13212, 1995.

Li, L., Z. M. Chen, Y. H. Zhang, T. Zhu, J. L. Li and J. Ding, Kinetics and mechanism of heterogeneous oxidation of sulfur dioxide by ozone on surface of calcium carbonate, *Atmos. Chem. Phys.*, **6**, 2453-2464, 2006.

Li, W., G.V. Gibbs and S.T. Oyama, Mechanism of ozone decomposition on a manganese oxide catalyst 1, In situ Raman spectroscopy and ab initio molecular orbital calculations, *J. Am. Chem. Soc.*, **120**, 9041-9046, 1998.

Li, Y.Q., P. Davidovits, Q. Shi, J.T. Jayne, C.E. Kolb and D.R. Worsnop, Mass and thermal accommodation coefficients of $H_2O(g)$ on liquid water as a function of temperature, *J. Phys. Chem. A*, **105**, 10627-10634, 2001.

Liu, Y., C. Liu, J. Ma, Q. Ma and H. He, Structural and hydroscopic changes of soot during heterogeneous reaction with O_3, *Phys. Chem. Chem. Phys.*, **12**, 10896-10903, 2010.

Lohmann, U., B. Karcher and J. Hendricks : Sensitivity studies of cirrus clouds formed by heterogeneous freezing in the ECHAM GCM, *J. Geophys. Res.*, **109**, D16204, doi : 10.1029/2003JD004443, 2004.

Longfellow, C.A., A.R. Ravishankara and D.R. Hanson, Reactive and nonreactive uptake on hydrocarbon soot : HNO_3, O_3, and N_2O_5, *J. Geophys. Res.*, **105**, 24345-24350, 2000.

Loukhovitskaya, E., Y. Bedjanian, I. Morozov and G. Le Bras, Laboratory study of the interaction of HO_2 radicals with the NaCl, NaBr, $MgCl_2 \cdot 6H_2O$ and sea salt surfaces, *Phys. Chem. Chem. Phys.*, **11**, 7896-7905, 2009.

Magi, L., F. Schweitzer, C. Pallares, S. Cherif, P. Mirabel and C. George, Investigation of the uptake rate of ozone and methyl hydroperoxide by water surfaces, *J. Phys. Chem. A*, **101**, 4943-4948, 1997.

McNeill, V.F., T. Loerting, F.M. Geiger, B.L. Trout and M.J. Molina, Hydrogen chloride-induced surface disordering on ice, *Proc. Nat. Acad. Sci.*, **103**, 9422-9427, 2006.

Michel, A.E., C.R. Usher and V.H. Grassian, Reactive uptake of ozone on mineral oxides and mineral dusts, *Atmos. Environ.*, **37**, 3201-3211, 2003.

Mochida, M., J. Hirokawa and H. Akimoto, Unexpected large uptake of O_3 on sea salts and the observed Br_2 formation, *Geophys. Res. Lett.*, **27**, 2629-2632, 2000.

Mogili, P.K., P.D. Kleiber, M.A. Young and V.H. Grassian, Heterogeneous uptake of ozone on reactive components of mineral dust aerosol : An environmental aerosol reaction chamber study, *J. Phys. Chem. A*, **110**, 13799-13807, 2006.

Molina, M.J., R. Zhang, P.J. Wooldridge, J.R. McMahon, J.E. Kim, H.Y. Chang and K.D. Beyer, Physical chemistry of the $H_2SO_4/HNO_3/H_2O$ system : Implications for polar stratospheric cloud, *Science*, **261**, 1418-1423, 1993.

Monge, M.E., B. D'Anna, L. Mazri, A. Giroir-Fendler, M. Ammann, D.J. Donaldson and C. George, Light changes the atmospheric reactivity of soot, *Proc. Natl., Acad. Sci.*, **107**, 6605-6609, 2010.

Morita, A., M. Sugiyama, and S. Koda, Gas-phase flow and diffusion analysis of the droplet train/flow-reactor technique for the mass accommodation process, *J. Phys. Chem. A*, **107**, 1749-1759, 2003.

Morita, A., Y. Kanaya and J.S. Francisco, Uptake of the HO_2 radical by water : Molecular dynamics calculations and their implications for atmospheric modeling, *J. Geophys. Res.*, **109**, D09201, doi : 10.1029/2003JD004240, 10 pp, 2004a.

Morita, A., M. Sugiyama, H. Kameda, S. Koda and D.R. Hanson, Mass accommodation coefficient of water : Molecular dynamics simulation and revised analysis of droplet train/flow experiment, *J. Phys. Chem. B*, **108**, 9111-9120, 2004b.

Mozurkewich, M., P.H. McMurray, A. Gupta and J.G. Calvert, Mass accommodation coefficient for HO_2 radicals on aqueous particles, *J. Geophys. Res.*, **92**, 4163-4170, 1987.

Mozurkewich, M. and J. Calvert, Reaction probability of N_2O_5 on aqueous aerosols, *J. Geophys. Res.*, **93**, 15882-15896, 1988.

Müller, B. and M.R. Heal, The mass accommodation coefficient of ozone on an aqueous surface, *Phys. Chem. Chem. Phys.*, **4**, 3365-3369, 2002.

Oppliger, R., A. Allanic and M.J. Rossi, Real-time kinetics of the uptake of $ClONO_2$ on ice and in the

presence of HCl in the temperature range 160 K ≤ T ≤ 200 K, *J. Phys. Chem. A*, **101**, 1903-1911, 1997.
Oum, K. W., M. J. Lakin, D. O. DeHaan, T. Brauers and B. J. Finlayson-Pitts, Formation of molecular chlorine from the photolysis of ozone and aqueous sea-salt particles, *Science*, **279**, 74-76, 1998a.
Oum, K. W., M. J. Lakin and B. J. Finlayson-Pitts, Bromine activation in the troposphere by the dark reaction of O_3 with seawater ice, *Geophys. Res. Lett.*, **25**, 3923-3926, 1998b.
Park, S.-C., D. K. Burden and G. M. Nathanson, The inhibition of N_2O_5 hydrolysis in sulfuric acid by 1-butanol and 1-hexanol surfactant coatings, *J. Phys. Chem. A*, **111**, 2921-2929, 2007.
Ponche, J. L., C. George and P. Mirabel, Mass transfer at the air/water interface : Mass accommodation coefficients of SO_2, HNO_3, NO_2 and NH_3, *J. Atmos. Chem.*, **16**, 1-21, 1993.
Pöschl, U., T. Letzel, C. Schauer and R. Niessner, Interaction of ozone and water vapor with spark discharge soot aerosol particles coated with benzo[*a*]pyrene : O_3 and H_2O adsorption, benzo[*a*]pyrene degradation, and atmospheric implications, *J. Phys. Chem. A*, **105**, 4029-4041, 2001.
Prince, A. P., J. L. Wade, V. H. Grassian, K. D. Kleiber and M. A. Young, Heterogeneous reactions of soot aerosols with nitrogen dioxide and nitric acid : Atmospheric chamber and Knudsen cell studies, *Atmos. Environ.*, **36**, 5729-5740, 2002.
Quinlan, M. A., C. M. Reihs, D. M. Golden and M. A. Tolbert, Heterogeneous reactions on model polar stratospheric cloud surfaces : Reaction of dinitrogen pentoxide on ice and nitric acid trihydrate, *J. Phys. Chem.*, **94**, 3255-3260, 1990.
Riemer, N., B. Vogel, T. Anttila, A. Kiendler-Scharr and T. F. Mentel, Relative importance of organic coatings for the heterogeneous hydrolysis of N_2O_5 during summer in Europe, *J. Geophys. Res.*, **114**, D17307, 14 pp., 2009.
Roberts, J M., H. D. Osthoff, S. S. Brown, A. R. Ravishankara, D. Coffman, P. Quinn and T. Bates, Laboratory studies of products of N_2O_5 uptake on Cl^- containing substrates, *Geophys. Res. Lett.*, **36**, L20808, doi : 10.1029/2009GL040448, 2009.
Robinson, G. N., D. R. Worsnop, J. T. Jayne, C. E. Kolb and P. Davidovits, Heterogeneous uptake of $ClONO_2$ and N_2O_5 by sulfuric acid solutions, *J. Geophys. Res.*, **102**, 3583-3601, 1997.
Roeselová, M., P. Jungwirth, D. J. Tobias and R. B. Gerber, Impact, trapping, and accommodation of hydroxyl radical and ozone at aqueous salt aerosol surfaces. A molecular dynamics study, *J. Phys. Chem. B.*, **107**, 12690-12699, 2003.
Roeselová, M., J. Vieceli, L. X. Dang, B. C. Garrett and D. J. Tobias, Hydroxyl radical at the air-water interface, *J. Am. Chem. Soc.*, **126**, 16308-16309, 2004.
Rogaski, C. A., D. M. Golden and L. R. Williams, Reactive uptake and hydration experiments on amorphous carbon treated with NO_2, SO_2, O_3, HNO_3, and H_2SO_4, *Geophys. Res. Lett.*, **24**, 381-384, 1997.
Roscoe, J. M. and J. P. D. Abbatt, Diffuse reflectance FTIR study of the interaction of alumina surfaces with ozone and water vapor, *J. Phys. Chem. A*, **109**, 9028-9034, 2005.
Rossi, M. J., Heterogeneous reactions on salts, *Chem. Rev.*, **103**, 4823-4882, 2003.
Saathoff, H., K.-H. Naumann, N. Riemer, S. Kamm, O. Möhler, U. Schurath, H. Vogel and B. Vogel, The loss of NO_2, HNO_3, NO_3/N_2O_5, and $HO_2/HOONO_2$ on soot aerosol : A chamber and modeling study, *Geophys. Res. Lett.*, **28**, 1957-1960, 2001.
Sadanaga, Y., J. Hirokawa and H. Akimoto, Formation of molecular chlorine in dark condition : Heterogeneous reaction of ozone with sea salt in the presence of ferric ion, *Geophys. Res. Lett.*, **28**, 4433-4436, 2001.
Sakaguchi, S. and A. Morita, Mass accommodation mechanism of water through monolayer films at water/vapor interface, *J. Chem. Phys.*, **137**, 064701, doi.org/10.1063/1.4740240, 9 pp, 2012.
Salgado-Muñoz, M. S. and M. J. Rossi, Heterogeneous reactions of HNO_3 with flame soot generated under different combustion conditions. Reaction mechanism and kinetics, *Phys. Chem. Chem. Phys.*, **4**, 5110-5118, 2002.

Sander, S. P., R. Baker, D. M. Golden, M. J. Kurylo, P. H. Wine, J. P. D. Abatt, J. B. Burkholder, C. E. Kolb, G. K. Moortgat, R. E. Huie and V. L. Orkin, Chemical Kinetics and Photochemical Data for Use in Atmospheric Studies, Evaluation Number 17, JPL Publication 10-6, Pasadena, California, 2011. http://jpldataeval.jpl.nasa.gov/.

Santschi, Ch. and M. J. Rossi, Uptake of CO_2, SO_2, HNO_3 and HCl on calcite ($CaCO_3$) at 300 K: Mechanism and the role of adsorbed water, *J. Phys. Chem. A*, **110**, 6789-6802, 2006.

Saul, T. D., M. P. Tolocka and M. V. Johnston, Reactive uptake of nitric acid onto sodium chloride aerosols across a wide range of relative humidities, *J. Phys. Chem. A*, **110**, 7614-7620, 2006.

Schütze, M. and H. Herrmann, Determination of phase transfer parameters for the uptake of HNO_3, N_2O_5 and O_3 on single aqueous drops, *Phys. Chem. Chem. Phys.*, **4**, 60-67, 2002.

Seisel, S., B. Flückiger and M. J. Rossi, The heterogeneous reaction of N_2O_5 with HBr on ice comparison with N_2O_5 + HCl, *Ber. Bunsen. Phys. Chem.*, **102**, 811-820, 1998.

Seisel, S., C. Börensen, R. Vogt and R. Zellner, The heterogeneous reaction of HNO_3 on mineral dust and γ-alumina surfaces: A combined Knudsen cell and DRIFTS study, *Phys. Chem. Chem. Phys.*, **6**, 5498-5508, 2004.

Seisel, S., C. Börensen, R. Vogt and R. Zellner, Kinetics and mechanism of the uptake of N_2O_5 on mineral dust at 298 K, *Atmos. Chem. Phys.*, **5**, 3423-3432, 2005.

Seisel, S., T. Keil, Y. Lian and R. Zellner, Kinetics of the uptake of SO_2 on mineral oxides: Improved initial uptake coefficients at 298 K from pulsed Knudsen cell experiments, *Int. J. Chem. Kinet.*, **38**, 242-249, 2006.

Shi, Q., J. T. Jayne, C. E. Kolb and D. R. Worsnop, Kinetic model for reaction of $ClONO_2$ with H_2O and HCl and HOCl with HCl in sulfuric acid solutions, *J. Geophys. Res.*, **106**, 24259-24274, 2001.

Shimono, A. and S. Koda, Laser-spectroscopic measurements of uptake coefficients of SO_2 on aqueous surfaces, *J. Phys. Chem.*, **100**, 10269-10276, 1996.

Smith, J. D., C. D. Cappa, W. S. Drisdell, R. C. Cohen and R. J. Saykally, Raman thermometry measurements of free evaporation from liquid water droplets, *J. Am. Chem. Soc.*, **128**, 12892-12898, 2006.

Stadler, D. and M. J. Rossi, The reactivity of NO_2 and HONO on flame soot at ambient temperature: The influence of combustion conditions, *Phys. Chem. Chem. Phys.*, **2**, 5270 5420-5429, 2000.

Stemmler, K., A. Vlasenko, C. Guimbaud and M. Ammann, The effect of fatty acid surfactants on the uptake of nitric acid to deliquesced NaCl aerosol, *Atmos. Chem. Phys.*, **8**, 5127-5141, 2008.

Stewart, D. J., P. T. Griffiths and R. A. Cox, Reactive uptake coefficients for heterogeneous reaction of N_2O_5 with submicron aerosols of NaCl and natural sea salt, *Atmos. Chem. Phys.*, **4**, 1381-1388, 2004.

Sullivan, R. C., T. Thornberry and J. P. D. Abbatt, Ozone decomposition kinetics on alumina: Effects of ozone partial pressure, relative humidity and repeated oxidation cycles, *Atmos. Chem. Phys.*, **4**, 1301-1310, 2004.

Takahama, S. and L. M. Russell, A molecular dynamics study of water mass accommodation on condensed phase water coated by fatty acid monolayers, *J. Geophys. Res.*, **116**, D02203, doi: 10.1029/2010JD014842, 14 pp, 2011.

Takami, A., S. Kato, A. Shimono and S. Koda, Uptake coefficient of OH radical on aqueous surface, *Chem. Phys.*, **231**, 215-227, 1998.

Taketani, F., Y. Kanaya and H. Akimoto, Kinetics of heterogeneous reactions of HO_2 radical at ambient concentration levels with $(NH_4)_2SO_4$ and NaCl aerosol particles, *J. Phys. Chem. A*, **112**, 2370-2377, 2008.

Taketani, F., Y. Kanaya and H. Akimoto, Heterogeneous loss of HO_2 by KCl, synthetic sea salt, and natural seawater aerosol particles, *Atmos. Environ.*, **43**, 1660-1665, 2009.

Taketani, F., Y. Kanaya, P. Pochanart, Y. Liu, J. Li, K. Okuzawa, K. Kawamura, Z. Wang and H. Akimoto, Measurement of overall uptake coefficients for HO_2 radicals by aerosol particles sampled

from ambient air at Mts. Tai and Mang (China), *Atmos. Chem. Phys.*, **12**, 11907-11916, 2012.
Thornton, J. A. and J. P. D. Abbatt, N_2O_5 reaction on submicron sea salt aerosol: Kinetics, products, and the effect of surface active organics, *J. Phys. Chem. A*, **109**, 10004-10012, 2005.
Tolbert, M. A., M. J. Rossi and D. M. Golden, Heterogeneous interactions of chlorine nitrate, hydrogen chloride, and nitric acid with sulfuric acid surfaces at stratospheric temperatures, *Geophys. Res. Lett.*, **15**, 847-850, 1988.
Ullerstam, M., R. Vogt, S. Langer and E. Ljungstrom, The kinetics and mechanism of SO_2 oxidation by O_3 on mineral dust, *Phys. Chem. Chem. Phys*, **4**, 4694-4699, 2002.
Ullerstam, M., M. S. Johnson, R. Vogt and E. Ljungström, DRIFTS and Knudsen cell study of the heterogeneous reactivity of SO_2 and NO_2 on mineral dust, *Atmos. Chem. Phys.*, **3**, 2043-2051, 2003.
Usher, C. R., H. Al-Hosney, S. Carlos-Cuellar and V. H. Grassian, A laboratory study of the heterogeneous uptake and oxidation of sulfur dioxide on mineral dust particles, *J. Geophys. Res.*, **107**, 4713, 2002.
Usher, C. R., A. E. Michel and V. H. Grassian, Reactions on mineral dust, *Chem. Rev.*, **103**, 4883-4940, 2003.
Van Doren, J. M., L. R. Watson, P. Davidovits, D. R. Worsnop, M. S. Zahniser and C. E. Kolb, Temperature dependence of the uptake coefficients of nitric acid, hydrochloric acid and nitrogen oxide (N_2O_5) by water droplets, *J. Phys. Chem.*, **94**, 3265-3269, 1990.
Van Doren, J. M., L. R. Watson, P. Davidovits, D. R. Worsnop, M. S. Zahniser and C. E. Kolb, Uptake of dinitrogen pentoxide and nitric acid by aqueous sulfuric acid droplets, *J. Phys. Chem.*, **95**, 1684-1689, 1991.
Vieceli, J., M. Roeselov and D. J. Tobias, Accommodation coefficients for water vapor at the air/water interface, *Chem. Phys. Lett.*, **393**, 249-255, 2004.
Vieceli, J., M. Roeselová, N. Potter, L. X. Dang, B. C. Garrett and D. J. Tobias, Molecular dynamics simulations of atmospheric oxidants at the air-water interface: Solvation and accommodation of OH and O_3, *J. Phys. Chem. B*, **109**, 15876-15892, 2005.
Vlasenko, A., S. Sjogren, E. Weingartner, K. Stemmler, H. W. Gäggeler and M. Ammann, Effect of humidity on nitric acid uptake to mineral dust aerosol particles, *Atmos. Chem. Phys.*, **6**, 2147-2160, 2006.
Voight, C., J. Schreiner, A. Kohlmann, P. Zink, K. Mauersberger, N. Larsen, T. Deshler, C. Kröger, J. Rosen, A. Adriani, F. Cairo, G. D. Donfrancesco, M. Viterbini, J. Ovarlez, H. Ovarlez, C. David and A. Dörnbrack, Nitric acid trihydrate (NAT) in polar stratospheric clouds, *Science*, **290**, 1756-1758, 2000.
Voigtländer, J., F. Stratmann, D. Niedermeier, H. Wex and A. Kiselev, Mass accommodation coefficient of water: A combined computational fluid dynamics and experimental data analysis, *J. Geophys. Res.*, **112**, D20208, doi: 10.1029/2007JD008604, 8 p, 2007.
Wagner, C., F. Hanisch, N. S. Holmes, H. C. de Coninck, G. Schuster and J. N. Crowley, The interaction of N_2O_5 with mineral dust: Aerosol flow tube and Knudsen reactor studies, *Atmos. Chem. Phys.*, **8**, 91-109, 2008.
Wagner, C., G. Schuster and J. N. Crowley, An aerosol flow tube study of the interaction of N_2O_5 with calcite, Arizona dust and quartz, *Atmos. Environ.*, **43**, 5001-5008, 2009.
Wagner, R., K.-H. Naumann, A. Mangold, O. Möhler, H. Saathoff and U. Schurath, Aerosol chamber study of optical constants and N_2O_5 uptake on supercooled $H_2SO_4/H_2O/HNO_3$ solution droplets at polar stratospheric cloud temperatures, *J. Phys. Chem. A*, **109**, 8140-8148, 2005.
Wallington, T., M. Ammann, R. Atkinson, R. A. Cox, J. Crowley, R. Hynes, M. E. Jenkin, W. Mellouki, M. J. Rossi and J. Troe, Evaluated kinetic and photochemical data for atmospheric chemistry —Data Sheet V, VI, IUPAC Subcommittee for Gas Kinetic Data Evaluation for Atmospheric Chemistry, http://www.iupac-kinetic.ch.cam.ac.uk/members.html, 2012.
Winkler, P. M., A. Vrtala, R. Rudolf, P. E. Wagner, I. Riipinen, T. Vesala, K. E. J. Lehtinen, Y. Viisanen

and M. Kulmala, Condensation of water vapor : Experimental determination of mass and thermal accommodation coefficients, *J. Geophys. Res.*, **111**, D19202, 12 pp., doi : 10.1029/2006JD007194, 2006.

Wu, L. Y., S. R. Tong, W. G. Wang and M. F. Ge, Effects of temperature on the heterogeneous oxidation of sulfur dioxide by ozone on calcium carbonate, *Atmos. Chem. Phys.*, **11**, 6593-6605, 2011.

Zangmeister, C. D., J. A. Turner and J. E. Pemberton, Segregation of NaBr in NaBr/NaCl crystals grown from aqueous solutions : Implications for sea salt surface chemistry, *Geophys. Res. Lett.*, **28**, 995-998, 2001.

Zhang, R., M.-T. Leu and L. F. Keyser, Heterogeneous reactions of $ClONO_2$, HCl, and HOCl on liquid sulfuric acid surfaces, *J. Phys. Chem.*, **98**, 13563-13574, 1994a.

Zhang, R., J. T. Jayne and M. J. Molina, Heterogeneous interactions of $ClONO_2$ and HCl with sulfuric acid tetrahydrate : Implications for the stratosphere, *J. Phys. Chem.*, **98**, 867-874, 1994b.

Zhang, R., M.-T. Leu and L. F. Keyser, Hydrolysis of N_2O_5 and $ClONO_2$ on the $H_2SO_4/HNO_3/H_2O$ ternary solutions under stratospheric conditions, *Geophys. Res. Lett.*, **22**, 1493-1496, 1995.

7
対流圏反応化学

　地球大気の主要成分である窒素と酸素の約 90% は対流圏に存在し,大気微量成分の大部分もまた対流圏に存在する.対流圏で見いだされる微量化学種のほとんどすべては,自然発生源または人為発生源により地表から放出される物質であり,例外として成層圏から輸送されたり対流圏内の光化学反応で生成される O_3, 大気中で生成されるその他の二次生成物質,雷によって生成される NO_x などがある.対流圏化学とはこうした微量成分の発生源の同定とそれぞれの発生源から大気圏への放出,大気中での化学反応と輸送,気相分子から液体・固体の粒子状物質への変質,気体分子および粒子状物質の雲霧・雨滴,地表面への沈着といった一連の過程をシステムとして取り扱う研究分野である.人間の社会生活に大きな影響を及ぼす地球規模,領域規模,都市域のさまざまな大気汚染問題に対しては対流圏化学がもっとも重要な基礎的学問分野である.また最近注目されている大気汚染と地球温暖化・気候変動との統合的取扱いに対しても大気物理学・気象学と並んで大気化学,なかでも対流圏化学が重要な科学的知見を提供している.

　このような全体論的システム科学としての大気化学・対流圏化学に関しては,最近 10 年あまりの間にいくつかの成書がすでに発刊されている (Jacob, 1999; Finlayson-Pitts and Pitts, 2000; Wayne, 2000; 秋元ら,2002; Brasseur et al., 1999, 2003; Seinfeld and Pandis, 2006).本書ではこうした対流圏化学のうちの一つの大きな構成要素である化学反応システムに特化して詳しく記述する.

7.1　自然大気中におけるメタンの酸化反応と OH ラジカル連鎖反応

　第 1 章で述べられたように成層圏化学が,Chapman によってオゾン層生成の化学理論が発表された 1930 年代にまでさかのぼるのと対照的に,対流圏化学における化学反応システム理論が研究されたのは,OH/HO_2 ラジカルによる連鎖反応システムが提案された 1960 年代末から 1970 年代以降である (Crutzen, 1973).この時代は成層圏化学においても Chapman 理論を修正する形で HO_x, NO_x, ClO_x による連鎖反応

が次々に解明されていった時代と重なっている（第8章参照）．本項では対流圏化学の根幹をなす OH, HO_2 ラジカルを連鎖担体（chain carrier）とする連鎖反応の提案の一つの契機ともなった自然大気中のメタンの酸化反応機構について述べる．HO_x 連鎖反応機構が提案された頃の歴史的経緯については，p.250 のコラムに掲げた．

人為起源物質による汚染の影響がほとんどないリモートな自然大気中の微量化学種としては，湖沼などから放出される CH_4，森林植生から放出される植物起源揮発性有機化合物（BVOC, biogenic volatile organic compounds），自然土壌や雷から発生する一酸化窒素（NO），海洋生物から放出される硫化ジメチル（DMS, dimethyl sulfide），成層圏からの降下による O_3，およびこれらから大気中で二次的に生成される化学種などが考えられる．これらのうちで，対流圏での光化学作用フラックス（3.5節参照）によって光分解を受けるもっとも重要な化学種は O_3 と NO_2 である（4.2.1, 4.2.2 項参照）．

そのなかでもとくに O_3 の光分解（4.2.1 項）によって生成する励起酸素原子 $O(^1D)$ と水蒸気 H_2O との反応（5.1.4 項）で生成する OH ラジカルが対流圏大気化学において一義的に重要な役割を演じている．

$$O_3 + h\nu \rightarrow O(^1D) + O_2 \qquad (7.1)\,[4.2]$$

$$O(^1D) + H_2O \rightarrow 2OH \qquad (7.2)\,[5.7a]$$

$$O(^1D) + N_2 \rightarrow O(^3P) + N_2 \qquad (7.3)\,[5.8]$$

$$O(^1D) + O_2 \rightarrow O(^3P) + O_2 \qquad (7.4)\,[5.9]$$

光分解反応（7.1）で生成した $O(^1D)$ のうち，H_2O と反応して OH を生成する反応（7.2）の割合は大気中の湿度によるが，たとえば 298 K, RH = 50% の条件下では，反応（7.3）（7.4）による脱活（deactivation）（消光，quenching とも呼ばれる）に対し約 10% である（表 5.1 の速度定数参照）．この反応による OH の生成比率は，対流圏内では高度が高くなるにつれて湿度が低下するために減少する．一方，脱活反応によって生成した基底状態の酸素原子 $O(^3P)$ は，

$$O(^3P) + O_2 + M \rightarrow O_3 + M \qquad (7.5)\,[5.1]$$

のように O_2 と反応して O_3 へ戻るので，O_3 の収支には影響せず，対流圏化学ではほとんど役割を果たさない．

反応（7.2）で生成した OH ラジカルは，自然大気中の CH_4 と反応し（5.2.7 項参照），低濃度の NO 存在下で，

$$OH + CH_4 \rightarrow CH_3 + H_2O \qquad (7.6)\,[5.24]$$

$$CH_3 + O_2 + M \rightarrow CH_3O_2 + M \qquad (7.7)$$

$$CH_3O_2 + NO \rightarrow CH_3O + NO_2 \qquad (7.8)\,[5.43]$$

7.1 自然大気中におけるメタンの酸化反応とOHラジカル連鎖反応

$$CH_3O + O_2 \rightarrow HCHO + HO_2 \tag{7.9}$$
$$HO_2 + NO \rightarrow OH + NO_2 \tag{7.10}[5.39]$$

のような化学反応を引き起こす（Levy, 1971；Warneck, 1988）．対流圏化学において基本的に重要なのはOHとCH_4の一連の反応によりHO_2ラジカルが生成し，このHO_2とNOとの反応（7.10）（5.3.2項）でOHが再生されることである．すなわち，この一連の反応（7.6）～（7.10）によりOH，HO_2を連鎖担体とする連鎖反応系が形成されることになる．この連鎖反応は，OH/HO_2連鎖，HO_x連鎖と呼ばれることもあるが，OHとCH_4との反応が律速段階であることから一般にOHラジカル連鎖と呼ばれることが多い．次章の成層圏化学を含め，大気圏における化学反応システムの基本は，このような連鎖反応が起こることによってはじめて，極微量のラジカルが触媒的に働き，それらラジカルに比べてはるかに高濃度の大気微量成分の消失や，オゾンなどの二次生成物質の生成がもたらされることである．

対流圏におけるCH_4の酸化反応では，反応（7.9）により生成物としてホルムアルデヒド（HCHO）が生成する．ここで生成したHCHOはさらにOHと反応したり（5.2.11項），光分解して（4.2.5項）COとH_2O, H_2を生成する．

$$HCHO + OH \rightarrow HCO + H_2O \tag{7.11}[5.33]$$
$$HCHO + h\nu \rightarrow HCO + H \tag{7.12a}[4.16a]$$
$$\rightarrow CO + H_2 \tag{7.12b}[4.16b]$$
$$HCO + O_2 \rightarrow CO + HO_2 \tag{7.13}[4.18]$$

COはさらにOHと反応し（5.2.3項），最終生成物としてCO_2が生成される．

$$OH + CO \rightarrow CO_2 + H \tag{7.14}[5.15a]$$
$$H + O_2 + M \rightarrow HO_2 + M \tag{7.15}$$

これらHCHO，COとOHの反応は，反応（7.13），（7.15）によってHO_2を生成し，HO_2からは反応（7.10）によってOHが再生されるので，CH_4の場合と同様にHO_x連鎖サイクルを形成することがわかる．

ここでCOについてみると，CH_4に対して反応（7.6）～（7.10）で表されたHO_x連鎖サイクルはより簡単に，

$$OH + CO \rightarrow CO_2 + H \tag{7.14}[5.15a]$$
$$H + O_2 + M \rightarrow HO_2 + M \tag{7.15}$$
$$HO_2 + NO \rightarrow OH + NO_2 \tag{7.10}[5.34]$$

と表すことができる．ちなみに，現在の北半球中高緯度の清浄大気中におけるCH_4とCOの濃度はそれぞれ約1.8 ppmv, 120 ppbvであり（Brasseur *et al.*, 1999；Finlayson-Pitts and Pitts, 2000），これから反応速度定数を用いて計算されるOHラ

コラム　OHラジカル連鎖反応機構の「発見」

　今では対流圏化学のもっとも基礎的な反応プロセスとして受け入れられているOHラジカルを担体とする連鎖反応機構は，1970年代初頭に提唱された．その提言は二つの研究コミュニティから独立に行われている．一つは自然大気中に存在するCOやホルムアルデヒドHCHOなどの生成と消滅のメカニズムへの関心をもった科学者のなかから生まれてきた．1971年にLevy (1971) はHCHOの生成機構を説明するため，図1に示されるようなOH連鎖反応のスキームを *Science* 誌に発表した．このスキームで提案されたのはOHとメタンCH_4の反応，

$$OH + CH_4 \rightarrow CH_3 + H_2O \tag{1}$$

によって開始され，NO存在下で

$$HO_2 + NO \rightarrow OH + NO_2 \tag{2}$$

の反応でOHが再生される連鎖反応機構である（本文7.1節参照）．この提言の一つのポイントは，当時まだ測定されていなかった上の$HO_2 + NO$の反応速度定数が10^{-12} $cm^3\,molecule^{-1}\,s^{-1}$以上に大きければこの連鎖機構が成立するという一つの仮説であった．その後この反応の速度定数は表5.4にみるように8.0×10^{-12} (298 K) の大きさをもつことが確認され，Levyの仮説が成立することが確かめられた．この提言のもう一つのポイントは，図1にみるようにオゾンO_3の光分解で生成する$O(^1D)$とH_2Oとの反応で，清浄大気中にOHが供給されるという提言である．このように清浄大気中のO_3光分解に起因するOHと，上の連鎖反応が結合されたことにより，Levyの仮説は対流圏化学に大きなブレークスルーをもたらすこととなり，このスキームは現在多くの教科書に記載されている．

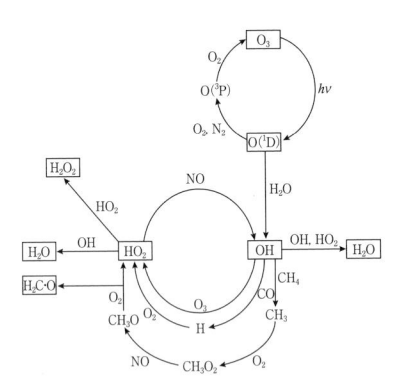

図1　自然大気中の光化学反応機構 (Levy, 1971)

　一方，汚染大気の化学研究において，当時ppm濃度領域のNO_xとNMHCの混合物に擬似太陽光（$\lambda \geq 300$ nm）を照射するスモッグチャンバー実験（p.276のコラム参照）が行われており，7.3.2項の図7.2にみられるようなNOのNO_2への変換，NMHCの減衰を伴うO_3の生成が確認されていた．こうしたチャンバー実験において何の反応種がNMHCと反応してこれを消失させ同時にNOをNO_2に酸化させるのかが大きな謎であっ

た．たとえばプロピレン C_3H_6 の場合，図 2 にみるように当時知られていた O 原子と O_3 との反応ではその減衰速度の半分も説明できず，何らかのほかの反応活性種が必要であった．こうしたなかで Weinstock (1971)，Heicklen (1971) などによって反応活性種 OH による連鎖反応の可能性が議論されている．とくに Heicklen (1971) はたとえば，

$$C_4H_{10} + OH \rightarrow C_4H_9 + H_2O \tag{3}$$
$$C_4H_9 + O_2 \rightarrow C_4H_9O_2 \tag{4}$$
$$C_4H_9O_2 + NO \rightarrow C_4H_9O + NO_2 \tag{5}$$
$$C_4H_9O + O_2 \rightarrow C_4H_8O + HO_2 \tag{6}$$
$$HO_2 + NO \rightarrow OH + NO_2 \tag{2}$$

のように反応性の高い炭化水素に対する OH 連鎖反応機構を提案している．この機構は Levy によって提案された CH_4 に対する連鎖反応機構と等価であり，独立に提案されたものである．この提言はすでに 1969 年に当時彼の所属していたペンシルバニア大学の紀要に発表された（Heicklen et al., 1969）が，いわゆるレフェリー付きの学術誌に掲載されることなく，今では大気化学の教科書ではほとんど引用されない不運な歴史をたどっている．

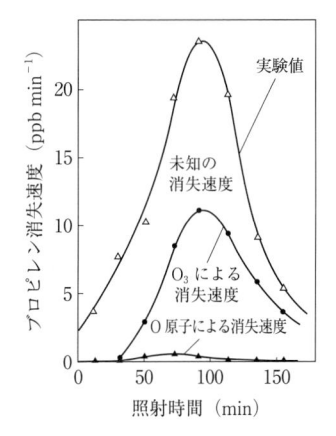

図 2 スモッグチャンバー内での C_3H_6-NO_x-空気混合物の光照射実験における C_3H_6 消失速度の実験値と O 原子，O_3 との反応速度の計算値との比較（Niki et al. 1972 より改編）

引 用 文 献

Heicklen, J., In "*Chemical Reactions in Urban Atmospheres*" (C. S. Tuesday, ed.), pp. 55–59, American Elsevier, 1971.

Heicklen, J., K. Westberg and N. Cohen, The conversion of NO to NO_2 in polluted atmospheres, Publication No. 115–69, Center for Air Environment Studies, 1969.

Levy II, H., Normal atmosphere：Large radical and formaldehyde concentrations predicted, *Science*, **173**, 141–143, 1971.

Niki, H., E. E. Daby and B. Weinstock, Mechanism of smog reactions, in photochemical smog and ozone reactions, *Advances in Chemistry*, **113**, 16–57, 1972.

Weinstock, B., In "*Chemical Reactions in Urban Atmospheres*" (C. S. Tuesday, ed.), pp. 54–55, American Elsevier, 1971.

ジカルの CH_4 と CO との反応比率は，それぞれ約 30%，70% と見積もられる．

このような一連の反応により CH_4 は HCHO を経由して最終的には CO_2 と H_2O に酸化されるが，一般に連鎖反応には上にみたような連鎖伝搬反応 (chain propagation reaction) のほかに，必ず連鎖停止反応 (chain termination reaction) が存在する．自然大気中の OH/HO_2 連鎖の停止反応としては，

$$HO_2 + HO_2 \rightarrow H_2O_2 + O_2 \qquad (7.16)[5.50a]$$
$$HO_2 + CH_3O_2 \rightarrow CH_3OOH + O_2 \qquad (7.17)[5.52a]$$

が主であり (5.3.5, 5.3.6 項参照)，それぞれの反応により過酸化水素 (H_2O_2)，およびメチルヒドロペルオキシド (CH_3OOH) のような過酸化物が生成される．このように微量の NO, NO_2 とともに O_3 と CH_4 が存在することにより，自然大気中の HCHO, CO, H_2O_2, CH_3OOH の存在を説明することができる (Levy, 1971)．OH/HO_2 連鎖の停止反応としてはこれらのほかに，

$$OH + HO_2 \rightarrow H_2O + O_2 \qquad (7.18)[5.14]$$

の反応(5.2.2項)がある．一般に大気中の OH 濃度は HO_2 に比べて約2桁低いが(7.3.1項参照)，反応 (7.18) の常温での速度定数 (表 5.2) は反応 (7.16) の速度定数 (表 5.4) に比べて2桁ほど大きいので，この反応 (7.18) も連鎖停止反応として重要である．

7.2 汚染大気中における VOC の酸化反応機構

大気圏に対する人間活動の影響が大きくなり，窒素酸化物 ($NO_x = NO + NO_2$)，揮発性有機化合物 (VOC) などの人為起源物質の大気中濃度が増加するにつれ，対流圏化学は前項で述べられた自然大気に対する摂動 (perturbation) の範囲を超えて，「スモッグ反応 (smog reaction)」とも呼ばれる汚染大気に特有な化学反応システムが形成される．本節では，そのなかでも OH 連鎖反応に直結している NO_x-VOC 混合物系での酸化反応機構について述べる．

清浄な下層大気中における NO_x 濃度が 10〜100 pptv の範囲であるのに対して，都市の汚染大気中の NO_x 濃度は典型的に 1〜数十 ppbv と 100 倍以上の高濃度となる (Finlayson-Pitts and Pitts, 2000)．同様に自然発生源からの放出量の大きい CH_4 を除いた，いわゆる非メタン揮発性有機化合物 (NMVOC, non-methane volatile organic compounds) または非メタン炭化水素 (NMHC, non-methane hydrocarbons) の個々の成分濃度も，清浄大気中では 1〜1000 pptv であるのに対し都市汚染大気中では 0.1〜100 ppbv と典型的には約 100 倍大きい (Finlayson-Pitts and Pitts, 2000)．このような汚染大気中では，反応 (7.1)(7.2) で生成した OH ラジカルの大部分は CH_4 や

7.2 汚染大気における VOC の酸化反応機構

CO ではなく，人為起源 NMHC と反応する．

NO_x 存在下での OH による VOC の酸化反応過程はアルカン（alkanes, 飽和炭化水素），アルケン（alkenes, 二重結合をもつ鎖状不飽和炭化水素, オレフィンともいう），アルキン（alkynes, 三重結合をもつ鎖状不飽和炭化水素），芳香族炭化水素（aromatics, ベンゼン環を有する不飽和炭化水素）でかなり異なるが，いずれも形式的には，

$$OH + RH + O_2 \rightarrow RO_2 + products \qquad (7.19)$$
$$RO_2 + NO \rightarrow RO + NO_2 \qquad (7.20)$$
$$RO + O_2 \rightarrow R'CHO(R'COR'') + HO_2 \qquad (7.21)$$
$$HO_2 + NO \rightarrow OH + NO_2 \qquad (7.10)$$

で表され，CH_4 に対してと同様の OH/HO_2 を連鎖担体とする酸化反応機構が成立する．また，アルデヒドについてもほぼ上と同じ形式の連鎖反応機構が成立する．さらに汚染大気中ではアルケンの場合 OH のほか O_3, NO_3 による酸化反応，アルデヒドでは NO_3 による酸化反応が重要である．本節では，これら炭化水素およびアルデヒド類の OH, O_3, NO_3 による酸化反応機構をとりまとめる．

本節で取り扱うアルカン，アルケン，芳香族炭化水素の大気中酸化反応は，Calvert et al. (2000, 2002, 2008) のモノグラフで詳しく述べられており，大気質モデルのための気相反応機構が，最近 Stockwell et al. (2012) によってまとめられている．また，本書で取り上げられていない含酸素揮発性有機化合物（OVOC）の酸化反応機構については Calvert et al. (2011), Mellouki et al. (2003) にレビューされている．さらに，VOC の光分解，OH, O_3, NO_3 との反応の詳細なモデルは MCM (master chemical mechanism) と名付けられ，芳香族以外の VOC に対し v3 (Part A) (Saunders et al. 2003) が，芳香族 VOC に対し v3 (Part B) (Jenkin et al., 2003) が，また芳香族 VOC に対する改良バージョン v3.1 が Bloss et al. (2005) により報告されている．

7.2.1 炭化水素，アルデヒドの OH, O_3, NO_3 反応速度定数

$C_1 \sim C_3$ の炭化水素，アルデヒドと OH, O_3, NO_3 との素反応速度定数は，表5.2に掲げられているが，汚染大気中に数多くみられるより炭素数の多いアルカン，アルケン，アルキン，芳香族炭化水素に対する OH 反応の 298 K における速度定数を表7.1に掲げた．また，表7.2には $C_2 \sim C_6$ のアルケンおよび植物起源炭化水素として重要なイソプレン，α-, β-ピネンに対する OH, O_3, NO_3 の反応の 298 K における速度定数を示す．なお，表7.1, 7.2のなかの C_2, C_3 化合物については，表5.2にすでに与えられているが，ほかの $>C_3$ VOC との比較のため再掲した．これら表7.1, 7.2に掲げ

表 7.1 アルカン,アルキン,芳香族炭化水素と OH の 298 K における反応速度定数

化合物	化学式	反応速度定数 (298 K) (10^{-11} cm^3 molecule^{-1} s^{-1})	Ref.
アルカン			
メタン	CH_4	0.00064	(a)
エタン	CH_3CH_3	0.024	(a)
プロパン	$CH_3CH_2CH_3$	0.11	(a)
n-ブタン	$CH_3CH_2CH_2CH_3$	0.25	(b)
2-メチルプロパン	$CH_3CH(CH_3)CH_3$	2.1	(b)
n-ペンタン	$CH_3CH_2CH_2CH_2CH_3$	3.8	(b)
2-メチルブタン	$CH_3CH(CH_3)CH_2CH_3$	3.6	(b)
2,2-ジメチルプロパン	$CH_3C(CH_3)_2CH_3$	0.83	(b)
シクロペンタン	⬠	5.0	(b)
n-ヘキサン	$CH_3CH_2CH_2CH_2CH_2CH_3$	5.2	(b)
2-メチルペンタン	$CH_3CH(CH_3)CH_2CH_2CH_3$	5.2	(b)
3-メチルペンタン	$CH_3CH_2CH(CH_3)CH_2CH_3$	5.2	(b)
2,2-ジメチルブタン	$CH_3C(CH_3)_2CH_2CH_3$	2.2	(b)
2,3-ジメチルブタン	$CH_3CH(CH_3)CH(CH_3)CH_3$	5.8	(b)
シクロヘキサン	⬡	7.0	(b)
アルキン			
アセチレン	$CH \equiv CH$	0.078[1)]	(a)
プロピン	$CH \equiv CCH_3$	0.59	(c)
1-ブチン	$CH \equiv CCH_2CH_3$	0.80	(c)
2-ブチン	$CH_3C \equiv CCH_3$	2.7	(c)
芳香族炭化水素			
ベンゼン	⬡	0.12	(b)
トルエン	⬡–	0.56	(b)
エチルベンゼン	⬡–	0.70	(b)
o-キシレン	⬡=	1.4	(b)
m-キシレン	⬡=	2.3	(b)
p-キシレン	–⬡–	1.4	(b)
1,2,3-トリメチルベンゼン	⬡≡	5.8	(b)

1) 1 気圧
(a) IUPAC 小委員会報告 Vol. II (Atkinson et al., 2006),(b) Atkinson and Arey (2003),
(c) Atkinson (1989).

られた反応速度定数の温度依存性については,Atkinson (1989),Atkinson and Arey (2003),IUPAC 小委員会データシート (Wallington et al., 2012) などに掲げられている.

表7.1,7.2 に掲げられた C_2 以上の炭化水素と OH の 298 K における反応速度定数は,メタンと OH の反応速度定数 6.4×10^{-15} cm^3 molecule^{-1} s^{-1} (表5.2)に比べて,もっとも反応の遅いエタンでも数十倍大きく,大部分の炭化水素では 3 桁以上大きい.夏季の都市大気中の日中の OH ラジカル濃度のピーク値を 4×10^6 molecules cm^{-3} (7.4

表7.2 アルケン，植物起源VOC，アルデヒドとOH, O_3, NO_3の反応の298Kにおける速度定数

化合物	化学式	反応速度定数 (298 K) ($cm^3\ molecule^{-1}\ s^{-1}$)		
		OH (Ref.) $\times 10^{-11}$	O_3 (Ref.) $\times 10^{-17}$	NO_3 (Ref.) $\times 10^{-13}$
エチレン	$CH_2=CH_2$	0.79[1)](a)	0.16(a)	0.0021(a)
プロピレン	$CH_2=CHCH_3$	2.9[1)](a)	1.0(a)	0.095(a)
1-ブテン	$CH_2=CHCH_2CH_3$	3.1(b)	0.96(b)	0.13(b)
cis-2-ブテン	$CH_3CH=CHCH_3$	5.6(b)	12.5(b)	3.5(b)
trans-2-ブテン	$CH_3CH=CHCH_3$	6.4(b)	19.0(b)	3.9(b)
2-メチルプロペン	$CH_2=C(CH_3)CH_3$	5.1(b)	1.1(b)	3.4(b)
1-ペンテン	$CH_3CH=CHCH_2CH_3$	3.1(b)	1.1(b)	0.15(b)
cis-2-ペンテン	$CH_3CH=CHCH_2CH_3$	6.5(b)	13(b)	n/a[3)]
trans-2-ペンテン	$CH_3CH=CHCH_2CH_3$	6.7(b)	16(b)	n/a
シクロペンテン		6.7(b)	57(b)	4.2(b)
2-メチル-1-ブテン	$CH_2=C(CH_3)CH_2CH_3$	6.1(b)	1.4(b)	n/a
3-メチル-1-ブテン	$CH_2=CHCH(CH_3)CH_3$	3.2(b)	0.95[2)](b)	n/a
2-メチル-2-ブテン	$CH_3C(CH_3)=CHCH_3$	8.7(b)	40(b)	94(b)
1-ヘキセン	$CH_3CH=CHCH_2CH_2CH_3$	3.7(b)	1.1(b)	0.18(b)
2-メチル-1-ペンテン	$CH_2=C(CH_3)CH_2CH_2CH_3$	6.3(b)	1.6(b)	n/a
2-メチル-2-ペンテン	$CH_3C(CH_3)=CHCH_2CH_3$	8.9(b)	n/a	n/a
シクロヘキセン		6.8(b)	8.1(b)	5.1(b)
1,3-ブタジエン	$CH_2=CH-CH=CH_2$	6.7(b)	0.63(b)	1.0(b)
イソプレン	$CH_2=C(CH_3)-CH=CH_2$	10(a)	1.3(a)	7.0(a)
α-ピネン		5.3(a)	9.0(a)	62(a)
β-ピネン		7.4(b)	1.5(b)	25(b)
ホルムアルデヒド	HCHO	0.85(a)	n/r[4)]	0.0056(a)
アセトアルデヒド	CH_3CHO	1.5(a)	n/r	0.027(a)
プロパナール	CH_3CH_2CHO	2.0(a)	n/r	0.064(a)
ブタナール	$CH_3CH_2CH_2CHO$	2.4(a)	n/r	0.11(a)
2-メチルプロパナール	$CH_3CH(CH_3)CHO$	2.6(b)	n/r	0.11(b)

1) 高圧極限，2) 293 K, 3) データなし (not available), 4) 反応せず (not reactive).
(a) IUPAC 小委員会報告 Vol. II (Atkinson et al., 2006), (b) Atkinson and Arey (2003).

節参照）ととると，OHとの反応速度定数が$1\times 10^{-11}\ cm^3\ molecule^{-1}\ s^{-1}$以上の分子では大気寿命が数時間以下となり，都市大気中の光化学大気汚染に主要な役割を演じることが理解される．また同族炭化水素のなかで比較的に炭素数の小さいプロパン，n-ブタン，アセチレン，ベンゼン，エチレンなどのOH反応速度定数はこれより1桁程度小さいが，一般にこれらの炭化水素は都市大気中で相対的に濃度が高いこともあって，ほかのVOC同様光化学大気汚染に対して重要である．こうした理由から都市大気汚染の議論では，メタンとそれ以外の炭化水素を分けてNMVOC (NMHC) に

的を絞った議論がなされることが多い．ちなみにエタンとOHの速度定数(298 Kで2.4 ×10^{-13} cm^3 $molecule^{-1}$ s^{-1}) は1ヶ月以上の大気中寿命に相当し，都市大気汚染への直接的寄与は小さいが，COとOHの反応速度定数 (298 K，1気圧で2.4×10^{-13} cm^3 $molecule^{-1}$ s^{-1})（表5.2）とほぼ同じ大きさであり，半球規模での人為汚染のよいトレーサーとなる．

一方，表7.2にみられるようにO_3とNO_3はアルケンに対して大きな反応速度をもち，一般に炭素数の増加とともに反応速度定数が大きくなるが，同じ炭素数の炭化水素に対しても，OHに比べて分子構造による速度定数の差が非常に大きいのが特徴である．たとえば，5.4.3, 5.5.3項に述べられたように，これらの反応は求電子的付加反応であるので，一般に電子を押し出す性質のある複数のメチル基に隣接する二重結合をもつアルケン（内部オレフィンとも呼ばれる）への付加反応速度が非常に大きいのが特徴である．NO_3とVOCの反応としては，表7.2には示されないがアルケン以外にC_4以上のアルカン，C_8以上の芳香族炭化水素に対して～10^{-16} cm^3 $molecule^{-1}$ s^{-1}程度の速度定数をもっていることが知られている（Atkinson and Arey, 2003）．

アルデヒドはO_3とは反応しないが，OH, NO_3とはかなり大きな反応性をもち，表7.2に示されるようにその反応速度定数は，それぞれのC_2H_4とC_3H_6との反応の中間の大きさである．アルデヒドとNO_3の反応はO_3, NO_3とアルケンの反応とともに，夜間の汚染大気中で観測されているOH, HO_2の主要な発生源となっている（7.4.1項参照）．

OH, O_3, NO_3と各種のVOCとの反応速度定数の相関については，OHとアルケンの反応に関して5.2.8項で触れたように，反応分子の最高被占軌道（HOMO）エネルギーとよい相関をもつことが報告されている（King *et al.*, 1999）．Pfrang *et al.* (2006) はOH, O_3, NO_3のそれぞれに対し反応速度定数と最近の量子化学的計算に基づくHOMOエネルギーとの相関式を与えている．

7.2.2 アルカンのOH酸化反応機構

アルカンとOHの反応の初期過程は，CH_4の場合と同様の水素引き抜きであるが，炭素数3以上のアルカンでは1級（primary），2級（secondary），3級（tertiary）のそれぞれの炭素からの水素引き抜きが可能である（5.2.7項参照）．アルカンとしてn-ブタン（n-C_4H_{10}）を例にとって，NO_x存在下でのOHによる酸化反応機構を反応スキーム7.1に示す．n-ブタンの場合にはこのスキームに示されるように，2級炭素からの引き抜き過程 (a) と1級炭素からの引き抜き過程 (b) によりそれぞれ2-ブチル，1-ブチルラジカルを生成する．5.2.7項に述べたように一般に引き抜き反応

7.2 汚染大気中における VOC の酸化反応機構   259

の起こりやすさは，C-H 結合エネルギーの大きさが 1 級＞2 級＞3 級の順に〜 420,
〜410, 〜400 kJ mol^{-1}（Haynes, 2012〜2013）と小さくなることを反映して，反応確
率は 1 級＜2 級＜3 級の順に大きくなる．n-ブタンの場合は過程 (a), (b) の起こる
比率はそれぞれ約 85％, 15％である（Atkinson et al., 2006）．

　OH による水素引き抜き反応で生成したアルキルラジカルは，大気中ではすべて
O$_2$ と反応してアルキルペルオキシ（alkylperoxy）ラジカルとなり（経路 (c)(h)），
それらの多くは NO 存在下では NO を NO$_2$ に酸化しアルコキシ（alkoxy）ラジカル
に変換される（経路 (d)(i)）．しかしこのときペルオキシラジカルの一部は NO との
再結合異性化反応 (e)(j) で硝酸アルキル（alkyl nitrate）を生成する（5.3.3 項参照）．
2-ブチル，1-ブチルペルオキシラジカルの場合，硝酸 2-ブチル（2-butyl nitrate），
硝酸 1-ブチル（1-butyl nitrate）の生成収率はそれぞれ 0.083, ≤0.04 とあまり大き
くないが，5.3.3 項で述べたように，硝酸アルキルの生成比率はアルキルラジカルの
炭素数の増加とともに増大し，C$_6$, C$_7$ の 2 級 n-アルキルラジカル（2-hexyl, 3-hexyl,
2-heptyl, 3-heptyl）では＞0.2 と非常に大きくなる（Lightfoot et al., 1992; Arey et al.,
2001）．これらの反応は OH 連鎖反応の停止反応として働くので，オゾン生成効率を
決めるパラメータとして，モデル計算において重要である．多くのアルキルペルオ
キシラジカル（RO$_2$）と NO との反応による RONO$_2$ の生成収率は Arey et al. (2001)
にまとめられている．

　2-ブチル，1-ブチルペルオキシラジカルと NO との反応で生成した 2-ブトキシ
（2-butoxy），1-ブトキシ（1-butoxy）ラジカルは，(g), (l) の経路に従って O$_2$ と反
応し，それぞれメチルエチルケトン，ブタナールのようなカルボニル化合物とともに
HO$_2$ を生成して HO$_x$ サイクルを完結させる．一般に通常の大気汚染中の NO$_x$ 濃度で
はこれらアルコキシラジカルと NO$_2$ との反応による硝酸アルキルの生成速度は，O$_2$

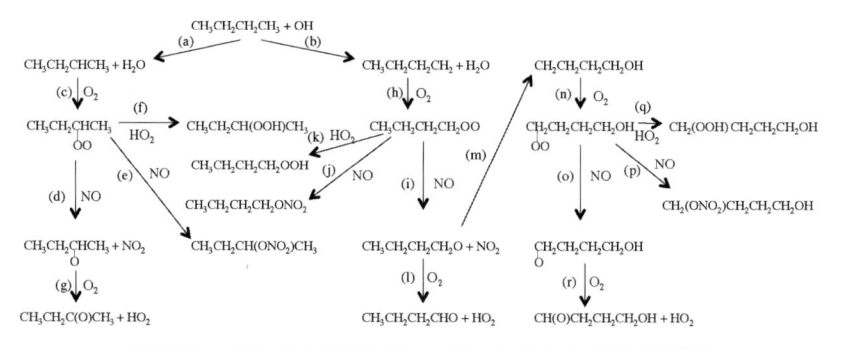

反応スキーム 7.1　NO$_x$ 存在下での n-ブタンの OH による酸化反応機構

との反応速度に比較して無視しうるので，汚染大気中の硝酸アルキルの生成経路としては，上述のペルオキシラジカルとNOとの再結合異性化反応が主である．

一方，1-ブトキシラジカルのように炭素数が4以上の直鎖アルコキシラジカルでは，下のような六員環を経て，アルコキシラジカルからアルコールラジカルへの異性化が起こることが知られている（Atkinson, 1997a, 1997b）．

$$\text{CH}_3\text{CH}_2\text{CH}_2\text{CH}_2\text{O} \rightarrow \begin{array}{c} \text{CH}_2\cdots\text{H} \\ | \quad \vdots \\ \text{CH}_2 \quad \text{O} \\ | \quad | \\ \text{CH}_2 \quad \text{CH}_2 \end{array} \rightarrow \text{CH}_2\text{CH}_2\text{CH}_2\text{CH}_2\text{OH} \qquad (7.22)$$

上の反応スキーム7.1のなかでは，過程（m）がこの反応に対応しており，生成したn-ブタノールラジカルは，上述のブチルラジカルと類似の反応を経て，ヒドロキシブタナール，硝酸1-ヒドロキシブチルなどを生成する（それぞれ経路（r），（p））．反応（7.22）のようなアルコキシラジカルからアルコールラジカルへの異性化反応の速度定数は一般に$\sim 10^5\,\text{s}^{-1}$,

$$\text{CH}_3\text{CH}_2\text{CH}_2\text{O} + \text{O}_2 \rightarrow \text{CH}_3\text{CH}_2\text{CHO} + \text{HO}_2 \qquad (7.23)$$

のようなO_2による水素引き抜き反応によるアルデヒド生成の速度定数は一般に$\sim 1 \times 10^{-15}\,\text{cm}^3\,\text{molecule}^{-1}\,\text{s}^{-1}$である（Atkinson and Arey, 2003）ので，これらの異性化反応と引き抜き反応は大気中で同程度の速度となる．

さらに，炭素数4以上のアルコキシラジカルは，カルボキシル基のついた炭素と隣接する炭素との間のC–C結合が開裂する次のような単分子分解を起こすことが知られている．

$$\text{RCH(O)R}' \rightarrow \text{RCHO} + \text{R}' \qquad (7.24)$$

C_4以上の2級アルコキシラジカルの単分子分解速度定数は$\sim 10^4\,\text{s}^{-1}$である（Atkinson and Arey, 2003）ので，相当するアルコキシラジカルでは反応（7.22），(7.23)，(7.24)の型の反応が並列的に起こり，それぞれもとの炭化水素と同じ炭素数のカルボニル化合物（アルデヒドまたはケトン），ヒドロキシルアルデヒド，もとの炭素数より炭素数の少ないアルデヒドの生成比に反映される．いくつかの代表的アルコキシラジカルに対する異性化反応，O_2反応，単分子分解反応の速度定数については，Finlayson-Pitts and Pitts (2000) にまとめられている．

さらに，大気中のNO_x濃度が比較的低い場合には，アルキルペルオキシラジカル，ヒドロキシアルキルペルオキシラジカルの一部はHO_2との反応で，たとえばヒドロペルオキシブタン（経路（f），（k）），ヒドロキシヒドロペルオキシブタン（経路（q））を生成する．

このように汚染大気中のアルカンの酸化反応では，通常のアルデヒド，ケトンなどのカルボニル化合物や硝酸アルキル以外に，ヒドロペルオキシド，ヒドロキシヒドロペルオキシド，ヒドロキシナイトレート（硝酸ヒドロキシアルキル）などが生成する．

7.2.3 アルケンの OH 酸化反応機構

アルケンと OH の反応の初期反応は付加反応であるが，5.2.8 項にみたように大気圧条件下ではエチレンをはじめとしてほとんど高圧極限にあり，ヒドロキシアルキルラジカルが生成される．

$$OH + RCH = CH_2 \rightarrow RCH\text{-}CH_2OH \quad (7.25a)$$
$$\rightarrow RCH(OH)\text{-}CH_2 \quad (7.25b)$$

反応（7.25b）で生成される不対電子を有する炭素の隣の炭素に OH 基が結合したアルキルラジカルは β-ヒドロキシアルキルラジカルと呼ばれる．炭素数 3 以上の非対称アルケンでは，上にみるように OH は二重結合の両端のいずれにも付加する可能性があるが，一般に反応（7.25a）のような端末炭素への OH 付加による 2 級ラジカルの生成が優先することが知られており，たとえば，プロピレンでは末端および中央炭素への OH の付加比率はそれぞれ約 65%，35% となっている（Finlayson-Pitts and Pitts, 2000；Calvert *et al.*, 2000）．

アルケンの一例として，1-ブテン（1-C_4H_8）を例にとると，その反応機構は反応スキーム 7.2 のようにまとめることができる．経路 (a), (b) で生成したヒドロキシアルキルラジカルは，前項（7.2.2）で述べられたアルキルラジカルの一種であるので大気中ではすべて O_2 と反応してヒドロキシペルオキシラジカルを生成する．ヒドロ

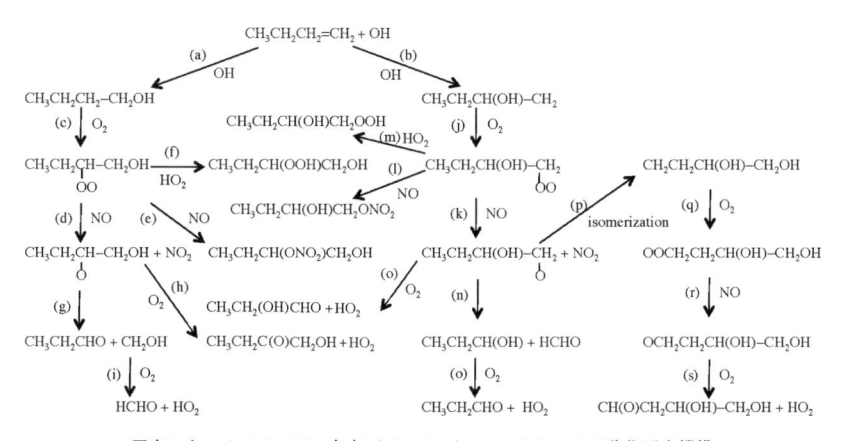

反応スキーム 7.2 NO_x 存在下での 1-ブテンの OH による酸化反応機構

キシペルオキシラジカルは，前項のアルキルペルオキシラジカルの場合と同様，NO との反応でオキシラジカル（ヒドロブトキシラジカル）と NO_2 を生成し（経路 (d)，(k)），一部再結合異性化反応で硝酸ヒドロキシブチル（ヒドロキシブチルナイトレート）を生成する（経路 (e)，(l)）．ヒドロキシナイトレートの収率は C_4〜C_6 アルケンでは 2〜6％ であり（O'Brien et al., 1998），前項のアルコキシラジカルからの硝酸エステル生成収率の約半分ほどである．(d)，(k) の経路で生成したヒドロキシアルコキシラジカルは，前項で述べられたオキシラジカルと同様，それぞれ反応 (7.24)，(7.23)，(7.22) の型の単分子分解（(g)，(n)），O_2 による水素引き抜き（(h)，(o)），異性化によるジヒドロキシルラジカルの生成 (p) の三つの経路をたどることが知られている（Atkinson, 1997b）．単分子分解経路では炭素数の少ないカルボニル化合物（CH_3CH_2CHO, HCHO）とヒドロキシアルキルラジカル（CH_2OH, CH_3CHOH）を生成する．後者からは O_2 との反応で HO_2 が生成され，HO_2 と NO との反応 (7.10) で OH が再生されることにより，HO_x サイクルが完結される．また，O_2 による水素引き抜き反応からは，ヒドロキシケトン，ヒドロキシアルデヒドと HO_2 ラジカルが生成される．

一方，経路 (k) で生成されたヒドロキシアルコキシラジカルでは，前項のアルコキシラジカルでみたような分子内六員環を経る H 原子の分子内移動による異性化が起こり，分子内に二つの OH 基を有するジヒドロキシラジカルを経て，(q)，(r)，(s) の経路でジヒドロキシルアルデヒドが生成される．ジヒドロキシルアルデヒドの生成は実験室的に確認され，1-ブテンの場合の（3,4-ジヒドロブタナール）の収率は 0.04 と小さいが，1-オクテン（octene）では，0.6 にも達することが報告されている（Kwok et al., 1996b）．

また，NO_x 濃度の低い条件下では，(c)，(j) の経路で生成したヒドロキシペルオキシラジカルの一部は HO_2 と反応し，ヒドロキシヒドロペルオキシブタン（経路 (f)，(m)）を生成することが知られている（Hatakeyama et al., 1995; Tuazon et al., 1998）．

このように汚染大気中のアルケンの OH 酸化反応は，アルカンの場合と形式的に類似した反応経路をたどるが，ヒドロキシナイトレート，ジヒドロキシナイトレート，ヒドロキシヒドロペルオキシド，ジヒドロキシヒドロペルオキシドのような分子内に水酸基を有する多様な硝酸エステル，過酸化物を生成することが想定される．このことは前項でみたアルカンの OH 酸化反応生成物とも合わせて，必ずしも検出・同定されていない多様な有機過酸化物，有機硝酸エステル類が大気中に存在することを示唆している．

7.2.4 アルケンの O_3 酸化反応機構

O_3 とアルケンの反応経路については 5.4.3 項に C_2H_4 に対しての詳しい説明がなされており，ほかのアルケンに対しても基本的に C_2H_4 に対してみられた反応機構が考慮される．一般に非対称鎖状アルケンでは，式 (5.56) に相当する 1 次オゾニドの開裂によるカルボニルオキシド（クリーギー中間体）の生成に，二重結合の両端のどちらの側がカルボニルオキシドを生成するかによって二つの経路が考えられる．

$$O_3 + RCH=CH_2 \rightarrow RCHO + [CH_2OO]^{\dagger} \qquad (0.50) \qquad (7.26a)$$
$$\rightarrow [RCHOO]^{\dagger} + CH_2OO \qquad (0.50) \qquad (7.26b)$$
$$O_3 + R_1R_2C=CH_2 \rightarrow R_1C(O)R_2 + [CH_2OO]^{\dagger} \qquad (0.35) \qquad (7.27a)$$
$$\rightarrow [R_1R_2COO]^{\dagger} + CH_2OO \qquad (0.65) \qquad (7.27b)$$
$$O_3 + R_1R_2C=CHR_3 \rightarrow R_1C(O)R_2 + [R_3CHOO]^{\dagger} \qquad (0.35) \qquad (7.28a)$$
$$\rightarrow [R_1R_2COO]^{\dagger} + R_3CHO \qquad (0.65) \qquad (7.28b)$$

二つの経路の比率については，一般に経路 b のより多くのアルキル基が付いたカルボニルオキシドの生成が優先的に，反応 (7.26), (7.27), (7.28) に対してはそれぞれ 0.50, 0.65, 0.65 の割合で起こることが実験的に確かめられている (Atkinson *et al.*, 1997a, 2006).

上で生成したカルボニルオキシドの反応については，C_2H_4 の場合について 5.4.3 項にみたように，単分子分解による OH ラジカルの生成と衝突脱活により安定化したカルボニルオキシドの生成が考えられる．

$$[RCH_3COO]^{\dagger} + M \rightarrow RCH_3COO + M \qquad (7.29a)$$

$$\rightarrow \left[\begin{array}{c} O{-}OH \\ \diagup \\ C{=}C{-}H \\ R \quad\; H \end{array} \right]^{\dagger} \rightarrow \begin{array}{c} O \\ \parallel \\ R{-}C{-}\dot{C}{-}H \\ \quad\;\; H \end{array} + OH \qquad (7.29b)$$

汚染大気中のアルケンと O_3 の反応における OH 生成は，次節に述べるオゾン生成など大気化学的に非常に重要であり，多くの実験による大気圧下での OH 収率が表 7.3 に示すように IUPAC 小委員会によりまとめられている (Atkinson *et al.*, 2006). これらの値は OH 捕捉剤（scavenger）を用いたバッチ式実験から求められたものであるが，Kroll *et al.* (2001a) は LIF による OH 直接検出法を用いた高圧流通法により，O_3 とアルケンの反応における OH の初期生成収率の圧力依存性（1~400 torr）を調べている．この実験からは，C_2H_4 以外のアルケンからの OH 生成収率には強い圧力依存性がみられ，低圧での OH 収率は>1 である．このことは OH 生成経路には反応 (7.29b) 以外に，低圧では C_2H_4 の場合の反応 (5.29c) にみられた H 原子の生成に

表 7.3 大気圧下での O_3-アルケン反応における OH の収率

アルケン	OH 収率	Ref.
ethene	0.14-0.20	(a)
propene	0.32-0.35	(a)
1-butene	0.41	(b)
1-pentene	0.37	(b)
1-hexene	0.32	(b)
cis-2-butene	0.33	(a)
trans-2-butene	0.54-0.75	(a)
2-methylpropene	0.60-0.72	(a)
2-methy-1-butene	0.83	(b)
2-methyl-2-butene	0.80-0.98	(a)
2,3-dimethyl 2-butene	0.80-1.00	(a)
cyclopentene	0.61	(b)
cyclohexene	0.68	(b)
isoprene	0.25	(a)
α-pinene	0.70-1.00	(a)
β-pinene	0.35	(b)

(a) IUPAC 小委員会報告 Vol. II（Atkinson et al., 2006）
(b) Finlayson-Pitts and Pitts（2000）

起因する.

$$H + O_3 \rightarrow OH + O_2 \qquad (7.30)$$

のような経路での OH の生成が重要であることを示している．一方，この実験から求められた1気圧付近での OH の生成収率は，C_2H_4 に対する値を除いてこれまで OH 補足剤を用いて求められてきた表7.3の OH 収率よりずっと小さな値となっている．Kroll et al.（2001b）はこの問題を解決するため，RRKM 計算により，O_3-アルケン反応で生成するカルボニルオキシドの単分子分解速度を求めている．その結果，OH は上の実験の時間スケールで測定された振動励起カルボニルオキシドの分解経路以外に，反応（7.29a）で衝突安定化したカルボニルオキシドの単分子分解によってもより長い時間スケールで生成することが確かめられた．この経路を含めた合計での OH 収率が捕捉剤を用いたこれまでの実験では得られているものと考えられ，大気化学反応モデルでは表7.3の値が適用可能と思われる．なお，C_2H_4 の場合は，上の流通法を用いた実験において OH の生成収率に圧力依存性がみられず，バッチ実験とよく一致する0.14の値が得られており，その生成機構がほかのアルケンとは異なっていることが示唆されている（Kroll et al., 2001c）．

対流圏における不飽和 VOC と O_3 との反応の最近のレビューが，Johnson and Marston（2008）によってなされ，OH 生成の圧力依存性についての新しいデータと

解釈が Donahue et al. (2011) によって紹介されている.

7.2.5　アルケンの NO_3 酸化反応機構

NO_3 とアルケンとの反応は5.5.3項で C_2H_4 に対してみたように，二重結合への付加反応である．その反応速度定数は表7.2に示されるように一般に炭素数の増加とともに大きくなるが，同じ炭素数でも O_3 反応と同様に内部アルケンに対する反応速度が大きい．NO_3 とアルケンの反応機構は OH とアルケンの反応機構と類似したものであり，たとえば，cis-2-ブテン（cis-2-C_4H_8）を例にとると下の反応スキーム7.3のように図示される．

反応スキーム7.3にみるように，NO_3 とアルケンの反応ではエポキシアルカン（エポキシド，オキシランとも呼ばれる），ヒドロペルオキシナイトレート，カルボニルナイトレート，ジナイトレートなどが生成するのが特徴であり (Bandow et al., 1980 ; Kwok et al., 1996a ; Calvert et al., 2000)，これらのいくつかは実際の汚染大気中でも測定されている (Schneider et al., 1998)．こうした生成物には高沸点化合物が含まれ，最近 NO_3 とアルケンの反応は有機エアロゾルの生成の観点からも興味がもたれている (Gong et al., 2005 ; Ng et al., 2008)．

NO_3 とアルケンとの反応の初期経路については，量子化学計算により C_2H_4 (5.5.3

反応スキーム 7.3　cis-2-ブテンの NO_3 による酸化反応機構

項)や C_3H_6 の反応について,反応スキーム 7.3 に示されたような開環付加が起こることが示されている(Pérez-Casany et al., 2000;Nguyen et al., 2011)が,いくつかのアルケンについては環状付加の可能性も示唆されている(Cartas-Rosado et al., 2004).

7.2.6 イソプレンの OH, O_3, NO_3 酸化反応機構

イソプレン(CH_2=C(CH_3)-CH=CH_2)は IUPAC 命名法では 2-メチル-1,3-ブタジエンと呼ばれ,分子内に二つの二重結合をもつ化合物であるが,植物起源炭化水素の中では全球で約 50% の放出量を占めるもっとも重要な炭化水素である(Guenther et al., 2006).イソプレンは表 7.2 にみるように OH, O_3, NO_3 との反応速度定数(298 K)が,それぞれ 1.0×10^{-11}, 1.3×10^{-17}, 6.8×10^{-13} cm^3 $molecule^{-1}$ s^{-1} と大きく,大気中ではこれらいずれの化学種との反応も重要であるが,とくに日中は OH, O_3 との反応が,夜間には NO_3 との反応が重要である(Calvert et al., 2000).

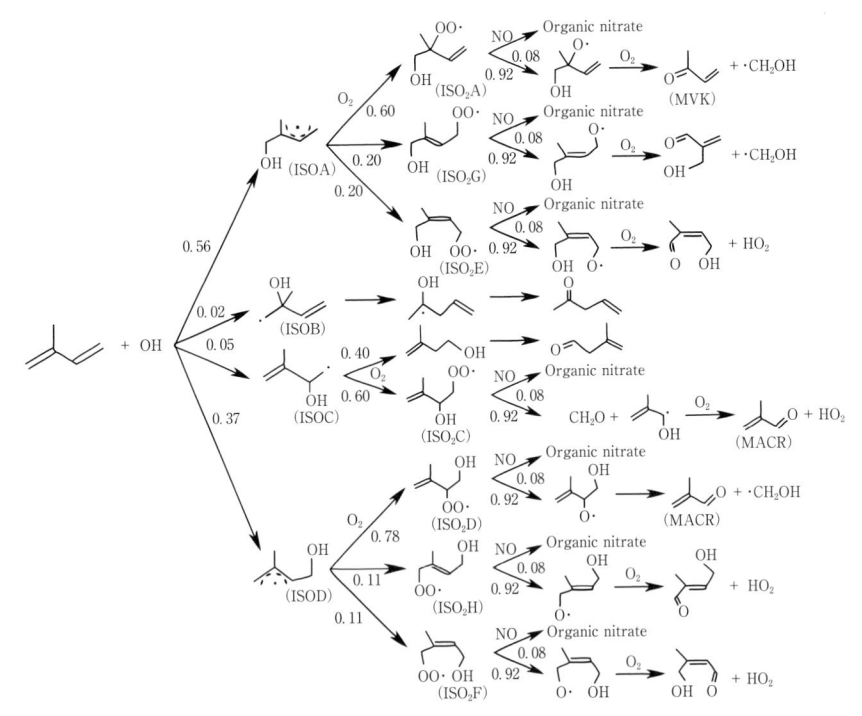

反応スキーム 7.4 NO_x 存在下でのイソプレンの OH による酸化反応機構(Fan and Zhang, 2004 より改編)

7.2 汚染大気中における VOC の酸化反応機構

　イソプレンの OH, O_3, NO_3 による大気中酸化反応機構は，アルケンに対してと同様の付加反応であり，7.2.3, 7.2.4, 7.2.5 項に述べられた反応の応用として考えることができる．ただし，イソプレンは分子内に非対称の二重結合を有するため，これらの活性種がそのどちらの二重結合のどちらの炭素に付加するかによって，4 通りの異なる反応経路を考える必要がある．イソプレンの酸化反応機構に関してはこれまで実験的，理論的に多くの研究がなされており（Finlayson-Pitts and Pitts, 2000；Seinfeld and Pandis, 2006），Fan and Zhang（2004）はそれらを総合して OH, O_3, NO_3 それぞれに対する反応スキームを提示している．反応スキーム 7.4, 7.5, 7.6 は Fang and Zhang（2004）によってまとめられた，それぞれ OH, O_3, NO_3 によって開始されるイソプレンの酸化反応機構である．

　反応スキーム 7.4 にみるように，OH によるイソプレン酸化反応の主生成物は，メタクロレイン（$CH_2=CH(CH_3)CHO$, MACR）とメチルビニルケトン（$CH_3C(O)CH=CH_2$, MVK）である（Karl et al., 2006）．その他，不飽和のヒドロキシカルボニル化合物やヒドロキシナイトレートが特徴的な生成物として生成する．

　一方，イソプレンと O_3 との反応では反応スキーム 7.5 にみるように，4 種類のクリーギー中間体（CI 1～CI 5）を経て OH 酸化反応と同様の MACR と MVK が主生成物

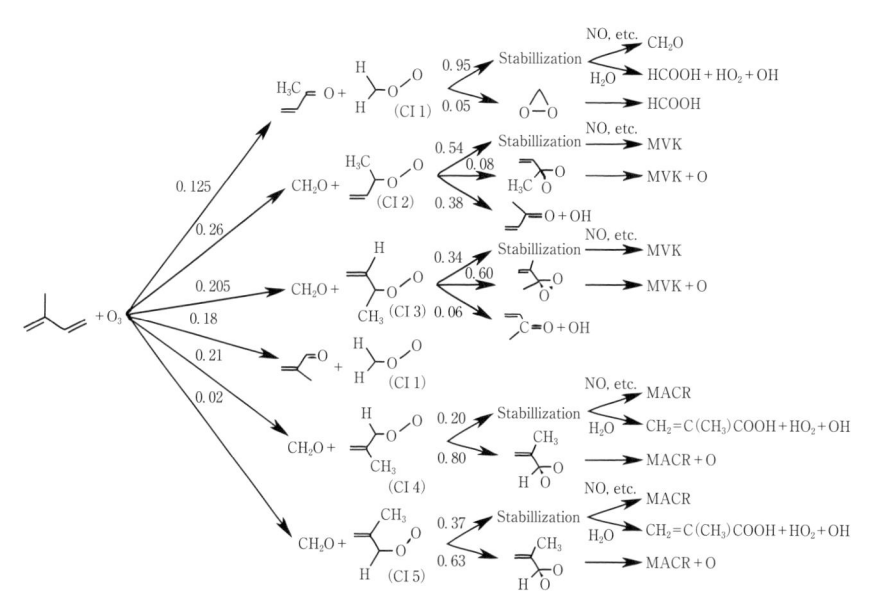

反応スキーム 7.5　NO_x 存在下でのイソプレンの O_3 による酸化反応機構（Fan and Zhang, 2004 より改編）

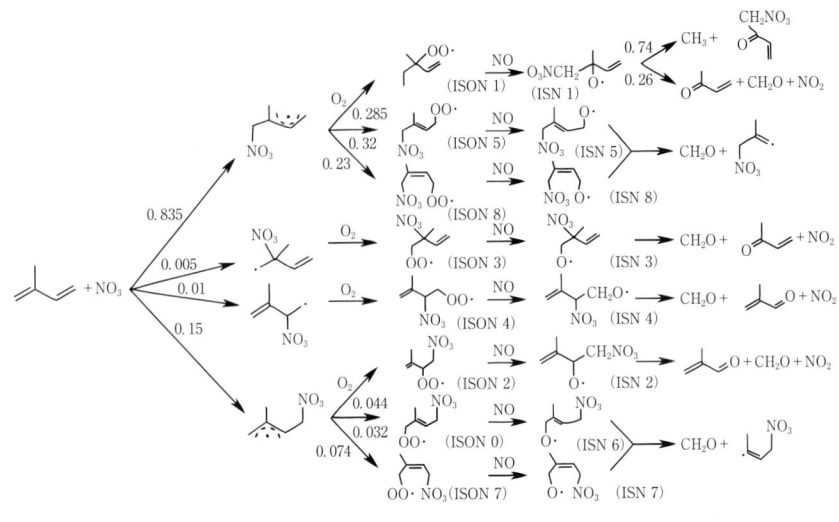

反応スキーム 7.6 イソプレンと NO_3 の酸化反応機構 (Fan and Zhang, 2004)

として生成するほか，HCHO，HCOOH，不飽和カルボン酸などが生成する．またこの反応ではアルケンと O_3 の反応と同様，OH が生成し，夜間の OH 源としても重要である．Zhang and Zhang (2002) は，量子化学計算によりイソプレン-O_3 反応における環状 1 次オゾニドの生成は二つの二重結合のいずれに対してもほぼ同じ割合で起こること，1 次オゾニドの分解によって生成するカルボニルオキシドからさらに単分子分解によって OH が生成することを示している．カルボニルオキシドの単分子分解で生成する OH には，上の 7.2.4 項で述べられたように振動励起カルボニルオキシドの分解から早い時間スケールで生成する OH と，衝突安定化したカルボニルオキシドから時間遅れをもって生成する OH の両者があり (Kroll et al., 2001b)，これらを合わせた収率が大気化学反応としては重要になる．Malkin et al. (2010) によって捕捉材を用いた生成物分析および FAGE/LIF 法 (7.4.1 項参照) による直接測定から求められた OH の収率は 298 K, 1 気圧で 0.26 ± 0.02，同様に FAGE 法で決定された HO_2 の収率は 0.26 ± 0.03 と報告されている．一方，イソプレン-O_3 反応の理論計算による OH 生成収率は合計で 0.24 となっており (Zhang and Zhang, 2002; Zhang et al., 2002)，実験値とよく一致している．なお，本書では取り上げられないが，植物起源炭化水素としてイソプレンに次いで重要な α-ピネン，β-ピネンと O_3 との反応機構が Zhang and Zhang (2005) によってまとめられている．

イソプレンと NO_3 の反応 (反応スキーム 7.6) では，8 種のニトロオキシアルキル

7.2 汚染大気中における VOC の酸化反応機構

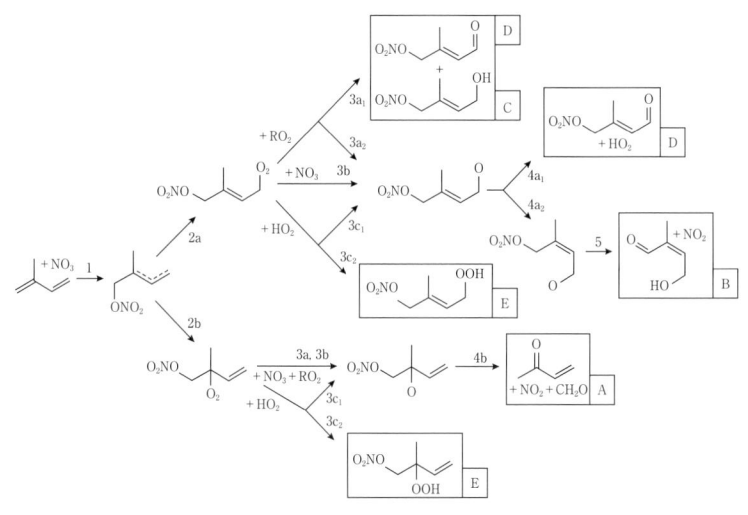

反応スキーム 7.7 イソプレンと NO_3 の反応で見いだされている生成物の反応経路
(A) C_4 カルボニル，(B) C_5-ヒドロキシカルンボニル，(C) ヒドロキシナイトレート，(D) ニトロキシアルデヒド，(E) ニトロキシヒドロペルオキシド (Perring et al., 2009)

ペルオキシラジカル（nitrooxyalkyl peroxy radical, ISON 1～ISON 8），およびこれらのそれぞれと NO の反応で生成する 8 種のニトロキシアルキルオキシラジカル（nitrooxyalkyloxy radical, ISN 1～ISN 8）を経て反応の進行する．最終生成物としては，OH，O_3 反応と異なり，MACR, MVK の生成収率は小さく，ホルムアルデヒドや不飽和アルデヒド，ケトンのほか有機ナイトレート類が主生成物となる (Barnes et al., 1990；Skov et al., 1992；Kwok et al., 1996a)．最近のプロトン移動反応質量分析計（PTR-MS），熱分解レーザー誘起蛍光法（TD-LIF）を分析手段に用いたチャンバー実験の結果からは，MACR, MVK の生成収率はそれぞれ～10%，有機ナイトレート類の収率が 0.65 ± 0.12 と報告されている (Perring et al., 2009)．また生成物には，ヒドロキシナイトレート (C)，ニトロキシアルデヒド (D)，ニトロキシヒドロペルオキシド (E) などが含まれ，反応スキーム 7.6 に明示されていないこれらの化合物の生成経路を反応スキーム 7.7 に示す．

最近の化学イオン化質量分析計（CIMS, chemical ionization mass spectrometry）と熱分解レーザー誘起蛍光法（TD-LIF, thermal dissociation laser induced fluorescence）を用いた米国シエラネバダ山麓での観測では，イソプレンをはじめとするBVOC からのヒドロキシナイトレートを含む多くの有機ナイトレートが数多く検出されており，その割合は全有機ナイトレートの 3 分の 2 を占めることが報告されてい

る（Beaver et al., 2012）．さらに，イソプレンなどの BVOC の大気中における酸化反応は，有機エアロゾル生成の観点からも関心がもたれている（Claeys et al., 2004；Kroll et al., 2006；Zhang et al., 2007；Ng et al., 2008；Rollins et al., 2009）．

7.2.7 アルキンの OH 酸化反応機構

　OH と大気中のアルキンの消失過程としては OH との反応が唯一の過程である．OH とアルキンの初期反応はアルケンの場合と同様付加反応であり，炭素数 2 のアセチレン（C_2H_2）では高圧極限に達するのに数気圧の圧力が必要である（5.2.9 項参照）が，C_3 以上のアルキンでは 1 気圧ですでに高圧極限の条件下にある（表 7.1 参照）．汚染大気中での主要なアルキンは C_2H_2 であり，その OH 酸化反応機構を反応スキーム 7.8 に示す．

　OH と C_2H_2 の反応で生成した OH 付加ラジカルからは，反応スキーム 7.8 にみられるようにペルオキシラジカル，オキシラジカルを経てグリオキザール（CHOCHO）が主生成物として生成される（Hatakeyama et al., 1986；Galano et al., 2008）．この主反応経路は，最終経路（e）で HO_2 を生成するので，これから OH が再生され HO_x 連鎖サイクルが形成される．同様にプロピン（C_3H_4），2-ブチン（2-C_4H_6）からはそれぞれメチルグリオキザール（CH_3COCHO），バイアセチル（CH_3COCH_3CO）が主生成物として生成する（Hatakeyama et al., 1986）．

　一方，OH 付加ラジカルの一部は反応経路（c）のように異性化し，ビノキシラジカル（CH_2CHO）を生成することが報告されている（Schmidt et al., 1985）が，ビノキシラジカルの後続酸化反応過程についてはまだよくわかっていない．

7.2.8 芳香族炭化水素の OH 酸化反応機構

　大気条件下での OH と芳香族炭化水素の反応は 5.2.10 項でみたようにベンゼン環

$$
\begin{array}{c}
CH\equiv CH + OH \xrightarrow{(a)} \cdot CH=CHOH \xrightarrow{(c)} \cdot CH_2CHO \\
(b) \downarrow O_2 \qquad\qquad (f) \downarrow O_2 \\
\cdot OOCH-CHOH \qquad \cdot OOCH_2CHO \xrightarrow{(g)} ? \\
(d) \downarrow NO \\
\cdot OCH-CHOH \xrightarrow[O_2]{(e)} CHO-CHO + HO_2
\end{array}
$$

反応スキーム 7.8　NO_x 存在下でのアセチレンの OH による酸化反応機構

7.2 汚染大気中におけるVOCの酸化反応機構

への付加と，側鎖アルキル基からの水素原子引き抜きの二つの過程からなっている．ここでは芳香族炭化水素として，一般に汚染大気中での濃度がもっとも高いトルエン（$CH_3\text{-}C_6H_5$）を代表例にとると，側鎖メチル基からの水素引き抜き反応は，

$$OH + C_6H_5CH_3 \longrightarrow C_6H_5CH_2 + H_2O \quad (7.31)[5.31b]$$

のようにベンジルラジカルを生成する（Calvert et al., 2002；Atkinson and Arey, 2003）．生成したベンジルラジカルのNO_x存在下での大気中酸化反応は主生成物としてベンズアルデヒドと硝酸ベンジルを与えることが知られており（Akimoto et al., 1978；Klotz et al., 1998；Calvert et al., 2002；Atkinson and Arey, 2003），その反応機構は反応スキーム7.9のように表される．

この反応スキームでは7.2.2項にみたOHによるアルカンからの水素引き抜き反応

反応スキーム7.9　NO_x存在下でのトルエンのOHによる水素引き抜き反応機構

反応スキーム7.10　OHのトルエンへの付加反応によるメチルヒドロキシシクロヘキサジエニルラジカルの生成とそのO_2との反応経路

の場合と類似の反応によってHO_2ラジカルが生成する.HO_2からは反応 (7.10) で OH が再生されるのでHO_x連鎖反応サイクルが完結し,同時に NO がNO_2に酸化される.ただし,トルエンと OH の反応における側鎖からの水素引き抜き反応の割合は数 % 程度であり,主要な反応は以下の付加反応であることが,生成物分析からも知られている (Klotz et al., 1998；Calvert et al., 2002；Atkinson and Arey, 2003).

OH のベンゼン環への付加反応ではその第 1 段階として反応スキーム 7.10 にみるようにヒドロキシメチルシクロヘキサジエニルラジカル (A) が生成される (5.2.10 項参照).ヒドロキシメチルシクロヘキサジエニルラジカルとO_2との反応の速度定数は,UV 吸収法による直接測定がいくつかなされており (5.2.10 項参照),ベンゼンに対して2.5×10^{-16} cm^3 $molecule^{-1}$ s^{-1} (Bohn and Zetzsch, 1999；Grebenkin and Krasnoperov, 2004；Raoult et al., 2004；Nehr et al., 2011),トルエンに対して6.0×10^{-16} cm^3 $molecule^{-1}$ s^{-1} (Knispel et al., 1990；Bohn, 2001) の値が報告されている.したがって,ヒドロキシヘキサジエニルラジカルは大気中ではほとんどすべてO_2と反応するものと考えられる.またベンゼンヘキサジエニルラジカルの$C_6H_6 + OH$への単分子分解速度は 298 K において(3.9 ± 1.3) s^{-1}が報告されている (Nehr et al., 2011).

トルエンの場合のメチルヒドロキシシクロヘキサジエニルラジカルとO_2の反応経路としては反応スキーム 7.10 に示されるように,OH の付加した炭素からの水素引き抜き (経路 a) によるクレゾール (B) の生成,OH 基からの水素引き抜き (経路 b) によるトルエン 1,2-エポキシド (C) およびこれと化学平衡にある 2-メチルオキセピン (D) の生成,そしてベンゼン環へのO_2付加 (経路 c) によるメチルヒドロキシシクロヘキサジエニルペルオキシラジカル (E) の生成の三つの経路が考えられている (Suh et al., 2003；Cartas-Rosado and Castro, 2007；Baltaretu et al., 2009).経路 (a) によるクレゾールの生成はよく知られており,OH のトルエンへの付加反応の o, p-配向性 (5.2.10 項参照) を反映して,主に o-クレゾールが,次いで p-,m-クレゾールが生成される.ただし,OH とトルエン,キシレン,トリメチルベンゼンの反応に対するメチルシクロヘキサジエニルラジカルのO_2によるベンゼン環からの水素引き抜き反応の比率は 20% 程度であり,経路 (b)(c) の方が優先的に起こることが生成物分析から知られている (Klotz et al., 1998；Calvert et al., 2002；Atkinson and Arey, 2003).

経路 (b) によるトルエン 1,2-エポキシド (C) や 2-メチルオキセピン (D) の生成は,Klotz et al. (2000) により提唱され,これらと OH との反応速度が非常に大きいことが実験的・理論的にも確かめられ,以下に述べる開環化合物の一つの生成経路として

考えられている (Cartas-Rosando and Castro, 2007). また，ベンゼンの場合ベンゼンオキシドおよびオキセピンの光分解によりフェノールが生成することが報告されている (Klotz et al., 1997) が，トルエンの場合，クレゾールはトルエン 1,2-エポキシドや 2-メチルオキセピンからは生成されない (Klotz et al., 2000).

反応スキーム 7.10 の経路 (c) によるメチルヒドロキシシクロヘキサジエニルペルオキシラジカル (E) の生成は, OH と芳香族炭化水素の反応生成物としてよく知られている開環化合物をもたらす経路としてもっとも重要な反応経路と考えられている．ベンゼン環へ OH が付加したラジカルに対する O_2 の付加反応は可逆反応であり，たとえばベンゼンの場合のヒドロキシシクロヘキサジエニルラジカルに対してはその平衡定数は $K(298\,\mathrm{K}) = (8.0 \pm 0.6) \times 10^{-20}\,\mathrm{cm^3\,molecule^{-1}}$ (Johnson et al., 2002), O_2 とベンゼン環炭素の結合反応のエンタルピー変化は $\Delta H^\circ_{298} = (-44 \pm 2)\,\mathrm{kJ\,mol^{-1}}$ (Grebenkin and Krasnoperov, 2004) と与えられている．したがって，一般に経路 (c) で生成したヒドロキシシクロヘキサジエニルペルオキシラジカルは大気中で安定であり，芳香族炭化水素の酸化反応中間体として重要な役割を演じている．

OH による芳香族炭化水素の酸化反応機構の大きな特徴は，ベンゼン環の開環によりジカルボニル化合物が生成されることである．たとえば，ベンゼンからはグリオキザール (glyoxal) CHOCHO が, トルエンからはグリオキザールとメチルグリオキザール (methylglyoxal) $CHOC(CH_3)O$ が, o-キシレンではグリオキザールとメチルグリオキザールに加えて，ビアセチル (biacetyl) $C(CH_3)OC(CH_3)O$ が生成することが知られている (Calvert et al., 2002; Atkinson and Arey, 2003). また，たとえばトルエンの場合，C_5, C_6, C_7 のジアルデヒド類，ヒドロキシジカルボニル化合物などが生成される．さらに，以下にみられるように 2,3-エポキシ-2-メチルヘキセンジアールのようなエポキシドの生成が確認されている (Yu and Jeffries, 1997; Baltaretu et al., 2009). これらの開環化合物の収率，生成機構については，これまでの研究ではまだ必ずしも確立されておらず，引き続き多くの研究が行われている．

トルエンの OH 酸化反応における開環化合物の生成経路は反応スキーム 7.10 に示されたメチルヒドロキシシクロヘキサジエニルペルオキシラジカル (E) 経由のものと，トルエン-1,2-エポキシド (C) または 2-メチルオキセピン (D) 経由のものとの二つの経路が考えられている．反応スキーム 7.11 はこれらのうち，前者の経路について反応スキーム 7.10 に示されたペルオキシラジカル (E) を例にとって，最近の知見に基づきまとめたものである．

メチルヒドロキシシクロヘキサジエニルペルオキシラジカル (E) からは, O-O がベンゼン環にブリッジをかけた中間体，ビシクロオキシラジカル (F) の生成が理論

的に予測されている（Andino et al., 1996；García-Cruz et al., 2000；Suh et al., 2003；Suh et al., 2006）．開環化合物の多くはこのビシクロラジカルを経由して生成するものと考えられているが，トルエンの炭素をすべて保持したC_7のエポキシドであるエポキシメチルヘキセンジアール（L）はこのビシクロペルオキシラジカルのメチルヒドロキシエポキシオキシラジカル（K）への異性化を経て生成するものと仮定されている(Bartolotti and Edney, 1995；Baltaretu et al., 2009)．また Baltaretu et al.（2009）は，流通系化学イオン化質量分析計を用いたトルエンの OH 酸化反応実験により，このエポキシド以外に同様にトルエンの炭素をすべて保持したメチルヘキサジエンジアール（J）がこの実験条件下では高収率で生成することを見いだし，その生成経路としてビシクロ中間体（F）を経ず，シクロヘキサジエニルペルオキシラジカルの NO との反応によるオキシラジカル（I）を経由する経路を提言している．

　ビシクロペルオキシラジカル（F）にさらにO_2が付加して生成するビシクロペルオキシラジカル（G）が最近 Birdsall et al.（2010）によって化学イオン化質量分析計によって実験的に検出され，反応スキーム 7.11 に示されるように，このペルオキシラジカルと NO との反応で生成するビシクロオキシラジカル（H）の単分子分解によるブテンジアール（M）とメチルグリオキザール（Q）および 2-メチルブテンジアール（N）とグリオキザール（R）の生成経路が提言されている（Volkamer et al., 2001；Suh et al., 2003；Baltaretu et al., 2009）．

　一方，トルエン-1,2-エポキシド（C）または 2-メチルオキセピン（D）の反応は，

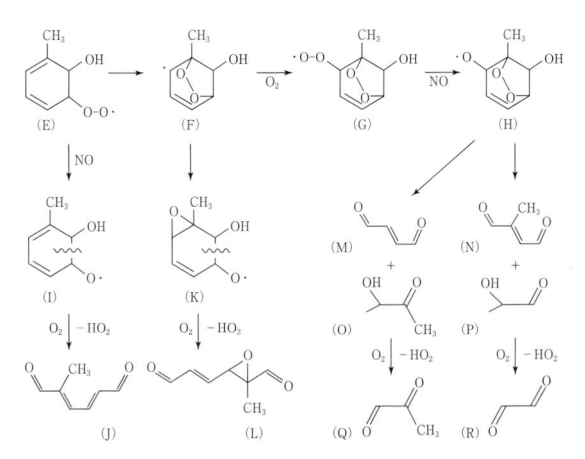

反応スキーム 7.11　トルエンの OH 酸化反応におけるメチルヒドロキシシクロヘキサジエニルペルオキシラジカル（E）経由の開環化合物生成経路

7.2 汚染大気中における VOC の酸化反応機構

反応スキーム 7.12 トルエン 1,2-エポキシド（C）の OH 酸化反応による 6-オキソヘプタ-2,4-ジアールの生成経路

十分な研究がなされていないが，量子化学的計算によると OH と前者のエポキシドの反応速度は $\sim 1\times 10^{-10}\,\mathrm{cm^3\,molecule^{-1}\,s^{-1}}$ と非常に大きく（Cartas-Rosado and Castro, 2007），実験的に得られている値 $\sim 2\times 10^{-10}\,\mathrm{cm^3\,molecule^{-1}\,s^{-1}}$（Klotz et al., 2000）をよく再現するのに対し，OH と後者のオキセピンとの反応速度定数の理論値は $\sim 1\times 10^{-14}\,\mathrm{cm^3\,molecule^{-1}\,s^{-1}}$ と非常に小さい．また Klotz et al.（2000）により実験的に得られている主生成物 6-オキソヘプタ-2,4-ジエナールの生成は理論計算からも導かれており，Cartas-Rosado and Castro（2007）はその生成経路を反応スキーム 7.12 のように提言している．

芳香族炭化水素の大気中酸化反応機構はまだ確立されていない．ここで述べられたような反応スキームをベースにした反応モデル MCM（master chemical mechanism）に対し，ヨーロッパ（EU）の屋外スモッグチャンバー（EUPHORE）（p.276 のコラム参照）を用いた実験データによる検証が行われているが，オゾンの生成濃度や OH, HO_2 濃度などに関し，モデルと実験との解離がなお大きいことが報告されている（Wagner et al., 2003；Bloss et al., 2005）．とくに生成物の NO_x 依存性や含窒素酸化生成物の同定など，実験的にもまだ不十分な点が多い．

OH とトルエンの反応生成物についても，上に述べられていない化合物も数多く報告されており，それらの生成経路もまだ十分よくわかっていないものが多い．また，上で述べられた生成物の多くは分子内に二重結合を二つもつジエン類など OH との反応速度定数が非常に大きな化合物や，分子内に二つのアルデヒド基をもつジアール類など大気中での光分解速度定数が十分大きい化合物が多く，それらからさらに二次的に生成される化合物も実際の汚染大気中で重要な役割を演じている可能性がある．それらは後述の大気中に存在する未同定 VOC（7.4.2 項参照）の大きな比率を占めることが容易に予想され，光化学オゾン・オキシダントの予測モデルのなかで大きな不確定要因となっている．また芳香族炭化水素の大気中酸化生成物のなかにはジアルデ

ヒド類やエポキシド類など発がん性や変異原性をもつことが知られている物質も多く，光化学大気汚染の健康影響の面からも関心がもたれる．

7.2.9 アルデヒドの OH, NO$_3$ 酸化反応機構

NO$_x$ 存在下のアルデヒドの OH 酸化反応は，ペルオキシアシルナイトレート（peroxyacyl nitrate, RC(O)OONO$_2$）と呼ばれる生体毒性の強い特異な化合物を生成する点で非常に重要である．OH とアルデヒド類の反応は，5.2.11 項にみたように，アルデヒド基からの水素原子引き抜き反応によりアシル基を生成する．たとえば，アセトアルデヒドを例にとると，その反応機構は，

$$CH_3CHO + OH \rightarrow CH_3CO + H_2O \tag{7.32}$$

$$CH_3CO + O_2 + M \rightarrow CH_3C(O)OO + M \tag{7.33}$$

$$CH_3C(O)OO + NO \rightarrow CH_3C(O)O + NO_2 \tag{7.34}$$

$$CH_3C(O)OO + NO_2 + M \rightarrow CH_3C(O)OONO_2 + M \tag{7.35}$$

$$CH_3C(O)OO + HO_2 \rightarrow CH_3C(O)OOH + O_2 \tag{7.36}$$

$$CH_3C(O)O \rightarrow CH_3 + CO_2 \tag{7.37}$$

$$CH_3 + O_2 + M \rightarrow CH_3O_2 + M \tag{7.7}$$

$$CH_3O_2 + NO \rightarrow CH_3O + NO_2 \tag{7.8}$$

$$CH_3O + O_2 \rightarrow HCHO + HO_2 \tag{7.9}$$

この反応経路は 7.2.2 項にみたアルカンに対する H 引き抜き反応と並列であり，反応（7.37）で CH$_3$ ラジカルを生成した後の反応（7.7）～（7.9）は 7.1.1 項のメタンの酸化反応過程でみたものと同じである．アルデヒドの酸化反応の最大の特徴は，反応（7.33）で生成したペルオキシアシルラジカルが反応（7.35）のように NO$_2$ と反応して準安定なペルオキシアシルナイトレートを生成することである．アセトアルデヒドの場合は，ペルオキシアセチルナイトレート（CH$_3$C(O)OONO$_2$）を生成する．この化合物は PAN（peroxyacetyl nitrate）と呼ばれ，その植物に対する毒性がオゾンに比べてもはるかに強いことが知られている．また一群のペルオキシアシルナイトレートは総称して PANs と呼ばれることもある．

CH$_3$C(O)OONO$_2$ の結合エネルギー $D°$(O-NO$_2$) は $92\,\mathrm{kJ\,mol^{-1}}$ と小さいため，この分子は熱分解を受けやすく，対流圏大気中では，

$$CH_3C(O)OO + NO_2 + M \rightleftharpoons CH_3C(O)OONO_2 + M \tag{7.38}$$

のような熱平衡にある．PAN の熱分解反応速度定数は，IUPAC 小委員会報告 Vol. II により $k_{\infty,7.38}(298\,\mathrm{K}) = 3.8 \times 10^{-4}\,\mathrm{s^{-1}}$ と与えられており（Atkinson *et al.*, 2006），これから 298 K における PAN の大気中寿命が 43 min と計算される．このように PAN

は対流圏下層では熱分解によって消失し，あまり長距離輸送されることはないが，気温の低い上部対流圏ではその寿命は長くNO_xのリザバーとして長距離輸送され，OHとの反応や光分解などを受けてゆっくりしたNO_xの再放出源として働く．

アルデヒドとNO_3の反応は，OHとの反応同様の水素引き抜き反応であり，たとえばCH_3CHOの場合，

$$CH_3CHO + NO_3 \rightarrow CH_3CO + HONO_2 \tag{7.39}$$

である（5.5.4項参照）．したがって後続反応は上の式（7.33）以下と同様の経路をたどり，反応（7.9）でHO_2を生成するので，アルデヒドとNO_3の反応は夜間のHO_xラジカルの生成源として重要である．

7.3　OHラジカル連鎖反応によるO_3の生成と消失

7.1節に述べられたOHラジカル連鎖反応は，前節にみたような炭化水素，アルデヒドをはじめとするほとんどすべての大気中有機化合物のOHとの反応による大気中からの除去と有機エアロゾルを含む二次汚染物質の生成をもたらすほか，オゾンの生成と消滅に直接関わるなど対流圏化学において本質的に重要な役割を演じている．

人間活動の影響が小さいNO_x濃度の低い条件下では，O_3の光分解による励起酸素原子$O(^1D)$と水蒸気との反応で生成したOHラジカルの一部は，CH_4，COとの反応と競争的にO_3と反応しO_3自身の消失をもたらす．一方，ある濃度以上のNO_xが存在するとOH連鎖反応はNO_2の光分解反応と連結して正味のO_3生成をもたらし，とくにNO_x，VOC濃度の高い汚染大気中ではO_3が高濃度に生成されて光化学大気汚染を引き起こす．このように対流圏におけるNO_xの濃度分布とそれによるO_3の生成と消滅は，地球上におけるO_3の空間分布を決定する上で基本的に重要であり，さらに汚染大気中のNO_x，VOC濃度とO_3の生成の関係を定量的に明らかにすることは，光化学大気汚染の抑止戦略の上からも非常に重要である．本節ではこのようなNO_x，VOCとO_3生成の関係とその基盤となるHO_x連鎖反応機構が，大気中におけるOH，HO_2の実測値とモデル計算値との比較により，どの程度定量的に検証されているかについて述べる．

7.3.1　清浄大気中におけるO_3の生成と消失

大気中のNO_x濃度が非常に低いとき，O_3の光分解から反応（7.1），（7.2）で生成したOH，およびCOやCH_4とOHとの反応から生成したHO_2は7.1節で述べられたラジカル-ラジカル連鎖停止反応（7.16），（7.17）で消失されるほか，その一部は

コラム 光化学スモッグチャンバー

汚染大気中の光化学反応を研究するために考案された大型の反応容器は「光化学スモッグチャンバー」または単に「スモッグチャンバー」と呼ばれている（光化学チャンバー，環境チャンバーとも呼ばれる）．スモッグチャンバーの原型は1960年代に作られたプラスチック膜を金属の枠に張った容量数m^3のもので，外部にブラックライトと呼ばれる蛍光灯を並べて 300 nm より長波長の光を照射する方式のものである（たとえば Rose and Brandt, 1960）．スモッグチャンバーに大容量が求められたのは，分析上の理由と反応上の理由からである．チャンバー実験は，連続測定にしろ間歇測定にしろ，大気汚染物質測定用の機器による反応物・生成物の分析には相当量の試料気体を吸引する必要があり，必然的に大容量の反応容器が必要であった．一方，反応上からは実験に用いられる低濃度の気体を用いた実験では，反応容器の壁面での吸着や脱着が無視できず，その影響を少しでも減らすために表面積/体積比の小さな大容量の容器が求められた．

こうした二つの要請に応えるためスモッグチャンバーはその後二つの方向の発展を遂げた．一つは真空排気型スモッグチャンバーの建設で，これは一つの実験終了後に壁面を真空加熱して吸着物質を除去し，前の反応の履歴を消し去り，実験精度を上げることを目的としたものである．古典的なガラス製セルを用いた光化学の物理化学実験の手法を応用した考え方といってもよい．最初の真空排気型スモッグチャンバーはカリフォルニア大学リバサイド校（UCR）に建設された（Winer et al., 1980）．そして第2号が日本の国立環境研究所(NIES)に建設された(Akimoto et al., 1979)．図1にその外観写真を示す．NIESチャンバーの容量は 6.3 m^3 でステンレス製の二重壁面の間隙に加熱用油媒体が循環され200℃でのベーキングと実験時の温度設定が可能となっている．擬似太陽光としては多灯式のキセノンアークランプが用いられ軸方向での光照射がなされた．またこのチャンバーには単軸方向に長光路フーリエ変換赤外分光光度計が組み込まれ，多重反射鏡の支持にはチャンバー本体加熱時の熱歪みの影響を受けないコンクリート製光学ベンチ方式が採用されている．これらの真空排気型チャンバーは再現性のある実験データを得ることに成功し，1970年代末から1980年代に多くの有用な実験結果を提供した（本文7.3.3項参照）．最近の真空排気型チャンバーは，フランスのパリ・ディデロ大学に建設されている（Wang et al., 2011）．

スモッグチャンバーのもう一つの方向は，屋外チャンバーへの発展である．これはチャンバーを屋外に設置し，光源に自然太陽光を用いることにより大容量のチャンバーを可能

図1 国立環境研究所の真空排気型光化学スモッグチャンバー

にすることによって,壁面影響をできるだけ取り除く考え方である.最初の 156 m^3 の屋外チャンバーはノースカロライナ大学に建設された (Fox et al., 1975).その後,屋外チャンバーは数多く建設されているが,最近のドイツ・ユリッヒに建設された 270 m^3 のチャンバー (SAPHIR) には OH ラジカルの長光路吸収セルが組み込まれている (Wang et al., 2011).また欧州連合 (EC) では 1993 年にスペインのバレンシアに図 2 に示すような約 200 m^3 の屋外チャンバー (EUPHORE) を建設し (Becker, 1996),モデルシミュレーションの検証や大気反応機構の研究などに活用されている.

このように 1960 年代に原型が生まれたスモッグチャンバーは,その後 50 年たった現在でもなお新たに建設され利用されている希有な実験装置である.初期のチャンバー実験は上記の理由から再現性に乏しく,科学的価値が低いと批判されていたことを思うと隔世の感がある.

図 2 バレンシアの屋外型スモッグチャンバー (EUPHORE)

引用文献

Akimoto, H., M. Hoshino, G. Inoue, F. Sakamaki, N. Washida and M. Okuda, Design and characterization of the evacuable and bakable photochemical smog chamber, *Environ. Sci. Technol.*, **13**, 471-475, 1979.

Becker, K.-H., The European Photoreactor EUPHORE: Design and Technical Development of the European Photoreactor and first Experimental Results; Final Report of the EC-Project Contract EV5V-CT92-0059, BUGH Wuppertal, Wuppertal, 1996.

Fox, D. L., J. E. Sickles, M. R. Kuhlman, P. C. Reist and W. E. Wilson, Design and operating parameters for a large ambient aerosol chamber, *J. Air Poll. Contr. Ass.*, **25**, 1049-1053, 1975.

Rose, A. H. and C. S. Brandt, Environmental irradiation test facility, *Air Poll. Contr. Ass.*, **10**, 331-335, 1960.

Wang, J., J. F. Doussin, S. Perrier, E. Perraudin, Y. Katrib, E. Pangui, and B. Picquet-Varrault, Design of a new multi-phase experimental simulation chamber for atmospheric photosmog, aerosol and cloud chemistry research, *Atmos. Meas. Tech.*, **4**, 2465-2494, 2011.

Winer, A. M., R. A. Graham, G. J. Doyle, P. J. Bekowies, J. M. McAfee and J. N. Pitts, Jr., An evacuable environmental chamber and solar simulator facility for the study of atmospheric photochemistry, *Adv. Environ. Sci. Technol.*, **10**, 461-511, 1980.

O_3 と反応して,

$$OH + O_3 \rightarrow HO_2 + O_2 \qquad (7.40)[5.13]$$
$$HO_2 + O_3 \rightarrow HO + 2O_2 \qquad (7.41)[5.38]$$

のように連鎖的に O_3 を消失させる.また O_3 の光分解反応によって生成した $O(^1D)$ のうち,H_2O と反応して OH を生成する反応,

$$O_3 + h\nu \rightarrow O(^1D) + O_2 \qquad (7.1)$$
$$O(^1D) + H_2O \rightarrow 2OH \qquad (7.2)$$

自身も O_3 の消失をもたらすので,これらの反応式からその場(*in situ*)での O_3 の消失速度は,

$$L(O_3) = (j_{7.1}f_{7.2} + k_{7.40}[OH] + k_{7.41}[HO_2])[O_3] \qquad (7.42)$$

で表される.ここで $j_{7.1}$ は反応(7.1)による O_3 の光分解速度,$f_{7.2}$ はこの反応で生成された $O(^1D)$ から OH が生成される収率,$k_{7.40}, k_{7.41}$ はそれぞれ反応(7.40),(7.41)の反応速度定数である.$j_{7.1}$ の値は O_3 の吸光断面積(表4.1)と光化学作用フラックス,たとえば地表の場合は付録5(巻末)から,$f_{7.2}$ の値は

$$f_{7.2} = \frac{k_{7.2}[H_2O]}{k_{7.2}[H_2O] + k_{7.3}[N_2] + k_{7.4}[O_2]} \qquad (7.43)$$

により計算することができる.ただし,$k_{7.3}, k_{7.4}$ は反応(7.3),(7.4)の速度定数である.

一方,大気中の NO_x 濃度が次第に高くなった場合,7.1節で述べられた低濃度 NO_x 存在下での OH と CH_4,CO との反応による HO_x 連鎖反応系は,NO_2 の光分解(4.2.2項)による $O(^3P)$ と O_2 との反応による O_3 の生成反応と連結し,次のように大気中での O_3 生成をもたらす.

$$HO_2 + NO \rightarrow OH + NO_2 \qquad (7.10)$$
$$RO_2 + NO \rightarrow RO + NO_2 \qquad (7.20)$$
$$NO_2 + h\nu \rightarrow NO + O(^3P) \qquad (7.44)[4.5]$$
$$O(^3P) + O_2 + M \rightarrow O_3 + M \qquad (7.45)[5.1]$$

これらの反応式からその場での O_3 の生成速度は

$$P(O_3) = (k_{7.10}[HO_2] + k_{7.20}[RO_2])[NO] \qquad (7.46)$$

で表される.ここで,$k_{7.10}, k_{7.20}$ はそれぞれ反応(7.10),(7.20)の速度定数,RO_2 は有機過酸化ラジカルを表す.リモートな外洋上の清浄大気中では RO_2 としては CH_3O_2 だけを考慮すればよいが,自然起源・人為起源 VOC が加わるにつれ7.2節にみたようなほかの多くの有機過酸化ラジカルを同時に考慮する必要が出てくる.式(7.46)と式(7.42)から O_3 のその場での正味の生成速度 $N(O_3)$ は,

$$N(O_3) = P(O_3) - L(O_3) \qquad (7.47)$$

で表すことができる．

図 7.1 は式 (7.45), (7.41) によって近似されたモデル計算による清浄大気中における O_3 の生成と消失の速度を NO_x の関数としてプロットした一例である（Liu et al., 1992). 計算は Mauna Loa の清浄大気条件下に対するものであり，NO_x 濃度1〜100 pptv 領域における昼夜 24 時間平均の計算値が示されている．図 7.1 にみられるように，この条件下では O_3 の消失速度は NO_x 濃度によらずほぼ一定であるのに対して，生成速度は NO_x 濃度にほぼ比例していることがわかる．このことは式 (7.42), 式 (7.46) において [OH], [HO_2], [RO_2] の昼夜平均濃度が NO_x 濃度によらずほぼ一定であることを意味している．

図 7.1 からこうした清浄な大気中では，ある濃度以下では対流圏での正味の O_3 の消失が，それ以上では正味の O_3 の生成がもたらされる NO_x 濃度のしきい値が存在することがわかる．式 (7.47) において，$P(O_3) = L(O_3)$ とおいて得られる NO 濃度のしきい値 $[NO]_{th}$ は，

$$[NO]_{th} = \frac{(j_{7.1}f_{7.2} + k_{7.40}[OH] + k_{7.41}[HO_2])[O_3]}{k_{7.10}[HO_2] + k_{7.20}[RO_2]} \tag{7.48}$$

で計算される．ここで $j_{7.1} = 4 \times 10^{-5}\,\mathrm{s}^{-1}$, $f_{7.2} = 0.1$; [HO_2] $= 6 \times 10^8$, [OH] $= 4 \times 10^6$, [CH_3O_2] $= 3 \times 10^8$ molecules cm^{-3} ; $k_{7.40} = 1.9 \times 10^{-15}$, $k_{7.41} = 7.3 \times 10^{-14}$, $k_{7.10} = 8.0 \times 10^{-12}$, $k_{7.20}(CH_3O_2) = 7.7 \times 10^{-12}$ cm^3 molecule^{-1} s^{-1}, [O_3] $= 40$ ppb などの典型値を代入すると，$[NO]_{th} = \sim 25$ ppt の値が得られる．

日中の太陽光照射下での NO と NO_2 の濃度比は，反応 (7.44) の NO_2 の光分解による NO の生成速度と NO から NO_2 への変換速度の比で決まるので，

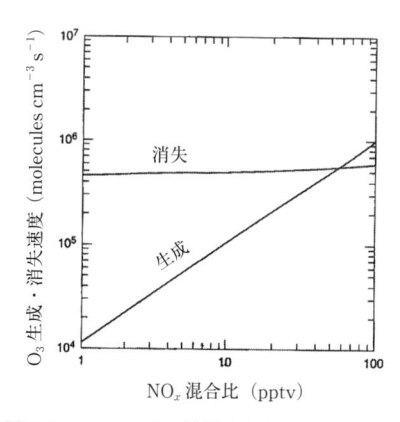

図 7.1 モデルによる清浄大気中における O_3 の生成・消失速度 (Liu et al., 1992 より改編)

$$\frac{[\mathrm{NO}]}{[\mathrm{NO_2}]} = \frac{j_{7.44}}{k_{7.50}[\mathrm{O_3}] + k_{7.10}[\mathrm{HO_2}] + k_{7.20}[\mathrm{RO_2}]} \tag{7.49}$$

で求められる．ここで$k_{7.10}$, $k_{7.20}$は上述のHO$_2$, RO$_2$によるNOのNO$_2$への酸化反応(7.10), (7.20)の速度定数であり，$k_{7.50}$はO$_3$によるNOの酸化反応，

$$\mathrm{O_3 + NO \rightarrow NO_2 + O_2} \tag{7.50}[5.53]$$

の速度定数である．一般にリモート地域のO$_3$濃度は清浄な海洋上では〜10 ppbv, 陸域では30-50 ppbvであるのに対し，日中のHO$_2$などの過酸化ラジカル濃度は10 pptvの桁と3桁ほど低いが，NOとHO$_2$, CH$_3$O$_2$などとの反応速度定数は〜8×10^{-12} cm^3 molecule^{-1} s^{-1}で，NOとO$_3$の反応速度定数1.8×10^{-14} cm^3 molecule^{-1} s^{-1}より3桁近く大きい（表5.3参照）ため，日中のNO, NO$_2$の平衡濃度を決める因子としてはこれら過酸化ラジカル，O$_3$の反応の寄与は同程度となる．式(7.49)から計算される比は[NO]/[NO$_2$]≈0.3となる．これから式(7.47)で計算されるNO$_x$のしきい値は[NO$_x$]$_{th}$≈80 pptvとなる．図7.1から読み取られるNO$_x$のしきい値は〜60 pptvであり，このように清浄な大気中で正味のO$_3$の生成が起こっているか，消失が起こっているかのNO$_x$濃度のしきい値は一般に数十〜100 pptvと考えられる．

実際のリモートな清浄大気中のO$_3$は一般にはほとんどが長距離輸送によるものであり，その場での正味のO$_3$生成・消滅を直接的に反映するものではない．しかしここで述べられたようなO$_3$の生成・消滅は領域規模のオゾン濃度の分布に反映され，グローバルでの対流圏オゾンの収支を考える上で重要である．

7.3.2 汚染大気中におけるO$_3$の生成

前項でみたようなO$_3$の生成と消失のNO$_x$依存性は，NO$_x$濃度が1 ppbvを超えるような汚染大気中ではまったく様相を異にする．図7.2は1〜100 pptvの清浄領域から10 ppbv以上の汚染領域にわたるNO$_x$濃度に対してOH, HO$_2$ラジカル濃度および正味のO$_3$生成速度のモデル計算結果をプロットしたものである（Brune, 2000）．図には大気境界層（PBL, planetary boundary layer）と上部対流圏（UT, upper troposphere）の二つのケースについての計算結果が示されている．図7.2(a)にみられるように境界層内では前項の図7.1に対応してOH, HO$_2$濃度はNO$_x$濃度100 pptv前後まではほぼ一定であるが，これを超えるとOH濃度は増加し，NO$_x$濃度が1 ppbv付近を超えると，OH, HO$_2$濃度はともに急速に減少する．一方，上部対流圏では，これらの変化はほぼ1桁低濃度のNO$_x$で起こり，OH濃度の増加はNO$_x$ 10 pptv以上で，OH, HO$_2$濃度の減少はNO$_x$ 200 pptv付近以上でみられている．一方，O$_3$の正味の生成速度N(O$_3$)は図7.2 (b)にみるように，図7.1に対応してNO$_x$濃

7.3 OHラジカル連鎖反応によるO_3の生成と消失

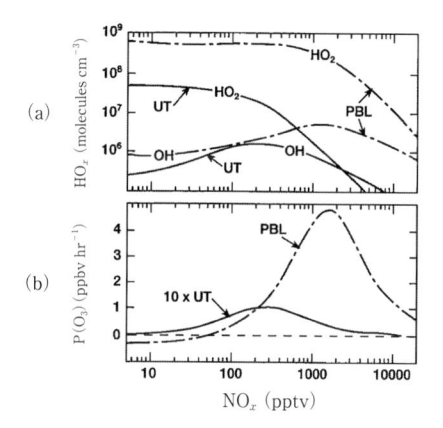

図 7.2 モデルによる境界層および上部対流圏における (a) OH, HO_2 濃度, (b) 正味のオゾン生成速度のNO_x濃度依存性. PBL: 大気境界層, UT: 上部対流圏 (Brune, 2000 より改編)

度数十 pptv で正に転じ, 100 pptv を超えるあたりから急速に増加するが, NO_x 濃度 1~2 ppbv で最大値となり, それ以上では正味の生成速度が急速に減少する.

こうしたHO_x濃度および$N(O_3)$のNO_x濃度依存性は次のように説明される. 大気境界層においてNO_x濃度が100 ppt以下(O_3の正味の生成しきい値以下)の領域では, O_3光分解により生成したOHおよびこれから生成するHO_2は, O_3との反応 (7.40), (7.41) およびこれらラジカルどうしの反応 (7.16)~(7.18) による消失で支配されており, 反応 (7.10) の HO_2+NO の反応はこれと競争できないため, OH, HO_2濃度はNO_xによらずほぼ一定である. しかるにNO_xの増加とともに, HO_2+NO の反応の寄与が大きくなり, この反応がO_3の生成を支配するようになると同時にHO_2からOHへの変換を促進して, OH濃度の増加をもたらす. さらにNO_x濃度が1 ppb以上に増加すると,

$$OH + NO_2 + M \rightarrow HONO_2 + M \quad (7.51)[5.17a]$$

の反応 (5.2.4項) が効いてきて, OHおよびHO_2濃度はNO_x濃度とともに減少する. このようにNO_xが1-2 ppbを超える濃度領域では, HO_2濃度はNO_xとともに低下し, 正味のO_3生成速度$N(O_3)$も低下し始める. NO_x濃度10~100 ppb 領域は, 汚染大気中で光化学大気汚染により100 ppb以上の高濃度O_3汚染が問題となる領域であり, 次項にみるようにこの領域ではO_3生成速度, 生成濃度は, NO_x濃度に対して強い非線形性を示す.

上部対流圏では, 湿度が低いため, $O(^1D)$ と H_2O との反応によるO_3からのOH

生成速度が小さく、HO_x を生成する光分解反応として、H_2O_2（4.2.8項）、HCHO（4.2.5項）、$CH_3C(O)CH_3$（4.2.7項）などの寄与が PBL に比べて相対的に大きくなる。図7.2 にみるように NO_x 低濃度領域での上部対流圏の OH, HO_2 濃度は低く、境界層に比べて OH では約3分の1、HO_2 では約10分の1の濃度である。このため、HO_x の消失反応である HO_x どうしの反応が起こりにくい。一方、上部対流圏では NO_x 増加による HO_x 連鎖の停止反応は OH と NO_2 による $HONO_2$ の生成反応（7.51）のほかに HO_2 と NO_2 の反応による HO_2NO_2 の生成反応（5.3.4項）も重要となる。

$$HO_2 + NO_2 + M \rightarrow HO_2NO_2 + M \qquad (7.52)[5.48]$$

これは気温の低い上部対流圏では生成した HO_2NO_2 の熱分解反応速度、

$$HO_2NO_2 + M \rightarrow HO_2 + NO_2 + M \qquad (7.53)[5.49]$$

が小さくなり、反応（7.52）がその場での実質的な NO_x の消失源となるためである。連鎖停止反応として HO_x どうしの反応に比して NO_x との反応が効きやすいという理由から、図7.2 にみられるように上部対流圏では OH, HO_2 濃度、および正味 O_3 生成速度は PBL に比べてずっと低い NO_x 濃度から低下し始める。すなわち OH 濃度、$N(O_3)$ の極大は 200 ppt 前後にみられ、HO_2 の濃度も 200 ppt を超えるあたりから急速に低下し始めるなど、いずれも境界層に比べて一桁低い NO_x 濃度で起こることがわかる。実際の北半球上部対流圏の NO_x 濃度は 100 pptv 以上の値が観測されており（Brasseur et al., 1999）、上部対流圏では O_3 生成は NO_x に対し非直線性を示す領域にあることに注意する必要がある。

7.3.3 オゾン生成の NO_x, VOC 依存性とオゾン等濃度曲線

本項では都市汚染大気条件下でのスモッグチャンバー実験（p.276 のコラム参照）の結果などを参考に、NO_x, VOC 濃度に対する O_3 生成の依存性を整理してみよう。対流圏で直接 O_3 を生成する反応としては、NO_2 の光分解による基底状態の酸素原子 $O(^3P)$ からの O_3 生成がほとんど唯一の反応である。

$$NO_2 + h\nu \rightarrow NO + O(^3P) \qquad (7.44)$$
$$O(^3P) + O_2 + M \rightarrow O_3 + M \qquad (7.45)$$

もし大気中でこれらの反応だけが進行すれば、大気中の NO_2 はすべて光分解されて、その初期濃度と同量の O_3 が生成することになる。すなわち汚染大気中の NO_2 濃度が 100 ppb であれば、生成する O_3 濃度も 100 ppb となるはずであるが、実際にスモッグチャンバー内で空気中約 100 ppb の NO_2 に擬似太陽光を照射したときの NO_2, NO, O_3 の濃度の実験値は図7.3 のようになる（Akimoto et al., 1979a）。図にみられるようにこの反応系では光照射後2分ほどで NO_2, NO, O_3 濃度は光定常状態に達し、NO_2

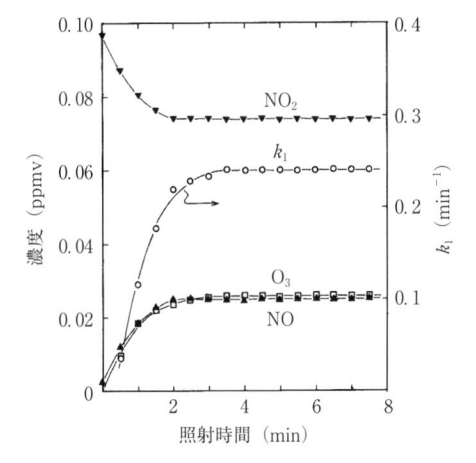

7.3 OHラジカル連鎖反応によるO_3の生成と消失

図7.3 スモッグチャンバー内空気中でのNO_2光照射による
NO, NO_2, O_3の濃度変化
図中のk_1は光定常状態式から実験的に求められたNO_2の光
分解速度定数（本文参照）（Akimoto *et al*., 1979a より改編）

の初期濃度の約 30% が等量の NO と O_3 に変換し，それ以上の NO_2 の O_3 への変換はみられない．これは光分解で生成した O_3 と NO との反応（5.4.1項），

$$O_3 + NO \rightarrow NO_2 + O_2 \tag{7.50}$$

による NO から NO_2 への逆反応が起こり，すみやかに光定常状態に到達するためである．図7.3中のk_1は光定常状態式（7.49）において HO_2, RO_2 濃度を0とおいて，NO, NO_2, O_3 の濃度から実験的に求められた NO_2 の光分解速度定数で，光定常に達した後のk_1の値 ($0.24\,\mathrm{min}^{-1}$) が，本文中の $j_{7.44}$ に相当する．反応 (7.44), (7.45), (7.50) から，大気中に NO_x のみが存在するとき，光定常で生成する O_3 濃度は，

$$[O_3]_{ps} = [NO]_{ps} = \frac{-j_{7.44} + \sqrt{j_{7.44}^2 + j_{7.44} k_{7.50}[NO_2]_0}}{2k_{7.50}} \approx \sqrt{\frac{j_{7.44}}{k_{7.50}}[NO_2]_0} \tag{7.54}$$

で近似することができる (Akimoto *et al*., 1979a)．ここで，$[NO_2]_0$ は NO_2 の初期濃度，$[O_3]_{ps}$, $[NO]_{ps}$ はそれぞれ O_3, NO の光定常濃度，$j_{7.44}$, $k_{7.50}$ はそれぞれ反応 (7.50) による NO_2 の光分解速度（図7.3の実験では $4 \times 10^{-3}\,\mathrm{s}^{-1}$），反応 (7.50) の反応速度定数 ($1.8 \times 10^{-14}\,\mathrm{cm}^3\,\mathrm{molecule}^{-1}\,\mathrm{s}^{-1}$，表5.4参照）である．ちなみに反応 (7.50) は都市大気中で汚染源から排出された NO によって O_3 がその場で消失される反応として重要であり，NO 濃度の分だけ定量的に O_3 濃度を減少させるので NO 滴定反応 (NO titration reaction) と呼ばれている．

このような NO_2-空気混合物の光化学に VOC が加わった場合，上の反応 (7.44),

(7.45), (7.50) に 7.2 節で述べられた VOC に対する HO_x 連鎖反応 (7.19), (7.20), (7.21), (7.10) が連結され，以下のような連鎖反応系が構成される．

$$OH + RH + O_2 \rightarrow RO_2 + product \quad (7.19)$$
$$RO_2 + NO \rightarrow RO + NO_2 \quad (7.20)$$
$$RO + O_2 \rightarrow R'CHO(R'COR'') + HO_2 \quad (7.21)$$
$$HO_2 + NO \rightarrow OH + NO_2 \quad (7.10)$$
$$NO_2 + h\nu \rightarrow NO + O(^3P) \quad (7.44)$$
$$O(^3P) + O_2 + M \rightarrow O_3 + M \quad (7.45)$$
$$O_3 + NO \rightarrow NO_2 + O_2 \quad (7.50)$$

この反応系では，NO_2 の光分解反応 (7.44) で生成された NO は，反応 (7.50) で O_3 を消費することなく反応 (7.10), (7.20) によって HO_2, RO_2 と優先的に反応し NO_2 へ戻される．再生された NO_2 からは再び O_3 が生成されるので，このサイクルが何度も回ることによって NO が NO_2 に酸化されるとともに O_3 が蓄積され，高濃度の O_3 が生成されることになる．

この様子をスモッグチャンバー実験で示したのが図 7.4 である．この図は空気中で 34 ppbv の NO_x (NO 33 ppbv, NO_2 1 ppbv) と 100 ppbv のプロピレン (C_3H_6) の混合物に擬似太陽光を照射したときの，それぞれの化合物の濃度変化を示したものである (Akimoto et al., 1979b). 図から NO の NO_2 への酸化，NO_x の初期濃度をはるかに上回る約 120 ppbv の高濃度 O_3 の生成，C_3H_6 の減衰の様子をみることができる．なお，図中の [NO_x-NO] は NO 以外の窒素酸化物濃度を表し，NO_x-NO のピーク到達時まではほぼ NO_2 濃度に等しいが，以後時間の経過とともに PAN および硝酸の一部などを含んだ含窒素生成物の濃度を反映している．これは測定に用いられた市販のモリブデン変換器付き化学発光法 NO_x 測定器が NO, NO_2 以外の二次生成含窒素化合

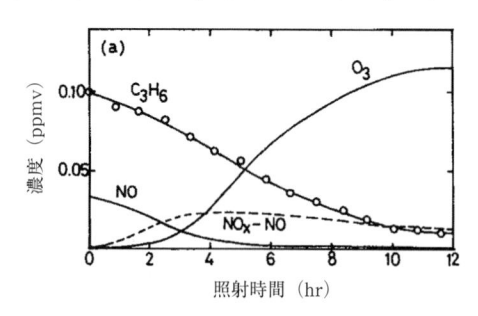

図 7.4 スモッグチャンバー内空気中 C_3H_6, NO_x 混合物への光照射における C_3H_6, NO, NO_x-NO, O_3 の濃度変化 (Akimoto et al., 1979b より改編)

7.3 OHラジカル連鎖反応によるO_3の生成と消失

物の多くを還元してNO_xとして表示するためである．図7.4にみられるように反応後半にO_3生成速度が低下しO_3が最大値に到達するのは，反応 (7.51) による硝酸の生成，反応 (7.38) によるPANの生成，また反応スキーム7.2にみたようなヒドロキシアルキルナイトレートなどの生成により，NO_xが反応系外に除去されるためである．一方，図7.4にみられるC_3H_6の減衰は，7.2節にみたOHおよびO_3との反応による消失である．

図7.4ではO_3が最大値に到達するのに10時間近くの照射時間を要しているが，一般にO_3の生成速度はVOC濃度にほぼ比例することが知られている (Akimoto and Sakamaki, 1983)．すなわちO_3の生成速度$P(O_3)$は式 (7.46) のようにHO_2およびRO_2の濃度に比例し，これら過酸化ラジカルの生成速度は，反応 (7.19) のOHとRHの反応が律速段階になっている．スモッグチャンバー実験の結果では，VOC/NO_x比がある程度以上大きなVOC過剰条件下ではOH濃度はほぼ一定であるので，OHとVOCの反応速度はVOC濃度にほぼ比例する (Akimoto et al., 1980)．

このようなVOC過剰条件下のチャンバー実験で得られたNO_x, VOCの初期濃度と生成するO_3の最大濃度$[O_3]_{max}$との関係を反応モデルによる計算値と比較した一

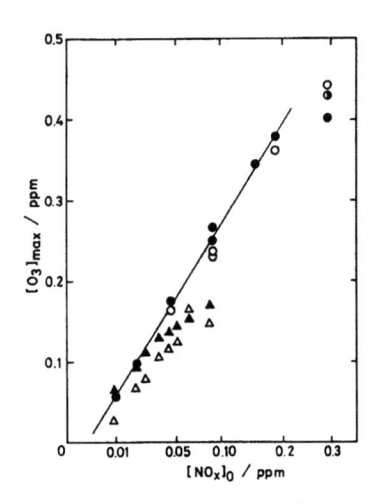

図7.5 チャンバー内C_3H_6, NO_x混合物への光照射におけるNO_x初期濃度$[NO_x]_0$の平方根に対する最大オゾン濃度$[O_3]_{max}$の実験値(○, △)とモデル計算値(●, ▲)の比較(Sakamaki et al., 1982)
横軸は平方根スケールでのC_3H_6初期濃度500 ppbv (○, ●), 100 ppbv (△, ▲).

例を図7.5に示す（Sakamaki *et al.*, 1982）。この実験ではVOCとしてC_3H_6を用い，C_3H_6 100, 500 ppbvの初期濃度に対してNO_x初期濃度を10～300 ppbvの範囲で変えて長時間光照射を行った場合，最終的に得られるO_3濃度はC_3H_6にほとんどよらずにNO_x初期濃度の平方根に近似的に比例する結果が得られ（Akimoto *et al.*, 1979b），この結果は図にみられるようにモデル計算でもよく再現されている（Sakamaki *et al.*, 1982）。また，同様に$[O_3]_{max}$はNO_2の光分解速度定数$j_{7.44}$の平方根にも比例することが実験と計算値から確かめられている。これらの結果から，彼らはNO_x, VOCを長時間光照射したときのO_3の最大濃度は式（7.54）のパラメータを変形して$[O_3]_{ps}$を下式で改めて定義し，

$$[O_3]_{max} \propto [O_3]_{ps} = \sqrt{\frac{j_{7.44}}{k_{7.50}}[NO_x]_0} \tag{7.55}$$

VOC過剰領域では，$[O_3]_{max}$が$[O_3]_{ps}$に比例するという経験式をモデル計算から確かめている（Sakamaki *et al.*, 1982）。

一方，図7.5では$[C_3H_6]_0 = 100, 500$ ppbvそれぞれの実験値，計算値においてある値以上の$[NO_x]_0$では$[O_3]_{max}$が直線から下方にずれることがみられている。これは$[VOC]/[NO_x]$の低下とともにO_3の最大濃度はNO_x初期濃度でなくVOC初期濃度に強く依存するためで，NO_x過剰領域における$[O_3]_{max}$は，VOC飽和領域とは逆にNO_xではなくVOC初期濃度の平方根に近似的に比例することも示されている

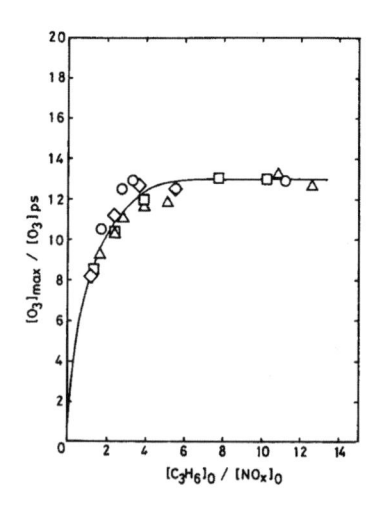

図7.6 チャンバー内C_3H_6, NO_x混合物への光照射における$[O_3]_{max}/[O_3]_{ps}$の$[C_3H_6]_0$, $[NO_x]_0$依存性（Sakamaki *et al.*, 1982）

(Sakamaki et al., 1982). 図7.6は$[O_3]_{max}/[O_3]_{ps}$比の計算値を種々の組み合わせの$[C_3H_6]_0/[NO_x]_0$比に対してプロットしたものである(Sakamaki et al., 1982). 図にみるように長時間光照射した場合のO_3の最大生成濃度は，通常の都市汚染濃度領域において VOC, NO_x 濃度によらず VOC/NO_x 比によって一義的に決まることが示されている.

生成オゾン濃度のNO_x, VOC 初期濃度依存性を VOC 濃度を横軸に，NO_x 濃度を縦軸にとって図 7.7(a), (b) のように表した図をオゾンの等濃度曲線 (ozone isopleths) と呼んでいる. 図 7.7(a) は上記の図 7.5 のチャンバー実験におけるデータを等濃度曲線としてプロットしたものである. 一方, 図 7.7(b) は EKMA (empirical kinetic modeling approach) モデルに基づいて VOC 混合物に対して描かれたオゾン等濃度曲線である (Dodge, 1977; Finlaysoin-Pitts and Pitts, 2000). 両者の形は一見異なっているが，これは通常描かれている等濃度曲線では光照射時間をある一定の数時間に限ってこの間の生成オゾン濃度をプロットしているのに対し，図 7.7(a) では 10 時間以上の光照射による最終的な極大オゾン濃度をプロットしているための形状の違いである. 一般に照射時間をたとえば 1 日の日中の時間を想定して数時間で終わらせた場合は，オゾンが極大に到達していないうちに計算が打ち切られるため，高NO_x 側では等濃度曲線の傾きが大きくなり，NO_x の減少が O_3 の増加をもたらす図を与える傾向にある. 図 7.7(b) において VOC/NO_x=8 に引かれた直線は等濃度曲線の尾根の部分を表し，これより右下の VOC 過剰領域を通常 NO_x 制約 (NO_x-limited) 領域, 左上の NO_x 過剰領域を VOC 制約 (VOC-limited) 領域と呼んでいる. このような図は光化学大気汚染対策として，ある地域での大気の VOC/NO_x 比が VOC 制約

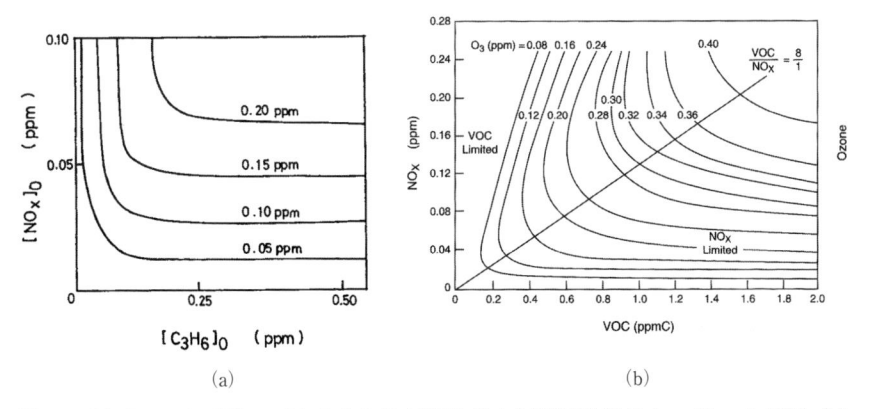

図 7.7 (a) チャンバー実験データによる O_3 最大濃度に対する等濃度曲線 (Sakamaki et al., 1982), (b) EKMA モデルによる O_3 等濃度曲線 (Dodge et al., 1977)

領域にあるならば VOC の排出削減が O_3 の低減に有効であり, NO_x 制約領域にあるならば NO_x の排出削減がより有効であるといったオゾン（オキシダント）抑止戦略の議論に用いられることが多い．しかしオゾン等濃度曲線のこうした政策目的への応用の議論には次のような注意が必要である．

一つはモデルの化学的な意味での精確さが実際の野外大気中で十分検証されていないことに起因する不確実性の問題であり，もう一つは実際の大気中では化学反応を伴う輸送による時間的・空間的な広がりを考慮する必要があり，大気汚染の発生源近傍での NO_x, VOC と O_3 の関係と，O_3 が数時間以上かかって輸送されてくるような風下地域に対する NO_x, VOC の影響が大きく異なることである．第一の化学的精確さについては，スモッグチャンバー実験のように反応系の VOC の種類と濃度が明確である場合は，実験で検証された化学反応モデルに基づく等濃度曲線はその範囲で精確であるといえ，オゾン生成に対する NO_x, VOC の関係を概念的・定量的に整理する上でそのような解析は有用である．しかしながら，実際の大気中では次節の 7.4.2 項に述べるように通常の化学分析では VOC が十分捕捉されていないことが多く，捕捉された限りでの VOC を考慮した反応モデルでの計算は実態以上に NO_x 過剰領域（VOC 制約領域）に傾く傾向がある．さらに実際の大気中の反応モデルに用いられている反応機構の精確さは，連鎖担体である OH, HO_2 ラジカル濃度の実測によって検証される必要があるが，次節 7.4.2 項にみるようにこれまでの測定からは，一般に NO_x の高濃度側でモデルが実測に対し HO_2 濃度を過小評価する傾向を示している．このことは NO_x 高濃度側で O_3 の生成を促進する未知の反応が存在することを示唆しており，そのような反応経路を欠いたモデル計算によるオゾン生成能もまた NO_x 過剰領域（VOC 制約領域）に傾く傾向がある．

都市中心部の大気汚染物質発生源近傍地域では一般に NO_x 濃度が高いため，モデル計算の結果は NO_x 過剰領域を与えることが多い．こうした領域では午前中の O_3 の生成速度が VOC 濃度に比例することもあって，等濃度曲線からは多くの場合 VOC の排出削減が O_3 低減に有効であることが示される．しかしながら O_3 プルームが午後に風下に輸送されるような地形の場合，反応時間が長くなるに従って O_3 濃度は NO_x 濃度により強く依存するようになり，また実際の大気中では反応で NO_x が消失して VOC/NO_x 比が高くなるので，VOC 過剰領域へと移行し O_3 濃度は新たな NO_x の添加により敏感になる．こうした結果は，3 次元化学輸送モデルによっても解析されており，輸送の関与するどの地域を対象とするかによって NO_x, VOC 削減効果の結論は大きく異なってくる．そのような例はロサンゼルス盆地について明確に示されており，計算されたオゾンの等濃度曲線に従うとロサンゼルス市内中心地では O_3

の低減に VOC 削減が有効であるが，約 100 km 風下の地域では NO_x 削減が有効である（Milford et al., 1989；Finlayson-Pitts and Pitts, 2000）．さらに米国東部のより広範な領域を対象とした計算による等濃度曲線でも，都市部では O_3 濃度の低減に VOC 削減が有効であるが，ルーラル地域については NO_x 削減が有効であることが示されている（Sillman et al., 1990）．

7.4 大気中における OH, HO_2 ラジカルの測定とモデルの検証

　対流圏大気中の O_3 やその前駆体である NO_x, VOC, CO などの濃度について，化学輸送モデルによる計算値を多くの地点での実測値と比較し，その再現精度を検証することはモデルの有効性を実証する上での必要条件であるが，大気中のある地点でのそれらの濃度はその場での化学反応による生成・消失と輸送による流入・流出とが組み合わさったものであるため，計算値と実測値が一致することは，必ずしもモデルに含まれる化学反応機構が精確であることを保証するものではない．とくに化学輸送モデルを用いて将来人為起源 NO_x, VOC の排出量を削減した場合，O_3 などの濃度をどのように低減させられるかといったいわゆるオキシダント抑止対策の議論では，現状における NO_x, VOC の排出量が自然起源を含めて精確に入力されているかどうかとともに，モデルが重要な反応経路を精確に記述しているかどうかによって結論が大きく左右される可能性がある．

　そこで，O_3 の生成・消失に関わる反応機構が精確かどうかを検証するために，連鎖担体である OH, HO_2 などの野外大気中での直接測定を行い，その結果をモデル計算値と比較することが行われている．OH, HO_2 の大気中寿命はそれぞれ 1 秒以下，数十秒以下と短いので，これらの濃度はその場での化学反応によって決まっており，輸送による影響を排除することができる．したがって，これらラジカルの生成・消滅に関わる多くの化学種の濃度や光分解速度を同じ地点で同時に測定し，それらを束縛条件として計算された OH, HO_2 濃度と実測値をボックスモデル（輸送を含まないゼロ次元モデル）を用いて比較することは，モデルに含まれている化学反応機構が精確であるかどうかの検証方法としては，O_3 やその前駆体物質濃度を用いた検証に比べて，一段レベルの高い検証手法であるといえる．OH, HO_2 やさらに RO_2 ラジカルを含めた大気中超微量成分の野外大気中における測定は，それ自体が科学的な挑戦課題であり，多くの技術的進歩により可能になってきたものである．本節では分光学的方法や質量分析法で直接測定のなされている OH と，OH に変換して同時に測定されている HO_2 の測定結果を取り扱う．ただし最近，HO_2 の測定にあたって NO を添加し

HO$_2$ を OH に変換する際に,HO$_2$ 以外の RO$_2$ ラジカルと NO の反応でも OH が生成され,HO$_2$ 測定に干渉を及ぼすことが指摘されている(Fuchs et al., 2011).この干渉はイソプレン,アルケン,芳香族炭化水素が高濃度に存在するときに大きく,炭素数の少ないアルカン類からの RO$_2$ によっては OH は生成されないことがわかっている.したがって,自由対流圏やリモート地点での従来の観測データは影響を受けないが,都市大気やとくにイソプレンなど BVOC の高い森林大気中の HO$_2$ 濃度の従来の測定値は過大となっている可能性が高い.本節で述べられるモデルとの比較の議論は,定性的な結論は影響されないと思われるが,定量的な議論には注意が必要であり,将来新しい値に書き換えられる可能性が高い.

しかしながらこれらラジカル濃度の実測値とモデル計算値の一致は,なお化学反応機構が精確であることの必要条件であって十分条件ではない.これらラジカルについてもその濃度は生成速度,消失速度の比によって決まっているので,反応機構にある重要な未知の反応過程が抜けていたとしてもそれによる生成・消滅速度の誤差が同程度であった場合,それらが打ち消しあって実測とモデルの一致がもたらされている可能性が否定できないからである.大気中の HO$_x$ 化学反応過程の検証をさらに一歩進める手法として,OH を大気中にパルス的に生成し,その時間減衰を実測することにより,同時に測定された VOC や NO$_x$ などの化学種濃度とそれぞれの OH 反応速度定数から計算される消失速度を比較し,モデル中の未知の消失源を検証する手法が開発されている.これは OH 反応性(reactivity)の測定と呼ばれており,OH 収支に関わる消失過程を直接検証する手法として非常に有効である.

本節では HO$_x$ 連鎖反応機構の検証の観点から,最近の野外における OH, HO$_2$ 濃度の測定値とボックスモデル計算値の比較,および OH 反応性の測定によるモデル中の未知消失源の把握について述べる.他方,航空機を用いた OH, HO$_2$ の観測値に対する 3 次元モデルによる計算値との比較は,自由対流圏における O$_3$ 生成量などの定量的推定の検証の観点から非常に重要であるが,反応機構の検証の観点からは十分に詳細な化学種や反応機構を取り込むのが困難なため,本章では 3 次元モデルとの比較は次項で簡単に紹介するに留めた.OH, HO$_2$ ラジカルの野外測定とモデル比較に関しては,最近 Stone et al. (2012) によって総説が発表されている.

7.4.1 OH, HO$_2$ 濃度の測定とモデルとの比較

大気中の日中における OH, HO$_2$ ラジカル濃度の典型値は,それぞれ $\sim 10^6$,$\sim 10^8$ molecules cm^{-3}(~ 0.1 pptv,$\sim$ 数 pptv)であり,これらに対して測定精度が担保されていると考えられ,現在野外観測に用いられているのは,ガス膨張蛍光分析法

FAGE (fluorescence assay by gas expansion) と呼ばれる低圧でのレーザー誘起蛍光法 LIF (laser-induced fluorescence) と，化学イオン化質量分析計 CIMS (chemical ionization mass spectrometry) の二つの手法である．いずれの手法でも直接測定されるのは OH であり，HO_2 の測定は検出器への大気試料導入の直前に NO を添加し，$HO_2 + NO \rightarrow OH + NO_2$（反応 (7.10)）の反応を利用し OH に変換して測定がなされている．このほか，差分吸収分光法 DOAS (differential optical absorption spectroscopy) と呼ばれる長光路光吸収法がスモッグチャンバー内や野外における OH の測定法として用いられている．

　大気中の OH, HO_2 に関しては，航空機を用いた上部対流圏での測定，地表における海洋境界層，森林境界層，都市境界層などでの測定が行われてきた．HO_x ラジカル反応機構の検証の立場からはほぼこの順に，より多くの化学種を含む，より複雑な反応系の検証を行う意味をもっている．

上部対流圏：航空機による海洋上の上部対流圏での HO_x 測定は，VOC などの濃度のもっとも低い単純な反応系での測定に相当する．この大気領域での測定は，1990 年代後半から 2000 年代中頃まで米国 NASA の多くのミッションで行われ，モデル計算値との比較がなされている（Stone et al., 2012）．これらの研究から，高度 8 km 以上の H_2O が 100 ppmv 以下の上部対流圏における HO_x の一次生成源としては，

$$O(^1D) + H_2O \rightarrow 2OH \qquad (7.2) [5.7a]$$

のほか，

$$HCHO + h\nu \rightarrow HCO + H \qquad (7.56) [4.16a]$$
$$H_2O_2 + h\nu \rightarrow 2OH \qquad (7.57) [4.24]$$
$$CH_3COOH + h\nu \rightarrow CH_3CO + OH \qquad (7.58) [4.25]$$

などが大きな寄与をしていることが解析されている（Tan et al., 2001b；Ren et al., 2008）．アセトンの光分解，

$$CH_3COCH_3 + h\nu \rightarrow CH_3CO + CH_3 \qquad (7.59) [4.20a]$$

は以前は上部対流圏での主要な HO_x ラジカル源と考えられていたが，その後アセトンの光分解量子収率には温度依存性があり低温では大きく低下することが見いだされ（4.2.7 項参照），推定される寄与割合は減少している（Arnold et al., 2004；Blitz et al., 2004）．一方，高度 7 km 以下では $O(^1D) + H_2O$ の反応の寄与がより支配的になるものと推定されている（Tan et al., 2001b）．

　上部対流圏における HO_x の主要な消失過程は，

$$OH + CH_4 \rightarrow CH_3 + H_2O \qquad (7.6)$$
$$HO_2 + HO_2 \rightarrow H_2O_2 + O_2 \qquad (7.16)$$

$$HO_2 + CH_3O_2 \rightarrow CH_3OOH + O_2 \qquad (7.17)$$

$$OH + HO_2 \rightarrow H_2O + O_2 \qquad (7.18)$$

などである．また，上部対流圏では成層圏 NO_x の影響で高度の上昇とともに NO_x 濃度が高くなるので，8 km 以上の上空では，

$$OH + NO_2 + M \rightarrow HONO_2 + M \qquad (7.51)$$

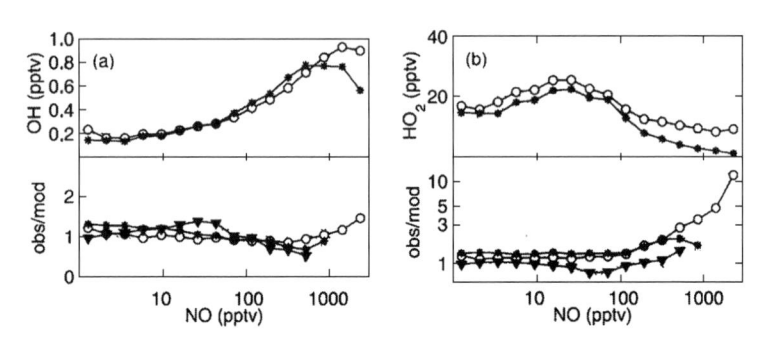

図 7.8 航空機観測による上部対流圏における (a) OH, (b) HO_2 濃度の実測（INTEX ●；TRACE-P ★；PEM-Tropics-B ▼）とモデル計算（○）値との比較（Ren et al., 2008 より改編）

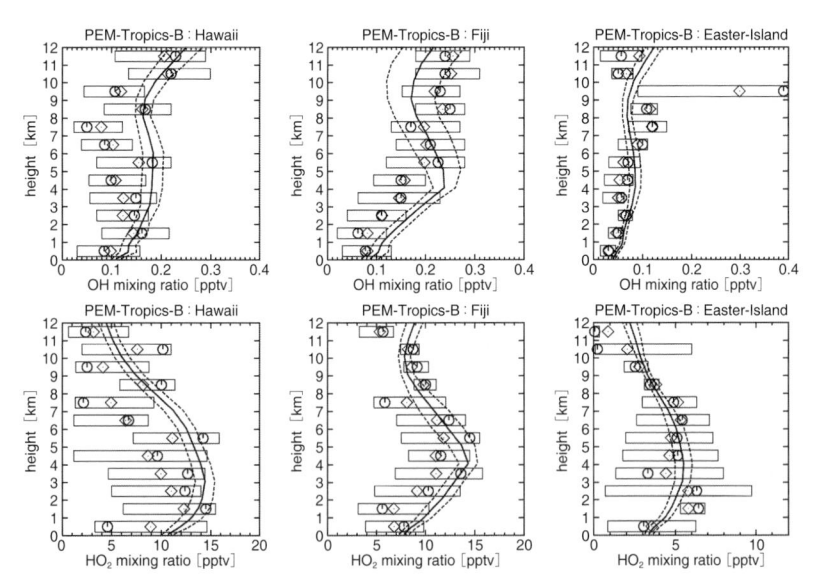

図 7.9 航空機観測（PEM-Tropics-B）による OH, HO_2 濃度高度分布の 3 次元モデル（CHASER）との比較
実線と点線はモデル計算の平均値と ±1σ 値，◇と◎は観測の平均値と中央値，ボックスは 50% 以内のデータ（Sudo et al., 2002 より改編）．

の反応が HO_x の消失源として重要になる (Ren et al., 2008). Ren et al. (2008) は 1999 年の PEM-Tropics-B, 2001 年の TRACE-P, 2004 年の INTEX-A における測定値とボックスモデルによる計算の比較を, 図7.8 のように NO 濃度に対してプロットしている. その結果, OH については上部対流圏の全領域について計算値は観測誤差の範囲内で観測値とよい一致がみられている. HO_2 については高度 8 km 以下の NO 濃度 100 pptv 以下の領域では HO_2 濃度の観測値と計算値の比は 1.2 以内でほぼ一定した値が得られているが, 11 km 付近の NO 濃度が 1000 pptv を超える高濃度領域ではこの比が 3 を超えている. これらの解析から, 一般に NO_x 濃度の低い領域の上部対流圏では, OH, HO_2 濃度の計算値は測定値とよい一致を示し, HO_x 連鎖サイクルは既知の化学反応過程でよく説明されるものと考えられる. 一方, NO_x 濃度の高い領域における HO_2 濃度の計算値の過大評価は汚染大気中と似た状況であり, 後に議論されるような未知の反応経路が存在する可能性も示唆される.

こうした航空機観測による OH, HO_2 濃度に対する 3 次元モデルを用いたシミュレーションも行われており, 自由対流圏における比較がなされている (Sudo et al., 2002; Zhang et al., 2008; Regelin et al., 2012). 図7.9 は Sudo et al. (2002) による一例である. 図では PEM-Tropics-B におけるハワイ, フィジー, イースター島上空の観測値に対する CHASER モデルとの高度分布の比較がなされており, 一般にかなりよい一致がみられている.

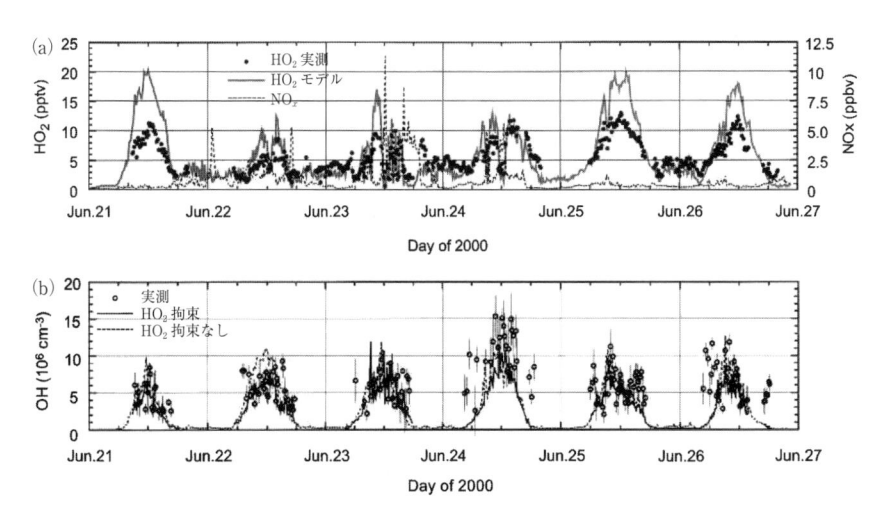

図 7.10 利尻 RISOTTO 観測における HO_2, OH のモデル計算値と測定値の比較 (Kanaya and Akimoto, 2002 より改編)

海洋境界層：リモートな海洋境界層中の OH, HO_2 の測定は，人為起源汚染物質の影響の少ない条件での大気反応機構の検証に有効であり，多くの測定がなされている (Stone et al., 2012). これらの測定の結果からは一般に日中の最大 OH 濃度 $(3\sim10)\times10^6$ molecules cm^{-3}, HO_2 濃度 $(1\sim6)\times10^8$ molecules cm^{-3} $(4\sim25$ pptv) の値が測定されている．これらの実測値と計算値との比較では一般に，HO_2 の計算値が測定値に比べて最大 3 倍程度過大評価となることが多いことが，1998 年隠岐の OKIPEX や 2000, 2003 年利尻の RISOTTO 観測での研究において報告されている (Kanaya et al., 2000, 2002, 2007a). 一方，OH については，モデルとの差が HO_2 よりも小さく 10〜30% 以内である．図 7.10 に RISOTTO 観測における HO_2, OH に対する RACM 反応モデル (Stockwell et al., 1997) を用いたボックスモデル計算値と測定値の比較を示す (Kanaya and Akimoto, 2002). これらのモデルにはハロゲン化学種は含まれていないが，HO_2 の測定値が計算値より小さくなる原因の一つとして Kanaya et al. (2002), Kanaya and Akimoto (2002) は，これまでに海洋境界層中で測定されている IO (Alicke et al., 1999) などのハロゲン化学種が反応に関与し，

$$HO_2 + XO \rightarrow HOX + O_2 \qquad (7.60)$$
$$HOX + h\nu \rightarrow OH + X \qquad (7.61)[4.65, 4.66]$$
$$X + O_3 \rightarrow XO + O_2 \qquad (7.62)$$
$$(X = I, Br)$$

のような連鎖反応で HO_2 が OH に変換される可能性を指摘している．また，その他の原因として HO_2 のエアロゾル上への取り込み，HOX (HOI など) の不均一反応による HO_x ラジカルの正味の消失，HO_2+RO_2 の反応に既知の速度定数より大きなものが含まれることなどの可能性などを示唆している．

その後 2002 年のアイルランド・メースヘッド (Mace Head) での NAMBLEX 観測において，OH, HO_2 と同時に BrO, IO, OIO, I_2 が DOAS などによって測定された (Saiz-Lopez et al., 2006). 測定された IO, BrO の最大濃度はそれぞれ 4, 6.5 pptv であり，これらの観測値に基づいた MCM 反応モデル (Bloss et al., 2005) による HO_2 の計算値と測定値の比較を図 7.11 に示す (Sommariva et al., 2006). このモデル計算では，広範囲の VOC の反応を取り込んだ計算がなされ，これに IO の反応を含んだ場合と含まない場合との比較が図 7.11(a) に，さらにエアロゾル上での HO_2 の取り込み効果を含んだ場合，HOI の取り込み効果を含んだ場合とそれらの不均一過程を含まない場合との比較が図 7.11(b) になされている．図 7.11(a) にみられるように IO の反応を含んだモデルでは含まない場合に比べて計算値の過大評価が最大 30% 改善されるが，測定値に対する過大評価の改善は不十分である．これに HO_2 のエアロ

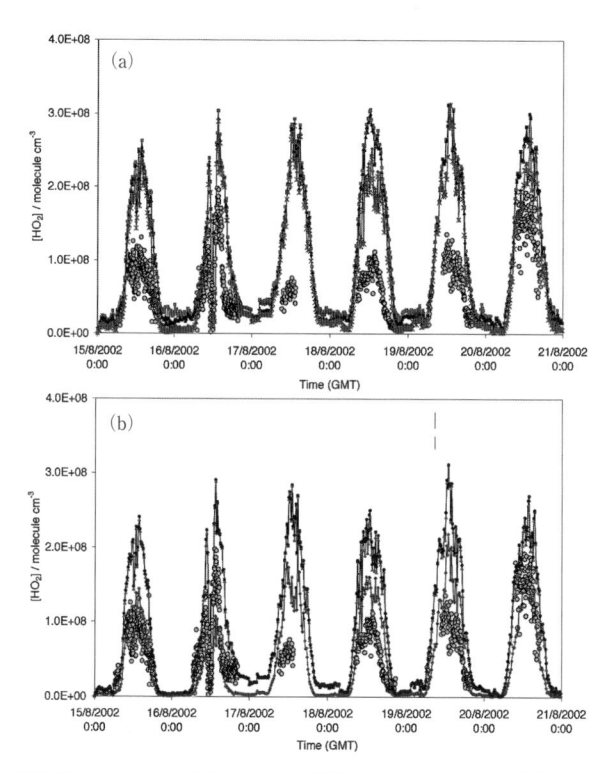

7.4 大気中における OH, HO_2 ラジカルの測定とモデルの検証

図 7.11 メースヘッド NAMBLEX 観測における HO_2 の観測値と IO と考慮したモデル計算値との比較
(a) IO を含まない場合（■）と IO の反応を含んだ場合（✕）のモデル計算値の実測（●）との比較，(b) IO の反応と HOI の取り込みを含んだ場合（■）と HO_2 の取り込み効果を含んだ場合（▮）のモデル計算値の実測（●）との比較（Sommariva et al., 2006 より改編）．

ゾル上の取り込みを，取り込み係数を最大値 $\gamma=1$ にとった場合，計算値の測定値に対する過大評価はたとえば 8 月 15, 20 日では 40% ほども改善し，16 日では計算値が逆に過小評価になる．実際に中国泰山（Mt. Tai），蟒山（Mt. Mang）の大気中で採取したエアロゾルに対する HO_2 の取り込み係数の値は，最近 Taketani et al. (2012) によって $\gamma=0.1\sim0.4$ が与えられており（6.2.3 項），このことは海洋大気中の HO_2 濃度に対しては IO と並んで HO_2 のエアロゾル上への不均一取り込み過程が重要であることを意味している．

さらに，2007 年熱帯北大西洋のケープ・ヴェルデ（Cape Verde）での RHaMBLe 観測では HO_x とともに DOAS による IO, BrO の測定がなされ，これらの実測値に基

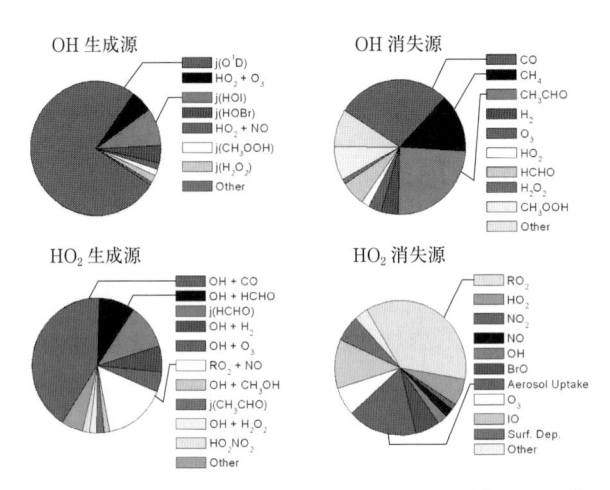

図 7.12 ケープ・ヴェルデ RHaMBLe 観測における計算によって得られた OH と HO_2 の生成・消失に対するそれぞれの化学過程の寄与割合（Whalley et al., 2010 より改編）

づく Whally et al.（2010）の MCM モデルによる計算では，ハロゲン化学と HO_2 不均一消失過程（$\gamma(HO_2)=0.1$）を取り込んだ場合，計算値は実測値と測定誤差20％以内でよく一致している．図 7.12 には計算によって得られた OH と HO_2 の生成・消失に対するそれぞれの化学過程の寄与割合を示す（Walley et al., 2010）．図にみられるように OH の生成に対しては O_3 の光分解による $O(^1D)$ の反応が76％であるのに対して，HOI, HOBr の光分解を合わせたハロゲンの寄与が13％となっている．OH の消失過程は CO, CH_3CHO との反応の寄与がそれぞれ28, 25％でもっとも大きい．一方，HO_2 の生成に対しては，OH＋CO の反応が41％，OH＋HCHO, HCHO の光分解がそれぞれ約10％の寄与となっている．HO_2 の消失過程としては，RO_2+HO_2 によるものが約40％ともっとも大きく，エアロゾル表面への取り込みが23％，IO, BrO によるものが合わせて19％となっている．

多くの海洋境界層での測定において，夜間にも HO_2 が数 ppt 存在することが知られているが，これは海洋境界層であっても周辺の陸地から放出されたイソプレン，モノテルペン，内部アルケンなどの影響を受け，これらと O_3 との反応によるものと推定されている（Kanaya et al., 2007a；Smith et al., 2006；Whalley et al., 2010）．一般に海洋境界層での夜間の OH は検出限界以下である．

森林大気：イソプレン，モノテルペンなど植物起源炭化水素の影響が大きい森林大気中での HO, HO_2 の測定も数多く行われ，モデル計算との比較がなされている（Stone *et al.*, 2012). これらの研究はたとえば7.2.6項で述べられたイソプレンの反応機構がどの程度 HO_x ラジカル連鎖反応における役割を正しく反映しているかの検証の意味をもっているが，一般にイソプレンなどの影響の大きい地点での測定では，モデルによるOHの計算値は実測を大きく過小評価することが知られている．たとえば，イソプレン濃度が高い米国ミシガン州で行われた PROPHET-98 では RACM モデルによる計算値は，実測を平均2.7倍過小評価し，とくにNOが低濃度の場合にはその不一致は6倍に達することが報告されている（Tan *et al.*, 2001a）．一方，HO_2 については 15% 以内で実測とよく合っている．このことはとくにNOが低濃度の場合，HO_x 連鎖反応における HO_2 から OH への未知の転換反応が存在することを意味している．引き続いて行われた PROPHET-2000 では次節で述べる OH 減衰速度による OH 反応性測定もなされ，モデルに考慮されていない多くの未知の BVOC が存在することも明らかにされている（Di Carlo *et al.*, 2004）．

アマゾン熱帯林における2005年 GABRIEL における測定（Sander *et al.*, 2005）や最近のボルネオ・サバ熱帯林における2008年の測定（Whalley *et al.*, 2011）でも，OH, HO_2 の計算値が実測値に比較して大きな過小評価となっているが，上に述べたようにとくに HO_2 の実測値は BVOC 由来の RO_2 による大きな正の干渉を受けているものと思われ，定量的な議論は今後見直される必要があるものと思われる．

とくにNO濃度の低いときの森林大気中でOHを過剰に生成する可能性のある反応として，いくつかの過酸化ラジカルが関わる反応が提言されている．Dillon and Crowley（2008）は，HO_2 とカルボニル基を有する過酸化ラジカル，たとえばアセチルペルオキシラジカルとの反応，

$$HO_2 + CH_3C(O)O_2 \rightarrow CH_3C(O)O_2H + O_2 \quad (7.63a)$$
$$\rightarrow CH_3C(O)OH + O_3 \quad (7.63b)$$
$$\rightarrow CH_3C(O)O + O_2 + OH \quad (7.63c)$$

において OH 生成経路（7.63c）の収率が $\alpha(298\,K) = 0.5 \pm 0.2$ であることを報告し，OHとイソプレンの反応で生成するカルボニル基を有する過酸化ラジカルの場合にも，HO_2 との反応でOHが生成し，NO濃度の低いときの森林大気中での過剰OHの生成に寄与している可能性を示唆している．一方，Peeters and Müller（2010）はOHとイソプレンの反応で生成するヒドロキシペルオキシラジカルから分子内水素移動で生成するヒドロペルオキシメチルブテナールの光分解がOHを量子収率1で生成する経路が過剰OHの生成に寄与している可能性を示唆している．

$$\text{CH}_2=\text{CH-CH=CH}_2 \xrightarrow[O_2]{OH} \xrightarrow{OH\cdots \dot{O}O} \xrightarrow[O_2]{1,6\text{-H-shift}} \underset{+HO_2}{\overset{O\quad OOH}{\diagup\diagdown}} \xrightarrow{h\nu} OH + \text{radical}$$

(7.64)

　イソプレン，モノテルペンなどの NO の低濃度の条件下での酸化反応機構に関しては，このように HO_x の直接測定からもまだ不明な点が多いことがみてとれる．

　一方，中国広州近郊での 2006 年 PRIDE-PRD 観測におけるイソプレン 20% を含む高濃度 VOC，低濃度 NO（日中濃度 200 ppt）の条件下で行われた測定では，OH, HO_2 の日中最高濃度それぞれ $(15\sim26)\times10^6$, $(3\sim25)\times10^8$ molecules cm^{-3} (80 pptv) の非常な高濃度を観測している (Hofzumahaus et al., 2009；Lu et al., 2012)．NO 低濃度下でのモデル計算結果は HO_2 濃度をほぼ再現するのに対して OH 濃度の計算値は実測に対し 3～5 倍の過小評価となっている．これらの結果は既知の反応機構では OH の生成源が不足し，この差は上述の $HO_2 + RO_2$ からの OH 生成反応で $\alpha=1$ ととっても説明できず，NO との反応以外で HO_2 から OH を生成する未知のサイクルが存在する可能性が示唆されている (Hofzumahaus et al., 2009；Lu et al., 2012)．

　ミシガンで行われた PROPHET-98 では夜間の OH, HO_2 がそれぞれ 1×10^6 molecules cm^{-3}, 2 pptv と OH 濃度が非常に高く HO_2 は比較的低い．測定されたモノテルペンと O_3 との反応によるモデル計算は OH 濃度を約 2 倍過小評価している (Faloora et al., 2001)．

都市汚染大気：都市の汚染大気中には数百種類以上の炭化水素および含酸素揮発性有機化合物（OVOC）が含まれ (Lewis et al., 2000)，野外大気中での OH, HO_2 の測定は，これら VOC の総体に対する反応性の検証の意味をもっている．都市大気中の OH, HO_2 濃度のモデル計算と実測値の比較は，前節にみた汚染大気中における O_3 生成の NO_x, VOC 依存性の議論の検証の意味ももっており，オキシダント抑止対策に対する検証として重要である．こうした観点から，これまでに多くの都市大気中における測定がなされ，モデル計算値との比較がなされている (Stone et al., 2012)．これらの測定からは夏季日中の OH の濃度は $(3\sim20)\times10^6$ molecules cm^{-3}, HO_2 濃度は $(1\sim12)\times10^8$ molecules cm^{-3} (4～50 pptv) と，上記の海洋大気中と同程度ないしはより高濃度の値が報告されている．

　都市大気中における最近の OH, HO_2 測定例として，Kanaya et al. (2007b) による東京の 2004 年夏季における IMPACT での測定と RACM によるモデル計算結果との比較を図 7.13 に示す．この測定では OH 濃度は最大 13×10^6 molecules cm^{-3}，日中の中央値 6.3×10^6 molecules cm^{-3} で日々変動が比較的小さいのに対し，HO_2 濃度は

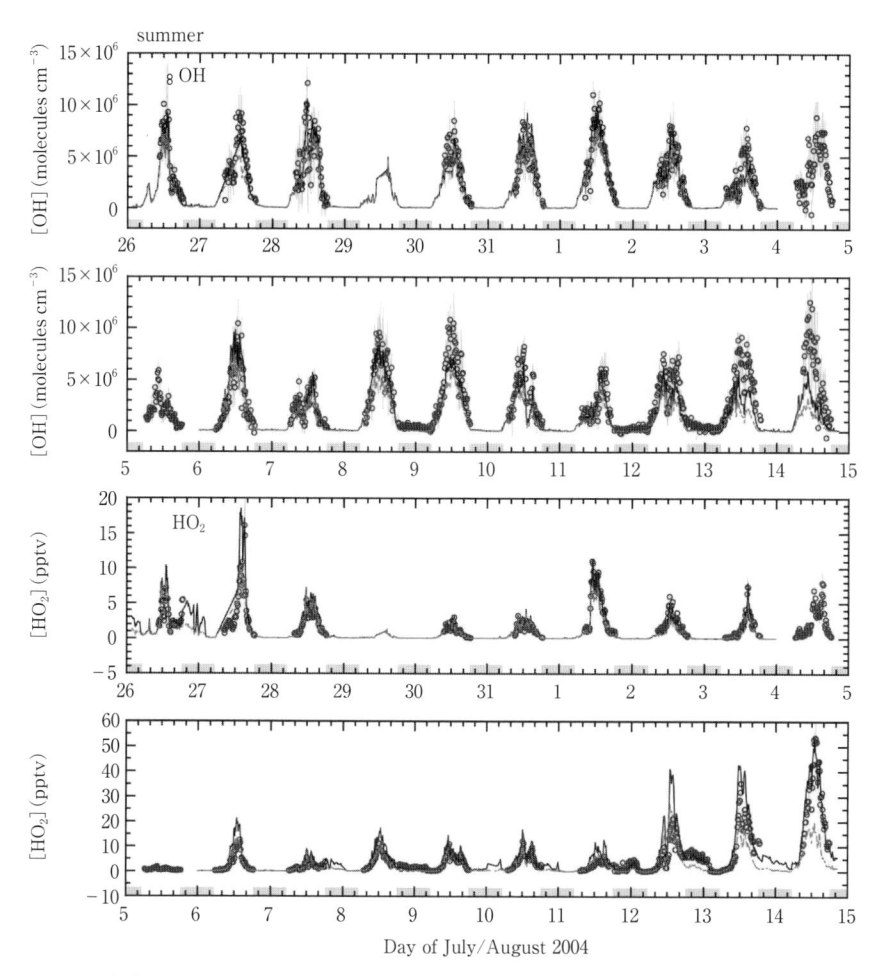

図 7.13 東京 IMPACT 観測における OH, HO_2 の実測値と計算結果との比較（Kanaya *et al.*, 2007b より改編）
○ 実測値，—— 基本計算，……HO_2 の不均一過程による消失を加えた計算

最大 50 pptv，日中の中央値 5.7 pptv であり日々変動が非常に大きい．同じ場所での 2004 年冬季の観測値は OH, HO_2 の日中の中央値がそれぞれ 1.5×10^6 molecules cm^{-3}，1.1 pptv と，ともに夏季の約 5 分の 1 の値である．図にみられるように夏季の OH と HO_2 に対する計算値と測定値はそれぞれの誤差の範囲内で比較的よく一致しており，測定値に対する計算値の比は OH で 0.81, HO_2 で 1.21 とそれぞれ約 20% の過小評価，過大評価の程度である．一方，冬季の測定では，計算値/測定値の比は OH に対して

は中央値で0.93とよい一致を示し，HO_2に対しては0.48と約2倍の過小評価となっている．

都市汚染大気中のOH, HO_2の測定とモデル計算との比較は，これまでにロサンゼルス，ナッシュビル，バーミンガム，ヒューストン，ニューヨーク，エセックス，メキシコシティなど多くの都市で行われており，実測値と計算値の比は多くの場合50％以内での一致をみているが，一般にOHではモデルが過大評価，HO_2ではNO_x濃度が高いときに過小評価となる例が多い（Stone et al., 2012）．ただしたとえばメキシコシティではHO_2の計算値は実測値に対し5倍の過小評価(午前10時頃)，OHは1.7倍の過大評価（正午頃）となっており，芳香族炭化水素など多くのVOCが測定で捕捉されていないためと考えられている（Dusanter et al., 2009）．また，2004年冬季のニューヨークにおけるPMTACSでの測定では日中のHO_2濃度が6倍の過小評価となり，とくにNO濃度が高いときにその解離が大きいことが報告されている（Ren et al., 2006）．

これら多くの測定からは，一般に都市大気中の全HO_xの生成源としてはHONOの光分解，アルケンとオゾンの反応，ホルムアルデヒドの光分解などが大きく寄与する場合が多く，清浄大気中でみられるO_3の光分解による$O(^1D)+H_2O$の反応の寄与は一般に数％以下である．しかしながら，HO_x源となる光分解物質の種類は当然ながら都市によって大きく異なり，たとえばメキシコシティではホルムアルデヒドのほかジアルデヒド（グリオキザール，メチルグリオキザール）の光分解の寄与が大きいことが報告されている（Dusanter et al., 2009）．ちなみに都市大気中で日中高濃度で測定されているHONOは，6.4.2項で述べられたNO_2の地表付近における表面上の光触媒反応で生成するものと考えられる．RACM, MCMなどのモデル間の比較を行った研究からは，都市汚染大気に対してはモデルによる差は小さく，このことは都市大気ではVOCに対する反応機構の違いの影響は大きくなく，以下に述べるようにNO_x化学の方がより重要であることを示唆している（Chen et al., 2010）．

東京における測定で得られている冬季および夏季におけるOH, HO_2濃度およびHO_2/OH濃度比のNO濃度依存性を図7.14に示す（Kanaya et al., 2007b）．図にみられるようにNO濃度1～100 ppbvの範囲でOH, HO_2濃度およびHO_2/OH濃度比は一般にNO濃度とともに減少し，この傾向はモデル計算でもよく再現されている．しかしながら，OH, HO_2ともにNOの低濃度側で過大評価，高濃度側で過小評価の傾向がみられる．この傾向はとくに冬季のHO_2で顕著であり，HO_2/OH比についても同様である．高濃度NO側でHO_2濃度の過小評価の拡大は，メキシコシティでの2003年4月の観測（Sheehy et al., 2010；Volkamer et al., 2010），ニューヨークでの冬季観

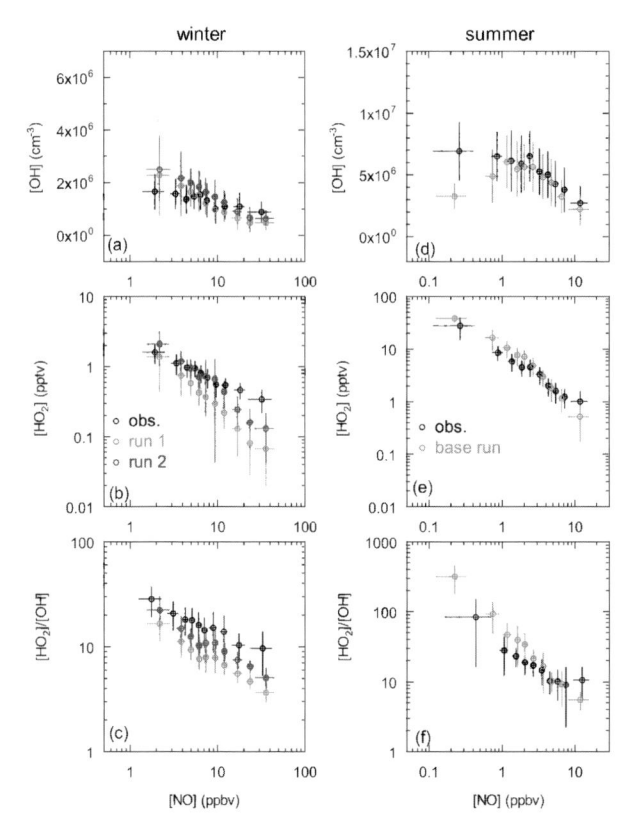

7.4 大気中における OH, HO_2 ラジカルの測定とモデルの検証

図 7.14 東京での測定で得られた冬季および夏季における OH, HO_2 濃度および HO_2/OH 濃度比の NO 濃度依存性 (Kanaya et al., 2007b より改編) run2 は冬季の内部オレフィン (RACM 中の OLI), 高反応性アルカン (HC8) 濃度をそれぞれ 3, 5 倍に増加させた場合の計算値.

測 (Ren et al., 2006) においても顕著にみられており, この傾向は多くの観測で共通している (Stone et al., 2012). また, 前に述べたように航空機による上部対流圏における測定でも同様の傾向がみられており (Ren et al., 2008), このことは反応モデルに含まれる NO_x に関わる反応機構に未知の経路が存在することを強く示唆している.

7.3.2 項でみたように, 大気中の O_3 の正味の生成速度は,

$$P(O_3) = (k_{7.10}[HO_2] + k_{7.20}[RO_2])[NO] \tag{7.46}$$

$$L(O_3) = (j_{7.1}f_{7.2} + k_{7.46}[HO_2] + k_{7.47}[OH])[O_3] \tag{7.42}$$

から $P(O_3) - L(O_3)$ で表されるので, OH, HO_2, RO_2 濃度が O_3 生成の鍵となるパラメータであることがわかる. したがって 7.3.2 項で述べた O_3 生成の VOC 過剰領域 (NO_x

制約領域), NO_x 過剰領域（VOC 制約領域）の議論は，OH, HO_2 の NO_x, VOC 濃度依存性が反応機構から期待される振るまいをすることが前提となる．Kanaya et al. (2008) は 2004 年の東京における OH, HO_2 濃度の測定値に基づく $P(O_3) - L(O_3)$ の値を，モデル計算値から得られる O_3 の正味の生成速度の NO_x, VOC 濃度依存性を表す等値曲線上にプロットし，両者の振るまいが必ずしも一致しないことを示している．

都市や近郊の汚染大気中では一般に夜間にも OH, HO_2 が測定されている．たとえば 1998 年夏季のドイツ BERLIOZ 観測では平均で OH が 1.9×10^5 molecules cm^{-3}, HO_2 が 4 ppt，それらの生成源として OH に対しては NO_3 の反応が 36%，O_3 の反応が 64%，HO_2 に対してはそれぞれが 53%，47% と解析されている（Geyer et al., 2003). 2003 年夏季の英国エセックスでの TORCH では OH, HO_2 濃度がそれぞれ平均で 2.6×10^5, 2.9×10^7 molecules cm^{-3} (1.2 ppt) と測定され，ラジカル源としては O_3 反応が 66%，NO_3 反応が 33% と推定されているが，モデル計算は OH, HO_2 に対しそれぞれ 41%，16% の過小評価となっている（Emmerson and Carslaw, 2009).

7.4.2 OH 反応性の測定と未知反応性

前項で述べたように，大気中 OH, HO_2 濃度はこれらラジカルの生成と消失のバランスで決まっているため，反応モデルによるそれらの濃度の計算値が実測値を再現することは，必ずしもそれらの生成，消失速度を精確に再現していることにはならない．そこで大気中 OH の濃度を決めている生成・消失速度のうちの消失速度を直接測定するため，OH を大気中に人為的にパルス状に生成しその時間減衰を直接測定する，いわゆる OH 反応性（reactivity）の測定手法が開発されてきた（Sadanaga et al., 2004; Sinha et al., 2008; Ingham et al., 2009).

大気中における OH の消失速度は，

$$L(OH) = \Sigma_i k_{VOC_i}[VOC_i] + k_{CO}[CO] + k_{NO_2}[NO_2] + k_{NO}[NO] + k_{SO_2}[SO_2]$$
$$+ k_{O_3}[O_3] + k_{CH_4}[CH_4] + \cdots \qquad (7.65)$$

のようにそれぞれの反応物濃度と OH との反応速度定数の積の和で表される．OH 反応性測定では，この減衰速度 $L(OH)$ を，

$$[OH]_t = [OH]_0 \exp\{-L(OH)t\} \qquad (7.66)$$

$$\ln\frac{[OH]_t}{[OH]_0} = -L(OH)t \qquad (7.67)$$

に従って直接測定し，このとき同時に測定された VOC や NO_x などとそれぞれの OH 反応速度定数から求められる消失速度の計算値とを比較することにより，OH の未知の消失源の大きさを定量的に推定することができる．都市大気中には数百種類の

7.4 大気中における OH, HO_2 ラジカルの測定とモデルの検証

VOC が存在することが推定されており (Lewis et al., 2000), さらに地球上には生物起源の VOC を含めるとその数は膨大となるので (Goldstein and Galbally, 2007), モデルによるオゾン生成速度の計算にボトムアップでそれらを計算に取り込むことは現実的ではない場合が多い. OH 反応性の測定はそれらを総括的に評価できるので, モデルへの束縛条件を提供する上で非常に有効である.

森林大気中の OH 反応性の測定としては, 米国ミシガンの森林, アマゾンの熱帯林, フィンランドの森林での測定などがある. ミシガンでの測定では OH 反応性に対して, 測定された VOC では説明されない未知反応性 (missing reactivity) がかなり大きく, その大きさはほかのテルペンなどと同様の温度依存性がみられることから, 植物起源 VOC およびそれらから生成される OVOC の多くが分析されていないことが推定されている (Di Carlo et al., 2004). さらに熱帯林での測定ではそうした未知反応性が測定された VOC による反応性の 10 倍にも達することが報告されている (Lelieveld et al., 2008). 2008 年 8 月のフィンランド森林での測定ではプロトン移動反応質量分析計 (PTR-MS) を用いて 30 種類の植物起源 VOC の定量がなされているが, これらから計算される OH 反応性は実測の 50% しか捕捉されていないことが明らかにされている (Sinha et al., 2010).

一方, 都市大気中の OH 反応性については Yoshino et al. (2012) によって 2007 年

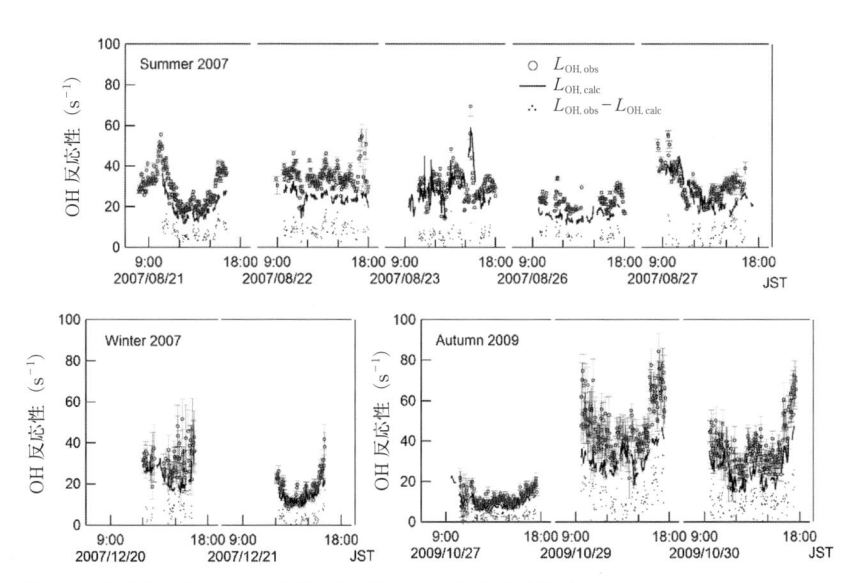

図 7.15 都市大気中の OH 反応性の実測値 ($L_{OH, obs}$) と計算値 ($L_{OH, calc}$) の比較 (Yoshino et al., 2012 より改編)

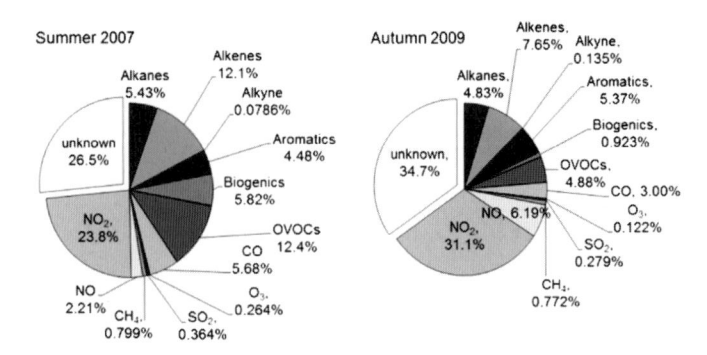

図7.16 東京での観測で測定された化学種のOH反応性に対する寄与率
(Yoshino et al., 2012)

8月，12月および2009年10月に東京における測定がなされた．この観測ではGC-FIDを用いて六十数種類のVOCとPTR-MSを用いてHCHO, CH_3CHO, CH_3COCH_3, CH_3OHなどのOVOCの測定が同時になされ，それらに基づくOH反応性の計算値と直接測定の値の比較がなされている．これらの観測におけるOH反応性の実測値と計算値の比較を図7.15に示す．図にみられるようにこの測定ではOH反応性の値は8月で$17\sim70\,s^{-1}$, 10月で$10\sim80\,s^{-1}$の値が得られ，実測値は計算値と比較してかなり大きく，分析されていないVOC, OVOCがなお数多く存在していることがわかる．未知反応性の割合は8月の観測で27%，10月の観測では35%に達している．測定された化学種のOH反応性に対する寄与率は，図7.16に示されるように，夏季の場合NO_x($NO + NO_2$)が26.0%，人為起源VOCが22.1%, OVOCが12.4%，植物起源VOCが5.8%，秋季ではNO_xが37.3%，人為起源VOCが18.0%, OVOCが4.9%，植物起源VOCが0.9%となっている．

こうしたOH反応性の測定から推定される未知のVOC, OVOCをモデルに加えることによって，オゾン生成に対するモデル計算結果はVOC制約領域からNO_x制約領域へと移行する傾向を与えることに注意する必要がある．

7.5 対流圏ハロゲン化学

対流圏においてCl, Br, Iなどのハロゲンが重要な化学反応を担っていることが認知されたのは，比較的新しく1980年代のことである．そのきっかけとなったのは，春季に北極圏における地表付近のオゾン濃度が，通常の30 ppbv前後から数時間のうちに急速に減少し，日によってはほとんどゼロ近くまで低下する現象が見いだされ，

その原因が BrO による O_3 の破壊反応によるものであることがわかったことであった (Barrie et al., 1988). その後同様の現象は南極大陸でも見いだされている. さらに中高緯度の海洋境界層内で Cl, Br, I を含む活性化学種が広く見いだされ, 前節で述べられたように OH, HO_2 濃度に影響を与えるとともに, その場での O_3 濃度の減少をもたらしていることがわかってきた. またハロゲンの関与する化学反応は塩湖の周辺, 火山噴煙内などで見いだされている (Saiz-Lopez and von Glasow, 2012). 本書では火山噴煙中のハロゲンについては扱わないが, 必ずしも間歇的な噴火時だけでなく, 定常的な噴煙中で Cl, Br が観測されており, 対流圏化学の対象としてより一般的に扱われる傾向にある (Bobrowski et al., 2003, 2007;Lee et al., 2005;Aiuppa et al., 2009;Vance et al., 2010).

対流圏のハロゲン化学全般については, Saiz-Lopez and von Glasow (2012) によって最近の研究がまとめられている. また, 海塩粒子上の不均一反応 (Finlayson-Pitts, 2003;Rossi, 2003) や, 個々のテーマでの対流圏ハロゲン化学の総説が Carpenter (2003), Sander et al. (2003), Simpson et al. (2007), Abbatt et al. (2012), Saiz-Lopez et al. (2012) などによってなされている.

7.5.1 ハロゲンの初期放出源

対流圏ハロゲン化学の大きな問題点は, Cl, Br, I の関わる連鎖反応機構が比較的よくわかっているにもかかわらず, 大気中に最初にハロゲンが放出される過程が十分確立されていない点である. これまでに対流圏ハロゲンの初期放出源としては, 海塩粒子上の不均一反応と微生物からの放出が主要なものと考えられてきたが, それぞれの詳しいプロセスや寄与割合は, 地域やハロゲン種ごとに大きく異なっており, 放出に関わるパラメータが定量的に明らかになっていない場合が多い. 本項ではそれらについての現在の知見を, Cl, Br, I のそれぞれについて整理する.

塩素:海塩中の Cl, Br のモル比率は 660:1 であるにもかかわらず, 大気中の酸化性気体と海塩粒子上の表面不均一反応により大気中に放出される Cl の比率は Br に比べてはるかに小さい. 海塩粒子中の Cl が光化学反応活性化学種として大気中に放出される過程として実験的にもっとも良く確立されているのは, 都市汚染プルーム中の N_2O_5 と海塩粒子の反応による塩化ニトリル $ClNO_2$ の生成である(6.2.4項参照)(Rossi, 2003;Finlayson-Pitts, 2003). 6.2.4項で述べられた反応 (6.5), (6.16) を総括した反応式は,

$$N_2O_5(g) + NaCl(aq) \rightarrow ClNO_2(g) + NaNO_3(aq) \tag{7.68}$$

となり, 生成された $ClNO_2$ は対流圏で容易に光分解されて Cl 原子を放出する (4.4.8

項参照).

$$\text{ClNO}_2 + h\nu \rightarrow \text{Cl} + \text{NO}_2 \qquad (7.69)\,[4.73]$$

この反応による Cl の放出は，直接大気汚染の影響が及ぶ大都市周辺の沿岸域，船舶排気の影響の強い港湾周辺に限られるが，世界的にみて多くの沿岸線がこの条件に当てはまるため全球的にもその寄与は大きいものと思われる．また最近 ClNO_2 は汚染の影響を受けた沿岸域（Osthoff et al., 2008）の他，海塩粒子が存在しないと思われる内陸部の都市域でも測定されており（Thornton et al., 2010; Mielke et al., 2011），この場合は人為起源塩素化合物を含むエアロゾル表面上での N_2O_5 の反応で生成するのではないかと考えられている．海塩粒子上の N_2O_5 の反応では ClNO_2 以外に Br_2 の放出もみられ，その比率は温度に依存することが見いだされている（Lopez-Hilfiker et al., 2012).

一方，HNO_3 と海塩粒子の反応 (6.2.5 項),

$$\text{HNO}_3(\text{g}) + \text{NaCl}(\text{aq}) \rightarrow \text{HCl}(\text{g}) + \text{NaNO}_3(\text{aq}) \qquad (7.70)\,[6.17]$$

は，HNO_3 の大気中寿命が N_2O_5 に比べて長いので，沿岸域を離れた海洋上でも重要であるが，生成物の HCl は対流圏では光分解されず（4.4.3 項参照)，OH との反応の速度定数は，298 K で $7.8 \times 10^{-13}\,\text{cm}^3\,\text{molecule}^{-1}\,\text{s}^{-1}$（表 5.2 参照）とあまり大きくないので，対流圏における Cl 原子の放出源としては重要ではない．

また，7.5.4 項で述べられるように海洋境界層内では Cl_2 が散発的に測定されている．Cl_2 の大気中への放出過程としては，潮解 NaCl と OH との表面反応で Cl_2 が放出されることが実験的に確かめられている（Oum et al., 1998a; Knipping et al., 2000). 以下に述べるように O_3 と海塩粒子との反応（6.2.1 項参照）は，大気中への Br_2 の放出過程としてもっとも重要と考えられているが，O_3 と Fe^{3+} でドープされた NaCl からは Cl_2 が放出されることが実験的に知られており（Sadanaga et al., 2001)，Br が枯渇した後の海塩粒子から Cl_2 が放出される可能性が示唆されている．最近，海洋境界層において Cl_2 がかなり遍在することが知られるようになっており，海塩粒子からの Cl_2 の放出過程に関してはさらに実験的研究が必要と思われる．Cl_2 の吸収スペクトルは可視域まで伸びており（図 4.36)，対流圏でも容易に光分解されて Cl 原子を放出する（4.4.1 項参照）ので，対流圏ハロゲン化学にとって重要な初期活性種である．

臭素：後の 7.5.4 項にみるように対流圏ハロゲンのなかでは BrO などの活性臭素種はその存在がもっともよく知られており，極域をはじめ低中緯度海洋境界層でも広く測定されている．大気中への活性臭素の放出源としては，O_3 と海塩粒子の表面反応による Br_2 の放出が実験的によく研究され，もっとも重要と考えられている（Hirokawa et al., 1998; Mochida et al., 2000; Anastasio and Mozukewich, 2002)（6.2.1 項参照)．

またとくに極域における Br_2 の生成源として，海水氷や海塩が沈着した積雪と O_3 の反応がよく知られている（Tang and McConnell, 1996；Oum et al., 1998b）．Br_2 は Cl_2 よりさらに長波長の可視部に吸収スペクトルをもち，対流圏で短時間に光分解され Br 原子を放出する（4.4.1 項，図 4.36）ので，一般に対流圏ハロゲン化学においてもっとも重要な役割を演じている．

これに対して海藻類から放出されるブロモホルム $CHBr_3$ の光分解反応は，対流圏光化学作用スペクトル領域では吸収断面積が小さいため（Gillotay et al., 1989），光化学活性な臭素種の生成源としてはあまり重要でない．

ヨウ素：海塩中の I の含有比率は 5×10^{-8} と非常に小さいので，海塩粒子からの I の放出は無視でき，海洋境界層内で広く見いだされている IO などの生成源としては，海洋生物からのヨードメタン（ヨウ化メチル）（CH_3I）やヨードエタン（ヨウ化エチル）（C_2H_5I），1-ヨードプロパン（1-C_3H_7I），クロロヨードメタン（CH_2ICl），ブロモヨードメタン（CH_2IBr），ジヨードメタン（CH_2I_2）など有機ヨウ素化合物および無機ヨウ素 I_2 の光分解が考えられている（Saiz-Lopez et al., 2012）．これらの有機ヨウ素化合物は沿岸域では海藻からの放出が主であり，大洋上では微小藻類が放出源と考えられているが，最近非生物的な放出源として，太陽光照射の下でのオゾンと海水中の有機化合物との海面反応なども報告されている（Martino et al., 2009）．これらの有機ヨウ素化合物のなかでは全球的には CH_3I, CH_2I_2 の放出がもっとも多いものと推定されている（Saiz-Lopez et al., 2012）．一方，I_2 は海岸域では海草類から放出されることがよく知られているが，大洋上での放出源についてはまだよくわかっていない．

ヨードメタンの吸収スペクトルは図 4.32 に示されている．ヨードメタンを始めとする有機ヨウ素化合物は対流圏での光化学作用フラックス領域に強い吸収をもつので容易に光分解し（CH_3I については 4.3.8 項参照），I 原子を放出する．

$$CH_3I + h\nu \rightarrow CH_3 + I \qquad (7.71)[4.47a, 4.47b]$$
$$CH_2ICl + h\nu \rightarrow CH_2 + I + Cl \qquad (7.72)$$
$$CH_2I_2 + h\nu \rightarrow CH_2 + 2I \qquad (7.73)$$

これから計算される光分解寿命は CH_3I で数日，CH_2ICl では数時間，CH_2I_2 では数分である（Saiz-Lopez et al., 2012）．I_2 も 4.4.1 項および図 4.36 にみられるように可視部の光で容易に光分解され，I 原子を生成する．

7.5.2 気相ハロゲン連鎖反応

前項で述べられたような発生源からの Cl_2, $ClNO_2$, Br_2, I_2, 有機ヨウ素化合物などの光分解で大気中に生成したハロゲン原子 Cl, Br, I は O_3 と反応して ClO, BrO, IO ラ

ジカルを生成し下記のような連鎖反応によって対流圏 O_3 濃度を低減させる役割を演じている．これらハロゲン原子を X, Y (= Cl, Br, I) で表すと，極域など活性ハロゲン濃度が高いところでの主要な連鎖サイクルは次のように表され，

$$X + O_3 \rightarrow XO + O_2 \qquad (7.74)$$

$$Y + O_3 \rightarrow YO + O_2 \qquad (7.75)$$

$$XO + YO \rightarrow X + Y + O_2 \qquad (7.76a)$$

これらの反応は正味での O_3 消失サイクル

$$2 O_3 \rightarrow 3 O_2 \qquad (7.77)$$

を構成する．

ただし，XO + YO の反応は実際にはハロゲンの種類によって反応 (7.76a) の型以外に，

$$XO + YO \quad \rightarrow OXO + Y \qquad (7.76b)$$
$$\rightarrow XY + O_2 \qquad (7.76c)$$
$$+ M \rightarrow XOOY + M \qquad (7.76d)$$

のようなさまざまな反応経路をたどるので，反応機構の詳しい解析にはそれらを考慮する必要がある．たとえば，大気圧下では ClO + ClO の反応は，

$$ClO + ClO + M \rightarrow ClOOCl + M \qquad (7.78)[5.78]$$

がほとんどである（5.6.6 項参照）が，BrO や IO に対しては次のような反応経路と括弧内に示されるような反応分岐比が 298 K において与えられている（Sander *et al.*, 2011；Atkinson *et al.*, 2007；Saiz-Lopez, 2012）．

$$BrO + ClO \rightarrow Br + OClO \quad (0.48) \qquad (7.79a)$$
$$\rightarrow Br + ClOO \quad (0.44) \qquad (7.79b)$$
$$\rightarrow BrCl + O_2 \quad (0.08) \qquad (7.79c)$$
$$BrO + BrO \rightarrow 2 Br + O_2 \quad (0.85) \qquad (7.80a)$$
$$\rightarrow Br_2 + O_2 \quad (0.15) \qquad (7.80b)$$
$$BrO + IO \rightarrow OIO + Br \quad (0.80) \qquad (7.81a)$$
$$\rightarrow IBr + O_2 \quad (0.20) \qquad (7.81b)$$
$$IO + IO \rightarrow 2I + O_2 \qquad (7.82a)$$
$$I + OIO \qquad (7.82b)$$

これらの反応で生成した ClOOCl (4.4.6, 5.6.6 項)，BrCl (4.4.1 項)，Br_2 (4.4.1 項)，IBr, OIO などはそれぞれ，

$$ClOOCl + M \rightarrow ClO + ClO + M \qquad (7.83)$$
$$ClOOCl + h\nu \rightarrow 2Cl + O_2 \quad (0.80) \qquad (7.84a)[4.70d]$$

$$\rightarrow \mathrm{ClO} + \mathrm{ClO} \quad (0.20) \quad\quad (7.84\mathrm{b})[4.70\mathrm{a}]$$
$$\mathrm{BrCl} + h\nu \rightarrow \mathrm{Br} + \mathrm{Cl} \quad\quad (7.85)[4.58\mathrm{a}\text{-}4.58\mathrm{d}]$$
$$\mathrm{Br}_2 + h\nu \rightarrow 2\mathrm{Br} \quad\quad (7.86)[4.57\mathrm{a}, 4.57\mathrm{b}]$$
$$\mathrm{IBr} + h\nu \rightarrow \mathrm{I} + \mathrm{Br} \quad\quad (7.87)$$
$$\mathrm{OIO} + h\nu \rightarrow \mathrm{I} + \mathrm{O}_2 \quad\quad (7.88)$$

のような光分解または熱分解を受ける.反応 (7.88) による OIO の光分解に関しては,その量子収率が1 であることが,最近の実験から報告されている (Gómez Martín et al., 2009).また反応 (7.74),(7.75),(7.76a) により O_3 消失をもたらすハロゲン連鎖反応の担体である ClO, BrO, IO 自身の吸収スペクトルと光分解過程に関しては 4.4.5 項に述べられている.

こうした気相連鎖反応においては,ハロゲンラジカル (XO) 濃度がたとえば 3 ppt 以上の高濃度で存在する場合には反応 (7.76a-7.76d) のラジカルどうしの反応が卓越するが,それらの濃度が低下するにつれて,XO と HO_2 ラジカルとの反応,

$$\mathrm{XO} + \mathrm{HO}_2 \rightarrow \mathrm{HOX} + \mathrm{O}_2 \quad\quad (7.89)$$

の反応による HOX の生成が重要となる.HOX の後続反応としては,

$$\mathrm{HOX} + h\nu \rightarrow \mathrm{X} + \mathrm{OH} \quad\quad (7.90)$$

の光分解 (4.4.4 項参照) のほか,とくに HOBr については次項 (7.5.3 項) に述べる海塩との多相反応が重要である.

NO_x 濃度が高い汚染大気の影響を受ける環境では,XO と NO_2 による $XONO_2$ の生成反応,

$$\mathrm{XO} + \mathrm{NO}_2 + \mathrm{M} \rightarrow \mathrm{XONO}_2 + \mathrm{M} \quad\quad (7.91)$$

が連鎖停止反応として重要となる ($ClONO_2$ については 5.6.5 項参照).生成した $XONO_2$ は,

$$\mathrm{XONO}_2 + h\nu \rightarrow \mathrm{X} + \mathrm{NO}_3 \quad\quad (7.92)$$

のように光分解され,主に X 原子と NO_3 を生成することが知られている (4.4.2 項参照).ただし,$ClONO_2$ については対流圏での光分解反応速度は小さい.

7.5.3 多相ハロゲン連鎖反応

対流圏におけるハロゲンの関与する連鎖反応としては,とくに Br について気相における反応系以外に海塩粒子表面溶液を介した多相での連鎖反応が起こることが知られている.前項の反応 (7.89) の型の反応,

$$\mathrm{BrO} + \mathrm{HO}_2 \rightarrow \mathrm{HOBr} + \mathrm{O}_2 \quad\quad (7.93)$$

で生成する HOBr から,酸性化した極域海塩粒子表面で Br_2 が気相に放出されうる

ことが Mozukewich（1995）によって提言され，さらに中緯度の汚染された海洋境界層でも起こりうることが Sander and Crutzen（1996）によって提言された．

$$HOBr(g) \rightarrow HOBr(aq) \tag{7.94}$$
$$HOBr(aq) + Br^- + H^+ \rightarrow Br_2(aq) + H_2O \tag{7.95}$$
$$Br_2(aq) \rightarrow Br_2(g) \tag{7.96}$$

このような海塩粒子上の不均一反応では，海塩中の Cl^- が反応に関与し，

$$HOBr(aq) + Cl^- + H^+ \rightarrow BrCl(aq) + H_2O \tag{7.97}$$

のように BrCl も生成されるが，海塩表面水溶液に Br^- が残っている限り，

$$BrCl(aq) + Br^- + H^+ \rightarrow Br_2(aq) + HCl \tag{7.98}$$

のように溶液内で Br_2 に変換されるので，大気中には優先的に Br_2 が放出され，Br^- が枯渇した後にはじめて，

$$BrCl(aq) \rightarrow BrCl(g) \tag{7.99}$$

のように大気中に BrCl が放出されるものと考えられている（Vogt et al., 1996）．

これらの反応で生成し気相に放出された Br_2，BrCl は，

$$Br_2 + h\nu \rightarrow 2Br \tag{7.86}$$
$$BrCl + h\nu \rightarrow Br + Cl \tag{7.85}$$
$$Br + O_3 \rightarrow BrO + O_2 \tag{7.100}$$
$$BrO + HO_2 \rightarrow HOBr + O_2 \tag{7.93}$$

によって HOBr に戻るので，海塩粒子表面が得られる限り多相間での連鎖反応が形成される．上の一連の反応よりなるこの連鎖サイクルは自己触媒反応（autocatalytic reaction）とも呼ばれている．この多相連鎖反応の律速段階は HOBr(g) と NaBr/NaCl の不均一反応であり，この反応の取り込み係数は 253 K（-20℃）において $\gamma > 10^{-2}$ で，温度の低下とともに増加することが Adams et al.（2002）により報告されている．

この多相間連鎖反応の正味の反応は，

$$Br^- + H^+ + O_3 + HO_2 + h\nu \rightarrow Br + 2O_2 + H_2O \tag{7.101}$$
$$Cl^- + H^+ + O_3 + HO_2 + h\nu \rightarrow Cl + 2O_2 + H_2O \tag{7.102}$$

のように表され，この一連の反応によって O_3 の消失が起こることがわかる．次項にみるように，極域では春季に主に高濃度の Br による急速な地表付近 O_3 の消失が起こることが知られており，前項の気相におけるハロゲン連鎖反応ではこの急速な現象が説明できないことから，氷上の海塩粒子の関与する上のような多相連鎖反応が起こっているものと考えられ，この反応による極域での急速な Br の増加は「臭素爆発（bromine explosion）」と呼ばれている（Wennberg, 1999）．

また，汚染海洋境界層では (7.91) の型の反応，
$$BrO + NO_2 + M \rightarrow BrONO_2 + M \quad (7.103)$$
で生成する $BrONO_2$ の海塩上の反応，
$$BrONO_2 + Br^- \rightarrow NO_3^- + Br_2 \quad (7.104)$$
$$BrONO_2 + Cl^- \rightarrow NO_3^- + BrCl \quad (7.105)$$
を含んだ多相連鎖反応が Sander *et al.* (1999) によって解析されている．

7.5.4 大気中における活性ハロゲン化学種の測定とモデルとの比較

大気中における活性ハロゲン化学種濃度の観測値は一般的に 1〜100 ppt であり，これらに対する直接測定は，長光路差分吸収分光法 (LP-DOAS, long-path differential absorption spectroscopy)，レーザー誘起蛍光法 (LIF) などの手法によってなされている．また BrO に関しては衛星による観測が，対流圏カラム密度の空間分布を与えている．

本項では活性ハロゲン種とそのオゾンに対する影響について，極域，海洋境界層，塩湖における測定とモデルの比較，および BrO, IO の衛星観測データについて述べる．

極域：アラスカのバロー (Barrow) における連続監視データから毎年春季に規則的

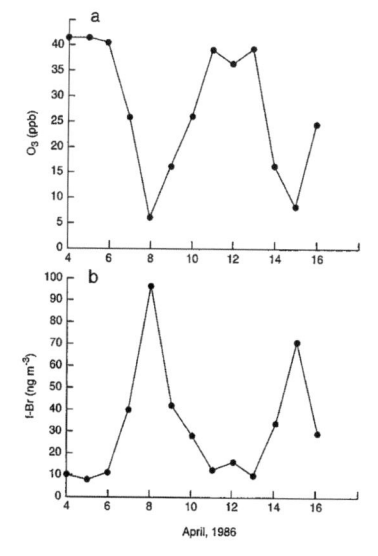

図 7.17 アラートにおける地表オゾン濃度 (a) とフィルターに捕集された臭素イオン濃度 (f-Br) (b) の相関 (Barrie *et al.*, 1988)

に地表オゾン濃度がしばしば低下することが知られていた (Oltmans and Komhyr, 1986). Barrie et al. (1988) は北極域カナダのアラート (Alert) においても,春季に地表付近のオゾン濃度が 40 ppbv 前後から数 ppbv 以下にまで急速に低下し,このときフィルター上に採取されたエアロゾル中の臭素濃度との間に図 7.17 に示されるような明確な反相関がみられることを報告し,これが対流圏におけるハロゲン連鎖反応の重要性が認識される契機となった. その後,極の日の出 (polar sunrise) の時期におけるアラートでの BrO の実測が LP-DOAS を用いてなされ, 24 時間平均値 4～17 pptv が観測された (Hausmann and Platt, 1994). この濃度は,

$$Br + O_3 \rightarrow BrO + O_2 \qquad (7.100)$$
$$BrO + BrO \rightarrow 2Br + O_2 \qquad (7.80a)$$

の反応で O_3 が 1 日でほとんどゼロにまで減少するに十分な濃度であることが示されている. その後 ALERT2000 の観測では, CIMS を用いた実時間測定がなされ, Br_2 の最大値 27 pptv, BrCl の最大値 35 pptv が観測されたが, Cl_2 は検出感度 2 pptv 以上には測定されなかった (Foster et al., 2001; Spicer et al., 2002). 一方,アラートにおける低オゾン観測時に Cl 原子が OH ラジカルに代わって炭化水素類の消費に主要な役割を演じていることが, Jobson et al. (1994) によって示され, O_3 低オゾン気塊中の Cl 原子の存在が証明されている. 図 7.18 は i-ブタン/n-ブタン, i-ブタン/プロパンの比を低オゾン時と通常オゾン時についてプロットしたものである (Jobson et al., 1994). i-ブタンとプロパンの Cl 原子に対する反応速度定数はほぼ等しく, OH に対する反応速度定数は異なるのに対して, i-ブタンと n-ブタンは逆に OH に対する速度定数はほぼ等しく, Cl に対する速度定数は異なる. このことから,図 7.18 に

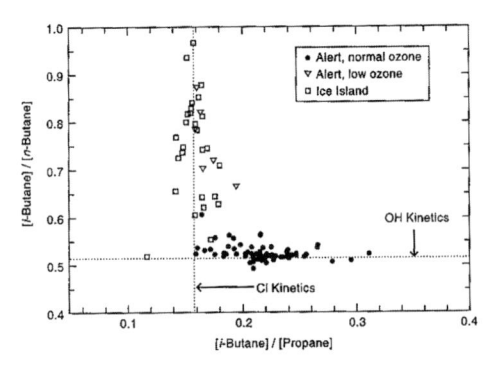

図 7.18 アラートにおけるオゾン減少時(白印)とオゾン通常時(黒印)の i-C_4H_{10}/n-C_4H_{10} 比と i-C_4H_{10}/C_3H_8 比のプロット (Jobson et al., 1994)

7.5 対流圏ハロゲン化学

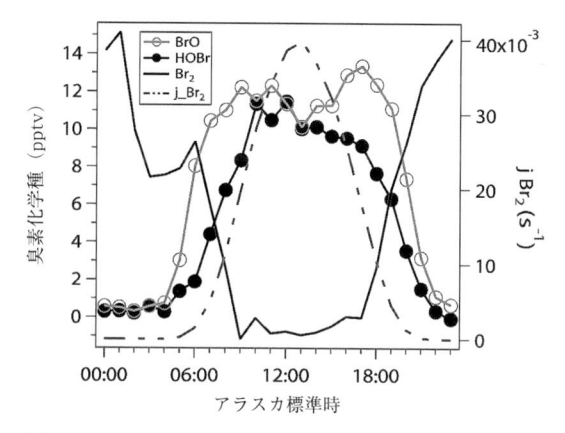

図7.19 アラスカ・バローにおける BrO, HOBr, Br_2 濃度の実測値と Br_2 光分解速度 (j_{Br_2})（Liao *et al.*, 2012 より改編）

おいてみられるように，低オゾン時に i-ブタン/プロパン比がほぼ一定であることは，この期間には炭化水素の消費は Cl 原子の反応によってもたらされており，通常オゾン時に i-ブタン/n-ブタン比がほぼ一定であることは，この期間には HC は OH によって消費されていることを示している．

北極域ではアラート以外にスピッツベルゲン島ニー・オルスン（Ny Ålesund）において，1995～96 年に DOAS を用いて低オゾン時に BrO, ClO がともに最大値 30 pptv, IO 1～2 pptv, さらにフィルター上エアロゾル中の Br 120 ng m^{-3} が測定されている（Tuckermann *et al.*, 1997；Lehner *et al.*, 1997）．このとき NO_2, SO_2 は 50 pptv 以下であり，極域のハロゲンによる地表オゾン減少は人為汚染とは関係のない自然現象であることが確認されている．また最近のバローにおける観測では，CIMS を用いて図 7.19 に示されるように，HOBr が日中平均 10 pptv（最大 26 pptv），Br_2 が夜間平均 13 pptv（最大 46 pptv）が測定され，不均一過程を含んだボックスモデルはこれらの実測の日変化をよく再現することが報告されている（Liao *et al.*, 2012）．

さらに極域のハロゲンによるオゾン減少は南極大陸でも同様にみられることがわかっている（Kreher *et al.*, 1997）．最近の Buys *et al.*（2013）による南極ハレー（Hallay）における CIMS 測定による BrO の最大値は 13 pptv（日中），Br_2, BrCl はそれぞれ 46, 6 pptv（夜間）が報告されている．一方，ノイメイヤー（Neumayer）では IO が DOAS により最大 10 pptv 測定されており，IO 濃度が低い北極域との大きな違いがみられる（Frieß *et al.*, 2001）．南極大陸周辺における観測ではトラジェクトリ解析

から，これら活性ハロゲン濃度は大気と海氷との接触時間とよい相関がみられており，前項で述べられた海塩粒子表面での不均一連鎖反応による活性ハロゲン濃度の増大が，こうした現象を引き起こしているという推定を支持している（Wagner et al., 2007）．北極域に比べ南極域における高濃度のヨウ素は，海氷域周辺の海面から放出される微生物起源の光化学活性有機ヨウ素化合物の放出強度の違いによるものと考えられる（Frieß et al., 2001）．南極における IO は SCIAMACHY による衛星観測がなされており，そのカラム密度は春季 10 月に最大で夏季から秋季にも高い値がみられるが，冬季には IO の増加はみられない（Schönhardt et al., 2008）．このような IO の濃度上昇は北極域ではみられないことが衛星からも確かめられており，ヨウ素化合物を放出する海洋生物の分布の違いによるものではないかと考えられる．

多軸差分吸収分光法（MAX-DOAS, multi axis differential optical absorption spectroscopy）による斜めカラム（slant column）測定やオゾンゾンデによる測定から，極域におけるオゾンの減少は主として界面から 1 km ほどまでの境界層内で起こっていることが確認されているが，活性ハロゲンは大気の混合により場合によっては自由対流圏にまで広がっていることが航空機観測などにより知られている（Hönninger and Platt, 2002；Choi et al., 2012）．さらに BrO のカラム密度は衛星センサー GOME などによって広く観測されており，極域における高密度の BrO は対流圏カラムによるものであり，極域以外のものは成層圏カラムによるものであると結論されている（Platt and Wagner, 1998）．衛星データによると極域の春季の対流圏 BrO は海氷上に 2〜4 日の時間スケールと 2000 km にも及ぶ空間スケールで「臭素雲（bromine cloud）」として広がっており，対流圏におけるハロゲン化学がたまたま地表でオゾン減少が観測された地点周辺の局地的な現象ではないことが実証されている．

こうした極域の BrO 生成と境界層オゾン減少に対する 3 次元モデルによる研究が最近なされている（Zhao et al., 2008；Toyota et al., 2011）．Toyota et al. (2011) は，海氷上の積雪に含まれる海塩と O_3 との反応が唯一の Br_2 の初期放出過程であると仮定し，前項で述べられた自己触媒連鎖反応に基づく 3 次元モデルを用いて北極域の BrO 生成と O_3 減少の計算を行い，春季の BrO に対する GOME 衛星データおよび地表 O_3 のデータとの比較を行っている．図 7.20 は 2001 年 4 月の北極域における BrO 対流圏カラム密度の衛星データとモデル計算結果を比較したものである．4 月 17〜18 日，20〜21 日に東シベリア海縁域とカナダの北極域にそれぞれ 1000 km 以上に及ぶ広大な臭素雲の発生が衛星データからみられるが，O_3, HOBr, $BrONO_2$ と積雪中海塩との反応による Br_2 の放出が起こる臨界温度 T_c を −10℃ に設定した RUN 3 モデルはその時間的変動と空間的分布の再現に成功していることがわかる．このモデ

7.5 対流圏ハロゲン化学

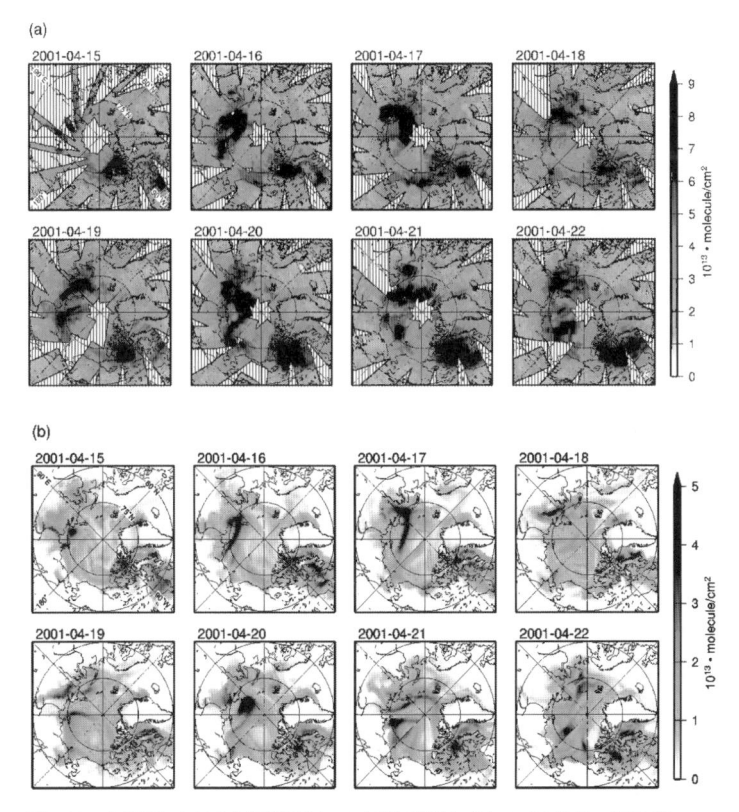

図 7.20 北極域における「臭素爆発」の (a) 衛星観測と (b) モデル計算の比較 (Toyota et al., 2011 より改編)

研究からは，$T_c = -15℃$とすると，臭素雲の発生時期と発生場所が衛星データと合わなくなり，$T_c = -20℃$では臭素雲は生成しないことになる．ちなみに実験的には Adams et al. (2002) によって得られている NaCl 氷上への HOBr の取り込み係数は $-15℃$で$\gamma \approx 1 \times 10^{-2}$であり，温度の低下とともに緩やかに増加するが，その温度依存性はあまり強くない．また，図 7.21 は 2001 年 4 月の地表オゾンの濃度変化について，アラート，バロー，ツェッペイン山（ノルウェー・スピッツベルゲン島），およびグリーンランド・サミットにおける実測とモデルを比較したものである (Toyota et al., 2011)．図にみられるように Br の放出をまったく考慮しない RUN 1 では O_3 減少は出現しないが，$T_c = -10℃$に設定した RUN 3 の結果は，これらの地点におけるイベント的な O_3 減少を全体的によく再現している．このモデル研究からは「臭素爆発」がイベント的に起こる理由として O_3 と積雪海塩との接触時間を左右する大気の移流

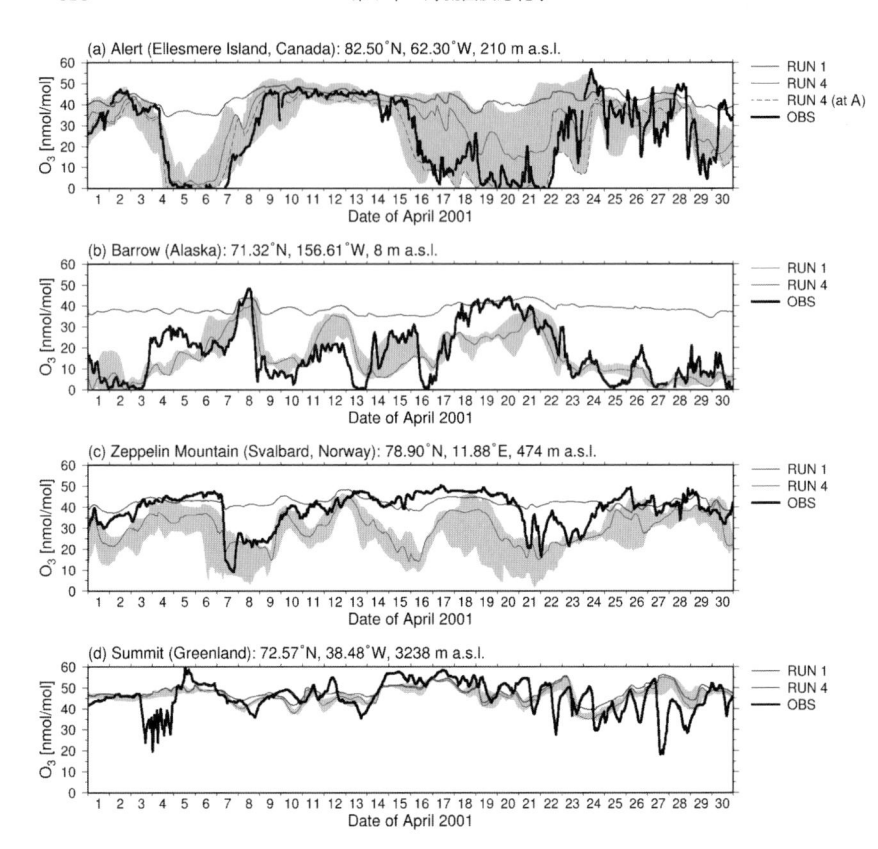

図 7.21 北極域の (a) アラート, (b) バロー, (c) ゼッペリン山, (d) グリーンランドにおける O_3 の濃度の実測値とモデル計算値の比較 (Toyota et al., 2011)
 ── 実測値, ── RUN1 (臭素の化学を入れない場合) の計算値, ── RUN4 (臭素の化学を入れた場合, $T_c = -15°C$) の計算値. RUN4 のグレーの影は, それぞれの地点の周辺の 8 つのグリッドの計算値の範囲を示す. 図 (a) 中の ⋯⋯ はアラード (Alert) の北隣のグリッドに対する RUN1 の計算値.

と乱流拡散などの気象条件が影響していることが示唆され, 臭素放出量を定量的に決める因子として海氷上の積雪のうちでも1年目の新雪が重要であること, また上記の臨界温度に敏感であることが示されている.

低中緯度海洋境界層:対流圏での無機ハロゲンは極域のみならず広く海洋境界層内で測定されている. 海洋境界層内のハロゲン濃度は汚染大気の影響を受けている場合と清浄海洋大気中では明らかに異なっており, 一般に汚染大気の影響を受けている場合の濃度の方がはるかに高いことが知られている. その差はとくに Cl に関して顕著であり, たとえば熱帯大西洋東部のケープ・ヴェルデ (Cape Verde) 島におけ

る 2009 年夏季の観測では外洋からの気塊中の HOCl Cl_2 がそれぞれ最大 60 pptv（昼間），10 pptv（夜間）であるのに対してヨーロッパ大陸からの気塊中ではそれぞれ最大 100 pptv 以上，35 pptv の値が測定されている (Lawler et al., 2011)．Lawler et al. (2011) は活性 Cl の放出源として，実測されている 0.6 ppbv の HCl を考慮し，

$$HCl + OH \rightarrow Cl + H_2O \qquad (7.106)$$

$$Cl + O_3 \rightarrow ClO + O_2 \qquad (7.107)$$

$$ClO + HO_2 \rightarrow HOCl + O_2 \qquad (7.108)$$

$$HOCl + Cl^- + H^+ \rightarrow Cl_2 + H_2O \qquad (7.109)$$

$$Cl_2 + h\nu \rightarrow 2Cl \qquad (7.110)$$

の多相光化学連鎖を含むボックスモデルでは，夜間 10 pptv の Cl_2 は再現されるが，昼間数十 pptv の HOCl は再現されないことを示し，HOCl に対しては未知の発生源があることを示唆している．また，Sommariva and von Glasow (2012) による Br を含む 1 次元モデルによるこれらの観測値に対する解析からは，CH_4 の消失の 5〜11% が Cl 原子によるものであり，O_3 の消失の 35〜40% がハロゲン（主に Br）によるものであると結論されている．

ケープ・ヴェルデにおいては BrO と IO の通年観測がなされており，2006 年 11 月〜2007 年 6 月の平均濃度が BrO が $2.5 \pm 1.1 (1\sigma)$ pptv，IO が 1.4 ± 0.8 pptv が報告されている (Read et al., 2008)．図 7.22 に BrO，IO の日内変化と季節変化の観測値

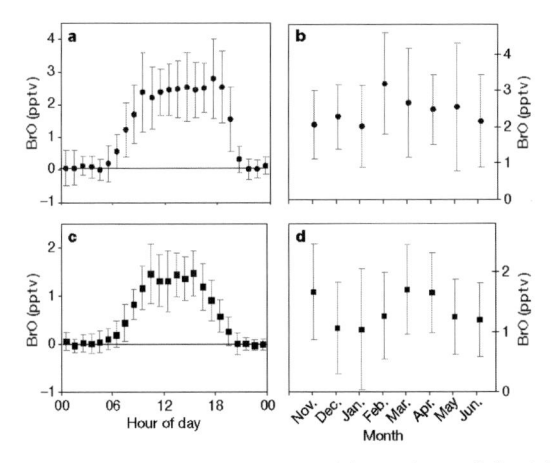

図 7.22 ケープ・ヴェルデにおける (a) BrO との日変化，(b) BrO の季節変化，(c) IO の日変化，(d) IO の季節変化の測定値 (Read et al., 2008 より改編)
誤差は 1σ．

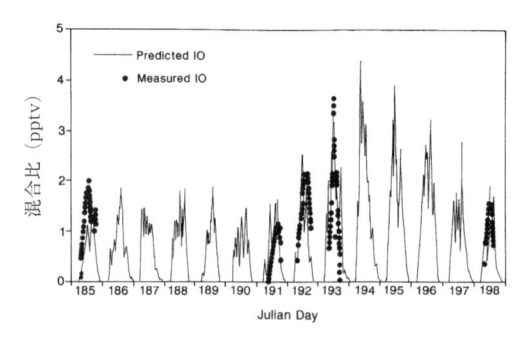

図 7.23 大西洋上で測定された CH_2I_2, CH_2BrI, CH_3I 濃度から求められた IO 濃度日変化の実測値との比較（McFiggans et al., 2000 より改編）

を示す．この地点における NO の測定値は $3.0±1.0$ pptv と非常に低く，日中には 7.3.1 項で述べられた O_3 の光化学的消失が起こっているが，観測されたハロゲン濃度から O_3 消失の 30〜50% がハロゲンによるものであることが推定されている（Read et al., 2008）．また，熱帯インド洋上では観測された O_3 濃度の日中の減少 32% のうち，HO_x 連鎖反応によるものが 12%, $BrO/HOBr/HBr$ の多相連鎖反応を含めたものが 22% であることを，Dickerson et al. (1999) はモデル計算により報告している．ケープ・ヴェルデや中緯度外洋など，海藻の存在しない地点におけるヨウ素の発生源は，海水中の有機物とヨウ素から太陽光の下での O_3 の海面反応で生成される CH_2I_2, $CHClI_2$, CH_3I などと考えられている（Martino et al., 2009; Mahajan et al., 2010）．McFiggans et al. (2000) は，リモートな大西洋上で測定された CH_2I_2, CH_2BrI, CH_3I 濃度（それぞれ 0.03, 0.3, 3 pptv）束縛条件として IO 濃度の日変化をボックスモデルで求め，図 7.23 のように実測値とのよい一致を得ている．この計算からは I 原子の初期平均放出比率は CH_2I_2 64%, CH_2BrI 34%, CH_3I 4% となり，IO 濃度の最大約 3 pptv が再現されている．

中緯度の比較的清浄な海洋境界層であるメースヘッドにおける DOAS による観測では BrO の最大値 6.5 pptv，日中平均値 2.3 pptv が，またヨウ素については I_2, IO, OIO の最大値がそれぞれ 93, 2.5, 10.8 pptv と観測されておりモデルによる解析がなされている（Saiz-Lopez et al., 2004, 2006）．メースヘッドにおける高濃度ヨウ素の発生源としては干潮との関係などから海藻からの I_2 の放出と考えられている．

一方，汚染大気の影響の強い海洋境界層では $ClNO_2$ および Cl_2 が非常に高濃度で測定されている．たとえばロサンゼルス近郊の港湾では 2010 年の 5〜6 月に $ClNO_2$, Cl_2 の最高濃度それぞれ 2100, 200 ppt（Riedel et al., 2012）が，米国ロングアイランドで

は Cl_2 の夜間最高濃度 150 pptv などが報告されている（Spicer *et al.*, 1998）．これら の高濃度ハロゲンは都市および港湾船舶による汚染大気中の N_2O_5 と海塩粒子との反応 (7.68) により生成した $ClNO_2$ と 7.5.3 項で述べられた自己触媒反応でこれから生成した Cl_2 であると考えられる．ただしロサンゼルス近郊での測定では Cl_2 については $ClNO_2$ とよい相関をもつ場合とほとんど相関のない場合が報告されており，後者の場合は都市汚染源からの直接の Cl_2 の寄与が示唆されている（Riedel *et al.*, 2012）．

塩湖：対流圏の反応性ハロゲンは海洋上だけでなく，内陸の塩湖周辺でも一般的に存在することが知られている．内陸塩湖におけるハロゲン化学種についてはイスラエルの死海においてもっともよく研究されており，季節を問わず最大 100～200 pptv の BrO が測定されている（Matveev *et al.*, 2001; Tas *et al.*, 2005）．また死海においては BrO 以外に最大 10 pptv の IO も測定されている（Zingler and Platt, 2005）．死海におけるこれらのハロゲンの発生源はヨウ素についても生物起源ではなく，水中のハロゲンイオンと O_3 の海面での光化学的不均一反応が議論されている（Zingler and Platt, 2005; Tas *et al.*, 2006; Smoydzin and von Glasow, 2009）．このほか，米国のグレートソルト湖で ClO, BrO が，ボリビアのウユニ塩湖で BrO が観測されており（Stutz *et al.*, 2002; Hönninger *et al.*, 2004），内陸塩湖周辺の大気中に活性ハロゲン化学種が高濃度で存在することが，一般的な現象であることが明らかになっている．

7.6 対流圏硫黄化学

対流圏における硫黄化合物は歴史的には産業革命以来，化石燃料燃焼に伴う二酸化硫黄（SO_2）自身とその大気中酸化反応で生成する硫酸エアロゾルによる大気汚染，およびそれらの雲霧水滴への取り込みと液相反応によってもたらされる酸性雨の観点から研究されてきた（Finlayson-Pitts and Pitts, 2000）．一方，硫化ジメチル（CH_3SCH_3）などの自然起源硫黄化合物は，大気中で酸化されて最終的に硫酸エアロゾルを生成する．硫酸エアロゾルは雲生成のための凝縮核（CCN, cloud condensation nuclei）として働き放射収支に影響を与えるだけでなく，それが逆に DMS などの自然放出を制御し，気候フィードバックを形成する可能性があるといった観点から広く関心がもたれている（Charlson *et al.*, 1987）．また，人為起源二酸化硫黄からの硫酸エアロゾルも人間活動に起因する気候変化の視点から重要である（IPCC, 2013）．

大気中の硫黄化合物には，主として海洋生物起源の硫化水素（H_2S），メタンチオール（CH_3SH），硫化ジメチル（CH_3SCH_3），二硫化ジメチル（CH_3SSCH_3），硫化カルボニル（COS），海洋起源および人為起源の二硫化炭素（CS_2），主として人為起源，

一部火山起源の二酸化硫黄（SO_2）などがある．自然起源硫黄化合物のなかでは硫化ジメチル（DMS, dimethyl sulfide）がもっとも重要であり（Bates *et al.*, 1992），本節ではその気相酸化反応機構について取り扱う．COS は対流圏での反応速度が小さく大気寿命が 10 年以上となるため，その多くは成層圏に到達し，8.5 節で述べるように成層圏エアロゾル層生成の原因となる．

SO_2 については 7.6.1 項で気相均一反応による酸化反応について述べた後，7.6.2 項で霧水・雨滴中での多相不均一反応（2.4 節参照）を取り扱う．

7.6.1 気相均一酸化反応機構

対流圏における硫黄化合物の酸化反応は OH ラジカルによって開始されるものがほとんどであるが，汚染大気の影響下では NO_3 との反応，海洋境界層では BrO, IO などの活性ハロゲン種による反応も考慮する必要がある．また，SO_2 については気相 OH 反応以外に，雲・霧液滴中における酸化反応が重要であるが，これについては次項に述べられる．

SO_2: 二酸化硫黄（sulfur dioxide）SO_2 の主な放出源は人為起源の化石燃料燃焼であり，その他火山や生物体燃焼などからの放出がこれに加わる（Bates *et al.*, 1992）．大気中の SO_2 は OH と反応し，

$$SO_2 + OH + M \rightarrow HOSO_2 + M \qquad (7.111)[5.22]$$

$HOSO_2$ ラジカルを生成する（5.2.6 項）．$HOSO_2$ からは，

$$HOSO_2 + O_2 \rightarrow SO_3 + HO_2 \qquad (7.112)$$

のように三酸化硫黄（sulfur trioxide）SO_3 と HO_2 が生成されることが，Stockwell and Calvert (1983) により最初に提言された．対流圏化学として重要なのはこの反応により HO_2 が生成されるため，SO_2 と OH の反応は対流圏中の OH 連鎖反応（7.3 節参照）の停止反応として働かないことである．SO_3 は H_2O と反応して硫酸分子 H_2SO_4 を生成するが，この反応は H_2O に対して 2 次であり，

$$SO_3 + H_2O \rightarrow H_2OSO_3 \qquad (7.113)$$

で生成した SO_3 と H_2O の付加体がさらにもう一分子の H_2O と反応して H_2SO_4 を生じることが知られている（Lovejoy *et al.*, 1996）．

$$H_2OSO_3 + H_2O \rightarrow H_2SO_4 + H_2O \qquad (7.114)$$

生成した H_2SO_4 は気体分子であるが，蒸気圧が低いため対流圏では水蒸気により凝縮して $H_2SO_4(aq)$ となり硫酸エアロゾルを形成するとともにさらに，

$$H_2SO_4(aq) + 2NH_3 \rightarrow (NH_4)_2SO_4(s) \qquad (7.115)$$

により固体の硫酸アンモニウム粒子を生成する．

表5.2に与えられている 298 K 1気圧での OH と SO_2 の気相反応速度定数 1.1×10^{-12} cm^3 $molecule^{-1}$ s^{-1} から,平均 OH 濃度を 8×10^5 $molecules$ cm^{-3} と仮定したときの平均大気寿命は約 1～2 週間となるが,次項に述べられる多相反応を考慮したとき一般に大気寿命はこれよりずっと短くなる.

CS_2:二硫化炭素 (carbon disulfide) CS_2 は工場などからの人為起源放出が主であるが,一部海洋などから自然放出が知られている (Chin and Davis, 1993). CS_2 と OH との反応は,

$$CS_2 + OH + M \rightleftharpoons CS_2OH + M \qquad (7.116)$$

のような付加反応であり,生成した CS_2OH ラジカルは O_2 と反応し,その主反応からは OCS と SO_2 が収率約 0.83～0.84 で得られることが知られている (Stickel et al., 1993). CS_2OH と O_2 との反応によるこれらの生成に関しては,Zhang and Qin (2000),McKee and Wine (2001) の量子化学的理論計算がなされており,

$$CS_2OH + O_2 \rightarrow OCS + HOSO \qquad (7.117)$$
$$HOSO + O_2 \rightarrow SO_2 + HO_2 \qquad (7.118)$$

のような経路が推定されている. CS_2 の大気中の反応で生成した COS は下にみるように対流圏での反応が非常に遅いため,その多くが成層圏に輸送される.その他の生成物として CO と SO_2 がそれぞれ約 0.16, 0.30 の収率で生成する (Stickel et al., 1993) が,これらの生成経路についてはよくわかっていない.

CS_2 と OH との大気条件下での反応速度定数は,SO_2 とほぼ等しく (表5.2参照),その大気寿命は 1～2 週間である.

COS:硫化カルボニル (carbonyl sulfide) COS は火山活動などから放出されるほか,上にみたように CS_2 と OH の大気中の反応で生成され,大気中に 0.5 ppbv 存在する硫黄化合物である.全球における COS の放出量のうち CS_2 からの二次的生成の割合は ～30% と見積もられている (Chin and Davis, 1993). COS と OH との反応速度定数は表5.2にみるように非常に小さく (298 K で 2×10^{-15} cm^3 $molecule^{-1}$ s^{-1}),上の平均 OH 濃度を用いてこれから計算される大気寿命は約 20 年となる.したがって対流圏で放出・生成された COS のほとんどは成層圏へ輸送され,そこで光分解を受けて最終的に H_2SO_4 を生成し成層圏エアロゾル層の形成原因物質となる (8.5節参照).

H_2S:硫化水素 (hydrogen sulfide) H_2S は火山や土壌,生物体燃焼,海洋起源のほか,工場からの人為起源排出によって大気中にもたらされる. H_2S と OH の反応では,水素引き抜き反応によって HS (sulfanyl) ラジカルを生成する.

$$H_2S + OH \rightarrow HS + H_2O \qquad (7.119)$$

生成した HS ラジカルは大気中で O_3 または NO_2 と反応し,

$$HS + O_3 \rightarrow HSO + O_2 \tag{7.120}$$

$$HS + NO_2 \rightarrow HSO + NO \tag{7.121}$$

HSO (sulfhydryl) ラジカルを生成し，これから SO_2 が生成される．

$$HSO + O_3 \rightarrow HSO_2 + O_2 \tag{7.122}$$

$$HSO_2 + O_2 \rightarrow HO_2 + SO_2 \tag{7.123}$$

なお，OH と H_2S の反応速度定数は表5.2に与えられているように，298 K で 4.7×10^{-12} cm^3 molecule^{-1} s^{-1} であるので平均 OH 濃度を 8×10^5 molecules cm^{-3} とすると大気寿命は約70時間となる．

CH$_3$SH：メタンチオール (methane thiol) CH_3SH はメチルメルカプタン (methyl mercaptan) とも呼ばれ，主に海洋生物起源であるが，その OH との反応は，

$$CH_3SH + OH \rightarrow CH_3S + H_2O \tag{7.124}$$

のような水素引き抜き反応と考えられている (Atkinson et al., 2004 ; Sander et al., 2011)．この反応で生成する CH_3S (methylthiyl) ラジカルは，DMS (CH_3SCH_3) の大気中酸化反応に関連して非常に重要であるので，本項で後に詳しく述べられる．

CH_3SH と OH との 298 K での反応速度定数（表5.2参照）は H_2S に比べて7倍ほど速いので，これから計算される CH_3SH の対流圏寿命は約10時間となる．

CH$_3$SCH$_3$：硫化ジメチル (DMS, dimethyl sulfide) CH_3SCH_3 は，海洋生物起源であり，自然起源硫黄化合物のなかでもっとも放出量が多く (Bates et al., 1992)，自然起源 SO_2 の前駆体物質としても，粒子状物質として存在するメタンスルホン酸 (MSA, methane sulfonic acid) CH_3SO_3H やジメチルスルホキシド (DMSO, dimethyl sulfoxide) CH_3SOCH_3 の前駆体としても大きな関心がもたれている．DMS は OH のほか NO_3 との反応速度定数も大きく，沿岸域の人為汚染の影響の強いところではこの反応も重要となるほか，ClO, BrO などの活性ハロゲン種とも反応する．DMS の大気中酸化反応過程に関しては多くの研究が行われており，総説が Barnes et al. (2006) にまとめられている．

DMS と OH との初期反応は水素引き抜きと S 原子への付加の両方の経路があることが知られている (Albu et al., 2006)．

$$CH_3SCH_3 + OH \quad \rightarrow CH_3SCH_2 + H_2O \tag{7.125a}$$
$$+ M \rightarrow CH_3S(OH)CH_3 + M \tag{7.125b}$$

表5.2にみられるように OH による引き抜き反応は，正の活性化エネルギーをもち温度とともに速度定数が増加するのに対し，付加反応は負の温度依存性をもち温度の低下とともに速度定数が増加する．また付加反応には三体反応としての圧力依存性がみられることから，反応 (7.125a) と (7.125b) の反応の分岐比は一般に温度，圧力に

依存して変化する.たとえば,1気圧,298 K では反応の約 80% は引き抜き反応であるが,温度の低下とともに付加反応の比率が増加する (Albu et al., 2006). 298 K における引き抜き反応の速度定数 $4.7\times10^{-12}\,\mathrm{cm^3\,molecule^{-1}\,s^{-1}}$(表 5.2 参照)は上述の H_2S の反応の速度定数とほぼ同じであり,DMS の平均大気寿命も数十時間である.

反応 (7.125a) で生成した CH_3SCH_2 ラジカルは,O_2 と反応して NO 存在下ではアルキルラジカルと同様の型の反応経路,

$$CH_3SCH_2 + O_2 + M \rightarrow CH_3SCH_2O_2 + M \qquad (7.126)$$
$$CH_3SCH_2O_2 + NO \rightarrow CH_3SCH_2O + NO_2 \qquad (7.127)$$
$$CH_3SCH_2O \rightarrow CH_3S + HCHO \qquad (7.128)$$
$$CH_3SCH_2O_2 + HO_2 \rightarrow CH_3SCH_2OOH + O_2 \qquad (7.129)$$

をたどるものと考えられる (Barnes et al., 2006).

反応 (7.128) および CH_3SH と OH の反応 (7.124) で生成された CH_3S ラジカルの大気中反応経路については多くの研究がなされているが,そのほとんどが最終生成物分析によるものであり,まだ精確な反応機構は確立されていない.CH_3S の反応としては,NO_2, O_3 との反応,

$$CH_3S + NO_2 \rightarrow CH_3SO + NO \qquad (7.130)$$
$$CH_3S + O_3 \rightarrow CH_3SO + O_2 \qquad (7.131)$$

で CH_3SO ラジカルを生成し,これから

$$CH_3SO + O_2 + M \rightarrow CH_3S(O)O_2 + M \qquad (7.132)$$
$$CH_3S(O)O_2 + NO \rightarrow CH_3SO_2 + NO_2 \qquad (7.133)$$
$$CH_3SO + O_3 \rightarrow CH_3SO_2 + O_2 \qquad (7.134)$$

のように CH_3SO_2 生成過程を経てさらに CH_3SO_3 へと酸化され,

$$CH_3SO_2 + O_3 \rightarrow CH_3SO_3 + O_2 \qquad (7.135)$$

これから,

$$CH_3SO_3 + RH \rightarrow CH_3SO_3H + R \qquad (7.136)$$

のようにメタンスルホン酸 CH_3SO_3H が生成する機構が考えられている.

大気条件下における DMS の OH 酸化反応からは,CH_3SO_3H とともに SO_2 が生成することが実験室的によく知られている (Hatakeyama et al., 1982). SO_2 の生成経路としては上の反応 (7.134) で生成した CH_3SO_2 の熱分解反応,

$$CH_3SO_2 \rightarrow CH_3 + SO_2 \qquad (7.137)$$

などが考えられているが,その生成経路はまだ確立されていない.

一方,DMS と OH の付加反応 (7.125b) で生成した $CH_3S(OH)CH_3$ ラジカルからは,

$$CH_3S(OH)CH_3 + O_2 \rightarrow CH_3SOCH_3 + HO_2 \qquad (7.138a)$$

$$\rightarrow CH_3SOH + CH_3O_2 \tag{7.138b}$$

の反応でジメチルスルホキシド（DMSO, dimethyl sulfoxide）CH_3SOCH_3, またはメタンスルフェン酸（methanesulfenic acid）CH_3SOH が生成されるものと考えられる（Gross et al., 2004；Ramírez-Anguita et al., 2009）.

NO_3 との反応では速度定数に負の温度依存性がみられることから，初期に付加体を生成することが想定されるが，その H/D 同位体効果などからは基本的に引き抜き反応，

$$CH_3SCH_3 + NO_3 \rightarrow [CH_3S(ONO_2)CH_3]^\dagger \rightarrow CH_3SCH_2 + HNO_3 \tag{7.139}$$

であり，OH との反応（7.126a）と同様の CH_3SCH_2 ラジカルを生成するものと考えられている（Atkinson et al., 2004；Sander et al., 2011）.

DMS の大気中反応としては，その他に 7.5 節でみたような活性ハロゲン化学種との反応が知られている．たとえば BrO との反応は負の活性化エネルギーをもち，

$$CH_3SCH_3 + BrO \rightarrow [CH_3S(OBr)CH_3]^\dagger \rightarrow CH_3S(O)CH_3 + Br \tag{7.140}$$

のような反応で収率ほぼ 1 で DMSO を生成するのが特徴である．ClO, IO の反応も同様に DMSO を直接生成することが知られている（Atkinson et al., 2004；Sander et al., 2011）.

CH_3SSCH_3：二硫化ジメチル（DMDS, dimethyl disulfide）CH_3SSCH_3 は，主に海洋生物や生物体燃焼によって放出される．その OH の反応は，298 K での速度定数が 2.3×10^{-10} cm^3 $molecule^{-1}$ s^{-1} と非常に早く，大気寿命は数時間以内と非常に短い．この反応は，

$$CH_3SSCH_3 + OH \rightarrow CH_3S + CH_3SOH \tag{7.141}$$
$$CH_3SOH + O_2 \rightarrow CH_3S + CH_3SO_3H \tag{7.142}$$

のように直接メタンスルホン酸（MSA）を生成するものと考えられている（Barnes et al., 1994）.

7.6.2 多相不均一反応と雲霧の酸性化

対流圏の多相反応に対する研究は酸性雨・湿性沈着という大気環境現象を通じて発展してきた．これまでの研究により本項で述べられる硫酸，硝酸，炭酸イオンなどが直接関わる降水の酸性化過程についてはほとんど解明されているが，対流圏での多相反応は多くの化学種のエアロゾル表面水中への取り込みと反応，有機エアロゾルの関わる水滴中の反応などについて今後さらなる発展が期待される分野である．本項での内容に関しては，Finlayson-Pitts and Pitts（2000），Seinfeld and Pandis（2006），McElroy（2002）などの教科書が参考になる．また本書では実際の環境中での酸性雨

7.6 対流圏硫黄化学

現象そのものについては述べられないので，これらの教科書のなかの記述，また歴史的な側面に関しては Cowling (1982) などを参考にされたい．

ここでは，大気中の霧雲水滴への SO_2 などの取り込みと水滴内での硫酸への酸化反応過程，それによる液滴の酸性化について考える．大気分子がこれらの水滴に取り込まれ反応する多相反応過程は，2.4.1 項にみたように，(1) 気体分子の気液界面への輸送・拡散，(2) 気体分子の液相への取り込み，(3) バルク液相内での拡散，(4) バルク液相内での化学反応などの過程に分けて考えることができる (Schwartz and Freiberg, 1981).

まず，気体分子の球形水粒子への輸送・拡散が分子拡散で起こると仮定すると，気体の水滴への移動速度定数 $\beta_{gd}(s^{-1})$ は 2.4.1 項でみた不均一速度定数 k_{het} となるので，式 (2.80) で $\gamma = \Gamma_g$ とおいて，

$$\beta_{gd} = k_{het} = \frac{1}{\tau_g} = \frac{1}{4}\Gamma_g u_{av} A \tag{7.143}$$

と表すことができる．ここで τ_g は液滴への気相拡散の特性時間，u_{av} は気体分子の平均熱運動速度，A は単位体積の気体に含まれる液滴の表面積である．ここでは液滴粒子として半径 r の水滴粒子を考えると，A は単位体積気体中の粒子数を N_p (particles cm^{-3}) として，

$$A = 4\pi r^2 N_p \tag{7.144}$$

で表される．一方，単位体積の大気に含まれる水分の重量を雲水量 (LWC, liquid water content) L (Wallace and Hobbs, 2006; Seinfeld and Pandis, 2006) と定義するとその定義から，

$$L = \frac{4}{3}\pi r^3 N_p \tag{7.145}$$

であるので，

$$A = \frac{3L}{r} \tag{7.146}$$

となる．この式と Γ_g に対する 2.4.1 項の式 (2.84) を式 (7.143) に代入することにより，

$$\beta_{gd} = \frac{3D_g L}{r^2} \tag{7.147}$$

拡散係数の代表値として $D_g = 0.1$ cm^2 s^{-1}，雲霧の半径 $r = 7 \times 10^{-4}$ cm，$L = 5 \times 10^{-7}$ (l(aq)/l(air)) を用いると，$\beta_{gd} \approx 0.3$ s^{-1}，その逆数をとって表面への拡散に要する特性時間は〜1 s の桁となる．

一方，気液界面での適応過程に対する移動速度定数 $\beta_i(s^{-1})$ も同様に，式 (2.80)

で $\gamma = \alpha$ とおいて，

$$\beta_\mathrm{i} = k_\mathrm{het} = \frac{1}{4}\alpha u_\mathrm{av} A = \frac{3u_\mathrm{av}\alpha L}{4r} \tag{7.148}$$

ここで表 6.1 に与えられた SO_2 分子の水粒界面への適応係数 (298 K) $\alpha \geq 0.12$, $u_\mathrm{av} = 4.7 \times 10^4$ cm s^{-1}, $L = 5 \times 10^{-7}$ (l(aq)/l(air)) (0.5 g m^{-3}), $r = 7 \times 10^{-4}$ cm を用いると $\beta_\mathrm{i} = 3.0$ s^{-1} となり，その逆数をとって気相から液相への取り込みに要する特性時間は ~ 0.1 s の桁となる．さらに，水滴に取り込まれた SO_2 分子は水溶液界面で H_2O と反応し，後述の $SO_2 \cdot H_2O$, HSO_3^-, SO_3^{2-} の三つの硫黄化学種と化学平衡に達するが，この化学平衡に要する時間は 10^{-3} s と非常に短い．

次に水滴内に取り込まれた分子の液相内部での拡散は，半径 r の液滴への拡散を考えるため 2.4.3 項で述べられた 1 次元拡散式 (2.90) を 3 次元極座標で表し，

$$\frac{\partial N_\mathrm{aq}}{\partial t} = D_\mathrm{aq}\left(\frac{\partial^2 N_\mathrm{aq}}{\partial r^2} + \frac{2}{r}\frac{\partial N_\mathrm{aq}}{\partial r}\right) \tag{7.149}$$

となる．ここで r は動径方向の位置座標，N_aq は単位体積の水溶液中に含まれる分子の密度 (molecules cm^{-3}), D_aq は水溶液中の分子の拡散係数である．これを初期条件，境界条件を仮定して解くことにより，水滴内に取り込まれた分子の液相内部での拡散速度定数 β_ad (s^{-1}) として，

$$\beta_\mathrm{ad} = \frac{\pi^2 D_\mathrm{aq}}{r^2} \tag{7.150}$$

が得られる．水滴内での分子の拡散係数は液相分子拡散を仮定すると，気体拡散に比べて 4 桁ほど小さい．そして最後に液層内の反応を以下に考えることになるが，このように雲霧粒のような粒子半径が 10 μm 以下の粒子に対しては，液面への気相拡散，気相から液相への移行，液滴内での拡散に要する時間は 1 秒以下であり，SO_2 の多相酸化反応過程の律速にはならず，以下に述べる水粒内での液相反応が律速となる．

SO_2 の水への溶解：水に溶解した SO_2 分子は，H_2O 分子との分子複合体 (molecular complex) $SO_2 \cdot H_2O$ を生成した後，次のような 2 段階解離を受けて亜硫酸水素 (bisulfite) イオン HSO_3^- と亜硫酸 (sulfite) イオン SO_3^{2-} を生成する．

$$SO_2(g) + H_2O \rightleftharpoons SO_2 \cdot H_2O \tag{7.151}$$

$$SO_2 \cdot H_2O \rightleftharpoons H^+ + HSO_3^- \tag{7.152}$$

$$HSO_3^- \rightleftharpoons H^+ + SO_3^{2-} \tag{7.153}$$

これから，

$$K_{\mathrm{H}, SO_2} = \frac{[SO_2 \cdot H_2O]}{p_{SO_2}} \tag{7.154}$$

$$K_{S1} = \frac{[H^+][HSO_3^-]}{[SO_2 \cdot H_2O]} \tag{7.155}$$

$$K_{S2} = \frac{[H^+][SO_3^{2-}]}{[HSO_3^-]} \tag{7.156}$$

ここで K_{H,SO_2} は SO_2 の水へのヘンリー定数, K_{S1}, K_{S2} はそれぞれ反応 (7.152), (7.153) の解離定数, p_{SO_2} は大気中 SO_2 の分圧 (atm) である．それぞれの数値は 298 K において, $K_{H,SO_2} = 1.4$ M atm^{-1} (表2.5), $K_{S1} = 1.3 \times 10^{-2}$ M, $K_{S2} = 6.6 \times 10^{-8}$ M (Seinfeld and Pandis, 2006) と与えられている．表2.5 にみるように SO_2 のヘンリー定数は，硝酸やアルデヒド，有機酸よりはずっと小さいが CO_2 や NO, NO_2 などよりはずっと大きな中程度の値であることがわかる．一方，$SO_2 \cdot H_2O$ から $H^+ + HSO_3^-$ への解離定数はかなり大きいが，HSO_3^- から $H^+ + SO_3^{2-}$ への解離定数は非常に小さい．これらの定数を用いて $SO_2 \cdot H_2O$, HSO_3^-, SO_3^{2-} の濃度はそれぞれ，

$$[SO_2 \cdot H_2O] = K_{H,SO_2} p_{SO_2} \tag{7.157}$$

$$[HSO_3^-] = \frac{K_{S1}[SO_2 \cdot H_2O]}{[H^+]} = \frac{K_{H,SO_2} K_{S1} K_{SO_2}}{[H^+]} \tag{7.158}$$

$$[SO_3^{2-}] = \frac{K_{S2}[HSO_3^-]}{[H^+]} = \frac{K_{H,SO_2} K_{S1} K_{S2} p_{SO_2}}{[H^+]^2} \tag{7.159}$$

このように水溶液中に取り込まれた SO_2 は $SO_2 \cdot H_2O$, HSO_3^-, SO_3^{2-} の三つの化学種として存在するが，これらはすべて酸化状態（原子価）が 4 価の硫黄化合物であるので，これらを合わせて S(IV) と表すと，

$$S(IV) = SO_2 \cdot H_2O + HSO_3^- + SO_3^{2-} \tag{7.160}$$

となり，全溶解硫黄 S(IV) の濃度は，上の式 (7.149), (7.150), (7.151) から，

$$[S(IV)] = K_{H,SO_2} p_{SO_2} \left[1 + \frac{K_{S1}}{[H^+]} + \frac{K_{S1} K_{S2}}{[H^+]^2} \right] \tag{7.161}$$

となる．ここで，S(IV) に対する有効ヘンリー定数 (effective Henry's law constant) $K^*_{H,S(IV)}$ を，

$$K^*_{H,S(IV)} = K_{H,SO_2} \left[1 + \frac{K_{S1}}{[H^+]} + \frac{K_{S1} K_{S2}}{[H^+]^2} \right] \tag{7.162}$$

で定義すると，これを用いて二酸化硫黄の全溶解量に対するヘンリー平衡の式は，

$$[S(IV)] = K^*_{H,S(IV)} p_{SO_2} \tag{7.163}$$

で表される．

これらの式から 1 ppb の SO_2 に対して計算される水溶液中の $SO_2 \cdot H_2O$, HSO_3^-, SO_3^{2-}, S(IV) のモル濃度 (M) を，水素イオン指数 pH の関数として図 7.24 に示した (Seinfeld and Pandis, 2006). pH はよく知られるように，

$$\mathrm{pH} = -\log_{10}[\mathrm{H}^+] \tag{7.164}$$

で定義される量である.

図にみられるように,水溶液中の S(IV) 濃度は pH の増加とともに急速に増加する.図から pH が 2〜7 の水溶液では S(IV) のほとんどは HSO_3^- として存在し,pH >7,pH<2 においてそれぞれ SO_3^{2-},$SO_2 \cdot H_2O$ がもっとも高濃度の化学種となるが,$SO_2 \cdot H_2O$ 濃度はヘンリー平衡によって保たれているので,pH によらず一定であることがわかる.HSO_3^- および SO_3^{2-} 濃度が pH とともに増加するのは,反応 (7.152),(7.153) において,右辺に H^+ が含まれ pH の増加とともに H^+ が減少するために,これらの化学平衡が右へ進行するためである.これは一般に化学平衡において,反応

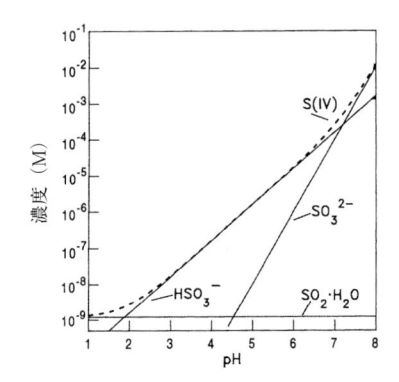

図 7.24 SO_2 濃度 1 ppbv に対する水溶液中の $SO_2 \cdot H_2O$,HSO_3^-,SO_3^{2-} および S(IV) 濃度の pH 依存性 (Seinfeld and Pandis, 2006 より改編)

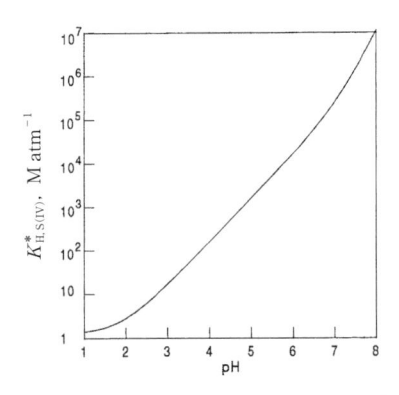

図 7.25 SO_2 の水に対する有効ヘンリー定数 $K_{H,S(IV)}^*$ の pH 依存性 (Seinfeld and Pandis, 2006)

に関与する物質の濃度や温度，圧力などを変化させると，平衡はその変化を相殺する方向へ移動するというルシャトリエの原理（Le Chatelier's principle）に従ったものである．また図7.25には式 (7.162) で定義された H_2O に対する SO_2 の有効ヘンリー定数 $K^*_{H,S(IV)}$ の pH 依存性を示す（Seinfeld and Pandis, 2006）．図7.24 に示された S(IV) 濃度の pH 依存性を反映して，$K^*_{H,S(IV)}$ も pH とともに急速に増大し，水溶液中にほとんど $SO_2 \cdot H_2O$ しか存在しない pH~1 に対する有効ヘンリー定数は表2.5に与えられた K_{H,SO_2} の値 1.36 M atm^{-1} に近いが，pH=5 では~10^3 M atm^{-1}，pH=7 では~10^5 M atm^{-1} と非常に大きな値となる．

S(IV) の水溶液中酸化反応：大気中で水粒に取り込まれた S(IV) は酸化されて硫酸イオン SO_4^{2-} を生成するが，この酸化過程としてもっとも重要なのは液相における H_2O_2 と O_3 との反応である．大気中の H_2O_2 濃度の典型値は~1 ppb の桁であり O_3 に比べてずっと低いが，H_2O_2 のヘンリー定数 (298 K) は 8.44×10^4 M atm^{-1} と O_3 に対する値 1.03×10^{-2} M atm^{-1} に比べて 7 桁近く大きい（表2.5参照）．このため水溶液中の H_2O_2 濃度は~1×10^{-4} M と O_3 濃度に比べて 5 桁以上高い値となる．

水に溶解した H_2O_2 の解離反応，

$$H_2O_2 \rightleftharpoons H^+ + HO_2^- \tag{7.165}$$

の解離定数 (298 K) は 2.2×10^{-12} M atm^{-1} ときわめて小さい（Pandis and Seinfeld, 1989）ので，水溶液中の H_2O_2 は主に分子として存在し，水溶液中の S(IV) の主成分である HSO_3^- と，

$$HSO_3^- + H_2O_2 \rightleftharpoons SO_2OOH^- + H_2O \tag{7.166}$$

$$SO_2OOH^- + H^+ \rightarrow HSO_4^- + H^+ \tag{7.167}$$

のようにペルオキシ亜硫酸イオン SO_2OOH^- を経由して，硫酸水素イオン HSO_4^- を生成する（McArdle and Hoffmann, 1983）．HSO_4^- の硫黄は 6 価であるので，これを S(VI) と書くと S(IV) と H_2O_2 の反応の総体としての反応速度定数を，

$$\frac{d[S(VI)]}{dt} = k_{S(IV)+H_2O_2}[S(IV)][H_2O_2] \tag{7.168}$$

と定義することができる．このとき $k_{S(IV)+H_2O_2}$ の値は pH に大きく依存することが実験的に確かめられており，図7.26 に $k_{S(IV)+H_2O_2}$ の実験値の pH 依存性を示す（Martin and Damschen, 1981）．図にみられるようにこの反応の速度定数は pH=1.5 付近で最大値~5×10^5 M s^{-1} をとり，pH の増加とともに急速に低下する．図7.24 にみたように HSO_3^- 濃度は pH とともに急速に増加し，図7.26 の $k_{S(IV)+H_2O_2}$ の pH 依存性はこれと対称的である．このためこれらを掛け合わせた H_2O_2 による S(IV) の酸化速度は，ほとんど pH によらず一定となるという特徴をもっている．

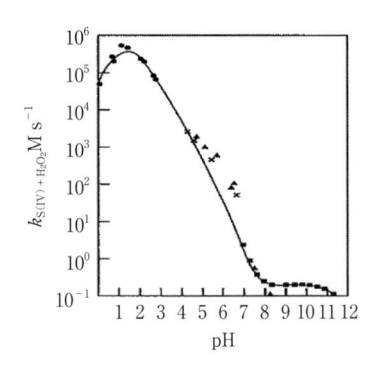

図 7.26 水溶液中の S(IV) と H_2O_2 の反応の速度定数 $k_{S(IV)+H_2O_2}$ の pH 依存性 (Martin and Damschen, 1981 より改編)
図中の個々のデータの文献については出典参照のこと。

水溶液中の S(IV) と O_3 の反応は，$SO_2 \cdot H_2O$，HSO_3^-，SO_3^{2-} のいずれの化学種に対しても起こることが知られており，

$$SO_2 \cdot H_2O + O_3 \rightarrow [\text{複合体}] \rightarrow H_2SO_4 + O_2 \tag{7.169}$$

$$HSO_3^- + O_3 \rightarrow [\text{複合体}] \rightarrow HSO_4^- + O_2 \tag{7.170}$$

$$SO_3^{2-} + O_3 \rightarrow [\text{複合体}] \rightarrow SO_4^{2-} + O_2 \tag{7.171}$$

のように，それぞれの複合体を経て硫酸 H_2SO_4，硫酸水素イオン HSO_4^-，硫酸イオン SO_4^{2-} を生成する (Hoffmann, 1986)．また，それぞれの反応に対する速度定数を k_0, k_1, k_2 とすると，$k_0 = (2.4 \pm 1.1) \times 10^4$, $k_1 = (3.7 \pm 0.7) \times 10^5$, $k_2 = (1.5 \pm 0.6) \times 10^9$ $M\,s^{-1}$ と求められている (Hoffmann, 1986)．ここで生成した H_2SO_4, HSO_4^-, SO_4^{2-} はすべて酸化状態が 6 価の硫黄化合物であるので，これらを合わせて S(VI) と表すと，

$$S(VI) = H_2SO_4 + HSO_4^- + SO_4^{2-} \tag{7.172}$$

となり，S(IV) と O_3 の反応の総体としての反応速度定数を，

$$\frac{d[S(VI)]}{dt} = k_{S(IV)+O_3}[S(IV)][O_3] \tag{7.173}$$

7.6 対流圏硫黄化学   333

と定義することができる．図 7.27 にはこのように定義された $k_{S(IV)+O_3}$ の pH 依存性を示す（Seinfeld and Pandis, 2006）．図にみられるように水溶液中の S(IV) と O_3 の反応の速度定数は，pH とともに増加することがわかる．Hoffmann（1986）によって与えられている反応（7.169），（7.170），（7.171）の個々の反応速度定数 k_0, k_1, k_2 の

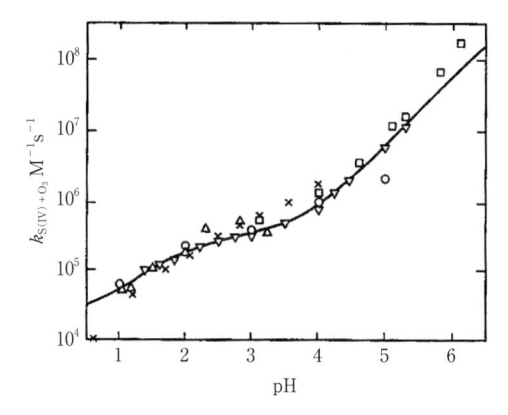

図 7.27　水溶液中の S(IV) と O_3 の反応速度定数 $k_{S(IV)+O_3}$ の pH 依存性（Seinfeld and Pandis, 2006 より改編）
図中の個々のデータの文献については出典参照のこと．

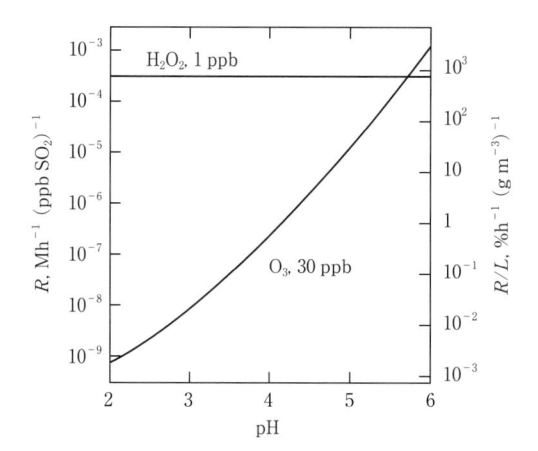

図 7.28　大気中の H_2O_2 濃度を 1 ppb, O_3 濃度を 30 ppb ととったときの気相の SO_2 1 ppbv あたりの水中での H_2O_2 と O_3 による酸化速度の pH 依存性（Seinfeld and Pandis, 2006 より改編）
右軸の R/L は単位雲水量（$g\,m^{-3}$）あたりの気相 SO_2 の反応速度．

pH 依存性をみると，k_0 が pH によらないのに対して，k_1, k_2 はともに pH とともに増加しており，図 7.27 の $k_{S(IV)+O_3}$ の pH 依存性はこれを反映している．図 7.24 にみたように HSO_3^- と SO_3^{2-} の濃度は pH とともに急速に増加するので，これと速度定数をかけあわせた，O_3 による S(IV) の酸化反応速度は pH とともに急速に増加することが推定される．

図 7.28 には大気中の H_2O_2 の濃度を 1 ppbv，O_3 の濃度を 30 ppbv ととったとき，上のようにして得られた $k_{S(IV)+H_2O_2}$, $k_{S(IV)+O_3}$ を用いて計算される気相の SO_2 1 ppbv あたりの水中での酸化速度の pH 依存性を示したものである（Seinfeld and Pandis, 2006）．図にみられるように，SO_2 の酸化は pH＜5 では H_2O_2 によるものが大部分であり，pH＞6 のときだけ O_3 による酸化が優先することがわかる．

雲霧の pH：SO_2 などの取り込みと液相酸化反応により雲霧滴は酸性化する．これを議論する前に大気中の CO_2 による液滴の pH を考えてみよう．水に溶解した CO_2 分子は，H_2O 分子との分子複合体 $CO_2 \cdot H_2O$ を生成した後，次のような二段階解離を受けて炭酸水素（bicarbonate）イオン HCO_3^- と炭酸（carbonate）イオン CO_3^{2-} を生成する．

$$CO_2(g) + H_2O \rightleftharpoons CO_2 \cdot H_2O \qquad (7.174)$$

$$CO_2 \cdot H_2O \rightleftharpoons H^+ + HCO_3^- \qquad (7.175)$$

$$HCO_3^- \rightleftharpoons H^+ + CO_3^{2-} \qquad (7.176)$$

この過程は上でみた水溶液中の SO_2 の解離過程と並行関係にある．これから SO_2 の場合の式 (7.157)，(7.158)，(7.159) と同様に，ヘンリー定数と解離定数を用いて，

$$[CO_2 \cdot H_2O] = K_{H,CO_2} p_{CO_2} \qquad (7.177)$$

$$[HCO_3^-] = \frac{K_{C1}[CO_2 \cdot H_2O]}{[H^+]} = \frac{K_{H,CO_2} K_{C1} p_{CO_2}}{[H^+]} \qquad (7.178)$$

$$[CO_3^{2-}] = \frac{K_{C2}[HCO_3^{2-}]}{[H^+]} = \frac{K_{H,CO_2} K_{C1} K_{C2} p_{CO_2}}{[H^+]^2} \qquad (7.179)$$

と書くことができる．ここで K_{H,CO_2} は水に対する CO_2 のヘンリー定数，K_{C1}, K_{C2} はそれぞれ反応 (7.171)，(7.172) の解離定数，p_{CO_2} は大気中 CO_2 の分圧（atm）である．それぞれの数値は 298 K において，$K_{H,CO_2} = 3.4 \times 10^{-2}$ M atm^{-1}（表 2.5），$K_{C1} = 4.3 \times 10^{-7}$ M, $K_{C2} = 4.7 \times 10^{-11}$ M（Seinfeld and Pandis, 2006）と与えられている．CO_2 のヘンリー定数は SO_2 の 4 分の 1，NO_2 の 2 倍程度である．一方，K_{C1}, K_{C2} は K_{S1}, K_{S2} よりそれぞれ 4 桁，3 桁以上小さく，炭酸は亜硫酸に比べてずっと弱い酸であることがわかる．

ここで現在の大気中の CO_2 分圧を 4.0×10^{-4} atm（400 ppmv）とすると式 (7.177)，

(7.178) から $[CO_2 \cdot H_2O] = 1.36 \times 10^{-5}$ M, $[H^+] = [HCO_3^-]$ とおいて $[H^+] = 2.42 \times 10^{-6}$ M となるので,これから pH = 5.62 の値が得られる.このように大気中の CO_2 と平衡にある水滴中の pH は約 5.6 であるが,実際の自然状態の雲霧や降水の pH は,海洋上では自然起源の DMS など硫黄化合物から生成する H_2SO_4 の影響を受けて pH は 4 程度まで低く,他方黄砂やサハラ砂塵などの影響を受ける場合は pH は 7 程度まで高くなる.

大気中の SO_2 分圧を 1.0×10^{-9} atm (1 ppbv) とし,水中に亜硫酸だけが存在すると仮定すると,上の CO_2 の場合と同様に計算して,$[SO_2 \cdot H_2O] = 1.4 \times 10^{-9}$ M, $[H^+] = [HSO_3^-]$ とおいて $[H^+] = 4.3 \times 10^{-6}$ M, pH = 5.4 となる.図 7.25 にみるように,この条件下では SO_3^{2-} は HSO_3^- より 2 桁濃度が低く無視できる.ちなみに SO_2 分圧を 1.0×10^{-8} atm (10 ppbv) としたときの pH は 4.9 の値が得られる.一方,水滴中で S(IV) がすべて H_2SO_4 に酸化された場合,H_2SO_4 は強酸であり,

$$H_2SO_4 \rightleftharpoons H^+ + HSO_4^- \tag{7.180}$$
$$HSO_4^- \rightleftharpoons H^+ + SO_4^{2-} \tag{7.181}$$

の解離定数 (298 K) はそれぞれ 1000 M, 1.0×10^{-2} M と非常に大きいので (Pandis and Seinfeld, 1989),1 分子の S(IV) あたり 2 個の H^+ が生成されると考えられる.ここで大気中の SO_2 分圧を 10^{-9} atm (1 ppbv) とすると,SO_2 の大気中のモル濃度は,

$$[SO_2(g)] = \frac{p_{SO_2}}{RT} = 4.1 \times 10^{-11} \text{ mol l}^{-1} \text{ (gas)}$$

ただし,$R = 0.082$ atm l K^{-1} mol^{-1}, $T = 298$ K.雲水量を $L = 0.5 \times 10^{-6}$ l(aq)/l(gas) (0.5 g m^{-3}) と仮定すると,SO_2 がすべて H_2SO_4 に酸化されたときの H_2SO_4 の水滴中の濃度は,

$$[H_2SO_4(aq)] = \frac{[SO_2(g)]}{0.5 \times 10^{-6}} = 0.82 \times 10^{-4} \text{ mol l}^{-1}$$

これから,$[H^+] = 1.6 \times 10^{-4}$ mol l^{-1}, pH = 3.8 となる.大気中の SO_2 濃度を 10 ppbv とすると雲粒の pH は 2.8 に低下する.実際の野外でもたとえば平均 3.4〜3.9 の雲の pH が測定されている (Aneja and Kim, 1993).霧粒については L を 0.05×10^{-6} l(aq)/l(gas) (0.05 g m^{-3}) とすると 1, 10 ppbv の SO_2 に対して,pH はそれぞれ 2.8, 1.8 と雲粒に比べさらに低くなることが推定される.実際に野外では pH 2.2 の霧が測定されており (Munger et al., 1983),酸性霧と呼ばれている.降水の場合は,大気中含水量が雲に対する雲水量より大きいが大きな幅があり,汚染大気中では一般に pH = 4〜5 の降水が測定されることが多くこれを酸性雨と呼んでいる.実際の降水ではこのほかに SO_2 から気相反応で生成した硫酸エアロゾルが直接雲霧に取り込まれる

過程も並列的に起こっている.

本書では雲霧の化学に関しては硫黄化学の視点からのみ述べたが, 実際の大気中ではこのほかに NO_x から生成される HNO_3 によるさらなる酸性化の促進や, 逆に大気中のアンモニアの取り込みによるアンモニウムイオン, 土壌粒子からのカルシウムイオンによる酸の中和反応が同時に起こり, 雲霧, 降水の pH は水溶液中におけるそれらの総体としてのイオンバランスにより決定されている.

引用文献

Abbatt, J. P. D., J. L. Thomas, K. Abrahamsson, C. Boxe, A. Granfors, A. E. Jones, M. D. King, A. Saiz-Lopez, P. B. Shepson, J. Sodeau, D. W. Toohey, C. Toubin, R. von Glasow, S. N. Wren and X. Yang, Halogen activation via interactions with environmental ice and snow in the polar lower troposphere and other regions, *Atmos. Chem. Phys.*, **12**, 6237-6271, 2012.

Albu, M., I. Barnes, K. H. Becker, I. Patroescu-Klotz, R. Mocanu and T. Benter, Rate coefficients for the gas-phase reaction of OH radicals with dimethyl sulfide : Temperature and O_2 partial pressure dependence, *Phys. Chem. Chem. Phys.*, **8**, 728-736, 2006.

Adams, J. W., N. S. Holmes and J. N. Crowley, Uptake and reaction of HOBr on frozen and dry NaCl/NaBr surfaces between 253 and 233 K, *Atmos. Chem. Phys.*, **2**, 79-91, 2002.

Aiuppa, A., D. R. Baker and J. D. Webster, Halogens in volcanic systems, *Chem. Geol.*, **263**, 1-18, 2009.

Akimoto, H. and F. Sakamaki, Correlation of the ozone formation rates with hydroxyl radical concentrations in the propylene-nitrogen dioxide-dry air system : Effective ozone formation rate constant, *Environ. Sci. Technol.*, **17**, 94-99, 1983.

Akimoto, H., M. Hoshino, G. Inoue and M. Okuda, Reaction mechanism of the photooxidation of the toluene-NO_2-O_2-N_2 system in the gas phase, *Bull. Chem. Soc. Jpn.*, **51**, 2496-2502, 1978.

Akimoto, H., M. Hoshino, G. Inoue, F. Sakamaki, N. Washida and M. Okuda, Design and characterization of the evacuable and bakable photochemical smog chamber, *Environ. Sci. Technol.*, **13**, 471-475, 1979a.

Akimoto, H., F. Sakamaki, M. Hoshino, G. Inoue and M. Okuda, Photochemical ozone formation in propylene-nitrogen oxide-dry air system, *Environ. Sci. Technol.*, **13**, 53-58, 1979b.

Akimoto, H., F. Sakamaki, G. Inoue and M. Okuda, Estimation of OH radical concentration in a propylene-NOx-dry air system, *Environ. Sci. Technol.*, **14**, 93-97, 1980.

秋元 肇, 河村公隆, 中澤高清, 鷲田伸明編, 対流圏大気の化学と地球環境, 学会出版センター, 2002.

Alicke, B., K. Hebestreit, J. Stutz and U. Platt, Iodine oxide in the marine boundary layer, *Nature*, **397**, 572-573, 1999.

Anastasio, C. and M. Mozurkewich, Laboratory studies of bromide oxidation in the presence of ozone : Evidence for glass-surface mediated reaction, *J. Atmos. Chem.*, **41**, 135-162, 2002.

Andino, J. M., J. N. Smith, R. C. Flagan, W. A. Goddard and J. H. Seinfeld, Mechanism of atmospheric photooxidation of aromatics : A theoretical study, *J. Phys. Chem.*, **100**, 10967-10980, 1996.

Aneja, V. P. and D.-S. Kim, Chemical dynamics of clouds at Mt. Mitchell, North Carolina, *Air & Waste*, **43**, 1074-1083, 1993.

Arey, J., S. M. Aschmann, E. S. C. Kwok and R. Atkinson, Alkyl nitrate, hydroxyalkyl nitrate, and hydroxycarbonyl formation from the NOx-air photooxidations of C_5-C_8 n-alkanes, *J. Phys. Chem. A*, **105**, 1020-1027, 2001.

Arnold, S. R., M. P. Chipperfield, M. A. Blitz, D. E. Heard and M. J. Pilling, Photodissociation of acetone : Atmospheric implications of temperature-dependent quantum yields, *Geophys. Res. Lett.*,

引 用 文 献

31, L07110, doi : 10.1029/2003GL019099, 2004.
Atkinson, R., Kinetics and mechanisms of the gas-phase reactions of the hydroxyl radical with organic compounds, *J. Phys. Chem. Ref. Data*, Monogr. 1, 1-246, 1989.
Atkinson, R., Gas-phase tropospheric chemistry of volatile organic compounds : 1. Alkanes and alkenes, *J. Phys. Chem. Ref. Data*, **26**, 215-290, 1997a.
Atkinson, R., Atmospheric reactions of alkoxy and β-hydroxyalkoxy radicals, *Int. J. Chem. Kinet.*, **29**, 99-111, 1997b.
Atkinson, R. and J. Arey, Atmospheric degradation of volatile organic compounds, *Chem. Rev.*, **103**, 4605-4638, 2003.
Atkinson, R., D. L. Baulch, R. A. Cox, R. F. Hampson, J. A. Kerr, M. J. Rossi and J. Troe, Evaluated kinetic, photochemical and heterogeneous data for atmospheric chemistry : Supplement V. IUPAC Subcommittee on Gas Kinetic Data Evaluation for Atmospheric Chemistry, *J. Phys. Chem. Ref. Data*, **26**, 521-1011, 1997.
Atkinson, R., D. L. Baulch, R. A. Cox, J. N. Crowley, R. F. Hampson, R. G. Hynes, M. E. Jenkin, M. J. Rossi and J. Troe, Evaluated kinetic and photochemical data for atmospheric chemistry : Volume I—gas phase reactions of Ox, HOx, NOx, and SOx species, *Atmos. Chem. Phys.*, **4**, 1461-1738, 2004.
Atkinson, R., D. L. Baulch, R. A. Cox, J. N. Crowley, R. F. Hampson, R. G. Hynes, M. E. Jenkin, M. J. Rossi and J. Troe, Evaluated kinetic and photochemical data for atmospheric chemistry : Volume II—gas phase reactions of organic species, *Atmos. Chem. Phys.*, **6**, 3625-4055, 2006.
Atkinson, R., D. L. Baulch, R. A. Cox, J. N. Crowley, R. F. Hampson, R. G. Hynes, M. E. Jenkin, M. J. Rossi and J. Troe, Evaluated kinetic and photochemical data for atmospheric chemistry : Volume III—gas phase reactions of inorganic halogens, *Atmos. Chem. Phys.*, **7**, 981-1191, 2007.
Baltaretu, C. O., E. I. Lichtman, A. B. Hadler and M. J. Elrod, Primary atmospheric oxidation mechanism for toluene, *J. Phys. Chem. A*, **113**, 221-230, 2009.
Bandow, H., M. Okuda and H. Akimoto, Mechanism of the gas-phase reactions of C_3H_6 and NO_3 radicals, *J. Phys. Chem.*, **84**, 3604-3608, 1980.
Barnes, I., K. H. Becker and N. Mihalopoulos, An FTIR product study of the photooxidation of dimethyl disulfide, *J. Atmos Chem.*, **18**, 267-289, 1994.
Barnes, I., V. Bastian, K. H. Becker and Z. Tong, Kinetics and products of the reactions of NO_3 with monoalkenes, dialkenes, and monoterpenes, *J. Phys. Chem.*, **94**, 2413-2419, 1990.
Barnes, I., J. Hjorth and N. Mihalopoulos, Dimethyl sulfide and dimethyl sulfoxide and their oxidation in the atmosphere, *Chem. Rev.*, **106**, 940-975, 2006.
Barrie, L. A., J. W. Bottenheim, R. C. Schnell, P. J. Crutzen and R. A. Rasmussen, Ozone destruction and photochemical reactions at polar sunrise in the lower Arctic atmosphere, *Nature*, **334**, 138-141, 1988.
Bartolotti, L. J. and E. O. Edney, Density functional theory derived intermediates from the OH initiated atmospheric oxidation of toluene, *Chem. Phys. Lett.*, **245**, 119-122, 1995.
Bates, T. S., B. K. Lamb, A. B. Guenther, J. Dignon and R. E. Stoiber, Sulfur emissions to the atmosphere from natural sources, *J. Atmos. Chem.*, **14**, 315-337, 1992.
Beaver, M. R., J. M. St. Clair, F. Paulot, K. M. Spencer, J. D. Crounse, B. W. LaFranchi, K. E. Min, S. E. Pusede, P. J. Wooldridge, G. W. Schade, C. Park, R. C. Cohen and P. O. Wennberg, Importance of biogenic precursors to the budget of organic nitrates : Observations of multifunctional organic nitrates by CIMS and TD-LIF during BEARPEX 2009, *Atmos. Chem. Phys.*, **12**, 5773-5785, 2012.
Birdsall, A. W., J. Dreoni and M. J. Elrod, Investigation of the role of bicyclic peroxy radicals in the oxidation mechanism of toluene, *J. Phys. Chem. A*, **114**, 10655-10663, 2010.
Blitz, M. A., D. E. Heard, M. J. Pilling, S. R. Arnold and M. P. Chipperfield, Pressure and temperature-dependent quantum yields for the photodissociation of acetone between 279 and 327.5 nm, *Geophys. Res. Lett.*, **31**, L06111, doi : 1029/2003GL018793, 2004.
Bloss, C., V. Wagner, M. E. Jenkin, R. Volkamer, W. J. Bloss, J. D. Lee, D. E. Heard, K. Wirtz, M.

Martin-Reviejo, G. Rea, J. C. Wenger and M. J. Pilling, Development of a detailed chemical mechanism (MCMv3.1) for the atmospheric oxidation of aromatic hydrocarbons, *Atmos. Chem. Phys.*, **5**, 641-664, 2005.

Bobrowski, N., G. Hönninger, B. Galle and U. Platt, Detection of bromine monoxide in a volcanic plume, *Nature*, **423**, 273-276, 2003.

Bobrowski, N., R. von Glasow, A. Aiuppa, S. Inguaggiato, I. Louban, O. W. Ibrahim and U. Platt, Reactive halogen chemistry in volcanic plumes, *J. Geophys. Res.*, **112**, D06311, doi: 10.1029/2006JD007206, 2007.

Bohn, B., Formation of peroxy radicals from OH-toluene adducts and O_2, *J. Phys. Chem. A*, **105**, 6092-6101, 2001.

Bohn, B. and C. Zetzsch, Gas-phase reaction of the OH-benzene adduct with O_2: Reversibility and secondary formation of HO_2, *Phys. Chem. Chem. Phys.*, **1**, 5097-5107, 1999.

Brasseur, G. P., J. L. Orlanddo and G. S. Tyndall (eds), *Atmospheric Chemistry and Global Change*, Oxford University Press, 1999.

Brasseur, G. P., R. G. Prinn and A. P. Pszenny (eds), *Atmospheric Chemistry in a Changing World, An Integration and Synthesis of a Decade of Tropospheric Chemistry Research. The International Global Atmospheric Chemistry Project of the International Geosphere-Biosphere Programme*, Springer-Verlag, 2003.

Brune, W., OH and HO_2: Sources, interactions with nitrogen oxides, and ozone production, IGAC Newsletter, No. 21, http://www.igacproject.org/sites/all/themes/bluemasters/images/NewsletterArchives/Issue_21_Sep_2000.pdf, 2000.

Buys, Z., N. Brough, L. G. Huey, D. J. Tanner, R. von Glasow and A. E. Jones, High temporal resolution Br_2, BrCl and BrO observations in coastal Antarctica, *Atmos. Chem. Phys.*, **13**, 1329-1343, 2013.

Calvert, J. G., R. Atkinson, J. A. Kerr, S. Madronich, G. K Moortgat, T. J. Wallington and G. Yarwood, *The Mechanisms of Atmospheric Oxidation of the Alkenes*, Oxford University Press, 2000.

Calvert, J. G., R. Atkinson, K. H. Becker, R. M. Kamens, J. H. Seinfeld, T. J. Wallington and G. Yarwood, *The Mechanisms of Atmospheric Oxidation of the Aromatic Hydrocarbons*, Oxford University Press, 2002.

Calvert, J. G., R. G. Derwent, J. J. Orlando, G. S. Tyndall and T. J. Wallington, *The Mechanisms of Atmospheric Oxidation of the Alkanes*, Oxford University Press, 2008.

Calvert, J., A. Mellouki, J. Orlando, M. J. Pilling and T. J. Wallington, *The Mechanisms of Atmospheric Oxidation of the Oxygenates*, Oxford University Press, 2011.

Carpenter, L. J., Iodine in the marine boundary layer, *Chem. Rev.*, **103**, 4953-4962, 2003.

Cartas-Rosado, R. and M. Castro, Theoretical study of reaction mechanisms of OH radical with toluene 1, 2-epoxide/2-methyloxepin. *J. Phys. Chem. A*, **111**, 13088-13098, 2007.

Cartas-Rosado, R., J. R. Alvarez-Idaboy, A. Galano-Jimenez and A. Vivier-Bunge, A theoretical inveistigation of the mechanism of the NO_3 addition to alkenes, *J. Mol. Struct. Theochem.*, **684**, 51-59, 2004.

Charlson, R. J., J. E. Lovelock, M. O. Andreae and S. G. Warren, Oceanic phytoplankton, atmospheric sulphur, cloud albedo and climate, *Nature*, **326**, 655-661, 1987.

Chen, S., X. Ren, J. Mao, Z. Chen, W. H. Brune, B. Lefer, B. Rappenglueck, J. Flynn, J. Olson and J. H. Crawford, A comparison of chemical mechanisms based on TRAMP-2006 field data, *Atmos. Environ.*, **44**, 4116-4125. 2010.

Chin, M. and D. D. Davis, Global sources and sinks of OCS and CS_2 and their distributions, *Global Biogeochem. Cycles*, **7**, 321-337, 1993.

Choi, S., Y. Wang, R. J. Salawitch, T. Canty, J. Joiner, T. Zeng, T. P. Kurosu, K. Chance, A. Richter, L. G. Huey, J. Liao, J. A. Neuman, J. B. Nowak, J. E. Dibb, A. J. Weinheimer, G. Diskin, T. B. Ryerson, A. da Silva, J. Curry, D. Kinnison, S. Tilmes and P. F. Levelt, Analysis of satellite-derived Arctic tropospheric BrO columns in conjunction with aircraft measurements during ARCTAS and ARCPAC, *Atmos. Chem. Phys.*, **12**, 1255-1285, 2012.

Claeys, M., B. Graham, G. Vas, W. Wang, R. Vermeylen, V. Pashynska, J. Cafmeyer, P. Guyon, M. O. Andreae, P. Artaxo and W. Maenhaut, Formation of secondary organic aerosols through photooxidation of isoprene, *Science*, **303**, 1173-1176, 2004.

Cowling, E. B., Acid precipitation in historical perspective, *Environ. Sci. Technol.*, **16**, 110A-123A, 1982.

Crutzen, P., A discussion of the chemistry of some minor constituents in the stratosphere and troposphere, *Pure Appl. Geophys.*, **106-108**, 1385-1399, 1973.

Di Carlo, P., W. H. Brune, M. Martinez, H. Harder, R. Lesher, X. R. Ren, T. Thornberry, M. A. Carroll, V. Young, P. B. Shepson, D. Riemer, E. Apel and C. Campbell, Missing OH reactivity in a forest: Evidence for unknown reactive biogenic VOCs, *Science*, **304**, 722-725, 2004.

Dickerson, R. R., K. P. Rhoads, T. P. Carsey, S. J. Oltmans, J. P. Burrows and P. J. Crutzen, Ozone in the remote marine boundary layer: A possible role for halogens, *J. Geophys. Res.*, **104**, 21385-21395, 1999.

Dillon, T. J. and J. N. Crowley, Direct detection of OH formation in the reactions of HO_2 with $CH_3C(O)O_2$ and other substituted peroxy radicals, *Atmos. Chem. Phys.*, **8**, 4877-4889, 2008.

Dodge, M. C., "Combined Use of Modeling Techniques and Smog Chamber Data to Derive Ozone Precursor Relationships," in Procedings of the International Conference on Photochemical Oxidant Pollution and Its Control (B. Dimitriades, ed.), EPA-600/3-77-001b, Vol. II, pp. 881-889, 1977.

Donahue, N. M., G. T. Drozd, S. A. Epstein, A. A. Prestoa and J. H. Kroll, Adventures in ozoneland: Down the rabbit-hole, Phys. *Chem. Chem. Phys.*, **13**, 10848-10857, 2011.

Dusanter, S., D. Vimal, P. S. Stevens, R. Volkamer, L. T. Molina, A. Baker, S. Meinardi, D. Blake, P. Sheehy, A. Merten, R. Zhang, J. Zheng, E. C. Fortner, W. Junkermann, M. Dubey, T. Rahn, B. Eichinger, P. Lewandowski, J. Prueger and H. Holder, Measurements of OH and HO_2 concentrations during the MCMA-2006 field campaign—Part 2: Model comparison and radical budget, *Atmos. Chem. Phys.*, **9**, 6655, 2009.

Emmerson, K. M. and N. Carslaw, Night-time radical chemistry during the TORCH campaign, *Atmos. Environ.*, **43**, 3220-3226, 2009.

Faloona, I., D. Tan, W. Brune, J. Hurst, D. Barket Jr., T. L. Couch, P. Shepson, E. Apel, D. Riemer, T. Thornberry, M. A. Carroll, S. Sillman, G. J. Keeler, J. Sagady, D. Hooper and K. Paterson, Nighttime observations of anomalously high levels of hydroxyl radicals above a deciduous forest canopy, *J. Gephys. Res.*, **106**, 24315-24333, 2001.

Fan, J. and R. Zhang, Atmospheric oxidation mechanism of isoprene, *Environ. Chem.*, **1**, 140-149, 2004.

Finlayson-Pitts, B. J. and J. N. Pitts, Jr., *Chemistry of the Upper and Lower Atmosphere*, Academic Press, 2000.

Finlayson-Pitts, B. J., The tropospheric chemistry of sea salt: A molecular-level view of the chemistry of NaCl and NaBr, *Chem. Rev.*, **103**, 4801-4822, 2003.

Foster, K. L., R. A. Plastridge, J. W. Bottenheim, P. B. Shepson, B. J. Finlayson-Pitts and C. W. Spicer, The role of Br_2 and BrCl in surface ozone destruction at polar sunrise, *Science*, **291**, 471-474, 2001.

Frieß, U., T. Wagner, I. Pundt, K. Pfeilsticker and U. Platt, Spectroscopic measurements of tropospheric iodine oxide at Neumayer Station, Antarctica, *Geophys. Res. Lett.*, **28**, 1941-1944, 2001.

Fuchs, H., B. Bohn, A. Hofzumahaus, F. Holland, K. D. Lu, S. Nehr, F. Rohrer and A. Wahner, Detection of HO_2 by laser-induced fluorescence: Calibration and interferences from RO_2 radicals, *Atmos. Meas. Tech.*, **4**, 1209-1225, 2011.

Galano, A., L. G. Ruiz-Suárez and A. Vivier-Bunge, On the mechanism of the OH initiated oxidation of acetylene in the presence of O_2 and NOx, *Theoret. Chem. Accounts*, **121**, 219-225, 2008.

García-Cruz, I., M. Castro and A. Vivier-Bunge, DFT and MP2 molecular orbital determination of OH-toluene-O_2 isomeric structures in the atmospheric oxidation of toluene, *J. Comp. Chem.*, **21**, 716-730, 2000.

Geyer, A., K. Bachmann, A. Hofzumahaus, F. Holland, S. Konrad, T. Klupfel, H. W. Patz, D. Perner, D. Mihelcic, H. J. Schafer, A. Volz-Thomas and U. Platt, Nighttime formation of peroxy and hydroxyl radicals during the BERLIOZ campaign : Observations and modeling studies, *J. Geophys. Res.*, **108**, 8249, doi : 10.1029/2001JD000656, D4, 2003.

Gillotay, D., A. Jenouvrier, B. Coquart, M. F. Merienne and P. C. Simon, Ultraviolet absorption cross-sections of bromoform in the temperature range 295-240 K, *Planet. Space Sci.*, **37**, 1127-1140, 1989.

Goldstein, A. H. and A. E. Galbally, Known and unexplored organic constituents in the earth's atmosphere, *Environ. Sci. Technol.*, **41**, 1514-1521, 2007.

Gómez Martín, J. C., S. H. Ashworth, A. S. Mahajan and J. M. C. Plane, Photochemistry of OIO : Laboratory study and atmospheric implications, *Geophys. Res. Lett.*, **36**, L09802, doi : 10.1029/2009GL037642, 2009.

Gong, H., A. Matsunaga and P. J. Ziemann, Products and mechanism of secondary organic aerosol formation from reactions of linear alkenes with NO_3 radicals, *J. Phys. Chem. A*, **109**, 4312-4324, 2005.

Grebenkin, S. Y. and L. N. Krasnoperov, Kinetics and thermochemistry of the hydroxycyclohexadienyl radical reaction with O_2 : $C_6H_6OH + O_2 \rightleftharpoons C_6H_6(OH)OO$, *J. Phys. Chem. A*, **108**, 1953-1963, 2004.

Gross, A., I. Barnes, R. M. Sørensen, J. Kongsted and K. V. Mikkelsen, A theoretical study of the reaction between $CH_3S(OH)CH_3$ and O_2, *J. Phys. Chem. A*, **108**, 8659-8671, 2004.

Guenther, A., T. Karl, P. Harley, C. Wiedinmyer, P. I. Palmer and C. Geron, Estimates of global terrestrial isoprene emissions using MEGAN (Model of Emissions of Gases and Aerosols from Nature), *Atmos. Chem. Phys.*, **6**, 3181-3210, 2006.

Hatakeyama, S., M. Okuda and H. Akimoto, Formation of sulfur dioxide and methanesulfonic acid in the photooxidation of dimethyl sulfide in the air, *Geophys. Res. Lett.*, **9**, 583-586, 1982.

Hatakeyama, S., N. Washida and H. Akimoto, Rate constants and mechanisms for the reaction of hydroxyl (OD) radicals with acetylene, propyne, and 2-butyne in air at 297 ± 2 K, *J. Phys. Chem.*, **90**, 173-178, 1986.

Hatakeyama, S., H. Lai and K. Murano, Formation of 2-hydroxyethyl hydroperoxide in an OH-initiated reaction of ethylene in air in the absence of NO, *Environ. Sci. Technol.*, **29**, 833-835, 1995.

Hausmann, M. and U. Platt, Spectroscopic measurement of bromine oxide and ozone in the high Arctic during Polar Sunrise Experiment 1992, *J. Geophys. Res.*, **99**, 25399-25413, 1994.

Haynes, W. M. ed., *CRC Handbook of Chemistry and Physics, 93th ed.*, CRC Press, 2012-2013.

Hirokawa, J., K. Onaka, Y. Kajii and H. Akimoto, Heterogeneous processes involving sodium halide particles and ozone : Molecular bromine release in the marine boundary layer in the absence of nitrogen oxides, *Geophys. Res. Lett.*, **25**, 2449-2452, 1998.

Hoffman, M. R., On the kinetics and mechanism of oxidation of aquated sulfur dioxide by ozone, *Atmos. Environ.*, **20**, 1145-1154, 1986.

Hofzumahaus, A., F. Rohrer, K. D. Lu, B. Bohn, T. Brauers, C. C. Chang, H. Fuchs, F. Holland, H. Kita, Y. Kondo, X. Li, S. R. Lou, M. Shao, L. M. Zeng, A. Wahner and Y. H. Zhang, Amplified trace gas removal in the troposphere, *Science*, **324**, 1702-1704, 2009.

Hönninger, G and U. Platt, Observations of BrO and its vertical distribution during surface ozone depletion at Alert, *Atmos. Environ.*, **36**, 2481-2489, 2002.

Hönninger, G., N. Bobrowski, E. R. Palenque, R. Torrez and U. Platt, Reactive bromine and sulfur emissions at Salar de Uyuni, Bolivia, *Geophys. Res. Lett.*, **31**, L04101, doi : 10.1029/2003GL018818, 2004.

Ingham, T., A. Goddard, L. K. Whalley, K. L. Furneaux, P. M. Edwards, C. P. Seal, D. E. Self, G. P.

Johnson, K. A., Read, J. D., Lee and D. E. Heard, A flow-tube based laser-induced fluorescence instrument to measure OH reactivity in the troposphere, *Atmos. Meas. Tech.*, **2**, 465-477, 2009.

IPCC, *Climate Change 2013 : The Physical Science Basis, Contribution of Working Group I to the Assessment Report of the Intergovernmental Panel on Climate Change*, 2013. http://www.ipcc.ch/report/ar5/wg1/#.Uprr3M1ZCto

Jacob, D., *Introduction to Atmospheric Chemistry*, Princeton University Press, 1999 (大気化学入門, 近藤 豊訳, 東京大学出版会, 2002).

Jenkin, M. E., S. M. Saunders, V. Wagner and M. J. Pilling, Protocol for the development of the Master Chemical Mechanism, MCM v3 (Part B) : Tropospheric degradation of aromatic volatile organic compounds, *Atmos. Chem. Phys.*, **3**, 181-193, 2003.

Jobson, B. T., H. Niki, Y. Yokouchi, J. Bottenheim, F. Hopper and R. Leaitch, Measurements of C_2-C_6 hydrocarbons during the Polar Sunrise1992 Experiment : Evidence for Cl atom and Br atom chemistry, *J. Geophys. Res.*, **99**, 25355-25368, 1994.

Johnson, D. and G. Marston, The gas-phase ozonolysis of unsaturated volatile organic compounds in the troposphere, *Chem. Soc. Rev.*, **37**, 699-716, 2008.

Johnson, D., S. Raoult, M.-T. Rayez, J.-C. Rayez and R. Lesclaux, An experimental and theoretical investigation of the gas-phase benzene-OH radical adduct+O_2 reaction, *Phys. Chem. Chem. Phys.*, **4**, 4678-4686, 2002.

Kanaya, Y. and H. Akimoto, Direct measurement of HOx radicals in the marine boundary layer : Testing the current tropospheric chemistry mechanism, *Chemistry Record.*, **2**, 199-211, 2002.

Kanaya, Y., Y. Sadanaga, J. Matsumoto, U. Sharma, J. Hirokawa, Y. Kajii and H. Akimoto, Daytime HO_2 concentrations at Oki Island, Japan, in summer 1998 : Comparison between measurement and theory, *J. Geophys. Res.*, **105**, 24205-24222, 2000.

Kanaya, Y., Y. Yokouchi, J. Matsumoto, K. Nakamura, S. Kato, H. Tanimoto, H. Furutani, K. Toyota and H. Akimoto, Implication of iodine chemistry for daytime HO_2 levels at Rishiri Island, *Geophys. Res. Lett.*, **29**(8), 10.1029/2001GL014061, 2002.

Kanaya, Y., R. Cao, S. Kato, Y. Miyakawa, Y. Kajii, H. Tanimoto, Y. Yokouchi, M. Mochida, K. Kawamura and H. Akimoto, Chemistry of OH and HO_2 radicals observed at Rishiri Island, Japan, in September 2003 : Missing daytime sink of HO_2 and positive nighttime correlations with monoterpenes, *J. Geophys. Res.*, **112**, D11308, doi : 10.1029/2006JD007987, 2007a.

Kanaya, Y., R. Cao, H. Akimoto, M. Fukuda, Y. Komazaki, Y. Yokouchi, M. Koike, H. Tanimoto, N. Takegawa and Y. Kondo, Urban photochemistry in central Tokyo : 1. Observed and modeled OH and HO_2 radical concentrations during the winter and summer of 2004, *J. Geophys. Res.*, **112**, D21312, 2007b.

Kanaya, Y., M. Fukuda, H. Akimoto, N. Takegawa, Y. Komazaki, Y. Yokouchi, M. Koike and Y. Kondo, Urban photochemistry in central Tokyo : 2. Rates and regimes of oxidant (O_3+NO_2) production, *J. Geophys. Res.*, **113**, D06301, 2008.

Karl, M., H. P. Dorn, F. Holland, R. Koppmann, D. Poppe, L. Rupp, A. Schaub and A. Wahner, Product study of the reaction of OH radicals with isoprene in the atmosphere simulation chamber SAPHIR, *J. Atmos. Chem.*, **55**, 167-187, 2006.

King, M. D., C. E. Canosa-Mas and R. P. Wayne, Frontier molecular orbital correlations for predicting rate constants between alkenes and the tropospheric oxidants NO_3, OH and O_3, *Phys. Chem. Chem. Phys.*, **1**, 2231-2238, 1999.

Klotz, B., I. Barnes, K. H. Becker and B. T. Golding, Atmospheric chemistry of benzeneoxide/oxepin, *J. Chem. Soc., Faraday Trans.*, **93**, 1507-1516, 1997.

Klotz, B., S. Sørensen, I. Barnes, K. H. Becker, T. Etzkorn, R. Volkamer, U. Platt, K. Wirtz and M. Martín-Reviejo, Atmospheric oxidation of toluene in a large-volume outdoor photoreactor : In situ determination of ring-retaining product yields, *J. Phys. Chem. A*, **102**, 10289-10299, 1998.

Klotz, B., I. Barne, B. T. Golding and K. H. Becker, Atmospheric chemistry of toluene-1,2-oxide/2-

methyloxepin, *Phys. Chem. Chem. Phys.*, **2**, 227-235, 2000.
Knipping, E. M., M. J. Lakin, K. L. Foster, P. Jungwirth, D. J. Tobias, R. B. Gerber, D. Dabdub and B. J. Finlayson-Pitts, Experiments and simulations of ion-enhanced interfacial chemistry on aqueous NaCl aerosols, *Science*, **288**, 301-306, 2000.
Knispel, R., R. Koch, M. Siese and C. Zetzsch, Adduct formation of OH radicals with benzene, toluene and phenol and consecutive reactions of the adducts with nitrogen oxide and oxygen, *Ber. Bunsenges. Phys. Chem.*, **94**, 1375-1379, 1990.
Kreher, K., P. V. Johnston, S. W. Wood, B. Nardi and U. Platt, Ground-based measurements of tropospheric and stratospheric BrO at Arrival Heights, Antarctica, *Geophys. Res. Lett.*, **23**, 3021-3024, 1997.
Kroll, J. H., J. S. Clarke, N. M. Donahue, J. G. Anderson and K. L. Demerjian, Mechanism of HOx formation in the gas-phase ozone-alkene reaction. 1. Direct, pressure-dependent measurements of prompt OH yields, *J. Phys. Chem. A*, **105**, 1554-1560, 2001a.
Kroll, J. H., S. R. Sahay and J. G. Anderson, Mechanism of HOx formation in the gas-phase ozone-alkene reaction. 2. Prompt versus thermal dissociation of carbonyl oxides to form OH, *J. Phys. Chem. A*, **105**, 4446-4457, 2001b.
Kroll, J. H., T. F. Hanisco, N. M. Donahue, K. L. Demerjian and J. G. Anderson, Accurate, direct measurements of OH yields from gas-phase ozone-alkene reactions using an in situ LIF instrument, *Geophys. Res. Lett.*, **28**, 3863-3866, 2001c.
Kroll, J. H., N. L. Ng, S. M. Murphy, R. C. Flagan and J. H. Seinfeld, Secondary organic aerosol formation from isoprene photooxidation, *Environ. Sci. Technol.*, **40**, 1869-1877, 2006.
Kwok, E. S. C., S. M. Aschmann, J. Arey and R. Atkinson, Product formation from the reaction of the NO_3 radical with isoprene and rate constants for the reactions of methacrolein and methyl vinyl ketone with the NO_3 radical, *Int. J. Chem. Kinet.*, **28**, 925-934, 1996a.
Kwok, E. S. C., R. Atkinson and J. Arey, Isomerization of β-hydroxyalkoxy radicals formed from the OH radical-initiated reactions of C_4-C_8 1-alkenes, *Environ. Sci. Technol.*, **30**, 1048-1052, 1996b.
Lawler, M. J., R. Sander, L. J. Carpenter, J. D. Lee, R. von Glasow, R. Sommariva and E. S. Saltzman, HOCl and Cl_2 observations in marine air, *Atmos. Chem. Phys.*, **11**, 7617-7628, 2011.
Lee, C., Y. J. Kim, H. Tanimoto, N. Bobrowski, U. Platt, T. Mori, K. Yamamoto and C. S. Hong, High ClO and ozone depletion observed in the plume of Sakurajima volcano, Japan, *Geophys. Res. Lett.*, **32**, L21809, doi : 10.1029/2005GL023785, 2005.
Lehrer, E., D. Wagenbach and U. Platt, Aerosol chemical composition during tropospheric ozone depletion at Ny Ålesund/Svalbard, *Tellus B*, **49**, 486-495, 1997.
Lelieveld, J., T. M. Butler, J. N. Crowley, T. J. Dillon, H. Fischer, L. Ganzeveld, H. Harder, M. G. Lawrence, M. Martinez, D. Taraborrelli and J. Williams, Atmospheric oxidation capacity sustained by a tropical forest, *Nature*, **452**, 737-740, 2008.
Levy II, H., Normal atmosphere : Large radical and formaldehyde concentrations predicted, *Science*, **173**, 141-143, 1971.
Lewis, A. C., N. Carslaw, P. J. Marriott, R. M. Kinghorn, P. Morriso, A. L. Lee, K. D. Bartle and M. J. Pilling, A larger pool of ozone-forming carbon compounds in urban atmospheres, *Nature*, **405**, 778-781, 2000.
Liao, J., L. G. Huey, D. J. Tanner, F. M. Flocke, J. J. Orlando, J. A. Neuman, J. B. Nowak, A. J. Weinheimer, S. R. Hall, J. N. Smith, A. Fried, R. M. Staebler, Y. Wang, J.-H. Koo, C. A. Cantrell, P. Weibring, J. Walega, D. J. Knapp, P. B. Shepson and C. R. Stephens, Observations of inorganic bromine (HOBr, BrO, and Br_2) speciation at Barrow, Alaska, in spring 2009, *J. Geophys. Res.*, **117**, D00R16, doi : 10.1029/2011JD016641, 2012.
Lightfoot, P. D., R. A Cox, J. N. Crowley, M. Destriau, G. D. Hayman, M. E. Jenkin, G. K. Moortgat and F. Zabel, Organic peroxy radicals : Kinetics, spectroscopy and tropospheric chemistry, *Atmos. Environ.*, **26A**, 1805-1961, 1992.

Liu, S. C., M. Trainer, M. A. Carriolli, G. Huber, D. D. Montzaka, R. B. Norton, B. A. Ridley, J. G. Walega, E. L. Atlas, B. G. Heikes, B. J. Huebert and W. Warreb, A Study of the photochemistry and ozone budget during the Mauna Loa Observatory photochemistry experiment, *J. Gephys. Res.*, **97**, 10463-10471, 1992.

Lopez-Hilfiker, F. D., K. Constantin, J. P. Kercher and J. A. Thornton, Temperature dependent halogen activation by N_2O_5 reactions on halide-doped ice surfaces, *Atmos. Chem. Phys.*, **12**, 5237-5247, 2012.

Lovejoy, E. R., D. R. Hanson and L. G. Huey, Kinetics and products of the gas-phase reaction of SO_3 with water, *J. Phys. Chem.*, **100**, 19911-19916, 1996.

Lu, K. D., F. Rohrer, F. Holland, H. Fuchs, B. Bohn, T. Brauers, C. C. Chang, R. Häseler, M. Hu, K. Kita, Y. Kondo, X. Li, S. R. Lou, S. Nehr, M. Shao, L. M. Zeng, A. Wahner, Y. H. Zhang and A. Hofzumahaus, Observation and modelling of OH and HO_2 concentrations in the Pearl River Delta 2006: A missing OH source in a VOC rich atmosphere, *Atmos. Chem. Phys.*, **12**, 1541-1569, 2012.

Mahajan, A. S., J. M. C. Plane, H. Oetjen, L. Mendes, R. W. Saunders, A. Saiz-Lopez, C. E. Jones, L. J. Carpenter and G. B. McFiggans, Measurement and modelling of tropospheric reactive halogen species over the tropical Atlantic Ocean, *Atmos. Chem. Phys.*, **10**, 4611-4624, 2010.

Malkin, T. L., A. Goddard, D. E. Heard and P. W. Seakins, Measurements of OH and HO_2 yields from the gas phase ozonolysis of isoprene, *Atmos. Chem. Phys.*, **10**, 1441-1459, 2010.

Martin, L. R. and D. E. Damschen, Aqueous oxidation of sulfur dioxide by hydrogen peroxide at low pH, *Atmos. Environ.*, **15**, 1615-1621, 1981.

Martino, M., G. P. Mills, J. Woeltjen and P. S. Liss, A new source of volatile organoiodine compounds in surface seawater, *Geophys. Res. Lett.*, **36**, L01609, doi: 10.1029/2008GL036334, 2009.

Matveev, V., M. Peleg, D. Rosen, D. S. Tov-Alper, K. Hebestreit, J. Stutz, U. Platt, D. Blake and M. Luria, Bromine oxide—ozone interaction over the Dead Sea, *J. Geophys. Res.*, **106**, 10375-10387, 2001.

McArdle, J. V. and M. R. Hoffmann, Kinetic and mechanism of oxidation of aquated sulfur dioxide by hydrogen peroxide at low pH, *J. Phys. Chem.*, **87**, 5425-5429, 1983.

McElroy, M. B., *The Atmospheric Environment: Effects of Human Activities*, Princeton University Press, 2002.

McFiggans, G., J. M. C. Plane, B. J. Allan, L. J. Carpenter, H. Coe and C. O'Dowd, A modeling study of iodine chemistry in the marine boundary layer, *J. Geophys. Res.*, **105**, 14371-14385, 2000.

McKee, M. L. and P. H. Wine, Ab initio study of the atmospheric oxidation of CS_2, *J. Am. Chem. Soc.*, **123**, 2344-2353, 2001.

Mellouki, A., G. Le Bras and H. Sidebottom, Kinetics and mechanisms of the oxidation of oxygenated organic compounds in the gas phase, *Chem. Rev.*, **103**, 5077-5096, 2003.

Mielke, L. H., A. Furgeson and H. D. Osthoff, Observation of $ClNO_2$ in a mid-continental urban environment, *Environ. Sci. Technol.*, **45**, 8889-8896, 2011.

Milford, J. B., A. G., Russell and G. J. McRae, A new approach to photochemical pollution control: Implications of spatial patterns in pollutant responses to reductions in nitrogen oxides and reactive organic gas emissions, *Environ. Sci. Technol.*, **23**, 1290-1301, 1989.

Mochida, M., J. Hirokawa and H. Akimoto, Unexpected large uptake of O_3 on sea salts and the observed Br_2 formation, *Geophys. Res. Lett.*, **27**, 2629-2632, 2000.

Mozukewich, M., Mechanisms for the release of halogens from sea-salt particles by free radical reactions, *J. Geophys. Res.*, **100**, 14199-14207, 1995.

Munger, J. W., D. J. Jacob, J. M. Waldman and M. R. Hoffmann, Fogwater chemistry in an urban atmosphere, *J. Geophys. Res.*, **88**, 5109-5121, 1983.

Nehr, S., B. Bohn, H. Fuchs and A. Hofzumahaus, HO_2 formation from the OH + benzene reaction in the presence of O_2, *Phys. Chem. Chem. Phys.*, **13**, 10699-10708, 2011.

Ng, N. L., A. J. Kwan, J. D. Surratt, A. W. H. Chan, P. S. Chhabra, A. Sorooshian, H. O. T. Pye, J. D.

Crounse, P. O. Wennberg, R. C. Flagan and J. H. Seinfeld, Secondary organic aerosol (SOA) formation from reaction of isoprene with nitrate radicals (NO_3), *Atmos. Chem. Phys.*, **8**, 4117-4140, 2008.

Nguyen, T. L., J. H. Park, K. J. Lee, K. Y. Song and J. R. Barker, Mechanism and kinetics of the reaction $NO_3 + C_2H_4$, *J. Phys. Chem. A*, **115**, 4894-4901, 2011.

O'Brien, J. M., E. Czuba, D. R. Hastie, J. S. Francisco and P. B. Shepson, Determination of the hydroxy nitrate yields from the reaction of C_2-C_6 alkenes with OH in the presence of NO, *J. Phys. Chem. A*, **102**, 8903-8908, 1998.

Oltmans, S. J. and W. Komhyr, Surface ozone distributions and variations from 1973-1984 measurements at the NOAA geophysical monitoring for climate change baseline observatories, *J. Geophys. Res.*, **91**, 5229-5236, 1986.

Osthoff, H. D., J. M. Roberts, A. R. Ravishankara, E. J. Williams, B. M. Lerner, R. Sommariva, T. S. Bates, D. Coffman, P. K. Quinn, J. E. Dibb, H. Stark, J. B. Burkholder, R. K. Talukdar, J. Meagher, F. C. Fehsenfeld and S. S. Brown, High levels of nitryl chloride in the polluted subtropical marine boundary layer, *Nat. Geosci.*, **1**, 324-328, 2008.

Oum, K. W., M. J. Lakin, D. O. DeHaan, T. Brauers and B. Finlayson-Pitts, Formation of molecular chlorine from the photolysis of ozone and aqueous sea-salt particles, *Science*, **279**, 74-76, 1998a.

Oum, K. W., M. J. Lakin and B. J. Finlayson-Pitts, Bromine activation in the troposphere by the dark reaction of O_3 with seawater ice, *Geophys. Res. Lett.*, **25**, 3923-3926, 1998b.

Pandis, S. N. and J. H. Seinfeld, Sensitivity analysis of a chemical mechanism for aqueous-phase atmospheric chemistry, *J. Geophys. Res.*, **94**, 1105-1126, 1989.

Peeters, J. and J.-F. Müller, HOx radical regeneration in isoprene oxidation via peroxy radical isomerisations. II : Experimental evidence and global impact, *Phys. Chem. Chem. Phys.*, **12**, 14227-14235, 2010.

Pérez-Casany, M. P., I. Nebot-Gil and J. Sánchez-Marín, Ab initio study on the mechanism of tropospheric reactions of the nitrate radical with alkenes : Propene, *J. Phys. Chem. A*, **104**, 6277-6286, 2000.

Perring, A. E., A.Wisthaler, M. Graus, P. J. Wooldridge, A. L. Lockwood, L. H. Mielke, P. B. Shepson, A. Hansel and R. C. Cohen, A product study of the isoprene + NO_3 reaction, *Atmos. Chem. Phys.*, **9**, 4945-4956, 2009.

Pfrang, C., M. King, C. E. Canosa-Mas and R. P. Wayne, Correlations for gas-phase reactions of NO_3, OH and O_3 with alkenes : An update, *Atmos. Environ.*, **40**, 1170-1179, 2006.

Platt, U. and T. Wagner, Satellite mapping of enhanced BrO concentrations in the troposphere, *Nature*, **395**, 486-490, 1998.

Ramírez-Anguita, J. M., À. González-Lafont and J. M. Lluch, Formation pathways of CH_3SOH from $CH_3S(OH)CH_3$ in the presence of O_2 : A theoretical study, *Theor. Chem. Acc.*, **123**, 93-103, 2009.

Raoult, S., M.-T. Rayez, J.-C. Rayezand and R. Lesclaux, Gas phase oxidation of benzene : Kinetics, thermochemistry and mechanism of initial steps, *Phys. Chem. Chem. Phys.*, **6**, 2245-2253, 2004.

Read, K. A., A. S. Mahajan, L. J. Carpenter, M. J. Evans, B. V. E. Faria, D. E. Heard, J. R. Hopkins, J. D. Lee, S. J. Moller, A. C. Lewis, L. Mendes, J. B. McQuaid, H. Oetjen, A. Saiz-Lopez, M. J. Pilling and J. M. C. Plane, Extensive halogen-mediated ozone destruction over the tropical Atlantic Ocean, *Nature*, **453**, 1232-1235, 2008.

Regelin, E., H. Harder, M. Martinez, D. Kubistin, C. T. Ernest, H. Bozem, T. Klippel, Z. Hosaynali-Beygi, H. Fischer, R. Sander, P. Jöckel, R. Königstedt and J. Lelieveld, HOx measurements in the summertime upper troposphere over Europe : A comparison of observations to a box model and a 3-D model, *Atmos. Chem. Phys. Discuss.*, **12**, 30619-30660, 2012.

Ren, X., W. H. Brune, J. Mao, M. J. Mitchell, R. Lesher, J. B. Simpas, A. R. Metcalf, J. J. Schwab, C. Cai, Y. Li, K. L. Demerjian, H. D. Felton, G. Boynton, A. Adams, J. Perry, Y. He, X. Zhou and J. Hou, Behavior of OH and HO_2 in the winter atmosphere in New York City, *Atmos. Environ.*, **40**,

引 用 文 献

Supplement 2, 252-263, 2006.
Ren, X., J. R. Olson, J. Crawford, W. H. Brune, J. Mao, R. B. Long, Z. Chen, G. Chen, M. A. Avery, G. W. Sachse, J. D. Barrick, G. S. Diskin, G. Huey, A. Fried, R. C. Cohen, B. Heikes, P. O. Wennberg, H. B. Singh, D. Blake and R. Shetter, HOx chemistry during INTEX-A 2004 : Observation, model calculation, and comparison with previous studies, *J. Geophys. Res.*, **113**, D05310, doi : 10.1029/2007JD009166, 2008.
Riedel, T. P., T. H. Bertram, T. A. Crisp, E. J. Williams, B. M. Lerner, A. Vlasenko, S.-M. Li, J. Gilman, J. de Gouw, D. M. Bon, N. L. Wagner, S. S. Brown and J. A. Thornton, Nitryl chloride and molecular chlorine in the coastal marine boundary layer, *Environ. Sci. Technol.*, **46**, 10463-10470, 2012.
Rollins, A. W., A. Kiendler-Scharr, J. L. Fry, T. Brauers, S. S. Brown, H.-P. Dorn, W. P. Dubé, H. Fuchs, A. Mensah, T. F. Mentel, F. Rohrer, R. Tillmann, R. Wegener, P. J. Wooldridge, and R. C. Cohen, Isoprene oxidation by nitrate radical : Alkyl nitrate and secondary organic aerosol yields, *Atmos. Chem. Phys.*, **9**, 6685-6703, 2009.
Rossi, M. J., Heterogeneous reactions on salts, *Chem. Rev.*, **103**, 4823-4882, 2003.
Sadanaga, Y., J. Hirokawa and H. Akimoto, Formation of molecular chlorine in dark condition : Heterogeneous reaction of ozone with sea salt in the presence of ferric ion, *Geophys. Res. Lett.*, **28**, 4433-4436, 2001.
Sadanaga, Y., A. Yoshino, K. Watanabe, A. Yoshioka, Y. Wakazono, Y. Kanaya and Y. Kajii, Development of a measurement system of OH reactivity in the atmosphere by using a laser-induced pump and probe technique, *Rev. Sci. Instr.*, **75**, 2648-2655, 2004.
Saiz-Lopez, A. and R. von Glasow, Reactive halogen chemistry in the troposphere, *Chem. Soc. Rev.* **41**, 6448-6472, 2012.
Saiz-Lopez, A., J. M. C. Plane and J. A. Shillito, Bromine oxide in the mid-latitude marine boundary layer, *Geophys. Res. Lett.*, **31**, L03111, doi : 10.1029/2003GL018956, 2004.
Saiz-Lopez, A., J. A. Shillito, H. Coe and J. M. C. Plane, Measurements and modelling of I_2, IO, OIO, BrO and NO_3 in the mid-latitude marine boundary layer, *Atmos. Chem. Phys.*, **6**, 1513-1528, 2006.
Saiz-Lopez, A., J. M. C. Plane, A. R. Baker, L. J. Carpenter, R. von Glasow, J. C. Gómez Martín, G. McFiggans and R. W. Saunders, Atmospheric chemistry of iodine, *Chem. Rev.*, **112**, 1773-1804, 2012.
Sakamaki, F., M. Okuda, H. Akimoto and H. Yamazaki, Computer modeling study of photochemical ozone formation in the propene-nitrogen oxides-dry air system. Generalized maximum ozone isopleth, *Environ. Sci. Technol.*, **16**, 45-52, 1982.
Sander, R. and P. J. Crutzen, Model study indicating halogen activation and ozone destruction in polluted air masses transported to the sea, *J. Geophys. Res.*, **101**, 9121-9138, 1996.
Sander, R., Y. Rudich, R. von Glasow and P. J. Crutzen, The role of $BrNO_3$ in marine tropospheric chemistry : A model study, *Geophys. Res. Lett.*, **26**, 2857-2860, 1999.
Sander, R., W. C. Keene, A. A. P. Pszenny, R. Arimoto, G. P. Ayers, E. Baboukas, J. M. Cainey, P. J. Crutzen, R. A. Duce, G. Hoenninger, B. J. Huebert, W. Maenhaut, N. Mihalopoulos, V. C. Turekian and R. Van Dingenen, Inorganic bromine in the marine boundary layer : A critical review, *Atmos. Chem. Phys.*, **3**, 1301-1336, 2003.
Sander, R., A. Kerkweg, P. Jockel and J. Lelieveld, Technical note : The new comprehensive atmospheric chemistry module MECCA, *Atmos. Chem. Phys.*, **5**, 445-450, 2005.
Sander, S. P., R. Baker, D. M. Golden, M. J. Kurylo, P. H. Wine, J. P. D. Abatt, J. B. Burkholder, C. E. Kolb, G. K. Moortgat, R. E. Huie and V. L. Orkin, Chemical Kinetics and Photochemical Data for Use in Atmospheric Studies, Evaluation Number 17, JPL Publication 10-6, Pasadena, California, 2011. Website : http://jpldataeval.jpl.nasa.gov/.
Saunders, S. M., M. E. Jenkin, R. G. Derwent and M. J. Pilling, Protocol for the development of the Master Chemical Mechanism, MCM v3 (Part A) : Tropospheric degradation of non-aromaticvolatile organic compounds, *Atmos. Chem. Phys.*, **3**, 161-180, 2003.

Schmidt V., G. Y. Zhu, K. H. Becker and E. H. Fink, Study of OH reactions at high pressures by excimer laser photolysis-dye laser fluorescence, *Ber. Bunsenges. Phys. Chem.*, **89**, 321, 1985.
Schneider, M., O. Luxenhofer, A. Deissler and K. Ballschmiter, C_1–C_{15} alkyl nitrates, benzyl nitrate, and bifunctional nitrates : Measurements in California and south Atlantic air and global comparison using C_2Cl_4 and $CHBr_3$ as marker, *Environ. Sci. Technol.*, **32**, 3055-3062, 1998.
Schönhardt, A., A. Richter, F. Wittrock, H. Kirk, H. Oetjen, H. K. Roscoe and J. P. Burrows, Observations of iodine monoxide columns from satellite, *Atmos. Chem. Phys.*, **8**, 637-653, 2008.
Schwartz, S. E. and J. E. Freiberg, Mass-transport limitation to the rate of reaction of gases in liquid droplets : Application to oxidation of SO_2 in aqueous solutions, *Atmos. Environ.*, **15**, 1129-1144, 1981.
Seinfeld, J. H. and S. N. Pandis, *Atmospheric Chemistry and Physics : Air Pollution to Climate Change, 2nd ed.*, John Wiley and Sons, 2006.
Sheehy, P. M., R. Volkamer, L. T. Molina and M. J. Molina, Oxidative capacity of the Mexico City atmosphere—Part 2 : A RO_x radical cycling perspective, *Atmos. Chem. Phys.*, **10**, 6993-7008, 2010.
Sillman, S., J. A. Logan and S. C. Wofsy, The sensitivity of ozone to nitorgen oxides and hydrocarbons in regional ozone episodes, *J. Geophys. Res.*, **95**, 1837-1851, 1990.
Simpson, W. R., R. von Glasow, K. Riedel, P. Anderson, P. Ariya, J. Bottenheim, J. Burrows, L. J. Carpenter, U. Frieß, M. E. Goodsite, D. Heard, M. Hutterli, H.-W. Jacobi, L. Kaleschke, B. Neff, J. Plane, U. Platt, A. Richter, H. Roscoe, R. Sander, P. Shepson, J. Sodeau, A. Steffen, T. Wagner and E. Wolff, Halogens and their role in polar boundary-layer ozone depletion, *Atmos. Chem. Phys.*, **7**, 4375-4418, 2007.
Sinha, V., J. Williams, J. N. Crowley and J. Lelieveld, The comparative reactivity method : A new tool to measure total OH reactivity in ambient air, *Atmos. Chem. Phys.*, **8**, 2213-2227, 2008.
Sinha, V., J. Williams, J. Lelieveld, T. M. Ruuskanen, M. K. Kajos, J. Patokoski, H. Hellen, H. Hakola, D. Mogensen, M. Boy, J. Rinne and M. Kulmala, OH reactivity measurements within a boreal forest : Evidence for unknown reactive emissions, *Environ. Sci. Technol.*, **44**, 6614-6620, 2010.
Skov, H., J. Hjorth, C. Lohse, N. R. Jensen and G. Restelli, Products and mechanisms of the reactions of the nitrate radical (NO_3) with isoprene, 1, 3-butadiene and 2, 3-dimethyl-1, 3-butadiene in air, *Atmos. Environ. A*, **26**, 2771-2783, 1992.
Smith, S. C., J. D. Lee, W. J. Bloss, G. P. Johnson, T. Ingham and D. E. Heard, Concentrations of OH and HO_2 radicals during NAMBLEX : Measurements and steady state analysis, *Atmos. Chem. Phys.*, **6**, 1435-1453, 2006.
Sommariva, R. and R. von Glasow, Multiphase halogen chemistry in the tropical Atlantic ocean, *Environ. Sci. Technol.*, **46**, 10429-10437, 2012.
Sommariva, R., W. J. Bloss, N. Brough, N. Carslaw, M. Flynn, A.-L. Haggerstone, D. E. Heard, J. R. Hopkins, J. D. Lee, A. C. Lewis, G. McFiggans, P. S. Monks, S. A. Penkett, M. J. Pilling, J. M. C. Plane, K. A. Read, A. Saiz-Lopez, A. R. Rickard and P. I. Williams, OH and HO_2 chemistry during NAMBLEX : Roles of oxygenates, halogen oxides and heterogeneous uptake, *Atmos. Chem. Phys.*, **6**, 1135-1153, 2006.
Smoydzin, L. and R. von Glasow, Modelling chemistry over the Dead Sea : bromine and ozone chemistry, *Atmos. Chem. Phys.*, **9**, 5057-5072, 2009.
Spicer, C. W., E. G. Chapman, B. J. Finlayson-Pitts, R. A. Plastridge, J. M. Hubbe, J. D. Fast and C. M. Berkowit, Unexpectedly high concentrations of molecular chlorine in coastal air, *Nature*, **394**, 353-356, 1998.
Spicer, C. W., R. A. Plastridge, K. L Foster, B. J. Finlayson-Pitts, J. W. Bottenheim, A. M. Grannas and P. B. Shepson, Molecular halogens before and during ozone depletion events in the Arctic at polar sunrise : Concentrations and sources, *Atmos. Environ.*, **36**, 2721-2731, 2002.
Stickel, R. E., M. Chin, E. P. Daykin, A. J. Hynes, P. H. Wine and T. J. Wallington, Mechanistic studies of the hydroxyl-initiated oxidation of carbon disulfide in the presence of oxygen, *J. Phys. Chem.*,

97, 13653-13661, 1993.
Stockwell, W. R. and J. G. Calvert, The mechanism of the HO-SO$_2$ reaction, *Atmos. Environ.*, **17**, 2231-2235, 1983.
Stockwell, W. R., F. Kirchner, M. Kuhn and S. Seefeld, A new mechanism for regional atmospheric chemistry modeling, *J. Geophys. Res.*, **102**, 25847-25879, 1997.
Stockwell, W. R., C. V. Lawson, E. Saunders and W. S. Goliff, A review of tropospheric atmospheric chemistry and gas-phase chemical mechanisms for air quality modeling, *Atmosphere*, **3**, 1-32, 2012.
Stone, D., L. K. Whalley and D. E. Heard, Tropospheric OH and HO$_2$ radicals: Field measurements and model comparisons, *Chem. Soc. Rev.*, **41**, 6348-6404, 2012.
Stutz, J., R. Ackermann, J. D. Fast and L. Barrie, Atmospheric reactive chlorine and bromine at the Great Salt Lake, Utah, *Geophys. Res. Lett.*, **29**(10), doi : 10.1029/2002GL014812, 2002.
Sudo, K., M. Takahashi and H. Akimoto, CHASER: A global chemical model of the troposphere 2. Model results and evaluation, *J. Geophys. Res.*, **107**, D21, 4586, doi : 10.1029/2001JD001114, 2002.
Suh, I., R. Zhang, L. T. Molina and M. J. Molina, Oxidation mechanism of aromatic peroxy and bicyclic radicals from OH-toluene reactions, *J. Am. Chem. Soc.*, **125**, 12655-12665, 2003.
Suh, I., J. Zhao and R. Zhang, Unimolecular decomposition of aromatic bicyclic alkoxy radicals and their acyclic radicals, *Chem. Phys. Lett.*, **432**, 313-320, 2006.
Taketani, F., Y. Kanaya, P. Pochanart, Y. Liu, J. Li, K. Okuzawa, K. Kawamura, Z. Wang and H. Akimoto, Measurement of overall uptake coefficients for HO$_2$ radicals by aerosol particles sampled from ambient air at Mts. Tai and Mang (China), *Atmos. Chem. Phys.*, **12**, 11907-11916, 2012.
Tan, D., I. Faloona, J. B. Simpas, W. Brune, P. B. Shepson, T. L. Couch, A. L. Sumner, M. A. Carroll, T. Thornberry, E. Apel, D. Riemer and W. Stockwell, HOx budgets in a deciduous forest: Results from the PROPHET summer 1998 campaign, *J. Geophys. Res.*, **106**, 24407-24427, 2001a.
Tan, D., I. Faloona, J. B. Simpas, W. Brune, J. Olson, J. Crawford, M. Avery, G. Sachse, S. Vay, S. Sandholm, H. W. Guan, T. Vaughn, J. Mastromarino, B. Heikes, J. Snow, J. Podolske and H. Singh, OH and HO$_2$ in the tropical Pacific: Results from PEM-Tropics B, *J. Geophys. Res.*, **106**, 32667-32681, 2001b.
Tang, T. and J. C. McConnell, Autocatalytic release of bromine from Arctic snow pack during polar sunrise, *Geophys. Res. Lett.*, **23**, 2633-2636, 1996.
Tas, E., M. Peleg, V. Matveev, J. Zingler and M. Luria, Frequency and extent of bromine oxide formation over the Dead Sea, *J. Geophys. Res.*, **110**, D11304, doi : 10.1029/2004JD005665, 2005.
Tas, E., M. Peleg, D. U. Pedersen, V. Matveev, A. Pour Biazar and M. Luria, Measurement-based modeling of bromine chemistry in the boundary layer: 1. Bromine chemistry at the Dead Sea, *Atmos. Chem. Phys.*, **6**, 5589-5604, 2006.
Thornton, J. A., J. P. Kercher, T. P. Riedel, N. L. Wagner, J. Cozic, J. S. Holloway, W. P. Dubé, G. M. Wolfe, P. K. Quinn, A. M. Middlebrook, B. Alexander and S. S. Brown, A large atomic chlorine source inferred from mid-continental reactive nitrogen chemistry, *Nature*, **464**, 271-274, 2010.
Toyota, K., J. C. McConnell, A. Lupu, L. Neary, C. A. McLinden, A. Richter, R. Kwok, K. Semeniuk, J. W. Kaminski, S.-L. Gong, J. Jarosz, M. P. Chipperfield and C. E. Sioris, Analysis of reactive bromine production and ozone depletion in the Arctic boundary layer using 3-D simulations with GEM-AQ: Inference from synoptic-scale patterns, *Atmos. Chem. Phys.*, **11**, 3949-3979, 2011.
Tuazon, E. C., S. M. Aschmann, J. Arey and R. Atkinson, Products of the gas-phase reactions of a series of methyl-substituted ethenes with the OH radical, *Environ. Sci. Technol.*, **32**, 2106-2112, 1998.
Tuckermann, M., R. Ackermann, C. Gölz, H. Lorenzen-Schmidt, T. Senne, J. Stutz, B. Trost, W. Unold and U. Platt, DOAS-observation of halogen radical-catalyzed arctic boundary layer ozone destruction during the ARCTOC-campaigns 1995 and 1996 in Ny-Ålesund, Spitsbergen, *Tellus B*, **49**, 533-555, 1997.
Vance, A., A. J. S. McGonigle, A. Aiuppa, J. L. Stith, K. Turnbull and R. von Glasow, Ozone depletion

in tropospheric volcanic plumes, *Geophys. Res. Lett.*, 37, L22802, doi : 10.1029/2010GL044997, 2010.
Vogt, R., P. J. Crutzen and R. Sander, A mechanism for halogen release from sea-salt aerosol in the remote marine boundary layer, *Nature*, 383, 327-330, 1996.
Volkamer, R., U. Platt and K. Wirtz, Primary and secondary glyoxal formation from aromatics : Experimental evidence for the bicycloalkyl-radical pathway from benzene, toluene, and *p*-xylene, *J. Phys. Chem. A*, 105, 7865-7874, 2001.
Volkamer, R., P. Sheehy, L. T. Molina and M. J. Molina, Oxidative capacity of the Mexico City atmosphere—Part 1 : A radical source perspective, *Atmos. Chem. Phys.*, 10, 6969-6991, 2010.
von Glasow, R., Atmospheric chemistry in volcanic plumes, PNAS, 107, 6594-6599, 2010.
Wagner, V., M. E. Jenkin, S. M. Saunders, J. Stanton, K. Wirtz and M. J. Pilling, Modelling of the photooxidation of toluene : conceptual ideas for validating detailed mechanisms, *Atmos. Chem. Phys.*, 3, 89-106, 2003.
Wagner, T., O. Ibrahim, R. Sinreich, U. Frieß, R. von Glasow and U. Platt, Enhanced tropospheric BrO over Antarctic sea ice in mid winter observed by MAX-DOAS on board the research vessel Polarstern, *Atmos. Chem. Phys.*, 7, 3129-3142, 2007.
Wallace, J. M. and P. V. Hobbs, *Atmospheric Science, 2nd ed. : An Introductory Survey*, Academic Press, 2006.
Wallington, T., M. Armmann, R. Atkinson, R. A. Cox, J. N. Crowley, R. Hynes, M. E. Jenkin, W. Mellouki, M. J. Rossi and J. Troe, IUPAC Subcommittee for Gas Kinetic Data Evaluation for Atmospheric Chemistry, Evaluated Kinetic Data, Gas-phase Reactions, http://www.iupac-kinetic.ch.cam.ac.uk/, 2012.
Warneck, P., *Chemistry of the Natural Atmosphere*, Academic Press, 1988.
Wayne, R. P., *Chemistry of Atmospheres, 3rd ed.*, Oxford University Press, 2000.
Wennberg, P., Atmospheric chemistry : Bromine explosion, *Nature*, 397, 299-301, 1999.
Whalley, L. K., K. L. Furneaux, A. Goddard, J. D. Lee, A. Mahajan, H. Oetjen, K. A. Read, N. Kaaden, L. J. Carpenter, A. C. Lewis, J. M. C. Plane, E. S. Saltzman, A. Wiedensohler and D. E. Heard, The chemistry of OH and HO_2 radicals in the boundary layer over the tropical Atlantic Ocean, *Atmos. Chem. Phys.*, 10, 1555-1576, 2010.
Whalley, L. K., P. M. Edwards, K. L. Furneaux, A. Goddard, T. Ingham, M. J. Evans, D. Stone, J. R. Hopkins, C. E. Jones, A. Karunaharan, J. D. Lee, A. C. Lewis, P. S. Monks, S. Moller and D. E. Heard, Quantifying the magnitude of a missing hydroxyl radical source in a tropical rainforest, *Atmos. Chem. Phys.*, 11, 7223-7233, 2011.
Yoshino, Y., Y. Nakashima, K. Miyazaki, S. Kato, J. Suthawaree, N. Shimo, S. Matsunaga, S. Chatani, E. Apel, J. Greenberg, A. Guenther, H. Ueno, H. Sasaki, J. Hoshi, H. Yokota, K. Ishii and Y. Kajii, Air quality diagnosis from comprehensive observations of total OH reactivity and reactive trace species in urban central Tokyo, *Atmos. Environ.*, 49, 51-59, 2012.
Yu, J. and E. Jeffries, Atmospheric photooxidation of alkylbenzenes—II. Evidence of formation of epoxide intermediates, *Atmos. Environ.*, 31, 2281-2287, 1997.
Zhang, D. and R. Zhang, Mechanism of OH formation from ozonolysis of isoprene : A quantum-chemical study, *J. Am. Chem. Soc.*, 124, 2692-2703, 2002.
Zhang, D. and R. Zhang, Ozonolysis of α-pinene and β-pinene : Kinetics and mechanism, *J. Chem. Phys.*, 122, 114308 (12 pages), 2005.
Zhang, D., W. Lei and R. Zhang, Mechanism of OH formation from ozonolysis of isoprene : Kinetics and product yields, *Chem. Phys. Lett.*, 358, 171-179, 2002.
Zhang, L. and Q.-Z. Qin, Theoretical studies on CS_2OH-O_2 : A possible intermediate in the OH initiated oxidation of CS_2 by O_2, *J. Mol. Structure (Theochem)*, 531, 375-379, 2000.
Zhang, L., D. J. Jacob, K. F. Boersma, D. A. Jaffe, J. R. Olson, K. W. Bowman, J. R. Worden, A. M. Thompson, M. A. Avery, R. C. Cohen, J. E. Dibb, F. M. Flock, H. E. Fuelberg, L. G. Huey, W. W. McMillan, H. B. Singh and A. J. Weinheimer, Transpacific transport of ozone pollution and the

effect of recent Asian emission increases on air quality in North America: An integrated analysis using satellite, aircraft, ozonesonde, and surface observations, *Atmos. Chem. Phys.*, **8**, 6117-6136, doi: 10.5194/acp-8-6117-2008, 2008.

Zhang, Y., J.-P. Huang, D. K. Henze and J. H. Seinfeld, The role of isoprene in secondary organic aerosol formation on a regional scale, *J. Geophys. Res.*, **112**, D20207, doi: 10.1029/2007JD008675, 2007.

Zhao, T. L., S. L. Gong, J. W. Bottenheim, J. C. McConnell, R. Sander, L. Kaleschke, A. Richter, A. Kerkweg, K. Toyota and L. A. Barrie, A three-dimensional model study on the production of BrO and Arctic boundary layer ozone depletion, *J. Geophys. Res.*, **113**, D24304, doi: 10.1029/2008JD010631, 2008.

Zingler, J. and U. Platt, Iodine oxide in the Dead Sea Valley: Evidence for inorganic sources of boundary layer IO, *J. Geophys. Res.*, **110**, D07307, doi: 10.1029/2004JD004993, 2005

8
成層圏反応化学

　成層圏では 200 nm より短波長の紫外線により地球大気の主成分の一つである O_2 自身が光分解し，これから O_3 が生成されることが，地球大気のもっとも大きな化学的特徴である．成層圏で光化学的に生成した O_3 はオゾン層を形成し，それによって太陽光に含まれる 300 nm より短波長の紫外線はほぼ 100% 吸収されて，対流圏には到達しなくなる．地球上の生物の細胞を構成する DNA は波長 300 nm 以下の紫外線を吸収して，光化学的に破壊されるので，この紫外線の下では地球上の生命は維持されない．地球史的には，海洋中に発生した原始生物の光合成によって大気中に O_2 が増加したことによりオゾン層が形成され，地表に DNA の吸収する波長範囲の紫外線が到達しなくなったことが，地球生物の陸上への移動を可能にし，現在みられるような生命圏が地球上に出現するようになったとされている（Berkner and Marshall, 1965）．このことは逆に，成層圏オゾン層が何らかの原因で減少することが地球上の陸上生物の生存の危機をもたらすことを意味しており，1970 年代以降人間活動によるオゾン層の破壊（ozone depletion）が大きな話題となってきた（Dotto and Schiff, 1978；Middleton and Tolbert, 2000；Finlayson-Pitts and Pitts, 2000）．そのなかでもとくにクロロフルオロカーボン（CFC, chlorofluorocarbon）によるオゾン破壊が現実のものとして顕在化してきたが，この問題の提起と理解・解決に大気化学は中心的な役割を果たしてきた．

　成層圏での化学反応に関わる O_3 以外の微量化学種はほとんどすべて，地表付近に発生源をもち対流圏から成層圏に運ばれた物質である．対流圏と成層圏の大気の輸送混合には平均的に 1-2 年の時間を要するので，前章でみた無数にある対流圏化学種のうちで大気寿命が十分に長く成層圏に到達する化学種はごく少数に限られる．このため，成層圏の反応化学は対流圏に比較するとはるかに単純であり，化学反応モデルで精確に記述されることが期待される．

　成層圏化学に関しては中間圏化学を含めた成書 Brasseur and Solomon（2005）に詳しく記述され，その他の大気化学の成書 Warneck（1988），Brasseur et al.（1999），Finlayson-Pitts and Pitts（2000），Wayne（2000），McElroy（2002），Seinfeld and

Pandis (2006) などに述べられている. 成層圏におけるハロゲンラジカルの反応に関しては, Bedjanian and Poulet (2003) の総説がある. またオゾンの破壊に関してはWMO の定期的な報告書が最新のレビューを提供している (WMO, 2011). 本書では輸送と反応が一体となった成層圏化学の体系のうち, 化学反応システムに特化して記述する.

8.1　純酸素大気とオゾン層

　地球大気のオゾン層の高度, オゾン濃度の基本的な特徴は大気中に酸素だけが存在すると仮定したときの光化学反応で記述できることが, Chapman (1930a, 1930b) によって示された. これは純酸素理論, またはチャップマン機構と呼ばれている. O_2 は 242 nm 以下の波長の太陽光で光分解するが, 190 nm 以上の波長域が到達する成層圏では,

$$O_2 + h\nu (\lambda < 242 \text{ nm}) \rightarrow O(^3P) + O(^3P) \qquad (8.1)\,[4.35a]$$

の過程のみがエネルギー的に可能である (4.3.1 項). ここで生成した基底状態の O 原子からは,

$$O(^3P) + O_2 + M \rightarrow O_3 + M \qquad (8.2)\,[5.1]$$

で O_3 分子が生成される (5.1.1 項) が, この反応が大気中で O_3 を直接生成する唯一の反応である. 生成された O_3 は O 原子との反応 (5.1.2 項), または光分解反応 (4.3.2 項) で O_2 に戻る.

$$O(^3P) + O_3 \rightarrow 2O_2 \qquad (8.3) \qquad [5.2]$$
$$O_3 + h\nu \rightarrow O(^3P) + O_2 \qquad (8.4a)\,[4.2c\text{-}4.2e]$$
$$\rightarrow O(^1D) + O_2 \qquad (8.4b)\,[4.2a, 4.2b]$$

ここで生成した励起酸素原子 $O(^1D)$ は, 対流圏と同様に大部分は,

$$O(^1D) + N_2 \rightarrow O(^3P) + N_2 \qquad (8.5)\,[5.8]$$
$$O(^1D) + O_2 \rightarrow O(^3P) + O_2 \qquad (8.6)\,[5.9]$$

のように消光 (quenching) される (表 5.1 参照) が, 一部は次節で述べるように成層圏微量成分と反応して, 成層圏 O_3 濃度に大きな影響を与える. このように成層圏における O と O_3 は反応 (8.1)～(8.4) により生成・消失する光化学平衡と後に述べる微量成分との光化学反応によりその濃度が決まっている.

　$O(^1D)$ の濃度は $O(^3P)$ に比べてずっと小さいので, ここではこれを無視して $O(^3P)$ を単に O と表すと O および O_3 に関する速度式は,

$$\frac{d[\mathrm{O}]}{dt} = 2j_{8.1}[\mathrm{O}_2] - k_{8.2}[\mathrm{O}][\mathrm{O}_2][\mathrm{M}] - k_{8.3}[\mathrm{O}][\mathrm{O}_3] + j_{8.4}[\mathrm{O}_3] \tag{8.7}$$

$$\frac{d[\mathrm{O}_3]}{dt} = k_{8.2}[\mathrm{O}][\mathrm{O}_2][\mathrm{M}] - k_{8.3}[\mathrm{O}][\mathrm{O}_3] - j_{8.4}[\mathrm{O}_3] \tag{8.8}$$

で表される．これらの式（8.7）と（8.8）を足し合わせ，OとO$_3$を足し合わせたものを奇数酸素（odd oxygen），O$_x$として，

$$[\mathrm{O}_x] = [\mathrm{O}] + [\mathrm{O}_3]$$

と定義すると，

$$\frac{d[\mathrm{O}_x]}{dt} = \frac{d[\mathrm{O}]}{dt} + \frac{d[\mathrm{O}_3]}{dt} = 2j_{8.1}[\mathrm{O}_2] - 2k_{8.3}[\mathrm{O}][\mathrm{O}_3] \tag{8.9}$$

となり，O$_x$はO$_2$の光分解で生成しOとO$_3$の反応（8.3）で消失するという簡単な式になる．ここでO$_3$とO$_x$に定常状態を仮定して$d[\mathrm{O}_3]/dt = 0$, $d[\mathrm{O}_x]/dt = 0$とおくと，式（8.8）（8.9）はそれぞれ，

$$k_{8.2}[\mathrm{O}][\mathrm{O}_2][\mathrm{M}] = k_{8.3}[\mathrm{O}][\mathrm{O}_3] + j_{8.4}[\mathrm{O}_3] \tag{8.10}$$

$$j_{8.1}[\mathrm{O}_2] = k_{8.3}[\mathrm{O}][\mathrm{O}_3] \tag{8.11}$$

となる．式（8.10）（8.11）から，

$$j_{8.4}k_{8.3}[\mathrm{O}_3]^2 + j_{8.1}k_{8.3}[\mathrm{O}_2][\mathrm{O}_3] - j_{8.1}k_{8.2}[\mathrm{O}_2]^2[\mathrm{M}] = 0 \tag{8.12}$$

のようにO$_3$の定常濃度に対する2次式が得られ，その解は，

$$[\mathrm{O}_3]_{ss} = \frac{-j_{8.1} + \sqrt{j_{8.1}^2 + 4j_{8.1}j_{8.4}k_{8.2}[\mathrm{M}]/k_{8.3}}}{2j_{8.4}}[\mathrm{O}_2] \tag{8.13}$$

となる．成層圏におけるO$_3$の定常濃度は，上式から各高度における$j_{8.1}$, $j_{8.4}$, [O$_2$], M（= [O$_2$] + [N$_2$]）の値を用いてその高度分布を求めることができる．近似的には（8.7）式に戻り，$d[\mathrm{O}]/dt = 0$の定常状態式から成層圏において$2j_{8.1}[\mathrm{O}_2] \ll j_{8.4}[\mathrm{O}_3]$, $k_{8.2}[\mathrm{O}_2][\mathrm{M}] \gg k_{8.3}[\mathrm{O}_3]$を仮定して，

$$[\mathrm{O}]_{ss} = \frac{2j_{8.1}[\mathrm{O}_2] + j_{8.4}[\mathrm{O}_3]}{k_{8.2}[\mathrm{O}_2][\mathrm{M}] + k_{8.3}[\mathrm{O}_3]} \approx \frac{j_{8.4}[\mathrm{O}_3]}{k_{8.2}[\mathrm{O}_2][\mathrm{M}]} \tag{8.14}$$

これを式（8.9）に代入して，

$$\frac{d[\mathrm{O}_x]}{dt} = 2j_{8.1}[\mathrm{O}_2] - \frac{2j_{8.4}k_{8.3}[\mathrm{O}_3]^2}{k_{8.2}[\mathrm{O}_2][\mathrm{M}]} \tag{8.15}$$

ここで，成層圏ではO$_x$のほとんどはO$_3$であるので，定常状態において$d[\mathrm{O}_x]/dt = d[\mathrm{O}_3]/dt = 0$とすると，式（8.15）から，

$$[\mathrm{O}_3]_{ss} \approx \sqrt{\frac{j_{8.1}k_{8.2}[\mathrm{M}]}{j_{8.4}k_{8.3}}}[\mathrm{O}_2] \tag{8.16}$$

が得られる．式（8.16）は式（8.13）の近似式であるが，この式のなかで高度ととも

8.1 純酸素大気とオゾン層

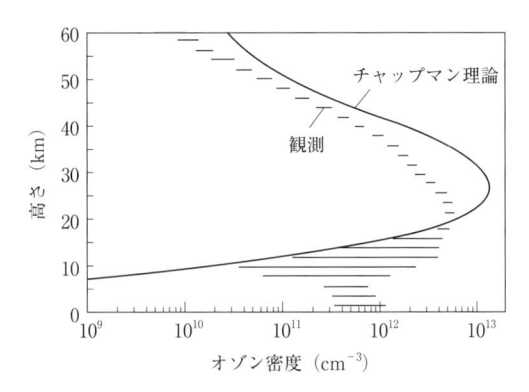

図 8.1 純酸素理論（チャップマン機構）によるオゾン密度分布と観測の比較（島崎，1989 より改編）

に変化するパラメータである $j_{8.1}, j_{8.4}, [O_2], [M]$ のうち，$j_{8.4}$ は高度変化が比較的小さいので $[O_3]_{ss}$ は主として $j_{8.1}$ と $[O_2], [M]$ の高度変化で決まってくる．$j_{8.1}$ は太陽光の光化学作用フラックスに比例するので上空ほど大きく，一方 $[O_2], [M]$ は大気密度で決まるので，上空へ行くほど小さくなる．このため $[O_3]_{ss}$ はある高度で極大をもつことになり，これがチャップマン機構で形成されるオゾン層となる．

図 8.1 にチャップマン機構から計算された中緯度におけるオゾンの密度分布と観測との比較を示す．図の観測値に示された横線は観測されたオゾン密度の範囲を示しており，チャップマン機構はオゾン層の 25 km 付近の極大とその密度をほぼ正しく再現している．しかしながら，詳しくみるとこの理論曲線と観測は二つの点で解離がみられる．一つはその密度の理論値が極大より上の高度で，観測値に比較してほぼ 2 倍過大評価しており，極大の高度も理論値の方が数 km ほど高い．もう一つは下部成層圏から対流圏では理論値は急速に小さくなるのに対し，観測値はほぼ一定の値を維持している点である．これらのうち，第 1 点は純酸素理論では，O, O_2, O_3 以外のほかの微量成分の関与する連鎖反応機構が無視されているためであり，これについては次項以下で詳しく述べられる．

第 2 点の下部成層圏より低い高度での O_3 密度の過小評価は，成層圏における O_3 の輸送に関わる問題である．成層圏における O_3 の光化学寿命は，高度 45 km 付近では 10 分の桁となり O_3 には日変化がみられる一方，高度 20 km では数日以上となるのでこの高度以下では O_3 分布の再現に輸送の影響を考慮する必要が生じるためである．下部成層圏ではオゾン層の中心位置から下降する O_3 のため，光化学平衡で計算されるより密度の減衰が小さくなる．図 8.1 で下部成層圏より低高度でチャップマン

理論からの解離がみられるのはそのためである.

8.2 微量成分によるオゾン消失サイクル

　純酸素理論による成層圏オゾンの分布は，チャップマンによって 1930 年に提唱されて以来ほぼ 30 年間正しいものと考えられていたが，その後 1960 年代に反応 (8.3) の正確な速度定数が実験的に求められ，その値を用いると純酸素理論によるオゾンの分布は図 8.1 にみたように，実測に比べ 2 倍ほど過大評価となることがわかってきた. 純酸素理論に関わるほかの速度定数 $j_{8.1}$, $k_{8.2}$, $j_{8.4}$ の値はほぼ正しいと考えられるので，このことは反応 (8.3) 以外に O_3 を減少させる化学反応が存在することを意味している. 7.1 節にも述べられたように，大気中で微量成分がより高濃度の O_3 に影響を与えるためには連鎖反応が起こることが必要条件である. そのような連鎖反応の可能性は 1950 年に Bates and Nicolet (1950) によって上層大気に対する水蒸気の影響としてはじめて示唆されたが，詳しく研究されるようになったのは 1960 年代末から 1970 年代のはじめ頃である. 成層圏オゾンに対する窒素酸化物の重要性は Crutzen (1970) によって提言され，さらに塩素の関与が Stolarski and Cicerone (1974), Wofsy and McElroy (1974) らによって指摘された. 当時の成層圏オゾン化学の研究については Nicolet (1975) によってまとめられている. とくに，当時の微量成分によるオゾン消失の研究のうちで，Johnston (1971) により超音速ジェット機 (SST, supersonic stratospheric transport) の成層圏内航行での窒素酸化物の放出によるオゾン破壊の可能性の指摘は, それまでは考えられることのなかった人間活動の成層圏への影響に, はじめて人類の目を向けさせた大気化学研究として重要である. SST の開発による飛行は実現に至らなかったが，次いで，Molina and Rowland (1974) によって指摘されたクロロフルオロカーボン (CFC) によるオゾン破壊の可能性は，以下の 8.3, 8.4 節にみるように現実のものとなり，モントリオール議定書と呼ばれる国際的な取り決めによってそれらの製造が禁止されるなど，現実の社会に大きな影響を与えるに至った.

　成層圏においてオゾンの消失に寄与する連鎖反応には，以下に述べられる HO_x, NO_x, ClO_x サイクルと呼ばれる反応があるが，これらの連鎖反応は形式的に,

$$X + O_3 \rightarrow XO + O_2 \tag{8.17}$$

$$XO + O \rightarrow X + O_2 \tag{8.18}$$

$$\text{正味}\quad O + O_3 \rightarrow O_2 + O_2$$

で表すことができる. HO_x, NO_x, ClO_x サイクルではそれぞれ主に OH, NO, Cl が X として作用し，正味の反応としては反応 (8.3) と同様に O_3 の消失をもたらす働きをし

ている.

8.2.1 含水素化合物と HO_x サイクル

　成層圏において OH, HO_2 など H 原子を含む活性種の生成源となるのは H_2O, H_2, CH_4 である.水蒸気（H_2O）は対流圏では 0.1-1% の割合で存在するが，寒冷な圏界面（熱帯上空で 195 K）を通過するとき蒸気圧が下がり，成層圏での混合比は典型的に 5-6 ppmv となる.ただし，成層圏に存在する H_2O の約半分は後にみる CH_4 の酸化によって生成されたものである.成層圏の H_2O は対流圏と同様, O_3 の光分解で生成した $O(^1D)$ との反応で OH の生成源となる（5.1.4 項）.

$$O(^1D) + H_2O \rightarrow 2OH \qquad (8.19)\,[5.7a]$$

一方, 対流圏起源の H_2 の混合比は下部成層圏では対流圏とほぼ等しく約 0.55 ppmv であるが，高度 30 km 以上で減少して上部成層圏では約 0.4 ppmv となる（Brasseur and Solomon, 2005）.同様に対流圏起源の CH_4 の現在の混合比は圏界面付近では対流圏に等しい約 1.8 ppmv であるが，成層圏に入ると高度とともに急速に減少し，上部成層圏では約 0.3 ppmv となる（Brasseur and Solomon, 2005）. H_2, CH_4 はいずれも成層圏では光分解されず, H_2O 同様 $O(^1D)$ との反応で OH を生成する（CH_4 については 5.1.6 項参照）.

$$O(^1D) + H_2 \rightarrow OH + H \qquad (8.20)$$
$$O(^1D) + CH_4 \rightarrow OH + CH_3 \qquad (8.21)\,[5.11a]$$

反応（8.21）で生成した CH_3 からは 7.1 節に述べられた対流圏での酸化と類似の反応で HCHO を経て H, HCO, H_2, CO が生成され, H, HCO は O_2 との反応で HO_2 に転換される.これらの反応により生成された OH, HO_2 は成層圏で,

$$OH + O_3 \rightarrow HO_2 + O_2 \qquad (8.22)\,[5.13]$$
$$\underline{HO_2 + O \rightarrow OH + O_2} \qquad (8.23)\,[5.4]$$
$$\text{正味}\quad O + O_3 \rightarrow O_2 + O_2$$

のオゾン消失サイクルを構成する.下部成層圏（<30 km）では O 原子濃度が低くなるので,

$$OH + O_3 \rightarrow HO_2 + O_2 \qquad (8.22)$$
$$\underline{HO_2 + O_3 \rightarrow OH + 2O_2} \qquad (8.24)\,[5.38]$$
$$\text{正味}\quad O_3 + O_3 \rightarrow 3O_2$$

の連鎖反応が，また上部成層圏（>40 km）では逆に O 原子濃度が高くなるので,

$$OH + O \rightarrow H + O_2 \qquad (8.25)\,[5.3]$$
$$H + O_2 + M \rightarrow HO_2 + M \qquad (8.26)$$

$$\text{HO}_2 + \text{O} \rightarrow \text{OH} + \text{O}_2 \qquad (8.23)$$

正味 $\quad \text{O} + \text{O} + \text{M} \rightarrow \text{O}_2 + \text{M}$

の連鎖反応が重要となり，ともに奇数酸素 O_x を消失させる．これら H, OH, HO_2 を合わせて HO_x（奇数水素，odd hydrogen family）と呼び，上記のいくつかの連鎖反応を合わせて HO_x サイクルと呼んでいる．

HO_x サイクルの主要な停止反応は，

$$\text{OH} + \text{HO}_2 \rightarrow \text{H}_2\text{O} + \text{O}_2 \qquad (8.27)\,[5.14]$$

である（5.2.2項）．これに対し，

$$\text{HO}_2 + \text{HO}_2 + \text{M} \rightarrow \text{H}_2\text{O}_2 + \text{M} \qquad (8.28)\,[5.50\text{b}]$$

の反応（5.3.5項）は，生成した H_2O_2 が成層圏では光分解（4.2.8項）

$$\text{H}_2\text{O}_2 + h\nu \rightarrow 2\text{OH} \qquad (8.29)\,[4.24]$$

が早いため，連鎖停止反応としてはあまり有効でない．

下部成層圏における HO_2 については上記の O_3 との反応（8.24）と競争的に，

$$\text{HO}_2 + \text{NO} \rightarrow \text{OH} + \text{NO}_2 \qquad (8.30)\,[5.39\text{a}]$$

の反応（5.3.2項）が重要となる．この反応は対流圏化学において O_3 生成をもたらすもっとも重要な反応であったが（7.3.1, 7.3.2項），成層圏においては HO_x サイクルと結合したとき，

$$\text{OH} + \text{O}_3 \rightarrow \text{HO}_2 + \text{O}_2 \qquad (8.22)$$
$$\text{HO}_2 + \text{NO} \rightarrow \text{OH} + \text{NO}_2 \qquad (8.30)$$
$$\text{NO}_2 + h\nu \rightarrow \text{NO} + \text{O} \qquad (8.31)\,[4.5]$$
$$\text{O} + \text{O}_2 + \text{M} \rightarrow \text{O}_3 + \text{M} \qquad (8.2)$$

のような連鎖反応を形成し，これらの反応式を足し合わせると両辺は消去されて何も起こっていないことになる．このような正味では何も起こらない連鎖反応は，ゼロを意味するヌルサイクル（null cycle）と呼ばれている．ヌルサイクルでは O_3 の正味の生成も消滅も起きないことになる．

また下部成層圏では OH の消費反応として O, O_3, HO_2 以外に，

$$\text{OH} + \text{H}_2\text{O}_2 \rightarrow \text{H}_2\text{O} + \text{CO}_2 \qquad (8.32)$$
$$\text{OH} + \text{CO} \rightarrow \text{H} + \text{CO}_2 \qquad (8.33)\,[5.15]$$
$$\text{OH} + \text{HNO}_3 \rightarrow \text{H}_2\text{O} + \text{NO}_3 \qquad (8.34)\,[5.18\text{a}]$$
$$\text{OH} + \text{HO}_2\text{NO}_2 \rightarrow \text{H}_2\text{O} + \text{O}_2 + \text{NO}_2 \qquad (8.35)$$
$$\text{OH} + \text{HCl} \rightarrow \text{H}_2\text{O} + \text{Cl} \qquad (8.36)$$

などが重要となってくる．

図8.2に1997年アラスカ・フェアバンクス（65°N）上空での OH, HO_2 の高度分

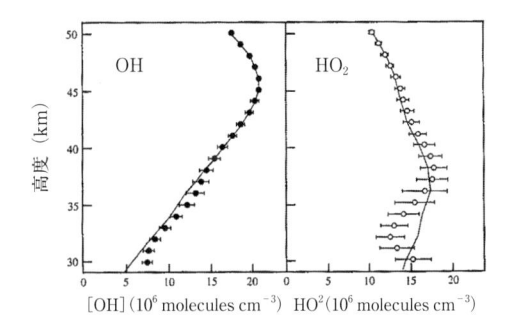

図8.2 アラスカ・フェアバンクス上空のOHとHO$_2$密度の高度分布の衛星観測（1997年）とモデル計算（実線）との比較（Jucks et al., 1998）

布に対する衛星観測とモデル計算結果との比較を示す（Jucks et al., 1998）．図にみられるように［OH］は高度45 kmの成層圏界面付近で2×10^7，［HO$_2$］は高度35-40 kmで1.8×10^7，これらを合わせた［HO$_x$］は上部成層圏（40-45 km）で3.4×10^7 molecules cm^{-3}の極大値を有する．NASA/JPL評価 No. 12（DeMore et al., 1997）の速度定数を用いたモデル計算値は，OHについてはその密度と高度分布をよく再現するが，HO$_2$については上部成層圏での高度分布はよく再現されるが，下部成層圏での密度は約30%過大評価となっている．［HO$_2$］/［OH］比の観測値は，上部成層圏で<1，高度30 kmで~2である．

8.2.2　含窒素化合物とNO$_x$サイクル

成層圏におけるNO, NO$_2$などの活性窒素の生成源は対流圏起源のN$_2$Oである．成層圏におけるN$_2$Oの混合比は，高度20 km付近までは対流圏での値約320 ppbvが維持されるが，20 km以上では急速に減少し40 km付近では約20 ppbvとなる（Brasseur and Solomon, 2005；Seinfeld and Pandis, 2006）．この急速な濃度減少の約90%は，

$$N_2O + h\nu \rightarrow N_2 + O(^1D) \qquad (8.37)[4.42]$$

の光分解（4.3.4項）によるものであり，残りの消失は主としてO$_3$の光分解で生成したO(^{1}D)との反応（5.1.5項），

$$O(^1D) + N_2O \rightarrow N_2 + O_2 \quad (0.39) \qquad (8.38a)[5.10a]$$
$$\rightarrow 2NO \quad (0.61) \qquad (8.38b)[5.10b]$$

によるものである．反応（8.38b）によって生成するNOが成層圏での主要なNO$_x$生成源となる．NASA/JPLパネル評価 No. 17（Sander et al., 2011）による反応（8.38b）の分岐比の推奨値は0.61となっている（5.1.5項）．

成層圏で生成したNOはO$_3$と反応してNO$_2$に変換されるが，NO$_2$はO原子と反応してNOに戻され，このサイクルによってO$_3$の正味の消失がもたらされる．

$$NO + O_3 \rightarrow NO_2 + O_2 \qquad (8.39)[5.53a]$$
$$\underline{NO_2 + O \rightarrow NO + O_2} \qquad (8.40)[5.5a]$$
$$\text{正味} \quad O + O_3 \rightarrow 3O_2$$

反応 (8.39) による成層圏でのNOのNO$_2$への変換時間は典型的に約1分，反応 (8.40) によるNO$_2$からNOへの変換時間は10分程度である．成層圏化学ではNO, NO$_2$のほかN$_2$O$_5$, HNO$_3$, ClONO$_2$などを合わせた奇数窒素 (odd nitrogen family) をNO$_x$と呼び，これらの化学種を含む連鎖反応系をNO$_x$サイクルと呼んでいる．NO+NO$_2$をNO$_x$と定義する対流圏化学での用法と異なっていることに注意する必要がある．反応 (8.39), (8.40) の連鎖反応はO原子濃度の高い上部成層圏で高い効率で起こる．NO$_2$が反応 (8.40) と競争的に光分解

$$NO_2 + h\nu \rightarrow NO + O \qquad (8.31)$$

を受ける場合には，この過程は，

$$NO + O_3 \rightarrow NO_2 + O_2 \qquad (8.39)$$
$$NO_2 + h\nu \rightarrow NO + O \qquad (8.31)$$
$$O + O_2 + M \rightarrow O_3 + M \qquad (8.2)$$

の一連の反応からなるヌルサイクルとなり，O$_3$の正味の消失は起こらない．

成層圏におけるその他のNO$_x$, O$_x$間の反応としては，

$$NO_2 + O_3 \rightarrow NO_3 + O_2 \qquad (8.41)[5.54]$$

によるNO$_3$の生成がある．NO$_3$は日中には速い速度で光分解反応 (4.2.4項)，

$$NO_3 + h\nu \rightarrow NO_2 + O \quad (0.89) \qquad (8.42a)[4.12a]$$
$$ \rightarrow NO + O_2 \quad (0.11) \qquad (8.42b)[4.12b]$$

を受け数秒以内に消失する．光分解反応 (8.42a), (8.42b) の分岐比は波長と温度に依存するが，成層圏条件下での分岐比はほぼ9:1と算定されている (Sander $et~al.$, 2011) ので，この場合反応 (8.41), (8.42a) の正味の反応はO$_3$の光分解に相当する．NO$_3$は夜間には安定でさらにNO$_2$と反応してN$_2$O$_5$を生成する (5.5.2項)．

$$NO_3 + NO_2 + M \rightarrow N_2O_5 + M \qquad (8.43)[5.65]$$

生成したN$_2$O$_5$は日中には光分解反応 (4.2.4項)，

$$N_2O_5 + h\nu \rightarrow NO_2 + NO_3 \qquad (8.44a)[4.14]$$
$$ \rightarrow NO_3 + NO + O \qquad (8.44b)$$

によって消失する．N$_2$O$_5$の光分解経路としては，成層圏条件下では (8.44a) が主であるが，一部 (8.44b) も起こっていることが知られている (Atkinson $et~al.$, 2004;

Sander et al., 2011). N_2O_5 の氷滴や極成層圏雲 (PSC) 上の不均一反応 (6.1.5 項, 6.5.1 項),

$$N_2O_5(g) + H_2O(s) \rightarrow 2\,HNO_3(g) \qquad (8.45)\,[6.29]$$

については次節で述べられる．これに対し，

$$N_2O_5 + M \rightarrow NO_3 + NO_2 + M \qquad (8.46)\,[5.65]$$

の熱分解反応（5.5.2 項）は，成層圏では気温が低いため一般的にはあまり重要ではない．

成層圏における NO_2 の消失過程としては，前節の HO_x サイクルとの交叉反応，

$$NO_2 + OH + M \rightarrow HONO_2 + M \qquad (8.47)\,[5.17a]$$
$$NO_2 + HO_2 + M \rightarrow HO_2NO_2 + M \qquad (8.48)\,[5.48]$$

がもっとも重要である（5.2.4 項，5.3.4 項）．とくに反応 (8.47) による $HONO_2$ ($=HNO_3$) は下部成層圏における NO_x の重要なリザバー (reservoir) となり，HO_x サイクル，NO_x サイクルの停止反応として重要である．また反応 (8.48) によって生成した HO_2NO_2 も気温の低い下部・中部成層圏では，熱的に安定であり NO_x の重要なリザバーとして存在する．生成した $HONO_2$ および HO_2NO_2 の化学的消失過程は，光分解 (4.2.10, 4.2.9 項) と OH との反応（$HONO_2$ については 5.2.5 項）である．

$$HONO_2 + h\nu \rightarrow OH + NO_2 \qquad (8.49)\,[4.29]$$
$$HONO_2 + OH \rightarrow NO_3 + H_2O \qquad (8.50)\,[5.18a]$$
$$HO_2NO_2 + h\nu \rightarrow HO_2 + NO_2 \quad (0.80) \qquad (8.51a)\,[4.26a]$$
$$\rightarrow OH + NO_3 \quad (0.20) \qquad (8.51b)\,[4.26b]$$
$$HO_2NO_2 + OH \rightarrow NO_2 + H_2O \qquad (8.52)$$

HO_2NO_2 についても N_2O_5 と同様，熱分解反応（5.3.4 項），

$$HO_2NO_2 + M \rightarrow HO_2 + NO_2 + M \qquad (8.53)\,[5.49]$$

は成層圏では気温が低いため，一般にはあまり重要でない．

このほか，NO_x のリザバーとしては，後述の ClO_x サイクルの主要な連鎖担体である ClO との交叉反応による $ClONO_2$ の生成（5.6.5 項）が重要である．

$$ClO + NO_2 + M \rightarrow ClONO_2 + M \qquad (8.54)\,[5.79]$$

$ClONO_2$ の消失反応は主に光分解反応（4.4.2 項），

$$ClONO_2 + h\nu \rightarrow ClO + NO_2 \quad (0.4) \qquad (8.55a)\,[4.59a]$$
$$\rightarrow Cl + NO_3 \quad (0.6) \qquad (8.55b)\,[4.59b]$$

であり，極域での不均一反応については 8.4 節で述べられる．

図 8.3 は 1993 年の秋季に米国ニューメキシコ（35°N）で気球に搭載されたフーリエ変換赤外分光器（FTIR, Fourier transform infrared spectrometer）によって観測

された明け方の成層圏における奇数窒素（NO, NO_2, N_2O_5, HNO_3, $ClONO_2$）の混合比高度分布と光化学定常状態を仮定した計算値の比較を示したものである（Sen *et al.*, 1998）．図にみられるように，中緯度における NO の混合比は高度 20 km での約 0.1 ppbv から高度 40 km では約 10 ppbv へと約 100 倍増加する．一方，NO_2 の混合比は，20 km での約 1 ppbv から 30-35 km での極大値約 8 ppbv まで増加するが，これより高高度では減少し 40 km で約 5 ppbv となる．下部・中部成層圏では NO_x の大部分は HNO_3 として存在し，その混合比は 20 km で約 3 ppbv, 25 km 付近で極大値約 6 ppbv となり 30 km より高高度では急速に減少する．N_2O_5 の混合比は 30 km 以上の高度でもっとも高くなるが，夜間に高く昼間に低くなる大きな日周変化を示す（Brasseur and Solomon, 2005）．図 8.3 に示された数密度がもっとも大きくなる明け方の混合比は，約 3 ppbv で NO_x の約 20%, 日平均では約 5-10% となっている．また $ClONO_2$ の混合比は 25-30 km で極大値約 1 ppbv を示している．図には示されていないがこれらを合わせた奇数窒素の総量は 30 km 以上では約 1.8 ppb でほぼ一定，これより低い高度では 25 km で約 1.0 ppb, 20 km で約 0.4 ppb に低下する（Sen *et al.*, 1998）．図にみられるように，光化学定常状態を仮定した計算値は，観測された混合比の絶対値と高度分布をよく再現しており，成層圏 NO_x 化学に関してはその反応系が十分よく理解されていることを示唆している．極成層圏雲の発達する極域のオゾンホール内では N_2O_5 や HNO_3 が不均一反応によってほとんど気相から取り除かれるので，窒素酸化物の分布は図 8.3 に示されたものとは大きく異なることに注意する必

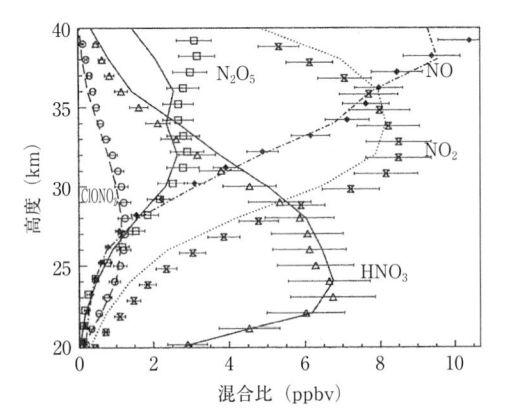

図 8.3 明け方におけるニューメキシコ上空の気球観測（1993 年）による奇数窒素（NO, NO_2, N_2O_5, HNO_3, $ClONO_2$）混合比の高度分布の観測値（各印）とモデル計算値（実線）との比較（Sen *et al.*, 1998 に基づく Seinfeld and Pandis, 2006 より改編）

要がある．極成層圏雲の関与するオゾンホール内の成層圏反応化学については 8.4 節で別に述べる．

8.2.3 含塩素化合物と ClO_x サイクル

対流圏で放出されるハロゲン化合物のうちで海洋生物起源の CH_3Cl は大気寿命が約 1.5 年と比較的長い（Brasseur and Solomon, 2005）ので，その一部は成層圏に到達して，自然状態の成層圏での Cl 原子の生成源となる．清浄な対流圏における CH_3Cl の混合比は約 550 pptv であり，ほぼこの混合比で成層圏に流入するものと考えられる．成層圏に到達した CH_3Cl は光分解反応（4.3.8 項）

$$CH_3Cl + h\nu \rightarrow CH_3 + Cl \qquad (8.56)[4.46]$$

および OH との反応，

$$CH_3Cl + OH \rightarrow CH_2Cl + H_2O \qquad (8.57)$$

により Cl 原子やクロロメチル（chloromethyl）ラジカル CH_2Cl を生成する．反応 (8.57) で生成する CH_2Cl は CH_3 と同様のアルキル型のラジカルなので，

$$CH_2Cl + O_2 + M \rightarrow CH_2ClO_2 + M \qquad (8.58)$$

$$CH_2ClO_2 + NO \rightarrow CH_2ClO + NO_2 \qquad (8.59)$$

$$CH_2ClO + O_2 \rightarrow ClCHO + M \qquad (8.60)$$

のような反応で塩化ホルミル（ClCHO, formyl chloride）を生成する．ClCHO からはホルムアルデヒドと同様，

$$ClCHO + h\nu \rightarrow HCO + Cl \qquad (8.61)$$

のような光分解反応で Cl 原子が放出される．

反応 (8.56), (8.61) により成層圏で放出された Cl 原子は主に O_3 と反応し，

$$Cl + O_3 \rightarrow ClO + O_2 \qquad (8.62)[5.73]$$

のように ClO ラジカルを生成する（5.6.1 項）．生成した ClO の反応としては成層圏上部では O 原子（5.1.3 項），成層圏下部では NO との反応，

$$ClO + O \rightarrow Cl + O_2 \qquad (8.63)[5.6]$$

$$ClO + NO \rightarrow Cl + NO_2 \qquad (8.64)$$

が重要である．反応 (8.62), (8.63) は，

$$Cl + O_3 \rightarrow ClO + O_2 \qquad (8.62)$$

$$\underline{ClO + O \rightarrow Cl + O_2} \qquad (8.63)$$

$$正味 \quad O + O_3 \rightarrow 3O_2$$

の O_3 消失サイクルとなり，反応 (8.62), (8.64) の場合は，

$$Cl + O_3 \rightarrow ClO + O_2 \qquad (8.62)$$

$$\text{ClO} + \text{NO} \rightarrow \text{Cl} + \text{NO}_2 \qquad (8.64)$$
$$\text{NO}_2 + h\nu \rightarrow \text{NO} + \text{O} \qquad (8.31)$$
$$\text{O} + \text{O}_2 + \text{M} \rightarrow \text{O}_3 + \text{M} \qquad (8.2)$$

のヌルサイクルとなる.ここで,これまでの HO_x, NO_x と同様に Cl, ClO, HOCl, $ClONO_2$ などの活性塩素 (active chlorine family) を ClO_x と呼び,それらを含む連鎖反応系を ClO_x サイクルと呼ぶ.上の二つの ClO_x サイクルの律速反応はそれぞれ ClO+O,ClO+NO であるが,[O],[NO] の濃度とそれぞれの速度定数から計算すると,成層圏上部 40 km では両者の比率はほぼ等しいことがわかる.

ClO_x サイクルの連鎖担体である Cl 原子は,上記の O_3 との反応以外に,

$$\text{Cl} + \text{CH}_4 \rightarrow \text{CH}_3 + \text{HCl} \qquad (8.65)[5.74]$$
$$\text{Cl} + \text{H}_2 \rightarrow \text{H} + \text{HCl} \qquad (8.66)$$
$$\text{Cl} + \text{HO}_2 \rightarrow \text{O}_2 + \text{HCl} \qquad (8.67)$$

などの反応により,HCl を生成する.成層圏における HCl の消失反応としては,光分解,OH,$O(^1D)$ との反応,

$$\text{HCl} + h\nu \rightarrow \text{H} + \text{Cl} \qquad (8.68)[4.61]$$
$$\text{HCl} + \text{OH} \rightarrow \text{H}_2\text{O} + \text{Cl} \qquad (8.69)$$
$$\text{HCl} + \text{O}(^1\text{D}) \rightarrow \text{OH} + \text{Cl} \qquad (8.70\text{a})$$
$$\rightarrow \text{H} + \text{ClO} \qquad (8.70\text{b})$$

が主なものであるが,これらの反応速度はいずれもあまり大きくないので,反応 (8.65),(8.66),(8.67) は ClO_x サイクルの停止反応として働き,HCl は成層圏における ClO_x の最も重要なリザバーとなる.

一方,ClO_x サイクルのもう一つの連鎖担体である ClO の反応としては,上記の O,NO との反応以外に NO_2 との反応 (5.6.5 項),

$$\text{ClO} + \text{NO}_2 + \text{M} \rightarrow \text{ClONO}_2 + \text{M} \qquad (8.71)[5.79]$$

がもっとも重要である.$ClONO_2$ の消失反応としては光分解 (4.4.2 項)

$$\text{ClONO}_2 + h\nu \rightarrow \text{ClO} + \text{NO}_2 \qquad (8.72\text{a})[4.59\text{a}]$$
$$\rightarrow \text{Cl} + \text{NO}_3 \qquad (8.72\text{b})[4.59\text{b}]$$

が主要な経路であるが,その速度はあまり大きくないので,$ClONO_2$ は中部成層圏における ClO_x の重要なリザバーとなる.後にみるように 25-30 km では ClO_x のうち,$ClONO_2$ は HCl の約 50%,≥30 km ではほとんどが HCl として存在する.

ClO の反応としてはこれ以外に,

$$\text{ClO} + \text{HO}_2 \rightarrow \text{HOCl} + \text{O}_2 \qquad (8.73)[5.77]$$

の反応 (5.6.4 項) が HOCl 生成反応として重要である.HOCl は可視部の光で,

$$\text{HOCl} + h\nu \rightarrow \text{OH} + \text{Cl} \qquad (8.74)[4.64]$$

のように容易に光分解される（4.4.4項）ので，一般には有効なリザバーとはならないが，次節で述べられる極夜成層圏では濃度が高まり，ClONO_2 とともにその不均一反応が重要になる．このほか ClO の反応としては，ClO 自身の光分解（4.4.5項），OH との反応（5.6.3項）を考慮する必要がある．

$$\text{ClO} + h\nu \rightarrow \text{Cl} + \text{O} \qquad (8.75)[4.67]$$
$$\text{ClO} + \text{OH} \rightarrow \text{Cl} + \text{HO}_2 \quad (0.94) \qquad (8.76a)[5.75a]$$
$$\rightarrow \text{HCl} + \text{O}_2 \quad (0.06) \qquad (8.76b)[5.75b]$$

反応（8.76b）は経路の比率は小さいが，上部成層圏で [ClO]/[HCl] 比を減少させる効果を及ぼす．

図 8.4 は衛星観測による 2004 年北半球中高緯度（30-60°N）成層圏における塩素化合物混合比の高度分布を示したものである（WMO, 2007）．図にみられるように測定された全 Cl の混合比は 3.6 ppbv 前後である．自然起源の Cl の混合比は約 550 pptv であるので，残りは 8.3 節で述べられる人為起源の塩素化合物によるものと考えられ，その量は自然起源塩素の数倍に達していることがわかる．塩素化合物としては HCl がもっとも存在量が多く，その混合比は 20 km での約 1.5 ppbv から 40 km ではほぼ 3 ppbv まで単調に増加している．これに次いで ClONO_2 が 20-30 km で極大値約 1 ppbv を占めている．ClO の混合比は高度 35-40 km で極大となり約 0.5 ppbv，HOCl などその他の塩素化学種はすべての高度で 0.2 ppbv 以下である．

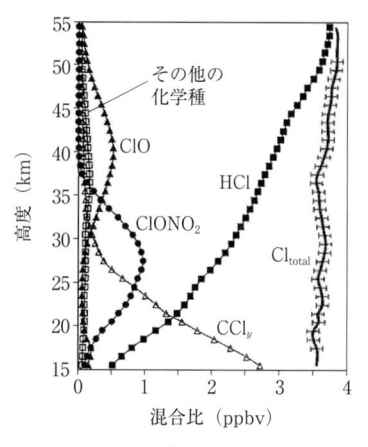

図 8.4 衛星観測による中高緯度（35-49°N）成層圏における活性塩素化合物混合比の高度分布（2004 年），CCl_y は全有機塩素化合物（WMO, 2007 より改編）

人為起源含塩素化合物の排出量の増加に伴って成層圏でのClO$_x$濃度が上昇したため，ClO$_x$どうしの自己反応も重要になってきているが，それらについては後の8.3節で述べる．

8.2.4 その他のハロゲン（臭素，ヨウ素，フッ素）化合物の反応

成層圏には塩素化合物以外のハロゲン化合物として臭素，ヨウ素，フッ素化合物が存在する．これらのうちでO$_3$消失の観点からもっとも重要なのは臭素であり，そのほかヨウ素も連鎖反応を形成するが，混合比が小さいことからその効果は限定的である．これに対しフッ素は，その反応性から連鎖反応を形成せずO$_3$消失には与らない．

臭素：自然起源の臭素化合物としてもっとも重要なのは，CH$_3$Cl同様海洋生物起源のCH$_3$Brである．清浄な対流圏におけるCH$_3$Brの混合比は約10 pptvであり，CH$_3$Clとほぼ等しい約1.5年の対流圏大気寿命をもつので，自然状態の成層圏にはこの混合比で臭素が存在するものと考えられる（Brasseur and Solomon, 2005）．このように自然状態の成層圏におけるBrの混合比はClの約50分の1であるにもかかわらず，O$_3$消失に対する影響はClに匹敵するものと考えられている．このことは臭素化合物によるオゾン消失連鎖反応が塩素化合物に比べて，効率が非常に高いことを意味している．

成層圏に到達したCH$_3$Brは光分解反応（4.3.8項）およびOHとの反応によってBr原子を放出する．

$$CH_3Br + h\nu \rightarrow CH_3 + Br \qquad (8.77)[4.47]$$

$$CH_3Br + OH \rightarrow CH_2Br + H_2O \qquad (8.78)$$

これらの反応のうち，OHとの反応の速度定数はCH$_3$Clにほぼ等しい（表5.2）が，成層圏での太陽光紫外線域（200 nm付近）でのCH$_3$Brの吸収断面積はCH$_3$Clに比べて数十倍大きい（図4.32）ので，成層圏における光分解によるBrの放出は，Clに比べてずっと速い速度で起こる．このことがBr化合物によるO$_3$消失サイクルの効率を高めている一つの理由である．成層圏大気中に放出されたBrはO$_3$と反応し，生成したBrは上部成層圏ではO原子と反応してBrを再生するのでClO$_x$サイクルと同様，O$_3$を消失させるBrO$_x$サイクルを形成する．

$$Br + O_3 \rightarrow BrO + O_2 \qquad (8.79)$$

$$BrO + O \rightarrow Br + O_2 \qquad (8.80)$$

$$\text{正味} \quad O + O_3 \rightarrow 3O_2$$

BrOはO原子との反応以外に，NO, OHとの反応，

$$BrO + NO \rightarrow Br + NO_2 \qquad (8.81)$$

$$BrO + OH \rightarrow Br + HO_2 \qquad (8.82)$$

で Br を再生するが，下部成層圏を含め BrO 自身の光分解 (4.4.5項)，

$$BrO + h\nu \rightarrow Br + O \qquad (8.83)\,[4.68]$$

による Br の再生がとくに重要である．BrO は 300 nm より長波長に大きな吸収断面積をもつ (図 4.40b) ので，光分解による BrO から Br への変換の効率は Cl の場合に比べてはるかに高い．

一方，BrO_x サイクルの停止反応としては，Br と HO_2 の反応による HBr の生成が重要である．

$$Br + HO_2 \rightarrow HBr + O_2 \qquad (8.84)$$

Br は Cl と異なって CH_4, H_2 とは反応しないので，この HO_2 との反応が HBr 生成の主要な反応となる．生成した HBr は光分解 (4.4.3項), OH, $O(^1D)$ との反応，

$$HBr + h\nu \rightarrow H + Br \qquad (8.85)\,[4.62]$$
$$HBr + OH \rightarrow Br + H_2O \qquad (8.86)$$
$$HBr + O(^1D) \rightarrow Br + H_2O \qquad (8.87)$$

で大きな速度で Br に戻されるので，HBr はあまり重要なリザバーにならず，反応 (8.79), (8.80) の BrO_x サイクル停止反応としての効率は高くない．

BrO の連鎖停止反応としては，ClO の場合と同様，NO_2, HO_2 との反応，

$$BrO + NO_2 + M \rightarrow BrONO_2 + M \qquad (8.88)$$
$$BrO + HO_2 \rightarrow HOBr + O_2 \qquad (8.89)$$

があるが，$BrONO_2$, HOBr は光分解 (4.4.2項, 4.4.4項)，

$$BrONO_2 + h\nu \rightarrow BrO + NO_2 \qquad (8.90)\,[4.60a]$$
$$HOBr + h\nu \rightarrow OH + Br \qquad (8.91)\,[4.65]$$

が速いため，これらも有効なリザバーとならず，BrO_x サイクル停止反応としての効率も低くなる．このように連鎖停止反応の効率が低いことが，BrO_x サイクルの効率を高め，低濃度の Br のオゾン破壊反応における重要性を相対的に高めているもう一つの理由である．反応 (8.88), (8.89) で生成する $BrONO_2$, HOBr は太陽光の照射がない場合は安定であるので，次項で述べられる極夜における成層圏での不均一反応をふくむ多相連鎖反応においては，$ClONO_2$, HOCl 同様重要な役割を果たしている．

成層圏での塩素化合物の混合比が約 3.5 ppbv あるのに対して，臭素化合物の混合比はその 150 分の 1 以下の約 20 pptv である．自然起源の Br の混合比は約 10 ppt であるので，このことは人為起源の Br 化合物が，自然起源 CH_3Br とほぼ等量成層圏に流入していることを意味している．人為起源ハロカーボン類の放出量の増加とともに，成層圏内での ClO_x と BrO_x 間の交叉反応が重要となってきているが，それらについ

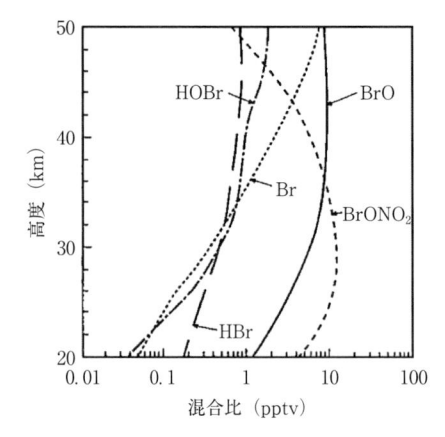

図 8.5 モデル計算による 30°N での 24 時間平均の活性臭素化合物の高度分布（McElroy, 2002 より改編）

ては後の 8.3 節で述べる．

図 8.5 にモデル計算から得られた 30°N での 24 時間平均の活性臭素化合物の高度分布を示す（McElroy, 2002）．BrO_x としては高度約 35 km 以上では BrO，これ以下では $BrONO_2$ の混合比がもっとも多くそれぞれ約 10 pptv であることがわかる．一方，Br 原子の混合比は高度とともに単調に大きくなり，成層圏界面付近では BrO とほぼ等しい 10 pptv 近くになる．HBr の混合比は 1 pptv 以下と非常に低く Cl の場合の HCl と異なり，ほとんど成層圏での Br のリザバーとなっていないことがわかる．HOBr は上部成層圏で 1 pptv 以下，30 km 以下ではさらに減少する．これらを合わせた成層圏での全 Br の混合比は前述のように約 20 pptv である．

ヨウ素：自然起源のヨウ素化合物としては CH_3I をはじめいくつかの生物起源の化学種が存在する（7.5.1 項）が，いずれも大気中での光分解寿命が短く，そのなかでは寿命が比較的に長い CH_3I でも数日程度である（Brasseur and Solomon, 2005）．したがって一般的には対流圏中の CH_3I が成層圏へ混入することはないと考えられる．しかしながら，熱帯においては間欠的に上昇気流によって海面付近の大気が成層圏まで急速に輸送され，成層圏に到達した CH_3I などがさらなる O_3 消失をもたらす可能性が指摘されている（Solomon et al., 1994）．

成層圏に到達した CH_3I からは急速な光分解（4.3.8 項）で I 原子が放出される．

$$CH_3I + h\nu \rightarrow CH_3 + I \qquad (8.92)[4.48]$$

I 原子の反応は O_3 との反応

$$I + O_3 \rightarrow IO + O_2 \tag{8.93}$$

をはじめ Br とほぼ同様であるが，生成した IO の光分解（4.4.5 項参照）

$$IO + h\nu \rightarrow I + O \tag{8.94} [4.69a]$$

が非常に速く，

$$IO + NO \rightarrow I + NO_2 \tag{8.95}$$

$$IO + O \rightarrow I + O_2 \tag{8.96}$$

などとともに O_3 の IO_x 消失サイクルを形成する．この連鎖反応は IO と NO_2，HO_2 との反応で中間的に生成する $IONO_2$，HOI が $BrONO_2$，HOBr 以上に急速に光分解されるので，ほとんど連鎖停止反応として働かず，連鎖反応が非常に高効率で起こるのが特徴である．

フッ素：ハロゲンのなかでも F はこれまでに述べられた Cl，Br，I と異なり，O_3 の消失をもたらさない点でほかのものと大きく異なっている．フッ素は次項で述べられる人為起源の CFC，CF_4，HCFC，HFC などの形で成層圏へ輸送され，これらの分解過程（8.3 節参照）で生成される COF_2，COFCl などの光分解，およびその後続酸化過程により F 原子が放出される．

$$COF_2 + h\nu \rightarrow FCO + F \tag{8.97}$$

$$COFCl + h\nu \rightarrow FCO + Cl \tag{8.98}$$

$$FCO + O_2 + M \rightarrow FC(O)O_2 + M \tag{8.99}$$

$$FC(O)O_2 + NO \rightarrow FCO_2 + NO_2 \tag{8.100}$$

$$FCO_2 + NO \rightarrow FNO + CO_2 \tag{8.101}$$

COF_2，COFCl の光分解で生成した FCO と O_2 の反応（8.99），これから生成される $FC(O)O_2$ と NO の反応（8.100），さらに後続の FCO_2 と NO の反応（8.101）については，Wallington et al.（1995）によって 296 K における反応速度定数がそれぞれ，$k_{8.99} = (1.2 \pm 0.2) \times 10^{-12}$，$k_{8.100} = (2.5 \pm 0.8) \times 10^{-11}$，$k_{8.101} = (1.3 \pm 0.7) \times 10^{-10}$ cm^3 $molecule^{-1}$ s^{-1} と求められ，いずれも速い反応であることが知られている．

ここで生成した F 原子と O_3 との反応，

$$F + O_3 \rightarrow FO + O_2 \tag{8.102}$$

の速度定数は $k_{8.102}(298 \text{ K}) = 1.0 \times 10^{-11}$ cm^3 $molecule^{-1}$ s^{-1} であり，$Cl + O_3$ の反応の速度定数 $k_{8.62}(298 \text{ K}) = 1.2 \times 10^{-11}$ cm^3 $molecule^{-1}$ s^{-1} とほぼ等しい．しかしながら，F の場合は大気の主成分である O_2 との反応，

$$F + O_2 + M \rightleftharpoons FO_2 + M \tag{8.103}$$

の反応の平衡定数が $k_{8.103}(298 \text{ K}) = 3.7 \times 10^{-16}$ cm^3 $molecule^{-1}$ と，Cl の場合の平衡定数 2.9×10^{-21} cm^3 $molecule^{-1}$ に比べて非常に大きく（Sander et al., 2011），F と FO_2

の平衡は $[FO_2]/[F] \sim 10^4$ と大きく FO_2 側へ偏ることになる.このため $F + O_3$ との反応(8.102)は,O_2 との反応に比べて重要性は低い.一方,F 原子は CH_4,H_2O,H_2 と $\sim 10^{-11}\,cm^3\,molecule^{-1}\,s^{-1}$ の反応速度定数(Sander et al., 2011)をもって反応し HF を生成する.

$$F + CH_4 \rightarrow HF + CH_3 \qquad (8.104)$$
$$F + H_2O \rightarrow HF + OH \qquad (8.105)$$
$$F + H_2 \rightarrow HF + H \qquad (8.106)$$

ここで生成した HF は H-F の結合エネルギーが非常に大きい($D_{298} = 568\,kJ\,mol^{-1}$)ため,光化学的にも反応的にもきわめて安定であり,非常に安定したリザバーとなり,最終的には対流圏に輸送されて降水によって大気中から除去される.

反応(8.103)で生成した FO_2 は O_3 とは反応せず,その主反応は,

$$FO_2 + NO \rightarrow FNO + O_2 \qquad (8.107)$$
$$FNO + h\nu \rightarrow F + NO \qquad (8.108)$$

と考えられる(Wallington et al., 1995;Burley et al., 1993).

一方,一部の F 原子と O_3 との反応で生成された FO は NO,O と反応し(Sander et al., 2011),

$$FO + NO \rightarrow F + NO_2 \qquad (8.109)$$
$$FO + O \rightarrow F + O_2 \qquad (8.110)$$

のように F を再生しうるが,F はほとんど HF となって反応系外に除去されるので,F による O_3 の消失サイクルは働かないことになる.

成層圏における F の存在量は約 1.2 ppbv であることが 1985 年時点の衛星観測から求められており,30 km より上の高度ではその大部分は HF として存在する(Zander et al., 1992).

8.3 気相連鎖反応と CFC によるオゾン破壊

これまでに述べられた成層圏で O_3 濃度を低下させる HO_x,NO_x,ClO_x サイクルは,自然起源の微量成分によって自然状態の成層圏で起こっている化学反応であるが,これに人間活動によるクロロフルオロカーボン(CFC)が加わることによって,成層圏に多量の Cl が供給されオゾン層の破壊がもたらされる可能性が Molina and Rowland(1974)によって指摘された.クロロフルオロカーボンとは分子内に塩素とフッ素のみを含む炭素化合物であり,すべて人為起源物質である.排出量がもっとも多い典型的な物質は $CFCl_3$(CFC-11)と CF_2Cl_2(CFC-12)であり,これ

らは対流圏では光分解も OH ラジカルその他の活性種による反応も受けないので対流圏には消失過程がなく,すべて成層圏に到達して光分解を受け Cl 原子を放出する.成層圏でのオゾン破壊をもたらす人為起源物質としては,このほかにも数多くの CFC,および分子内に水素原子を有するヒドロクロロフルオロカーボン(HCFC, hydrochlorofluorocarbon),1, 1, 1 トリクロロエタン(CH_3CCl_3),四塩化炭素(CCl_4),分子内に臭素・塩素・フッ素を含むブロモクロロフルオロカーボン(ハロン halon)などがあり(WMO, 2011;Brasseur and Solomon, 2005),これらは総称してハロカーボン(halocarbon)と呼ばれている.分子内に水素原子を有しない CFC や CCl_4 などの大気寿命はほぼ成層圏での光分解速度で決まっており,一般に数十年〜百年以上と非常に長い.分子内に水素原子を有する HCFC や CH_3CCl_3 は対流圏で OH との反応で消費されるため大気寿命は数年〜十数年と比較的短いが,CH_4 と同程度であり CH_4 同様その多くが成層圏に到達して Cl 原子を放出しオゾン破壊に荷担する(Brasseur and Solomon, 2005). CFC のなかでは CF_2Cl_2(CFC-12)の濃度がもっとも高く,地表での濃度は 2008 年時点で約 540 pptv,$CFCl_3$(CFC-11)が約 240 pptv である.これに次ぐ人為起源塩素化合物としては CHF_2Cl(HCFC-22),CCl_4 がそれぞれ約 190,90 pptv となっている.これらに自然起源 CH_3Cl の約 550 pptv を加えた成層圏の全塩素濃度は約 3.5 ppbv である(WMO, 20011).同様に人為起源臭素化合物としては,CF_3Br(halon-1301),CF_2ClBr(halon-1211)がそれぞれ約 3.2,4.3 pptv ともっとも濃度が高く,これら halon 類に自然起源,人為起源の CH_3Br 約 10 pptv を合わせた全臭素濃度は約 20 pptv である(WMO, 2011).

高度 30-40 km 付近の中部成層圏には 200-220 nm 付近の紫外線が到達しており,成層圏の「大気の窓」と呼ばれている(4.1 節)が,CFC, HCFC, halon 類の吸収スペクトルは 200 nm 前後に大きな吸収断面積を有しており(図 4.33, 4.34, 4.35),両者の波長領域が合致している.このため,これらの化学種は成層圏で容易に光分解され,たとえば CFC-12 では,

$$CF_2Cl_2 + h\nu \rightarrow CF_2Cl + Cl \qquad (8.111)[4.51]$$

のように Cl 原子を放出する.同時に生成される CF_2Cl ラジカルはアルキル型ラジカルであり,その後続反応からは,

$$CF_2Cl + O_2 + M \rightarrow CF_2ClO_2 + M \qquad (8.112)$$
$$CF_2ClO_2 + NO \rightarrow CF_2ClO + NO_2 \qquad (8.113)$$
$$CF_2ClO + M \rightarrow COF_2 + Cl \qquad (8.114)$$

のようにさらに 1 個の Cl 原子が放出され,フッ化カルボニル(carbonyl fluoride)COF_2 が生成される.$CFCl_3$ の場合は,同様の反応による COFCl(carbonyl chlorofluoride）を経て，その光分解を含め最終的に3個全部のCl原子が放出される．光分解以外のCFCの反応経路としては$O(^1D)$との反応があり，CF_2Cl_2の場合の主反応は，

$$CF_2Cl_2 + O(^1D) \to CF_2Cl + ClO \tag{8.115}$$

のようにCF_2ClとClOとを生成する．ハロンからのBr，BrOの大気中への放出過程もこれらと同様の光分解と$O(^1D)$との反応である．

図8.6にOsterman et al. (1997) によってなされた，8.1節，8.2節および本節で述べられたすべての反応を考慮したときモデルから計算されるO_x，HO_x，NO_x，ClO_x，BrO_xサイクルのそれぞれによる高度別のO_3の消失速度と，気球によるそれぞれのラジカル濃度の測定値をもとに計算されたそれらの値との比較を示す．図にみられるように，これらの気相連鎖反応は高度30 km以上の上部成層圏でのみ大きなO_3の消失をもたらし，30 km以下の下部成層圏では消失速度は2×10^6 molecules cm^{-3} s^{-1}以下となる．また，図8.7に図8.6を基に計算されたそれぞれのサイクルのO_3の消失速度に対する寄与割合を示す（Seinfeld and Pandis, 2006）．図にみられるように高度約40 km以上の上部成層圏と高度約20 km以下の下部成層圏ではHO_xサイクルの寄与がもっとも重要であり，その中間ではNO_xサイクルが主要な割合をしめる．一方，ハロゲンサイクル（ClO_x, BrO_x）の寄与は高度40 km付近で最大となることがわかる．

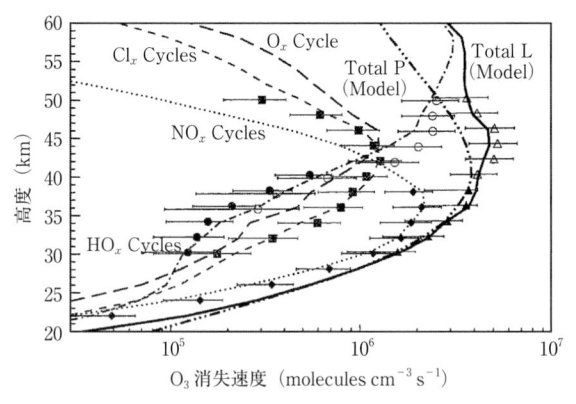

図8.6 O_x, ClO_x, NO_x, HO_x各サイクルによるオゾンの消失速度（Osterman et al., 1997に基づき速度定数を更新したSeinfeld and Pandis, 2006より改編）
●，○はそれぞれ異なる測定値に基づくHO_x，■，◆はそれぞれ測定値に基づくCl_x，NO_xの寄与．▲，△はそれぞれ測定値，および測定値が得られない場合一部モデル計算値を用いた全消失速度．——および------はモデル計算によるO_3の全消失速度および全生成速度．

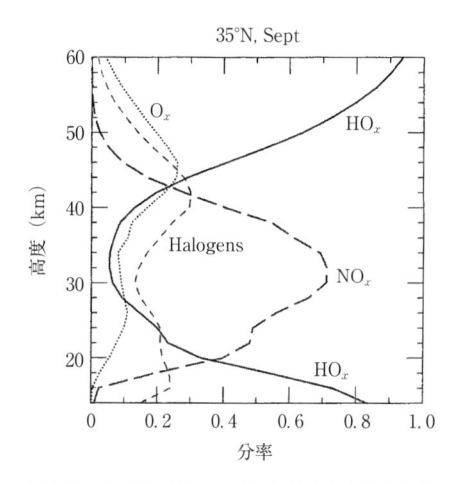

図 8.7 O_x, HO_x, NO_x, ハロゲンサイクルによるオゾン破壊への高度別寄与割合（Osterman et al., 1997 に基づき速度定数を更新した Seinfeld and Pandis, 2006 より改編）

これらのことから人為起源 CFC, ハロンの増加がもたらす気相反応によるオゾン破壊は中低緯度の高度 35-50 km の上部成層圏で起こり，1980〜2004 年のオゾンの減少量は 5-10% であることが理論的に推定されている（WMO, 2007）．この値は衛星やゾンデによる観測値，約 7% の減少とよく一致している（WMO, 2007）．これに対しオゾンホールで観測されているより顕著な極域下部成層圏でのオゾン破壊は次項に述べる PSC を含む多相連鎖反応によるものである．

8.4 PSC 上の不均一反応とオゾンホール

前節にみたように CFC やハロンの増加によるオゾン破壊が，中低緯度の高度 35-45 km の領域に 5-10% の範囲で予測されていたのに対し，南半球の春季 9〜10 月にオゾンのカラム密度が通常の 300 DU（ドブソン単位 Dobson Unit, 100 DU は 0℃，1 気圧で 1 mm の厚みの O_3 に相当）から 100 DU 付近まで低下し，その減少は下部成層圏でのオゾン破壊によって起きているという画期的な事実が発見された（Farman et al., 1985；Chubachi et al., 1985）．この現象は南極大陸全体を覆う空間スケールで起こっていることが衛星観測から判明し，南極オゾンホール（Antarctic ozone hole）と呼ばれている．図 8.8 にオゾンゾンデ観測で得られたオゾンホール発達前後の O_3 分圧の典型的高度プロフィールを示す（Hofmann et al., 1987）．図にみられるように

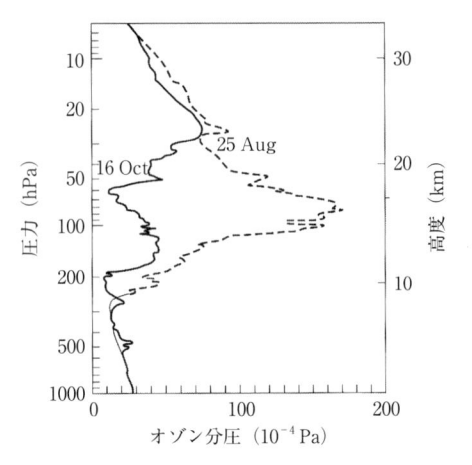

図8.8 オゾンホール形成前の8月25日とオゾンホール発達後の10月16日のオゾン高度分布の比較.1986年(Hofmann *et al.*, 1987より改編)

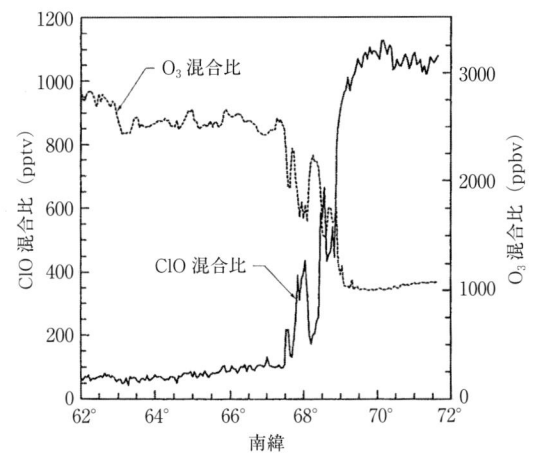

図8.9 航空機観測によるオゾンホール内のO_3とClOの混合比の逆相関(Anderson *et al.*, 1989より改編)

オゾンホール内では高度10-20 kmの下部成層圏でO_3分圧がほとんどゼロ近くまで減少していることがわかる.この現象をもたらす原因については,発見当初は諸説があったが,Anderson *et al.* (1989)が航空機を用いた観測により図8.9に示されるようにオゾンホール内のClOラジカルとO_3の間に空間的にきれいな反相関を見いだしたことにより,その直接的な原因がClO_xサイクルによる化学的なものであることが

8.4 PSC 上の不均一反応とオゾンホール

立証された．

しかしながら，南極の夜明けにあたる春季には，太陽光が弱いため十分な紫外線が到達せず，O 原子濃度が低いので，前項までにみたような気相反応のみを考慮した ClO_x サイクルによってはこのオゾン破壊はまったく説明することができない．この現象はその後の研究により，南極上空の特異な気象条件に起因する極渦 (polar vortex) という物理現象と，極渦のなかで生成する極成層圏雲 (PSC, polar stratospheric cloud) 上の表面不均一反応と気相連鎖反応からなる化学現象の結合によってもたらされたものであることが明らかとなっている．南極上空では南極大陸によって冷やされた大気によって冬季から春季にかけて非常に安定した極渦が発達し，その外側の空気を遮断して閉じた反応容器のような条件が整えられる (Schoeberl et al., 1992 ; Brasseur and Solomon, 2005). 8.2 節にみたように成層圏での水蒸気の混合比は数 ppm 程度で非常に乾燥しているため，成層圏では一般に雲は形成されない．しかしながら南極域冬季の成層圏は 195 K 以下の低温となるため，極渦内では水蒸気が凍結し真珠母雲 (nacreous clouds, または mother of pearl clouds) と呼ばれる雲が形成されるが，これとともに HCl, HNO_3 などが凍結して形成される雲を一般に極成層圏雲と呼んでいる (6.5 節参照). PSC の出現高度は 10-25 km であり，南極オゾンホール内でオゾンの濃度が極端に減少している高度とほぼ一致している．

その後，極域におけるオゾン破壊は南極だけでなく北極周辺でもみられることがわかってきた (McElroy et al., 1986 ; Müller et al., 1997). しかし一般に北極の場合は，南極と違って経度方向に地表の起伏が激しいため極渦が十分に発達せず，極渦内の気温も南極より高いので一般にはオゾンホールの規模も小さいが，本質的には南極オゾンホールと同様の化学反応で CFC などによる成層圏オゾン破壊が起こっていることが知られている．とくに，2011 年の北極域春季には，北極上空で濃度的にも空間的にも南極オゾンホールに匹敵するオゾン破壊が観測されている (Manney et al., 2011).

PSC 上の不均一反応としてもっとも重要なのは気相の $ClONO_2(g)$ と，固体表面の HCl(s) との反応より Cl_2 が気相に放出される反応 (6.5.5 項) である．

$$ClONO_2(g) + HCl(s) \rightarrow Cl_2(g) + HNO_3(s) \qquad (8.116)[6.39]$$

この反応により太陽光照射のない極夜の極渦内に貯留されている HCl, $ClONO_2$ から光化学的に活性な Cl_2 が生成して気相に放出される．春季になり極域の成層圏が太陽光の照射を受けるようになると，Cl_2 は急速に光分解され Cl 原子を生成し，これによる O_3 の破壊が進行する．反応 (8.116) により生成された Cl_2 からは，

$$Cl_2 + h\nu \rightarrow 2Cl \qquad (8.117)[4.54]$$

$$Cl + O_3 \rightarrow ClO + O_2 \qquad (8.62)\,[5.75]$$
$$ClO + HO_2 \rightarrow HOCl + O_2 \qquad (8.73)\,[5.78a]$$

のように HOCl が生成され，HOCl の光分解反応

$$HOCl + h\nu \rightarrow OH + Cl \qquad (8.74)\,[4.64]$$
$$Cl + O_3 \rightarrow ClO + O_2 \qquad (8.62)$$
$$OH + O_3 \rightarrow HO_2 + O_2 \qquad (8.118)\,[5.13]$$

によって ClO, HO_2 が再生されるので連鎖反応が形成され，反応 (8.62) (8.22) によって O_3 が消失する．オゾンホールが発達するのは図 8.8 にみるように高度 20 km 以下の下部成層圏であるので，O 原子濃度が低く，8.2.3 項に述べられた

$$ClO + O \rightarrow Cl + O_2 \qquad (8.63)$$

による Cl 原子の再生が有効でないのが大きな特徴である．また，極渦内では NO_2 はほとんど HNO_3 として PSC 内に取り込まれているので，気相の NO_2 濃度は非常に低い．したがって，

$$ClO + NO_2 + M \rightarrow ClONO_2 + M \qquad (8.71)$$

による連鎖停止反応はほとんど効かず，上のような O_3 破壊反応が効率よく促進される．PSC のなかでもとくに HNO_3 からなる NAT（nitric acid trihydrate）(6.5 節，表 6.2) はもっとも安定で粒径が 1-20 μm にまで大きく成長し，冬の間に重力沈降によって成層圏から対流圏へと除去されることが知られている．このような過程は成層圏からの NO_x の究極的な除去をもたらし，春季の太陽紫外線の照射時期に NO_2 濃度がきわめて低くなり，O_3 消失サイクルを加速することになる．

　反応 (8.116) に次いで，PSC 上における $H_2O(s)$ による $ClONO_2$ の加水分解反応 (6.5.4 項)，

$$ClONO_2(g) + H_2O(s) \rightarrow HOCl(g) + HNO_3(s) \qquad (8.118)\,[6.36]$$

も光化学活性分子 HOCl を気相へ放出する重要な反応である．HOCl は上でみたように，

$$HOCl + h\nu \rightarrow OH + Cl \qquad (8.74)$$

の光分解反応で OH と Cl 原子を放出し，気相均一反応による O_3 破壊を促進する一方，HOCl 自身が PSC 上で HCl との不均一反応 (6.5.3 項) に与かり，

$$HOCl(g) + HCl(s) \rightarrow Cl_2(g) + H_2O(s) \qquad (8.119)\,[6.31]$$

のように Cl_2 を気相に放出する．

　このほかの PSC 上の不均一反応としては，

$$N_2O_5(g) + H_2O(s) \rightarrow 2HNO_3(s) \qquad (8.120)\,[6.29]$$
$$N_2O_5(g) + HCl(s) \rightarrow ClNO_2(g) + HNO_3(s) \qquad (8.121)\,[6.30]$$

8.4 PSC 上の不均一反応とオゾンホール

が知られている（6.5.1, 6.5.2項）．反応（8.121）からは光化学活性は $ClNO_2$ が気相に放出され，$ClNO_2$ からは光分解反応（4.4.8項），

$$ClNO_2 + h\nu \rightarrow Cl + NO_2 \qquad (8.122)[4.72]$$

で Cl 原子が生成される．一方，反応（8.120），（8.121）は活性窒素の PSC 上への HNO_3 としての取り込み反応である．

極渦内での気相反応の特徴は，春季に ClO, BrO 濃度が通常の成層圏に比べて非常に高濃度になるため，ClO どうしおよび ClO と BrO との間のラジカル-ラジカル反応が重要になることである．ClO と ClO の再結合反応によって ClO 二量体 ClOOCl が生成し（5.6.6項），その光分解を経由して O_3 破壊が起こることが，Molina and Molina（1987）によって提言された．

$$ClO + ClO + M \rightarrow ClOOCl + M \qquad (8.123)[5.81]$$

現在では ClOOCl は夜間，および春季の極域の下部成層圏においてもっとも混合比の高い Cl 化学種となっている（Brasseur and Solomon, 2005）．ClOOCl は春季の極渦内で光分解（4.4.6項）され，

$$ClOOCl + h\nu \rightarrow Cl + ClOO \qquad (8.124a)[4.69c]$$
$$\rightarrow 2Cl + O_2 \qquad (8.124b)[4.69d]$$

Cl 原子と ClOO を生成するが，ClOO も容易に光分解，または熱分解されて $Cl + O_2$ となる．

$$ClOO + h\nu \rightarrow Cl + O_2 \qquad (8.125)$$
$$ClOO + M \rightarrow Cl + O_2 + M \qquad (8.126)$$

このような ClO 二量体を経由する O_3 破壊反応は，

$$ClO + ClO + M \rightarrow ClOOCl + M \qquad (8.123)$$
$$ClOOCl + h\nu \rightarrow 2\,Cl + O_2 \qquad (8.124)$$
$$\underline{2[Cl + O_3 \rightarrow ClO + O_2]} \qquad (8.62)$$

正味　$2O_3 \rightarrow 3O_2$

と表すことができる．同様に BrO と ClO との交叉反応によるオゾン破壊もまた，春季の極渦内で重要である（McElroy et al., 1986）．

$$BrO + ClO \rightarrow Br + OClO \qquad (8.127a)$$
$$\rightarrow Br + ClOO \qquad (8.127b)$$
$$\rightarrow BrCl + O_2 \qquad (8.127c)$$

ここで生成した OClO は光分解して O 原子と ClO を与えることが知られている（4.4.7項）．

$$OClO + h\nu \rightarrow O + ClO \qquad (8.128)[4.71a]$$

反応(8.127c)で生成した BrCl も，容易に光分解されて Br と Cl 原子を生成する(4.4.1項)．

$$BrCl + h\nu \rightarrow Br + Cl \qquad (8.129)[4.56]$$

これらの ClO どうし，ClO と BrO の間の反応は，反応(8.128)による OClO からの O 原子の生成を除いて，すべて Cl または Br 原子を再生するのでいずれも O_3 減少をもたらす連鎖反応を加速する働きをしている．これらによってもたらされるオゾン破壊は，

$$BrO + ClO \rightarrow Br + ClOO \qquad (8.127b)$$
$$ClOO + M \rightarrow Cl + O_2 + M \qquad (8.126)$$
$$Cl + O_3 \rightarrow ClO + O_2 \qquad (8.62)$$
$$\underline{Br + O_3 \rightarrow BrO + O_2} \qquad (8.79)$$
$$\text{正味} \quad 2\,O_3 \rightarrow 3\,O_2$$

または，

$$BrO + ClO \rightarrow BrCl + O_2 \qquad (8.127c)$$
$$BrCl + h\nu \rightarrow Br + Cl \qquad (8.130)$$
$$Cl + O_3 \rightarrow ClO + O_2 \qquad (8.62)$$
$$\underline{Br + O_3 \rightarrow BrO + O_2} \qquad (8.79)$$
$$\text{正味} \quad 2\,O_3 \rightarrow 3\,O_2$$

で表される．南極オゾンホール内のオゾン破壊に対する寄与は ClO + ClO が 60%，BrO + ClO が 40% と見積もられている（Seinfeld and Pandis, 2006）．

8.5 成層圏硫黄化学

地表付近から放出された無機・有機硫黄化合物の大部分は大気中での寿命が 1 年以下と短いため成層圏へは到達しない．ほとんど唯一の例外が海洋生物や火山起源の硫化カルボニル COS である．COS は対流圏では光分解されず OH ラジカルとの反応速度定数も $2.0 \times 10^{-15}\,\mathrm{cm^3\,molecule^{-1}\,s^{-1}}$ (298 K) と小さいため（表5.2），数年の大気寿命となり成層圏に到達する．COS の対流圏での混合比は約 500 pptv でありこの値で圏界面に到達するが，成層圏では容易に光分解され（4.3.6項），35 km では約 15 pptv にまで減少する（Brasseur and Solomon, 2005）．光分解された COS からは硫酸（H_2SO_4）が気体分子として生成され，H_2SO_4 は蒸気圧が低いため凝縮して硫酸エアロゾルとなる．成層圏の硫酸エアロゾル層は高度 20 km 付近を中心に広がっており，発見者の名前にちなんでユンゲ層（Junge layer）とも呼ばれている．成層圏

のエアロゾル層は 0.01-1 μm の粒径で太陽光や地球赤外光を反射・吸収・散乱することにより地球の熱収支に影響を与え，気候へ影響することが知られている（Brühl et al., 2012）．成層圏における COS 以外の硫黄化合物としては，大規模火山噴火により SO_2 が散発的に直接成層圏に注入されることがあり，成層圏エアロゾルを一時的に増加させ，地表付近の気温を何年かにわたって低下させる働きをしている．

COS は成層圏に到達すると，4.3.6 項で述べられたように光分解し，

$$COS + h\nu \rightarrow CO + S \qquad (8.131)[4.42a]$$

S 原子を放出する．大気中の S 原子は直ちに O_2 と反応して，

$$S + O_2 \rightarrow SO + O \qquad (8.132)$$

のように一酸化硫黄 SO (sulfur monoxide) を生成する（Donovan and Little, 1972）．COS はまた酸素原子との反応

$$O(^3P) + COS \rightarrow CO + SO \qquad (8.133)$$

で SO を生成するが，この反応の速度定数は $1.3 \times 10^{-14}\,\mathrm{cm^3\,molecule^{-1}\,s^{-1}}$ (298 K)（表5.1）と小さく，上の光分解反応の方が主要である．反応 (8.132) で生成した SO は大気中では O_2 と反応して，

$$SO + O_2 \rightarrow SO_2 + O \qquad (8.134)$$

により SO_2 を生成する（Black et al., 1982；Atkinson et al., 2004）．成層圏では SO_2 は光分解反応（4.3.7 項），

$$SO_2 + h\nu \rightarrow SO + O \qquad (8.135)[4.43a]$$

を受けるとともに，OH とも反応（5.2.6 項）して，対流圏でもみられた $HOSO_2$ ラジカルを生成する．

$$OH + SO_2 + M \rightarrow HOSO_2 + M \qquad (8.136)[5.22]$$

$HOSO_2$ は大気中では O_2 と反応して，

$$HOSO_2 + O_2 \rightarrow HO_2 + SO_3 \qquad (8.137)[5.23]$$

のように三酸化硫黄 SO_3 (sulfur trioxide) を生成する（Stockwell and Calvert, 1983）．SO_3 は均一反応または不均一反応により H_2O と結合して，

$$SO_3 + H_2O \rightarrow H_2SO_4 \qquad (8.138)$$

硫酸分子 H_2SO_4 を生成する（Jayne et al., 1997；Atkinson et al., 2004）．

生成された H_2SO_4 分子は気体であるが，蒸気圧が低いので粒子化して硫酸エアロゾルを生成する．成層圏における気相の H_2SO_4 の測定は気球に搭載した負イオン質量分析計によってなされており（Krieger and Arnold, 1994），図 8.10 に測定の一例を示す（Reiner and Arnold, 1997）．H_2SO_4 の飽和蒸気圧は温度とともに大きくなるので，成層圏では高度 30 km 以上で $H_2SO_4(g)$ の混合比が増加し，36-38 km で極大

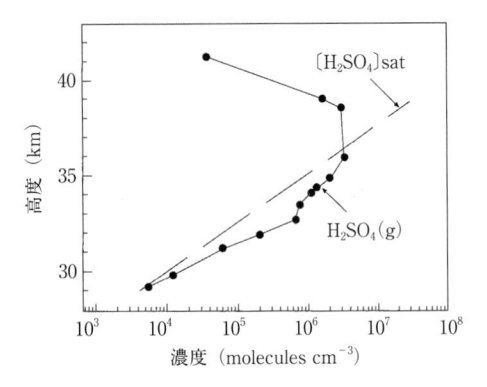

図 8.10 観測された成層圏の $H_2SO_4(g)$ の高度分布 (Reiner and Arnold, 1997 より改編) 波線は液体硫酸エアロゾル上の H_2SO_4 の平衡飽和蒸気圧（中緯度冬季）

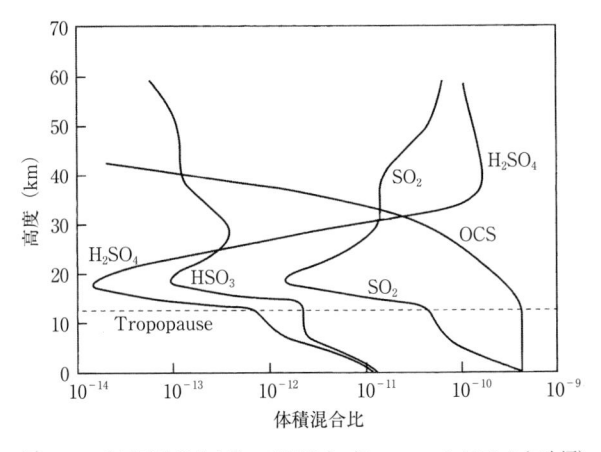

図 8.11 成層圏硫黄化合物の高度分布（Turco *et al.*, 1979 より改編）

となるが，それより高高度では急速に減少している．これはこれより高い高度では，COS がすでに枯渇し H_2SO_4 の生成がみられなくなるためである．

図 8.11 にはモデル計算によるこれら硫黄化学種の混合比の高度分布を示す（Turco *et al.*, 1979）．図にみられるように下部成層圏内で COS は光分解され，35 km 以上では H_2SO_4 が S の主要な化学種として 100～200 pptv の混合比で存在する．また SO_2 は圏界面付近では数十 pptv で存在するが，その数 km 上空で急速に混合比が減少し，30 km 以上で再び増加し上部成層圏では 10-30 pptv となっている．

引用文献

島崎達夫,成層圏オゾン,第2版,東京大学出版会,1987.

Anderson, J. G., W. H. Brune and M. H. Proffitt, Ozone destruction by chlorine radicals within the Antarctic vortex—The spatial and temporal evolution of ClO-O_3 anticorrelation based on in situ ER-2 data, *J. Geophys. Res.*, **94**, 11465-11479, 1989.

Atkinson, R., D. L. Baulch, R. A. Cox, J. N. Crowley, R. F. Hampson, R. G. Hynes, M. E. Jenkin, M. J. Rossi and J. Troe, Evaluated kinetic and photochemical data for atmospheric chemistry : Volume I —Gas phase reactions of Ox, HOx, NOx, and SOx species, *Atmos. Chem. Phys.*, **4**, 1461-1738, 2004.

Bates, D. R. and M. Nicolet, The photochemistry of atmospheric water vapor, *J. Geophys. Res.*, **55**, 301-327, 1950.

Bedjanian, Y. and G. Poulet, Kinetics of halogen oxide radicals in the stratosphere, *Chem. Rev.*, **103**, 4639-4655, 2003.

Berkner, L. V. and L. C. Marshall, On the origin and rise of oxygen concentration in the Earth's atmosphere, *J. Atmos. Sci.*, **22**, 225-261, 1965.

Black, G., R. L. Sharpless and T. G. Slanger, Rate coefficients for SO reactions with O_2 and O_3 over the temperature range 230 to 420 K, *Chem. Phys. Lett.*, **93**, 598-602, 1982.

Brasseur, G. P and S. Solomon, *Aeronomy of the Middle Atmosphere : Chemistry and Physics of the Stratosphere and Mesosphere, 3rd ed.*, Springer, 2005.

Brasseur, G. P., J. J. Orlando and G. S. Tyndall, *Atmospheric Chemistry and Global Change*, Oxford University Press, 1999.

Brühl, C., J. Lelieveld, P. J. Crutzen and H. Tost, The role of carbonyl sulphide as a source of stratospheric sulphate aerosol and its impact on climate, *Atmos. Chem. Phys.*, **12**, 1239-1253, 2012.

Burley, J. D., C. E. Miller and H. S. Johnston, Spectroscopy and photoabsorption cross sections of FNO, *J. Mol. Spec.*, **158**, 377-391, 1993.

Chapman, S., A theory of upper atmospheric ozone, *Mem. Roy. Meteorol. Soc.*, **3**, 103-125, 1930a.

Chapman, S., On ozone and atomic oxygen in the upper atmosphere, *Phil. Mag.*, **10**, 369-383, 1930b.

Chubachi, S., *A special ozone observation at Syowa Station, Antarctica from February1982 to January1983, in Atmospheric Ozone*, Zerefos and Chazi eds., Reidel, 606-610, 1985.

Crutzen, P. J., The influence of nitrogen oxides on atmospheric ozone content, *Qurt. J. Roy. Meteorol. Soc.*, **96**, 320-325, 1970.

DeMore, W. M., D. M. Golden, R. F. Hampson, M. J. Kurylo, C. J. Howard, A. R. Ravishankara, C. E. Kolb and M. J. Molina, Chemical Kinetics and Photochemical Data for Use in Atmospheric Studies, Evaluation Number 12, JPL Publication 97-4, 1997.

Donovan, R. J. and D. J. Little, The rate of the reaction $S(3^3P_J) + O_2$, *Chem. Phys. Lett.*, **13**, 488-490, 1972.

Dotto. L. and H. Schiff, *The Ozone War*, Doubleday, 1978. (オゾン戦争:蝕まれる宇宙船地球号, Volume 2, 見角鋭二,高田加奈子訳,社会思想社,1982)

Farman, J. C., B. G. Gardiner and J. D. Shankin, Large losses of total ozone in Antarctica reveal seasonal ClO_x/NO_x interaction, *Nature*, **315**, 207-210, 1985.

Finlayson-Pitts, B. J. and J. N. Pitts, Jr., *Chemistry of the Upper and Lower Atmosphere*, Academic Press, 2000.

Hofmann, D. J., J. W. Harder, S. R. Rolf and J. M. Rosen, Balloon-borne observations of the development and vertical structure of the Antarctic ozone hole in 1986, *Nature*, **326**, 59-62, 1987.

Jayne, J. T., U. Pöschl, Y. Chen, D. Dai, L. T. Molina, D. R. Worsnop, C. E. Kolb and M. J. Molina, Pressure and temperature dependence of the gas-phase reaction of SO_3 with H_2O and the heterogeneous reaction of SO_3 with H_2O/H_2SO_4 surfaces, *J. Phys. Chem. A*, **101**, 10000-10011, 1997.

Johnston, H. S., Reduction of stratospheric ozone by nitrogen oxide catalysis from supersonic transport exhaust, *Science*, **173**, 517-522, 1971.

Jucks, K. J., D. G. Johnson, K. V. Chance, W. A. Traub, J. J. Margitan, G. B. Osterman, R. J. Salawitch and Y. Sasano, Observations of OH, HO_2, H_2O, and O_3 in the upper stratosphere ; Implications for HOx photochemistry, *Geophys. Res. Lett.*, **25**, 3935-3938, 1998.

Krieger, A. and F. Arnold, First composition measurements of stratospheric negative ions and inferred gaseous sulfuric acid in winter Arctic vortex : Implications for aerosols and hydroxyl radical formation, *Geophys. Res. Lett.*, **21**, 1259-1262, 1994.

Manney, G. L., M. L. Santee, M. Rex, N. J. Livesey, M. C. Pitts, P. Veefkind, E. R. Nash, I. Wohltmann, R. Lehmann, L. Froidevaux, L. R. Poole, M. R. Schoeberl, D. P. Haffner, J. Davies, V. Dorokhov, H. Gernandt, B. Johnson, R. Kivi, E. Kyrö, N. Larsen, P. F. Levelt, A. Makshtas, C. T. McElroy, H. Nakajima, M. C. Parrondo et al., Unprecedented Arctic ozone loss in 2011, *Nature*, **478**, 469-475, 2011.

McElroy, M. B., *The Atmospheric Environment : Effects of Human Activities*, Princeton University Press, 2002.

McElroy, M. B., R. J. Salawitch, S. C. Wofsy and J. A. Logan, Reductions of Antarctic ozone due to synergistic interactions of chlorine and bromine, *Nature*, **321**, 759-762, 1986.

Middleton, A. M. and M. A, Tolbert, *Stratospheric Ozone Depletion*, RSC Publishing, 2000.

Molina, M. J. and F. S. Rowland, Stratospheric sink for chlorofluoromethanes : Chlorine atom catalyzed destruction of ozone, *Nature*, **249**, 810-812, 1974.

Molina, L. T. and M. J. Molina, Production of Cl_2O_2 from the self-reaction of the ClO radical, *J. Phys. Chem.*, **91**, 433-436, 1987.

Müller, R., P. J. Crutzen, J.-U. Groo, C. Bürhl, J. M. Russell, III, H. Gernandt, D. S. McKennal and A. F. Tuck, Severe chemical ozone loss in the Arctic during the winter of 1995-96, *Nature*, **389**, 709-712, 1997.

Nicolet, M., Stratospheric ozone ; An introduction to its study, *Rev. Geophys.*, **13**, 593-636, 1975.

Osterman, G. B., R. J. Salawitch, B. Sen, G. C. Toon, R. A. Stachnik, H. M. Pickett, J. J. Margitan, J.-F. Blavier and D. B. Peterson, Balloon-borne measurements of stratospheric radicals and their precursors : Implications for the production and loss of ozone, *Geophys. Res. Lett.*, **24**, 1107-1110, 1997.

Reiner, T. and F. Arnold, Stratospheric SO_3 : Upper limits inferred from ion composition measurements—Implications for H_2SO_4 and aerosol formation, *Geophys. Res. Lett.*, **24**, 1751-1754, 1997.

Sander, S. P., R. Baker, D. M. Golden, M. J. Kurylo, P. H. Wine, J. P. D. Abatt, J. B. Burkholder, C. E. Kolb, G. K. Moortgat, R. E. Huie and V. L. Orkin, Chemical Kinetics and Photochemical Data for Use in Atmospheric Studies, Evaluation Number 17, JPL Publication 10-6, 2011.

Schoeberl, M. R., L. R. Lait, P. A. Newman and J. E. Rosenfield, The structure of the polar vortex, *J. Geophys. Res.*, **97**, 7859-7882, 1992.

Seinfeld, J. H. and S. N. Pandis, *Atmospheric Chemistry and Physics : Air Pollution to Climate Change*, 2nd ed., John Wiley and Sons, 2006.

Sen, B., G. C. Toon, G. B. Osterman, J.-F. Blavier, J. J. Margitan, R. J. Salawitch and G. K. Yue, Measurements of reactive nitrogen in the stratosphere, *J. Geophys. Res.*, **103**, 3571-3585, 1998.

Solomon, S., R. R. Garcia and A. R. Ravishankara, On the role of iodine in ozone depletion, *J. Geophys. Res.*, **99**, 20491-20499, 1994.

Stockwell, W. R. and J. G. Calvert, The mechanism of the $HO-SO_2$ reaction. *Atmos. Environ.*, **17**, 2231-2235, 1983.

Stolarski, R. S. and R. J. Cicerone, Stratospheric chlorine : A possible sink for ozone, *Can. J. Chem.*, **52**, 1610-1615, 1974.

Turco, R. P., P. Hamill, O. B. Toon, R. C. Whitten and C. S. Kiang, A one-dimensional model describing aerosol formation and evolution in the stratosphere : I. Physical process and mathematical analogs, *J. Atmos. Sci.*, **36**, 699-717, 1979.

Warneck, P., *Chemistry of the Natural Atmosphere*, Academic Press, 1988.

Wallington, T. J., T. Ellermann, O. J. Nielsen and J. Sehested, Atmospheric chemistry of FCO_x radicals: UV spectra and self-reaction kinetics of FCO and $FC(O)O_2$ and kinetics of some reactions of FCO_x with O_2, O_3, and NO at 296 K, *J. Phys. Chem.*, **98**, 2346-2356, 1994.

Wallington, T. J., W. F. Schneider, J. J. Szente, M. M. Maricq, O. J. Nielsen and J. Sehested, Atmospheric chemistry of FNO and FNO_2: Reactions of FNO with O_3, $O(^3P)$, HO_2, and HCl and the reaction of FNO_2 with O_3, *J. Phys. Chem.*, **99**, 984-989, 1995.

Wayne, R. P., *Chemistry of Atmospheres, 3rd ed.*, Oxford University Press, 2000.

WMO (World Meteorological Organization), Scientific Assessment of Ozone Depletion: 2006, Global Ozone Research and Monitoring Project—Report No. 50, Geneva, 2007.

WMO (World Meteorological Organization), Scientific Assessment of Ozone Depletion: 2010, Global Ozone Research and Monitoring Project—Report No. 52, Geneva, 2011.

Wofsy, S. C. and M. B. McElroy, HOx, NOx, and ClOx: Their role in atmospheric chemistry, *Can. J. Chem.*, **52**, 1582-1591, 1974.

Zander, R., M. R. Gunson, C. B. Farmer, C. P. Rinsland, F. W. Irion and E. Mahieu, The 1985 chlorine and fluorine inventories in the stratosphere based on ATMOS observations at 30° north latitude, *J. Atmos. Chem.*, **15**, 171-186, 1992.

付　表

付表1 気相分子・原子・ラジカルの298 Kおよび0 Kにおける生成エンタルピー（$\Delta H^\circ_{f,298}$, $\Delta H^\circ_{f,0}$）

化学種	$\Delta H^\circ_{f,298}$ kJ mol^{-1}	$\Delta H^\circ_{f,0}$ kJ mol^{-1}	化学種	$\Delta H^\circ_{f,298}$ kJ mol^{-1}	$\Delta H^\circ_{f,0}$ kJ mol^{-1}	化学種	$\Delta H^\circ_{f,298}$ kJ mol^{-1}	$\Delta H^\circ_{f,0}$ kJ mol^{-1}
H	218.0	216.0	CH$_3$O$_2$	9.0		i-C$_3$H$_7$	86.6	107.1[b]
H$_2$	0	0	CH$_2$OH	-17.0	-10.7	C$_3$H$_8$	-104.7	-82.4[b]
O(^{3}P)	249.2	246.8	CH$_3$OH	-201.0	-190.1	C$_2$H$_5$CHO	-185.6	-170.6[b]
O(^{1}D)	438.9[a]	436.6[a]	CH$_2$OOH	67.2		CH$_3$COCH$_2$	-23.9[a]	
O$_2$	0	0	CH$_3$OOH	-132.2		CH$_3$COCH$_3$	-217.1	-200.5[b]
O$_2$($^1\Delta$)	94.3[a]	94.3[a]	HC(O)OH	-378.8[a]	-371.6[a]	C$_3$H$_6$OH	-74[a]	
O$_2$($^1\Sigma$)	156.9[a]	156.9[a]	HOCH$_2$O$_2$	-162.1[a]		CH$_3$C(O)CHO	-271[a]	
O$_3$	141.7	144.4	CH$_3$ONO	-64.0		S	277.2	274.9
HO	37.4	37.1	CH$_3$ONO$_2$	-122.2		HS	142.9	142.5
HO$_2$	12.3	15.2	CH$_3$O$_2$NO$_2$	-44[a]		H$_2$S	-20.6	-17.7
H$_2$O	-241.8	-238.9	C$_2$H$_2$	227.4	228.0	HSO	-6.1	-3.8
H$_2$O$_2$	-135.9	-129.9	C$_2$H$_4$	52.4	61.0	SO	4.8	4.7
N	472.4	470.6	C$_2$H$_3$	295.4		SO$_2$	-296.8	-294.3
N$_2$	0	0	C$_2$H$_5$	120.9	131.8	SO$_3$	-395.9	-390.2
NH$_2$	186.2	189.1	C$_2$H$_6$	-83.9	-68.4[b]	HSO$_2$	-178	
NH$_3$	-45.9	-39.0	CH$_2$CN	252.6	255.2	HOSO$_2$	-373	
NO	91.0	90.5	CH$_3$CN	74.0	81.0	H$_2$SO$_4$	-732.7	-720.8
NO$_2$	34.0	36.8	CH$_2$CO	-49.6	-46.4	CH$_3$S	124.7	129.9[b]
NO$_3$	74.7	79.9	CH$_3$CO	-10.3	-3.6	CH$_3$SO	-70.3	
N$_2$O	81.6	85.3	CH$_2$CHO	10.5[a]		CH$_3$SOO	75.7[a]	87.9[a]
N$_2$O$_4$	11.1	20.4	CH$_3$CHO	-166.1	-160.2[b]	CH$_3$SH	-22.9	-11.9[b]
N$_2$O$_5$	13.3	22.9	C$_2$H$_2$OH	121	120[a]	CH$_3$SCH$_2$	136.3	
HNO	109.2	112.1	C$_2$H$_5$O	-13.6	-0.2	CH$_3$SCH$_3$	-37.2[a]	-21.0[a]
HONO	-78.5	-72.8	C$_2$H$_4$OH	-31	-23[a]	CH$_3$SSCH$_3$	-24.7	
HNO$_3$	-134.3	-124.6	C$_2$H$_5$OH	-234.8	-217.1	CS	279.8	276.5
HO$_2$NO$_2$	-54.0		(CHO)$_2$	-212	206.4	CS$_2$	116.7	115.9
CH$_3$	146.7	150.0	CH$_3$CO$_2$	-207.5[a]		OCS	-141.7	-141.8
CH$_4$	-74.6	-66.6	CH$_3$C(O)OH	-432.8	-418.1[b]	CS$_2$OH	108.4	
CO	-110.5	-113.8	C$_2$H$_5$O$_2$	-27.4		F	79.4	77.3
CO$_2$	-393.5	-393.1	CH$_3$OOCH$_3$	-125.5	-106.5	HF	-273.3	-273.3
HCO	44.2	41.6[b]	CH$_3$C(O)O$_2$	-154.4		FO	109	108
$trans$-HOCO	-187.9	-183.7	C$_2$H$_5$ONO	-99.4		FO$_2$	25.4[a]	27.2[a]
cis-HOCO	-175.7	-171.5	C$_2$H$_5$ONO$_2$	-154.1[a]		FONO	67	
CH$_2$O	-108.7	-104.9	C$_2$H$_5$OONO$_2$	-63.2[a]		FONO$_2$	15	22
CH$_2$OO (CI)[c]	110	118	CH$_3$C(O)O$_2$NO$_2$	-240.1		FNO	-65.7	-62.6[b]
CH$_2$O$_2$(dioxirane)	5.0	12.6	C$_3$H$_6$	20.0	34.7[b]	FNO$_2$	-79	
CH$_3$O	21.0	28.4	n-C$_3$H$_7$	101.3	119.1	FCO	-174.1	-174.5

付表1 つづき

化学種	$\Delta H°_{f,298}$ kJ mol^{-1}	$\Delta H°_{f,0}$ kJ mol^{-1}	化学種	$\Delta H°_{f,298}$ kJ mol^{-1}	$\Delta H°_{f,0}$ kJ mol^{-1}	化学種	$\Delta H°_{f,298}$ kJ mol^{-1}	$\Delta H°_{f,0}$ kJ mol^{-1}
F_2	0	0	CH_3Cl	−82.0[a]	−74.0[a]	BrOO	119.8	128.2
COF_2	−634.7[a]	−631.6[a]	CHF_2Cl	−482.6		BrNO	82.2	91.5
CH_3CF_3	−745.6	−732.8	COFCl	−427[a]	−423[a]	$BrONO_2$	42.7	
CH_2FCHF_2	−665		Cl_2	0	0	CH_2Br	172.8	
CH_2FCF_3	−896	−885	ClOCl	81.3	83.1	CH_3Br	−36.4	
CHF_2CF_3	−1105	−1095	ClOOCl	129.0	132.4	BrCl	14.8	22.2
CF_3	−465.7	−462.8	Cl_2O_3	139	144	$Br_2(g)$	30.9	45.7
CF_3O	−635		$COCl_2$	−220.1[a]	−218.4[a]	$CHBr_3$	55.4	
CF_3OH	−923.4[a]		CH_3CCl_3	−144.6	−131.9[b]	CF_2ClBr	−589.5	
CF_3O_2	−614.0[a]		CF_3Cl	−709.2	−704.2	CF_3Br	−641.1	−637.6
Cl	121.3	119.6	CF_2Cl_2	−493.3[a]	−489.1[a]	I	106.8	107.2
HCl	−92.3	−92.1	$CFCl_3$	−284.9[a]	−281.1[a]	HI	26.5	28.7[b]
HOCl	−74.8	−71.5[b]	CCl_4	−95.8[a]	−93.3[a]	HOI	−69.6	−64.9
ClO	101.7	101.1	CF_2Cl	−279		IO	125.1	127.2
ClOO	98.3	99.8	$CFCl_2$	−89.1		OIO	119.7	123.4
OClO	99.4	99.0[b]	Br	111.9	117.9	INO	121.3[a]	124.3[a]
ClNO	52.7	54.6	HBr	−36.3	−28.4	INO_2	60.2[a]	66.5[a]
$ClNO_2$	12.5	17.9	HOBr	−60.5	−50.0	$IONO_2$	37.5	46.1
cis-ClONO	64.4		BrO	123.4	131.0	CH_3I	13.2	
$ClONO_2$	22.9		OBrO	163.9	171.1	$I_2(g)$	62.4	65.5

特記したもの以外は NASA/JPL パネル評価 No. 17
a) IUPAC 小委員会報告 Vol. I
b) CCCBDB List of Species with Enthalpy of Formation at 0 K in Database. http://cccbdb.nist.gov.hf0k.asp
c) Criegee Intermediate (クリーギー中間体, カルボニルオキシド)

付表2　O_2 の吸収断面積 (205-245 nm) (base e)

λ (nm)	$10^{24}\sigma$ (cm^2)	λ (nm)	$10^{24}\sigma$ (cm^2)	λ (nm)	$10^{24}\sigma$ (cm^2)	λ (nm)	$10^{24}\sigma$ (cm^2)
205	7.35	216	5.35	227	2.98	238	1.22
206	7.13	217	5.13	228	2.77	239	1.10
207	7.05	218	4.88	229	2.63	240	1.01
208	6.86	219	4.64	230	2.43	241	0.88
209	6.68	220	4.46	231	2.25	242	0.81
210	6.51	221	4.26	232	2.10	243	0.39
211	6.24	222	4.09	233	1.94	244	0.13
212	6.05	223	3.89	234	1.78	245	0.05
213	5.89	224	3.67	235	1.63		
214	5.72	225	3.45	236	1.48		
215	5.59	226	3.21	237	1.34		

NASA/JPL パネル評価 No. 17

付表 3 大気圏外の太陽光放射フラックス[a,b] (平均太陽-地球間距離) (5 nm あたり, base e)

波長間隔 (nm)	放射強度 (photons cm^{-2} s^{-1} 5nm^{-1})	波長間隔 (nm)	放射強度 (photons cm^{-2} s^{-1} 5nm^{-1})	波長間隔 (nm)	放射強度 (photons cm^{-2} s^{-1} 5nm^{-1})
120-125[c]	4.15×10^{11}	290-295	4.05×10^{14}	460-465	2.38×10^{15}
125-130	9.15×10^{9}	295-300	3.77×10^{14}	465-470	2.35×10^{15}
130-135	2.77×10^{10}	300-305	3.94×10^{14}	470-475	2.37×10^{15}
135-140	1.48×10^{10}	305-310	4.45×10^{14}	475-480	2.44×10^{15}
140-145	1.81×10^{10}	310-315	5.30×10^{14}	480-485	2.46×10^{15}
145-150	2.49×10^{10}	315-320	5.46×10^{14}	485-490	2.25×10^{15}
150-155	4.85×10^{10}	320-325	5.87×10^{14}	490-495	2.42×10^{15}
155-160	7.25×10^{10}	325-330	7.89×10^{14}	495-500	2.45×10^{15}
160-165	1.02×10^{11}	330-335	8.07×10^{14}	500-505	2.37×10^{15}
165-170	1.91×10^{11}	335-340	7.60×10^{14}	505-510	2.48×10^{15}
170-175	3.25×10^{11}	340-345	8.06×10^{14}	510-515	2.46×10^{15}
175-180	6.09×10^{11}	345-350	7.97×10^{14}	515-520	2.29×10^{15}
180-185	9.76×10^{11}	350-355	9.02×10^{14}	520-525	2.48×10^{15}
185-190	1.41×10^{12}	355-360	7.99×10^{14}	525-530	2.46×10^{15}
190-195	2.04×10^{12}	360-365	8.87×10^{14}	530-535	2.54×10^{15}
195-200	3.03×10^{12}	365-370	1.09×10^{15}	535-540	2.57×10^{15}
200-205	4.39×10^{12}	370-375	9.73×10^{14}	540-545	2.52×10^{15}
205-210	7.39×10^{12}	375-380	1.11×10^{15}	545-550	2.58×10^{15}
210-215	1.78×10^{13}	380-385	9.09×10^{14}	550-555	2.60×10^{15}
215-220	2.14×10^{13}	285-390	1.01×10^{15}	555-560	2.57×10^{15}
220-225	2.90×10^{13}	390-395	1.03×10^{15}	560-565	2.62×10^{15}
225-230	2.65×10^{13}	395-400	1.26×10^{15}	565-570	2.62×10^{15}
230-235	2.81×10^{13}	400-405	1.73×10^{15}	570-575	2.66×10^{15}
235-240	2.81×10^{13}	405-410	1.71×10^{15}	575-580	2.66×10^{15}
240-245	3.53×10^{13}	410-415	1.79×10^{15}	580-585	2.72×10^{15}
245-250	3.21×10^{13}	415-420	1.81×10^{15}	585-590	2.61×10^{15}
250-255	3.29×10^{13}	420-425	1.85×10^{15}	590-595	2.68×10^{15}
255-260	6.95×10^{13}	425-430	1.73×10^{15}	595-600	2.68×10^{15}
260-265	9.18×10^{13}	430-435	1.71×10^{15}	600-605	2.66×10^{15}
265-270	1.66×10^{14}	435-440	1.95×10^{15}	605-610	2.68×10^{15}
270-275	1.40×10^{14}	440-445	2.12×10^{15}	610-615	2.64×10^{15}
275-280	1.25×10^{14}	445-450	2.21×10^{15}	615-620	2.63×10^{15}
280-285	1.63×10^{14}	450-455	2.31×10^{15}	620-625	2.65×10^{15}
285-290	2.34×10^{14}	455-460	2.35×10^{15}	625-630	2.65×10^{15}

a) ASTM International, Standard Solar Constant and Zero Air Mass Solar Spectral Irradiance Tables, .E490-001, 2006. に基づき計算.
b) 120-300 nm の範囲の放射強度には太陽活動の 11 年周期による変動 (<20%) が観測されている (Brasseur, G. P. and P. C. Simon, Stratospheric chemical and thermal response to long-term variability in solar UV irradiation, *J. Geophys. Res.*, **86**, 7343-7368, 1981; Brasseur, G. P., J. L. Orlando and G. S. Tyndall (eds), *Atmospheric Chemistry and Global Change*, Oxford University Press, 1999).
c) 主に 121.6 nm Lyman-α 線の寄与 ($\pm 30\%$ のゆらぎ) (Timothy, A. F. and J. G. Timothy, Long term intensity variations in the solar helium II Ly-alpha line, *J. Geophys. Res.*, **75**, 6950-6958, 1970).

付表 4 異なる天頂角に対する地表での光化学作用フラックス (photons cm^{-2} s^{-1} 5 nm^{-1})

波長 (nm)	べき	光化学作用フラックス 天頂角 (°)									
		0	10	20	30	40	50	60	70	78	86
290–295	14	0.001	0.001	—	—	—	—	—	—	—	—
295–300	14	0.041	0.038	0.030	0.019	0.009	0.003	—	—	—	—
300–305	14	0.398	0.381	0.331	0.255	0.167	0.084	0.027	0.004	0.001	—
305–310	14	1.41	1.37	1.25	1.05	0.800	0.513	0.244	0.064	0.011	0.002
310–315	14	3.14	3.10	2.91	2.58	2.13	1.56	0.922	0.357	0.090	0.009
315–320	14	4.35	4.31	4.10	3.74	3.21	2.52	1.67	0.793	0.264	0.030
320–325	14	5.48	5.41	5.19	4.80	4.23	3.43	2.43	1.29	0.502	0.073
325–330	14	7.89	7.79	7.51	7.01	6.27	5.21	3.83	2.17	0.928	0.167
330–335	14	8.35	8.25	7.98	7.50	6.76	5.72	4.30	2.54	1.15	0.241
335–340	14	8.24	8.16	7.91	7.46	6.78	5.79	4.43	2.69	1.25	0.282
340–345	14	8.89	8.80	8.54	8.09	7.38	6.36	4.93	3.04	1.44	0.333
345–350	14	8.87	8.79	8.54	8.11	7.43	6.44	5.04	3.15	1.51	0.352
350–355	14	10.05	9.96	9.70	9.22	8.48	7.39	5.83	3.69	1.77	0.414
355–360	14	9.26	9.18	8.94	8.52	7.86	6.88	5.47	3.50	1.69	0.391
360–365	14	10.25	10.16	9.91	9.46	8.76	7.71	6.17	3.99	1.94	0.444
365–370	15	1.26	1.25	1.22	1.17	1.08	0.958	0.772	0.505	0.247	0.055
370–375	15	1.14	1.13	1.10	1.06	0.983	0.873	0.708	0.467	0.230	0.051
375–380	15	1.27	1.26	1.23	1.18	1.10	0.983	0.802	0.535	0.265	0.058
380–385	15	1.05	1.04	1.02	0.980	0.917	0.820	0.673	0.453	0.226	0.049
385–390	15	1.15	1.15	1.12	1.08	1.01	0.909	0.750	0.510	0.257	0.054
390–395	15	1.19	1.18	1.16	1.11	1.05	0.943	0.783	0.537	0.273	0.057
395–400	15	1.44	1.43	1.40	1.35	1.28	1.15	0.962	0.666	0.341	0.070
400–405	15	1.73	1.72	1.69	1.63	1.53	1.39	1.16	0.809	0.418	0.085
405–410	15	1.94	1.93	1.90	1.83	1.73	1.57	1.32	0.926	0.482	0.097
410–415	15	2.05	2.04	2.00	1.93	1.83	1.66	1.41	0.993	0.522	0.104
415–420	15	2.08	2.07	2.03	1.96	1.86	1.70	1.44	1.03	0.543	0.107
420–430	15	4.08	4.06	3.99	3.87	3.67	3.36	2.87	2.07	1.11	0.216
430–440	15	4.20	4.18	4.11	3.99	3.80	3.49	3.01	2.19	1.20	0.229
440–450	15	4.87	4.85	4.77	4.64	4.43	4.09	3.54	2.61	1.45	0.272
450–460	15	5.55	5.51	5.43	5.27	5.03	4.64	4.02	2.99	1.67	0.312
460–470	15	5.68	5.65	5.57	5.42	5.17	4.79	4.17	3.12	1.77	0.325
470–480	15	5.82	5.79	5.70	5.55	5.31	4.91	4.32	3.26	1.87	0.341
480–490	15	5.78	5.75	5.67	5.53	5.29	4.93	4.33	3.29	1.90	0.339
490–500	15	5.79	5.76	5.68	5.54	5.31	4.96	4.37	3.34	1.95	0.344
500–510	15	5.99	5.96	5.87	5.71	5.47	5.09	4.47	3.41	1.99	0.340
510–520	15	5.88	5.86	5.77	5.62	5.38	5.02	4.43	3.40	2.00	0.340
520–530	15	5.98	5.95	5.87	5.72	5.48	5.11	4.52	3.47	2.04	0.336
530–540	15	5.98	5.95	5.87	5.72	5.48	5.12	4.52	3.48	2.05	0.326
540–550	15	5.88	5.85	5.77	5.62	5.40	5.04	4.46	3.44	2.03	0.317

Peterson, J. T., "Calculated Actinic Fluxes (290–700 nm) for Air Pollution Photochemistry Applications", U. S. Environmental Protection Agency Report No. EPA-600/4-76-025, June, 1976.

付表 5 O_3 の吸収断面積 (186-390 nm, $T = 293\text{-}298$ K) (base e)

波長 λ (nm)	吸収断面積 $10^{20}\sigma$ (cm^2)	波長 λ (nm)	吸収断面積 $10^{20}\sigma$ (cm^2)	波長 λ (nm)	吸収断面積 $10^{20}\sigma$ (cm^2)
186	61.9	242	897	298	51.2
188	56.6	244	972	300	39.2
190	51.1	246	1033	302	30.3
192	46.1	248	1071	304	23.4
194	40.7	250	1124	306	17.9
196	36.7	252	1155	308	13.5
198	33.5	254	1159	310	10.2
200	31.5	256	1154	312	7.95
202	31.8	258	1124	314	6.25
204	33.7	260	1080	316	4.77
206	38.6	262	1057	318	3.72
208	46.4	264	1006	320	2.99
210	57.2	266	949	322	2.05
212	71.9	268	875	324	1.41
214	91.0	270	798	326	1.01
216	115	272	715	330	0.697
218	144	274	614	335	0.320
220	179	276	545	340	0.146
222	220	278	467	345	0.0779
224	268	280	400	350	0.0306
226	323	282	325	355	0.0136
228	383	284	271	360	0.0694
230	448	286	224	365	0.00305
232	518	288	175	370	0.00130
234	589	290	142	375	0.000850
236	672	292	111	380	0.000572
238	749	294	87.1	385	0.000542
240	831	296	67.3	390	0.000668

186-298 nm (298 K)：Molina, L. T. and M. J. Molina, Absolute absorption cross sections of ozone in the 185-to 350-nm wavelength range, *J. Geophys. Res.*, **91**, 14501-14508, 1986.
300-390 nm (293-298K)：NASA/JPL パネル評価 No. 17

付表 6 NO_2 の吸収断面積（298 K）

波長 (nm)	吸収断面積 (10^{-20} cm^2)	波長 (nm)	吸収断面積 (10^{-20} cm^2)	波長 (nm)	吸収断面積 (10^{-20} cm^2)	波長 (nm)	吸収断面積 (10^{-20} cm^2)
205	33.8	280	5.27	355	49.8	430	54.0
210	44.5	285	6.82	360	50.8	435	55.5
215	48.9	290	8.64	365	55.0	440	48.4
220	46.7	295	10.6	370	56.1	445	48.8
225	39.0	300	13.0	375	58.9	450	48.1
230	27.7	305	16.0	380	59.2	455	41.2
235	16.5	310	18.8	385	59.4	460	43.0
240	8.30	315	21.6	390	62.0	465	40.9
245	3.75	320	25.4	395	59.2	470	33.6
250	1.46	325	28.8	400	63.9	475	38.5
255	1.09	330	31.9	405	57.7	480	33.4
260	1.54	335	35.9	410	61.5	485	25.2
265	2.18	340	40.2	415	58.9	490	30.7
270	2.92	345	41.8	420	59.5	495	29.3
275	4.06	350	46.1	425	56.7		

IUPAC 小委員会報告 Vol. I

付表 7 HONO の吸収断面積（298 K）

λ (nm)	$10^{20}\sigma$ (cm^2)	λ (nm)	$10^{20}\sigma$ (cm^2)	λ (nm)	$10^{20}\sigma$ (cm^2)	λ (nm)	$10^{20}\sigma$ (cm^2)	λ (nm)	$10^{20}\sigma$ (cm^2)
300	0.617	320	4.66	340	7.79	360	6.87	380	7.21
301	0.690	321	5.96	341	16.1	361	6.05	381	9.13
302	0.579	322	4.05	342	29.4	362	5.98	382	12.4
303	0.925	323	4.56	343	11.4	363	7.39	383	17.0
304	1.04	324	5.89	344	7.79	364	11.5	384	19.5
305	1.57	325	4.05	345	8.77	365	12.8	385	16.1
306	1.29	326	2.65	346	9.64	366	14.8	386	10.5
307	0.916	327	6.44	347	7.80	367	25.1	387	6.59
308	1.45	328	9.22	348	6.63	368	43.6	388	4.30
309	2.01	329	5.20	349	6.00	369	31.5	389	2.81
310	1.51	330	9.92	350	9.06	370	15.1	390	1.71
311	2.07	331	14.3	351	16.9	371	9.49	391	0.992
312	2.42	332	6.94	352	12.4	372	7.96	392	0.731
313	2.25	333	6.31	353	16.3	373	6.30	393	0.597
314	3.35	334	8.35	354	48.7	374	4.59	394	0.528
315	2.54	335	7.71	355	27.6	375	3.55	395	0.403
316	1.61	336	5.33	356	11.1	376	3.36	396	0.237
317	3.21	337	4.23	357	9.45	377	3.66		
318	4.49	338	9.38	358	9.84	378	4.33		
319	3.19	339	14.3	359	8.37	379	5.66		

NASA/JPL パネル評価 No. 17

付表 8　NO_3 の吸収断面積 (298 K)

λ (nm)	$10^{20}\sigma$ (cm^2)	λ (nm)	$10^{20}\sigma$ (cm^2)	λ (nm)	$10^{20}\sigma$ (cm^2)	λ (nm)	$10^{20}\sigma$ (cm^2)	λ (nm)	$10^{20}\sigma$ (cm^2)
420	9	470	63	520	180	570	299	620	350
422	10	472	69	522	206	572	294	622	1090
424	10	474	66	524	176	574	306	624	1290
426	15	476	84	526	175	576	350	626	783
428	13	478	78	528	225	578	354	628	789
430	18	480	75	530	239	580	358	630	724
432	16	482	76	532	216	582	351	632	350
434	20	484	83	534	218	584	302	634	176
436	16	486	98	536	275	586	355	636	181
438	23	488	102	538	251	588	540	638	217
440	21	490	111	540	225	590	638	640	132
442	23	492	107	542	201	592	548	642	99
444	21	494	109	544	183	594	449	644	102
446	26	496	129	546	260	596	495	646	80
448	26	498	128	548	320	598	393	648	66
450	31	500	121	550	265	600	296	650	53
452	36	502	118	552	264	602	355	652	65
454	38	504	135	554	298	604	468	654	88
456	38	506	143	556	349	606	355	656	142
458	39	508	136	558	376	608	198	658	260
460	42	510	162	560	355	610	189	660	798
462	42	512	189	562	311	612	239	662	2250
464	51	514	169	564	291	614	273	664	1210
466	58	516	167	566	305	616	224	666	532
468	60	518	154	568	305	618	256	668	203

NASA/JPL パネル評価 No. 17

付表 9　N_2O_5 の吸収断面積 (298 K)

λ (nm)	$10^{20}\sigma$ (cm^2)	λ (nm)	$10^{20}\sigma$ (cm^2)	λ (nm)	$10^{20}\sigma$ (cm^2)
210	470	280	11	350	0.22
215	316	285	8.6	355	0.16
220	193	290	6.7	360	0.12
225	128	295	5.1	365	0.091
230	91	300	3.9	370	0.072
235	73	305	2.9	375	0.053
240	60	310	2.2	380	0.041
245	51	315	1.6	385	0.032
250	40	320	1.2	390	0.023
255	32	325	0.89	395	0.017
260	26	330	0.67	400	0.014
265	20	335	0.50	405	0.010
270	16	340	0.38	410	0.008
275	13	345	0.28		

IUPAC 小委員会報告 Vol. I

付表 10　HCHO の吸収断面積（298 K）（1 nm 間隔で平均）

λ (nm)	$10^{20}\sigma$ (cm^2)	λ (nm)	$10^{20}\sigma$ (cm^2)	λ (nm)	$10^{20}\sigma$ (cm^2)	λ (nm)	$10^{20}\sigma$ (cm^2)	λ (nm)	$10^{20}\sigma$ (cm^2)
240	0.078	264	0.947	288	3.17	312	1.19	336	0.126
241	0.078	265	0.531	289	3.22	313	0.906	337	0.383
242	0.123	266	0.539	290	1.17	314	5.64	338	1.92
243	0.159	267	1.36	291	1.84	315	5.57	339	5.38
244	0.110	268	1.24	292	0.797	316	2.56	340	3.15
245	0.131	269	0.991	293	3.12	317	5.78	341	0.978
246	0.163	270	0.963	294	7.15	318	3.15	342	0.509
247	0.151	271	1.94	295	4.05	319	0.978	343	1.92
248	0.234	272	1.43	296	2.47	320	1.19	344	1.27
249	0.318	273	0.811	297	1.37	321	1.60	345	0.437
250	0.257	274	0.658	298	4.22	322	0.722	346	0.119
251	0.204	275	2.14	299	3.17	323	0.328	347	0.044
252	0.337	276	2.58	300	0.964	324	0.858	348	0.075
253	0.289	277	1.57	301	1.62	325	1.58	349	0.038
254	0.342	278	1.03	302	0.854	326	6.88	350	0.036
255	0.450	279	2.45	303	3.02	327	4.37	351	0.089
256	0.628	280	2.34	304	7.22	328	1.22	352	0.729
257	0.443	281	1.56	305	4.75	329	3.12	353	2.27
258	0.307	282	0.973	306	4.29	330	3.87	354	1.64
259	0.617	283	0.722	307	1.78	331	1.41	355	0.696
260	0.605	284	4.26	308	1.38	332	0.347	356	0.148
261	0.659	285	4.05	309	3.25	333	0.214	357	0.035
262	0.603	286	2.10	310	1.74	334	0.159	358	0.019
263	1.08	287	1.15	311	0.462	335	0.097	359	0.011

IUPAC 小委員会報告 Vol. II

付表 11　CH$_3$CHO の吸収断面積（298 K）

λ (nm)	$10^{20}\sigma$ (cm^2)	λ (nm)	$10^{20}\sigma$ (cm^2)	λ (nm)	$10^{20}\sigma$ (cm^2)	λ (nm)	$10^{20}\sigma$ (cm^2)	λ (nm)	$10^{20}\sigma$ (cm^2)
230	0.151	274	4.03	298	4.41	320	1.70	342	0.042
234	0.241	278	4.15	300	4.15	322	1.38	344	0.027
238	0.375	280	4.48	302	3.87	324	1.06	346	0.020
242	0.639	282	4.66	304	3.46	326	1.09	348	0.016
246	0.887	284	4.58	306	3.41	328	0.715	350	0.008
250	1.18	286	4.41	308	3.31	330	0.699	352	0.005
254	1.57	288	4.69	310	2.92	332	0.496	354	0.004
258	2.03	290	4.86	312	2.52	334	0.333	356	0.005
262	2.45	292	4.66	314	2.38	336	0.227	358	0.004
266	3.06	294	4.31	316	2.07	338	0.212	360	0.003
270	3.38	296	4.24	318	1.98	340	0.135		

NASA/JPL パネル評価 No. 17

付表 12 CH_3COCH_3 の吸収断面積 (298 K)

λ (nm)	$10^{20}\sigma$ (cm^2)	λ (nm)	$10^{20}\sigma$ (cm^2)	λ (nm)	$10^{20}\sigma$ (cm^2)	λ (nm)	$10^{20}\sigma$ (cm^2)
220	0.246	250	2.47	280	4.91	310	1.36
222	0.294	252	2.74	282	4.79	312	1.14
224	0.346	254	3.01	284	4.62	314	0.944
226	0.419	256	3.30	286	4.44	316	0.760
228	0.492	258	3.57	288	4.28	318	0.598
230	0.584	260	3.81	290	4.06	320	0.455
232	0.693	262	4.07	292	3.82	322	0.348
234	0.815	264	4.32	294	3.57	324	0.248
236	0.956	266	4.49	296	3.26	326	0.174
238	1.11	268	4.64	298	2.98	328	0.113
240	1.30	270	4.79	300	2.67	330	0.074
242	1.50	272	4.91	302	2.45	332	0.047
244	1.72	274	4.94	304	2.18	334	0.031
246	1.95	276	4.93	306	1.89	336	0.020
248	2.20	278	4.94	308	1.61	338	0.014

NASA/JPL パネル評価 No.17

付表 13 H_2O_2 および CH_3OOH の吸収断面積 (298 K)

λ (nm)	$10^{20}\sigma$ (cm^2) H_2O_2	CH_3OOH	λ (nm)	$10^{20}\sigma$ (cm^2) H_2O_2	CH_3OOH
200	47.5	—	280	2.0	1.09
205	40.8	—	285	1.5	0.863
210	35.7	31.2	290	1.2	0.691
215	30.7	20.9	295	0.90	0.551
220	25.8	15.4	300	0.68	0.413
225	21.7	12.2	305	0.51	0.313
230	18.2	9.62	310	0.39	0.239
235	15.0	7.61	315	0.29	0.182
240	12.4	6.05	320	0.22	0.137
245	10.2	4.88	325	0.16	0.105
250	8.3	3.98	330	0.13	0.079
255	6.7	3.23	335	0.10	0.061
260	5.3	2.56	340	0.07	0.047
265	4.2	2.11	345	0.05	0.035
270	3.3	1.70	350	0.04	0.027
275	2.6	1.39	355	—	0.021

NASA/JPL パネル評価 No.17

付表 14 HO_2NO_2 吸収断面積 (298 K)

λ (nm)	$10^{20}\sigma$ (cm^2)	λ (nm)	$10^{20}\sigma$ (cm^2)	λ (nm)	$10^{20}\sigma$ (cm^2)	λ (nm)	$10^{20}\sigma$ (cm^2)
200	563	240	58.1	280	9.29	312	0.465
205	367	245	49.0	284	6.93	316	0.313
210	239	250	41.3	288	4.91	320	0.216
215	161	255	35.0	292	3.37	324	0.152
220	118	260	28.5	296	2.30	328	0.110
225	93.5	265	23.0	300	1.52	332	0.079
230	79.2	270	18.1	304	1.05	336	0.054
235	68.3	275	13.4	308	0.702	340	0.037

NASA/JPL パネル評価 No. 17

付表 15 $HNO_3^{a)}$, $CH_3ONO_2^{b)}$ の吸収断面積 (298 K)

λ (nm)	$10^{20}\sigma$ (cm^2) HNO_3	CH_3ONO_2	λ (nm)	$10^{20}\sigma$ (cm^2) HNO_3	CH_3ONO_2	λ (nm)	$10^{20}\sigma$ (cm^2) HNO_3	CH_3ONO_2
200	588	1180	250	1.97	3.59	300	0.263	0.360
205	280	700	255	1.95	3.30	305	0.150	0.214
210	104	360	260	1.91	3.06	310	0.081	0.134
215	36.5	145	265	1.80	2.77	315	0.041	0.063
220	14.9	70	270	1.62	2.39	320	0.020	0.032
225	8.81	33	275	1.38	2.00	325	0.0095	0.014
230	5.78	18	280	1.12	1.58	330	0.0043	0.0066
235	3.75	10	285	0.858	1.19	335	0.0022	0.0027
240	2.58	5.88	290	0.615	0.850	340	0.0010	0.0012
245	2.11	4.19	295	0.412	0.568	345	0.0006	—

a) IUPAC 小委員会報告 Vol. I
b) 200-235 nm：NASA/JPL パネル評価 No. 17；240-345 nm：IUPAC 小委員会報告 Vol. II

付表 16 $CH_3C(O)OONO_2$, PAN の吸収断面積 (298 K)

λ (nm)	$10^{20}\sigma$ (cm^2)	λ (nm)	$10^{20}\sigma$ (cm^2)	λ (nm)	$10^{20}\sigma$ (cm^2)	λ (nm)	$10^{20}\sigma$ (cm^2)
200	361	240	24.4	280	1.46	320	0.0252
204	292	244	18.8	284	1.01	324	0.0166
208	226	248	14.6	288	0.648	328	0.0117
212	168	252	11.4	292	0.447	332	0.0086
216	122	256	8.86	296	0.297	336	0.0061
220	89.7	260	6.85	300	0.189	340	0.0042
224	67.6	264	5.23	304	0.125	344	0.0029
228	52.0	268	3.94	308	0.0816	348	0.0020
232	40.4	272	2.87	312	0.0538		
236	31.4	276	2.07	316	0.0363		

NASA/JPL パネル評価 No. 17 (336-348 nm のデータは平滑化)

付表17 N_2O の吸収断面積 (298 K)

λ (nm)	$10^{20}\sigma$ (cm^2)	λ (nm)	$10^{20}\sigma$ (cm^2)	λ (nm)	$10^{20}\sigma$ (cm^2)
160	4.30	190	11.1	220	0.922
165	5.61	195	7.57	225	0.030
170	8.30	200	4.09	230	0.0096
175	12.6	205	1.95	235	0.0030
180	14.6	210	0.755	240	0.0010
185	14.3	215	0.276		

NASA/JPL パネル評価 No.17

付表18 COS の吸収断面積 (295 K)

λ (nm)	$10^{20}\sigma$ (cm^2)	λ (nm)	$10^{20}\sigma$ (cm^2)	λ (nm)	$10^{20}\sigma$ (cm^2)
185	19.0	225	31.0	265	0.096
190	3.97	230	24.3	270	0.038
195	2.02	235	15.4	275	0.015
200	3.93	240	8.13	280	0.0054
205	8.20	245	3.82	285	0.0022
210	15.1	250	1.65	290	0.0008
215	24.2	255	0.664	295	0.0002
220	30.5	260	0.252	300	0.0001

IUPAC 小委員会報告 Vol. I

付表19 CH_3Cl, CH_3Br の吸収断面積 (298 K)

λ (nm)	$10^{20}\sigma$ (cm^2) CH_3Cl	CH_3Br	λ (nm)	$10^{20}\sigma$ (cm^2) CH_3Cl	CH_3Br	λ (nm)	$10^{20}\sigma$ (cm^2) CH_3Cl	CH_3Br
180	63.6	44.6	214	0.0860	54.2	248	—	1.31
182	46.5	19.8	216	0.0534	47.9	250	—	0.921
184	35.0	21.0	218	0.0345	42.3	252	—	0.683
186	25.8	27.8	220	0.0220	36.6	254	—	0.484
188	18.4	35.2	222	0.0135	31.1	256	—	0.340
190	12.8	44.2	224	0.0086	26.6	258	—	0.240
192	8.84	53.8	226	0.0055	22.2	260	—	0.162
194	5.83	62.6	228	0.0035	18.1	262	—	0.115
196	3.96	69.7	230	0.0022	14.7	264	—	0.0795
198	2.68	76.1	232	0.0014	11.9	266	—	0.0551
200	1.77	79.0	234	0.0009	9.41	268	—	0.0356
202	1.13	79.2	236	0.0006	7.38	270	—	0.0246
204	0.731	78.0	238	—	5.73	272	—	0.0172
206	0.482	75.2	240	—	4.32	274	—	0.0114
208	0.313	70.4	242	—	3.27	276	—	0.0081
210	0.200	65.5	244	—	2.37	278	—	0.0055
212	0.127	59.9	246	—	1.81	280	—	0.0038

NASA/JPL パネル評価 No.17

付表20 CH_3I の吸収断面積（298 K）

λ (nm)	$10^{20}\sigma$ (cm^2)	λ (nm)	$10^{20}\sigma$ (cm^2)	λ (nm)	$10^{20}\sigma$ (cm^2)	λ (nm)	$10^{20}\sigma$ (cm^2)
210	3.62	250	96.3	290	8.04	330	0.0684
215	5.08	255	117.7	295	4.00	335	0.0388
220	6.90	260	119.7	300	2.06	340	0.0212
225	9.11	265	102.9	305	1.10	345	0.0114
230	12.6	270	75.9	310	0.621	350	0.0061
235	20.5	275	49.6	315	0.359	355	0.0032
240	38.1	280	29.2	320	0.221	360	0.0019
245	65.6	285	15.6	325	0.126	365	0.0009

NASA/JPL パネル評価 No.17

付表21 CCl_4, CFC の吸収断面積（295-298 K）

λ (nm)	$10^{20}\sigma$ (cm^2)					
	CCl_4 (四塩化炭素)	$CFCl_3$ (CFC-11)	CF_2Cl_2 (CFC-12)	$CF_2ClCFCl_2$ (CFC-113)	CF_2ClCF_2Cl (CFC-114)	CF_3CF_2Cl (CFC-115)
176	1010	324	186	(192)[a]	43.0	3.08
180	806	314	179	155	26.2	1.58
184	479	272	134	123	15.0	0.790
188	227	213	82.8	83.5	7.80	0.403
192	99.6	154	45.5	48.8	3.70	0.203
196	69.5	99.1	21.1	26.0	1.75	0.0985
200	66.0	63.2	8.71	12.5	0.800	0.0474
204	61.0	37.3	3.37	5.80	0.370	0.0218
208	52.5	20.4	1.26	2.65	0.160	(0.0187)[b]
212	41.0	10.7	0.458	1.15	0.0680	(0.0070)[c]
216	27.8	5.25	0.163	0.505	0.0290	(0.0027)[d]
220	17.5	2.51	0.062	0.220	0.0122	0.0011
224	10.2	1.17	0.023	0.0950	0.0053	—
228	5.65	0.532	0.0090	0.0410	0.0023	—
232	3.04	—	0.0034	0.0188	0.0010	—
236	1.60	(0.132)[e]	0.0013	0.0082	—	—
240	0.830	0.047	—	0.0036	—	—
244	0.413	(0.017)[f]	—	0.0016	—	—
248	0.210	—	—	0.0007	—	—
250	0.148	0.0066	—	0.0005	—	—
260	0.025	0.0015	—	—	—	—

NASA/JPL パネル評価 No.17
a) 175 nm, b) 205 nm, c) 210 nm, d) 215 nm, e) 235 nm, f) 245 nm.

付表 22　HCFC の吸収断面積 (298 K)

λ (nm)	$10^{20}\sigma$ (cm^2)			λ (nm)	$10^{20}\sigma$ (cm^2)		
	CHF$_2$Cl (HCFC-22)	CH$_3$CFCl$_2$ (HCFC-141b)	CH$_3$CF$_2$Cl (HCFC-142b)		CHF$_2$Cl (HCFC-22)	CH$_3$CFCl$_2$ (HCFC-141b)	CH$_3$CF$_2$Cl (HCFC-142b)
176	4.04	163	(14.0)[a]	212	0.0029	1.40	0.0105
180	1.91	172	6.38	216	0.0013	0.589	0.0040
184	0.842	146	(2.73)[b]	220	0.0006	0.248	0.0015
188	0.372	104	—	224	—	0.105	0.0005
192	0.156	63.6	0.706	228	—	0.0444	0.0001
196	0.072	34.1	0.324	232	—	0.0189	—
200	0.032	16.6	0.145	236	—	0.0080	—
204	0.0142	7.56	0.0622	240	—	0.0033	—
208	0.00636	3.30	0.0256				

NASA/JPL パネル評価 No. 17
a) 175 nm, b) 185 nm.

付表 23　CF$_2$ClBr と CF$_3$Br の吸収断面積 (298 K)

λ (nm)	$10^{20}\sigma$ (cm^2)		λ (nm)	$10^{20}\sigma$ (cm^2)		λ (nm)	$10^{20}\sigma$ (cm^2)	
	CF$_2$ClBr Halon-1211	CF$_3$Br Halon-1301		CF$_2$ClBr Halon-1211	CF$_3$Br Halon-1301		CF$_2$ClBr Halon-1211	CF$_3$Br Halon-1301
176	121	1.60	228	45.7	3.69	280	0.0991	0.0006
180	58.1	2.61	232	33.8	2.32	284	0.0527	(0.0002)[a]
184	35.0	4.02	236	24.4	1.39	288	0.0282	—
188	38.9	5.82	240	16.9	0.766	292	0.0148	—
192	57.0	7.58	244	11.4	0.414	296	0.0076	—
196	81.4	9.61	248	7.50	0.212	300	0.0039	—
200	106	11.3	252	4.76	0.107	304	0.0021	—
204	117	12.4	256	2.94	0.0516	308	0.0011	—
208	118	12.4	260	1.76	0.0248	312	0.0006	—
212	109	11.4	264	1.03	0.0118	316	0.0003	—
216	93.6	9.71	268	0.593	0.0058	320	0.0002	—
220	76.8	7.56	272	0.336	0.0027			
224	60.4	5.47	276	0.184	0.0013			

NASA/JPL パネル評価 No. 17 より抜粋.　a) 285 nm.

付表 24 Cl_2, BrCl, Br_2 の吸収断面積

λ (nm)	$10^{20}\sigma$ (cm^2) Cl_2	BrCl	Br_2	λ (nm)	$10^{20}\sigma$ (cm^2) Cl_2	BrCl	Br_2
200	—	2.64	0.562	430	0.732	14.6	60.1
210	—	4.59	0.870	440	0.546	12.6	54.0
220	—	6.13	1.05	450	0.387	11.0	48.8
230	—	6.48	1.01	460	0.258	9.52	45.2
240	—	5.60	0.808	470	0.162	8.02	42.8
250	—	4.05	0.544	480	0.0957	6.47	40.3
260	0.198	2.50	0.316	490	0.0534	4.99	36.6
270	0.824	1.35	0.161	500	0.0283	3.68	31.8
280	2.58	0.653	0.0728	510	0.0142	2.59	26.2
290	6.22	0.357	0.0299	520	0.0068	1.74	20.6
300	11.9	0.504	0.0122	530	0.0031	1.13	15.7
310	18.5	1.47	0.0135	540	0.0014	0.700	11.7
320	23.7	4.08	0.0626	550	0.0006	0.419	8.68
330	25.6	9.25	0.300	560	—	0.243	6.43
340	23.5	17.2	1.14	570	—	0.136	4.77
350	18.8	26.7	3.49	580	—	0.0739	3.50
360	13.2	35.0	8.66	590	—	0.0390	2.52
370	8.41	39.6	17.8	600	—	0.0200	1.76
380	5.00	39.3	30.7	610	—	—	1.19
390	2.94	34.9	45.1	620	—	—	0.767
400	1.84	28.6	57.4	630	—	—	0.475
410	1.28	22.5	64.2	640	—	—	0.282
420	0.956	17.8	64.5	650	—	—	0.161

NASA/JPL パネル評価 No.17

付表 25 $ClONO_2$[a], $BrONO_2$[a], $IONO_2$[b] の吸収断面積 (298 K)

λ (nm)	$10^{20}\sigma$ (cm^2) $ClONO_2$	$BrONO_2$	$IONO_2$	λ (nm)	$10^{20}\sigma$ (cm^2) $ClONO_2$	$BrONO_2$	$IONO_2$
200	282	680	—	330	0.466	9.32	380
205	284	520	—	335	0.367	8.62	374
210	314	361	—	340	0.302	8.06	360
215	342	292	—	345	0.258	7.57	348
220	332	256	—	350	0.229	7.01	334
225	278	230	—	355	0.208	6.52	316
230	208	205	—	360	0.200	5.99	294
235	148	175	—	365	0.180	5.43	270
240	105	140	—	370	0.159	4.89	242
245	76.4	106	1210	375	0.141	4.35	213
250	56.0	79.7	1170	380	0.121	3.85	184
255	43.2	60.0	1060	385	0.106	3.37	153
260	33.8	47.1	946	390	0.091	2.97	130
265	26.5	38.9	880	395	0.076	2.59	103
270	20.5	33.8	797	400	0.064	2.28	78.0
275	15.7	30.5	772	405	0.054	2.01	60.5
280	11.9	27.9	741	410	0.044	1.81	49.6
285	8.80	25.6	691	415	0.036	1.65	41.6
290	6.41	23.2	631	420	0.032	1.50	—
295	4.38	20.8	577	425	0.023	1.38	—
300	3.13	18.6	525	430	0.019	1.29	—
305	2.24	16.5	495	435	—	1.20	—
310	1.60	14.5	462	440	—	1.11	—
315	1.14	12.7	441	445	—	1.03	—
320	0.831	11.3	404	450	—	0.928	—
325	0.613	10.2	396	455	—	0.831	—

a) IUPAC 小委員会報告 Vol. III
b) NASA/JPL パネル評価 No. 17

付表 26 HCl, HBr, HI の吸収断面積 (298 K)

λ (nm)	$10^{20}\sigma$ (cm^2) HCl	HBr[a]	HI	λ (nm)	$10^{20}\sigma$ (cm^2) HCl	HBr	HI	λ (nm)	$10^{20}\sigma$ (cm^2) HI	λ (nm)	$10^{20}\sigma$ (cm^2) HI
150	334	—	—	200	2.39	125	61.1	250	47.0	300	2.23
155	343	131	—	205	0.903	91.8	67.5	255	38.2	305	1.52
160	306	161	—	210	0.310	64.4	73.8	260	30.0	310	1.01
165	240	195	—	215	0.101	42.3	78.4	265	23.0	315	0.653
170	163	225	—	220	0.030	28.0	80.8	270	17.2	320	0.409
175	106	242	—	225	0.010	16.3	80.4	275	12.5	325	0.247
180	58.9	242	—	230	0.0034	9.32	77.4	280	8.94	330	0.145
185	29.4	221	—	235	—	—	71.9	285	6.37	335	0.083
190	13.8	194	—	240	—	—	64.6	290	4.51	340	0.047
195	5.96	161	—	245	—	—	56.1	295	3.18	345	—

NASA/JPL パネル評価 No. 17
a) たとえば 155 nm, 165 nm の値はそれぞれ 154, 156 nm, 164, 165 nm の値の平均. 以下同様.

付表 27 HOCl, HOBr, HOI の吸収断面積 (298 K)

λ (nm)	$10^{20}\sigma$ (cm^2)			λ (nm)	$10^{20}\sigma$ (cm^2)		
	HOCl[a]	HOBr	HOI[a]		HOCl[a]	HOBr	HOI[a]
280	4.64	24.3	0.077	390	0.491	4.22	24.8
285	4.74	25.0	0.234	395	0.385	3.23	27.9
290	5.13	24.0	0.608	400	0.288	2.43	30.1
295	5.62	21.9	1.45	405	0.208	1.80	30.9
300	5.99	19.1	3.02	410	0.144	1.36	30.2
305	6.12	16.2	5.77	415	0.097	1.08	28.0
310	5.97	13.6	9.85	420	0.063	0.967	24.7
315	5.56	11.8	15.4	425	—	0.998	20.7
320	4.95	10.8	21.9	430	—	1.15	16.6
325	4.24	10.5	28.6	435	—	1.40	12.7
330	3.50	10.8	34.3	440	—	1.68	9.30
335	2.81	11.3	38.1	445	—	1.96	6.54
340	2.22	11.9	39.2	450	—	2.18	4.40
345	1.77	12.3	37.7	455	—	2.29	2.87
350	1.43	12.4	33.9	460	—	2.28	1.79
355	1.21	12.1	29.1	465	—	2.14	1.09
360	1.06	11.5	24.1	470	—	1.91	0.632
365	0.968	10.5	20.2	475	—	1.62	0.360
370	0.888	9.32	17.8	480	—	1.30	0.196
375	0.804	7.99	17.4	485	—	0.993	—
380	0.708	6.65	18.8	490	—	0.723	—
385	0.602	5.38	21.5	495	—	0.502	—

NASA/JPL パネル評価 No.17
a) たとえば 285 nm, 295 nm の値はそれぞれ 284, 286 nm および 294, 296 nm の値の平均. 以下同様.

付表 28 ClO, BrO, IO の吸収断面積 (298 K)

λ (nm)	$10^{20}\sigma$ (cm^2) ClO	$10^{20}\sigma$ (cm^2) BrO	λ (nm)	$10^{20}\sigma$ (cm^2) ClO	$10^{20}\sigma$ (cm^2) BrO	λ (nm)	$10^{20}\sigma$ (cm^2) BrO	$10^{20}\sigma$ (cm^2) IO	λ (nm)	$10^{20}\sigma$ (cm^2) IO	λ (nm)	$10^{20}\sigma$ (cm^2) IO
250	352	—	300	133	275	335	652	—	400	671	420	1200
254	425	—	301	56.6	180	336	339	—	391	620	421	681
258	486	—	302	45.2	502	337	222	—	392	617	412	365
262	529	—	303	44.9	217	338	201	—	393	642	423	253
266	549	—	304	87.8	274	339	1296	—	394	684	424	204
270	575	—	305	45.5	466	340	445	118	395	694	425	205
271	489	—	306	33.2	221	341	243	100	396	709	426	302
272	532	—	307	33.1	407	342	235	107	397	701	427	2050
273	515	—	308	47.7	518	343	424	89	398	654	428	1370
274	470	—	309	41.9	227	344	968	96.2	399	671	429	543
275	507	—	310	28.7	396	345	542	86.2	400	671	430	309
276	456	—	311	27.3	659	346	226	126	401	700	431	208
277	418	—	312	33.1	295	347	146	112	402	765	432	173
278	501	—	313	32.5	197	348	258	108	403	859	433	166
279	283	—	314	28.9	901	349	748	142	404	864	434	177
280	538	—	315	27.8	443	350	499	160	400	787	435	653
281	329	—	316	26.8	232	351	272	154	401	667	436	1880
282	311	—	317	—	721	352	182	165	402	606	437	807
283	445	—	318	—	730	353	163	163	403	578	438	381
284	245	—	319	—	345	354	180	181	404	643	439	249
285	292	—	320	—	251	355	789	185	405	787	440	256
286	362	—	321	—	1138	356	276	194	406	667	441	219
287	200	107	322	—	677	357	120	207	407	606	442	168
288	197	95.0	323	—	301	358	115	223	408	578	443	183
289	337	110	324	—	288	359	144	230	409	643	444	195
290	165	184	325	—	983	360	236	242	410	813	445	957
291	111	134	326	—	838	364	113	268	411	1010	446	805
292	270	157	327	—	312	368	131	326	412	976	447	392
293	161	248	328	—	223	372	39.4	360	413	786	448	214
294	102	140	329	—	789	376	35.4	402	414	589	449	269
295	94.5	294	330	—	1058	380	12.3	504	415	568	450	156
296	206	164	331	—	453	384	3.89	523	416	414	451	96.9
297	83.1	361	332	—	203	388	—	580	417	460	452	102
298	65.1	193	333	—	260	392	—	617	418	734	453	87.3
299	74.8	284	334	—	1294	396	—	709	419	1380	454	100

NASA/JPL パネル評価 No. 17

付表 29　ClOOCl の吸収断面積 (190-250 K)

λ (nm)	$10^{20}\sigma$ (cm^2)	λ (nm)	$10^{20}\sigma$ (cm^2)	λ (nm)	$10^{20}\sigma$ (cm^2)	λ (nm)	$10^{20}\sigma$ (cm^2)
200	423	260	445	320	28.2	380	2.97
204	362	264	360	324	24.7	384	2.45
208	303	268	294	328	21.9	388	2.04
212	255	272	246	332	19.5	392	1.71
216	228	276	206	336	17.3	396	1.47
220	232	280	173	340	15.4	400	1.26
224	277	284	144	344	13.6	404	1.11
228	366	288	119	348	11.9	408	0.988
232	488	292	98.2	352	10.3	412	0.878
236	618	296	80.5	356	8.82	416	0.778
240	719	300	66.1	360	7.43	420	0.712
244	758	304	54.4	364	6.24		
248	732	308	45.4	368	5.23		
252	651	312	38.2	372	4.35		
256	549	316	32.8	376	3.60		

NASA/JPL パネル評価 No.17

付表 30　ClNO, ClNO$_2$ の吸収断面積 (298 K)

λ (nm)	$10^{20}\sigma$ (cm^2) ClNO	$10^{20}\sigma$ (cm^2) ClNO$_2$	λ (nm)	$10^{20}\sigma$ (cm^2) ClNO	$10^{20}\sigma$ (cm^2) ClNO$_2$	λ (nm)	$10^{20}\sigma$ (cm^2) ClNO
200	5860	445	310	11.5	12.1	420	2.89
210	2630	321	320	13.4	9.40	430	2.21
220	896	325	330	14.7	6.79	440	2.20
230	266	221	340	15.2	4.62	450	1.87
240	82.5	132	350	14.2	3.05	460	1.95
250	31.7	90.9	360	12.9	1.86	470	2.50
260	17.5	58.7	370	11.0	1.12	480	2.53
270	12.9	33.7	380	8.86	0.772	490	2.07
280	10.6	20.7	390	6.85	0.475	500	1.50
290	9.64	16.3	400	5.13	0.327		
300	10.0	14.1	410	3.83	—		

NASA/JPL パネル評価 No.17

付表31 OClO の吸収断面積（1 nm 間隔平均, 204 K）

λ (nm)	$10^{20}\sigma$ (cm²)	λ (nm)	$10^{20}\sigma$ (cm²)	λ (nm)	$10^{20}\sigma$ (cm²)	λ (nm)	$10^{20}\sigma$ (cm²)	λ (nm)	$10^{20}\sigma$ (cm²)
270	44.3	300	226	330	782	360	1210	390	71.4
271	45.7	301	222	331	285	361	477	391	123
272	49.9	302	143	332	155	362	173	392	109
273	49.1	303	94.3	333	147	363	179	393	203
274	48.1	304	96.1	334	208	364	207	394	270
275	54.8	305	276	335	335	365	361	395	285
276	58.3	306	328	336	1090	366	403	396	275
277	52.5	307	190	337	782	367	625	397	370
278	54.3	308	116	338	266	368	919	398	653
279	67.4	309	85.4	339	155	369	903	399	225
280	67.2	310	168	340	167	370	268	400	70.1
281	58.3	311	511	341	250	371	107	401	45.6
282	65.4	312	338	342	414	372	180	402	96.9
283	82.4	313	174	343	925	373	170	403	56.3
284	77.6	314	107	344	1090	374	364	404	196
285	67.2	315	94.2	345	388	375	376	405	194
286	77.7	316	239	346	176	376	554	406	185
287	100	317	686	347	161	377	718	407	160
288	93.7	318	360	348	258	378	881	408	158
289	79.4	319	176	349	320	379	278	409	493
290	90.5	320	114	350	581	380	92.4	410	210
291	127	321	125	351	1100	381	135	411	71.6
292	116	322	279	352	993	382	148	412	34.0
293	90.9	323	873	353	330	383	266	413	46.8
294	94.1	324	443	354	164	384	298	414	44.6
295	147	325	192	355	190	385	440	415	30.0
296	172	326	121	356	276	386	345	416	164
297	122	327	147	357	343	387	762	417	100
298	92.0	328	221	358	597	388	591	418	107
299	106	329	838	359	830	389	173	419	75.1
420	81.4								
421	323								
422	151								
423	50.0								
424	23.8								
425	23.3								
426	14.5								
427	43.8								
428	99.5								
429	46.9								
430	44.3								
431	23.3								
432	47.0								
433	173								
434	69.6								
435	24.6								
436	11.2								
437	7.68								
438	9.09								
439	5.13								
440	12.5								
441	47.8								
442	23.2								
443	14.7								
444	7.59								
445	3.96								
446	46.8								
447	55.2								
448	18.4								
449	7.17								

NASA/JPL パネル評価 No.17

索　引

A
air mass → エアマス
albedo → アルベド
Arrhenius expression → アレニウス式

B
Beer-Lambert Law → ランベルト-ベールの法則
BET 表面積　203, 219
Br 原子
　極渦内の　376
　対流圏における生成　309
　ハロンの光分解, $O(^1D)$ との反応による生成　370
Br_2 → 臭素
BrO ラジカル
　衛星による観測　316
　塩湖周辺濃度　321
　吸収スペクトル・断面積　115
　極渦内での生成　375, 376
　成層圏での NO, NO_2 との反応　364, 365
　成層圏での OH, HO_2 との反応　364, 365
　対流圏における生成　309
　通年観測　319
　ハロンの光分解による生成　370
　リモート海洋境界層内濃度　320
BrO_x
　活性臭素　366
　成層圏における高度分布　366
BrO_x サイクル
　高度別 O_3 消失速度　370
　成層圏における　364
$BrONO_2$ → 硝酸臭素

C
CCl_4 → 四塩化炭素
CCN → 凝縮核
CF_3Br → halon-1301
CFC → クロロフルオロカーボン
CFC-11 $(CFCl_3)$
　吸収スペクトル・断面積　102-104
　成層圏での混合比　369
CFC-12 (CF_2Cl_2)
　$O(^1D)$ との反応　370
　吸収スペクトル・断面積　102-104
　成層圏での混合比　369
　成層圏における光分解　369
CFC-113 $(CF_2ClCFCl_2)$
　吸収スペクトル・断面積　102-104
CFC-114 (CF_2ClCF_2Cl)
　吸収スペクトル・断面積　102-104
CFC-115 (CF_3CF_2Cl)
　吸収スペクトル・断面積　102-104
CF_3CF_2Cl → CFC-115
CF_2Cl_2 → CFC-12
CF_2Cl ラジカル
　成層圏における生成と反応　369, 370
$CFCl_3$ → CFC-11
CF_2ClBr → halon-1211
$CF_2ClCFCl_2$ → CFC-113
CF_2ClCF_2Cl → CFC-114
CH_4 → メタン
C_2H_2 → アセチレン
C_5H_8 → イソプレン
Chapman mechanism → チャップマン機構
Chappuis bands → シャビュイ帯
$CHBr_3$ → ブロモホルム
CH_3Br → 臭化メチル
CH_2BrI
　リモート海洋上濃度　320
CH_3CCl_3 → 1,1,1-トリクロロエタン
CH_3CH → メタンチオール
CH_3CHO → アセトアルデヒド
CH_2Cl ラジカル
　CH_3Cl と OH との反応による生成　361
CH_3Cl → 塩化メチル
CH_3COCH_3 → アセトン
CH_3COCH_3CO → ビアセチル
CH_3COCHO → メチルグリオキザール
$CH_3C(O)O_2$ ラジカル

404　　　　　　　　　索　　引

アルデヒドの酸化反応による生成　157, 276
$CH_3C(O)O_2NO_2$　157
$CH_3C(O)OONO_2$ → ペルオキシアセチルナイトレート（PAN）
CHF_2Cl → HCFC-22
CH_2I_2 → ジヨードメタン
CH_3I → ヨウ化メチル
C_2H_5I → ヨウ化エチル
CH_2IBr → ブロモヨードメタン
CH_2ICl → クロロヨードメタン
CH_3O_2 ラジカル　162
CHOCHO → グリオキザール
CH_3ONO_2 → 硝酸メチル
CH_2OO → カルボニルオキシド（クリーギー中間体）
CH_3OONO　162
CH_3S ラジカル
　　CH_3SH の酸化反応による生成　324
　　DMS の酸化反応による生成　325
CH_3SCH_2 ラジカル
　　DMS の酸化反応による生成　325, 326
CH_3SCH_3 → 硫化ジメチル（DMS）
CH_3SH → メタンチオール
CH_3SOCH_3 → ジメチルスルホキシド
CH_3SOH → メタンスルフェン酸
CH_3SO_3H → メタンスルホン酸（MSA）
CH_3SSCH_3 → 二硫化ジメチル（DMDS）
cis-2-C_4H_8 → cis-2-ブテン
cis-2-ブテン（cis-2-C_4H_8）
　　NO_3 酸化反応機構　265
Cl 原子
　　CFC の光分解による生成　104, 369
　　CH_4 との反応　181
　　$ClNO_2$ の光分解による生成　307
　　O_3 との反応　179
　　PSC 上の反応による生成　374
　　極渦内における　375, 376
　　成層圏での CH_4 との反応　362
　　成層圏での O 原子との反応　361
　　対流圏における生成　309
Cl_2 → 塩素
ClCHO → 塩化ホルミル
ClNO → 塩化ニトロシル
$ClNO_2$ → 塩化ニトリル
ClO ラジカル
　　ClO との反応　185
　　HO_2 の反応　183
　　NO_2 との反応　184
　　OH との反応　182

吸収スペクトル・断面積　113, 114
極渦内での反応　375, 376
成層圏での NO, NO_2 との反応　361, 362
成層圏での O 原子との反応　361
成層圏での OH, HO_2 との反応　362, 363
成層圏での生成　370
成層圏での光分解　363
対流圏における生成　309
南極オゾンホール内の　372
ClO_x
　　活性塩素　362
　　成層圏における高度分布　363
ClO_x サイクル
　　高度別 O_3 消失速度　370
　　成層圏における　354, 361
　　南極オゾンホール内の　372
$ClONO_2$ → 硝酸塩素
ClOO ラジカル
　　極渦内における生成と消失　375
ClOOCl → 過酸化二塩素
COF_2 → フッ化カルボニル
COFCl
　　成層圏における生成と消失　367, 369
$CO_2 \cdot H_2O$
　　CO_2 の水への溶解による生成　334
COS → 硫化カルボニル
CS_2 → 二硫化炭素
CS_2OH ラジカル
　　CS_2 と OH との反応による生成　323

D

DMDS → 二硫化ジメチル
DMS → 硫化ジメチル
DMSO → ジメチルスルホキシド

E

EUPHORE チャンバー　172

F

F 原子
　　成層圏における反応　367, 368
F_2 → フッ素
FCO　367
FCO_2　367
$FC(O)O_2$　367
FO　368
FO_2　368

索引

H

H 原子
　$O_3 + C_2H_4$ 反応における生成　172
halon-1211 (CF_2ClBr)
　吸収スペクトル・断面積　105
　光分解過程・量子収率　105, 106
　成層圏での混合比　369
halon-1301 (CF_3Br)
　吸収スペクトル・断面積　105, 106
　光分解過程・量子収率　106
　成層圏での混合比　369
Hartley bands → ハートレー帯
HBr → 臭化水素
HCFC → ヒドロクロロフルオロカーボン類
HCFC-22 (CHF_2Cl)
　吸収スペクトル・断面積　103, 104
　成層圏での混合比　369
HCFC-141b (CH_3CFCCl_2)
　吸収スペクトル・断面積　103, 104
HCFC-142b (CH_3CF_2Cl)
　吸収スペクトル・断面積　103, 104
HCHO → ホルムアルデヒド
HCl → 塩化水素
Herzberg bands → ヘルツベルグ帯
HI → ヨウ化水素
HNO_3 → 硝酸
$HNO_3 \cdot 3H_2O$ → 硝酸三水和物
HO_2 ラジカル
　CH_3O_2 との反応　166
　HO_2 との反応　164
　NO との反応　160
　NO_2 との反応　163
　O_3 との反応　158
　海塩粒子上への取り込み　212
　大気中における測定とモデルとの比較　291, 296, 298, 300
　土壌粒子への取り込み　218
　不均一消失過程　298
　水への取り込み　206
HO_x
　奇数水素　356
　成層圏における高度分布　357
HO_x サイクル　354
　高度別 O_3 消失速度　370
　成層圏における　356, 359
HO_x 連鎖反応 → OH 連鎖反応
H_2O(g)
　PSC 上での $ClONO_2$ との反応　233

　PSC 上での N_2O_5 との反応　228
　成層圏における $O(^1D)$ との反応　355
H_2O(s)
　PSC 上での $ClONO_2$ との反応　374
　PSC 上での N_2O_5 との反応　374
　PSC としての　226
H_2O_2 → 過酸化水素
HOBr → 次亜臭素酸
HOCHCH ラジカル　153
$HOCH_2CH_2$ ラジカル　152
HOCl → 次亜塩素酸
HOCO ラジカル
　O_2 との反応　144
　OH + CO 反応による生成　143
$HO_2 \cdot H_2O$
　NO との反応　161
　平衡定数　166
HOI → 次亜ヨウ素酸
HOMO → 最高被占軌道
HONO → 亜硝酸
$HONO_2$ → 硝酸
HO_2NO_2 → ペルオキシ硝酸
HOONO → 過亜硝酸
$HOSO_2$ ラジカル
　OH と SO_2 との反応による生成　150
　成層圏における生成と消失　377
　対流圏における生成と消失　322
HS ラジカル　323
H_2S → 硫化水素
HSO ラジカル　324
H_2SO_4 → 硫酸
$H_2SO_4/HNO_3/H_2O$ → 過冷却三成分液体
Huggins bands → ハギンズ帯

I

I 原子
　成層圏における反応　366
　対流圏における生成　309
I_2 → ヨウ素
IBr → 臭化ヨウ素
IO ラジカル
　衛星による観測　316
　塩湖周辺濃度　321
　海洋境界層中で測定　296
　吸収スペクトル・断面積　115
　成層圏における反応　367
　対流圏ハロゲン連鎖反応における生成　309
　通年観測　319
　リモート海洋境界層内濃度　320

IO_x サイクル
　成層圏における　367
$IONO_2$ → 硝酸ヨウ素

L

Lambertian surface → ランベルト面
Le Chatelier's principle → ルシャトリエの原理
Lindeman-Hinshelwood theory → ヒンシェルウッド-リンデマン理論
Lindeman mechanism → リンデマン機構
LWC → 雲水（くもみず）量
Lyman-α line → ライマン-アルファ線
Lyman-Birge-Hopfield bands → ライマン-ビルゲ-ホップフィールド帯

M

MCM モデル　255, 275, 296, 298, 302

N

N_2 → 窒素
n-C_4H_{10} → n-ブタン
n-ブタン (n-C_4H_{10})
　OH による酸化反応機構　258
$NaNO_3$ → 硝酸ナトリウム
NAT → 硝酸三水和物
$(NH_4)_2SO_4$ → 硫酸アンモニウム
NMVOC → 非メタン揮発性有機化合物
NO → 一酸化窒素
NO 滴定反応　285
NO_2 → 二酸化窒素
NO_3 ラジカル
　C_2H_4 との反応　176
　CH_3CHO との反応　178
　HCHO との反応　178
　NO との反応　173
　NO_2 の反応　174
　O_3+NO_2 反応による生成　169
　O_3 と NO_2 との反応による生成　169, 173
　アルケンとの反応機構　265
　アルケン類との反応　176
　アルデヒドとの反応機構　276
　アルデヒド類との反応　178
　イソプレンとの反応機構　269
　吸収スペクトル・断面積　74
　蛍光量子収率　77
　光分解量子収率　75, 76
　成層圏における生成と消失　358
　反応速度定数　258
NO_x
　成層圏における奇数窒素　358
　成層圏における奇数窒素の消失　94
　成層圏における高度分布　360
　対流圏における $NO+NO_2$　254
NO_x 過剰領域・制約領域　288-290, 303-306
NO_x サイクル
　高度別 O_3 消失速度　370
　成層圏における　353, 357-359
N_2O → 一酸化二窒素
N_2O_5 → 五酸化二窒素

O

$O(^1D)$ 原子
　CFC との反応　139
　CH_4 との反応　137
　H_2O との反応　133, 135
　N_2O との反応　136
　O_3 の光分解による生成　250
　アルカン類との反応　138
　成層圏での H_2O, H_2, CH_4 との反応　355
　ハロンとの反応　139
$O(^3P)$ 原子
　O_2 との反応　133
　O_3 との反応　133
　OH, HO_2, NO_2, ClO との反応　134
　極渦内の　373
　反応速度定数　132
O_2 → 酸素
$O_2(a^1\Delta_g)$　93
$O_2(b^1\Sigma_g^+)$　93
O_3 → オゾン
O_x
　奇数酸素　352, 356
O_x サイクル
　極渦内の　374
　高度別 O_3 消失速度　370
　成層圏における　361
OClO → 二酸化塩素
OH 酸化反応機構
　アルカン　258
　アルキン　270
　アルケン　261
　アルデヒド　276
　イソプレン　267
　芳香族炭化水素　270
OH の生成収率
　O_3 とアルケンの反応における　264
OH 反応性
　森林大気中　305

索引

大気中の OH 減衰速度　292
　都市大気中　306
　未知反応性　304, 306
OH ラジカル
　CH$_4$ との反応　150
　C$_2$H$_2$ との反応　153
　C$_2$H$_4$ との反応　152
　CO との反応　143
　HCHO, CH$_3$CHO との反応　156
　HO$_2$ との反応　143
　H$_2$O(l) への取り込み　206
　NO$_2$ との反応　145
　O$_3$ との反応　140
　O$_3$＋C$_2$H$_4$ 反応における生成収率　172
　O$_3$＋アルケン反応における　263
　SO$_2$ との反応　149
　アルキン類との反応　153
　アルケン類との反応　152
　アルデヒド類の反応　156
　海塩への取り込み　211
　硝酸との反応　148
　大気中における測定とモデルとの比較　291, 293, 296, 298, 300
　反応性の測定　292
　芳香族炭化水素との反応　154
OH 連鎖反応　5, 249, 251, 252, 254, 271, 277
OH, HO$_2$ 濃度の測定
　海洋境界層　296
　上部対流圏　293
　森林大気　298
　都市汚染大気　300
　ボックスモデル計算値の比較　291
OIO　310, 320
　対流圏における生成　310
　リモート海洋境界層内濃度　320
OVOC → 含酸素揮発性有機化合物

P

PAN → ペルオキシアセチルナイトレート
PBL → 大気境界層
PSC → 極成層圏雲

R

RACM モデル　299, 300, 302
Rayleigh scattering → レーリー散乱
RONO$_2$ → 硝酸アルキル
RRKM 理論　30, 148
Russel-Sounders coupling → ラッセル-サウンダース結合

S

S(IV)
　水溶液中での生成　329
　水溶液中の酸化反応　331
S 原子
　成層圏における　377
SAT → 硫酸四水和物
Schuman-Runge bands → シューマン-ルンゲ帯
SO → 一酸化硫黄
SO$_2$ → 二酸化硫黄
SO$_3$ → 三酸化硫黄
SO$_2$・H$_2$O
　SO$_2$ の水への溶解による生成　328, 329
　水溶液中での O$_3$ との反応　332
SSA → 硫酸エアロゾル (PSC)
SST → 超音速ジェット機
STS → 過冷却三成分液体

V

van't Hoff's equation → ファントホッフの式
Vegard-Kaplan bands → ヴェガード-カプラン帯
VOC → 揮発性有機化合物
VOC 過剰領域・制約領域　287-290, 303-306

W

Wulf bands → ウルフ帯

あ

亜酸化窒素 (N$_2$O) → 一酸化二窒素
亜硝酸 (HONO)
　NO$_2$ のスス粒子上の反応による生成　223
　汚染大気中の OH ラジカル源　73
　吸収スペクトル・断面積　73
　光分解量子収率　74
　光照射による不均一生成反応の加速　223
　不均一反応による生成　73
アシルペルオキシラジカル
　アルデヒドの OH 酸化反応における生成　276
アセチレン (C$_2$H$_2$)
　OH 酸化反応機構　270
アセトアルデヒド (CH$_3$CHO)
　吸収スペクトル・断面積　81
　光分解量子収率　82
アセトン (CH$_3$COCH$_3$)
　吸収スペクトル・断面積　84
　光分解過程・量子収率　85, 98, 293
亜硫酸イオン (SO$_3^{2-}$)

408　索　引

SO$_2$ の水への溶解による生成　328, 329
水溶液中での O$_3$ との反応　332
亜硫酸水素イオン（HSO$_3^-$）
　SO$_2$ の水への溶解による生成　328, 329
　水溶液中での H$_2$O$_2$ との反応　331
　水溶液中での O$_3$ との反応　332
アルカン
　OH 酸化反応機構　258
　OH 反応速度定数　255
アルキン
　OH 酸化反応機構　270
　OH 反応速度定数　255
アルケン
　NO$_3$ 酸化反応機構　265
　NO$_3$ との反応速度定数　258
　O$_3$ 酸化反応機構　263
　O$_3$ との反応速度定数　258
　OH 酸化反応機構　255, 261
　OH との反応速度定数　255
アルコキシラジカル
　アルカンの OH 酸化反応からの生成　259
　異性化　260
アルコールラジカル
　アルコキシラジカルからの生成　260
アルデヒド
　NO$_3$ 酸化反応機構　276
　OH 酸化反応機構　255, 276
アルベド　51
アレニウス式　25
アレニウスプロット　25, 155, 159
アンモニウムイオン（NH$_4^+$）
　NH$_3$ の雲霧・降水への取り込みによる生成　336

い

硫黄原子 → S 原子
イオン化ポテンシャル　152, 153
イソプレン（C$_5$H$_8$）
　NO$_3$ 酸化反応機構　266, 269
　O$_3$ 酸化反応機構　266
　OH 酸化反応機構　266, 267
1-C$_4$H$_8$ → 1-ブテン
1-C$_3$H$_7$I → 1-ヨードプロパン
1, 1, 1-トリクロロエタン（CH$_3$CCl$_3$）　369
一塩化臭素（BrCl）
　海塩粒子上の不均一反応による生成　312
　吸収スペクトル・断面積　106, 107
　極渦内における生成と消失　376
　対流圏における生成　310

一次オゾニド
　O$_3$+C$_2$H$_4$ 反応における生成　170
　アルケンの O$_3$ 酸化反応における生成　263
　イソプレン-O$_3$ 反応における生成　268
1-ブテン（1-C$_4$H$_8$）
　OH 酸化反応機構　261
1-ヨードプロパン（1-C$_3$H$_7$I）
　海藻・微小藻類からの放出　309
一酸化硫黄（SO）
　成層圏における生成と消失　377
一酸化塩素 → ClO ラジカル
一酸化臭素 → BrO ラジカル
一酸化窒素（NO）
　吸収スペクトル・断面積　94, 96
　光分解過程　94
　光分解速度　95
　成層圏における　95
　ポテンシャル曲線　95
一酸化二窒素（N$_2$O）
　吸収スペクトル・断面積　96
　光分解過程　97
一酸化ヨウ素 → IO ラジカル

う

ヴェガード-カプラン帯　42
ウルフ帯　62

え

エアマス　47
エアロゾル
　HNO$_3$ からの生成　89
　――上への取り込み　202, 207, 218, 219, 230
　――中のスス　222
　――表面上での酸化反応　220
　――粒子による光減衰　53
エアロゾルチャンバー　210
エアロゾル粒子　53
エポキシド
　NO$_3$ とアルケンの反応における生成　265
　NO$_3$+C$_2$H$_4$ の反応における生成　176
　OH+トルエンの反応における生成　272
エポキシメチルヘキセンジアール
　トルエンの OH 酸化反応における生成　274
塩化水素（HCl）
　HNO$_3$ と海塩粒子との反応による生成　308
　PSC 上での ClONO$_2$ との反応　236, 373
　PSC 上での HOCl との反応　231
　PSC 上での N$_2$O$_5$ との反応　230, 374
　吸収スペクトル・断面積　110

索　引

光分解過程・量子収率　111
成層圏における生成と消失　362
塩化ニトリル（$ClNO_2$）
　N_2O_5 と海塩粒子の反応による生成　213, 307
　PSC 上での生成　230, 375
　汚染海洋境界層内濃度　320
　吸収スペクトル・断面積　118
　光分解量子収率　119
塩化ニトロシル（ClNO）
　吸収スペクトル・断面積　118
　光分解量子収率　119
塩化ホルミル（ClCHO）
　CH_3Cl の酸化による生成と消失　361
塩化メチル（CH_3Cl）
　吸収スペクトル・断面積　101
　光分解過程　102
　成層圏での混合比　369
　大気寿命　361
　対流圏での混合比　361
塩素（Cl_2）
　PSC 上での生成　231, 236, 374
　汚染海洋境界層内濃度　320
　海塩粒子からの放出　307, 308
　吸収スペクトル・断面積　106, 107
　光分解量子収率　108
塩素活性化　231, 233
塩素原子 → Cl 原子

お

オキシダント　4
オキシダント抑止対策　290, 291, 300
オキシラジカル
　アルケンの OH 酸化反応からの生成　262
屋外スモッグチャンバー　275, 278
オゾン（O_3）
　NO との反応　168
　NO_2 の反応　169
　アルケンとの反応速度定数　258
　アルケン類との反応　170
　エチレンとの反応　169
　汚染大気中における生成　282
　海塩への取り込み　210
　吸収スペクトル・断面積　44, 61
　鉱物表面への取り込み　217
　光分解しきい値波長　63
　光分解量子収率　63
　スス粒子上の取り込み　222
　清浄大気中における生成と消失　277
　成層圏における光分解反応　93

大気中における発見　2
等濃度曲線　284
ポテンシャル曲線　67
水への取り込み　207
オゾン層
　CFC によるオゾン破壊　368-371
　オゾン層破壊　350
　成層圏の形成　3
　チャップマン理論　353
オゾン等濃度曲線　289
オゾン抑止対策 → オキシダント抑止対策
オレフィン → アルケン

か

過亜硝酸（HOONO）　145, 160, 161
海塩粒子
　Br_2 の放出　308
　Cl_2 の放出　308
　海塩への取り込みと表面反応　209
会合反応　26
拡散係数　37, 327
拡散方程式　37
過酸化水素（H_2O_2）
　過酸化ラジカルの反応による生成　254
　吸収スペクトル・断面積　87
　水溶液中での HSO_3^- との反応　331
過酸化二塩素（ClOOCl）
　吸収スペクトル・断面積　116
　極渦内における生成と消失　375
　光分解経路・量子収率　116
　対流圏における生成　310
活性塩素 → ClO_x
活性化エネルギー　23, 24
活性錯合体　22
活性臭素 → BrO_x
カルシウムイオン
　土壌粒子の雲霧・降水への取り込みによる生成　336
カルボニルオキシド（クリーギー中間体）
　H_2O, NO, NO_2, S_2 との反応　173
　$O_3 + C_2H_4$ の反応による生成　170, 171
　アルケンの O_3 酸化反応からの生成　263
カルボニル化合物
　アルカンの OH 酸化反応からの生成　261
　アルケンの OH 酸化反応からの生成　262
　実験室における直接測定　171
カルボニルナイトレート
　アルケンの NO_3 酸化反応における生成　265
過冷却三成分液体（STS）　226, 230

索引

環境チャンバー → 光化学スモッグチャンバー
含酸素揮発性有機化合物（OVOC） 255, 300, 306

き

気液平衡定数 35
擬似太陽光 252
奇数酸素 → O_x
奇数水素 → HO_x
奇数窒素 → NO_x
軌道角運動量 18
揮発性有機化合物（VOC）
　MCM モデル 255
　OH, O_3, NO_3 との反応速度定数 257
　汚染大気における 254
吸収断面積 16, 88
吸熱反応 23
凝縮核（CCN） 321
極渦 373
極成層圏雲（PSC） 106, 226, 359, 361, 373
極成層圏雲上の不均一反応
　$ClONO_2(g) + HCl(s)$ の反応 236, 373
　$ClONO_2(g) + H_2O(s)$ の反応 232, 374
　$HOCl(g) + HCl(s)$ の反応 231
　$N_2O_5(g) + HCl(s)$ の反応 230, 374
　$N_2O_5(g) + H_2O(s)$ の反応 228, 374
許容遷移 20
禁制遷移 20

く

空気化学（air chemistry） 4
空気の化学 1, 2
雲霧（くもきり）
　——の pH 334
　——の酸性化 326
雲水（くもみず）量（LWC） 327, 335
グリオキザール（CHOCHO）
　アセチレンの OH 酸化反応からの生成 270
　芳香族炭化水素の OH 反応における生成 273
クリーギー中間体 → カルボニルオキシド
クレゾール
　トルエンの OH 酸化反応からの生成 272
クロロフルオロカーボン（CFCs）
　$O(^1D)$ との反応 370
　$O(^1D)$ との反応速度定数 133
　吸収スペクトル・断面積 103
　光分解過程 104
クロロヨードメタン（CH_2ICl）
　海藻・微小藻類からの放出 309

け

蛍光 14

こ

高圧極限速度定数 27
光化学作用フラックス 18, 48, 50, 51, 60
光化学スモッグ 4
光化学スモッグチャンバー 278
光化学大気汚染 257
光化学チャンバー → 光化学スモッグチャンバー
光化学の第 1 法則 10
光化学の第 2 法則 10
光学的厚さ 16
項間交叉 85, 99
交叉反応 359, 365, 375
　ClO_x と BrO_x の 365, 375
　ClO_x と NO_x の 359
　HO_x と NO_x との 359
鉱物粒子 216
光分解量子収率 88
氷 → $H_2O(s)$
黒色炭素 221
五酸化二窒素（N_2O_5）
　PSC 上の HCl との反応 230
　PSC 上の $H_2O(s)$ との反応 228, 374
　海塩粒子上の反応 213
　吸収スペクトル・断面積 77
　光分解量子収率 78
　水滴への取り込み 207
　スス粒子上の反応 224
　成層圏における生成と消失 358
　土壌粒子への取り込み 218

さ

最高被占軌道（HOMO） 258
　——のエネルギー 153
酸化性物質 → オキシダント
三酸化硫黄（SO_3）
　$HOSO_2$ と O_2 との反応による生成 322
　成層圏における生成と消失 377
三酸化窒素 → NO_3 ラジカル
酸性雨 321, 326
酸性霧 335
酸素（O_2）
　エネルギー準位図 43
　吸収スペクトル・断面積 43
　光分解過程 92
　シューマン-ルンゲ帯 92

索　引

放射寿命　93
酸素原子 → $O(^3P)$ 原子
酸素原子移動反応　174
三分子反応　26
散乱光　49

し

次亜塩素酸（HOCl）
　PSC 上での HCl との反応　231
　PSC 上の反応による生成　233, 374
　吸収スペクトル・断面積　113
　成層圏における生成と消失　362
次亜臭素酸（HOBr）
　吸収スペクトル・断面積　113
　成層圏における生成と消失　365
　対流圏における生成　311
　北極域における混合比　315
次亜ヨウ素酸（HOI）
　吸収スペクトル・断面積　112, 113
　成層圏における生成と消失　367
四塩化炭素（CCl_4）
　吸収スペクトル・断面積　102-104
　成層圏での混合比　369
シェーンバイン法　2
ジオキシラン
　$O_3+C_2H_4$ の反応における生成　172
シクロヘキサジエニルラジカル　155
自己触媒反応　312, 316
ジナイトレート
　$NO_3+C_2H_4$ の反応における生成　177
　アルケンの NO_3 酸化反応における生成　173, 265
ジヒドロキシナイトレート
　アルケンの OH 酸化反応における生成　262
ジヒドロキシヒドロペルオキシド
　アルケンの OH 酸化反応における生成　262
ジヒドロキシルアルデヒド
　アルケンの OH 酸化反応における生成　262
ジヒドロキシルラジカル
　アルケンの OH 酸化反応からの生成　262
ジメチルスルホキシド（DMSO, CH_3SOCH_3）
　DMS の酸化による生成　324, 326
シャピュイ帯　45, 62
臭化水素（HBr）
　吸収スペクトル・断面積　110
　光分解過程・量子収率　111
　成層圏における生成と消失　365
臭化メチル（CH_3Br）
　吸収スペクトル・断面積　101

　光分解過程　102
　成層圏での混合比　369
　成層圏における OH との反応　364
　成層圏における光分解　364
　対流圏での混合比　364
臭化ヨウ素（IBr）
　対流圏における生成　310
臭素（Br_2）
　海塩粒子からの放出　308
　海塩粒子上の不均一反応による生成　311
　吸収スペクトル・断面積　106, 107
　光分解量子収率　108
　成層圏における　364
　積雪中海塩との反応による放出　316
　対流圏における生成　310
　北極域における混合比　315
臭素雲
　北極域における　316
臭素原子 → Br 原子
臭素爆発　312, 317
シューマン-ルンゲ帯　43
純酸素理論　3, 351, 353, 354
硝酸（HNO_3, $HONO_2$）
　$H_2O(l)$ への取り込み　208
　N_2O_5 の水滴への取り込みによる生成　207
　OH と NO_2 による生成　284
　PSC 上での生成　228, 230, 233
　PSC 上への取り込み　374
　海塩粒子との反応　214, 308
　吸収スペクトル・断面積　89
　光分解量子収率　90
　ススの反応　224
　成層圏における生成と消失　359
　土壌粒子への取り込み　219
硝酸アルキル
　アルカンの OH 酸化反応からの生成　162, 259, 261
硝酸エステル　262
　アルケンの OH 酸化反応からの生成　262
硝酸塩素（$ClONO_2$）
　PSC 上での HCl との反応　236, 373
　PSC 上での H_2O との反応　233, 374
　海塩への取り込み　215
　吸収スペクトル・断面積　109
　光分解過程　110
　成層圏における生成と消失　359, 362
硝酸三水和物（NAT, $HNO_3 \cdot 3H_2O$）　226, 374
硝酸臭素（$BrONO_2$）
　吸収スペクトル・断面積　109

成層圏における生成と消失　365
硝酸ナトリウム（$NaNO_3$）
　　HNO_3 と海塩粒子との反応による生成　214
硝酸ベンジル
　　トルエンの OH 酸化反応からの生成　271
硝酸メチル（CH_3ONO_2）
　　吸収スペクトル・断面積　89, 90
　　光分解量子収率　90
硝酸ヨウ素（$IONO_2$）
　　吸収スペクトル・断面積　109
　　光分解経路・量子収率　110
　　成層圏における生成と消失　367
硝酸ラジカル → NO_3 ラジカル
衝突論　23
植物起源 VOC　305, 306
ジヨードメタン（CH_2I_2）
　　海藻・微小藻類からの放出　309
　　リモート海洋上混合比　320
真空排気型スモッグチャンバー　278
真珠母雲　373
振動子強度　95
振動励起分子　26

す

水酸ラジカル → OH ラジカル
水蒸気（$H_2O(g)$）
　　成層圏での　355, 356, 373
水素（H_2）
　　成層圏における $O(^1D)$ との反応　355
水素原子 → H 原子
水素引き抜き反応
　　アルカンからの OH による　150, 151
　　アルデヒドからの NO_3 による　178
　　アルデヒドからの OH による　156
　　トルエンからの OH による　154, 155
水滴（$H_2O(l)$）
　　――中の H_2SO_4 濃度　335
　　――への取り込み　205, 321, 326, 327
スケールハイト　49
スス粒子への取り込みと表面反応　221
スピン角運動量　18
スモッグチャンバー　278, 284, 286, 290
スモッグチャンバー実験　252, 275
スモッグ反応　254

せ

生成エンタルピー　23
生成熱　59
成層圏

オゾン層による形成　3
成層圏エアロゾル層　97, 376
遷移確率　20
遷移状態
　　Cl 原子反応における　181
　　NO_3 ラジカル反応における　176, 178
　　OH ラジカル反応における　142, 145, 148, 156
　　ポテンシャル曲面上の　21-23
遷移状態理論
　　――による反応速度定数の理論計算　131, 134, 152
　　二分子反応に対する　21, 23
全角運動量　18, 20
漸下領域　27, 30
前期解離　13
前指数因子　25
選択則　18, 20

そ

挿入反応　138
束縛型ポテンシャル　13, 15
素反応　131

た

大気境界層　282
大気の窓
　　成層圏の　60, 107, 369
太陽光スペクトル　41
太陽光放射強度　41, 46, 52
対流圏ハロゲン化学
　　対流圏 O_3 の低減　310-320
　　ハロゲンの初期放出源　307
多相ハロゲン連鎖反応
　　成層圏における　365, 371
　　対流圏における　311
多相反応　32, 202, 326
脱活　14
脱窒　228
炭酸イオン（CO_3^{2-}）
　　CO_2 の水への溶解による生成　334
炭酸水素イオン（HCO_3^-）
　　CO_2 の水への溶解による生成　334
単分子分解
　　アルコキシラジカル　260
　　カルボニルオキシド　263, 264, 268
単分子分解反応　28

ち

地球変動　5

窒素（N_2）
　ポテンシャルエネルギー曲線　42
窒素酸化物 → NO_x
地表オゾン減少
　南極大陸における　315
　北極域における　314
チャップマン機構　3, 351, 353
超音速ジェット機（SST）　354
直達光　46

て

低圧極限速度定数　27
抵抗モデル　33
適応係数　32, 203, 328
滴定反応　167
天頂角　46

と

透過係数　50
土壌粒子への取り込みと表面反応　216
ドブソン単位　371
取り込み係数　32, 34, 202
トルエン（CH_3-C_6H_5）
　OH 酸化反応機構　271
トルエン 1,2-エポキシド
　トルエンの OH 酸化反応からの生成　271-273
トロイの式　28

な

南極オゾンホール　371, 373, 376

に

2,3-エポキシ-2 メチルヘキセンジアール
　芳香族炭化水素の OH 酸化反応における生成　273
二酸化硫黄（SO_2）
　OH との反応　322
　吸収スペクトル・断面積　99
　蛍光寿命　101
　光化学過程・量子収率　99, 101
　水滴への取り込み　209
　スス表面上への取り込みと反応　225
　成層圏における生成と消失　377, 378
　土壌粒子への取り込み　220
　リン光　101
二酸化塩素（OClO）
　吸収スペクトル・断面積　117
　極渦内における生成と消失　375
　光分解過程・量子収率　118

二酸化窒素（NO_2）
　吸収スペクトル・断面積　69
　極渦内の　374
　蛍光放射速度　72
　光分解しきい値波長　70
　光分解量子収率　70
　消光速度定数　72
　スス粒子上への取り込みと反応　223
　電子励起 NO_2 の反応　72
二次オゾニド　170
ニトロキシアルデヒド
　イソプレンの NO_3 酸化反応からの生成　269
ニトロキシヒドロペルオキシド
　イソプレンの NO_3 酸化反応からの生成　269
二分子反応　21
2-メチルオキセピン
　トルエンの OH 酸化反応からの生成　272, 273
2-メチルブテンジアール
　トルエンの OH 酸化反応からの生成　274
二硫化ジメチル（DMDS, CH_3SSCH_3）
　OH との反応　326
　大気寿命　326
二硫化炭素（CS_2）
　OH との反応　323
　大気寿命　323

ぬ

ヌルサイクル　356, 358, 362

は

ハギンズ帯　45, 62
発熱反応　23
ハートレー帯　44
ハロカーボン（halocarbons）　369
ハロゲン化アルカリ塩　209
ハロン（halons）
　O(^{1}D) との反応　370
　吸収スペクトル・断面積　105
　成層圏における光分解　369
反応エンタルピー　59, 131
反応速度定数
　光分解反応　17
　三分子反応　26-28
　単分子反応　28-32
　二分子反応　23-25
反応の第三体　26
反発型ポテンシャル　13

ひ

ビアセチル（CH$_3$COCH$_3$CO）
  2-ブチンのOH酸化反応からの生成 270
  芳香族炭化水素のOH酸化反応における生成 273
光減衰係数 49
引き抜き反応 → 水素引き抜き反応
ビシクロオキシラジカル
  トルエンのOH酸化反応における生成 273
ビシクロペルオキシラジカル
  トルエンのOH酸化反応における生成 274
ヒドロキシアルキルナイトレート 287
ヒドロキシアルキルペルオキシラジカル 260
ヒドロキシアルキルラジカル
  アルケンのOH酸化反応からの生成 262
ヒドロキシアルコキシラジカル
  異性化 262
ヒドロキシシクロヘキサジエニルラジカル
  トルエンのOH酸化反応からの生成 271
ヒドロキシナイトレート
  アルカンのOH酸化反応からの生成 261
  アルケンのOH酸化反応からの生成 262
  イソプレンのNO$_3$酸化反応からの生成 269
ヒドロキシヒドロペルオキシド
  アルカンのOH酸化反応からの生成 261
  アルケンのOH酸化反応からの生成 262
ヒドロキシペルオキシラジカル
  アルケンのOH酸化反応からの生成 261
ヒドロキシメチルシクロヘキサジエニルラジカル
  トルエンのOH酸化反応からの生成 271
ヒドロキシラジカル → OHラジカル
ヒドロクロロフルオロカーボン類（HCFCs）102-104
  吸収スペクトル・断面積 103, 104
  光分解過程 104
  成層圏における光分解 369
ヒドロペルオキシド
  アルカンのOH酸化反応からの生成 254, 261
ヒドロペルオキシナイトレート
  アルケンのNO$_3$酸化反応における生成 265
ヒドロペルオキシラジカル → HO$_2$ラジカル
ビノキシラジカル（CH$_2$CHO）
  アセチレンのOH酸化反応からの生成 270
非メタン揮発性有機化合物（NMVOC）254, 257
非メタン炭化水素（NMHC）254, 257
ヒンシェルウッド-リンデマン理論 30

ふ

ファントホッフの式 35
不均一反応 32, 202
フッ化カルボニル（COF$_2$）
  成層圏における生成と消失 367, 369
フッ素（F$_2$）367
  成層圏における 367
フッ素原子 → F原子
ブテンジアール
  トルエンのOH酸化反応における生成 274
ブラックカーボン 221
フロギストン説 1, 2
ブロモクロロフルオロカーボン → ハロン
ブロモホルム（CHBr$_3$）309
  海藻類からの放出 309
ブロモヨードメタン（CH$_2$IBr）
  海藻・微小藻類からの放出 309
分光学的記号 18
分光放射輝度 55
分子拡散 327
分子動力学計算
  H$_2$O分子の液体H$_2$O表面への取り込み 205
  O$_3$と海塩粒子との反応 211
  O$_3$のH$_2$O(l)への取り込み 207
  OHのH$_2$O(l)への取り込み 206
分配関数 31

へ

平衡定数 31
ペルオキシアシルナイトレート
  アルデヒドのOH酸化反応における生成 276
ペルオキシアセチルナイトレート（PAN, CH$_3$C(O)OONO$_2$）
  C$_3$H$_6$の酸化反応における生成 286
  アセトアルデヒドのOH酸化反応による生成 157, 276
  吸収スペクトル・断面積 91
  光分解量子収率 91
ペルオキシアセチルラジカル → CH$_3$C(O)O$_2$ラジカル
ペルオキシ硝酸（HO$_2$NO$_2$）
  HO$_2$+NO$_2$反応による生成 163, 284
  成層圏における生成と消失 359
  熱分解反応速度 284
ヘルツベルグ帯 43
ベンジルラジカル
  トルエンのOH酸化反応からの生成 271
ベンズアルデヒド

索引　415

トルエンの OH 酸化反応からの生成　271
ヘンリー定数　35, 329, 334

ほ

芳香族炭化水素
　OH 酸化反応機構　270
　OH 反応速度定数　255
放射輝度　51
ボックスモデル計算
　OH, HO_2 の測定値との比較　292, 296
ポテンシャルエネルギー　13
ポテンシャルエネルギー曲線　12
ポテンシャルエネルギー曲面　22
ホルムアルデヒド（HCHO）
　CH_4 の酸化生成物　78
　吸収スペクトル・断面積　78
　光分解過程・量子収率　79
　光分解しきい値　79
　植物起源炭化水素からの生成　78
　人為起源炭化水素類からの生成　78
　メタンの酸化反応による生成　251

み

ミー散乱　49
未知反応性　305
未同定 VOC　275

む

無機ハロゲン化合物
　海洋境界層内での測定　318
　光分解　57, 106

め

メタン（CH_4）
　OH の反応速度定数　256
　酸化反応機構　250, 251
　成層圏における $O(^1D)$ との反応　355
メタンスルフェン酸（CH_3SOH）
　DMS の酸化反応による生成　326
メタンスルホン酸（MSA, CH_3SO_3H）
　DMDS の酸化反応による生成　326
　DMS の酸化反応による生成　324, 325
メタンチオール（CH_3SH）
　OH との反応　324
　海洋生物起源　321
　大気寿命　324
メチルグリオキザール（CH_3COCHO）
　トルエンの OH 酸化反応における生成　274
　プロピンの OH 酸化反応における生成　270

芳香族炭化水素の OH 酸化反応における生成　273
メチルヒドロキシエポキシオキシラジカル
　トルエンの OH 酸化反応における生成　274
メチルヒドロキシシクロヘキサジエニルペルオキシラジカル
　トルエンの OH 酸化反応における生成　272
メチルヒドロペルオキシド（CH_3OOH）
　過酸化ラジカルの反応による生成　254
　吸収スペクトル・断面積　87
　光分解反応　86
メチルペルオキシラジカル → CH_3O_2 ラジカル
メチルメルカプタン → メタンチオール

も

モル吸光係数　16

ゆ

有機エアロゾル　265, 270, 277
有機過酸化ラジカル
　NO との反応　162
　OH 連鎖反応における　280
有機ハロゲン化合物　59
有機ヨウ素化合物
　海藻・微小藻類からの放出　309
有効ヘンリー定数　329
ユンゲ層 → 成層圏エアロゾル層

よ

ヨウ化エチル（C_2H_5I）
　海藻・微小藻類からの放出　309
ヨウ化水素（HI）
　吸収スペクトル・断面積　110
　光分解過程・量子収率　111
ヨウ化メチル（CH_3I）
　海藻・微小藻類からの放出　309
　吸収スペクトル・断面積　101
　光分解過程・量子収率　102
　成層圏における光分解　366
　大気寿命　366
　リモート海洋上混合比　320
ヨウ素（I_2）
　海藻・微小藻類からの放出　309
　吸収スペクトル・断面積　14, 106, 107
　成層圏における　366
　リモート海洋境界層内混合比　320
ヨウ素原子 → I 原子

ら

ライマン-アルファ線　42
ライマン-ビルゲ-ホップフィールド帯　42
ラッセル-サウンダース結合　20
ランベルト-ベールの法則　15, 46, 48
ランベルト面　55

り

リザバー　109, 148, 163, 359, 362, 365
立体因子　25
硫化カルボニル（COS）
　CS_2 の酸化反応による大気中での生成　323
　海洋生物起源　321
　吸収スペクトル・断面積　97, 98
　成層圏における　378
　大気寿命　323, 376
　対流圏での混合比　376
硫化ジメチル（DMS, CH_3SCH_3）
　NO_3 との反応　326
　OH との反応　324
　海洋生物起源　321
硫化水素（H_2S）
　OH との反応　323
　海洋生物起源　321
　大気寿命　324
硫酸（H_2SO_4）
　SO_2 のススへの取り込みによる生成　225
　SO_3 と H_2O との反応による生成　322
　$SO_2 \cdot H_2O$ と O_3 の反応による生成　332
　成層圏における生成　376-378
硫酸アンモニウム（$(NH_4)_2SO_4$）　322
硫酸イオン（SO_4^{2-}）
　SO_3^- と O_3 の反応による生成　332
　水溶液中の酸化反応　331
硫酸エアロゾル（$H_2SO_4/H_2O(l)$）
　成層圏における　97, 226, 323, 376-378
　対流圏における　322
硫酸水素イオン（HSO_4^-）
　HSO_3^- と H_2O_2 の反応による生成　331
　HSO_3^- と O_3 の反応による生成　332
硫酸四水和物（SAT, $H_2SO_4 \cdot 4H_2O$）　228

粒子
　――による散乱　48-50, 52-54
　――による光減衰率　53
粒子状物質　48
量子化学計算
　$CH_3O_2 + NO$　163
　$Cl + CH_4$　182
　$ClO + ClO$　186
　$ClO + HO_2$　183
　$ClO + NO_2$　184
　$ClO + OH$　182
　$HO_2 + CH_3O_2$　167
　$HO_2 + NO_2 + M$　164
　$HO_2 + NO_2(+M)$　166
　$NO_3 + C_2H_4$　177
　$NO_3 + NO_2 + M$　176
　$O_3 + NO$　169
　$O_3 + NO_2$　169
　$OH + C_2H_4 + M$　152
　$OH + NO_2 + M$　148
量子収率
　光分解速度計算における　51
　光分解――　15
リンデマン機構　26, 149

る

ルシャトリエの原理　331

れ

励起 NO_2 分子　72
励起酸素原子 → $O(^1D)$ 原子
レーリー散乱　48
錬金術　1
連鎖担体
　Cl, ClO　361
　OH, H_2O　250, 291
　酸化反応機構　255

ろ

6-オキソヘプタ-2, 4-ジエナール
　トルエンの OH 酸化反応における生成　275

著者略歴

秋元　肇（あきもと　はじめ）
1940 年　東京都に生まれる
1967 年　東京工業大学大学院理工学研究科博士課程修了
現　在　一般財団法人　日本環境衛生センター　アジア大気汚染研究センター
　　　　所長
　　　　理学博士

朝倉化学大系 8
大気反応化学　　　　　　　　　　　　定価はカバーに表示

2014 年 8 月 25 日　初版第 1 刷

著　者　秋　元　　　肇
発行者　朝　倉　邦　造
発行所　株式会社　朝　倉　書　店
　　　　東京都新宿区新小川町 6-29
　　　　郵便番号　162-8707
　　　　電　話　03(3260)0141
　　　　ＦＡＸ　03(3260)0180
　　　　http://www.asakura.co.jp

〈検印省略〉

© 2014〈無断複写・転載を禁ず〉　　　印刷・製本　東国文化

ISBN 978-4-254-14638-7　C 3343　　Printed in Korea

JCOPY　〈(社)出版者著作権管理機構　委託出版物〉

本書の無断複写は著作権法上での例外を除き禁じられています。複写される場合は、そのつど事前に、(社)出版者著作権管理機構（電話 03-3513-6969，FAX 03-3513-6979，e-mail: info@jcopy.or.jp）の許諾を得てください。

前日赤看護大 山崎　昶監訳
森　幸恵・お茶の水大 宮本惠子訳

ペンギン化学辞典

14081-1　C3543　　　　A5判 664頁 本体6700円

定評あるペンギンの辞典シリーズの一冊"Chemistry(Third Edition)"(2003年)の完訳版。サイエンス系のすべての学生だけでなく、日常業務で化学用語に出会う社会人(翻訳家、特許関連者など)に理想的な情報源を供する。近年の生化学や固体化学、物理学の進展も反映。包括的かつコンパクトに8600項目を収録。特色は①全分野(原子吸光分析から両性イオンまで)を網羅、②元素、化合物その他の物質の簡潔な記載、③重要なプロセスも収載、④巻末に農薬一覧など付録を収録。

理科大 渡辺　正監訳

元素大百科事典

14078-1　C3543　　　　B5判 712頁 本体26000円

すべての元素について、元素ごとにその性質、発見史、現代の採取・生産法、抽出・製造法、用途と主な化合物・合金、生化学と環境問題等の面から平易に解説。読みやすさと教育に強く配慮するとともに、各元素の冒頭には化学的・物理的・熱力学的・磁気的性質の定量的データを掲載し、専門家の需要に耐えるデータブック的役割も担う。"科学教師のみならず社会学・歴史学の教師にとって金鉱に等しい本"と絶賛されたP. Enghag著の翻訳。日本が直面する資源問題の理解にも役立つ。

首都大 伊與田正彦・東工大 榎　敏明・東工大 玉浦　裕編

炭素の事典

14076-7　C3543　　　　A5判 660頁 本体22000円

幅広く利用されている炭素について、いかに身近な存在かを明らかにすることに力点を置き、平易に解説。〔内容〕炭素の科学：基礎(原子の性質／同素体／グラファイト層間化合物／メタロフラーレン／他)無機化合物(一酸化炭素／二酸化炭素／炭酸塩／コークス)有機化合物(天然ガス／石油／コールタール／石炭)炭素の科学：応用(素材としての利用／ナノ材料としての利用／吸着特性／導電体、半導体／燃料電池／複合材料／他)環境エネルギー関連の科学(新燃料／地球環境／処理技術)

水素エネルギー協会編

水素の事典

14099-6　C3543　　　　A5判 728頁 本体20000円

水素は最も基本的な元素の一つであり、近年はクリーンエネルギーとしての需要が拡大し、ますますその利用が期待されている。本書は、水素の基礎的な理解と実社会での応用を結びつけられるよう、環境科学的な見地も踏まえて平易に解説。〔内容〕水素原子／水素分子／水素と生物／水素の分析／水素の燃焼と爆発／水素の製造／水素の精製／水素の貯蔵／水素の輸送／水素と安全／水素の利用／エネルギーキャリアとしての水素の利用／環境と水素／水素エネルギーシステム／他

光化学協会光化学の事典編集委員会編

光化学の事典

14096-5　C3543　　　　A5判 436頁 本体12000円

光化学は、光を吸収して起こる反応などを取り扱い、対象とする物質が有機化合物と無機化合物の別を問わず多様で、広範囲に応用されている。正しい基礎知識と、人類社会に貢献する重要な役割・可能性を、約200のキーワード別に平易な記述で網羅的に解説。〔内容〕光とは／光化学の基礎I―物理化学―／光化学の基礎II―有機化学―／様々な化合物の光化学／光化学と生活・産業／光化学と健康・医療／光化学と環境・エネルギー／光と生物・生化学／光分析技術(測定)

前気象庁 新田　尚・東大住　明正・前気象庁 伊藤朋之・
前気象庁 野瀬純一編

気象ハンドブック（第3版）

16116-8　C3044　　　B5判　1032頁　本体38000円

現代気象問題を取り入れ，環境問題と絡めたよりモダンな気象関係の総合情報源・データブック。〔気象学〕地球／大気構造／大気放射過程／大気熱力学／大気大循環〔気象現象〕地球規模／総観規模／局地気象〔気象技術〕地表からの観測／宇宙からの気象観測〔応用気象〕農業生産／林業／水産／大気汚染／防災／病気〔気象・気候情報〕観測値情報／予測情報〔現代気象問題〕地球温暖化／オゾン層破壊／汚染物質長距離輸送／炭素循環／防災／宇宙からの地球観測／気候変動／経済〔気象資料〕

日本地球化学会編

地球と宇宙の化学事典

16057-4　C3544　　　A5判　500頁　本体12000円

地球および宇宙のさまざまな事象を化学的観点から解明しようとする地球惑星化学は，地球環境の未来を予測するために不可欠であり，近年その重要性はますます高まっている。最新の情報を網羅する約300のキーワードを厳選し，基礎からわかりやすく理解できるよう解説した。各項目1〜4ページ読み切りの中項目事典。〔内容〕地球史／古環境／海洋／海洋以外の水／地表・大気／地殻／マントル・コア／資源・エネルギー／地球外物質／環境(人間活動)

東大 本多　了訳者代表

地球の物理学事典

16058-1　C3544　　　B5判　536頁　本体14000円

Stacey and Davis 著"Physics of the Earth 4th"を翻訳。物理学の観点から地球科学を理解する視点で体系的に記述。地球科学分野だけでなく地質学，物理学，化学，海洋学の研究者や学生に有用な1冊。〔内容〕太陽系の起源とその歴史／地球の組成／放射能・同位体・年代測定／地球の回転・形状および重力／地殻の変形／テクトニクス／地震の運動学／地震の動力学／地球構造の地震学的決定／有限歪みと高圧状態方程式／熱特性／地球の熱収支／対流の熱力学／地磁気／他

産業環境管理協会 指宿堯嗣・農環研 上路雅子・
前製品評価技術基盤機構 御園生誠編

環境化学の事典

18024-4　C3540　　　A5判　468頁　本体9800円

化学の立場を通して環境問題をとらえ，これを理解し，解決する，との観点から発想し，約280のキーワードについて環境全般を概観しつつ理解できるよう解説。研究者・技術者・学生さらには一般読者にとって役立つ必携書。〔内容〕地球のシステムと環境問題／資源・エネルギーと環境／大気環境と化学／水・土壌環境と化学／生物環境と化学／生活環境と化学／化学物質の安全性・リスクと化学／環境保全への取組みと化学／グリーンケミストリー／廃棄物とリサイクル

立正大 吉崎正憲・海洋研究開発機構 野田　彰他編

図説 地球環境の事典
〔DVD-ROM付〕

16059-8　C3544　　　B5判　392頁　本体14000円

変動する地球環境の理解に必要な基礎知識(144項目)を各項目見開き2頁のオールカラーで解説。巻末には数式を含む教科書的解説の「基礎論」を設け，また付録DVDには本文に含みきれない詳細な内容(写真・図，シミュレーション，動画など)を収録し，自習から教育現場までの幅広い活用に配慮したユニークなレファレンス。第一線で活躍する多数の研究者が参画して実現。〔内容〕古気候／グローバルな大気／ローカルな大気／大気化学／水循環／生態系／海洋／雪氷圏／地球温暖化

上記価格（税別）は 2014 年 7 月現在

朝倉化学大系

編集顧問
佐野博敏

編集幹事
富永　健

編集委員
徂徠道夫・山本　学・松本和子・中村栄一・山内　薫

［A5判　全18巻］

1	物性量子化学	山口　兆	
2	光子場分子科学	山内　薫	
3	構造無機化学		
4	構造有機化学	戸部義人	
5	化学反応動力学	中村宏樹	324頁
6	宇宙・地球化学	野津憲治	308頁
7	有機反応論	奥山　格・山高　博	312頁
8	大気反応化学	秋元　肇	432頁
9	磁性の化学	大川尚士	212頁
10	相転移の分子熱力学	徂徠道夫	264頁
11	超分子・分子集合体		
12	生物無機化学	山内　脩・鈴木晋一郎・櫻井　武	424頁
13	天然物化学・生物有機化学 I	北川　勲・磯部　稔	384頁
14	天然物化学・生物有機化学 II	北川　勲・磯部　稔	292頁
15	伝導性金属錯体の化学	山下正廣・榎　敏明	208頁
16	有機遷移金属化学	小澤文幸・西山久雄	
17	ガラス状態と緩和	松尾隆祐	
18	希土類元素の化学	松本和子	336頁